動物の境界

現象学から展成の自然誌へ

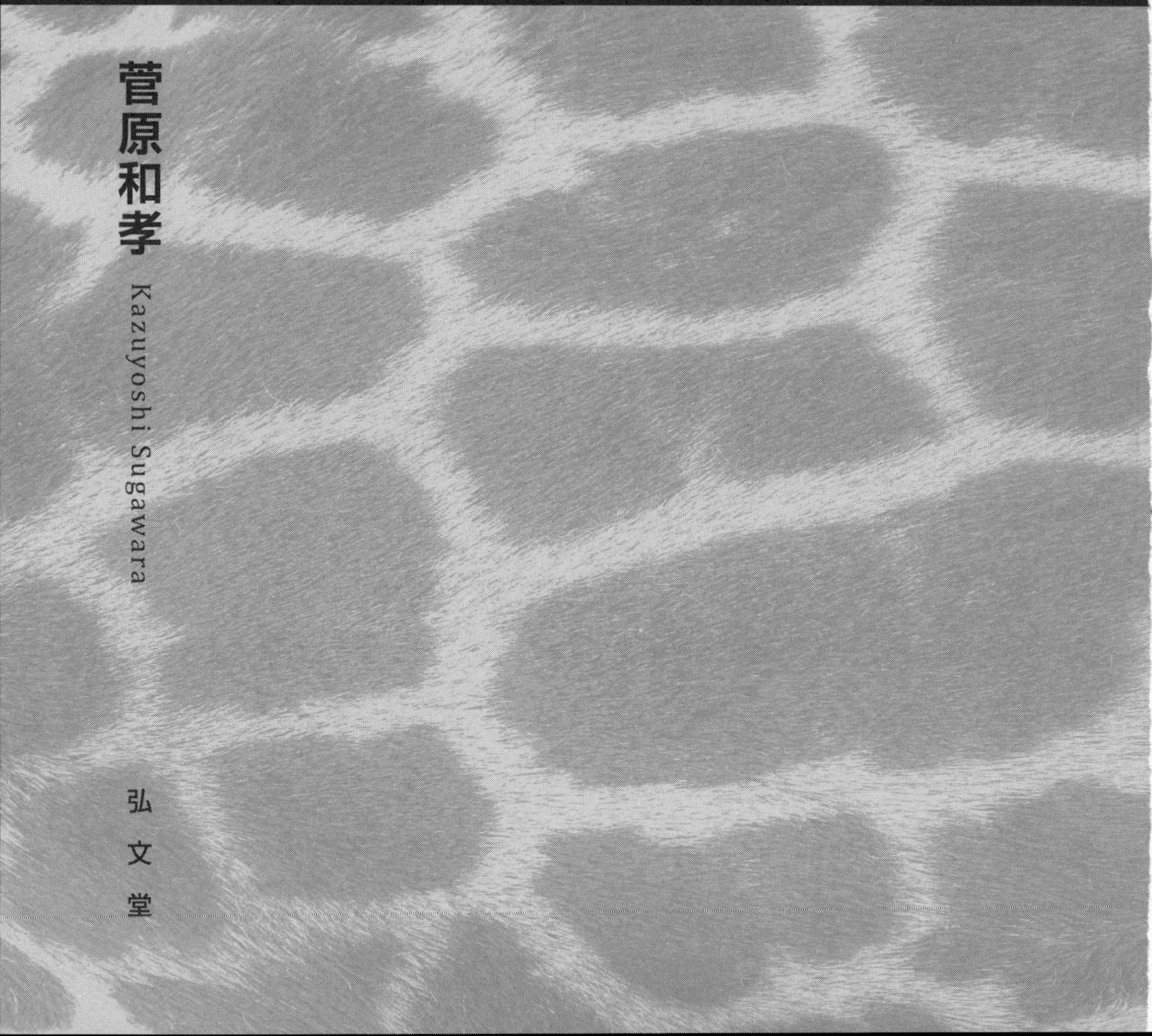

菅原和孝

Kazuyoshi Sugawara

弘文堂

自然は始原である
―― すなわち、構築されず制度化されない。
それゆえ、自然の永遠性（永劫回帰）、
堅牢の永遠性という観念もまたそうだ。
自然は謎めいた対象である
―― いや、まったく対象ではない対象である、
実のところそれはわれわれの前にあるのではないのだから。
それは、われわれの土壌である
―― われわれの前にありわれわれと向かいあうものではなく、
むしろ、われわれを担い運ぶものなのだ。

（メルロ＝ポンティ『自然 ― コレージュ・ド・フランス講義録』
「第一講　自然の概念　1956 － 1957」の緒言、
英訳版からの試訳、p. 4）

❖

欲望が抑圧されるのは、どんなに小さなものであれ、
あらゆる欲望の立場は
社会の既成秩序を破壊する何かを含んでいるからである。
［中略］……欲望はその本質において革命的なのである。

（ドゥルーズ＋ガタリ『アンチ・オイディプス
― 資本主義と分裂症（上）』
河出文庫、223 頁）

❖

「ぼくはけっして自然を忘れてはならない人間なのだ」

（北杜夫『幽霊 ― ある幼年と青春の物語』
新潮文庫、181 頁）

動物の境界——現象学から展成の自然誌へ　目次

第I部　源流への遡行

第Ⅱ部　生活世界

◆第三章◆　同伴する――仲間動物の生政治　176

◆第四章◆ 共生する――牧畜の交通と論理　231

◆第五章◆ 敵対する——天敵の政治経済学

第Ⅲ部　観察と思考

◆第八章◆ 偶然と必然を思考する――ダーウィンの経験と継承者たち

◆第十一章◆　記号としての動物——レヴィ＝ストロースと神話論理

山麓にて——緒言

「動物の境界」という本書のタイトルには、二重の意味がこめられている。まずそれは人と動物を隔てる境界を意味する。第二に、人のある個体群《ポピュレーション》の内部において、動物に対してどんな志向姿勢をとるかに応じて、人と人とのあいだに境界が張られるのである。本書の第Ⅰ部で理論的な原点を定めたのちに、第Ⅱ部では、おもに民族誌的な記述を参照することによって、右の二つの意味での境界が生成し、更新され、固定化されるさまざまな様相を解明する。また逆に、これらの境界が攪乱される契機と可能性について考究する。

だが、もしも人も動物の一種であるとみなすならば、より根本的には、「動物の境界」とは、動物どうしのあいだに走る境界のことである。動物のある集合とべつの集合が境界で区切られているということは、一見したところ自明の事実である。だからこそ、それぞれの集合は「種」と呼ばれる。だが、「種とは何か」という問いを立てたとたん、本書の探究は生物学と交叉せざるをえなくなる。第Ⅲ部では、右の問いに直接または間接的に関わる思考様式との位置関係を測ることを通じて、探究の登頂点を絞りこむ。

登攀を開始するにあたってわたしが辿りつくことを欲している眺望点は、これら二重の境界を無化することである。第一の意味における境界を破壊する企てとは、動物と人とを徹底的に連続した存在として捉えること、さらに「種」はべつの「種」へと変化していくと認めることである。それを根本的に確証する思想は、従来「進化」と邦訳されてきた展成《エヴォルーション》を生命体にとって中心的な真理であると考えることである。もっとも枢要な設問は、わたしがそこに初めからのめりこんでいる生活世界の内側から展成に触れることができるのかということである。終章では、この困難な問いに取り組む。もしそこから肯定的な解を得ることができるならば、二番目の意味での境界——つまり動物を契機にして人と人とのあいだに張られる境界——を跨ぎこすような交渉の可能性を探ることは、ずっとたやすくなるだろう。

具体的な論証の軸になるのは、「魅せられた魂」をめぐる少数者報告《マイノリティ・レポート》である。主人公たちは何らかの意味で動物（あるいは動物と深く関わる人びと）に魅せられた。ただし、そのなかには、知の探究そのものに魅惑された人物も幾人か含まれている。なぜ少数者報告と名づけなければならないのか。それは、この登場人物たちが近代／超近代において統計的に少数派であるばかりか、かれらによって生きられる思想が、〈知の制度化〉からの逃走の契機を根元において孕んでいるからである。

* * *

どんな書物にとっても、もっとも大切なことはそれを書くことの動機づけである。その動機づけを明示することが読者に対するフェアプレイというものだろう。わたしを衝き動かしているもっとも根源的な動機づけは、青年期以来の友人がかつて使った言いまわしを借りれば、「みずからの生存を肯定的に支える」ことである。[1]

ジャック・デリダは、ジル・ドゥルーズとフェリックス・ガタリが展望した動物に《なる》ことへの潜勢力に触発され、[2]「人間の超越論的な愚かさ」について書いた。[3] 修辞的な装飾を剝ぎとれば、「愚かしさ」が人間の乗り超えがたい条件であるのは、当の実存が動物より「アタマがいい」からだ。この命題は一見凡庸だが、私たちが内属する歴史的文脈においては、肺腑を押しつぶす重みをもつ。二度の世界大戦、強制収容所、ヒロシマ／ナガサキを筆頭とする非戦闘市民の無差別殺戮、組織的な粛清等々の人為による大量死をまねいた現代史のただなかに投げだされた私たちは、これらすべてを生みだした愚かしさに支配されながらまっとうに生き続けることができるのか、ずっとわからないままだ。

極限的な愚かしさを前にしたときとりうるもっとも明快な態度は、人間とその社会の総体に絶望することである。妥協なき絶望を抱いたまま、人が生き続けることができるかどうか、わたしにはわからない（絶望とは「死に至る病」なのだから）。本書の登場人物たちのなかでも「探究者」に分類される人びとは、知の営みによって絶望と交渉したり、それを超克しようとしたり、ねじ伏せたり、うまくゆけば無化したりしたのかもしれない（ともあれ、かれらは少なくとも知的成熟までは生きのびたのだから、私たちはいまかれらのエクリチュールを読むことができる）。あるいは、近代／超近代の外部につい最近までいた人びとは、この絶望自体を端的に知らないだろう。わたしの友人が「自らの生存を肯定的に支える」という身がまえを教えられたのも、このような人たち（東アフリカ牧畜民）からだった。けれど、わたしを含めた圧倒的多数派が与したもっと巧妙なやり方は、それを忘れることであった。「けっして忘れません」という誓いを額面どおりに受けとめるお人好しはいない。「復興」が始まるその瞬間に忘却は忍びこむ。ニーチェが喝破したように、忘却とは自らの健康を保つために社会が活用するもっとも重要な能力である。

わたしは、忘却とは異なる絶望との向きあいかたを提案したい。それは「人間は超越論的に愚かしい」という命題の「裏」に目を向けることである。すなわち「動物は愚かしくない」のである。もちろん、論理学的には、真なる命題の裏は真ではない。だが、論理的な真理値を超えでたところで、思考は直観に頼っておのれの方向づけを選択することがある。人間の愚かしさが途方もない邪悪をまねくのに対して、すべての動物は全的に善良で

1　北村光二　一九九六「身体的コミュニケーションにおける「共同の現在」の経験——トゥルカナの「交渉」的コミュニケーション」菅原和孝・野村雅一編『コミュニケーションとしての身体（叢書身体と文化第2巻）』大修館書店、二八八～三一四頁。

2　ドゥルーズ、ジル＋ガタリ、フェリックス　一九九四（宇野邦一・小沢秋広。田中敏彦・豊崎光一・宮林寛・守中高明訳）『千のプラトー——資本主義と分裂症』河出書房新社。

3　デリダ、ジャック　二〇〇九（西山雄二・千葉雅也訳）「ドゥルーズにおける人間の超越論的「愚かさ」と動物への生成変化」『現代思想』三七-八：五二-七二。

ある、とためしに考えてみるのである。動物的善良さを根源から了解しようとする身がまえこそが、どんなにかぼそくとも、私たちを包囲する絶望の壁に孔を穿つだろう。

動機づけと並んで、本を書く人が目をそむけてはならない条件がある。自己言及性という償却しえない限界である。超世帯的世帯《スーパー・オイキア》を国家の本質と捉えた今西錦司の理論に従えば、探究者とは、古代国家の司祭階級と相同である。[4]自らは食糧生産労働から免除され、生活時間の大半を専門的な活動に充てることを許されているからである。高校生水準の世界認識のことばでいえば、「この学者先生、〈反体制〉〈革命〉〈国家解体〉とか、カッコいいことばっかり言うけど、結局、本人もトーダイ出てるんだよなぁ。おれもベンキョしよっと……」ということになる。この卑近な認識の逆立像が、探究者自身につきまとう原初的な罪責感である。それと直結するイメージこそ、紅衛兵に三角帽子を被せられた中華人民共和国の大学教授たちの姿であった。その延長線上に、ルサンチマンに満ちた抗議や嘲りを知性の乏しい学生たちから浴びせられる、現代の大学教員たちがいる。「動物は善良である」というテーゼは、自らが「動物に《なる》」ことへの潜勢力と結びつくとき、探究者を罪責感から離陸させる。なぜなら、わたしがみずからの思考を書き続けることは、カタツムリが殻を分泌し、ミツバチが巣を造ることと同じだからである。

『クライング・ゲーム』という忘れられない映画がある。登場人物の一人が語る寓話。カエルとサソリが川の前にいた。「カエルどん、おれを背中に乗せて川を渡っておくれよ」「やだよ、おまえはおれを毒針で刺すだろう」「そんなことしてあんたが溺れたら、おれも死んじゃう。するわけないだろ。」カエルはサソリを信用し、背中におぶって泳ぎだす。だが、川のまん中まで来たとき、サソリはカエルを刺す。カエルは「なんでこんなバカなまねを……」と虫の息で問う。サソリは答える、「それがおれの本性《ネイチャー》だから。」逆説的ではあるが、自らの生存を肯定的に支えるとは、このサソリのように生き死ぬことである。

本書についてもうひとつ自己言及すれば、〈知の制度化〉からの逃走線を拓くというねらいがある。わたしはドゥルーズ+ガタリの『千のプラトー』にB級SF小説/映画からの大量の引用があることに驚いた。そのひそみに倣い、本書では、いわゆる学術書・学術論文と、他のジャンルの言説とを同等の資格で参照する。さらに、何人かの偉大な探究者たちに言及する際に、かれらを冥界から召喚し、仮想の大学で講義をしてもらうことにした。あるいは、わたし自身がタイムマシンで過去へ遡航し、ゲッチンゲン大学やコレージュ・ド・フランスの講義室の片隅で受講者たちのなかに紛れこんでいると空想してもよい。わたしはデキの悪い学生なので、筆記ノートは間違いだらけかもしれない。あなたが教師のまなざしで本書を読む場合には、そういった箇所には不合格点を与えてもらいたい。

この架空の講義録とわたし自身の分析とのあいだに一人の狂言まわし役が登場する。モデルになっているのは、わたしが深く敬愛してきたグイ・ブッシュマンのヌエクキュエ(NK)である。彼は、わたしがもっとも頼りにしてきた調査助手タブーカの父親なので、わが「親族《ウオ》」たちのあいだでは、わたし自身もヌエクキュエの息子として位置づけられている。南部アフリカの中央カラハリ砂漠で、腕のよい罠猟ハンターとして生き、二〇〇一年に推定年齢七五歳で病没した。文字も知らず、近代の学校教育とも無縁であったヌエクキュエであるが、本書においては、わたしがグイ語で通訳したこの仮想講義の内容を彼が理解したと想定する。ただ、彼に欠如しているのは近代が私たちに植えつけたこの世界に関わる膨大な知識である。彼は、海を見たこともないし、地球と呼ばれる存在者も、天体の運行法則も、物理学の初歩的知識も、算術も、コンピュータも、何ひとつ知らない。動物身体内部の解剖学的な構造は精細に把握しているが、医学・生理学の知識も皆無である。要するに、彼の口を借りて語らせるということは、ある種の現象学的還元を期せずして実行することにほかならない。身体の直接経験に徹底的に根ざした原野の思考を、ヌエクキュエを寄座《よりまし》としてこの場に現成《げんじょう》させたい。

4 今西錦司 一九六八『世界の歴史1 人類の誕生』河出書房、四一八-四二四頁。

多くの哲学書のテキストの内部には、その哲学者が「いつどこで」この言説を書きしるしているのかは明示されていない（哲学者が政治的な時事ネタを扱う場合はこのかぎりではないが）。それは、彼または彼女（奇妙なことに多くの場合「われわれ」という一人称複数形で指示される）がみずからの思考を社会と時代の制約から脱した普遍性をおびたものと自負しているからであろう。「民族誌的現在」を明示する義務を負った文化人類学者でさえも、テキスト執筆の時点と場所は非関与的な事項として伏せるのがふつうだ。これに対して、わたしは自分がこれを書いている時と場所が二〇一五〜一六年の日本であることを重要だと思う。この時空切片において、原発再稼働、安全保障関連法案の強行採決、武器輸出解禁という三つの国家意思が実効化された。それが新しい絶望の始まりであると予感している人は少なくない。迂遠な道のりに見えるかもしれないが、「いまここ」で動物の境界について考えぬくことは、新しい絶望を造りだそうとしている支配権力に対するささやかな抵抗である。何よりも、「社会の役に立たない人文系の学問を大学において大幅に縮小させる」といった文教政策を推進する人びとが本書の召喚する仮想講義に立ち会うならば、偉大な探究者たちがどれほど命を削って「役に立たないこと」をわかろうとしてきたかを目の当たりにするだろう。かれらはそれによって自らの愚昧に恥じ入らねばならない。

用語解説《グロッサリー》

ことばが思考を制約する力は恐ろしい。とくに、「文明開化」とともに到来した大量の西欧由来の概念を日本語に翻訳する過程で、いくつもの偏倚が生じた。そこから身を遠ざけるために現行の日本語にはない、もしくはあまり一般的ではない用語を用いる。

◆展成　evolution の訳。この語はもともと「巻物を開き進める」を意味するラテン語の *evolvere* を語源とし、「歴史の展開」の意味で使われた。もともとこの語には、下等なものが高等なものに、あるいは劣ったものが優れたものに「進歩する」という意味は含まれていない。むしろ、生命体に潜勢していた可能性が「展開する」という意味をこめて、〈展成〉

という語を使用する。ただし、直接の引用をするときは、もちろん「進化」という一般的な語を用いる。

◆超近代　hyper-modernity あるいは ultra-modernity の訳。素朴にいえば、近代とは、産業革命以降に地球全体を覆い尽くした社会システムである。経済的には工業生産と都市化が優越する。政体は中央集権的な国民国家であり、多くの場合、議会制民主主義に向かう趨勢をもつ。記号と表象の網状組織が社会全体を覆い尽くし、記憶と思考はさまざまな装置系によって外在化される。また、民主主義的な社会契約の局外において、科学技術の無制約な「進歩」と肥大が急激に進行する。これに伴って空間的距離は極限まで短縮される。超近代とは、このような近代のシステムがさらに尖鋭化したものであり、サイバースペースの増殖、生政治／生権力の蔓延と洗練、情報技術《IT》産業の卓越を本質的な特徴とする。わたしは、「われわれは一度も近代ではなかった」といった鬼面人を驚かす見解には共感しないし、システムの大潰滅以外に近代が終わる可能性も展望できないので、「ポストモダン」という楽観的な語は使わない。

◆交通　この語を道路交通の意味ではなく英語の communication の邦訳として用いる。

◆交働　英語の interaction（相互作用／相互行為）の邦訳としてこの造語を用いる。

◆人　英語の person にあたる。「人」とは認知科学でいわれる放射状カテゴリーであり、そのプロトタイプは、自発的に言語によって交通しあう実存である。

◆ヒト　生物学的な種としての *Homo sapiens* のこと。

◆人間　問題を含む概念である。直観的には「人」に何らかの文化的・社会的・道徳的な価値づけが賦与されるときこの語が使われるようだ。英語の human にあたる。

◆人類　このカテゴリー名を立てることは正当なのかという問いは、本書においてもっとも根底的な理論的課題である。英語の man あるいは human kind にあたる。

◆代名詞　ヌエクキュエの母語であるグイ語は精密な人称代名詞のパラダイムをもつ。これに倣い、以下のような使いわけを行なう。わたし：著者自身をさす／私たち：わたしを含む現代日本社会の成員たちを漠然とさす／われわれ：一人称複数通性形、わたし自身および本書の探究をともに歩んでいると想定される不特定の人びとをさす／あなた：本書を現に（居眠りせずに）読んでいる読者をさす／彼：三人称単数男性形／彼女：三人称単数女性形／彼ら：三人称複数男性形／かれら：三人称複数通性形

＊　＊　＊

NK——われわれには「動物」なんてことばはない。弓矢で殺す大きなやつは〈食うもの〉《コーホ》だ。昔、よく獲れた順番でいえば、ゲムズボック《ツォー》、ウィルデビースト《ツェー》、ハーテビースト《カマ》、クーズー《ギュワ》、エランド《ギュウ》（こいつは脂肪がのっていて、でかくていちばんうまい。娘っ子が初潮をむかえると女たちはエランド儀礼で祝う）、それにキリン《ナベ》だ。中くらいのスプリングボック《カィ》も、コーホと呼ぶ。人《クエ》とコーホが違うのは当たり前だ。コーホには耳の穴がなくて人の言うことがわからない。コーホのことで人どうしが喧嘩するって話はよくわかる。政府《ホルマンテ》が、われわれにとっていちばん大切なギュウを禁じたとき、われわれはホルマンテとひどく口論したものなあ。

スガワラは〈役立たず〉《ゴンワハ》が好きなようだが、おれたちの砂にもゴンワハはたくさんいる。息をして自分で歩くものたち《ホ・ジ》でも、食べられないものはみんなゴンワハだ。ゴンワハな男というのは、罠もろくすっぽ掛けられないような奴だ。だが、ゴンワハな男でも、口が達者で女をくどくのがうまかったり、呪術が得意だったりするやつはいるよ。そういうやつは嫌われながらも、飢えもせず心よく暮らしている。

おまえのいうゼツボーってことばは、おれにはまったくわからん。やけっぱちになることか？　やけを起こした男は自分の家に火をつけたりする。おまえから借りた一〇プラを返さなかったショーホは酔っぱらったあげく、自分の家を燃やして監獄に連れて行かれ、月がいくつも満ち欠けするあいだ、糞運びをさせられていたろう。

それとも、ゼツボーというのはひどく心が痛いことだろうか。心の痛みを自分一人で握りしめてずうっと黙りこくっているやつは、男も女もある日とつぜん発狂《ズワズラ》する。そんなふうになる前に、おまえの心の痛みを語って語って語るほうがいい。

動物への憧憬――やや長めのプロローグ

動物に憧れる――これは、滑稽な態度ではなかろうか。憧憬とは、自分の手の届かない事柄に心を吸いよせられることである。それに対して、ぼく[5]たちの身の周りには夥しい動物がいる。たかってくる蝿はうるさいし、赤い足を蠢かせるムカデは気持ち悪い。だが、そうした種差別偏見によって目を濁らされる前の子どもは、前脚を擦りあわせる蝿のしぐさにも、ムカデのおぞましい姿にも惹きつけられるかもしれない。

少年時代に「なぜ動物はお子さまむきなのだろう、動物に夢中になるのはどうして子どもっぽいことなのだろう」と不満に感じたことがしばしばあった。探究の端緒として、動物に憧れた少年という原点に遡行してみよう。この原点からぼくの青年期までをたどりなおすことは、二十世紀中葉から現在に至るまでの知の空間の配置、あるいはぼくたちが浸されていた歴史的無意識のいくぶんかを照らすだろう。

＊　＊　＊

ぼくの実家は東京都渋谷区にあった。父は秋田、母は青森の生まれだが、敗戦後はずっと東京に住んでいた。父方の伯母はその夫と共にこの地で魚屋を営んでいた。父母は伯母一家が住んでいた借地を又借りし、その隅に小さな家を建てた。わが家と伯母の家とのあいだには狭い庭があり、木蓮やツツジやキンカンが植わっていた。家には小さな櫓炬燵があり、冬にはそれに炭火を入れて暖をとっていた。春になって炬燵がしまわれる前、そ

5　幼少期への遡行から出発するので、プロローグにおいてだけ、筆者自身を「ぼく」という一人称で指示する。

れは部屋の隅に立てかけられていた。幼いぼくはそれを檻に見立て、中にもぐりこみ、「がおうがおう」とライオンの吠え声をまねた。それから檻を破って外にとびだし、畳の上を四つんばいで（といっても膝をつけて）這いまわった。座布団の上に丸くなって横たわり、茂みの中で眠るライオンになった。

それよりあとの記憶。もう小学校にあがっていたかもしれない。というのは、父が買ってくれた小さな原色動物図鑑をすでに何度も舐めるように見つめていたからだ。家の外の路地で近所の子たちと遊んでいたときのことだ。リーダー格の年上の女の子が、「鳥になる遊びをしよう」と言いだした。遊び仲間たちは「あたしはウグイス」「ぼくはカラス」などと言って、鳥の声をまねた。だが、ぼくは「オジロワシ」と宣言してしまった。ためつすがめつしていた動物図鑑のなかでもぼくがひときわ目をひきつけられたのが、猛禽類のページだった。イヌワシ、オオワシ、ハヤブサ、オオタカ……どれも格好よかったが、オジロワシがいちばん美しく強そうに見えたのだ。そんな鳥の名前を聞いたこともなかった周りの子たちはさぞかし怪訝そうな顔をしたことだろう。ぼく自身「オジロワシ、オジロワシ」と叫びながら両腕をひらひらさせて走りまわってもちっとも楽しくなかった。

ぼくは知的には早熟な子どもだったらしい。小学校に入学する前から漢字まじりの本をすらすら読んでいた。貧しい家庭だったが本だけは身の周りにふんだんにあった。小学一年生のとき母が「お誕生日プレゼントに本を買ってあげよう」と言ってデパートの書籍売り場に連れて行ってくれた。ぼくがせがんだのは「動物のことが書いてある本」だった。ちょうどそんなシリーズが学年レベルにあわせて並んでいた。母は小学一年生むけの本を取りあげてページをめくり「あら、かずちゃんには幼稚すぎるわね」と首をかしげた。次つぎとめくって、四年生むけを覗いてやっと母子ともに納得した。

その本をどれほど繰り返し読んだことだろう。動物に関する短い「実話」がいくつも収められていた。今でも、精密なペン画の挿絵とともにくっきり憶えているお話が二つある。ひとつは「モズのはやにえ」——鋭い曲がった嘴をもつこの小鳥は、カラタチの棘や鉄条網にバッタやカエルを突き刺してとっておく。なんてすてきな鳥だろう。もうひとつはケニアのナイロビ国立公園に人を襲う雄ライオンが出没したので、白人の狩猟家がそやつを射殺した、という話だった。叢《くさむら》の中で身を低くしてハンターのほうにじりじりと近づいてくるライオンの絵を食いいるように見つめた。

＊　＊　＊

幼いころから自分が動物に魅せられていたことと密接に結びついていたと思われる傾性がある。それは、ぼくがある種の「ものの形」に惹きつけられるたちだったということである。四十歳を越えてから生まれた末っ子を溺愛していた父は、ぼくの手をひいていろんな所に連れだした。なかでも鮮烈な印象を受けたのが、上野の国立博物館で見たたくさんの仏像だった。恐ろしい顔をした仁王に踏みしだかれた醜い小鬼を穴があくほど見つめた。父が天邪鬼《あまのじゃく》という名を教えてくれた。中学生になってからは一人で上野の森に行くようになったが、どれだけ国立博物館の中をうろつきまわっても、幼かったぼくを虜にした蠱惑的な仏像陳列室に行きつくことは二度となかった。あとになって、あれは期間を区切られた特別展示だったのかもしれないとよく考えた。その薄暗い展示室のイメージはもどかしい郷愁のように長いあいだぼくの胸をさいなんだ[6]。

だから、動物に惹きつけられることも、まずもって「形」そのものに魅惑されることだったのかもしれない。お小遣いにもらった硬貨を握りしめて、近所の八幡様や明治神宮のお祭りに行くと、必ず出店で動物模型（当時はフィギュアということばはなかった）を買った。ゴム製のヘビやムカデやまっ黒な毒グモなど。なかでもいちばんのお気に入りは陶器でできたヒョウだった。鼻の下に小さな穴があいていて、そこにご丁寧にプラスチック製の細い白ヒゲが植えつけられていた。そいつをいろんな角度で目の前にかざして飽かずながめた。隣の魚屋の跡とり娘（ぼくの従姉）は、広大な敷地に「進駐軍」（日本特有の婉曲語法で占領軍をこう呼んだ）の兵士とその家族

6　高校二年の終わりの春休みにノートブックに『博物館・ピエロ考・あるいは郷愁について』というタイトルで幻想ＳＦじみた短編小説を書いて、文学青年だったクラスメートに読ませた。

のための住居が並んだ「ワシントン・ハイツ」にメードとして勤めていた。彼女からアメリカ製の「鉛の兵隊」を一体もらった。それが美しい「動物」に打ち負かされる弱よわしい「人間」の表徴となった。勇敢な探検家が獰猛な人喰いヒョウに斃される物語を空想し、長い独り遊びに耽った。

「形」への偏愛は「怪獣」への熱中と連続していた。父にせがんで観に連れて行ってもらった総天然色映画『空の大怪獣　ラドン』は最高の傑作だった。炭坑労働者たちを鋏で切断し血まみれにするヤゴ（トンボの幼虫）の不気味な姿に息を呑んだ。孵化したばかりのラドンがその巨大ヤゴを嘴にくわえてついばむと、ちっぽけなイモムシぐらいにしか見えない。この光景を目撃した青年はあまりの恐怖から記憶喪失に陥った。病室に置かれた鳥籠の中で雛が卵の殻を突き破るのを見て、彼は抑圧された記憶を甦らせる。少年の胸に深く焼きついたこのシーンこそ食物連鎖の驚異を体現していた。父はよく「おまえはどうしてこうグロテスクなものが好きなのか」と言って苦笑した。だから「グロテスク」ということばは、ぼくにとってとても身近だった。「形」への偏愛がグロテスクと評されるような審美性につながることこそ、少年期のぼくの嗜好をつらぬく主要なモチーフであった。

＊　＊　＊

自宅と魚屋とのあいだの裏庭が、動物好き少年の遊び場だった。改正道路（環状六号線）沿いの街路樹に長い毛を生やした黒い毛虫が大発生した。その毛虫をたくさん捕獲してきて、魚屋が使い捨てた木箱に街路樹の葉っぱとともに入れて飼い始めた。しかしすぐに蛹になってしまったのでがっかりした。ずいぶんあとになってあの毛虫はアメリカシロヒトリという外来の害虫だったのだと気づいた。何よりも熱中したのはクモだった。庭から外に出る木戸が板塀に取り付けられていた。塀と自宅の壁とのあいだに狭い隙間があった。その隙間にさして大きくもないクモが巣を張っているのを見つけた。裏庭でコオロギやシジミチョウを捕まえては、その巣にほうりこんだ。犠牲者がもがくと暗い片隅からクモが走り出てきて咬みつき、新しい糸を獲物の体に絡めた。息をひそめてそのささやかな殺戮を見つめ続けた。あるとき、茶色っぽい小さなカマキリを見つけた。カマキリは大好きだったので、クモの餌にしてしまうことにはためらいがあった。けれど同時にこの虫が獰猛な肉食昆虫であることを知っていたから、「どっちが勝つかしら」という好奇心もあった。思いきってほうりこんだら、すぐにクモは走りよった。だが、カマキリは鎌を振りかざしてクモを攻撃し、クモは跳びのいた。そしてカマキリの周りをぐるぐるまわって隙あらば咬みつこうとした（糸を噴射したのかどうか憶えていない）。カマキリは鎌をかまえてクモを寄せつけず、ほどなくその鎌で糸をかきわけるようにして巣の縁へ近づき、ついに脱出した。自分がいつのまにかカマキリのほうを応援していたことに、ふと気づいた。[7]

ある日、蠅か何かをほうりこんでも、クモは出てこなかった。心配になって奥のほうを覗きこんでみたが、なんの気配もない。思いきって細い枝をさしこみ探ってみた。枝先に絡まった糸の塊には食い残した虫のかけらがいくつもついていた。だが、そのなかにクモの脚もあった。それがこの巣の主の遺骸なのかどうかはわからなかったけれど、ぼくは体じゅうから力が抜けたようになった。胸の奥が痛くなるようなあのときの感じは、子どもが初めて経験した喪失の悲しみだったのかもしれない。

高校の国語教師だった父は、よくぼくのことを「虫めずる姫君だ」と言っていた。小学校の図書室で借りた子ども向けの日本古典文学集でぼくもその噺を読んだ。十二単を着た姫の周囲にクモやムカデばかりか、ヘビ、トカゲ、カエルの姿があるのを挿絵のなかに発見し、わくわくした。けれど、ぼくは虫をいとおしむばかりの心優しい少年だったわけではない。小学校三、四年生の頃だったと思う。図書室で借りたH・G・ウエルズの『宇宙戦争』に夢中になった。円盤状の頭部をヒュルヒュルと回転させ、無数の触手をしならせ、三本の脚で歩きまわり、熱線で人間たちを無慈悲に焼き殺す火星人の乗り物は、子どものつましい想像力を遥かに超える衝撃だった。精密な挿絵がまたすばらしく、ぼくはそれを鉛筆でざら紙に繰り返し模写した（絵の好きなぼくに、父は、要らな

7　その後カマキリを飼育した逸話については、すでに別稿に書いた。菅原和孝　二〇一五「原野の殺戮者――グイ・ブッシュマンと動物のいのち」木村大治編『動物と出会う――I：出会いの相互行為』ナカニシヤ出版、三-二一頁。

くなった試験の答案用紙をたくさん与えてくれた)。あるとき、和裁の内職をしていた母が、糸をすべて使いきった糸巻きをくれた。ぼくが何の変哲もない日常雑貨の類いを空飛ぶ円盤やロケットに見立てて遊ぶのを知っていた母は、それもぼくの玩具になると思ったのだろう。それを持って裏庭の蟻の巣の上にしゃがみこみ、穴から這い出てくる蟻たちを、糸巻きをころがして、かたっぱしから潰した。そのとき火星人の自分がちっぽけな「人類」を虐殺していることを空想していた。だが、そんな残酷な殺戮に耽り、そのことに快楽をおぼえていることに対して、かすかな良心の痛みが疼いていたに違いない。その証拠に、今でもそのたわいない子どもの遊びを、ある種の罪悪感とともに、くっきり思いだすのだから。

＊　＊　＊

多くの子どもは「おとなになったら何になりたい?」と親や先生から訊かれる。ぼくも幼い頃は「電車の運転手さん!」という子どもらしい答えをしていた。だが、小学校四年生の頃、ぼくのグロテスク趣味にどんぴしゃり合致する物語にめぐりあった。一九世紀初頭にメアリー・シェリーが書いた『フランケンシュタイン』である。それよりずっと前に魚屋の従姉が観に連れて行ってくれた『フランケンシュタインの逆襲』という映画がそもそもの関心の発端だった。この物語をむさぼるように読み耽ったぼくは、それからしばらくのあいだは、「将来の夢」を問われると「解剖学博士」と答えていた。

もしも初志貫徹していたら、ぼくも養老孟司の亜流になっていたのかもしれない。そんなぼくの怪奇嗜好を劇的に払拭したノンフィクションが、母が定期購読していた『暮らしの手帖』に連載されたジェラルド・ダレル著『積みすぎた箱船』だった。この物語がぼくの人生の方向を決定づけたといっても誇張ではない(まことに本とは恐るべき魔物である)。英国の動物学者が王立動物学会の委託を受け、英領カメルーンの密林に滞在し、珍しい動物たちを生きたままロンドンに連れ帰る。いくつものシーンをそらで言うことができる。——深夜の密林でアフリカツメカワウソという珍獣を川から捕獲したとき、現地の助手のエライアスは無造作にそいつの尾を持ってぶらさげる。「私」が「そんな持ちかたをしたら咬みつかれるぞ」と警告したとたん、まるで言霊が働いたように、カワウソは体を曲げて助手の手に咬みつく。助手は殺されんばかりの悲鳴をあげる。美しいトカゲを捕まえたとき、エライアスは「猛毒がある。咬まれたら死ぬ」と言ってさわろうとしない。「私」は「こいつには咬む力なんてないよ」と言って、口に指をつっこむ。すると彼は「アフリカ人特有の論理のトンボ返り」を演じ、「旦那は白人だから咬まれても大丈夫なんだよ」と言う。ある夜、洞窟にもぐりこむと黒い塊がわあっと襲ってくる。さすがの「私」も自分の無防備ぶりを一瞬後悔する。それは洞窟に巣くっていたコウモリの大群だった。さらに、フサオヤマアラシを洞窟の奥へ追いつめる。カンバス地の袋を腕に持ち、ヤマアラシにかぶせ引きずり出そうとするがヤマアラシは体当たりしてきて、鋭い棘が「私」の胸にあたった。

捕獲した動物たちに適切な餌を与えて、生かし続けなければならない。さっきの珍獣ツメカワウソは何をやっても食べようとしない。試行錯誤を重ねた結果、沢ガニの甲羅に挽肉を詰めて与えるとぼりぼり食べることを発見し、飼育のめどが立ったことに胸を撫でおろす。カメレオンは木の枝に細い紐でつなぎ、肉片をぶらさげてやると、そこにたかる蠅を長い舌でキャッチするので、苦労なく飼い続けることができる。健康を維持するためには、ときどき霧吹きで湿らせる必要がある。[8]

これらすべてが、ぼくがおとなになったらやりたい、と心の底から思える事柄であった。「動物学者になって

8　ダレル、ジェラルド　一九六〇（浦松佐美太郎訳）暮らしの手帖社／一九七三　講談社学術文庫、六三、八三、一一四、一三〇、一三三－一三六頁など。暮らしの手帖社が刊行した美しい初版本は、ぼくの実家が消滅したときに失われた。大学院在籍の最後のほうになって、指導教授の河合雅雄先生から「カメルーンで密林に棲息する謎のヒヒ、マンドリルとドリルの調査隊を組織する」という計画を打ち明けられ、陶然となったぼくは、たまたま講談社文庫版で復刊されていた本書を買いに書店へ走った。だが、この箇所を書いている時点で、その文庫を発見できなかった。書き終えてから見つかったので、該当箇所をひもといたら、いくつか記憶違いがあった。川で捕らえた珍獣に咬みつかれた助手はエライアスとは別の男だった。洞窟でコウモリに驚かされたのは、ヤマアラシを捕まえたのとは別な日だった。もっとも奇妙な異同は、くだんの珍獣はアフリカツメカワウソではなく、「カワネズミ」という平凡な名であったことだ。なぜ、こんなややこしい和名に置き換わってしまったのか謎である。餌として与えたのは挽肉ではなく干しエビ。想起実験のひとつの試みとして、訂正前の文をあえて掲載した。

アフリカに行くんだ！」それが少年の確固とした目標になった。小学校卒業のときの文集に寄稿した作文のタイトルは「トカゲといっしょに」であった。「同窓会にはアフリカから連れ帰ったオオトカゲを連れて出席する」といったことを書いた。

＊　＊　＊

中学・高校と生物部に所属した（正確にいえば、中学では「科学部生物班」だったが）。とりわけ「磯採集」の記憶が鮮明に残っている。大きな管瓶を肩に架けて東京近郊の海辺へ行く。このとき初めてアメフラシという生き物に出会った。背中の外套膜に切れこんだ穴が不気味で、少年にとっては神秘以外の何ものでもなかった女性器のことを連想した。そいつが紫色の液体をその穴から噴射することも衝撃だった。そのほかにも平べったいエビのような形をした甲殻類（クラブの先輩がゾウリガニと読んでいたように記憶する）など、あれこれ捕まえた。だが、部室に持ち帰ってみるとみな死んでいて、海水の匂いとまじりあった生ぐさい異臭だけが立ちこめた。

高校の生物部ではヘビの飼育に熱中したのだが、すでに別稿に書いたので省略する。[9] 生物部の年中行事「春の採集行」では再び岩礁の多い磯に行き、たくさんの獲物を捕まえた。携帯の酸素補給機でビニールバケツの中を泡立たせていたおかげで、部室に帰ってもみんな生きていた。あらかじめ巨大な水槽に人工海水を張ってあり、酸素補給機も完備してあった。そこに入れた海の生き物たちは、ぼくが卒業するまで生きていた。アメフラシ二匹、鮮やかな青色をしたウミウシ、そして小さなゴンズイなど。魚には乾燥ミジンコをやっていたが、アメフラシには何の餌もやらなかった。何ヶ月もして、二匹の体がひとまわり縮んでいることに気づいた。料理用の立派なコンブを丸ごと一枚、母からせびりとった。水槽の中に立てると、二匹のアメフラシはコンブのへりを這いながらせっせと口器を動かした。へりが囓りとられ、ぎざぎざになってゆくのを、長いあいだ見つめた。

＊　＊　＊

ぼくの魂のふるさとともいえる「上野の森」のことを書こう。もちろん幼い頃、親に上野動物園に連れて行ってもらったが、人混みがひどくて、楽しい経験にはならなかった。小学校半ばの頃だったか、母がまた動物園に連れて行ってくれた。このときもすごい混雑だった。すっかり元気をなくしているぼくを可哀想だと思ったのか、母は、科学博物館の前を通ったとき、ふと「かずちゃん、ここに入ってみようか」と言った。かすかに埃っぽい匂いがただよう、人けのほとんどない、ものさびしい空間こそが、少年の王国となった。見るものすべてに惹きつけられた。ガラス瓶の中で幾重にも折り重なっている巨大なサナダムシ（説明に「陸上の動物で最長」と書かれていたのではなかったか）、たくさんの獣の剝製、とくにぼくはガラスケースに入ったホッキョクグマとアメリカ野牛の巨大さに感嘆した。そして、一階展示室のいちばん奥まった所にあの部屋があった。「生物の進化」。中生代の風景が背後のパノラマに描かれ、その前に三頭の恐竜がいた。ステゴザウルス、トリケラトプス、そしてティランノザウルス。のちに、あの模型は実際の恐竜の大きさの半分ぐらいしかなかったのだと知った。しかし、小学生にとっては、そんな「子どもだまし」でも充分すぎるほどの驚異だった。どれほど長いあいだ、その前に釘づけになっていたことだろう。高学年になってから、粘土細工でこの三体を丁寧に作り、絵の具の上にニスを塗ってつやつやした光沢をだした。われながらすばらしいデキだったが、夏休みの宿題として教室の後ろに展示しておいたら、だれかに盗まれてしまった。担任の先生はきまじめでちょっとこわい中年男性だった。なくなったことをしきりと訴えるぼくに先生は困ったように「あんまりよくできていたから、自分で歩いてどっかに行っちゃったんだろう」と言った。彼はメルヘンぽい答えをした教師としての才覚にみずからご満悦だったのかもしれないが、ぼくは「ごまかされた」と感じ、とても傷つき落胆した。あきらめきれなくて、もう一度粘土を買ってティランノザウルスを作ってみたが、「自分で歩いて行った」あいつほど見事な形象は二度とできなかった。

病弱な小学生には上野動物園という広大な空間を探索するだけの体力がなかったのだろう。[10] 中学生になって一

9　菅原前掲論文、五頁。

10　ぼくが子どものころ「病弱」だったことにははっきりした理由があるが、あまりにも私事にわたるので、ここでは省略する。

人で動物園に行くようになってからは、ぼくはその虜になり、あんなにも愛した科学博物館のことをあっさり忘れた。暇さえあれば、動物園に足を運び、長い時間を過ごした。もっとも素敵だと思った動物は、北米原産のオオヤマネコ《リンクス》と南米原産のタテガミオオカミだった。リンクスの耳のてっぺんに生えた長い房毛はほんとうに格好よかった。鋭い目つき、ふさふさと毛で覆われたまるっこい前足、大きな体に似合わず短いシッポ、そういった姿形を目に灼きつけた。赤茶けた体毛に覆われたタテガミオオカミはすらりと長い四肢が優美だった。けれど、アフリカに行くことがぼくの目標だったから、北米も南米も自分には縁のない所なのだろうと考えた。

＊　＊　＊

『積みすぎた箱船』が少年のバイブルだったとしたら、北杜夫の『幽霊』は思春期のバイブルだった。主人公が憧れる少女の描写は、当時のぼくの初恋と激しく共振した。けれど、少女への憧れよりもずっと深くぼくの胸に灼きついたのは、主人公の少年と〈自然〉との鮮烈な遭遇であった。「ぼく」は盛夏に山の別荘に滞在していたとき、昆虫採集に熱中する。ある午後、今まで見たことのなかった銀色の小さな蝶に出会い、わななく手で夢中で捕虫網を振る。

ぼくは網のそばに膝をつき、ふるえる指先をのばして、未知の獲物をおさえた。胸ははげしく鼓動した。いま、可憐《かれん》な鱗粉の天使は、死んでぼくの掌のうえに横たわっていた。ぼくはまじまじと目を瞠いて、それを見た。[…]たしかにこんな蝶は見たことがなかった。しかも空想の世界の蝶そのままにうつくしく優雅であった。どこからどこまでぼくの好みにあっていた。早まって殺してしまったのが残念であった[11][…]

だが「ぼく」は夕刻うずまきだした濃い霧に追い立てられるように走って帰る途中、その大切な蝶を落としてしまう。夜、伯母が風呂に入るよう命じるので、一人で黄色い硫黄泉につかる。あらためて失望と後悔に打ちひしがれ、うつろな目つきで長いあいだ湯にひたっていた。ベランダで体を拭いていて、ふとカーテンの隙間からのぞく光沢が気になる。

ぼくは立っていってカーテンをまくってみた。なんのことはなかった。この山に多いありふれたコガネムシで、灯を慕って硝子戸の桟《さん》にしがみついているのだった。[…]しかしふと気づいてみると、そのコガネムシの横のほうに、斑《まだ》らのある黒色のカミキリムシが、ものものしげにながい触角をゆりうごかしていた。[…]おどろいてぼくは次々にカーテンをすべてあけはなった。まるで打ちあわせてあったかのように、どの硝子戸にも多彩を極めた虫たちの、とめどない耽溺《たんでき》が、目もあやな饗宴《きょうえん》があった。[…]いったん目に気づくと、蛾たちの目はいっそう妖《あや》しい光をはなつのだった。小刻みに翅をふるわせながら、紅玉のような、緑玉のような、妖しく燃えたつ複眼がこちらをじっと睨《にら》んでいた。半ばおびえて、ぼくはひと足さがろうとした。足がいうことをきかなかった。[12]

こうして「ぼく」は「うっすらと気がとおくなり」昏倒する。それが重い腎臓の病の始まりだった。長い療養を経てやっと尿の蛋白が減ったころ、昔よく遊んでくれたおっちょこちょいの叔父から小包が届く。原色写真の掲載された昆虫図譜だった。

ほとんど上気しながら、ぼくは今まであまりによく見知っていながらその名を知らなかった虫たちの名称を、むさぼるようにうけいれた。山百合《やまゆり》の花をおとずれる美麗な鳳蝶《あげはちょう》は〈ミヤマカラスアゲハ〉であった。[…]燃えるような翅をふるわせて赤土のうえを行き来する狩猟蜂は〈キオビベッコウ〉であった。いつも初夏のくるたび家の裏手に無

11　北杜夫　一九五四／一九六五『幽霊――或る幼年と青春の物語』新潮文庫、八一－八二頁。
12　同書、八四－八六頁。

数に発生する昼間とぶ蛾は〈キアシドクガ〉であった。その面影《おもかげ》のみがながく心に刻みつけられていた少女たちの名が、はじめてそのつつましい唇からもれるときのように、この書物はぼくのあこがれをしっくりと満たした。[13]

中学一年生になった「ぼく」は夏にふたたびその山麓に滞在する機会を得る。ある朝、家人のだれにも告げず、海抜千メートルそこそこの山に登り始める。視界のきかない貧相な頂上にたどり着いた「ぼく」は気抜けして樹の根もとにすわりこむ。

突然、ぼくは自分が足をなげだして坐っているこの巨大な山塊のひろがりを感じとり、一面に群青にかがやいている天空の奥ぶかさを知ったように思った。〔…〕なじみのないけだるさと寂しさと放心とがぼくをおそった。肉《しし》のほのぐらい深みからこみあげてくる妖《あや》しい未知のちからがぼくを駆り、我しらず、こそばゆく頬《ほお》をさす雑草のなかに軀《からだ》をなげださせた。そして、ふりそそぐ盛夏のひかりの下――むせるような植物の匂いと、媚《こび》にあふれた虻《あぶ》の羽音と、底のしれぬ大地のぬくもりのなかで、ぼくははじめて自らを汚《けが》した。[14]

オナニーをこれほど美しく描写した文章を、ぼくはその後読んだことがない（高三の終わりに出会った大江健三郎の『セブンティーン』の冒頭の衝撃的な描写は北杜夫のロマンティシズムの対極にあった）。やがて黄昏が近づくなかで、「ぼく」はひとつの強烈な洞察に達する。

ぼくは自分のたましいに呼びかける山霊のこえを聴いたように思った。そして、稚《おさな》い肉体にしばしばおとずれる圧倒的な憧憬におののきながら、憑かれたようにこう心に語りかけた。「ぼくはこの世の誰よりも〈自然〉と関係のふかい人間だ。ぼくは自然からうまれてきた人間だ。ぼくはけっして自然を忘れてはならない人間なのだ」[15]

これらすべてのことばに、思春期のぼくは取り憑かれた。『幽霊』の「ぼく」とはまさにぼくのことであった。長いことそう信じていた。だからこそ〈というべきか〉、「ぼく」が憧れてやまない〈自然〉とはいったい何であったのかを真剣に問いかけようとはしなかった。少なくとも、それは、「われわれの前にあるのではなく、われわれの土壌であり、われわれを担い運ぶもの」というメルロ＝ポンティのいう自然とは大きく異なっていたはずだ。もし自然を「われわれの土壌」とみなすなら、「ぼくは自然からうまれてきた」というのはすべての人にあてはまることだから。

＊　＊　＊

大学四回生の最後の冬、ぼくは理学部の自然人類学教室の小さな解剖室に籠もって、教養部Ｓ１のクラスメートだったＨと「ニホンザルとテナガザルの上肢筋肉の比較解剖学」というテーマで、せっせとホルマリン漬けのサルの死骸を切り刻んでいた（小さな頃に憧れた「解剖学博士」の片鱗にふれたわけだ）。当時の理学部には卒業論文という制度はなかったが、何らかの卒業研究をすることが推奨されていた。指導してくれた助手の石田英美先生がある夕刻突然、解剖室にやってきて「おい、ジロウが帰ってきたぞ。引っ越しの手伝いに行くぞ」と言った。先輩の大学院生も含め何人もが石田さんの運転する車に乗りこんで岩倉にある「ジロウ」の実家へ向かった。それが、南部アフリカのブッシュマンの苛酷なフィールドを日本で初めて開拓した、憧れの生態人類学者、田中二郎先生との初めての出会いだった。奇しくも当時の「二郎さん」は、ぼくが進学することに決まっていた愛知県犬山市にある霊長類研究所の助手だった。夫人と乳飲み子の長男を連れての一年半のフィールドワーク（二郎さ

13　同書、一一〇頁。
14　同書、一七九 - 一八〇頁。
15　同書、一八一頁。

んにとっては二度目の調査）から帰国したばかりであった。実家に預けてあった家財道具を犬山に送るためトラックに詰めこむ作業を手伝ったように記憶する。

犬山での修士課程一年目の生活が始まって間もなく、初めて二郎さんの研究室を訪れたときのことをよく憶えている。「人間の研究をしたい」というぼくに対して、二郎さんは「せっかく霊研に来たんやから、しばらくはサルの研究したほうが、ええぞ」と諭した。そのとき、ふと本棚に並んでいる一冊の青い本の背表紙に目がとまった。少年時代に見つめ続けていた懐かしい動物の正面から見た顔が描かれていた。「あっ、カラカルですね」とぼくは思わず言った。二郎さんが「よう知っとるなあ」と感心したのが、とても嬉しかった。それは耳のてっぺんに長い房毛を突き立てた、アフリカのリンクス（サバクオオヤマネコ）だったのだ。その本はアフリカへ調査に行く人ならばだれでも最初にナイロビで買い求める英語版の哺乳類図鑑であった。

＊　＊　＊

「動物学者になってアフリカに行くんだ」――その目標は、少年の夢想とはやや異なった形ではあれ、達成されたのであろう。博士課程に進学してから、ぼくは指導教授になってくれた河合雅雄先生が組織した調査隊に加わり、エチオピアに二期にわたって（通算ほぼ一年間）滞在し、「アワシュ峡谷におけるアヌビスヒヒとマントヒヒの種間雑種に関する社会学的研究」で理学博士号を取得した。並行して、宮崎県幸島において、「ニホンザル、ハナレオスの出会い」を主題にして交働分析に没頭した。オオトカゲを生け捕りにすることも、カメレオンを飼うこともなかったが、自然状態における動物の生それ自体にはるかに密着した、「動物社会学」という分野に夢中になることができた。

それにしても、なぜ一生それを持続しなかったのだろうか。本書を書こうと思い立った初発の動機づけは、動物学という自然科学に背を向け文化人類学という人文系の学問に越境した自分自身の転向に対して、きちんと「落とし前をつける」ことであった。さらにいえば、別の可能世界では動物学者として（あるいは獣医として）一生を送ったであろう、もう一人のぼくと出会いなおすことを願ったのである。

＊　＊　＊

NK――おまえがガキだった頃の長い長いお話を聞いていて少しうとうとしちまった。アリをたくさん潰したって？　それを捨てちまったのか。なんとゴンワハなことをするやつだ。アリは生きたままたくさん捕まえて、小ガメの甲羅に入れて、ジャッカルのしっぽの毛か何かでしっかり栓をしてキャンプに持ち帰るんだ。夏の初めに雨が降りだした頃、たくさんの食べられる草が生えてくる。それを女は臼と杵で搗く。アリをまぜると、酸っぱみが出てうまいぞ。このお話でおれがいちばんわからんのは、おまえら白人が言うシゼンってやつだ。それは人が住むキャンプの〈外〉のことだろうか。どうやら、〈外〉で生きているあらゆる物《ウェジ・ホジ》のこと、食う物《コーホ》や罠の獲物《カウ》、けだもの《ニイッオワ》や咬む物《パーホ》、役立たず《ゴンワハ》、だけでなく、木や草のこともシゼンと呼んでいるようだな。ほう、雨の毛《キュー・コージ》〔雲〕や雷もそうなのか。だとしたら、それらすべては神霊《ガマ》が造ったのだから、おまえたちのいうシゼンとは神霊のことではないのか。それにしても、そのシゼンとやらのなかで欲情《ドエン》して、手で精液《ゴワン》を出したという話は、おれを呆れ呆れ呆れさせる。おまえたち白人は、〈外〉で、砂の上に自分の子どもを捨てるのか。そばに女もいないのに、どうして勃起《ガブ》したり、出したり、できるんだ。

もうひとつ、ガキだったおまえについて、おれがよくわかったことがある。おまえの父ちゃんと母ちゃんはおまえのことが大好きで、おまえをたくさん可愛がったんだな。それは、おまえが「吸って乾かす《ツォム・トート》」子だったからだ。つまり、母親が年長で、もう子を産まなくなると、「おしまいの子《ツォーク・ギ・ツォワ》」はいつまでも母ちゃんのおっぱいを吸えるから、それで母ちゃんの乳房は乾いてしなびちゃうのさ。

序章
〈動物の境界〉を孕む知の台座

すぐ前に置かれた長ながしいプロローグを理論的なことばで位置づけなおすことによって、探究の方向を定めることができる。少年は、生身のままじかに動物と出会ったわけではなかった。動物に憧れるという彼の傾性は負け戦をくぐり抜けても潰滅しなかったこの国の活字文化（書物）によって養われていた。その家庭は経済的には裕福ではなかったが、世帯主である父親は高校教師として知識階級の末端に連なっていたのだから、ある程度の文化資本へのアクセスが可能だった。同時に、子ども向けの玩具として動物の形象を製造するような（おそらく）零細な産業があった。さらに、動物園、博物館といった高度に制度化された文化装置が少年の憧憬をいやがうえにも増強した。しかも、この傾性は彼に特有なものではなく、彼より一まわり上の世代（戦中派）の少年にも共有されていた。すなわち、動物に魅惑されるという実存の根源的選択は、戦争によってさえも致命的に切断されることのなかった、ある歴史的無意識の連続に浸されていたのである。本書は戦後の近代／超近代における人と動物の関わりを探ることを主眼とするが、舞台の裾から貌をのぞかせた、この歴史的無意識の源流を、ほんの少しは遡行する必要がある。

一　極東における歴史的無意識

臼挽き牛

その頃、村の子どもたちのあいだで独楽が流行っていた。六歳の藤二は、兄の健吉が使い古した黒光りする重い独楽をどこかから見つけ出し、こせこせした性分の母に独楽の緒を買ってくれるようねだる。母子は雑貨店で緒を物色し、一本だけ寸足らずの緒を手にとる。店のおかみは、ほんとうは十銭だが八銭にまけると言う。母は二銭得して嬉しかったが、藤二はほかの子たちがもっている緒より短いのが不満で、緒が長くなるようにいつもしきりと引っぱっていた。ある日、隣村の寺の広場に田舎角力が来たので近在の子どもたちはみな見に行った。藤二も行きたがったが、稲刈りの繁忙期だったので、親は許さなかった。ふてくされて雀追いを手伝おうともしない藤二に、母は「牛部屋」の見張りをさせた。鞍をかけられた牛が粉挽き臼をまわして、くるくるまん中の柱の周囲を廻っていた。藤二は、柱に独楽の緒をかけて両端をひっぱり続けた。牛は彼の背後をくるくる廻った。

健吉が稲を刈っていると角力見物を終えた子どもたちがぞろぞろ帰ってきた。そのあとも父母と健吉は草を刈って、日暮れにやっと家に帰ってきた。そのとき、牛部屋が妙にひっそりしているのに気づいた。母にそれを言うと、彼女は様子をのぞきに行き、声を顫わせて健吉を呼んだ。藤二は、独楽の緒を片手に握ったまま、暗い牛屋の中に倒れていた。頸がねじれ頭が血に染まっていた。

赤牛は、じいっと鞍を背負って子供を見守るように立っていた。竹骨の窓から夕日が、牛の眼球に映っていた。蠅が一ツ二ツ牛の傍らでブンブン羽をならして飛んでいた。／「畜生！」父は稲束を荷って帰った六尺棒を持ってきて、三時間ばかり、牛をブンなぐりつゞけた。牛にすべての罪があるように。／「畜生！おどれはろくなことをしくさらん！」牛は恐れて口から泡を吹きながら小屋の中を逃げまわった。／鞍は毀れ、六尺は折れてしまった。[16]

わたしとこの物語との出会いは奇妙なものだった。小学校高学年の頃、国語の時間にときたま教材会社作製の試験問題をやらされた（担任の先生に用事があって自習させられたときかもしれない）。おそらく右の引用箇所とその前後が長文読解問題として出題されたのだろう。本書を書きはじめた頃から、牛小屋の情景はまるで強迫観念のように執拗にわたしに取り憑いた。小説のタイトルも作者名もまったく記憶にないのだから、原典を探しあてようにも、雲を摑むような話だった。苦労の果てに、ついに大学図書館でめぐり逢ったときには、長く会わなかった稚ない恋の相手に再会したように胸がどきどきした。

じつは、わたしの胸をしつこく苛んだのは、原典とはやや異なるイメージだった。

――小屋の中で、繋がれた牛がぐるぐる廻りながら臼を挽いている。幼い少女がその番をしている。父親が行ってみると、少女は死んでいた。彼女が何かの拍子で倒れたあと、愚かな牛は彼女の体を踏みつけて廻り続けたので、体じゅうの骨が折れ、死体は襤褸雑巾のようになっていた。父親は泣きながら牛を力なく打ちすえることしかできなかった。

このイメージを反芻しているとき、わたしのなかにはぼんやりした「解釈」があった。牛のように低能な動物は、盲目的にふるまうだけで、自分がしていることの意味がわからない。取り返しのつかないことをした畜生をどんなに憎悪しても、農作業に欠かせない牛を殺すわけにはいかないから、父親はただ力なく牛を叩くしかなかった……。

原典を探しだそうとしたときまず思いついたのは、ジャンルとしては「農民文学」あるいは「プロレタリア文学」にちがいないということだった。すぐさま長塚節の『土』が思いうかんだ。だが、文庫本を手に入れて読んでみたが、どこにもこんなシーンはなかった。ウェブで検索してもヒットしなかった。あきらめかけた頃、本書とはべつの企画のために喫茶店である出版社の編集者と打ちあわせを終えたあと、別れぎわにふと思いついてこの話をしたが、もちろん彼も知らなかった。そのあと、大学図書館で閉架図書閲覧の許可をもらい、地下二階に籠もってプロレタリア文学全集を片っぱしからめくっているとき、彼から電話があり「たぶんそれらしいものを見つけました」と知らせてくれたのである。彼もウェブ検索を利用したのだが、キイワードを少し工夫してみたということだった。

疎外と歴史的無意識

原典は四百字詰め原稿用紙にしたら一〇枚にも満たないような短編である。だが、これは真に魂を揺さぶる作品だった。さきの引用箇所のあとに短い節があって、物語は終わる。

それから三年たつ。／母は藤二のことを思い出すたびに、／「あの時、角力を見にやったらよかったんじゃ！」／「あんな短い独楽の緒を買うてやらなんだらよかったのに！　――緒を柱にかけて引っぱりよって片一方の端から手がはずれてころんだところを牛に踏まれたんじゃ。あんな緒を買うてやるんじゃなかったのに！　二銭やこし仕末をしたってなんちゃになりゃせん！」といまだに涙を流す。

そう、たしかにこれは農民文学であり、さらにプロレタリア文学であるといってもよい。この作品はまぎれもなく、特別高等警察の暴虐を浴びた近代日本の絶望的な革命運動の流れに近接した思想の産物である。新しい独楽がほしい、角力が見たい、というわが子の願いもかなえてやれず、二銭を惜しんだばかりに彼をむごたらしい死に追いやった貧農の悲惨。さらに、臼を挽きつづける牛は、巧みな隠喩とさえ解釈できるかもしれない。それは、苛烈な収奪に抗うすべも知らずただ「すべての罪があるように」黙々と働き続ける無産階級の姿であり、また同時に、無力な民を踏みつぶす歴史の進行それ自体でもある。だが、この忘れられかけた作品が不滅の輝きを

16　黒島傳治　一九二六（大正一五）／一九七八「銅貨二銭」（のち「二銭銅貨」に改題）『文芸戦線』一月号／『筑摩現代文学大系38　小林多喜二・黒島傳治・徳永直集』二九一－二九四頁。

失わない理由は、切り裂くように鮮烈な抒情にこそある。吉本隆明ならそれを自己表出性とよんだだろう。牛は、わたしが誤って記憶していたように、繰り返し子どもの体を踏みつけたわけではなかった。「じいっと子供を見守るように立っていた」のである。その牛の大きな眼球に夕日が映っていた。

この抒情は読む者の胸を痛切に抉る。ここにこそ本書全体の主題が、卓抜な象徴表現として凝縮されている。緒言で暗示したように、動物は根本的に善良であり無垢である。その無垢をそっくり抱えたまま、動物は人と抜き差しならない関わりをもってしまう。わたしの改竄された記憶に反して、藤二の死は一瞬のことだったと思われる。それに対して、三時間にもわたって六尺棒で打擲をうけ、怯えきって泡を吹きながら逃げまどう牛のほうに、わたしは贖《あがな》いがたい生の悲しみを感じる。この作者の表現は、動物を「盲目的にふるまう」存在としか見られなかったわたし自身の奥底に横たわっていた種差別偏見を打ち砕く衝迫力をもっていたのである。

ここで二つのことを考えよう。第一は、私たちが生きる戦後の都市社会の特異さと奇妙さである。戦前の農村では、人と家畜は縺れあうように暮らしていた。だからこそ、ときに取り返しのつかない悲劇さえ起きた。あるいは、同じ作家の同時期の作品「豚の群れ」に描かれているように、野に放たれた豚の大群と、小作代不払いの差し押さえにきた執達吏たちとのあいだで滑稽な活劇が演じられたりもした。それとは対照的に、現代の都市生活者は家畜たちから完璧に隔離され、ただラップに包装された肉（死骸の一部）へと姿を変えた動物を「消費」し続ける。このような組織的かつ徹底的な隠蔽によって、都市民は、家畜に対してカンカンに腹を立てることもなく、ましてやかれらの生を包みこんでいる根源的な悲しみに直面することなどけっしてない。健康と長寿をねがって頻繁に肉を食う民衆は無知と無関心というカプセルにがっちりと包みこまれている。人と動物のこのような分断を表わすのに〈疎外〉ほどふさわしいことばはない。人は動物をみずからにとってよそよそしい不可視の他者へと疎外する。それと同時に、人は、動物との直接的な関わりが本来的に帯びている生なましい情動（たとえば根源的な悲しみ）から疎外されるのである。

第二に注意を向けるべきことは、このような疎外の底を流れ続ける私たちの無意識である。国語の試験問題で偶然に出遭った悲惨な物語をわたしは長いあいだ忘れていた。だが、それは「動物の境界」という主題と格闘することへとわたしを押しやった深い動機づけの層に淆じりこんでいた。これこそ無意識とよぶにふさわしい実存の能作（能力＝作用）である。しかも、それが覚醒に照らされたあとではじめてわかったことだが、この無意識は明確な因果系列にしたがって形成されていた。まずそれは小学校の国語教材作成者のいっぷう変わった嗜好や知識によって子どものもとへ届けられた。いや、日教組運動に深く関与した一九六〇年代の教育労働者にとって、それは珍しくもなんともない思想潮流だったかもしれない。つまり、プロレタリア文学運動であり、小林多喜二を虐殺した「特高」への消し去りがたい忿怒と怨嗟であった。だからこそ、十一、二歳の少年に植つけられた無意識は「歴史的」とよぶにふさわしいものだったのである。ここでわたしは無意識という語を、「検閲」や「変形」といったさまざまな擬似物理学的メカニズムを具えたフロイト的無意識とは異なる、素朴な意味で用いている。だが、たしかに「臼挽き牛」についても記憶の改竄があったし、長い忘却（潜伏）の期間があった。それゆえ、無意識の欠かすことのできない特質として、なんらかの「抑圧」を蒙る可能性を記銘すべきかもしれない。

二　西欧思想における動物

沈黙

この節のタイトルで表わされる主題については、もうすべてが成し遂げられたとさえいえるのかもしれない。エリザベート・ドゥ・フォントネの大著『動物たちの沈黙』は、私たちを「やられた！」と脱帽させるに足る、驚くほど包括的な労作である。[17] 何よりもタイトルがすばらしい。藤二を踏み殺した赤牛が痛ましいのは、彼女（作品では性別は明かされていないが）がひとことも弁解できないからである。わたしの次男が幼い頃よく発したあどけないことばが甦る。味噌汁の椀をひっくり返すといった粗相を演じるたびに、彼は涙声で「わざとじゃないもん！」とうったえた。妻はテーブルを拭きながら「わざとだったらもっと大変だわ」と憎まれ口をたたき、彼の泣き声をますます大きくさせた。あの赤牛も、どれほど「わざとじゃなかった」と叫びたかったことだろう。

　しかし冷静に考えれば、このタイトルはトートロジーである。私たちは、ひとことも弁解せずに打擲され続けるような黙せる存在こそを「動物」と定義しているからである（第四節で再論する）。するとただちに奇妙な連想がたぐりよせられる。遠藤周作の傑作『沈黙』は、人の世界でいかに悲惨なことが起こり、人がどれほど苦しみぬこうと、永久に沈黙し続ける存在を神とよぶのだという冷酷な認識を突きつける。ただ、「神」と「動物」のあいだには決定的な違いが二つある。神は不可視であるのに対して、動物は生身の身体として私たちの前に現われる。そして、前者は私たちの世界すべてを支配する超越者として思念されるが、後者については私たちのほうが支配者だと思いこんでいる。この思いこみが覆されるのは、人が天敵動物に食われるような場合である（第五章）。そこでは、往々にして動物は「神格化」（もっと限定的にいえば精霊化）される。

　ともあれ、フォントネの大著は、動物をめぐる西欧の思考の深遠な蓄積によって読むものを圧倒する。その軸をなす論理をぎりぎりまで削ぎ落とせば以下のようになる。人間のいっさいの苦しみは原罪に由来する。しかし、あらゆる動物は人間に奉仕するために創られたのであり、原罪をもたず、それゆえ魂ももたない。これに対して、人間の魂は永遠に不滅であり最後の審判によって天国に召される。もっとも激烈な戦線は、「魂の不滅」対「魂の転生」をめぐって戦われてきたのである。ヒンズー教・仏教の根幹をなす「輪廻転生」と非常によく似た「転生」の思想はピュタゴラス派によって提唱され、キリスト教世界を脅かし続けた。人間の魂が肉体の死後に他の動物の身体へと受肉し続けるのであれば、人間と動物を隔てる絶対的な区分は消滅する。人間と動物の境界をどのように画定するのか、という問いは、「人間とは何か」をいかに定義するのかという問いと等値なのである。

　西欧古代の思想からひとつの鍵概念を抽出し、右の骨格に少しだけ肉づけを施しておこう。その鍵概念とはオイケイオーシス（自分自身との親近性／自分の特性の保存に役立つものとの親近性）である。語源的には「固有な」（*oikeios*）と「我が物とする」（*oikeiousthai*）から作られたことばである。フォントネはこれを「必要なものを我が物にし、危険なものを遠ざけながら自分の身を守りみずからを保存しようとする、生命力を感じさせる自発的で自然な傾向」と定義する。[18] さらに、クリュシッポスに由来するとされるディオゲネス・ラエルティオスのことばを引用する。「すべての生きものにとって何よりも一番に親近なものは、自分自身の身体の成り立ちとそれについての意識である。」さらに時代をくだるとオイケイオーシスの概念は興味ぶかい変容をたどる。テオプラトスは大略つぎのように書いている。――オイケイオーシスによってわれわれは他の人間と結びつけられる。そのいっぽうで、みずからにそなわった特殊な性格や悪意の衝動によって出会う者を傷つける有害な者たちはすべて破滅させねばならない、という意見をしばしば耳にする。すると、理性を持たない動物のなかでも生まれつき不正で有害であり、近づくものに害を与えてしまうものも、取り除く権利があるということになる。しかし、動物たちの多くは不正を犯さないし、その性質も害を与えるようなものではない。このようなものたちを駆除し殺してしまうのは、ある種の人間を駆除し殺してしまうのが不正であるのと同じように、明らかに不正なことである。――フォントネは、「この決定的な数行では、人間と動物の大胆な並行関係と、オイケイオーシスとディケー（正義）の強い結びつきの双方が概略されている」と評価し、ここにこそ反人種差別主義と反種差別偏見との同根性がみられると指摘する。[19] もはや動物を主題にしたどんな論考も、この本の到達点を継承することからしか始められない。読破に忍耐を要する書物ではあるが、必読書であることに間違いはない。

17　フォントネ、エリザベート・ドゥ　二〇〇八（石田和男・小幡谷友二・早川文敏訳）『動物たちの沈黙――《動物性》をめぐる哲学試論』彩流社。
18　同書、一〇一－一〇二頁。
19　同書、一六二－一六四頁。

社会科学にとっての動物／人間関係

以下の記述は、二〇〇七年に西欧で出版された叢書『動物と社会——社会科学における決定的概念』（全五巻）に依拠する（文献参照ではこの叢書を*AS*と略記し巻号を*I, II*... などのローマ数字で表わす）。まずは、叢書第一巻の編者であるロダ・ウィルキーとデヴィッド・イングリスのマニフェストを紹介しよう（以下、本書全体を通じて、長いダッシュ（——）ではじまる英文からの抜粋は意訳である。わたし自身の注釈はキッコウ〔 〕で囲む）。

——近年、多くの人類学者、歴史家、地理学者、心理学者、社会学者たちが、動物／人間関係を無視することは、ある概念的盲を再生産することになると考えはじめている。この盲こそが、現代のさまざまな社会科学が誕生した当初から、これらをある種の疎外へ追いやっていた。あまりにも長いあいだ、「動物」は社会科学的な探究の周辺部にとどまっていたか、あるいは完全に無視されてきた。動物／人間関係に社会科学的な光を十全にあてることは、近代西欧の産業的（ポスト産業的）な社会秩序に普及したさまざまな思考体系に挑戦状を突きつける。現代の西欧社会は動物を不可視化するメカニズムを軸にして組織されている。家畜または野生動物（あるいはその両方）が人間の日常生活に目立った役割を果たしているような、別の社会秩序〔文化人類学がおもな研究対象としてきた小規模社会を思いうかべればよい〕に比べれば、このことは明らかである。／われわれの意識と知識は、人間中心主義あるいは種差別偏見《スピーシーズィズム》という思考様式に深く制約されている。人間の独自性と優越性とは、つぎのような「人間本性」の特徴に由来すると想定されている。(イ)ことば的な言語を用いる、(ロ)象徴に基づく思考と交通を形成し使用する、(ハ)本能だけでなく文化的な諸形式と諸力というレンズを通して世界を経験する、(ニ)合理的思考過程に関与する、(ホ)本能に決定されず社会的に形づくられたやりかたで生活する、(ヘ)聖性と超自然性の感覚をもつことができる。／だが、こうした種差別偏見の裏側で驚くべき事態が進行している。アメリカ・ペット増殖生産連合の二〇〇六年の統計によれば、全米で一億一千三百万匹の淡水魚、九千万匹の猫、七千四百万頭の犬が飼われている。ペットを飼っている世帯は一九八八年には五六パーセントであったのに、二〇年も経たないうちに六三パーセントにまで増大した。二〇〇五年には、餌代、獣医代、グルーミング代、飛行機輸送代などのペット関連費用に三六〇億ドルが使われた。それと裏腹な数字がある。全米で食糧として殺される動物は、年間九五億頭にのぼる。狩猟、殺処分、生物医学研究、生産試験、解剖、毛皮のために年間二億一千八百万頭が殺されている。食用にかぎれば、二四時間あたりにして二千三百万羽のニワトリと二六万八千頭のブタが殺されている。／これらの数値の途方もなさは、「動物」が社会科学にとって無視しうる問題ではないことを端的に示している。一般的な哲学的・理論的水準にかぎっても、動物／人間境界という思想領域の研究が、認識論・存在論にかかわる中心的な争点に寄与することは間違いない。もっとも決定的な方法論的な挑戦は、動物たちを人間の活動を受動的に蒙る存在として特徴づけるのではなく、それ自身が心をもった動作主《エージェント》であると考えることである。このような発想はまず、動物どうし、あるいは動物と人間がどのように交通するのかを探索する途につながる。それだけでなく、動物について思考する新しい方法を画定することをも導く。この方法は、個々の具体的な生きもの、および特定の種のある本体的《ヌーメンル》な特性を把握することを可能にし、それによってわれわれは動物の作用主性《エージェンシー》が人間の活動にいかに衝撃を与えるかをもっと充分に了解できるようになろう。[20]

(イ)～(ヘ)の六つの「人間本性の特徴」は、文化人類学の入門コースでだれもが耳にする一般的見解であろう。ただ、個々の生きもの、および特定の種を特徴づけるのに「本体的」といった理論的負荷のかかった哲学用語を使う必要があるとは思えない。また、動物自身を動作主として捉えようとするとき、ただちに「心」という概念を導入する必要があるのだろうか。これは、本書の全体を懸けて吟味せねばならない重要な論点である。

もうひとつ、これからの探究にとってもっとも重要な概念がここに登場していることに注意しておこう。それこそスピーシーズィズム（speciesism）という舌を噛みそうなことばである。辞書には「生物種的偏見」といった訳もある。一般的にいえば、ある生物種が他の生物種よりも価値が高いとする考え方である。あなたはカラハリ砂漠で、カラカル《テメ》とワイルドキャット《コル》がともに鳥類を主食にしていることを知る。テメのほうが大きくて美し

20　Wilkie, Rhoda and Inglis, David 2007 Introduction/ Animals and humans: the unspoken basis of socila life. IN: R. Wilkie and D. Inglis (eds), *Animals and Scoeity: Crtical Concepts in the Social Sciences Volume I: Representing the Animal.* London and New York: Routledge, pp. 1-46.

いから、乏しい食糧資源をテメと競合しているコルはどんどん駆除しよう。そう考えるあなたは種差別主義者《スピーシーズィスト》である。単にあなたはテメの耳の総毛が好きだというのは恣意的な審美判断にすぎない。しかし、もっと抜き差しならない利害関心が絡むとき、種差別はあたりまえのことになる。外来種のアカミミガメ、ブラックバス、アライグマ等々はニッチを同じくする日本の固有種（遺伝子資源！）を守るために駆除することが正当化される。とくに、その種が人やその仲間動物を害する存在であるとき、駆除という実践が種差別として非難されることはありえない。日本脳炎、マラリア、デング熱といった恐ろしい病気を媒介する力を絶滅する企ては当然のこととされる。すなわち、人はつねに人の都合にあわせて動物の価値や意義を判断するのだから、種差別は必然的である。それゆえ、種差別偏見とは人間中心主義と同義になる。この二つがぴったり合致する典型的な事例が動物実験である。人の生体実験は固く禁じられているが、動物は（年々規制がきつくなっているにせよ）人の治療や福祉向上のために、残酷な実験の対象になる。あなたは「たとえ社会の役に立たなくても重度心身障害者を生体実験に利用することは許されないが、優秀な労役犬であっても必要ならば被験体にしてかまわない」と判断するかもしれない。だが、厳密な功利主義の観点からは、このような判断は種差別主義＝人間中心主義とみなされる。[21]

　きわめて理にかなってみえるウィルキーとイングリスの宣言がわたしの違和感をかき立てるのは、種差別＝人間中心主義という一点をめぐってである。社会科学の諸分野が総力を結集すれば、この私たちにとってもっとも根ぶかい思考様式を乗り超えることができると彼らはほんとうに考えているのだろうか。ヒトに種特異的とされる言語能力を操って思考する私たちにそんなことが可能なのだろうか。種差別＝人間中心主義とは、「私たちを制約するいくつもの思考様式のなかでもっとも根ぶかい」（引用ではなくわたし自身の作文）というふうに量化子によって修飾できる条件ではなく、人の思考それ自体によっては突き破ることのできない超越論的条件ではないのか。もしそうだとしたら、種差別＝人間中心主義を問いなおすことは、悪無限的な自己言及性の回路を開けてしまうことになろう。

近代の手前で――聖女の殉教

西欧近代に目を向ける前に、その基層である中世からおもしろい記事を取りあげる。

まずは孫引きから。ジョイス・サリズベリーはケイス・トーマスの次のことばを引用する。「過去の人びとが動植物について考えていたことを、かれらが自分たち自身について考えていたことと切り離すのは不可能である。」サリズベリーは、つぎのように論じる。

――このトーマスの指摘は疑いもなく正しい。私たちが人びとの動物観を研究するとき、その人たちの人間性についての見方を学んでいるのである。半人間的な生き物が一二世紀以降、西欧の芸術や文学の世界にどんどん棲みつくようになった。人びとがこうした生き物について考えていたとき、かれらはみずからの人間性を定義しなおしていたのである。

このような視点から、サリズベリーは一つの聖女伝説に注目する。

――アグネスは、紀元三〇四年に、ローマ皇帝ディオクレティアヌス（在位二八四－三〇五）の迫害により殉教した。この殉教物語の初期のヴァージョンは以下のようである。帝国の審問官は、彼女を死刑にする前に売春宿に送りこみ処女を失わせると脅した。彼女が群衆の前に裸で曝されたとき、一人の好色な青年は処女を見つめたことによって、突如、盲目になった。この奇蹟は、乙女を犯させようという治政者の意図を挫いた。審問官は、単に、死刑執行人に彼女を斬首させるにとどめた。しかし、一三世紀までに、この直截的な殉教物語は劇的に変化した。『黄金の伝説』という有名な説話集によれば、アグネスの処女性は、奇蹟的に生えた黄金の毛によって全身が覆われたことによって救われたのである。この物語における変身は、女一般の役割とイメージを変えることに役立った。つまり、彼女はより受け身の存在になったのである。彼女を見つめた者を盲目にする力を揮う代わりに、彼女は、その毛皮――すなわち野獣的な外見のために男の劣情

21　シンガー、ピーター　二〇一一（戸田清訳）『動物の解放（改訂版）』人文書院。

を挫いたのだから。ニューヨークのメトロポリタン美術館に所蔵されている『ベリー公ジャンの美しき時』と題された絵は中世末期の一五世紀の作品だが、ここに後者のヴァージョンに基づいた聖女アグネスが描かれている。こうした表象はきわめて稀であり、この肖像は同時代に描かれた「野生の女」のイメージにとてもよく似ている。もしも彼女の聖性について十分知らなかったら、これを見る人は、彼女を獣的な存在だと想像するだろう。［…］この頃までに、女たちは、たとえ聖人であっても、動物世界ときわめて近い存在になっていたのだ。中世的な想像力における両義的な生き物を見わたすと、中世後期の思想家たちは「人間とは何か？」という設問に関心を払うようになっていたことが明らかになる。種間の明確な区別がぼやけたとたん、人間性とは、あなたがそれであるところのものではなく、あなたがいかに行為するかの問題となる〔強調は引用者〕。中世思想家たちは、人間性を「合理的・論理的・思いやりをもつ」ことと定義した。中世の終わりまでに、私たちの内部に蠢く動物たちの存在は、ますます明白になった。人間を動物との連続体に沿って捉え、それゆえ人間はみずからの行為によって自分自身を獣的なレベルに落とす潜在性を帯びているとする、ギリシャ・ローマ的な見方に、思想家たちは近づいていった。[22]

この魅力的な論文には毛の生えた聖女アグネスの絵が掲載されている。アメリカには、フィラデルフィアで開催された学会で発表するために一度行ったきりである。二度と行く予定はないので、もしあなたがメトロポリタン美術館に行く機会があればぜひこの絵を見てきてほしい。この図版を見つめるとき、二つのことに衝撃をうける。どうせ無残に処刑されるのならば、その前に陵辱されようが大差ないではないか。だが、キリスト教世界の想像力においては「死ぬまで処女性を喪わなかった」ことが神の恩寵の顕現となるのだ。もうひとつ、どんなに凶暴な「獣欲」にまみれた「ひとでなし」の兵士たちでさえも、全身を毛で覆われた女を前にしたら「立たなかった」のだ。絵に描かれたアグネスの顔は美しいが、軀はボノボのようだ。ヒトとサルを隔てる生殖隔離はそれほど鞏固なものなのか。

右の引用で傍点を付した部分は重要である。人間性とは、それであるところのものではなく、行為によって決まる。おそらくもっとも決定的な行為こそが「言語行為」であろう。

近代のトバ口で——マルクスにとっての自然主義

近代を決定づけた代表的な思想であるマルクス主義の発端を瞥見しよう。

テッド・ベントンは、『経済学・哲学草稿』（以下『経哲草稿』と略称）に焦点をあて、その中心的な概念である「類的存在」（species being）と疎外（estrangement）について、人間的本性と動物的本性の根本的対立という視角から考察している。その軸となる設問は、「マルクスにおいて人間主義と自然主義の矛盾は止揚されたのか」というものである。結論はほとんど否定的ではあるが、ベントンは考察の末尾に止揚へのかすかな可能性をみている。長い引用にならざるをえないが、力のこもった論考なので、追跡するだけの価値はある。[23]

訳文にひとつ注釈をつける。わたしは以前からマルクス主義の邦訳で、species beingが「類的存在」と訳されることが不思議でならなかった。リンネの二名法が属名と種名の組み合わせであるところにいみじくも示されるように、「属」（genus）こそが、「種」の上位概念としての「類」にあたるのではないのか。その証拠に、genericという形容詞には、「属の」という意味のほかに「一般的な」「包括的な」という意味がある。以下では、混乱を避けるために、speciesに「種」という訳語をあてる。

——マルクスは哲学的な観念論と闘ったが、それは人間の本性について自然主義的な見方をとることによってであった（ただし、この自然主義はけっして還元主義ではなかった）。資本主義的な生の様式に対するマルクスの倫理的批判の土台には、人間と動物の対立があった。人間が動物的条件に還元されていることこそが、資本主義の悪なのだから、それに

22　Salisbury, Joyce E. 1997 Human beasts and bestial humans in the middle age. IN: J. Ham and M. Senior (eds.), *Animal Acts: Configuring the Human in Western History*. New York and London: Routledge, pp. 9-21. [*AS-I*, pp. 152–163]

23　Benton, Ted 1993 Marx on humans and animals: Humanism or naturalism. *Natural Relations: Ecology, Animal Rights and Social Justice*. London: Verno, pp. 23–57 [*AS-III*, pp. 11–48].

対抗するためには、人間と動物のあいだの適正な差異を回復しなければならない。『経哲草稿』からの引用――「人間が、みずからが種的存在であることを真に証明するのは、客観的世界への彼の働きかけを通してでしかない。この生産は彼の積極的な種的生である。この生産を通して、自然が、彼の仕事としてまた彼の現実性として現われる。それゆえ労働の目的は、人間の種的生の客観化である。なぜなら、彼は、みずからを意識の裡に知的にだけではなく、現実性の裡に能動的に複製するからであり、それゆえ、みずからが創り出した世界のなかにみずからを見いだすからである。」世界全体が認知的に、美的に、また実践的に専有されてはじめて、人間性それ自体が十全に実現されるというわけである。再び『経哲草稿』から引用――「十全に発展した自然主義である、この共産主義は、人間主義に等しい。そして十全に発展した人間主義は自然主義に等しい。つまりそれこそが、人間と自然のあいだの、そして人間と人間のあいだの闘争の純正な解決である。存在と本質のあいだの、客観化と自己確証とのあいだの、自由と必然とのあいだの反目の真の解決なのである。」[24]

だが、そもそもマルクスにとって自然とは何であったのか？　マルクスは、人間の種と自然環境との適正な関係は、道具的な必要充足活動に還元されはしない、と主張する。人間の自然への適正な関係とは多面体であり、そこでは美・認知・実践・アイデンティティ形成に関わる位相のすべてが共同的に実現される。しかし、これらの価値を実現するような自然に対する関係を特定化するマルクスのやり方に注意を向けるならば、その潜在力は損なわれる。もしも、私たちが、みずからの意図に添うように変成された世界に基づいてのみ、そこに安らぎうるというのならば、自然に内在する性質に基づいて自然を価値づける余地がどこに残されるのだろう。まるで、自然とは、その他者性を構成するすべてが剝ぎとられてしまうかぎりにおいて、人間性にとって受け容れることのできる相手であるかのようではないか〔強調は引用者〕。自然の「人間化」というマルクスのヴィジョンは、自然を支配するというもっと近代的な功利主義の観点と同じくらい、人間中心的なものであった。それは途方もない種ナルシシズムである。

　このナルシシズムの核には、人間は歴史的潜勢力をもつが、動物はいくら世代を経ても固定し標準化された活動の様式を示すだけだ、という認識がある。だが、たとえこの認識が正しいとしても、道徳的地位に関して人間と動物の間に越えがたい溝があるという帰結は導きだせない。マルクスのいう「自然の人間化」を弱い意味で解釈すれば、それは文字通り動物を人間化するということではなく、動物に対する私たちの関係を変更するということであろう。マルクスが「疎外」という概念で捉えようとした、人間の生の様式の病理的な歪みは、社会的行為の正確に同一な構造によって動物たちに課せられた生の様式のなかに、いくつもの重要な点で対応関係をもつ〔強調は引用者〕。

外的な目的を果たす手段としてのみ動物を扱うこと、かれらが生きる活動を無理やり断片化すること、そして動物たちどうしがもっているはずの絆を解体すること、これらは、マルクスの時代よりもはるかに強化された〔現代へと至る〕商業化された農業（畜産）の特徴にほかならない。こうした実態を倫理的に批判することは、近代資本主義の労働規律の形態に対するマルクスの批判に対抗する代替案とみなされるべきではない。むしろ、それこそがマルクスの批判を拡張し深化するものなのだ。共通の因果の網目に囚われている動物と人間双方が分かちもつ、苦しみの諸形態に対する批判的分析が求められている〔強調は引用者〕。しかし、人間と動物のあいだにマルクスが設けた対比は、こうした分析が拠って立つべき存在論的な基盤へと至る路を遮断するものである。

『経哲草稿』におけるマルクスの思考は、二つの密接に関係した二元論的な対立に支配されていた。つまり、人間と動物のあいだの対立であり、もうひとつは、人間内部における人間性と動物性の対立である。だが、人間／動物の二元論は、マルクス自身の知的・実践的企ての鍵になる特徴とは両立不可能である。しかし、もしそうならば、マルクスがダーウィンを知る前の時代においてさえも、彼の思考には二元論とは別の要素や位相があったのではないか。

二元論に代わる有望な接近法は、「全体としてのヘーゲル弁証法と哲学への批判」という草稿に見られる〔邦訳の「第三草稿」に対応〕。「人間は直接的に自然存在である。生きている自然存在として、彼は、いっぽうでは、自然の権能——生命力——を賦与されているので、能動的な自然存在である。これらの諸力は彼のうちに傾向や能力として、すなわち

24　マルクス、カール　二〇一〇（長谷川宏訳）『経済学・哲学草稿』光文社文庫、一四五頁に対応。ただしここでは英文からの訳を掲載する。

本能として存在する。他方では、彼は、自然な・身体的な・感官を具えた、客観的存在として、動植物と同様、苦しみ条件づけられ限界づけられた生き物である〔強調は菅原〕。すなわち、彼の本能の対象は彼の外側に存在し、彼から独立した対象である。これらの対象こそ、彼が必要とする対象であり、彼の本質的な権能の発現にとって不可欠な本質的対象なのである。〔…〕飢えは自然の欲求であり、それゆえそれはそれ自身の外側に自然を必要とする——つまりみずからを満足させ、鎮めるために、みずからの外なる対象を必要とするのである。[25]」ここに引用したマルクスの思考は、明らかに自然主義のある形態に踏みとどまっている。人間が他の自然存在と分かちもつものは、存在論的に根本的であり、それゆえ、人間とは何でありいかに行為するのかを理解し説明することにおいて優先権を与えられるべきだということだ。

ベントンの思考のユニークさは、人間主義ではなくむしろ自然主義のがわからマルクスの新しい可能性を発見しようと努めていることにある。通俗的なマルクス理解では、人間は労働と生産によって自然を乗り超える存在であるとされる。近親性交禁忌《インセスト・タブー》においてこそ自然がみずからを乗り超えると明言したレヴィ＝ストロースは、この点において人間主義的なマルクスを踏襲している。[26]だが、〈人間が、みずからの意図に添うように変成された世界だけに安らげるというのなら、自然に内在する性質に基づいて自然を価値づける余地がどこに残されるのか〉というベントンの突きつける疑問は、私たちを緊張させる。「自然とは、その他者性を構成するすべてが剝ぎとられてしまうかぎりにおいて、人間性にとって受け容れることのできる相手であるかのようではないか。」この告発にわたしは共感する。さらに、自然の「人間化」というマルクスのヴィジョンを「途方もない種ナルシシズム」と言いきることに感銘をうける。だが、それだけであれば、マルクスもまた西欧の知を支配してきた人間／動物二元論に囚われていた、という失望の物語に終わったであろう。

ベントンの思考が真に私たちを揺さぶる契機はその先にある。マルクスが、「動植物（！）と同様、苦しみ条件づけられ限界づけられた生き物である人間」を見据えるという意味において自然主義に踏みとどまっていることをベントンは評価し、自然存在として人間が他の生き物と分かちあっている三つの特徴を抽出する。——(i)自然の欲求をもち、その対象はおのれ自身から独立に、その外側にある。(ii)みずからの欲求を満たすことを可能ならしめる自然の傾向（本能）をもつ。(iii)外的対象と関係づけられたこの欲求充足の活動は、種の中核的な権能の発現にとって本質的である。――この「欲求」という語を「欲望」に変えれば、エピグラフで引用したドゥルーズ＋ガタリの洞察との深い親近性が浮かびあがる。「欲望はその本質において革命的なのである。」

だが、「自然主義」をきちんと定義することのないまま、この概念を多用してしまった。ティム・インゴルドをはじめとして、近年の文化人類学の動向に大きな影響を与えている論者たちにとっては、自然主義こそ最大の悪役である。[27]このような自然主義への敵意の源流は、エトムント・フッサールの思考に発している。それをたどることはつぎの第一章に譲らねばならない。ここで確認しておくべき本書の針路は、「他者性を構成するすべてが剝ぎとられる」ことなく私たちの前に立ち現われる動物と出遭うことである。

近代英国における動物

ハリエット・リトゥヴォの『動物階級――ヴィクトリア朝イングランドにおけるイギリス人と他の生きもの』は、近代史を専門とする歴史学者のあいだでは有名な著作らしい（かつて同僚との立ち話で聞いた）。[28]ここに紹介するのは「獣の本性」と題されるその序論である。混乱を避けるために記述の順番を年代順に入れ替える。

――後期古典時代からルネッサンス期を通じて、動物に関するおもな文字情報は動物寓話集だった。動物寓話集に動物たちが登場する順番は、暗に人間を定義していた。その人間とは、自然界に関わる知識を偶然に頼ってしか得ることので

25 同書、一八五－六頁に対応。
26 レヴィ＝ストロース、クロード 二〇〇一（福井和美訳）『親族の基本構造』青弓社。第十章で詳しく論じる。
27 Ingold, Tim 2000 *The Perception of the Environment: Essays on Livelihood, Dwelling and Skill*. London and New York: Routledge.
28 Ritvo, Harriet 1987 The nature of the beast. *The Animal Estate: The English and Other Creatures in Victorian England*. Cambridge, Mass.: Harvard University Press, pp. 1-42. [*AS-I*, pp. 114-151]

きない、ランダムな情報の受動的な受け手だった。動物寓話集はしばしばライオンから始まる。ライオンは、中世図像学では、動物創造の頂点におかれるからだ。だが、ライオン以外の動物たちの出てくる順番には、予想できるような規則はなかった。

自然界が合理的パターンを欠いているという認識は、動物寓話集にかぎったことではなかった。一七世紀の絵描き教則本においては、野獣は「形や動作を描くのが難しいもの」と「易しいもの」に分けられていた。ライオン、ウマ、サイ、一角獣、アカシカ（牡）は前者に含まれ、ゾウ、ラクダ、クマ、ヒツジ、そして「ごわごわ毛や尨毛のあれやこれやの犬たち」は後者に該当した。

一六七九年に、この時代を象徴する興味ぶかい事件が起きた。ロンドン出身の女がテムズ川支流に面したタイバーン処刑場において獣姦の罪で、その「狗類のパートナー」とともに絞首刑になった。ドイツ法学の贖罪金は、女と奴隷はもちろんのこと、家畜をも含む世帯の全成員に拡大適用された。不法侵入に対する人間の証人がいない場合は、犬、ネコ、ニワトリが法廷で「証言」することを許された。あるいは少なくとも、かれらが法廷にいることは、苦しめられた世帯主の告訴状の効力を強めると考えられていた。

だが、一八世紀初期から一九世紀末のあいだに根本的な転換が起きた。動物の法的役割は制限され、人びとはかつて動物に帰属させていた力を体系的に収奪するようになった。動物は全面的に人間の操作の対象となった。育種学や獣医学の分野で起きた進歩が実際の動物管理をより容易にした。この時代の英国において、動物たちは人間生活の多面体に統合された。人と動物たちとのあいだの交働は、伝統的な理解と確信を反映した。そこから、英国社会に瀰漫していた、言明されざる想定と緊張が明らかになる。たとえば、一九世紀の犬繁殖家は、高価な雌犬を彼が選んだ別の雄犬だけとつがわせることの難しさを長ながと注釈している。この見解には人の女の性的傾性に関する想定の負荷がかかっていた。動物をめぐる問題系は人間どうしの関係の歴史を照らすのである。

一九世紀英国においては、すべての人間／動物関係を決定づける単一のパターンがあったわけではないが、それらの関係はランダムではなかった。それらは、動物学的な所与と人びとの実践的目的という物理的な決定因によって限界づけられ、隠喩とイメージの集合体によって条件づけられた。大衆動物学は、人間社会の秩序に基づいた倫理階梯を呈示した。家畜育種とドッグ・ショウが人間の優越的な地位を確証した。動物園と狩猟が、英国の帝国的営みを正当化し、それを寿《ことほ》いだ。

物質としての動物は、人間の気ままな処分に委ねられた。だからこそ、修辞上の動物のほうも、動物を自由に操作する恰好の機会を提供した。物理的世界での動物の位置と、言説界でのそれとは、相互に補強しあった。身近な動物たちは、ヴィクトリア朝の人びとにとって、肉としてだけではなく、語るべき何ごとかとして有用なものだった。現実の再構造化に言説の権力が宿るのだとすれば、言説の主題とされる人間はつねに対抗的な解釈を差しだし、権力の行使に不可避的な限界を設けるはずである。だが、動物たちのほうはけっして口答えしないのである〔強調は引用者〕。

一八世紀英国の動物をめぐる言説のもっとも中心的な主題は支配と搾取だった。動物学に内在する魅力は、子どもだけでなくおとなをも悪い習慣から遠ざけるほど強力であると考えられていた。一七三〇年に英国で出版された最初の子ども向け自然史の本において、著者は、この本は自動的に「子どもたちを読書の習慣に導く」なぜならその内容はかれらを「楽しませ」「注意を惹きつける」からだと明言した。それから一世紀以上も後に、自然史家フィリップ・ゴスは「徳と気品をとても楽しいやり方で涵養する」として、自分の研究対象をもちあげた。

一八六二年には、リヴァプール文学哲学学会は、商船乗組員たちが航海において「動物学の促進」に貢献するよう説得するために、動物学のフィールドワークをひとつの競技として記述した。学会は自然と機知を競わせることの興奮を強調した。「フィールド自然史家は生き物の習性とふるまい方と本能を熟考することを楽しみ、捕獲の満足を味わう。」そしてその捕獲こそが有用な観察をもたらし、新種の証拠とさえなるかもしれないのだ。

この肉体的闘争と収奪は、大衆動物学およびそこに反映されていた科学研究の双方に潜んでいた支配の過程を表徴するものだった。一八〜一九世紀の自然史家は単に事実を蒐集したのではなく、同等の精力を払ってそれらを分類した。

一七七一年に出版された最初のエンサイクロペディア・ブリタニカにおいて、自然史に関わるすべての見出し語は、分類学的カテゴリーを表わし、錯綜した入れ子構造をなす、一つながりの専門語によって構造化されていた。そのなかでもっとも包括的な語が「動物」であった。それは、「感官を具える組織化された身体」と定義されていた。

動物の体系的分類こそ、その当時あからさまには言明されることのなかった見解の相違を体現するものだった。ベウィックの『四足動物の一般史』はこのことをみごとに例証している。動物たちは寓話集のようにランダムに並べられたわけではないし、アルファベット順といった表層的な基準にも、地理学的分布にも、利用法にも従っていなかった。ベウィックは、彼の時代の動物通俗作家の多くと同様、リンネの用語体系を利用せずに、外見的な類縁性によって結ばれたグループによって、動物を配列したのである。この点において、彼はビュフォンの追随者だった。

そのいっぽうで、少なからぬ自然史家は、宗教的な重要性を科学的価値よりも上位においた。宗教的洞察はつねに人間の卓越と支配に結びつき、自然史は人間性を頂点とする生き物の階層的ヴィジョンを精密化したのである。分類学的構造が他の動物たちに対する人の覇権的な関係を示すことがわかれば、分類学の書物に並んでいる見出し語と項目内容との双方に、ある隠喩が埋めこまれていることが明らかになる。これこそが人間の諸集団間の関係をめぐる対応点をつくりだす。動物界は、神性にもっとも近いものとして叙任される人間性を頂点に戴く。それは、人間の階層的な社会秩序を表象した。「人間の尊厳」という感覚が、動物たちをより劣った性向を体現する者たちにした。下位の階層あるいは異邦の集団を危険な野生動物として具象化することは、かれらの主人が厳格な鍛錬を実行すること、および破壊行為からみずからを防衛することの必要性を正当化した。

家畜と野生動物のあいだの二分法は、しばしば、文明化された社会と野蛮な社会との二分法に比較された。ダーウィンは、家畜化された種間の雑種がしばしば見せる野生性は、人間の混血を特徴づける邪さ《よこしま》(ひねくれ)と同じ原因によるものではないか、と思弁した。ほぼ半世紀にわたってロンドン動物園の最高責任者であったアブラハム・バートレットによると、家畜動物は優れた社会的技能と自己統御をはっきり示す。「かれらは、概して、おたがいに調和しており、一緒にいても信頼できるし、幸せな家族のようだ。」ダーウィンは、一つの報告を引用している。それによれば、シベリアを訪れた二頭のスコットランド・コリーは、現地の犬に対してすぐに優越した位置に立った。あたかも、西欧人が野蛮人との関係でみずからに恃《たの》むように。「旧世界はもっとも強く、体制がもっとも完全な際だった動物たちを含んでいる［のに対して］新世界の動物の大部分は、動物的存在の尺度から見て、より低い順位しかあてがわれないような体組織上の特質をもっている。」このダーウィンの言明は、容易にアメリカ・インディアンへと適用された。

この論考には、科学哲学者イアン・ハッキングが提唱する「歴史的存在論」の名に値する迫力がある（次節で後述）。少なくともそれは、目を瞠らされるような数かずの蘊蓄によって、私たちの知的好奇心をかき立てる。リトゥヴォがどれほどミシェル・フーコーの影響を受けているのか（いないのか）は、この序論だけからは見てとれない。だが、直接的な影響関係をべつにしても、この論考には、動物という分域《ドメイン》を中心にして近世英国において成立した知の台座《エピステーメー》に対する透徹した分析がある。この冷然とした文体を貫く自信は、古文書館の片隅を這いずりまわり、標的とした社会と時代についてありとあらゆる細部を知ろうとする、烈しい欲望に裏打ちされている。その意味で、歴史家もまた「魅せられた魂」なのである。リトヴォが与える真の衝撃については、節をあらためて論じなおそう。

三　極東における知の植民地状況

植民地主義の翳

何よりも私たちを驚かすのは、近代のシステムが確立するただなかにあった大英帝国において、大衆レベルでこれほどまでに「自然史」がもてはやされていたということである。『ビーグル号航海記』を読むとき、青年ダーウィンの深遠・該博な「博物学」の知識に、私たちは驚嘆する。年譜を見ると、ダーウィンは医学に挫折したあと神学を専攻し、生物学や地質学の体系的な教育を受ける機会はなかったと推測できる。一八三一年に出港したビーグル号に乗り組んだ弱冠二二歳の「無給の博物学者」がすでに深遠な教養を蓄えていたことは、「大衆自然史」という知の台座があってはじめて可能だったのではなかろうか。

　リトゥヴォを読むことによって、わたしは、戦前と戦後の極東に生まれ、ともに動物に魅惑された二人の少年を浸していた歴史的無意識を鮮明に理解した。おそらく「文明開化」以来、自然史への熱中はさまざまな形をとって極東の島国へ滲透し、日本的な知の台座のなかに淆《ま》じりこんでいたのだろう。その意味で、この少年たちは紛れもなく〈知の植民地状況〉のなかに生を享けたのである。

　もうひとつ、リトゥヴォのたどる知の系譜の末端に、自民族中心主義者ダーウィンがさりげなく姿を現わすのは衝撃的だ。『ビーグル号航海記』のダーウィンはじつに善良な青年で、原住民への侮蔑と、かれらへの親近感とのあいだの両価感情《アンビヴァレンス》に引き裂かれていることを正直に表白している（第八章参照）。彼は直接的な「肉体的闘争と収奪」が繰り広げられる植民地を経営する白人たちの同胞であった。「ぼく」が動物に魅惑されることの土壌にもすでに植民地の暴力は忍びこんでいた。「アフリカ人特有の論理のとんぼ返り」を演じる愛すべきエライアスよ！　小学生の「ぼく」が繰り返し読んだ恐竜小説『失われた世界』（原著刊行一九一二年）において、すでに植民地はその黒ぐろとした姿を現わしていた。

――猿人たちにキャンプを襲われ、主人公マローン以外の三人、すなわちチャレンジャー教授、サンマリー教授、ロクストン卿は囚われの身になる。チャレンジャー教授そっくりの老猿人のリーダーが教授に特別の好意を示す。一人脱走したロクストン卿の観察――「[猿人リーダーが]先生のそばに立って肩に手をかけると、まったく申しぶんなかった。サンマリー教授はいくぶんヒステリー気味で、あんまりわらって、しまいには泣きだす始末だった」。マローンとロクストン卿は協力して二人の教授を助けだす。ついでに、捕虜になって惨殺されかけていたインディアンたち（つまり現世のヒト）をも救出する。これを縁に、インディアンたちの同志になり、猿人たちとの戦争を敢行する。「いく代となくくりかえされてきたあらそいが、怒りとにくしみが、虐待と迫害が、きょうこそ払いのけられるのだ。ついに人間が主権をおさめ、獣人は永久にその分にあまんじなければならなくなるのだ。」[29]

この箇所を「ぼく」はわくわくして読んだはずだ。だが、訳者とは別の人が書いた解説を読んでいやぁな気分になった。その不安に似た感情をその後ずっと忘れなかった。

ところで探検小説といいますと、たいていは野蛮人を征服する場面が出て来ます。「失われた世界」では、そこに出て来る人類はまださるみたいにしっぽのある人間なのですから、それを征服するのはあたりまえなのかもしれません。[…]／いったいヨーロッパでは、コロンブスのアメリカ発見いらい、原住民を征服することばかり考えました。キリスト教を信じるヨーロッパ人は神の子だ、だからほかの民族を支配してもいいのだと、そう考えていました。中国や、インドや、日本にたいしても、同じことでした。まして文明のひくいアフリカやアメリカの原住民にたいしては、とてもひどいあつかいをしました。アフリカの人々は、どれいにされました。／ヨーロッパが今日のようにさかんになったのは、アジヤやアフリカなどから、原料品を買って、製品を売りつけたおかげではありませんか。[…]／未開人だって、人類です。文明はひくくても、それぞれの社会があって、平和をたのしんでいます。ヨーロッパ人は、かたっぱしからそれを破壊していったのです。／未知な土地のなぞをとこうとするのは、真理をきわめようとすることであって、たいせつなことです。けれども、原住民の平和をみだして征服しようとするのは、人道的ではありません。文明の進んだヨーロッパ人が科学と商業の力で世界のすみずみまでも征服してきました。「ソロモンの洞窟」をはじめとして「失われた世界」にいたるまで、そういう世界征服の、いいところとわるいところが、あらわれているように思われます。探検小説を読むときには、そういう点を考えながら読んでほしいものです。[30]

29 ドイル、コナン 一九五七（塩谷太郎訳）『失われた世界』大日本雄弁会講談社、二五六頁。
30 那須辰造「解説 原作者と作品について」同書、三一〇－三一一頁。

この解説を書いた那須辰造は多くの著書と翻訳書をもつ小説家・児童文学者である。いま読みなおして奇妙に感じるのは、大日本帝国の支配階級こそが大和民族は「神の子だ、だからほかの民族を支配してもいいのだ」と主張したことがすっぽり抜けおちていることである。もうひとつ、文化人類学の視点からみると鼻白むような限界が露呈されている。「原住民」の「文明がひくい」ことを那須は一毫も疑っていないのだ。だが、これは時代の課す制約であり、そのことを論難するのは「ないものねだり」だろう。それを割りびけば、西欧の植民地支配に対する那須の告発はしごく正当である。また、わたしが通った中学の教師たちのなかに那須と同じような警告を発する人がいたことも想起される。だから、右に引用したような言説は、日教組を大きな戦力とした戦後日本の左翼運動のなかでは常套句であったのかもしれない。

こうした思想史的な背景はべつにして、ページが黄ばんで崩壊寸前になっている少年時代の愛読書をあらためて拾い読みしてわたしが驚いたことがある。児童向けの書物としてあらゆる漢字にルビがふられているものの、塩谷太郎の訳文が、明晰かつ躍動感をおびた、第一級の文体でつらぬかれていることであった。「ぼく」たちはたしかに〈知の植民地状況〉のなかで、西欧から輸入された「大衆自然史」や「動物文学」に夢中になった。だが、そのような状況に埋めこまれた〈知〉はけっして二流のものではなかった。戦後の饑餓と絶望を生きのび「児童文学者」たちは、「お子さまむけ」の水準に妥協したりせず、最上級の〈知〉を子どもたちに届けるべく全力をふりしぼっていた。そのような台座が構築されていたからこそ、「動物学者になってアフリカに行くんだ!」といった子どもっぽい夢想でさえも、現実態へ転化する潜勢力をおびたのである。そのことを自嘲する必要はない。いいかえれば、〈知の植民地状況〉は「ぼく」において血肉化されていた。だからこそ、グローバリゼーションという名の不定形な力が「世界のすみずみまでも征服して」いる現在において、そこからの逃走線を拓くことが、これほど困難なのである。

知のトリニティ――真理・権力・倫理

だが、右のような分析は、コロニアリズムをめぐる文化人類学の言説のなかですでにおなじみのものかもしれない。本書の探究の主題へと注意を収斂するうえで有力な手がかりを与えるのが、前にちょっとふれたハッキングの「歴史的存在論」である。

［…］フーコーが、「啓蒙とは何か」［…］という素晴らしい論文の中で、二度にわたって、「われわれ自身についての歴史的存在論」について言及しているのである。フーコー曰く、それは彼が「知と権力と道徳からなる枢軸」と呼んだ、次の事柄を対象とする、来るべき学の名である。すなわち、「それを通じて、われわれが、自分自身を、知の対象として作り上げるところの真理」「それを通じて、われわれが、自分自身を、他者に対して働きかける主体として作り上げるところの権力」「それを通じて、われわれが、われわれ自身を、道徳的な行為者として作り上げるところの倫理」の三つである。[31]

もちろん、本書の探究は「歴史的存在論」プロパーではない。だが、右の引用で照射されているのと似た枢軸は、わたし自身がそこに身を浸している、戦後極東の半世紀を通じて育まれた歴史的無意識のなかにひそんでいる。その枢軸を支える特異な概念空間に、〈動物の行動〉および〈動物の社会〉という見出し語を付すことができる。

(1)わたしは、自分は何ものかという真理への問いを、動物の社会的存在と連続した位相において捉えることへと

31　ハッキング、イアン　二〇一二（出口康夫・大西琢郎・渡辺一弘訳）『知の歴史学』岩波書店、三－四頁。

いざなわれている。
(2)「人間は動物と同じだ」あるいは「決定的に異なる」といった命題が、わたしを他者に働きかける主体へと形成する権力作用としてはたらく。
(3)わたしがみずからを動物と連続した存在であると捉え、他者に向けて動物的な〈行動〉を投げかけるならば、それは、わたしの周囲に大小の道徳的波紋を生じさせる。極端な場合には、わたしの〈行動〉は処罰の対象となる。逆に、わたしが両者の不連続性を強調し、文化的存在としての他者にのみ〈行為〉を向けるのであれば、わたしは「口答えしない動物」を一方的に制圧する生政治にとめどなく順応し続けるだろう。
(1)〜(3)の命題群から発する緊張と不安こそ、探究全体を通じてけっして手ばなしてはならない導きの糸なのである。

四　言語という分断線

人の定義

動物と人の境界を探るという企てを始めるからには、「人」という概念を曖昧にしておくのは無責任であろう。わたしなりの定義を提案することを試みよう。

「人」という字をつくづく見つめる（この本を書きながら繰り返しやったことだ）。そのときみずからの思考が、象形文字を起源とする漢字の表意性に深く規定されていることをあらためて思い知らされる。いまさらいうのも月並だが「人」は二本の脚で立っている。ここで本書のもっとも重要な主人公・今西錦司に唐突に登場してもらおう。今西の、ざっくばらんで、しかも決断力に満ちた文体は長い探究に乗りだそうとするわたしを勇気づける。

人類とか人間とかいかにも心やすそうにいうけれども、さてこれをどう定義するかということになると、これはいささかめんどうである。だれもが好きかってな定義をあたえたのでは、まとまりがつかない。わたしはまだ「人類とはなにか」といったような試験問題を出したことがない。だが問題を出す以上は、あらかじめ提出者がわに、正解というものが用意されていて、それにぴったりの答案には一〇〇点、それからはずれたものには、はずれた度合いに応じて減点するというのが、試験というもののたてまえである。どんな答案でもよいというわけにはいかない。／もし、この問題に対する答案のひとつとして、「人間は動物の一種である」というのが出てきたら、何点もらえるだろうか。よろしい、この答案なら六〇点、つまり最低ぎりぎりで及第点を与えよう。つぎの答案は「人間は政治的動物である」ときた。なんだアリストテレスの『政治論』のことばじゃないか。動物という字がはいっているから、まあ七〇点というところか。つぎは「考える葦」。困りましたな、考える動物としておいてくれればよいのに、これでは及第点をあげようにもあげられない。／提出者がわの正解を披露しておこう。「人類とは、直立二足歩行するようになったサルである」。これをいいかえると、サルが直立二足歩行するようになったときが、人類の誕生にあたり、そこから人類の歴史がはじまる、ということでもある。[32]

これは「人類」の定義として完璧かもしれない。だが、わたしの探究はまだ「人類」という概念に到達していない。また、第一章で基盤づくりをする現象学的実証主義に固執するならば、自然主義的な知識はいまの段階では注意ぶかく括弧入れしておく必要がある。何よりも「サル」というカテゴリーを知らない人には、今西の定義は意味をなさない。

NK——おまえのいう「サル」とはどうやらチャクマヒヒ《ツォネ》と似たやつらしいな。ツォネはこの土地にはほとん

32 今西錦司 一九六八『世界の歴史1 人類の誕生』河出書房、一六−一七頁。

ど棲んでいない。たぶんやつらは水を飲まないと生きていけないから、からからに乾ききった冬《シャオ》と春《コー》をのりきれないんだろう。いままでに何回ツォネを見かけたかなあ。片手の指で数えられるほどだよ。雄が一頭だけでうろついていたっけ。ツォネのことでひとつ思い出したことがある。われわれは昔、白人が車でやってきても、藪の蔭に隠れて近づかなかった。うっかり近づいて挨拶した男に、白人は変なことをしたそうだ。やにわに彼のふんどしをまくりあげて、ケツをしげしげと見たんだとさ。その話を聞いた物知りな男がその白人の奇妙なふるまいのわけを説明してくれた。白人どもはおれたちを「ブッシュマン」つまり「藪の人」って呼んでるそうだ。われわれが自分たちを指して呼ぶ「グイ」ってことばは、もともと「棘だらけの木がたくさんある藪」って意味だから、「ブッシュマン」ってのは正しいことばだ。だがなあ、白人は「ブッシュマン」が人ではなくてツォネの親戚じゃないかと疑っているらしい。だから、ツォネみたいにシッポがあるんじゃないかって思って、それを確かめるためにふんどしをめくったのさ《笑》。

天才犬の思考実験

わたしは今西の魅力的な定義を離れ、迂回路をたどることにする。そこで出遭うのが、米国のホラー小説作家ディーン・R・クーンツだ。彼の『ウォッチャーズ』という作品はひとつのヒントを与える。

――主人公の男は一人旅をしているとき、放浪する一頭の雄のゴールデン・レトリヴァーに会い仲良くなる。やがて、この犬が尋常ならざる知能をもっていることがわかり、アインシュタインと命名する。「彼」は国家安全保障局が管轄する研究所で人工的に知能を増強された生物兵器だった。研究所から脱走した「彼」を、悪鬼のように恐ろしいキメラ怪物が追ってくる。いっぽう主人公は、悲惨な半生を過ごしてきた女と偶然知りあい恋仲になる。二人は試行錯誤を重ねながら、犬との交通を深めてゆく。最初は、口頭の質問に「イエス」ならシッポを振り、「ノー」なら一声吠えるという方法で、犬の理解力を推測しようとする。やがて犬は文字を読めるようになり、大量の絵本を黙読することを通過し、最終的にはスクラブル・ゲームに使うアルファベットの書かれたタイルを並べることによって、自分の考えを伝えることができるようになる。怪物との闘いを含む波瀾万丈の物語の結末では、「彼」は雌のゴールデン・レトリヴァーとのあいだにもうけた何頭もの息子・娘たちに囲まれて暮らしている。幸いにも「彼」の知能は優性遺伝子に支配されていたので、生まれた仔犬たちはみな同じ能力を受け継いだ。母犬の「ミニーはときおり彼女の夫と子どもたちを、彼らのふるまいや変わったしぐさにとまどいながら、だが魅入られたように眺めていた。彼女には彼らを完全には理解できなかったが、どんな母犬でもその半分も受けとれないような愛情を、自分がこの世に送り出した子どもたちから受けとっていた。」夜になると、主人公夫妻はアインシュタインとともに、床にIBMコンピュータが置かれた部屋でくつろぐ。

アインシュタインは口に操作針をくわえると、キーボードをたたいた。メッセージがスクリーンに表われた。『みんなすごくはやく大きくなっている』／「ほんとうにそうね」ノーラ〔主人公の妻〕が言った。「あなたたちの子どものほうが、わたしたちの子どもより大きくなるのがはやいのよ」[33]。

この虚構は重要な思考実験の機会を提供する（ただしその限界は、本節の最後で、別の径路をたどって批判する）。犬がアルファベット・タイルを並べて人に「話しかけて」きたとたん、人はもはやその犬を人として扱わざるをえない。「首輪がきつくて苦しいよ」とうったえる犬を繋ぎっぱなしにしておくことなどできない。もっと現実味をおびた想定だが、人の訓練によって人工的な言語体系をマスターしたボノボたちがいつもタブレット端末を携えておたがいに交通しあっていれば、かれらは人とみなされざるをえない。この思考実験から浮かびあがるひとつの可能性は、身体の類似性は人であることの必要条件ではないかもしれないということである（本節の最後で再考する）。右の物語では、アインシュタインとその一族は、ゴールデン・レトリヴァーの美しい金色の毛を身に纏い（聖女アグネス！）、長い舌を出してあえぎ、シッポを振り、痛ければキャインと鳴くことにおいて、あ

33　クーンツ、ディーン・R　一九九三（松本剛史訳）『ウォッチャーズ　下』文春文庫、三八四頁。

いかわらず犬としての身体である。だからこそ、まったく異なった身体をもつ実存どうしが交通しあうことの奇蹟的なまでの祝福が、主人公たちを包みこむのである。

そこで、人というカテゴリーの定義を提案する。このとき依拠するのが、認知科学における放射状カテゴリーの理論である。プロトタイプ理論によれば、自然言語の意味論を成り立たせている概念カテゴリーのほとんどは、放射状カテゴリーである。[34] それは内包あるいは必要十分条件では定義されえず、このカテゴリーのもっとも典型的な例（プロトタイプ）を中心におき、その周囲に、より非典型的なメンバー（要素）が放射状に配列されるという内的構造をもつ。〈人〉という放射状カテゴリーのプロトタイプは《ことばで仲間と交通する》ことである。先天的に言語能力を欠落させたメンバー、あるいは（自閉症と名づけられる障害をもつわたしの長男のように）特徴的な構語不全を示すようなメンバーは、このカテゴリーの「周辺例」とみなされる。わたしは、言語こそ人と動物を隔てるもっとも深いルビコン河であるという古典的な見解に大すじで同意する。言語がいかにして展成したのかをめぐる諸説についてはすでに別稿で論じた。[35] ここでは、言語能力がヒトという種に特異的に具わった本能である、という有名な学説を紹介するにとどめる。

言語の本能説

チョムスキーがその生成文法理論において、人類は生得的な「文法器官」を具えて生まれると主張したことはよく知られている。ピンカーの啓蒙書に依拠して要点を述べる。

——統辞の際立った特徴は樹状構造をもつことである。この構造は次の規則に濃縮される（品詞の語順は英語にしたがう）。(1)名詞句：自由に選択される一つの限定詞＋任意の数の形容詞＋一つの名詞で構成される。(2)文：名詞句＋動詞句で構成される。(3)動詞句：一つの動詞＋一つの名詞句で構成される。規則(1)で定義される「名詞句」は、規則(2)と(3)に埋め込まれている。同様に(3)で定義される「動詞句」も(2)に埋め込まれている。「文」は、原理的にその内部に無限の入れ子を含みうる構造体なのである。この性質を再帰性と呼ぶ[36]。

統辞規則の生得性を示唆する事例を三つ列挙する。(イ)奴隷貿易や出稼ぎ移民による多言語状況のなかで生まれたピジン（混成共通語）は、語順変化しやすく文法らしき規則は認められない。だが、母語を獲得する臨界期以前に子ども集団が親から引き離され、ピジンを話す人びとのもとで育てられると、クレオールが出現する。これは母体となったピジンに欠けていた文法形式を具えた真正の言語である。同様のプロセスは手話言語でも観察された[37]。(ロ)生後一年より前から幼児は単語を理解し始め、その後、一語期の段階が二－一二ヶ月続く。生後約一八ヶ月から言語の「離陸」が始まる。新しい単語を二時間に一つずつ憶え、約一八歳までこのペースを維持する。二語文の時期では発話の九五パーセントで正しい語順を使う。さらに、二歳半〜三歳半にかけて爆発的な発達が見られる。再帰性が獲得され、文法ミスの発生率は八パーセント以下にすぎない[38]。(ハ)特定言語障害《SLI》をもつ人は母語の文法運用に欠陥がある。その発生率は人口の三パーセントであるが、ある家系の三世代を調査すると、五三パーセントがSLIだった。この障害は、常染色体上の単一の優性遺伝子によってひき起こされると推測される[39]。

言語の身体化

たとえ短い文でも、単語をランダムに配列したとすれば、可能な文は天文学的な数にのぼる。試行錯誤に

34 レイコフ、ジョージ　一九九三（池上嘉彦他訳）『認知意味論――言語から見た人間の心』紀伊國屋書店。
35 菅原和孝　二〇一五「〈語る身体〉の生成」大澤真幸編『岩波講座　現代　7　身体と親密圏の変容』岩波書店、二一－四六頁。
36 ピンカー、スティーブン　一九九五年（椋田直子訳）『言語を生みだす本能（上）』日本放送出版協会、一三三－一三四頁。
37 同書、四〇－四九頁。
38 ピンカー、スティーブン　一九九五年（椋田直子訳）『言語を生みだす本能（下）』日本放送出版協会、三七－六八頁。
39 同書、一三八－一四〇頁。

よって正しい語順に到達しようすれば、幼児期の数年ではとても時間が足りない。この「時間不足」を論証するいくつもの試算がある。[40] だから文法能力が生得的であるという仮説は、人間は白紙《タブラ・ラサ》で生まれ、言語を含むあらゆる能力を正／負の強化学習によって獲得するという心理学の教説より説得力がある。しかし「身体化」(embodiment) 理論の牽引者であるジョージ・レイコフとマーク・ジョンソンは、チョムスキー理論がデカルト主義に基礎をおき、統辞を意味論から切り離された形式的シンボル操作に還元することを批判した。[41] 右の(1)の名詞句の定義に含まれる「任意の数の形容詞」の順番には何の規定もない。だが、英語で名詞の前に形容詞を連ねるとき、"the beautiful big old red wooden house"〔きれいな大きくて古くて赤い木造の家〕という名詞句はこの語順しか許さず、五つの形容詞の順番を入れ替えると英語の自然な感覚に反する。事物への内在性が強い属性ほどその事物の近くに置かなければならないからである。形容詞の語順という統辞的な特性は、身体（この場合は「家」）に根ざす類像性《アイコニシティ》によって動機づけられているのである。[42]

もうひとつ、生成文法理論では純粋に統辞論的な規則とみなされる「協応構造制限」の例を挙げよう。"What did John eat and Bill drink ?"〔何をジョンは食べ、ビルは飲んだの?〕は文法的だが、"What did John eat hamburgers and Bill drink ?"〔何をジョンはハンバーガーを食べ、ビルは飲んだの?〕は非文法的である。[John ate hamburgers] and [Bill drank beer] のような二つの合接節が協応構造をつくるので、《ある構成要素を協応構造の外に移動させるためには、それをすべての合接節の外に移動させねばならない》という制限が働くのである。すなわち "What did [John eat ___] and [Bill drink ___] ?" でなければならない〔アンダーバーは移動した項が残す痕跡として理解される〕。だが、この制限には反証例がある。"How much can you [drink ___] and [still eat Chinese noodle] ?"〔どれだけあなたは飲んで、しかもラーメンを食べられるの?〕という文にはなんの欠陥もない。これは前節と後節とが出来事の自然な因果的連なり（ひき起こす／可能にする）あるいはその否定（妨げる）で結ばれているからである。大量飲酒は大盛りラーメンを平らげることを妨げない。協応構造制限なるものは純粋に統語論的な規則などではなく、意味論的なフレームを抜きにしては理解できない[43]。

言語の本能説の正否にかかわらず、文法が意味に浸されている——ひいては身体によって動機づけられているという視点を手ばなしてはならない。このように考えるならば、「天才犬」の思考実験がもつ限界が露わになる。クーンツは優れたエンタテインメント作家であるが、残念ながら、身体と言語の連関について根源的に思考することを怠った。犬と世界との関わりをもっとも根本的に支えている知覚こそ嗅覚である。人の言語は、色彩を分節化するようには匂いを語彙化することができない[44]。匂いはその源となるものの名を借りて換喩的に言及されるだけである。犬の生きる嗅覚空間の大きさを一つの納屋の容積で表現すれば、人が知覚できる嗅覚空間はその片隅に置かれたパン箱ぐらいの大きさしかないという。「われわれはあらためて犬の性格の良さに感謝しければならない[45]。」このようなすばらしい身体をもった犬が、どんなに「知性」が増強されたからといって、その大脳にだけ人と同質の言語能力を宿らせると空想することは、たとえそれがSF作家の拵えた絵空事なのだとしても、優れた虚構に不可欠な「リアリティ」から遠ざかることである。ここには「人の定義」をめぐる思考につねに取り憑く主知主義の罠が顔をのぞかせている。このように考えると、私たちは、メルロ＝ポンティのつぎのような観察の重要性にあらためて気づかされる。彼は、手のない人間とか「性的系統」をもたない人間とは、思惟をもたぬ人間と同じように仮想することさえできないと論じる。

---

40 D'Andrade, Roy 1995 *The Development of Cognitive Anthropology*. Cambridge: Cambridge University Press, p. 10.
41 Lakoff, George & Johnson, Mark 1999 *Philosophy in the Flesh: The Embodied Mind and Its Challenge to Western Thought*. New York: Basik Books, pp. 479-480.（計見一雄訳『肉中の哲学——肉体を具有したマインドが西洋の思考に挑戦する』哲学書房、二〇〇四年）
42 *ibid.*, p. 465.
43 *ibid.*, pp. 489-493.
44 スペルベル、ダン　一九七九（菅野盾樹訳）『象徴表現とはなにか——一般象徴表現論の試み』紀伊國屋書店。
45 チャーチランド、ポール・M　一九九七（信原幸弘・宮島昭二訳）『認知哲学——脳科学から心の哲学へ』産業図書、三五頁。

人間にあっては一切が必然であって、たとえば、理性的な存在がまた同時に足で立つ存在でもあり、あるいは手の親指を他の指と対置させることのできる存在でもあるということは、単なる偶然的符合ではなくて、いずれの事象にも、おなじ存在仕方が表示されているのである。人間にあっては一切が偶然であって、それというのも、人間のこの存在仕方が一切の人間の子供にたいして、〔中略〕何らかの本質によってあらかじめ保証されているわけではなく、それは彼のなかで、客観的身体のさまざまな偶然事をつうじてたえずつくり直されねばならぬからである。[46]

「思惟／理性をもつ人間」もまた〈人〉というカテゴリーのプロトタイプにほかならないという認識を当時のメルロ＝ポンティがもっていなかったことは注意すべきである。だが、直立二足歩行や拇指対向性といった身体特性が人間性にとって偶然であるとともに必然でもあるという洞察の重みが、このような揚げ足とりによって損なわれるわけではない。そうだとすれば、先ほど示唆した、「身体の類似性は〈人〉であることの必要条件ではない」という命題は再考を迫られる。たしかに、抽象的な本質論の水準においては、この命題は真であろう。だが、人と犬をともにこの世界に投錨した身体的実存であるとみなすならば、右の命題は経験的にも現象学的にも空疎である。人が「このような」言語世界を生きているという事態は、ヒト的な身体によって根本的に動機づけられている。それは私たちの想像が到底およばない豊穣な嗅覚世界が、あの犬的な身体（長い鼻づら、うごめく鼻孔、頭を低く地面に垂らした四足での歩行）と不可分であることと同じである。

46 メルロ＝ポンティ、モーリス　一九六七（竹内芳郎・小木貞孝訳）『知覚の現象学 1』みすず書房、二八一頁。

第 I 部

源流への遡行

第一章 現象学から自然誌へ——登攀路の探索

柔毛を焼いたヤマドリの肉がたっぷりつまった重い胴の列に雪が積った。僕は一羽ずつヤマドリを強く打ちあわせて雪を払いおとした。それはドスンと音を立てて胃に響いた。[47]

一　生きた私への密着

わが青春のメルロ=ポンティ

グイの日常会話を分析した二巻本の冒頭で、わたしはメルロ=ポンティが『知覚の現象学』の序文で提示した「現象学的実証主義」を自分も採用すると宣言した。[48] メルロ=ポンティへの傾倒は、この探究でも太い軸になっているので、それを発端にまで遡ってたどりなおす。この主題をいささか感傷的に語る小文を公表したことがある。あまり人目にふれる機会のない文章なので、以下に再録する。タイトルはこの小節の表題と同じである。

メルロ＝ポンティの話をするのに、サルトルからはじめるのも妙なものだが、わが青春の出会いを語るためには、しかたがない。高校二年生のころだったが、なぜか家にあった『嘔吐』を読んで私はほとんど陶然となった。とくに、ラスト近くで、アントワーヌ・ロカンタンが黒人女性の歌うジャズを聞き、〈書く〉ことにひとすじの光明を見いだすというシーンは、その後の私の生きかたに大きな影をおとした。それまでひたすら動物学者になってアフリカに行くことをめざしていた少年は、そのころから〈自己を表現する〉という近代の病に取り憑かれ始めたのである。

バリケート封鎖された大学に入学してほどなく、フランス語を第二外国語として選択した「花のSワン」（理学部1組のこと――デモへの動員率が一番高いクラスだったためにこう自称していた）のクラスメートたちのあいだには「科学」という制度への深い幻滅が瀰漫し始めた。それでも、大学闘争の潰滅とともに、物理学を志す友人たちはこつこつと『ファインマン物理学』の読書会を始めたりしていた。そんな「秩序」への復帰を横目でみながら、幾人かは、「人間についてわかる学問をする」ことへと転向していった。私は同じ下宿の友人と二人だけの読書会を始めた。その本が『行動の構造』であった。

サルトリアンであった私の目には、メルロ＝ポンティは左傾したサルトルと訣別してしまった気難しいおっさん、として映っていた。だが、この本は、まさに「動物学から人間学へ」の転回を模索していたわれわれにとって、絶好のバイブルとなった。とくに私をつよく励ましたのは、動物の行動の構造を「癒合的形態」「可換的形態」「象徴的形態」の三つに区別しつつ、統一的に記述しようとする視座であった。たとえば著者はいう――行動の諸動作は動物にとっての存在、すなわち〈種〉のある特徴的環境をめざし、世界を扱うある仕方、「世界にあり」「実存する」ある仕

47　大江健三郎　一九六七『万延元年のフットボール』新潮社、二二六頁。
48　メルロ＝ポンティ、モーリス　一九六七（竹内芳郎・小木貞孝訳）『知覚の現象学1』みすず書房、一八頁。菅原和孝　一九九八『語る身体の民族誌――ブッシュマンの生活世界Ⅰ』京都大学学術出版会、八‐九頁。

方を透明に見せてくれる、と。

私は、いまでも、このような視点は動物行動学に認識論的な基礎をあたえる可能性をもっていると信じている。しかし、その後、四分の一世紀の動物行動学、霊長類学、あるいは神経生理学の歩みをふりかえるなら、現実には、メルロ゠ポンティがあれほど執拗に批判した機械論的・局在論的な考えかたが勝利をしめたかのように思われる。それとともに、近年の「サル学」は、「サルを見ることからどのような人間理解が生みだされるのか」というもっとも根源的な問いに対して、まともに答えていないようにも思える。経験科学の成果を批判的に咀嚼しながら現象学的な行動理論を構築しようとする試みが、良い意味での「擬人主義」の伝統を色濃くもっていたわが国の「サル学」の内部で行なわれていたならば、状況はよっぽど違ったものになっていただろう。もしメルロ゠ポンティが、現在明らかになっている野生霊長類の社会の実態を知っていたなら、彼は、チンパンジーやゴリラをどのような「実存」として描き出していたのであろうか。

若いころの私がメルロ゠ポンティを愛したもうひとつの理由は、彼の透明な淡々とした文章のところどころに、つい、うっかりと、といった感じで彼自身の人生実感のごときものがもらされていたからかもしれない。それら何気ない表白はいつもかすかな哀しみに彩られていた。「にせの芸術、にせの敬虔さ、にせの愛などは、ジュリアン・ソレルの神学校仲間のように意味ある行為をなそうと努めるのであって、それらは人生に借りものの意味しか与えず、……」。もとの文脈はおぼえていないのに、こんな一節がいつまでも心にのこった。さらに、馬齢を重ねるにしたがって、私は、あのとき自分が予感した生の哀しみはこれのことだったのか、という既視感に襲われることがたまにあった。『知覚の現象学』のなかでも私をもっともひきつけた「無名の実存」に関する記述──「私が悲嘆におしひしがれ、すっかり心労に疲れ切っているあいだにも、すでに私のまなざしは前方をまさぐり、ぬかりなく何か輝いた物をめざしており、こうして自分の自立した生存を再開している」。

もうひとつだけ告白すれば、私は、学部を卒業する直前に味わった手ひどい失恋を通じて、「性的存在としての身体」という章をわがこととして理解することができた。——「まるで河の氷が溶けるように、他者や未来や世界へと向かう実存の運動が、ふたたびもり返して来ることもできるのである。あの患者が失声症から回癒したのは、知的な努力とか意志の抽象的な指令によってではなく、むしろ、身体の全体を凝集した一つの回心によってであり、一つの真実の所作によってであろう」。ことばによる決意は、私の感情生活の座礁をなんら乗り超えはしない。ただ、「意志よりももっと低いところから湧き上がってくる無記名の力」に身をまかせるしかないのだ。それは、私にとって、とてもすがすがしい認識であった。

結局のところ、メルロ＝ポンティが私に教えてくれたのは、〈ことば〉に基づいた知性の無力さに苛まれながら、なおかつ生の不思議さを柔らかい〈ことば〉で記述しつづけようとする粘りづよい意志であったような気がする。それはもはや、ロカンタンを閃光のように襲った歌声のような、〈表現〉へのロマン主義的な憧れからはほど遠いものかもしれないが。

青年期を過ぎてから哲学書を読む機会はめっきり減った。畏友、鷲田清一氏の『分散する理性』も、その少なからぬ箇所は、私にはまるでお経のようで、呆然としたりもする。しかし、人類学の調査のためにアフリカの原野で肌を陽に焦がしながら歩きまわっているとき、私は、フィールドワークというのも、じつは、「無記名の力」に身をあずけ、身体をまるごと凝集した了解へと至る一つの方法ではなかったのか、とふと思うことがある。[49]

ひとつだけ訂正すれば、彼がサルトルよりもずっと年季のはいった左翼であったことをわたしはのちに知った。だから「左傾したサルトル云々」は不適切な記述であった。右の文を書いてから五年後に、『感情の猿＝人』という理論書を上梓した（以下、『猿＝人』と略称）。[50] そこでは、人とサルが感情的な実存として連続しているとい

49　菅原和孝　一九九七「わが青春のメルロ＝ポンティ」鷲田清一著『メルロ＝ポンティ——可逆性（現代思想の冒険者たち　第18巻）』講談社、綴じ込み冊子、四－八頁。

う主張を展開した。感情とは個体の内部に措定される心理的な実体ではなく、行為空間の構造と不可分な、表情をおびた身ぶりである。それは〈群居性〉という社会性霊長類の傾性に根ざした、他者へ向かうもっとも根源的な動機づけである。感情とは共在を駆動するエンジンであり、交働の奥行きなのである。この議論においてわたしが頼ったのが、メルロ＝ポンティの遺稿に表明された〈道ひらき〉の思考だった。[51] 彼の生前に刊行された最後の著書から、道ひらきの前段階となるフッサールをテーマにした講義を参照し、探究の方向性を定める。

「私から切り離すことのできないもの」とは何か

まず、一九五〇〜五一年にかけてパリ大学文学部で開講された心理学概論の講義録に注目する。邦訳からの直接引用ではなく、簡略化してある。[52]

メルロ＝ポンティ――フッサールは、『論理学研究』第一巻で、おおよそつぎのようなことを述べています。「われわれの思考の法則は、すなわち、われわれにとっての存在の法則なのだ。それらの法則の及ぶ範囲が、われわれが肯定しうるすべてのものの範囲を完全に覆うからである。たとえ、われわれがそれとは矛盾するような法則、たとえば、何か超人間的な思考を想定しようとしても、この新しい原理に何らかの意味を認めるためには、それを自分自身の思考法則のもとに包摂しなければならない。だとすれば、そんな超人間的思考など、われわれにとっては無きに等しい」と。たとえば、人類の思考法則とまったく違った天使の思考なるものを考えてみましょう。その思考がわれわれの思考法則にかなっていなければ、「彼」〔?〕を〈思考する者〉と考えるわけにはいきません。人類とまったく違った法則にしたがって思考するような天使は、私によって考えられることもありえないし、そんな天使を思い描くとき、じつは私は何も考えていないのです。かくして、思考の普遍性は、ただひたすら私の思考が生きた私に密着しているという事実によって基礎づけられることになります。その私の思考がすべての人間にとっての規則であり、すべての存在の規則でもあるということを確信するには、思考者である限りでの私が、真に本質的なもの、つまり思考のなかでどうしても私から切り離すことのできないようなものにだけ眼を向けながら〔強調は引用者〕自らの思考原理のリストを作成した、ということを確認しさえすれば十分なのです。したがって、ここには現象学的実証主義〔強調は原文〕とでもいうべきものがあるのです。それは、合理性、多数の人の一致、普遍的論理といったものを、〈事実〉に先立つ何らかの権利によって基礎づけることを拒否する態度なのです。

ここには、「現象学的実証主義」のこのうえなく明確なマニフェストがある。ただ、それに賛同するまえに、メルロ＝ポンティがフッサールから受け継いだ「超人間的な思考の不可能性」というテーゼを吟味する必要がある。SF《スペキュレイティブ・フィクション》（思弁小説）というジャンルを文学のもっとも豊かな可能性と考えるわたしにとって、彼らの言明はあまりにも頑迷に思える。惑星ソラリス全体を覆う原形質の海は、人類とはまったく異なった思考の可能性を突きつける。[53] 現代SFでは、クモヒトデのように分散した神経節によって活動する、中枢をもたない知性体さえ描かれる。この作品が提示する衝撃的な洞察は、知性にとって自己意識は必要条件ではない、ということである。[54] SF作家は、自らの奔放な想像力と脳神経科学の知見とを資源にして、超人間的な思考の法則さえをも、生き生きと〈写実する〉。天使の思考を空想するわたしが「じつは何も考えていない」と言いきるのは偏狭である。

だが、この留保は、そのあとの現象学的実証主義を展望する道すじを損なうものではない。核心は「どうしても私から切り離すことのできないようなものにだけ眼を向けながら」思考を組み立てるということである。だが、「どうしても切り離すことのできないもの」とは何であろう。虚構についてはのちに再考するとして、いまは単

50 菅原和孝　二〇〇二『感情の猿＝人』弘文堂。
51 メルロ＝ポンティ、モーリス　一九八九（滝浦静雄・木田元訳）『見えるものと見えないもの』みすず書房。
52 メルロ＝ポンティ、モーリス　一九六六（滝浦静雄・木田元訳）『眼と精神』みすず書房、一九－二〇頁。
53 レム、スタニスラフ　一九七七（飯田規和訳）『ソラリスの陽のもとに』早川書房。
54 ワッツ、ピーター　二〇一三（嶋田洋一訳）『ブラインドサイト』東京創元社。

純に、それはわたしが知覚する事象であり、じかに経験する出来事であると答えることができる。けれど、知覚と経験のただなかで、緻密な思考を組織することは不可能であろう。すると、思考の土台は、直接的に知覚し経験した〈事実〉に関わる〈記憶〉だということになる。

このように考えると、プロローグの意味があらためて照らされる。幼少期から始まっていまに至るまでにわたしが直接経験したすべての〈事実〉から探究を開始すればよいのだ。だが、この論証はあまりに素朴である。「臼挽き牛」で露呈されたような記憶の改竄と抑圧のことはいま脇におこう。けれど、わたしが半生にわたって繰り返し想起し「上書き」した記憶が、喪われたわたしの知覚/経験そのものに非常に近い似姿《シミュラクル》であると、ごく甘く採点したとしても、深刻な問題がのこる。それは、ほかでもない、何が〈事実〉であったのかということである。プロローグに書いた逸話のすべてを実際にあったことと認めてもよい。幼いぼくはたくさんのアリを糸巻きで潰して殺した。けれど、その「禁じられた遊び」を動機づけた『宇宙戦争』という虚構は、同じ資格で〈事実〉なのか。いやそもそも人喰いライオンが横行していた「ナイロビ国立公園」という空間の一局域は〈事実〉として存在していたのか。『幽霊』の主人公は、叔父からプレゼントされた原色写真入りの昆虫図譜を見て、自分が「あまりによく見知って」いた昆虫たちの名称を「むさぼるようにうけいれた」。だが、こうした文字情報のすべては直接経験とは異なっているのではなかろうか。わたし自身から「どうしても切り離すことのできないもの」に到達するためには、わたしは間接性としてわたしに到来したありとあらゆる表象を遮断しなければならないのではないのか。この困難な問いを正面から引き受けた探究者こそフッサールであった。

二　現象学的還元という名の破壊

……聴講者の注記――フッサール先生を冥界から召喚するにあたり、わたしが依頼したことは二つある。第一に、現象学的還元という方法の特徴を浮き彫りにすること、第二に、自然主義、ひいては科学一般と先生の思考とがどんな位置関係にあるかを明らかにすることである。邦訳の丁寧な訳注はポール・リクールの精密な読解をしばしば参照している。フッサール自身がみずからの作業を「破壊」とよんだわけではなく、リクールの見立てである。以下の講義録における強調（傍点）は、断わりのないかぎり、聴講者によるものである。邦訳でしばしば使われる引用符「　」のうち、術語というより重要部分を浮き立たせる標識とみなせるものは、アングル〈　〉に置き換える。

基礎づけの徹底[55]

フッサール——哲学は究極的な基礎づけの学である。私たちは超越論的経験の理論を獲得することをめざすが、まずこの経験を記述することが肝要だ。そのためには、自然的な世界経験がつねに依拠している態度を根本的に変更しなければならない。この態度変更こそが超越論的現象学の領圏へいたる通路になるので、それを「現象学的還元」とよぶ。自然的で素朴な態度から現象学的に「接近しうるもの」を摑みとることをめざして経験を深めれば、それ自身において完結し連関しあっている固有な本質の場を所有するだろう。私たちが自然的かつ素朴に認めている客観的世界が現に存在することは、無数の現実的・可能的経験によって支えられている。私が固有本質の場とよぶもののなかに、これらの経験のすべてが属している。しかもこの場は特別な統覚を含んでいて、それによって身体と心を具えた人間であるという事実が私に妥当するようになる。この固有本質の場を自我とよぶ。自我こそが世界の存在に妥当性を付与する根拠であり、それは絶対的に定立される。

私たちは「内的経験」にだけ従い、人間的身体性が関与するような心理物理的な問題はいっさい斥ける。素朴に端的に私にとって存在するものの全体としての世界一般といったものは、現象学的エポケー（括弧入れ／判

55　フッサール、エトムント　一九七九（渡辺二郎訳）『イデーンⅠ-Ⅰ——純粋現象学と現象学的哲学のための諸構想　第1巻　純粋現象学への全般的序論』みすず書房、一二一-一二七頁。／同書、三二一頁／同書、一〇〇頁。

断中止〉によって、その存在妥当を失う。自然的経験にもとづくこの世界に関するいっさいの判断も、すべての実証的な諸学問とともに排除される。現象学的な観念論の課題は、この世界が現実に存在するものとして妥当していることの根拠をなす、その意味を解明することにある。現象学が包含するのは、基礎づけの徹底主義であり、絶対的な無前提性への還元である。自然研究者は、観察と実験によって、経験される現実存在を確認する。経験する働きが彼にとっては間接的な基礎づけなのである。これに対して、私たちが追求する形相的学は、経験的学の認識成果をおのれに編入することを原理的に排斥する。私たちは哲学さえ前提とする必要はない。かくも疑問の余地の多い、怪しげな「学」によりかかかった依存的態度とはきっぱり手を切らねばならない。右に述べた根本的な確認において、私は哲学の概念を何ひとつ援用しなかった。

経験主義批判

経験主義的な自然主義が高く評価されるべき動機から発していることは認めよう。自然主義もまた認識実践上のひとつの徹底主義なのである。その徹底性は事象そのものに準拠するという決意に集約される。だが、経験主義者はこの決意を別の表現にすり替えてしまう。あらゆる学は経験から出発しなければならず、間接的認識は直接経験に基づかねばならない、というのである。〈事象そのものへの還帰〉という根本要求が、〈すべての認識の経験による基礎づけ〉という要求と混同されてしまう。だが、事象とはそのまま自然事象であるのではなく、通常の意味での現実が現実一般であるわけでもない。真に先入見がないということは、あらゆる証明の基盤として直接的に妥当する判断を要求する。この判断は、おのれの妥当を、直接的に原的に与える働きをする直観から引きだす。直接的に〈見る〉こと、感性的な経験としてだけでなく、原的に与える働きをする意識であるかぎりの〈見る〉ことこそ、あらゆる理性的主張の正当性の源泉である。ただし、ある主張が正当性の根拠を経験のうちにもっているように見えても、経験の進行につれてその主張が反対の正当性によって凌駕されることもある。私は、経験の代わりに、もっと普遍的な作用である「直観」を樹てる。私たちは、いっさいの理論化が開始される以前に直観的に与えられるものから出発する。「実証主義」を、先入見に囚われずに原的に把握されうるものの上にいっさいの学問を基づける営みであると解するなら、私たちこそ真正の実証主義者なのである。私たちに対し、生身のありありとした現実性において呈示されるすべては、それが自分を与えてくるとおりのままに〈ただしその限界内において〉、端的に受けとられねばならない。どんな理論も、自分の説く真理を〈原的な所与性〉から汲みとってくるしかない。[56]

自然的態度からの出発と括弧入れ[57]

ごく普通の生き方をしている人の身になってみよう。私の周囲には直接的に意識されているものたちがある。それらが存在することを私は「知っている」。この〈地〉はもともと概念的思考を含んでいないが、そこへ注意が向けられるとはじめて、知は明瞭な直観／把握としての知覚／確証的な経験へ転化してゆく。だが、その転化は部分的でしかない。〈手の届くそこに〉存在する世界は尽くされることがない。私は、めざめた意識において、自分が変更不可能な仕方で同一の世界に関わっていることを見いだす。自然的世界の所与性をどれほど懐疑しようと、自然的態度がなす一般定立になんら変更は及ぼされない。ただ、「仮象」「幻覚」などの名のもとに現存する世界から抹殺される事柄もありうる。

デカルトは、絶対に疑いえない存在領圏を明らかにするという、私たちとは別の目的のために普遍的懐疑の試みを遂行した。私たちも懐疑に手がかりを求めるが、それを方法的な便法として利用する。〈手の届くそこ〉に存在していると意識された何かを懐疑する試みは、定立をある具合に停止することを必然的に結果させる。この

56　同書、一〇二–一一七頁。
57　同書、一二五–一三四頁。／同書、一三五–一四一頁。

定立の停止は、定立を反定立に転化させることではなく、肯定を否定に転化させることでもない。私たちは、その定立を、〈作用の外に〉置き、〈スイッチを切って定立の流れを止め、定立を遮断する〉のであり、その定立を〈括弧に入れる《エポケー》〉のである。こうして、私たちは、自然的態度に属する一般定立に包括されるあらゆるものを、括弧のなかに置き入れる。私に恒常的に与えられている世界を、実践的生においていつもやっているようには受けとらない。自然的世界に関係したすべての学問を私は遮断する。これらの学問に帰属する諸命題は、たとえ完全な明証を具えていようとも、そのただひとつもわがものとして採用しない。

超越論的主観性[58]

だが、全世界が括弧に入れられたとき、何が存在としてなおも定立されるのか。この疑問に答えるためには、意識一般の本質に対する普遍的洞察が不可欠である。意識は、首尾一貫した内的経験において、本質的に連関しあったものとして把握される。それは開かれた果てしなさをもちつつも完結した一存在領圏として把握される。この領圏は〈内在的〉時間性という固有の形式を具えている。客観的世界の存在妥当を働きの外に置くことによって、意識という〈内在的〉存在領圏は実際の人間や動物に付着した実在的層としての意味を失うが、それはエポケーという態度変更のなかで、ひとつの絶対的な存在圏であるという意味を保持する。ここに開示される絶対的な存在領域こそ〈超越論的〉主観性である。この領域は、世界という全体的な実在領域の部分領域ではなく、そうした実在領域やそのなかのすべての特殊領域から原理的に区別される。それは、すべての世界を、現実的および可能的な「志向的構成」によって、〈おのれのうちに担う〉のである。

私たちは、現象学を、内在的な意識形態の記述として形成する。つまり、現象学的遮断の埒内において、体験流のなかで把握される出来事を純粋に記述する本質論を造りあげる。この埒内には、個的なものは寸毫も内属しないので、現象学にはいかなる「超越的な本質」も属さない〔超越論的ではないことに注意〕。「人間」「心」「人格」などはこうした超越的本質の一例である。私たちは、物理的自然と経験的自然科学とを遮断するばかりではなく、物理的自然の対象性に属する本質を研究する形相的な諸学〔幾何学、力学、純粋物理学など〕をも遮断する。同様に、心をもって活動する生きものに関するいっさいの経験科学、歴史の主体／文化の担い手としての人間や文化形態に関する、いっさいの経験的精神科学をも遮断する。現象学は他のすべての諸学問に絶対に依存しないのである。

……聴講者の当座の感想――サルトルとメルロ＝ポンティから出発したわたしは、彼らの先行者がフッサール先生であったことをすぐに知った。だが、当時、日本語で読むことができた先生の著作は限られていた。主著『イデーン』の邦訳が完結したのは、はるか時代を下った二〇〇九年である。先生の思考を孫びきでしか知らなかった青年が、彼を始祖とする現象学に惹きつけられたのは、時代がなせるわざであった。科学という制度に幻滅した「私たち」は、叛逆的な知を求めていたのである。いま、先生の仮想講義に耳を傾けると、先生の根源主義《ラディカリズム》が、予想をはるかに超える徹底性〔＝過激さ〕をおびていたことに驚く。だが、ここまで何もかも遮断してしまった果てにひろがる荒野に、先生は何を再建するつもりなのだろう。そんな不安をいだきながら、講義の続きを聞こう。

体験の記述[59]

所与性について考えよう。「そのものとして与えられている」ことを、「原的所与」つまり〈生身のありありとした〉ことと同一視してはならない。広義の所与性では、どんな表象物もみな表象のなかで〔たとえば「空虚な仕方で」〕与えられるからである。〈私は怒っている〉といった場合、怒りは明瞭で確固とした個別態として与え

58　同書、一四四－一四九頁。／同書、二五一－二五三頁。

59　フッサール、エトムント　一九八四〔渡辺二郎訳〕『イデーンⅠ－Ⅱ――純粋現象学と現象学的哲学のための諸構想　第1巻　純粋現象学への全般的序論』みすず書房、一七－三七頁。／同書、四八－五四頁。／同書、五五－五七頁。／同書、九二－九八頁。／同書、一一〇－一一二頁。

られるが、いったん怒りに反省をくわえるとそれは鎮静化し、急速に変様してしまうだろう。怒りは、知覚のようにつねに私を待ち受けるものではないし、実験によってたやすく産みだせるものでもない。これに対して、外的知覚はずっと入手の容易なものであって、反省によって「鎮静化・消滅」することもない。現象学的な本質形態は無限に多く存在するが、原的所与という補助手段を使用しうるのは、その限られた範囲においてにすぎない。現象学者は、原的所与として知覚や準現前化〔たとえば過去の記憶〕の典型を自由に参照できるが、あらゆる特殊形態に関してそれができるわけではない。制約のない本質探究は必然的に想像における操作を必要とする。それゆえ「虚構」こそが現象学的な生の要素をなす。「虚構」は「永遠的真理」の認識がその養分を汲みとる源泉である。記述的な諸概念は、幾何学が扱うような理念的概念ではなく、素朴な直観から直接取り出される本質を表現する概念である。現象学がめざすのは、超越論的に純粋な体験の記述的本質論である。

哲学的思考の枢要な力能である反省は、以前の体験について再度の想起を〈なしながら〉情報を与える。その以前の体験は、〈かつて〉は現在していた体験、かつては内在的に知覚可能であった〈だが、実際には内在的に知覚されなかった〉体験であった。喜びという体験を例に挙げれば、喜ばしい経過のさなかに反省的なまなざしが当の喜びの気持ちに振り向けられると、その喜びは内在的に知覚された体験に変わる。内在的知覚は、さっきまで反省とは別の仕方で意識されていた客観からまなざしを転じ、その客観についての意識のほうへまなざしを向けることによって成立する。この本質連関により、「私はAを想起する」という命題と「私はAをかつて知覚した」という命題とは、アプリオリに等値となる。

どんな体験についても、再生産の多様な様式において、相似の体験を作りだしうる。これを逆向きにたどると、すでに変様したどんな体験から出発しても、ある根元体験つまり「印象」へと連れ戻される。「印象」の核をなす事物知覚は、想起や想像的な準現前化に較べれば、より原的な体験である。事物知覚は、ひとつの絶対的に原的な位相、すなわち、〈生きいきとした今〉という契機をもつ。反省と同様、内在的な過去把持もまた絶対的な権利をもつ。ゆえに、体験は顕在的な〈今〉においてのみ確保されると考えることは背理である。まなざしをうしろに振り向けて「なおもまだ」というありさまで見いだされる直接的な過去把持を疑うことはできない。

私たちが本来の対象に注意を向けているあいだにも、多種多様な対象が〈現出していて〉、それらの諸対象も直観的に〈意識されて〉おり、対象領野の直観的統一をなして合流している。これが潜在的な知覚領野である。志向性とは、すべての体験をおのれのうちに含みこむ普遍的媒質である。快感、苦痛、くすぐったさなどを生みだす感覚的諸契機は、具体的な体験与件として、より包括的な体験の構成要素をなす。包括的体験は全体として志向的な体験であり、感覚的諸契機の上にこれらを〈生気づける〉意味付与の層としてかぶさっている。意識とは、あるもの〈についての〉意識にほかならず、意識の本質は「意味《ジン》」をおのれのうちに内蔵するところにある。どんな志向的体験もみな、その「志向的客観」すなわち対象的意味をもっている。知覚はそのノエマ〈志向対象〉的意味、つまりその「知覚されたものそのもの」をもつ。いいかえれば、現象学的に還元された知覚の本質に属する相関項をもつ。同様に、私たちは、想起、予期、虚構的想像などのそれぞれのうちに、想起され／予期され／想像されたものを見いだす。これらの諸体験のどれにもノエマ的意味が〈住みついている〉。私たちは、比喩的に、純粋自我の「精神的なまなざし」とか、そのまなざしの振り向けとか、逆にその逸らしとかについて述べる。それら諸現象は「注意」といわれる作用において主要な役割を演じている。注意の放射線があちこちにさまようことにおいて、同じ対象性が生身のありありとしたありさまでそこに現存する。

感情移入による間主観的な世界の構成[60]

間主観的な経験の可能性は《感情移入》による以外には考えられない。《感情移入》は間主観的に経験される

60　フッサール、エトムント　二〇〇一（立松弘孝・別所良美訳）『イデーンⅡ－Ⅰ――純粋現象学と現象学的哲学のための諸構想　第2巻　構成についての現象学的諸研究』みすず書房、一一一頁。／同書、一九四－一九五頁。／同書、一九七－一九九頁。

身体を前提している。感情移入を遂行している人が、相手の身体を所与と認め、しかも、この所与のなかに心的なものを含めて理解することが要求される。身体は心と切り離されえないという事実に基づいて、身体に対する精神の優位が判明する。身体は一つの事物であるばかりでなく、精神の表現であり、同時に精神の器官でもある。

私が物理的な環境世界のなかで見いだす身体はすべて、独我論的な経験のなかで構成される物質的事物としての《私の身体》と同じタイプの物質的な諸事物である。私はそれらの各身体にそれぞれ一個の自我主観を感情移入する。その際、私は、触覚、温覚、嗅覚、味覚、痛覚、快覚などの感覚野、および運動などの感官領野で、私がしているのと同じ《局在化》を他者の身体に転移し、さらに精神的な諸活動について私が行なう間接的な局在化も同様に転移する。物理的な客観としての身体はさまざまな物理的影響を受け、それらの影響にはさまざまな心理的な《結果》が結びつく。したがって、私は最終的には、脳の内部構造とそこで生起する物理的な過程にまでたどり着く。それらの過程は心理的な過程と対応しており、この対応は機能的な変化と依存関係とを内包している。

他の人間の現出には心的作用の内面性が含まれる。端緒になるのは〔私から他者へ〕転移される共現前であり、見られている〔他者の〕身体に、私自身の身体の場合と同様、心的生活が属しているということである。漠然と付帯的に現前化された多様な示唆が影響しあって、心的な存在が理解される。心的存在は共現前する多様な身体運動を規則的に与えている。それらの身体運動が、以前に呈示され察知された心的諸体験に対する指標になる。こうして、徐々に指標の体系が形成され、最終的には〈心的な出来事を《表現する》記号体系〉と〈思考を表現する言語記号体系〉とのあいだに一つの類比が存在することになる。

心は〔空間内の〕どこにも存在しないから、心と身体との結合は機能的な連関によって基礎づけられる。私と他者とのあいだに交流関係をつくり、彼に何かを伝えるためには、物理的な出来事による身体的な関連（Konnex）が作りだされる必要がある。身体と心が独自の経験的な統一を形成しており、この統一によって、心的なもの、すなわち他の主観が、空間と時間のなかで固有の位置を占めて現存する。主観的世界は、《自然》界に存在する人間の個体数と同じだけ多数存在する。しかし〔単数の〕自然そのものは、それら多数の主観的世界に対応する真理それ自体である。自然は〈すべての主観的な現実存在（現出の統一体）に付属する間主観的なもの〉として規定される。各人の心は身体との実体的でリアルな統一のなかで客観的に規定されうる。ゆえに、これらの心は《物理的な身体》という自然界の客体と結合し、〈空間と時間のなかの実在〉として存在するのである。

……聴講者の感想――破壊があまりにもラディカルであっただけに、荒野での再建には肩すかしの感を否めない。先生がみずからに課した遮断のシールドに小さな孔があいて水漏れを起こしているかのようだ。先生はよく思考の「無造作さ」に警告を発するが、「脳の内部構造」と「物理的過程」に言及するのはあまりにも無造作である。何よりもわたしを失望させるのは、感情移入から実在する心の間主観的構成へと攻めのぼる道のりの凡庸さである。露骨な心身二元論。

不満をいだきつつも、最晩年まで続いた先生の苦闘の跡をたどろう。訳者解説によれば、一九三三年にナチス政府がユダヤ系知識人を公職追放したことにより、一七歳で福音派キリスト教の洗礼を受けユダヤ人コミュニティとは没交渉で暮らしていた先生も大学を追われた。かろうじて一九三五年にウィーン文化連盟の依頼をうけて講演を行なった。さらに、同年、プラハの哲学サークルの懇請で当地に赴き、計四回の講演をした。これらの講演を発展させた草稿は戦後に一巻の書物として出版されたが、すでに先生はこの世の人ではなかった。以下の仮想講義はこの書物の邦訳に依拠している。先生は、死へ至る病を発症する直前まで草稿に手をくわえ続けたという。このような苛酷な境遇を反映してか、その思索にはある種の悲愴感がただよっている。

自然主義批判[61]

哲学とは人間性そのものに普遍的な理性が開示されていく歴史的運動である。もし、理性が、自己を自己自身によって規制する整合的な普遍哲学のかたちで露わになりさえすれば、ヨーロッパ的人間性が絶対的な理念を内に担っており、「シナ」だとか「インド」だとかいった単なる経験的な人類学的類型ではないことも決定されるだろう。

理念化された自然を学以前の直観的自然とすりかえることは、ガリレイと同時に始まった。新しい自然科学でさえも科学以前の生活と環境から生まれたにもかかわらず、科学はもともと奉仕すべきだった究極の目的へ向かって問いを深めることをしなかった。「数学的な自然科学」という理念の衣が、「客観的に現実的で真の」自然として生活世界の代理をし、生活世界を蔽い隠すことになった。この理念の衣は、ひとつの方法にすぎないものを真の存在だと私たちに思いこませる。科学はまるでだれでもその正しい操作を学ぶことができる機械のようだ。この機械はすこぶる有益なことができる点では信頼がおけるが、その作動の内的可能性や必然性は私たちには少しも理解できないのである。

ガリレイは数学的自然、すなわち「真の」世界の「アプリオリな形式」を発見し、無限の物理学的発見への道を拓いた。同時に、理念化された「自然」のあらゆる出来事が精密な法則に従わねばならないとする「法則性の法則」をも提起した。それ以降、この形式は端的に因果法則とよばれるようになった。これらすべては発見であるとともに隠蔽であったのだが、私たちは今日まで、それを掛け値のない真実として受けとってきた。だが、ガリレイを模範とする客観主義的な哲学の根底には、抜きがたい素朴性が横たわっている。これを克服するただひとつの道は、生活の素朴性に正しく立ち帰り、それに反省をくわえることである。客観主義は、経験によって自明なものとして与えられている世界を基盤として、その「客観的真理」を——つまり世界それ自体がなんであるかを問う。これを行なうのが、学的知《エピステーメー》／理性《ラチオ》であり、つまりは哲学の仕事なのだという。だが、生活世界の存在意味は主観的な形成体なのであり、学問に先だって経験しつつある生活の所産なのである。その生活のうちで、それぞれの経験者にとって現に妥当しているそのつどの世界の意味が構築される。この主観性に立ち帰ってそれに対して根本的に問いかけねばならない。

「デカルト的判断中止」こそは、超越論主義の源流であり、前代未聞の徹底主義《ラディカリズム》であった。だが、残念なことに、デカルトは独創的な徹底主義を実際には貫徹しなかった。彼は、すべての先入見（とりわけ世界）を判断中止にゆだねなかったので、目標を射当てそこね、判断中止する「われ《エゴ》」のうちから取り出したもっとも重要なものから哲学的な驚き《タウマツェイン》を純粋に展開しようとしなかったのである。われ《エゴ》を、物体を捨象することによってのこる残余としての、純粋な心と同一視することによって、彼の首尾一貫性には破綻が生じた。この根絶しえぬ素朴性に、数世紀のあいだほとんどだれも疑いをいだかなかった。

判断中止によって世界を喪失したわれ《エゴ》は、とどのつまり思考作用という機能に切り詰められる。この機能においてこそ、われ《エゴ》は世界がもちうるかぎりのすべての存在意味をもちうる。このようなわれ《エゴ》は、世界のうちに主題として登場しうるものではない。なぜなら、世界のうちにあるいっさいのもの、したがってまた自己の心的存在（つまり普通の意味での自我《イッヒ》）もまたこの機能からその意味を汲みとってくるからである。この点をデカルトは理解できなかった。我《イッヒ》／汝、内／外といった区別は、絶対的われ《エゴ》のうちではじめて「構成」されるものだということが、彼には蔽い隠されていたのである。

客観性という理念こそが近代の実証科学の全体を支配している。自然主義という概念がガリレイの自然科学から引き出されたものだとすれば、客観性の理念にははじめから自然主義がひそんでいた。客観的な世界は広義の自然と同一視される。だが、「客観的で真の」世界とは理論的な構築物であり、原理的にけっして知覚できない。これに対して、生活世界における主観的なものはすべての点で現実に経験しうるという特徴をもつ。生活世界は根源的な明証性の領域である。明証的に与えられるものとは、知覚において直接に現前し「それ自体」として経

61　フッサール、エドムント 一九九五（細谷恒夫・木田元訳）『ヨーロッパ諸学の危機と超越論的現象学』中央公論新社、三七－三八頁。／同書、九一－九五頁。／同書、九五－一二五頁。／同書、一三八－一四六頁。／同書、一四九頁。／同書、二二九－二三一頁。

験されるもの、あるいは記憶において「それ自体」として想起されるものである。考えうるかぎりのすべての検証は、こうしたそれぞれの様相における明証性にまで遡行するはずだ。自然科学的な「モデル」を用いて理念を「直観化すること」は生活世界的な直観なのであり、それが当該の客観的存在を構想することに役立つのだ。

生活世界への還帰[62]

現象学的態度とそれに属する判断中止には、宗教的回心にも比すべき、完全な人格の変化を惹き起こすような力さえある。私たちの理論的・実践的主題はすべて「世界」という生活の地平の統一性のうちに存在する。だが、世界を意識しながらも、これとはまったく異なるめざめた生き方がありうる。それは、ただそこに入りこんで生きてゆくという通常のあり方を突き破り、世界についての主題的意識を変更する。私たちは、この世界が私たちにとっていかに成立してくるのかに恒常的な関心の方向を定めるのである。

生活世界があらかじめ与えられているという事態は、自然的態度を全面的に変更することによってのみ、固有の普遍的な主題になりうる。その変更のなかで、私たちはもはや自然的に現存する人間として生きることをやめ、あらかじめ与えられている世界の恒常的な妥当を遂行することをさし控える。そのようにしてのみ、私たちは「世界それ自体の先所与性」という新たな主題に到達することができる。探究者は彼の世界生活の自然的な遂行全体を継続することを拒む。世界が消えてしまうわけではなく、ただ世界は、判断中止が首尾一貫して遂行されるかぎり、その存在意味を与える主観性の相関項としてのみ立ち現われる。いまや世界は、私にとって、特別な意味での〈現象〉になるのである。

それにしても、生活世界と客観的科学とが対照的関係にありながら離れがたく結びついているという事実は、私たちを困難に巻きこまずにはおかない。この困難から抜けだす道は、生活世界それ自体を相互主観的経験の世界として究明することにしかない。生活世界は共同生活のために人間が獲得した妥当性の基盤すべてを含んでいる。しかも、この基盤全体が、抽象的に取り出されるような世界核心と関係づけられている。このことを真に具体的な普遍性において考察しなければならない。では、すべての人にとって共通で普遍的な地平としての世界はどのように成立するのだろうか。私にとって、またおよそ考えられうるいかなる主観にとっても、現実に存在するすべての存在者は主観と相関的であり、主観の体系的な多様性の指標である。この全体的な多様性は、すべての経験において働いている志向作用に帰属している。この志向作用こそが〈ワレ意識ス〉（*cogito*）であり、さまざまな与えられかたがその〈意識対象〉（*cogitatum*）である。この多様な与えられ方は、それらすべてを統一するものとして、同じひとつの存在者を「呈示」するのである。

　私たちは、知覚／知覚されたもの、記憶／記憶されたもの、対象的なもの／あらゆる対象的なものの確認（そこには芸術、科学、哲学も含まれる）のすべてを完全な明証性をもって生きぬくことなくしては、それらを超越論的主題にすることなどできるはずはない。したがって、哲学者は、判断中止のうちにあっても、自然的生活を「自然的に生きぬく」にちがいない。しかし、この判断中止が、主題設定の仕方と認識目標の意味のすべてを造りかえるのである。このとき、世界とは開かれた領界であるとともに「限局」の地平でもあり、あらゆる実践が前提にし、実践の結果によって新たに豊かになる、存在者の普遍的領域なのである。現象学者の関心は、既成の世界をめざすことでもなければ、その世界において外的に意図された行為をめざすことでもない。現象学者にとっては、その実践が実現する「終点」は、彼がそこに限局される終点ではない。むしろ、現象学者は、世界生活における目標にのめりこんで生きることを固有の主題とするのだが、そのことによって世界一般の素朴な存在意味が、「超越論的主観性を極とする体系」へと転化するのである。

62　同書、二四五－二五九頁。／同書、二六六－二七五頁。／同書、二七五－三〇三頁。／同書、三二一－三三三頁。

自己意識と他者意識の不可分性[63]

ここで私たちは、自己意識と他者意識とが不可分だということをアプリオリとして認めることになる。私の知覚野に現にだれひとり存在しないときでさえも、私が出会いうるあらゆるものの開かれた地平としての〈仲間〉は、必然的に存在している。私は事実上、仲間たちの現在のうちに、ひいては開かれた人類の地平のうちに、存在している。私は自分自身が生殖的連関のうちにあり、また歴史性という統一的流れのうちにあることを知っている。生殖性と歴史性というこの形式は壊れないものであって、それは、個別的自我としての私に属している知覚的現在という形式が壊れないのと同様である。このアプリオリが内容的にどの範囲までを覆うか、どうすればそれが厳密で確固とした法則に定式化され、世界意識と自己意識の存在論たりうるかということは、未解決の大きな問題である。

世界意識と自己意識の解明にとって、心理学は有望な通路である。だが、心理学者は、自己経験においてと同様、すべての可能な他者経験においても、判断中止を遂行しなければならない。これらの他者は、志向的連結という間接的なかたちではあるが、共通の世界統覚のために必要な諸主観として予想されている。世界は相対的でしかない諸主観の統一極としての意味をおびており、そうした世界を各人がもっている。そこにあるのは、それぞれが内面性へと還元された、相互に分離した心などではない。すべての心が、その生活の共同化作用の志向的な内的交錯によって、ひとつの体系をなしているのである。

いいかえれば、それぞれの自我主観はその共主観性の地平をもっており、これは連鎖をなしている他者との直接間接の交わりによって開かれうる。しかし、他方では、それぞれの自我主観が一定の向きをもった世界を生きていることは確かだ。各人が、ひとつの地平の中心として、相対的に本原的な所与の中心をもつわけだ。この場合、地平とは、不確定性をおびながらも共通に妥当している、錯綜した志向性をさす名称である。自然的な態度は、心を身体に定位させることによって、複数の心を相互外在としてとらえてきた。だが、判断中止によって、心は純粋に志向的な相互内在に転ずる。それとともに、端的に存在している世界と、そこに含まれ存在している自然とが、完全な共同現象としての「世界」つまり「すべての現実的および可能的主観にとっての世界」に転ずる。これらの主観のだれひとりとして、彼をあらかじめ〔他の〕主観の地平に引き入れている志向的な含みあいから免れることはありえない。こうして、私たちは、心の固有な本質をことばにもたらそうとする記述的心理学の展開のただなかで、現象学的-心理学的な判断中止と還元が、必然的に超越論へ転換するに至ることを、驚きとともに認めるのである。

*　*　*

NK——zzzzzz……。いやそれは冗談だが、この年長者の話は重く難しいぞ。途方にくれるのは、彼がつかうことばのなかにグイ語にないことばが山ほどあることだ。〈セカイ〉って何のことだ？　これもシゼンと同じで「あらゆるもの」みたいだが、その果てに地平線があるらしい。おれたちはよく原野のなかで、遠くを「見晴るかす」ということをやる。どんなに背伸びしても、地平線の向こうは見えない。だが、歩いて歩いて歩いていると、さっきまでは見えなかった高い樹のてっぺんが見えて、それを目じるしにして方角を定められる。セカイというのは、あらゆるものを含んでおれの周りにひろがっていて、おれが歩くにつれて姿を変える、そんな何かかな。それ以上におれを困らせることばがある。この男がいちばん大事にしている〈イミ〉というやつ。グイ語でいちばん近いのは「名前」かなあ。おまえは、おれたちが心に握っていることがよくわからないとき、苦しまぎれに「あんたの心のなかにあるそれの名前はなんだ?」とか訊くことがあるだろう。

それにしても、この年長者の話はおれの心を痛くさせる。こいつはあらゆるものを皮の毛布で覆って見えなくしてから、自分の心だけ覗きこんで、だれにも頼らずに考えはじめると言っている。生活〔いのち〕さえも見え

63　同書、四五一頁。／同書、四五三-四五四頁。／同書、四五五-四五六頁。

なくするそうだ。だが、こいつだって、腹がへったらジャガイモやパンを食べるだろうし、喉が渇いたら紅茶やコーヒーを飲むだろう。この男に妻がいれば、こいつに分けてくれるだろう。「いのち」を支えるものすべてを拒んだら生きていけない。だから、おれは、この男が拒むふりをしているだけなのだと思う。おれはシナとかインドとかいう土地を知らないが、白人の住まない土地のようだな。こいつは白人だけにしかわからないことがあると言っているみたいだ。白人は、おれたちにシッポがあるんじゃないかと思ってふんどしをまくりあげるような連中だから、今さら驚かんがね。だけど、白人にしかわからないんだったら、おれが聞く必要もなかろう?

三　間身体性から歴史へ

他者構成の困難——独我論の迂回

まず、右の仮想講義録の枠内に限定して、聴講者のだれもが感じるであろう疑問を明示する。現象学的還元は徹底的で首尾一貫していなければならない。だが、感情移入によって間主観的な世界を構成する道のりにおいて、フッサール自身はみずからに課したこの指令に厳密にしたがわなかったのではなかろうか。自己意識と他者意識の不可分性をアプリオリに認めてはならなかったはずである。フッサールは感情移入をとりあげる直前の章では「独我論的な経験」に分析をくわえているが、結局のところ、独我論を乗り超える代わりにそれを迂回したようにみえる。[64] フッサールは絶対的に疑いえない明証として自我を定立し、この自我を他者の身体内部に投入することに腐心する。そこでもっとも有力な手がかりになるのが、「規則的に与えられる多様な身体運動が心的体験の指標になる」という考えかたである。そこから〈心的な出来事を［指標的に］表現する記号体系〉と〈思考を表現する言語記号体系〉との類比を導く。だが、他者を「志向的連結という間接的なかたち」を通して私の意識によって再構成するという道すじが、最初から間違っていたのではないか。他者は〈動物的他者を含めて〉反省によって事後的に構成されるものではなく、反省に先だって生きられるわたしの〈環境〉である。大森荘藏は、実在／仮象の区別に疑義を呈したのちに、やはり間接性を経由する他者構成を批判している。

［…］実在と非実在、真と偽、の区分は何をもとにしてなされるのだろうか。私はそれは動物的生命の維持からなされていると思う。［…］我々人間にとって苦痛と快楽は共にまず触覚的である。自分の肉体との接触が苦であり楽である。このことからして、「実在的なもの」、「真なるもの」は何にもまして「触れるもの」、「ぶつかるもの」ではないだろうか。［…］我々の生活と無関係に、あるいは生活以前に、厳然として実在し、真なるものがあるのではなく、我々の生活の中での動物的な分類があるのである。［…］／フッサールにおいては［…］、今ここことは異なる視点での世界の立ち現われは、いまここでの世界の立ち現われの中に「間接的に呈示されて［…］」いる。そしてこの「間接的呈示」という構造において「他我」の把握をみようとしている［…］。すなわち、他人の振舞がそのいわば心を間接的に呈示している、というのである。［…］しかし、他我の問題を「間接的呈示」で理解できるとは思えない。［…］[65]

大森の結論は「他我の意味はそのまま公理として受けとるべきものではあるまいか」というものである。だが、「公理」として定立することもまた独我論の迂回ではないかという疑いは禁じえない。[66] 現象学の始祖に対する胸を衝かれるほどの敬愛に溢れた、メルロ＝ポンティのフッサール論も、この点に関わっている。彼は、他人と握手をするという例をとりあげ、それを（彼の読者にとってはおなじみの）自分の左手で右手を握るという経験と重

64　サルトルがその対他存在論の冒頭で、フッサール（フッセルと表記）は独我論を免れることができないと断じているのも、必ずしも軽率とはいいきれない。サルトル、ジャン＝ポール　一九五八（松浪信三郎訳）『存在と無――現象学的存在論の試み　Ⅱ』人文書院、三六－四一頁。

65　大森荘藏　一九八〇「分析哲学と現象学――世界と他人」『講座・現象学4――現象学と人間諸科学』弘文堂、九五－九六頁、九九頁。

ねあわせることによって、フッサールから最大限の可能性を救いだそうとする。

〔…〕われわれを他人から分け隔ててゆくことにもなるこの構成の歩みは、実は私の身体が開示されるときと同じタイプのものであって、それは、すでに私の身体が出現させていたある普遍的な構造に訴えるのである。〔…〕ここにあるのは比較でも類比でも投射でも「投入」でもない〔…〕。もし私が他人の手を握りながら、彼のそこにいることについての明証をもつとすれば、それは、他人の手が私の左手と入れかわるからであり、私の身体が、逆説的にも私の身体にその座があるような「一種の反省」のなかで、他人の身体を併合してしまうからなのである。私の二本の手が「共に現前」し「共存」しているのは、それがただ一つの身体の手だからである。他人もこの共現前（comprésence）の延長によって現われてくるのであり、彼と私とは、言わば同じ一つの間身体性（intercorporéité）の器官なのだ。[67]〔強調は引用者〕

このあとメルロ゠ポンティは、「ここにいる人間のうちに、〈われ思う〉が出現してくるのは、身体や身体的出来事にもとづき、自然の因果的かつ実体的関係によって規定された自然的事実（Naturfaktum）なのである」というフッサールのことばを右の記述に矛盾なく接続するかのように引用している。だが、ここには脱文脈化がほどこされている。というのも、フッサールはこれに対応する文を「自然主義的な経験」における自我の局所化を批判する「前ふり」として書きつけているからである。[68]メルロ゠ポンティの後期の思考の核であった「間身体性」こそ、わたしの探究に座標軸を与えていることはたしかである。だが、右の引用では、彼自身のスティルへの我田引水がみてとれる。何よりも問題なのは、この種の記述はもはや他者の「意識」や「心」を必要としないということである。それは大きな前進だが、フッサールの苦闘を換骨奪胎するものであることは否定できない。

生鮮性という手がかり

フッサールへの遡行は、本書の探究にとって迂回路ではない。感情移入の議論を除けば、彼の仮想講義をわたしは共感をもって聴講した。制度化された知への叛逆がわたしから切り離せない動機づけであったのなら、わたしもまた自前の現象学的還元を遂行しなければならない。この企てが現在的な意味をもっていることを、メルロ＝ポンティの洞察は教える。「彼〔フッサール〕にとって還元の問題は、予備的なものでもなければ前置きでもなかった。この問題は探究の端緒であるとともに、ある意味ではその全体でもあったのだ[69]」。

そこで、わたしの専門領域である文化人類学に目を向けなおす。文化人類学は基本的に経験主義に立脚することを要求される。そうでなかったら大変なことになる。母国を遠く離れたフィールドで、調査内容を評定する権威者はどこにもいないから、調査者が恣意的な物語を捏造してもノー・チェックである。文化人類学の生命線で

66　野矢茂樹は、師の「他我とはアニミズムの問題である」というアイデアを受け継ぎ、独我論の暗礁を乗り超える可能性をもった興味ぶかい論証を展開している。――他人を含む事物の描写には「心なき描写」と「心ある描写」がある。アニミズム原点としての私だけが存在すると主張すれば独我論へ至る。だが、独我論を推し進めれば「私の心」も消失する。「心」という概念と「心ある他者」という概念は本質的に結びついている。大森がいうように、感情は「心的現象」ではなく「世界現象」であり世界そのものの相貌として捉えられる。私とは異なる感情を抱く他者たちは「異なる世界風景」に出会っている。この世界とこの風景が唯一のものとして残される。ゆえに、独我論に立つことは、異なる世界風景を拒否することである。そのとき残るものは唯一の心たる私の内界ではない。この世界とこの風景が唯一のものとして残される。〔犬嫌いの〕独我論者にとっては「こわい犬がいる」――それがすべてである。〔「かわいい犬がいる」という別の世界風景が存在することの可能性は封じられているのだから〕「こわさ」を犬から引き剝がして私の心へ収めるには、心ある他者の存在が不可欠である。他者の心とは、外界に点在する異なる内界ではなく、この世界に対する異なる眺め（＝相貌）にほかならない。独我論的風景とは、孤独な内界ではなく、異なる眺めと出会うことのない一枚岩の世界風景である。野矢茂樹　一九九五『心と他者』勁草書房。

67　メルロ＝ポンティ、モーリス　一九七〇（木田元訳）「哲学者とその影」『シーニュ２』（竹内芳郎監訳）みすず書房、一七－一八頁。

68　フッサール、エトムント　二〇〇九（立松弘孝・榊原哲也訳）『イデーンⅡ－Ⅱ――純粋現象学と現象学的哲学のための諸構想　第２巻　構成についての現象学的諸研究』みすず書房、一一頁。対応箇所の立松・榊原による訳は以下のとおり。「あそこにいる人はそこで見たり聞いたりして、彼自身の諸知覚に基づいて、さまざまに変更しながらも、あれこれ判断や評価や意欲をしている。あそこにいる人の《内部》で《我思惟す》が顕現するということは〈身体と、そして必ずしも単なる物理的な自然ではない自然の実体的－因果的な連関によって影響される身体的な出来事とに基づく、一つの自然な事実〉であるが、しかしそれに対して、物理的な自然は、それ以外のすべての自然を基礎づけ、それらを一緒に規定する自然である。」

69　メルロ＝ポンティ『シーニュ２』六頁。

ある「民族誌」という資材はフィクションと融けあい、真偽判断の通用しないジャンルへ飛び去ってしまう。有名な『文化を書く』という論文集はまさにこの生命線を痛撃した[70]。

現象学的実証主義もまたぎりぎりまで経験主義的な営みである。「経験主義的な自然主義」は「認識実践上の徹底主義」であり、「事象そのものに準拠する」ことから出発するからである。だが、フッサールは、「経験主義者は事象そのものへの準拠をあらゆる認識は直接経験に基づかねばならないという主張にすり替えてしまう」と批判した。経験主義と現象学との決定的な分岐点は、後者にとって「事象とはそのまま自然事象であるのではなく、通常の意味での現実が現実一般であるわけでもない」という認識に集約される。数年前にわたしは「身体化の人類学」という研究プログラムの核心を「直接経験への還帰」にこめた[71]。フッサールならそれを素朴な経験主義と判定しただろう。遅まきながら修正をほどこせば、そこで謳われた「直接経験」とは、「通常の意味での現実」の埒外にある事柄をも覆うものでなければならなかった。本章の冒頭で引いた「虚構」の断片がその一例である。

高校三年の秋、新聞の文芸時評で、雑誌連載が完結したばかりの大江健三郎の長編小説のことを知った。四ヶ月後には大学入試が迫っていたのに、わたしはこの新刊書を買いに行った。長い歳月を経て、わたしの最年長の「お弟子さん」がこの作品を読み、「すごかった」と興奮したおももちで告げた。わたしは反射的に、二羽のヤマドリを打ちあわせて雪を払い落とすシーンが素敵だ、と答え、彼をきょとんとさせた。この二羽のヤマドリの死骸は、わたしから切り離すことのできない、もっとも鮮やかな動物のイメージになっていたのである。だが、この小説には、本章冒頭の引用部分よりもずっと濃密な描写があった。

ヤマドリの頭は燃えるような赤い艶のある茶色の短い羽毛で緻密に包まれている。眼のまわりは鶏頭のような赤の地に黒い粒つぶが点在して、まったく動物質のイチゴだ。そして乾いた白色の眼——しかしそれは眼ではなくて白い極小の羽毛のあつまりなのだ。本当の眼はその真上にあって黒い糸のような瞼が硬く閉じられている。爪先で瞼を剥がしてみると、表皮を剃刀で傷つけた葡萄の実のごときものがいまにも流れだ さんばかりに盛りあがった。それは最初のうち不気味なショックを脈拍のように送りつづけたが、見まもっているうちに脆くもその威力は崩壊する。それは単なる死んだ鳥の眼にすぎない。しかし白い「ニセの眼」はそのように脆いものではなかった。僕は鳥の頭に意識をひきつけられる前から、ほとんど裸になった鳥の胴体の残りの羽毛を毟りとる間、終始この「ニセの眼」に見つめられているのを感じていたのである。[72]

私たちは優れた小説を評して「不気味なほどのリアリティ」という褒めことばを用いることがある。フッサールの洞察は右のヤマドリの描写のリアリティを理解するうえで重要である。「私たちに対し、生身のありありとした現実性において呈示されるすべては、それが自分を与えてくるとおりのままに、端的に受けとられねばならない。」傍点部に類した表現は『イデーン』のなかに繰り返し現われる。それが実感のこもった記述語であることは微笑ましいが、わたしはこれを〈生鮮性〉という術語に置き換えたい。〈現実性《リアリティ》〉という語を避けるのは、この語が哲学では「実在」という理論的負荷のかかったことばで訳されるからである。「ヤマドリ二羽を打ち合わせて雪を払い落とす」イメージは、際だった生鮮性をおびていたからこそ、わたしから切り離せない事柄の一部になった。だが、それより複雑な象徴性をおびた「ニセの眼」はそうならなかった。これこそ「切り離せない」ことの外延が不確定であることの例証である。独自の文体を獲得した作家は、それによって彼の叙述に生鮮性を充填しようとする。だが、読者がそのどれをみずからの生鮮性として身体に刻むかを作家は見越すことがで

70 Clifford, James and George E. Marcus (eds.), 1986 *Writing Culture: The Poetics and the Politics of Ethnography*. Berkeley: University of California Press.

71 菅原和孝 二〇一三「身体化の人類学へ向けて」菅原和孝（編）『身体化の人類学――認知・記憶・言語・他者』世界思想社、一－四〇頁。

72 大江健三郎『万延元年のフットボール』二二二頁。

きない。文体とは、この世界を生きる作家の根源的な身構えが言語へ受肉した様式である[73]。作家の文体と読者の身体の奥底に眠る潜勢的な文体とが共振し、作品自体にとっては周辺的な断片が読者にとって鋭い生鮮性をおびる反面、作家の労苦の多くが雪片のように「払い落とされる」ことも充分にありうる。

この考察によって、第一節の末尾で提起した設問に対して解を与えることができる。『宇宙戦争』も「ナイロビ国立公園」も、それが生鮮性をおびているかぎり、わたしから切り離せないこととして存在〔実在ではない〕した。『幽霊』の「ぼく」が「むさぼるようにうけいれた」夥しい昆虫たちの名称もまた北杜夫にとってかけがえなく存在したのである。

生殖連関と歴史性

フッサールは、開かれた果てしなさをもちながらも完結した存在領圏としての「意識」は〈内在的時間性〉という固有の形式を具えていると述べる。だが、ハイデッガーが「通俗的」と評したように、「現在」を「点」として捉え、時間を「いま」の系列とみなす彼の時間把握はあまりにも素朴である[74]。連続体としての時間線は無限に微分可能だから「いまこの瞬間」という点など確定できず、「現在」はある厚みとしてしか把握できない。その厚みは主観の「内的時間意識」によって切りだされるのだから、客観的な基準によっては定義できない。ただし、生活世界のただなかにおいては、この厚みは、社会的または生理的に間主観的な安定性をおびて認知される。社会的な切りだしの有力な境界となるのが対面的な共在〔出会い〕とその解消〔別離〕であり、生理的な境界が睡眠／覚醒である。

仮想講義録の末尾近くに注目しよう。「私は自分自身が生殖的連関のうちにあり、また歴史性という統一的流れのうちにあることを知っている。」判断中止の徹底を期待する聴講者にとって、この言明は「自己意識と他者意識の不可分性」とならんで、大きな肩すかしである。「世界生活の自然な遂行全体を拒む」という決意を額面どおり受けとれば、実存にとってもっとも決定的な「生殖」と「歴史」という二つの契機も括弧に入れられたはずである。その括弧がこんなにあっさりはずされるなら、苛烈な判断中止によって「手足をもぎとられた」[75]状態から私たちは解放され、晴れて世界へ参入してよいのだろうか。だが、すぐあとで、フッサールは断わる。「このアプリオリが内容的にどの範囲までを覆うか、どうすればそれが厳密で確固とした法則に定式化され、世界意識と自己意識の存在論たりうるかということは、未解決の大きな問題である。」これは実質的な敗北宣言ではなかろうか。彼はここで真に徹底的な還元は不可能であることを告白しているようにさえみえる。

だが、ここでわたしは、あえてフッサールの弁護側証人に立とう。「生殖連関と歴史のアプリオリ」は、生活世界の内部に踏みとどまったまま把捉できる。まず手がかりになるのは、「体験の記述」と題した小節で述べられていた〈「私はAを想起する」という命題と「私はAをかつて知覚した」という命題とは、アプリオリに等値である〉という言明である。さらに、〈体験は顕在的な〈今〉においてのみ確保されると考えることは背理である。まなざしをうしろに振り向けて「なおもまだ」というありさまで見いだされる直接的な過去把持を疑うことはできない〉という洞察も同等の重みをもつ。

「プロローグ」の末尾でヌエクキュエが見ぬいたように、わたしは三人きょうだいの末っ子として両親から可愛がられて育った。この記憶は、「なおもまだ」というありさまを把持しながら「厚みのある現在」を次つぎとたぐりよせれば、明証性をもって定立できる。わたしは、両親との身体接触のような知覚に基づく、「印象」という根元体験へ連れ戻される。だが、わたしは「生殖という事実」を思春期になって初めて（百科事典のような文化表象を通じて知ったので、右のような過去把持が「生殖連関」の明証性につながるとは考えにくい。このと

73　メルロ＝ポンティ、モーリス　一九七九（滝浦静雄・木田元訳）『世界の散文』みすず書房、八六－八七頁、一〇六頁。菅原和孝　二〇〇七「身体資源と〈性のトポグラフィー〉」内堀基光編『資源と人間』（資源人類学01）弘文堂、二六三頁。
74　ハイデッガー、マルティン　一九九四（細谷貞雄訳）『存在と時間　下』筑摩書房、三九七頁。
75　メルロ＝ポンティ『シーニュ2』二三頁。

き「本質探究は必然的に想像による操作を必要とする」という定理が重要な意味をおびる。数学のような理念的な本質探究においては「想像による操作」の必要性は自明である。だが、生活世界においても「想像による操作」はふつうになされる。「ぼくが父と母の性交から生まれたはずはない。だから赤ちゃんのとき拾われたのだろう」云々。すると、どこかに実の父母がいるはずだ。推論は遡及し「無から有（物質的身体）は生じない」という本質直観に至る。「生殖連関」の蓋然性は漸近線を描いて明証性へ収斂する。

「歴史性の統一的流れ」においては、「直接的な過去把持」は部分的にしか役立たないので、歴史をアプリオリとして定立することははるかに難しい。「第二次世界大戦」「太平洋戦争」「一五年戦争」などの固有名で指し示される「あの戦争」を例にとろう。それが過去の〈事実〉であったことを明証性にもたらす素朴な手がかりは、身ぢかな人びとの〈表情をおびた身ぶり〉である。戦前・戦中のつらい出来事を父母が語ったときの苦く悲しげな表情はいまも生鮮性をもつ。大学院のある先輩は、自分がヒロシマの胎内被爆者であり被爆者手帳も持っていることを淡々と話した。ある女友だちは、彼女の母親がナガサキの被爆者であると告げたあと、「やだ、なんでこんなことまで話しちゃうんだろう?」と不思議そうに呟いた。だが、「それぞれの自我主観が一定の向きをもった世界を生きている」かぎり、「錯綜した志向性」をすべて束ねあわせられた歴史の全体が現出することなどありえない。ゆえに、いったん歴史を括弧に入れたら、それを取り戻すことは容易ではない。

歴史が置き入れられた鞏固な括弧に綻びを生じさせる契機は、ハイデッガーが世界-内-存在の根本様態として定立した〈関心〉にしかない。[76] それぞれの向きをもった世界を生きる一人ひとりが、歴史のある層序に関心を向けるとき、彼（女）は、多様な志向的連関を結びあわせ、固有の生鮮性を漲らせた出来事を浮かびあがらせるだろう。多数の主観がこの営みを続けるなら、間主観的な状況に「集極化」が生じ、[77] 個々の実存のまなざしがその底に達しえないほど深い沈殿を湛えた、時間的に構造化された世界が姿を現わす。フッサールが「自然的態度の全面的な変更」を厳しく要求したことの社会的な意味がここにある。自然的態度においてはだれも歴史に生鮮性を取り戻そうなどとは思いつきもせず（「歴女」は例外なのだろうか）教科書的な歴史を〈事実〉として受けいれるだけだからだ。だからこそ、「あの戦争」で取り返しのつかない惨禍を浴びた現地で、いま「語り部」であることは、たとえ修学旅行生にどんなに冷淡にあしらわれようが、かけがえのない実践なのである。

歴史の全体性への懐疑

歴史への遡行を可能にする有力な結節点は（たとえば、アッシジのフランチェスコ、栄西などといった）文書や碑文に記録された、名前をもつ個人である。[78] 彼らの事績を示す夥しい証拠のあいだに張りめぐらされた連関の網目が稠密化すればするほど、その個人の実在性は濃度を高めてゆく。この過程は、中性子、デオキシリボ核酸、といった自然種名の実在性が説得力を増すことと、本質的には変わらない。[79]

だが、われ《エゴ》から出発するかぎり、生の有限な時間幅のなかで、右のような〈関心に基づく操作〉をどれだけ積み重ねたとしても、歴史の全体性に到達することなどありえない。全体性という理念を把持するためには、文字文明において堅固に構築された知の制度に身をゆだねることが求められる。制度であるかぎり、それはけっして権力作用から免れることはない。わたしが一方では応神天皇の実在を懐疑し、他方ではコンスタンティヌス一世の実在を疑わないとしたら、全体性の理念を手ばなしているのである。

フッサールのいう「歴史性の統一的流れ」が右で略述した〈全体性の理念〉と同義であるならば、私たちはそ

76　ハイデッガー、マルティン　一九九四（細谷貞雄訳）『存在と時間　上』筑摩書房。
77　メルロ＝ポンティは自由と革命をめぐる感動的な考察のなかで、生の「集極化」（polarisation）という魅力的なことばを使っている。メルロ＝ポンティ、モーリス　一九七四（竹内芳郎他訳）『知覚の現象学2』みすず書房、三六〇頁。
78　手もとにある世界史年表では、二人は同時代人なので、例に挙げたにすぎない。『クロニック世界全史』講談社、三〇六頁。
79　以下の論考から示唆をうけている。森下翔　二〇一五「神霊の〈秘匿－獣化〉とプレートの〈召喚〉」佐藤知久・比嘉夏子・梶丸岳編『世界の手触り――フィールド哲学入門』ナカニシヤ出版、一六五－一七七頁。

れを囲う括弧を無造作にはずすことはできない。だとすれば、文字文明に暮らす生活者にとっての歴史と「無文字社会の歴史」とのあいだに明確な分割線を引くことはできない。覇権的な制度化が願望する全体性に傾倒することを遮断するならば、歴史とは、われ《エゴ》の関心に応じて生鮮性を部分的に露頭させ、逆に縮退させる、虫喰い穴だらけの知識のタペストリーでしかない。年長者の語りを通じて〈いまここ〉に現成する「無文字社会の歴史」とは、まさにそのようなものである。

NK――なるほど。つまりおまえは昔むかしのことをどうやって知ることができるかと尋ねているのだな。おれたちはよく知らないよ。母さんは昔のことをよく話してくれた。だが、おれが物ごころついたときには、じいちゃんもばあちゃんも死んでいた。父さんでさえ、おれがまだ妻をめとっていなかった頃に、雌ライオンに殺された（その話はおまえもよく知っているだろう）。だから、昔むかしのことを父さんから聞くこともあまりなかった。そういえば、遠い昔の話を、タブーカの義母だったツェネばあさんがおまえに語ってくれたことがあったろう。とても恐ろしい話だから、おれ自身はそれを好かないが……。

ツェネ――ガエンツァオたち〔男二人〕は昔、喧嘩して殺しあった。コアンの母、トウツェラへの嫉妬をめぐって。ヌオの母とね――彼女たち二人は若い娘だった。セマタがトウツェラをめとっていた。キュエロがツイクアをめとっていた。彼女たち二人は、初めての男の子二人を生んだ。ガエンツァオはひとりもので、べつのキャンプに暮らしていた。彼とその親族たちは訪問に出かけた。彼は、男たちがすわっている場所を通過して、女たちと共にすわった。「アエ、姉ちゃんたち、スイカを〔掘り棒で〕刺して、おれに飲ませろよ。」「エーイ、男の人たちがあんたを殺すわよ。ガエンツァオよ、あんたはなんてことを言ってるのさ。」「どこの男たちさ、あの連中をあんたたち〔女二人〕は見て思っているのか。彼らは達人だから、あんたたちをめとっているとでも?」彼らはあっちにすわって黙りこくって、しきりと彼を見ていた。「こら、あんた！　人があんたを殺すから、私たち〔女複数〕の所から出なさい。」で、みんなで大挙してべつのキャンプを訪問することになった。で、そのキャンプへやってきた。小雨がしきりと降っていた。彼らは男小屋に荷をおろした。女たちは、ちょっと先に進んで、腰を落ち着けた。ガエンツァオは男小屋に狩猟袋を架け置くと、彼女たちのもとへやってきた。「おや、ガエンツァオ、あんたはさっき何を私たちから聞いたことやら。男たちが見てるわよ。男たちがあんたを殺すわよ。」「どのやつらがさ。あんたたち〔女複数〕はおれが殺されるとでも思っているのか。アエ、おれは夫に糞させる〔ほどぶん殴る〕ことだってできるぜ。」そして彼は、ヌオの母の太腿を枕にして横たわった。すると、こっちにいたこの男がすっくと立ちあがった。かれらに向かってうっそり歩いてきて言った、「いったいぜんたいどうしたことだね？　ガエンツァオよ。」小さなナイフを彼はふんどしの中に突き入れていたが、外からはまったく見えなかった。やってきて、ガエンツァオを荒あらしくひっぱりあげたから、女たちは子どもたちを抱きあげ、いっせいに立ちあがった。彼ら二人は砂を蹴ちらして取っ組みあった。こっちの男たちはしばらくすわったままそれを見ていた。〔彼らは思った〕『アエ、すぐにこの男は彼〔ガエンツァオ〕をほうるだろうさ。』彼ら二人は摑みあっていたと思ったら、彼はあっというまにナイフをここ〔腹〕に置いた〔突き刺した〕。彼は倒れようとするガエンツァオから身をよけた。小腸が胃といっしょにこぼれ出したので、彼は［それをよけて］身をかわした。ガエンツァオは言った、「かあちゃん、腹が……エッ！」そう言うのもかまわず、彼はふてくされたように歩いてすわった。刺された男はあっちでしきりと胃を落とし続けていた。ほらね、大昔のことだよ。みんなは、うろうろして、あきらめた。砂に小雨がしきりと降りそそいでいた。彼は、打たれたヘビがよくやるみたいに、しきりともがいていた。「イエー、イエー、イエー、ガエンツァオを男がいま殺しちゃったよ。某《なにがし》が彼を殺しちゃったよ。」男の名をおまえ〔インタビューに同席していた調査助手〕は知らないのか？　コイクツォーの父、カビだよ。カビが彼を殺したのさ。彼は死んだよ、ここを切り裂いたんだからね。

――調査助手：水が糞といっしょに出た。／――菅原：けれどオマワリは来なかった？

　オマワリなんて来ないよ。オマワリは昔いなかったからね。あの人たちはただ襲いあい、たがいに捨てあったのさ。人びとは呆れ果てて、彼をほうった。彼は、もがいてもがいてもがいて死んだ。あのように横たわっていた。人びとはちりぢりにそこから移住した。こっちの人たちは、殺した所から、前日去ってきた所へ戻った。あれをハゲワシといっしょにハイエナが居残って食った《笑》。

——菅原：アエ、人びとは彼を埋めなかったのか？

人びとは埋めなかったよ。〔菅原：ギエー〕彼はうんざりさせる奴だったからね。

——菅原：あんた自身がこのことを見たのか？　あんたが若かった頃に。

私は見たりしてないよ、〔まだ生まれて〕いなかったよ。母さんたちが見たんだよ。で、お話ししてくれたのさ。で、言った、「男二人に〔女を〕一箇所に集めさせたら駄目だ。彼ら二人は殺しあう。だから、ガエンツァオもカビに刺し殺されたのさ。だから、男二人が妻を取りあうんじゃない。」そう言って、私たち〔男女複数〕に話した。私たちは聞いたものさ《笑》。


この衝撃的な事件が〈実際にあった〉という確信の濃度を高めるような連関しあう証拠を蒐集することはとても難しい。口頭言語につきものの曖昧さも復元の企てを困難にする。最初、セマタとキュエロという男二人の名が言及されたが、これらの名は語りが終わるまで二度と現われない。争いは「コアンの母トウツェラへの嫉妬」によって起きたと冒頭で予告されたのに、ガエンツァオが「膝枕」した相手は「ヌオの母」であった。彼女の夫は「コイクツォーの父、カビ」だと明言される。そうした不分明さを脇におけば、この語りは〈いまここ〉の関心にしたがって歴史に生鮮性が充塡される仕組みを鮮やかに照らしている。事例自体はわたしが仕掛けた「人工的インタビュー状況」から引きだされたものであるが、グイの生活世界において同様の逸話が自発的に語りださされる場面をわれわれは容易に想像することができる。三角関係に身を乗りだそうとしている男に向かって周囲の人びとが「やめたほうがいいよ」と諭すような文脈である。語りの末尾に現われる「母さんたち」が言ったとされることばの直接話法による再現〔「　」内〕こそ、遠い過去の出来事が、いまを生きる私たちを導く「教訓」と化す可能性を示している。

いささか陳腐な例だが、優秀な部下につらくあたる役職者に対して同格の役職者が明智光秀をもちだして忠告するような場合を考えよう。光秀が織田信長への襲撃を指揮したという「史実」は、数知れぬ説得的な証拠の網目に包まれた、揺るぎないものであろう。だが、光秀を決断に導いたもっとも主要な動機づけはなんだったのかとか、ほんとうに「敵は本能寺にあり！」と発話したのかどうか、といった問いは、その過去に対して向けられる関心にしたがって変動するさまざまな応答の可能性へと開かれている。そのかぎりにおいて、歴史が抱えこむ不分明さの闇は、無文字社会のほうが圧倒的に深いように見えても、文字社会との差は要するに程度問題にすぎないのである。

四　自然誌的態度へ向けて

権力としての科学

以上の準備をへて、やっと科学について論じる態勢が整った。結論からいおう。本書の主題を究明するにあたって、わたしは、客観性という理念にもとづいて、森羅万象を物質過程に還元して説明することを目標とする、いっさいの科学理論と科学的言説を括弧に置き入れる。すなわち、これらのすべてを、わたしの思考の素材に編入しない。それが本質直観へ至る合理的な選択であることを以下で論証する。

まず、権力論の角度から科学を批判した先行者の議論を検討しよう。柴谷篤弘の思考は、わたしが青春期にくぐりぬけた現代史の文脈に据えたとき、際だった重要性をもつ。オーストラリアの大学に勤め、分子生物学の最先端で活躍していた柴谷は、一九六九年一月の東京大学における「安田砦攻防戦」の報に接し、深甚な衝撃をうける。戦争中、学徒動員を経験した柴谷にとって、当時の社会人たちがなんの抵抗もせずに、彼と同年配の若者たちを戦争に駆り出したことは、忘れえない憤りの源であった。

しかるに、機動隊を導入した東京大学で行われていることは、わたしたちが学生時代に、大学の諸先輩たちからうけた仕打ちと、基本的に同じであるとしか、わたしには思われなかった。［…］私は粛然として机に向い、それまでの私の学問に対する態度が何であったかを考え、紙にそれを書き記した。私の信じた科学とは、何であったか、そうして、とうとう、科学は悪である、とみとめざるをえないような気もちになった。［…］激情がわたしを貫き、涙があふれた。わたしが、もしいささかでも変わりえたとすれば、その時に変わったのだと思う。[80]

柴谷がこの悲痛な思いを記した書物は、全共闘運動の余燼も消え失せた一九七三年に出版された。先の見えない研究者の途に大きな不安とともに踏みだしつつあったわたしは、柴谷の書いていることが、学部時代に「Sワン」で延々と議論し続けたこととそっくりであることに驚いた。「科学の自己増殖」という一点に絞って、柴谷の考察を要約しよう。

――西欧文明における科学の草創期に活躍した人びとは、教会や社会から糾弾される異端者だったり、異分野にまたがる「なんでも屋」であったりした。探求は全人間的であり、かれらは人間として知りうる知識の総体に関して責任をとる立場から問いを発していた。だが、一九世紀末ごろからの職業的科学者の発生によって、全人間的な科学者は滅びた。科学の知識は、国家や私企業に経済的・軍事的な利益をもたらすものになり、科学の専門家は経済機構・権力構造・軍事の網目に組みこまれ、金銭・名誉・地位などにまつわる欲望から無縁ではなくなった。かれらを左右するのは、職業専門家集団のなかの没価値的な判断だけだから、科学者は、人間と社会に対する責任を忘れ、これに背馳することにも疑いをもたなくなる。「知る」ことは、もはや社会から糾弾される危険をおかしてまでなすべき知識人の責任ではなく、むしろ社会から歓迎される世渡り術になった。知識を得ることが科学者の立場を有利にすることの結果、かれらは知識獲得の競争に駆り立てられる。職業的専門家は、ときの権力とむすびつくことによって、自己増殖の速度を増大させ、勢力拡大に邁進する。この傾向を逆転するためには二つの方法が理論的に考えられる。ひとつは、科学をなくすこと、もうひとつは、職業的専門家をなくすことである。わたしは後者を目標にする。[81]

だが、この柴谷の痛烈な警告とは逆に、権力社会（マスメディアを含む）と科学者集団との癒着はとめどもなく進行した。右の柴谷の認識に、安田砦で学部全共闘を率いて闘いぬき逮捕された島泰三の言明を重ねあわせることもできる。「日本の教育者と学者社会は、根本のところで腐っていた。それは、今では手もつけられないほど大きな問題になっている。その兆候にはじめて気づいたのは、一九六八年の大学生たちだった。[82]」だが、価値中立性を免罪符としてふりまわす科学の権力性を批判することは、科学を現象学的に括弧入れすることと同義ではない。柴谷は、涙をあふれさせるほど科学を信じていた。だが、わたしは、民衆の生活世界において、科学は疎外態として存在するという主張を以下で展開する。

疎外態としての科学

まず、以前書いた、新宗教への傾倒を「合理性」の観点から了解しなおそうとした一文を再利用する。

［…］あなたの生は、自分では一度も観察したことのない因果の複雑な網状組織に埋めこまれている。〔学校の理科の実験で〕一対の因果「A→B」の正しさを自分の五感で確かめたという直接経験はあまりにもささやかな元手である。他の膨大な因果の正しさは、だれかがどこかで（たとえば科学者が実験室で）確かめてくれたはずだ。あなたは、「この社会」への基本的な信頼に身をゆだねるからこそ、極小の直接経験を一挙に網の全体へと拡張することが

80　柴谷篤弘　一九七三『反科学論』みすず書房、二九一－二九二頁。
81　同書、一七－二一頁。
82　島泰三　二〇〇五『安田講堂 1968－1969』中央公論新社、三二三頁。

できるのだ。〔…〕／〈近代〉が構築してきた真理の網状組織において、個々の因果の正しさは、強い〈説得力〉にしっかり包まれている。あなたが一念発起して核物理学を勉強すれば、「なぜ原発が膨大な電力を生みだすのか」を「ふむふむ」と理解できるだろう。もちろん、ふつう民衆には「ふむふむ」の機会など訪れはしないのだが、「納得」の可能性が確保されていることはとても重要だ。[83]

これと同型の認識を二つ挙げよう。サイエンス・ライターのジョン・ホーガンは、チョムスキーのつぎの発言を引用している。「現代科学は人間の認識能力をその限界まで拡げてきた。一九世紀には、よく教育された人なら誰でも、その時代の最新の物理学を理解することができたが、二〇世紀に入るとよほどのおたく以外には、それが難しくなった」〔強調は原文〕[84]。さらに、科学哲学者のジェームズ・ブラウンは、「一般大衆にも科学上の問題が理解できるか」という問い対して、「やればできる」ことと「現にできる」こととの区別で応じる。

〔…〕一般大衆は科学的な知識を得ることができる。人びとはそれをするための基礎となる力をもっているし、それも十分なレベルでもっている。しかし、〔…〕一般大衆に、科学上のむずかしい問題を理解できるだけの背景知識と資源、そして時間があると考えるのは、現実から目を背けることだ。〔…〕科学のなかでも分野によっては——とくに、それほど数学的でない分野では——わりあい理解しやすいものがある。しかし、民主主義の名において、一般大衆が科学上の問題について十分なだけの情報を得たうえで、きちんと選択できるなどとは考えないようにしよう。このような考えは、賞賛すべき機会均等の精神から生じたものだとはいえ、反知性主義の匂いがするし、実際に役にたつとも思えないからだ。[85]〔強調は引用者〕

リベラル派を自認する彼のこの文章には偽善の匂いがする。「数学的な分野」を理解することは、資源や時間の問題ではなく才能の問題である。わたしは「花のSワン」のクラスメートのだれよりも数学の才能がなかったと断言できる（笑）。だが、わたしを含めた民衆の大多数が、高度な数学能力を必須とする科学分野から疎外されているという認識は、個々人の能力に課せられた不公平な宿命にまつわるルサンチマンに帰着するわけではない。

「疎外された労働」という概念はマルクスの『経済学・哲学草稿』で明示されて以来、近代の思考に大きな影響をおよぼした。[86] 労働者の生産物は、よそよそしい商品として、彼から疎外される。同時に、労働者は、ものを分配・交換・贈与することによって社会的な絆をつくるという（非－近代の社会ではあたりまえだった）人間の潜勢力を、生産物＝商品へと疎外する。同じことが科学についてもいえる。私たちは、（柴谷のことばを借りれば）「科学に対する冒瀆としかおもわれない入学試験」でのふるい落としや、専門家集団による独占という制度によって、科学から疎外される。同時に、「虹って何？」「夕焼けはなぜ赤いの？」といった「子どもの質問」を原型とする「世界はなぜこうなのか？」という根源的な問いにみずからの思考で応答する潜勢力を、科学的説明へと疎外する。狭い専門への細分化が職業的科学者の逃れがたい条件だとすれば、どんなに卓越した科学者であろうと、この疎外から逃れることはできない。分子生物学のプロは宇宙物理学の素人である。科学者もまた生活世界において平等に民衆のひとりなのである。

民主主義へと至る国家権力論のもっとも重要な軸は「社会契約」であった。領主の軍事力が私を守ってくれるから私は彼に年貢を納める。だが、科学は社会契約の埒外にある。「書く」ことはわたしの労働の根幹をなす行為なので、それを例にとる。この労働の媒体は、京大カード→二百字詰め原稿用紙→電動タイプライター→ワー

83　菅原和孝（編）二〇〇六『フィールドワークへの挑戦――〈実践〉人類学入門』世界思想社、一四〇－一四一頁。
84　ホーガン、ジョン　一九九七／二〇〇〇［文庫版］（竹内薫訳）『科学の終焉《おわり》』徳間書店、三〇五頁。
85　ブラウン、ジェームズ・ロバート　二〇一〇（青木薫訳）『なぜ科学を語ってすれ違うのか――ソーカル事件を超えて』みすず書房、三一七－三一八頁。
86　マルクス、カール　二〇一〇（長谷川宏訳）『経済学・哲学草稿』光文社文庫。

プロ↓パソコンへと変遷した。高村薫が「もしワープロがなかったら小説なんて書かなかったろう」と述懐しているのを読んで、わたしは妙に得心した。「便利になった」という通りいっぺんの感慨では尽くせないほど、「物書き」の生活は根本的な変容を遂げた。この回顧はそのまま疎外の徹底性を物語っている。わたしはこの変容について、だれとも交渉や契約をしたおぼえはないし、ましてや賛成投票したことなどない。科学は、民主主義の埒外で増殖しながらも、私たちの触覚世界と動物的生命の維持を根本から変容させる、もっとも直接的な権力である。疎外態としての科学は、核エネルギーの利用において頂点に達するのだが、この主題については本書の探究全体を懸けて考えねばならない。

自然誌への態度変更

聴講者の一人として、わたしは晩年のフッサールの思索に悲愴感がただよっていると評した。この印象は、生活世界に対する彼の両義的な態度に由来している。一方では、生活世界には至高の意味が賦与される。それこそが「根源的な明証性の源泉」であり、あらゆる自然科学的な理念は究極的にはこの明証性にまで遡行しなければならない。だが、他方で、探究者としての「私」は「自然的に現存する人間として生きることをやめ」なければならない。現象学的な判断中止とは「宗教的回心にも比すべき、完全な人格の変化を惹き起こすような力」に曝されることなのである。ヌエクキュエが不審を表明したのと同様に、これほど極端な態度変更の勝算をわたしは疑う。彼は、書斎で思索に耽ることと、大学教授として禄を食む小市民的な生活とを厳密につかいわけたのだろうか。もしそうなら、それは堪えがたいほどの自己分裂ではなかったろうか。禅僧たちがこのような分裂を止揚する試みを追求したことはよく知られている。[87] だが、学的な探究者でありながら、分裂を回避する途もあったはずだ。それこそは、生活世界の「本質形態」を具体的に記述し、みずからが埋没している習慣的身体に本質直観を向けなおすことであった。デカルトの方法的懐疑とみずからの超越論との差異化に費やした膨大なエネルギーをこの課題に振り向けたなら、彼の思考は観念論の「重さ」から離陸しえたのではなかっただろうか。

もうひとつ、大きな不満がのこる。フッサールは、みずからの思考を書きつける媒体とした「ドイツ語」という言語それ自体に反省のまなざしを向けようとはしなかった。ただ、この点については弁明が用意されていると解釈できないことはない。仮想講義録の「超越論的主観性」の小節では、こう論じられた。「超越論的主観性の領域は、世界という全体的な実在領域の部分領域ではなく、そうした実在領域やそのなかのすべての特殊領域から原理的に区別される。」また、講義録から省いた部分だが、彼は、晩年の講演でデカルトの方法的懐疑について論じる際に、つぎのような断わりを入れている。「判断中止を私が真に徹底的かつ普遍的に行なうならば、私自身はその判断中止の遂行者として不可欠なのだから、原理的に判断中止の対象領域から除かれなければならない。」[88] すなわち超越論的主観性が遂行する言語的思考それ自体に還元を施すことは禁じられているのである。この布陣は言語への自己言及を遮断するという意味で巧妙だが、それによって徹底性に綻びが生じているという疑いは拭えない。種差別偏見＝人間中心主義への批判と同型の罠がここには口をあけている。単純に考えれば、探究者の使用する言語まで括弧入れしたら、彼（女）はもはや書くことも語ることもできず、（たとえば）禅に没頭して沈黙するしかないことになろう。だが、メルロ＝ポンティが言語それ自体を現象学の主題に据えるという一見無謀な試みに挑戦したことも忘れてはならない。[89]

以上のような不全感をおぼえながら、それでもなおわたしがフッサールを登攀の最初の一歩においたのは、彼が希求した態度変更への意志こそが、あらゆる知的探究を励ます不朽の力をもつと信じるからである。『デカル

87　Varela, Francisco J.; Thompson, Evan; & Rosch, Eleanor 1991 *The Embodied Mind: Cognitive Science and Human Experience*. Massachusetts: The MIT Press.

88　フッサール、前掲書『ヨーロッパ諸学の危機と超越論的現象学』（注61）、一四〇頁。

89　このことについては、別稿で論じた。菅原、前掲論文「〈語る身体〉の生成」（注35）、四一－四二頁。

ト的省察』の翻訳者が気になることを書いている。「現象学派に結集しながら、『イデーンI』によって離れていった人々」がいたという。[90]「哲学という「怪しげな学」への依存的態度とは手を切る」とか「歴史の主体／文化の担い手としての人間に関する、いっさいの経験的精神科学を遮断する」といった宣言があまりに破壊的であったために、同時代の人文学者の共感を失ったことはじゅうぶん推測できる。だが、ここで問わねばならない。何らかの括弧入れと判断中止を遂行しなかったら、私たちの知はいったいどうなってしまうのだろう。ひとりの頭脳では到底処理しえない膨大な知識の洪水と、目まぐるしく変わり続ける知の流行をそのまま真に受ける思考は、既成の知識の受け売りと焼きなおしと（よくても）再解釈しかできないだろう。制度化された知を括弧入れすることは、「自分のアタマで考えよう」という小学生でも頷くだろう健全な提案とさして変わらないのである。

自然主義と結びついた客観性の理念に対するフッサールの批判は、きわめて重要である。この批判をブラウンの定式化で補っておこう。

——自然主義とは「自然界とは存在するもののすべてであり、自然界を理解する唯一の方法は科学的アプローチである」という考えかたである。あらゆる知識は科学的知識なのであって、そのほかに知識はない。あらゆる人間活動は自然科学の立場から理解されなければならない。[91]

このような意味での自然主義を本書の主題に結びつけるなら、それを担うもっとも主要な学問分野は、分子生物学と脳神経科学である。両者はともに、微視的で肉眼では捉えられない体内の物質過程／メカニズムへの還元によって、生命と心の仕組みを説明しようとする。だが、このように捉えられた自然主義は、序章で参照したベントンがマルクスのなかに見ようとした自然主義とはまったく異なっている。近年の文化人類学における人間／自然関係をめぐる議論の混乱は、ブラウンが定式化するような科学主義＝還元主義と、ヒトの種ナルシシズムを乗り超えようとする思想動向との双方を、同じ自然主義という語でよんでいるところに胚胎している。もし前者を自然主義とよぶことが近代西欧哲学の慣習として覆せないのであれば、後者にはべつの語をあてなければならない。

前者の意味での自然主義を遮断したとき、私たちの手もとに何が残されるのだろう。いうまでもなく、この「荒野」には、生活世界のただなかで私たちがまのあたりにする、動物たちのふるまいとかれらどうしの交働という、汲みつくしえない〈現象〉がひろがっている。さらに、それと複雑多様に交錯する、人の志向性と行為の連関がひしめいている。それらを直接的に観察・記述することを資源にしながら思考を組み立てることを、わたしは〈自然誌的態度〉とよぶ。本書でこのあと参照する先人や同僚たちのすべての言説は、広い意味での自然誌的態度に立脚している。もちろん文化人類学／民族誌もその例外ではないが、その実践者たちはしばしば自分たちのやっていることがもっと高級な「解釈」という作業であると僭称する傾向がある。それに対しては、批判を突きつける用意がある。

「自然誌」にもっとも近い英語は natural history であり、従来、「自然史」または「博物学」と訳されてきた。だが、日本人にとって、「史」は、「歴史」という概念の喚起力があまりにもつよいため、ふさわしくないし、「博物学」は古色蒼然とした印象を与えかねない。観察と記述という実践を捉える語としてもっともふさわしいのは、「民族誌」と同様、-graphy という形態素であろう。だから英語にするならば、naturalography という造語が必要かもしれない。ここで、わが国の動物行動学の開拓者である日高敏隆による「博物学」の再評価を引用しておく。「[…] 人々がいま博物学に寄せている期待というものがもしあるとするならば、それはやはり、主体を中心としたものの見かた、そして主体にとっての意味という、その価値観ではないであろうか。おおげさにいえば、これこそ近代が見失ったか、あるいはあえて無視しようとしたものといえる」[92]。日高が社会生物学を率先し

90　フッサール、エトムント　二〇〇一（浜渦辰二訳）『デカルト的省察』岩波書店、三五五頁。
91　ブラウン　前掲書、二〇七頁。
92　日高敏隆　一九九三『帰ってきたファーブル』人文書院、二一〇頁。

てわが国に輸入したことを知っているものの目からすれば、このことばはいささか空しく響く。だが、ここには、「自我」という「固有本質の場」から出発したフッサール、さらに次章で検討するユクスキュルや今西錦司との、不思議なまでの一致がある。[93]

最後に、わたしの主張とは正反対の立場をとる植原亮の議論に注目しよう。彼は、フッサールが追求した「基礎づけ」の野望がそもそも間違っていたと断じる。

――いわゆる基礎づけ主義の根底には、経験諸科学に先だっていとなまれ、それらを基礎づけるものとして哲学を見る「第一哲学」の理念が潜んでいる。だが、ウィラード・クワインは、基礎づけ主義の失敗を宣告し、認識論を自然化し心理学に置き換えることを提案する。クワインの規定によれば、伝統的な認識論は次の二つを目標としていた。(a)経験的な科学理論の内容をすべて知覚経験についてのものに翻訳すること。(b)外界に関する言明を真であることが確実な言明から導出すること。ここで確実とされるのは、知覚経験から直接得られる外界に関する知識である。だが、(a)も(b)も達成不可能である。(a)理論内の言明が意味をもつ単位はその理論全体であるから、それ自身で確定した意味をもたぬ理論内の言明のそれぞれを知覚経験から直接得られる外界に関する言明に置き換えていくことなどできない。(b)理論的な知識には全称的な帰納的一般化が含まれるが、それは実際に起きた個別の知覚経験から直接得られる外界に関する知識を超えている。したがって、知覚経験から直接得られる外界に関する知識が確実なものだとしても、それによってすべての知識を基礎づけることはできない。科学理論と知覚的証拠との関係を追求したいのであれば、できもしない翻訳作業をやめ、人間が成長する過程でいかにして知覚経験にもとづいて科学的概念を構成し科学理論に到達するかを研究する心理学に任務を託すのが適当だ。いったん基礎づけが不可能だと知れば、哲学と経験科学との間に明確な境界線など引けないことがわかる。哲学的な探究において心理学や生物学を含む経験科学の成果を参照することに難点があるわけではなく、そうした成果の利用が有効であるかぎり、むしろ積極的に進められるべきだ。哲学と科学は、一方が他方の基礎を与えるような非対称の関係にはなく、むしろ相互乗り入れ可能な連続的営みなのである。その意味で、哲学は科学の一部として捉えられねばならない。[94]

あまりにも見事なすれちがいは感動的ですらある。仮想講義を聴講した人ならばだれでも、クワインによって戯画化された「第一哲学」が、フッサールの追求した基礎づけとはおよそ隔たっていることにすぐ気づくだろう。何よりも、現象学的な本質直観は、すべての事象を知覚に基づけようとする経験主義こそを批判したのである。もっとも深刻な齟齬は、クワインや植原が、あらゆる「経験科学の成果」は生活世界を生きる個々人の主観性に遡ってその明証性を問われなければならない、というもっとも重要なポイントをまったく理解していないことに由来する。遡行がほぼ不可能だという〈事実〉は科学の制度化と権力の問題であり、認識論の問題ではない。わたしは哲学者ではないので、哲学が科学の一部になってもいっこうに構わないが、その展望にひそむ順応主義には空恐ろしさを禁じえない。なぜ順応主義かといえば、それは科学が至高の権力として君臨する現状維持《ステイタス・クオ》に諸手を挙げて賛成しているからである。哲学をはじめとする人文学の科学への吸収合併が実現する日とは、日高のいう「主体」にとっての世界の意味が消滅する日であろう。以下の探究は、そのような日の到来に抗うささやかな試みである。

93　日高自身がユクスキュルらの著作の共訳者なのだから、少なくとも日高とユクスキュルの一致は偶然ではない。ユクスキュル、ヤーコプ・フォン＋クリサート、ゲオルク　一九七三（日高敏隆・野田保之訳）『生物から見た世界』思索社。

94　植原亮　二〇一三『実在論と知識の自然化――自然種の一般理論とその応用』勁草書房、一八二―一八五頁。

第二章
環境世界のなかの動物——自然誌的態度の源流

——ある男が友人に悩みを打ち明ける。まったく買い足した覚えがないのに、なぜ抽斗を開けるといつもクリップでいっぱいなのだ？　しかも毎日注意していると、抽斗を開けるたびに少しずつ増えている。同じことがロッカーに吊るしたハンガーにも起きている。彼は恐ろしい可能性に思いあたる。かれらは、クリップやハンガーや他の平凡な日用品に擬態した、宇宙からの侵略者なのだ。こうして人類が気づかぬうちにじわじわと増殖し、やがて、牡蠣で埋めつくされた海底のように、人類社会はクリップ生物やハンガー生物に占領されてしまうだろう。ぼくは明日、この情報をもって、政府の重要機関を訪ねようと思っている。友人は気のせいだろうと慰める。翌日、訃報が友人に届く。彼は、ロッカーのハンガーで首を吊って死んでいた。自殺として処理された。[95]

本章では、自然誌的態度の源流をなす、三人の思想家の探究を追跡する。ヤーコプ・フォン・ユクスキュル（一八六四－一九四四）、今西錦司（一九〇二－一九九二）、モーリス・メルロ＝ポンティ（一九〇八－一九六一）である。ちなみに、前章の主人公であったフッサールの生没年は、一八五九年－一九三八年だから、ほぼユクスキュルの同時代人だったわけだ。今西とメルロ＝ポンティも同時代人だったが、メルロ＝ポンティは今西より三〇年も前に他界した。思想史ならば年代順に検討するべきだろうが、論理的なつながりを明瞭にするために、今西、ユクスキュル、メルロ＝ポンティの順に追ってゆく。メルロ＝ポンティには前の二つの章でかなり言及したが、本章では「動物性」をめぐる彼の講義に焦点を絞る。

一　生物の存在論――今西錦司の本質直観

……聴講者の注記――今西さん[96]は、わたしの直接の師、伊谷純一郎、河合雅雄の先生だが、シンポジウムで遠くから仰ぎ見ただけで、ことばを交わしたことはない。今西の書いたものは、日本語で表現しうる明晰な論理のひとつの極北である。本来、なんの編集を施す必要もないのだが、それでは写本になってしまうので、明快な文章をさらにわかりやすくすることを心がけた。一文がかなり長い場合には、二つの文に分けた。みずからの独自な思考を表明するとき今西はかなり慎重で、「～ではなかろうか」「～ではあるまいか」といった推測の文末が多い。思いきってその多くを断定にあらためた。もとの著作は五章に分かれるが、第四章の後半から論旨が錯綜するので、講義録には掲載しない。章立てには従わず、論理のすじみちを鮮明にするような小節タイトルをつけ、重要な概念にはアングルを付した。論理的に矛盾していると思える

95　デイヴィッドスン、エイブラム　一九六七（常盤新平訳）「あるいは牡蠣でいっぱいの海」アイザック・アシモフ編『ヒューゴ賞傑作集 No.1』早川書房。わたしは高校生のころこの本をもっていたが、なくしてしまった。ここに記したのは記憶のなかの生鮮性にすぎないので、正確ではないかもしれない。

96　いわゆる今西学派では、地位や年齢にかかわりなく、おたがいを「さん」づけで呼ぶ習慣があったという。

箇所には傍点を付した。原典の漢字とかなづかいを尊重しているので、本書の他の箇所と合致しないことがしばしばある。

類縁関係の認識と主体的な表現[97]

今西――私たちの世界はじつにいろいろなものから成り立っている。この世界はでたらめなものでなくて、一定の構造または秩序を有し、それによって一定の機能を発揮している。かかる構造も機能ももとは一つのものから分化し生成した。その意味で無生物も生物も、あるいは動物も植物も、もとを糺せばみな同じ一つのものに由来する。

世界がいろいろなものから成り立っているとは、私たちがそれらを〈識別〉しているからこそいえることである。この世界には厳密に同じものは二つとない。一つのものによって占有されたその同じ空間を、他のいかなるものといえども絶対に占有できない。空間の分割はものの存在を規定するとともに、それがものの相異を生ぜしめている根本的原因である。相異ばかりを見れば、世界じゅうのものはついにみな異なったものばかりということになるが、この世界には、それに似たものがどこにも見当たらないというようなものも、けっして存在しない。もしも世界を成り立たせているものが、どれもこれも似ても似つかぬ特異なものばかりであったなら、世界は構造を持たなかっただろう。すべてのものが異なっていたら、もはや異なるという意味さえなくなってしまっただろう。異なるということは似ているということがあってはじめてその意味を持つと考えられるからである。

識別以前の状態にさかのぼって直接ものを認める立場を考えてみると、それは、世界を構成しているものの間に備わったもともとからの関係において、それらのものを認めることである。私たちはつねに相似たところも相異なるところも同時に認識している。認識とは、直観的にものをその関係において把握することである。ものが互いに似ているか異なっているかがわかるのは、私たちの認識そのものに備わった先験的な性質である。世界を成り立たせているいろいろなものが、私たちにとって異質なものでないというばかりでなく、それらのものの生成とともに私たちもまた生成した。それらのものの間に備わった関係を、私たちがなんの造作もなく認識しうるということは、私たち自身に備わった遺伝的な素質であり、一つの本能であるといってもまちがいではない。

相似と相異をもって結ばれるこの世界のいろいろなものの間の関係は、〈類縁〉によって秩序だてられる。類縁関係を通してはじめて、ものの見方に一定の基準が与えられる。世界を成り立たせているいろいろなものが、もとは一つのものから生成発展したものであるがゆえに、私たちにこの世界を認識しうる可能性がある。つまり、私たちの認識がただちに類縁の認識である可能性がある。この認識の成立するところに、〈類推〉が可能である根拠がある。類推とはその本質において、私たちがものの類縁関係を認識したことに対する〈主体的反応〉の現われにほかならない。それはこの世界に対する私たちの〈表現〉であり〈働きかけ〉でなければならない。

類縁の近いものなら、当然、その認識に対する主体的反応の現われ方においても似ていなければならない。だから類縁の近いもの同士が遭遇した場合、一方が他を認識するように、また片方も他を認識するのでなければならない。そしてその一方がその認識に対して現わす主体的反応と相似た反応を、片方もやはり現わすのでなければならない。すると相互の主体的反応の結果として、ここに一種の関係もしくは交渉が成立する。かくのごとき関係が成立する場合には、それはたんなる私たちの働きかけでなく、私たちへの働きかけを予想したうえでの、私たちの働きかけである。それがもし動物ということになり、その中でも高等な犬とか猿になってくると、かれらの私たちに対する働きかけをも予想しないわけには行かない。だから私たちのこうした動物に対する主体的反応が、ある程度まで人間に対するのと同じような反応をもって現わされることは、これらの動物が私たちに類縁的に近いという認識に対する私たちの表現であり、それは人間的表現となって現わされるよりほかにないのである。私たちは人間的立場にあって生物の生活を知ろうとし、その住まう世界をうかがおうとしている。だから私

97　今西錦司　一九四一／一九七四『生物の世界』弘文堂教養文庫／『今西錦司全集　第一巻』講談社、六－一二〇頁。ページ指示はすべて講談社版による。

たちに許された唯一の表現方法は、これらの生活や世界を人間的に翻訳するよりほかにはない。類推を奪われた生物学は、惨めな機械主義へかえるより途はない。類推の合理化こそ、新らしい生物学の生命である。

構造と機能の相即[98]

私たちは主として眼がものを見ることによって、ものの存在を認める。みずからを空間に限定したものの存在が、ものの形として認められる。だから、ものは形を具えたものであり、また形あるものがすなわちものだということになる。では、無生物の形に対して生物の形にはなにかそれ自体としての特徴があるだろうか。私たちが生物と無生物とをその形で区別できると直観するのは、私たちに生来備わった認識のしからしめるところである。生物とは外形だけあって中の空ろなものでもなければ、また粘土細工のように中の一様につまったものでもない。生物の見かけの形を外部形態とよべば、それに対して内部形態といいうるようなものがある。それらのものが一つになって生物の身体を組み立てている。それはもはや形というよりも構造である。生物の構造を備えたもののみが生物である。

だが、生物体の構造に関するかぎり、見かけの形からでは容易に求められなかった、一つの普遍的な法則がある。それは、細胞の発見であり、生物の身体が細胞から成り立っているということである。あらゆる生物の身体が細胞の集まりからできあがっているということは、生物を私たちが理解するうえで役立つ、もっとも生物的な性格である。

多細胞生物にあっては、そのからだを形づくっている細胞の数は、数え切れぬほどの多さである。そもそもこの無数の細胞はどこからやってきたのだろう。どこからでもない、それらはすべて一個の細胞から〈生成発展〉したものにほかならない。それがすなわち生物の生長であり、生長するとはすなわち生きていることにほかならない。さまざまな機能を発揮しうる構造であってはじめて生きた生物の構造なのである。構造と機能の二つが別々に存在しているのではない。構造がすなわち機能であり、機能がすなわち構造であるようなものであってはじめて、それが生物といわれるものである。構造と機能の相即が成立するところには、構造がさきにあるのでも機能がさきにあるのでもない。生物がその存在を維持して行くことの内容として、生物はつねに構造的機能的表現を示すものである。

有機的統合体の全体性と世界の構成原理[99]

生物とその細胞との関係は、構造的機能的な生成発展をとげる〈統合体〉の全体と部分との関係であり、生物とはかかる有機的統合体に与えられた名称である。生物という語にはぴったり適合する外国語がない。クリエーチュアという言葉はあるが、それは造物主としての神と結びつけてでなくては考えられない。科学的用語としてはオーガニズムという言葉が考えられるが、この言葉はもっと広く生体とか有機体という総括的な意味を有する。動物とか植物という言葉が以前からこの国に存在していたとすれば、これらの両者を包含したものとしての生物という言葉は生まれるべくして生まれたものだったろう。

しかし、無生物もまたこの世界の構成要素である。この空間的即時間的な世界の構成原理を反映して構造的即機能的でなければならないという要請が、とくに生物に限られねばならないという理由はない。大は太陽系から小は原子にいたるまで、いやしくも構造の認められるものは、かならずその構造に即した活動を伴なっている。この世界が空間的即時間的な世界であるゆえに、単なる構造だけといったあり方が成立しえないからである。

構造的即機能的ということはもはやこれを生物に限られた存在様式とはみなしがたい。生物がはじめからこの世界に存在していたのでないことが確かならば、生物の起源は二つのうちのどちらかを選ぶよりほかにない。一

98　同書、二二一―三四頁。
99　同書、二三六―四七頁。

つは無生物の世界に生物が偶発したとするものである。たった一度でよいが、この世界の歴史において無が有に変換するようなことが起こったという考え方である。いま一つの考え方は、無から有は生じない、とすることである。無生物もこの世界の構成要素である以上、構造的即機能的存在である。その無生物的構造が生物的構造に代わり、無生物的機能が生物的機能に変わることが、無生物から生物への進化であった。生命も無から偶発したものではなく、やはり無生物的生命が生物的生命へ進化したものだということになる。無生物にも生命を認めるということになると、アニミズムであるかのように思う人が多いが、私は無生物に無生物的生命を認めて少しもさしつかえないと思っている。生物はつねに外界から原料を取りいれ自己に同化するとともに、不要品はすてなければならない。取りいれられるものは物質であるにもかかわらず、それによって生物の身体がつくられて行く。それと同様に、無生物的生命を取りいれそれに養われて生物的生命も生長し維持されると考えられる。私は生物存立の物質的基礎について疑いをさしはさむものではない。この世界が物質の世界であると見ることは、世界の正しい見方でなければならない。しかし生物という物質は単なる化合物の集積ではなく、すこぶる複雑な有機的統合体である。ここにいう統合体とは一つの〈全体性〉を具備したものである。この統合体を分析すれば細胞や原子にまで追跡することが可能であっても、原子や細胞の現わす現象がこの統合体自身の現わす現象の説明とはならない。

独立体系としての生物と環境の不可分性[100]

生物という全体に統合性を認め、統合性には一定の方針が予想されるとしたら、発生初期の細胞時代からずっと引きつづいた統合性（あるいは方針）があったものとしなければならない。生物が存在する上に必要な統制方針は、この世界における生物存立の根本原則に背反してはならない。世界が空間的時間的にこの世界でありつづけて行くのと同じように、生物もこの構造的機能的な存在をこの世界につづけて行く。そのために、生物は作られたものが作るものとなって、みずからと相似たものをどこまでもこの世界につくり与える。生物がみずからを維持せんがためにたえずみずからをつくって行く、作られたものがまた作るものとなって行くことを〈生きる〉というならば、この生きることこそは生物という有機的統合体における指導方針でなければならない。生物が一定の形をもつことに私たちは一つの統合性の具現を見る。統制も支配も一種の空間性を有している。統制や支配の範囲がでたらめでは、実際には統制も支配もありえない。生物が一定の形をもち、生物体がそれ自身として完結した〈独立体系〉であることは、生物における統合性の現われであり、統合性のもつ空間性の現われである。生物がいわゆる個体としての存在様式をとっていることは、すこぶる重要な意味をもっている。

生物が独立体系であることと相即して、生物を入れている外界あるいは環境というものが考えられる。生物が生きてゆくためにはその環境から食物を取りいれねばならないし、その中に配偶者を見いださねばならない。生物は環境をはなれては存在しえない。その意味で、生物とは、それ自身で完結した独立体系ではない。環境をも包括した一つの体系を考えることによって、はじめて生物の具体的な存在のあり方が理解されるのである。

環境といえども、もとは一つのものから生成発展してきたこの世界の一部分である。生物と環境とはもともと同質のものでなければならない。生物が生きることは生物が働くことにほかならない。生物は〈生活〉するものであり、生活しなければならないものである。生活に必要かくべからざるものの認識がすなわち環境の認識である。認識されないということは、認識するものにとってそのものが存在しないことと同じである。

生活するものにとって、主観と客観、自己と外界といった二元的な区別は、さほど重要性をもたない。生物にとって生活に必要な範囲の外界はつねに認識され同化されている。その認識され同化された範囲内がすなわちその生物の〈世界〉である。環境とはその生物の〈生活の場〉であるといってもいい。生物とその生活の場として

100 同書、四九－五八頁。

の環境とを一つにしたものが具体的な生物なのであり、またそれが生物が成立する〈体系〉なのである。私たちの身体と生命もこの世界から切り離された完結体系としては成り立たないものである以上、これを個体的に限定しなければならぬ理由もない。身体も生命も、その中心に個体的な私たちを必要とするものではあるが、この中心が周囲に広がった場《フィールド》的なものなのである。個体内に束縛された生命を解放し、これを世界に広がるものと見なし、それゆえにこの世界が私たちの世界たりうると結論しなければならない。

統合性から主体性へ[101]

進化の過程において生物はみずからの働きかけによってみずからの生活する世界を広げるように進んだ。環境の拡大とは認識する世界の拡大であり、認識の拡大とは生物における統合性の強化を意味する。まえに認識の本質は類縁を知ることだといった。すると食物などというものは類縁的には縁が遠そうなのに、動物が自分の食物をただちに認め、あるいは認め誤ることがないのは不思議に思える。しかし食物がさきにあったのでも生物がさきにあったのでもなく、食物と生物とははじめから切りはなせない存在であった。それほど生物にとって食物が身近き存在であったということは、食物もじつは生物体の延長であり、生物を養う源であったからである。たとえ分類学的な類縁は問題にならなくとも、食物は生物にとってもっとも直接的な身体的類縁である。それゆえ食物を認めることはすなわち自分を認めることになる。認めるか認めないかはその生物の要求にしたがってそのときどきに一定しない。その要求とは、生物における統合性が一定の指導方針にしたがって、そのときどきに求める処置を意味する。だとすれば、痛いところをなめたり、かゆいところをかいたりするのと、食物をとったり敵をさけたりすることとは、本質的には区別されるべき性質のものではない。かゆいからかき、食いたいから食う。だから本能の合目的性などといわれる。だが、本能をやたら振りまわすのは、生物を生物として解釈できないという窮状の曝露であり、生物を自動機械と見なすこととたいした相違はない。

植物や下等な動物が無意識的になすふるまいの一つ一つは、目的に適っているばかりか、ばらばらになったり、互いに矛盾したりすることもなく、終始一貫した方針にしたがっている。この裏面には、本能では説明しつくされないなにものかが潜んでいる。それを生物に具わった統合性の発現であるといえば、本能よりも進んだ説明には相違なかろう。しかしこの統合性が今度は本能に代わって、私たちの理解の前に立ちふさがる障壁をつくってしまう。この障壁を突き破ってもう一歩奥へ踏み込まなくては、本質論は完成しない。

生物は、その統合性によって、自己および自己をとりまく環境ないしは世界を統制し支配している。環境といい世界というも要するに自己の延長であるとすれば、世界の統合性とはすなわち自己の統制であり支配である。私たちの場合ならば、この統合性がただちに自主性あるいは主体性であるといってもよい。しかし中枢や感覚器官の発達していない生物でさえ、食物をとるべきときにとり、さけるべきときに敵をさけるということは、それらの生物においてもその統合性とは結局主体性であるということになろう。認めることがすなわち働くことであり、働くことがすなわち認めることであるような原始的行動にしても、みな生物の統合性にしたがった行動である。認めたことも働いたことも、全体として、個体として、ないしは自己として、なんらかの方法によって感ぜられている。そこに私たちのような意識はなくとも、一種の潜在する意識、あるいは意識以前の意識といったほうが適切と思われるような、原始的意識を想像することが許されないだろうか。

個体維持の次元[102]

生物の中に環境的性質が存在し、環境の中に生物的性質が存在するということは、生物と環境とが別々の存在ではなくて、もとは一つのものから分化発展した、一つの体系に属していることを意味する。一匹一匹の生物が

101 同書、六〇－六四頁。
102 同書、六七－七五頁。

それぞれの世界の中心をなしているという意味からいえば、その生物とその生物の環境とで、やはり一つの体系をつくっている。絶えず環境に働きかけ、環境をみずからの支配下におこうと努力しているものが生物なのである。環境のままにおし流されて行くなら、なにもそこに自律性や主体性を認める必要はない。それならば単なる機械にすぎない。環境決定論を承服できないというのは、進化の上下を問わずとも、生物そのものの本質的性格から要請されるのである。

私たちが汗を出すことは環境に対する私たちの働きかけであり、それは同時に汗を出すべき環境を私たちが認めることではあっても、私たちの意識作用がこれに伴うわけではない。植物が葉の気孔から水分を蒸散させるのは、汗の出るのと同じ意味合いのものではないだろうか。外界の状態に応じて気孔を開いたり閉じたりすることは、外界の状態を植物が感知し、認めているからだ。植物には眼がないから、隣りに生えた木が自分と同種類のものかどうかを視覚で見別けることはない。しかし植物だって同種類のものと異種類のものとを見別けていることとは、受粉作用が同種類間でのみ行なわれることから推定できる。花粉は同種類の花の柱頭に達したことをなんらかの方法によって感知するのでなければ、繁殖の機構は達成されない。環境といえばただちに無機的環境要因だけのように考えられやすいことは、現象をなるだけ簡略化し、動物を植物化し植物をさらに物質化しようとする、一種の分析主義の現われである。発汗作用は生理的現象にすぎないといったところで、そこに汗を出している個体の存在を予想するのでなかったならば、発汗の意義は絶対にわからなくなってしまう。精子や卵の行動が意識的か無意識的かなどということの前に、それらの精子なり卵なりを出した個体の存在が予想されねばならぬ。

生殖とか繁殖とかを持ち出せば、ひとはすぐに種族保存ということを思うようだが、それは個体的に見るならばどこまでも個体維持である。自分は死んでも自分と同じような個体をこの世界につくり残しておくことによって、この世界においてその個体の占める位置が維持されることがすなわち、この世界の維持されることにほかならない。種族と個体という次元のちがった立場の比較をする前に、両者を同次元において考察し、その比較の結果がすなわち次元の相違であるということにしなければならない。そこで、この両者を同次元に揃えるために、個体維持的という立場をとってみる。すると栄養のほうは他の個体の存在を予想しなくても食物さえあれば達成されるのに、繁殖の目的が遂げられるためには、他の個体の存在が予想されねばならない。このことは、この世界にどこにも似たものがないような孤立的なものは存在しないことと関係している。では、どうして相似たものがこの世界に存在するのだろうか。子供が親に似ていることをひとは遺伝という。しかし、親の個体維持本能からいえば、その子供が親に似ているほどその目的が達成されたと考えてもいいであろう。それがひいてはこの世界の現状維持に寄与しているのだともいえる。似たものができる原因を生物学的に説明するならば、それは遺伝というよりほかないかもしれぬ。けれど、この世界を形成するものは、どれをとっても、似たものが存在するということになると、これはもはや単に生物学の範囲だけでその意義を解釈しつくせない世界的現象ということになりはしないか。相似たものが存在するというところに、なにか世界構造の原理といったようなものが含まれているのではないかと考えるのである。

血縁的関係と地縁的関係[103]

この世界が混沌化しないで、そこに構造があるということは、この世界を形成しているいろいろなものの間に一種の平衡が保たれていることを意味する。これを力の釣りあいと解するならば、第一にこの釣りあう力が同じ種類の力であることを必要とする。第二に力が釣りあうことによって生じた平衡を、ただちに静止と考えてはならない。それは均衡のとれた働き合い、すなわち交互作用の一つの状態である。すると構造とは同じ力をもったものがお互いに働き合うことによって生ずる関係である。二匹の生物がその生活力において釣りあうことは、環

103　同書、七五−七九頁。

境を介して考えるならば、その二匹の生物がお互いの環境に対して侵入しないような状態におかれているとみなすことができる。生活内容を同じゅうする同種の二個体は原則として同一環境を共有するわけに行かぬであろう。

だが他方で、この世界で相似たもの同士がある距離内に見いだされるということには、それらの相似たものが、もとは一つのものから生成発展したという、この世界の性格の反映が感ぜられる。したがって同種の個体がある距離内に見いだされるということは、それらのものの血縁的関係がしからしめているのでなければならない。けれども実際は、この血縁的関係が生活内容を同じからしめているのだから、原則的には相容れないもの同士を、ある距離内に存在せしめているということには、血縁的関係以外の要素があるだろう。

生活内容を同じゅうすることは、同じ環境を要求することである。同一の環境条件が連続しているなら、一つの環境を共有することが許されなくても、同じ生活内容を持つものが相集まって、その連続した環境を〈棲み分ける〉ことは、当然予想されていい。ここに同種の個体間を関係づける他の一要素としての地縁的関係が生ずるものと考えられる。

同種の個体が血縁的地縁的関係によって結ばれていることが、同種の個体が同じ形態を具え、同じ機能をもち、同じ場所で同じような生活を営んでいることにほかならない。形態の本来の意義は、その生物が自然に生活している状態において求められねばならない。生物の形態をつねにその生活内容に結びつけて考えるとき、形態はもはや単なる形態ではなく、その生物の生活内容を反映したものとみなされる。生物の形態に生活内容を含ませた場合に、これを〈生活形〉と呼ぶのである。同じ種類の個体同士というのは、血縁的地縁的関係のもとに結ばれた生活形を同じゅうする生物であるということができる。

平衡状態から種の社会へ[104]

どんな生物にも一定の分布地域というものがあって、ちょうど一個の生物にその必要とする生活空間があるごとく、種にもまた種の生活空間が認められる。傍らにいる動物が生活内容を異にしたものであったならば、お互いの行動の間には衝突が生じないともかぎらないが、生活内容を同じゅうした同種の個体である場合には、お互いの行動には摩擦が起こらない。それをすなわち、同種の個体における力の釣りあいのとれた状態というよりほかない。だから、生物に元来、個体保存的・現状維持的な傾向があることを認めるならば、生物がいたずらな摩擦をさけ、衝突を嫌って、摩擦や衝突の起こらぬ平衡状態を求める結果が、必然的に同種の個体の集まりをつくらせたとも考えられる。とくにお互いが誘因し合うことを仮定しなくとも、同種の個体が集まっているのは、その共同生活のうちにかれらのもっとも安定し保障された生活が見いだされ、そこにかれらの世界がつくられるからである。その世界がとりも直さず種の世界であり、そこで営まれる生活がすなわち種の生活ということになる。そこで個体が生まれ、生活し、そして死んで行く種の世界は、単なる構造の世界ではなくて、持続的に生成発展して行くこの空間的即時間的、構造的即機能的な世界の一環をなす体系でなければならない。もし生物の世界に社会あるいは社会生活という言葉をあてはめるならば、私はなにをおいてもまず、こうした種の世界なり、同種の個体の共同生活なりにそれを持って行くべきだと考える。共同生活といっても、かならずしも意識的・積極的な協力を意味しているわけではないが、同種の個体が交互作用的に働き合う結果、そこに持続的な一種の平衡状態がつくられ、しかもその状態の中にあるのでなければもはや個々の個体はその生存が保証されがたい。その意味においては、同種の個体の集まりは単なる集まりではなくて共同生活なのである。

　社会現象として認められる個体相互間の関係が、空間的に集結しているか疎開しているかということは、現象学的に社会の類型を分つ特徴とはなっても、それ自身によって社会であるかいなかを決定する準拠とはなりがたい。栄養が問題となるにおよんではじめて生物は空間的にも積極化してくるのである。血縁的地縁的な社会的生

104 同書、八〇－九二頁。

物とは、それが繁殖的栄養的なものであることによってはじめて、その生物個体もまたそれをその中に含む社会も等しく、この時間的空間的世界の構成要素として体系に参与する資格を得る。

植物にも寄生虫にも一定の分布地域がきまっているということは、種というものが、その中で個体が繁殖しまた栄養をとる、一つの共同生活の場であることを意味する。そのかぎりにおいて種の中に、根源的に社会というものを意味するなにかが含まれていなければならない。社会性とは、もとは一つのものから生成発展し、どこまでも相異なるものの世界においてどこまでも相似たものが存在するという、この世界の一つの構造原理である。それが構造原理であるゆえんは、相似たもの同士はどこまでも相対立しあうものであり、相対立しあうもの同士とはどこまでもその対立を空間化し、空間的に広がって行かねばならない存在であるからだ。社会性はこの空間的・構造的一面を反映した、この世界を形づくるあらゆるものに宿っている一つの根本的性格であろう。

同位社会の定立[105]

世界とは根本的に不平等な世界であり、不平等は私たちの世界が担っている一つの宿命的性格である。私はこの不平等さゆえに、かくも多種類の生物がこの地球上に繁栄しえているのだといいたい。どこまでも相似た生活形をもち、どこまでも相似た要求を満たそうとするもの同士が同一地域に共存し、しかもその共存によってお互い同士の間の平衡を保ちうる途というのはただ一つよりない。それはお互い同士が同じ生活形をとり、その生活に対して同じ要求をもつようになることである。すなわちそれは同種の個体となってそこに種の社会を形成することにほかならない。けれどももしこれらのものの間に二つの傾向があって、それがお互いに相容れぬものであったならばどうなるだろう。その結果として同じ傾向をもつもの同士が相集まるようになるのではないかと思われる。そうすることによって無益な摩擦をさけ、よりよき平衡状態を求めるのが、生物の基本的性格の現われでなければならない。この二つの社会はその地域内を棲み分けることによって、相対立しながら両立することを許されるにいたるだろう。このように相対立し、したがって棲み分けざるをえないような社会のことを私は生物の〈同位社会〉と名づける。

元来は相容れるもの同士が場という関係を通じて相容れなくなっているだけであるから、お互いは種として対立しあっているといっても、その対立は場を通じての平衡にほかならない。同位社会とは生物の個々の社会の寄り集まりからなる一つの構造であり、一つの共同社会である。それを構成するおのおの社会はお互いに相対立し相容れないものであるが、しかしお互いは他の存在を待ち、他をみずからの外部とすることによってはじめてお互いの平衡を保ち、それによってそれみずからの社会としての機構を全うしているという意味において、それらは互いに相補的であるとさえいえるだろう。

このようにして私たちは細胞の集まりからなる個体、個体の集まりからなる社会、さらに社会の集まりからなる同位社会が、それぞれ同一の原理に立脚した体系要素として、生物の世界をつくりあげていることを知るのである。

NK――この年長者のことばはわかりやすいが、言っていることは難しいなあ。命あるものをおまえたちはセイブツとよぶのか。たしかに、ヤスデやコオロギみたいな役立たずにだって、木や草にだって、命があることを、おれたちも知っているさ。でも、みんな一緒くたに同じ名前でよぶなんてことは、おれたちは知らない。バッタと違って、人も、犬も、エランドもみんな息をしている。いくらトンボやイモムシを摑んだって、息なんか感じない。おれたちはよく「あいつは死んだ」と言っておまえを驚かせる。おまえは「息が止まったのか?」「砂に埋められたのか?」なんて訊いて、だれそれがほんとうに死んだのか、それともただ重病なのかを確かめるよう

105　同書、九四－九八頁。

になった《笑》。それは正しいやりかただ。生きているやつは息をしている。息をしないやつらは、おれたちと同じものじゃないよ。この男の話でおれがいちばん呆れたのは、息をしているものもしてないものも、木も草も、命あるものもないものも、みんな砂から生まれた、って言っていることだ。どうしてそんな愚かなことを考えるのだ？ 何もかも神霊が創ったのさ。まだ太陽もなかったころ、神霊がエランドの糞を投げつけて、あらゆるものを造ったっていうお噺をおれの息子たちが語ってくれたのを、おまえは取った〔録音した〕だろう。[106] だから、この男の話は逆さまだ。みんな砂から生まれたんじゃなくて、死ねばみんな砂になるのさ。

本質直観によって把捉される生物

第一章のつぎにこの節を置いたことには、いわば論理的な必然がある。今西の思考こそが、フッサールが希求した本質直観のみごとな実践だからである。今西は一度だけ「現象学的」という語をつかっているが、この文脈では「現象論的」というべきであり、積極的な意味はもっていない。超越論的主観性の定立は今西の関心からほど遠いものだった。彼は、フッサールによって遮断された「超越的」な個別存在者を了解することに集中した。だが、ここで前章では論じきれなかった、現象学的還元の限界に注目する必要がある。それは、ほかでもない、〈意味〉とは何かという問いが未規定のままだということだ。フッサールは、「現象学的な観念論の課題は、この世界が現実に存在するものとして妥当していることの根拠をなす、その意味を解明することにある」と言いきった。だが、〈意味〉それ自体は定義されていない。ひとつの答えかたは、認識とは世界の意味を明らかにすることだから、〈意味〉とは問うことのできないアプリオリである、というものだろう。だが、右の仮想講義から単純な直観を得ることができる。〈意味〉とは、幾重にも層序をなす錯綜体であるが、この層序を下降すれば最深層の岩盤に突きあたる。その岩盤とは「私は生きている」というそのことである。フッサールは、探究の発端では「人間的身体性が関与する心理物理的な問題はいっさい斥ける」と宣言した。だが、結局、彼は「生殖連関」

と「歴史」を括弧から取りだすことへ促されたのだから、私たちも出発点であるわれ《エゴ》が〈生きている身体〉に支えられているという原初的な事実を括弧内にとどめる義務はない。今西の思考が「私は生きている」という〈意味の根元〉を照らす試みであると理解するならば、彼の探究もまた超越論的な本質直観であったと位置づけられるだろう。実際、今西自身も、彼の探究の目標が「本質論を完成」させることであると明かしている。以上を確認したうえで、今西の直観をわたし自身のことばで把握しなおしてみよう。

A——この世界には差異が充満している。差異という地があるからこそ類似性という図を認識できる。ここで地と図は反転可能である。類似性があるからこそ似たものの集合のあいだに差異があることもわかる。類似性は類縁関係に基づく。類縁関係は類推が可能であることの根拠である。類推とは世界への私たちの主体的反応である。類縁が近い動物と私たちとのあいだには、相手の働きかけを相互に予想する働きかけが生じ、二重の偶有性が成立する。これらを記述する唯一の方法は、私たちと動物たちとの、また動物たちどうしのあいだの、主体的反応のやりとり（交働）を人間的表現によって示すことである。

B——生物は外部形態と内部形態をもつ。形態は構造と機能の相即を具現する。〔クリップもハンガーも中身が詰まっているので内部器官を認めることができない。ただし、ハンガーには吊るすための鉤状構造と、緩やかな曲線をなした左右対称の翼状構造という「部分」はある。〕

C——だが、無生物にも構造と機能の相即がある。世界とは空間と時間の相即だから、永遠に静止した構造などありえない。「無から有は生じない」というもっとも根本的な本質直観にしたがうと、原初において、無生物的構造が生物的構造へ展成したことになる。すなわち、無生物的生命が生物的生命を生んだのである。

D——生物という全体には統合性が認められ、それは一定の方針にしたがう。生物の方針は〈生きる〉ことで

106 菅原和孝 二〇一五『狩り狩られる経験の現象学——ブッシュマンの感応と変身』京都大学学術出版会、八八－九二頁。

あり、〈生きる〉とは作られたものが作るものになることである。つまり生物とは自己制作システム《オート・ポイエーシス》である。[107] 生物は個体として独立体系をなすが、この体系をその環境から切り離して考えることはできない。生物の具体的存在とは、環境を包括した体系である。生物が環境を認識するとはすなわち環境を同化することであり、環境をみずからの延長とすることである。主観／客観、自己／外界の二元論は廃棄される。身体も生命もその中心に個体を必要とするが、生物とはこの中心から広がる場《フィールド》である。

E——生物がその統合性によって環境を統制することこそ主体性の根拠である。環境の統制とは認識と働くことを表裏一体に持続することである。この持続は生物自身によって感じられているから、そこに、潜在する意識（前－意識）を想像することができる。

F——生物は環境に働きかけ、環境をみずからの支配下におこうと努力する。この努力の延長として繁殖することは、個体維持の次元で把握しなければならない。主体と類似したものを世界に作りおくことは、世界のこの現状を維持しようとする努力にほかならない。

G——世界は混沌化せず構造があり続ける。これは世界を形成しているいろいろなもののあいだに平衡が保たれるからである。平衡とは、同じ種類の力が釣りあう相互作用の一状態である。二個体が生活力において釣りあう状態とは、たがいの環境に侵入しないことである。これらの個体が血縁関係をもっている場合には生活内容が類似する。だが、生活内容を同じくするものは同じ環境を要求するから、かれらは近傍にいながら連続した環境を棲み分けることになる。ここに地縁関係が生じる。

H——同種の個体が血縁・地縁関係で結ばれるということは、同種個体が、同じ形態と機能をもち、同じ場所で同じような生活を営むことである。形態と生活内容とは不可分であり、〈生活形〉として具現する。傍らにいる動物が生活内容を異にすれば衝突が生じるが、生活内容が同じならば摩擦は生じない。生物が摩擦や衝突の起こらない平衡状態を求める結果、必然的に同種個体の集まりが生じる。この共同生活のうちに生物の安定した世

界がつくられる。このような世界を社会とよぶことができる。

I——類似した生活形をもち、類似した要求を満たそうとするものたちが同一地域に共存する途は一つしかない。同種個体として種の社会を形成することである。そのなかで相容れぬ二つの傾向が分化するならば、同じ傾向をもつものどうしが集まり、二つの社会がある地域内を棲み分けることによって、対立しながら両立する。ここに同位社会が成立する。この対立=両立も場を通じての平衡である。複数の同位社会の集まりも一つの共同社会であり、おたがいは他をみずからの外部とすることによって平衡を保つ。

以上の要約で「差異」「図と地」「二重の偶有性」「オート・ポイエーシス」といった時代錯誤的な用語をあえて用いたのは、今西の驚くべき先見性を照らすためである。「認識そのものに備わった先験的な性質」という表現にカントの影響を見ることはたやすい。また、西田幾多郎からうけた霊感も今西に近い人びとのあいだで指摘されていたようだ。だが、思想史的な系譜を明るみにだすことはその分野の専門家に任せる。強調すべきは、今西があらゆる「天下り」の知識や理論を遮断し、ときに「想像における操作」をまじえながら、明証的な論理を組み立てたことである。「生物の身体が細胞で成り立っていることは、生物学の最大の発見であり、普遍法則の名に値する」という知識の参照がみられるが、これは彼が生物学者であるかぎり受け容れるしかない真理だったのだろう。

今西の透徹した思考は彼の生活世界に深く根をおろしていた。鴨川の中流や貴船の渓流で、川の岩をひっくり返してカゲロウの幼虫を採集する青年の姿を思いうかべることができる。この青年が耽った長い夢想こそ、類のない思考の土壌であり、論理全体を染めあげる生鮮性の源であった。彼は書斎でランプを見つめていたのではな

107　河本英夫　一九九五『オートポイエーシス——第三世代システム』青土社。

く、「役立たず」な虫けらを掌の上でころがしながら「原的に与える働きをする直観」を得ていたのである。
このような想像が、今西から私たちへ連なる歴史状況を集極化させる。『生物の世界』初版の序文の日付は「昭和十五年十一月」である。「今度の事変〔支那事変のこと〕がはじまって以来、私にはいつ何時国のために命を捧げるべきときが来ないにもかぎらなかった。」[108]つまりこの本には遺書の予感がこめられていた。歴史の重苦しい蹄に踏みつぶされかけながらも、知は自由＝主体性を失っていなかった。それは、ナチスに迫害されながら最後まで挫けなかったフッサールにとっての自由＝主体性と同型である。

わたしはA～Fの命題にほぼ同意する。動物の主体的な投企を類推によって了解し、それを人間的表現にもたらすことこそ、駆けだしの霊長類学徒だったわたしが望んだことだった。サルの交働を場《フィールド》として捉えることは、その後「交働学派《インタラクション・スクール》」とよばれる潮流の発端となった「ハナレオスの出会いの構造」に関わる研究の核心的なアイデアだった。[109]

もっとも衝撃的なCはどうだろう。「無生物的生命」という形容矛盾はいっけん鬼面人を驚かすものだが、「無から有は生まれない」という根元的な本質直観から得られる当然の帰結ともいえる。「科学の括弧入れ」という基本方針から逸脱するが、現代につらなる分子進化論の歩みに少しだけふれる。わたしの少年時代、ソ連の生化学者オパーリンの名はすでに有名で、「コアセルベートが生命の起源である」といった知識が広まっていた。[110]また太古の海に頻繁に着雷した稲妻を模した強い電流をアミノ酸溶液に流すと蛋白質の分子ができることが、生命の起源に迫る発見として喧伝された。だが、それから半世紀以上が過ぎても、物質から生命を造りだす偉業〔悪行？〕は達成されていない。哲学者ダニエル・デネットは、生命の合成をめざす研究の歩みを大略つぎのようにまとめている。

――コンピュータ科学では、あるタスクを実行するコード化された命令の断片を「マクロ」とよぶ。生物の祖型も〈マクロ〉とよべるだろう。それはひとつの巨大分子にすぎないが、極小の自己複製機構の一片である。地球誕生から生物が生まれるまでの一〇億年のあいだ、マクロが進化し続けていたことは明らかだ。化学者ケアンズ＝スミスは、DNAやRNAといった炭素をベースにした自己複製結晶のほかに、珪素ベースの結晶があることを示した。この珪素塩の表面には蛋白質の断片が引き寄せられる。生命体を作りあげるブロックは一種の擬似生命体として始まり、自己複製する微粒子にしがみついて複雑さを増し、自己目的性をもった複製器へと進化したのだろう[111]。

要するに、生命のない物質が自己複製する蛋白質（すなわち生物）を生みだしたということであり、Cの命題と同じである。さらに、もしも自己複製が生物の定義だとするなら、あのクリップもハンガーも（増殖が証明されるならば）生物とよんでよいことになる。

A～Fに比べると、G～Iは論理の透明さに曇りが生じている。Gでは、たがいの環境に侵入しないことにより個体間に平衡が保たれると言明される。つぎに、連続した環境では同じ要求をもつものは近傍で棲み分けることにより地縁関係を生むと論じる。だが、Hでは、生活形が異なれば衝突が生じるが、それが同じならば摩擦は生じないから、同種個体の共同生活が成立するという。もっとも決定的な矛盾はHに凝縮されている。生活形を同じくするものこそが、同一の限られた資源をめぐって争わねばならないはずである。

Gの認識は、生物と切り離せない動的体系であるはずの環境を、純粋な空間性と等置する錯誤を含んでいる。「二つの物体が同一空間を同時に占有することはない」という時空に関わる形相的直観から「たがいの環境に侵入しない」という命題を無造作に導きだしてはならなかった。つぎに、血縁と地縁を並列させる論証においては、植物と動物を統一的に理解するという基本方針に潜伏していた断層がついに軋みだしたようにみえる。種子散布

108 今西、前掲書、三頁。
109 菅原和孝　一九八〇「ニホンザル、ハナレオスの社会的出会いの構造」『季刊人類学』一一（二）：三－七〇。
110 アンフィンゼン、C.B.　一九六〇（長野敬訳）『進化の分子的基礎』白水社。
111 デネット、ダニエル　二〇〇一（山口泰司監訳）『ダーウィンの危険な思想――生命の意味と進化』青土社、二一五－二一八頁。

にせよ栄養体繁殖にせよ、植物においては生殖と近傍での生育とがしばしば随伴することは、ススキの群落を見れば明らかである。だが、みずから動きまわる動物にとって、地縁関係を成立させることは必然的ではない。主体的に分散することこそ動物のもっとも本源的な潜勢力である。「動物個体の集結と疎開は、社会類型論の基準にはなっても、社会を決定する準拠にはならない」という洞察はたしかに正しい。だが、GとHのあいだにみられる齟齬は、集結から生まれる場の特性を無視することによって生じている。群れをなす個体たちは同一の生活の場を共有する一方で、〈なわばり〉をかまえて他の群れを「みずからの外部とする」ことによって、相互に対立しながら平衡をたもつ。この契機は「安定した世界」としての動物社会の成立を理解するうえで決定的に重要だったはずである。

多少の無理はあるものの、今西は、彼の生物社会学の根幹をなす鍵概念である「同位社会」へたどりついた。その一方で、「種の社会」ということばを使ってはいるが、もっとも独創的な概念である「種社会」を明確に定立するには至っていない。戦争を生き延びたのちの今西の生物社会学の体系化において、右に指摘したような矛盾がいかに止揚されるのか（あるいはされないのか）を検討することは、第九章にあずけよう。

ここで、今西の論理構成が依拠する形而上学的な前提を指摘しなければならない。それは、彼の思考の出発点であるだけでなく、決定的な屈曲点において論証がつねにそこへ還流する公理である。世界の構造原理の根元には《すべてがもとは一つのものから生成発展した》という絶対的な真理がある。だが、科学的知識を括弧入れした自然誌的態度は、この命題をアプリオリな公理と認めることができない。

最後に本書の探究にひきよせて二点つけくわえる。第一に、今西の思考においては、動物の境界はおろか、人／動物、動物／植物、主体／環境、さらに生物／無生物を隔てる、あらゆる境界が消滅している。このめざましい特徴は、右の形而上学的な前提と表裏一体であるから、私たちはそれを中心的な真理として無条件に受け容れることはできない。

第二に、仮想講義録からは省いたが、今西は、二度にわたって「愉快」という情動反応を表明している。この世界には、類似したものをもたない唯一特異なものなどけっして存在しないことは、「たいへん愉快なことでなかろうか。」[112]また、世界を構成するすべてのものは「一つのものから生成発展した」という認識が生物にこそあてはまることが、「少なからず私を愉快にする。」[113]この「主体的反応」は、森林の景観をながめ、虫を見つめながら、「おもろいなぁ」と呟いていたであろう彼の直接経験と確実に連続している。さらに、私たちは、フッサールが「驚き」ということばを使っていたことを、ここに重ねあわせることができる。デカルトの限界は彼が「哲学的な驚きを純粋に展開しなかった」ところにある。[114]心理学が超越論に転換することを著者自身が「驚きをもって認める。」[115]これらの卓越した探究者たちが求めていたものは、純粋な理性的認識ではなく、驚きと愉快さに溢れた〈発見〉だったと思われる。私たちもそれを見ならおう。

二　環境世界と身体への介入――ユクスキュルの「機械的生物学」

……聴講者の注記――近代にかぎれば、ユクスキュルこそ、動物を主体として捉え、その主体にとって生きられる環境を「世界」として記述した最初の探究者である。この仮想講義では、彼の長大な著作からもっとも重要な概念を抽出することに力点をおく。そこで大きな問題になるのが環境に関わる用語の翻訳である。ドイツ語ではUmweltとUmgebungが使いわけられる。さらにユクスキュルに大きな影響をうけたメルロ＝ポンティは、次節の仮想講義でmilieuという語を頻用

112　今西、前掲書、九頁。
113　同書、二九頁。
114　フッサール、前掲書『ヨーロッパ諸学の危機と超越論的現象学』一四三頁。
115　同書、四五六頁。

する。辞書にはどれも「環境」という訳語があるが、ユクスキュルはUmweltを「動物にとっての世界」の意味で使っているので、これを定訳どおり「環境世界」とし、一般的な「環境」Umgebungと区別する。Umgebungが「周辺」と訳される箇所があるが、むしろ「四囲」（英語のsurroundings）が適切だろう。だが、あまりに限定的になるので、この場合にかぎり「環界」と訳す。メルロ＝ポンティのmilieuも思いきって「環境」とするが、彼がUmgebungを一般的な環境の意味で使っている箇所もある。ユクスキュルの本領であった動物種の体制と行動の精査はおおむね省略し、本節の最後でひとつの事例だけに注意を絞りこむ。有名なダニの例は、次節でのメルロ＝ポンティによる読解に譲る。

原形質という「奇蹟」[116]

ユクスキュル——有機体が機械を凌駕する固有の特性を、〈超機械的特性〉とよぶ。その決定的要因は形態形成と再生である。生長を終えた有機体は、完成された体組織において、もはや超機械的な諸能力を示すことはない。このとき、原理的な次元で、機械と有機体の一致が存在する。機械も有機体も個々の部分から成り、部分は組み合わさりひとつの全体を形成する。部分の全体への統合は機能的なものであり、個々の構成要素の働きが一体となって全体の働きを実現する。諸部分の相互作用を示す空間的な図式《シェーマ》を構造プランまたは体制とよぶ。

　機械も有機体も、直観的な図面を引けるような、その基体である。この図面は空間的な布置だけで規定される諸構成要素の並存を表わす。しかし、原形質が発見されて以来、大きな困難が顕在化した。簡潔に定式化すれば——そもそも液状の機械は存在しうるのか。

　もっとも単純な動物たちも器官形成の能力を有していること、またこの器官形成によって自身の環界《ウムゲーブング》にうまく適合していることは明らかだ。しかし原生動物の器官形成にだけ見られる固有の特徴は、それらの器質組織が永続的に存在するのではなく、つねに即席《アド・ホック》の形で、不定形の原形質からそのつど形成されるという点に求められる。だから、単細胞生物も、他のすべての動物同様に、機械的な特性と超機械的な特性を併せもっている。アメーバの擬足の機能的活動は機械的な現象だが、その生成は超機械的な現象である。純粋に機械から成る存在には、その必然的な相関物として、それに適した不変の外界が対応している。機械から成る存在は、外界の変化に合目的的に対応しうるような特性をなんら具えていないからである。ある存在物がその設計図《バウプラン》に予定されていなかった外界の変化で破滅しないためには、その存在物は設計図以上の超機械的な能力すなわち〈調節〉をもたざるをえない。恒常的な再－形成の流動的な性格を生命に与え、幅のある適応可能性を動物に保証する、設計図＝体制の不断の変化を調節とよぶのである。

三種類の原理的に異なる〈調節〉が考えられる。(1)外在的な調節、(2)内在的だが体制の裡に用意された調節、(3)内在的でかつ体制そのものを変化させる調節、である。(1)(2)は純粋に機械的な働きであり、(3)のみが動物の超機械的な活動を表示する。機械的調節、形態形成、そして再生はすべて体制《バウプラン》の完成と維持に関わる働きであり、それが個々の部分を全体へと統合する。だが、体制そのものの形成に携わる超機械的な諸機能は、完成された構造体のなかにはもはや見いだすことができない。それらの諸能力を有するのは、形成する能力のある原形質のみである。この描像は生物がもつ二重の性質を鮮明に映しだす。生物はまず原形質から成り、ついで原形質の形成物または構造体から成り立つ。構造体の機能は了解可能であるが、原形質＝粥の機能はひとつの奇跡である。

生物はメロディーと同じやり方で生まれる。それらは空間における統一体を形成するばかりではなく、時間における統一でもある。後者を把握することは人間の精神には不可能なので、ひとつの奇跡にとどまる。私たちに了解可能なものは機械的統一だけである。時間のなかで相互に影響しあう因子が存在しうると考えること自体が不条理である。悟性にとって、時間のなかには先行するものが後続するものに及ぼす作用のみが存在し、逆の方向はありえない。後続するものが先行するものに作用するとき、それは奇跡だというしかない。しかしまさにそ

116　ユクスキュル、ヤーコプ・フォン　二〇一二（前野佳彦訳）『動物の環境と内的世界』みすず書房、一九－四二頁。

うした現象が原形質のなかで生じている。現に存在する構造ではなく、これから生じることになる構造が、原形質の構造形成における個々の働きを決定する。ヒヨコは胚の最初の卵割過程に直接的に依存しているが、胚の最初の分割はこれから完成されるべきヒヨコの形態に依存している。もしも超人的な能力を具えた観察者が存在し、その意識は私たちの意識のように瞬間から瞬間へとたどるのではなく、時間的な隔たりをも相互的な関係のうちにおく能力を具えているならば、その意識は私たちのそれとは異なった概念を有し、時間的に隔たった因子間の調和《ハルモニー》が困難ではなくなるかもしれない。

　原形質問題のすべては、原形質の超機械的な諸特性にのみ関わるものであり、その構造とそれが有する機械的な特性とは何ら関係しない。以降の講義では、構造とその働きに集中する。つまり私は機械的生物学を推し進める。動物たちの生命機能は、それが諸構造体の働きに基づくかぎりにおいて、純粋に機械的な事象として取り扱うことが許される。

動物の内的世界と機能環[117]

動物種にとっての環境の諸事物は、その動物種に対し二重の関係性を有する。まずそれらの事物は、動物の受容器（感覚器官）に固有の刺激を送る。次にそれらは動物の効果器（活動器官）が捕捉可能な固有の対象領域を呈示する。この二重の関係を基準として環境は二つの部分に分けられる。⑴知覚世界は環境内の事物から送られてくる諸々の刺激を包摂する。⑵活動世界は効果器が捕捉しようとする領域から構成される。

　環境中のひとつの客体から送られてくるさまざまな刺激は、その動物にとっての知覚徴表を形成する。それによって、客体に具わる刺激を発する諸特質は、刺激を受ける動物にとっての知覚徴表担体となる。客体の捕捉領域になりうる諸特質は、活動担体を構成する。こうして、客体は知覚徴表担体と活動担体の機能を二重に満たす基体として、環境の事物となる。さらに、客体はそれ自体としての機構を有する。この独立した機構が、二つの担体機能をひとつの構造体に結合している。客体のこの「対象化された機構」は、動物主体の体制に当初から組みこまれている。主体と客体の適合の事実によって、主体と客体を等しく包摂する普遍的な計画性が自然のなかに存在することが保証される。

動物は自己の身体を中心として固有の内的世界をもつ。内的世界は身体機構の全体を包摂する一方で、知覚世界に隣接する。知覚世界は受容器の体制によって内的世界に組みこまれる。受容器は定められた刺激以外の刺激を捨象する。すべての動物行動の器官には閉じた環が埋めこまれている。その環は行動において主体と客体を連結する。客体上の活動担体と知覚徴表担体は客体自身の「対象化された機構」によって連結され、主体と客体を連結する「機能環」が閉じられる。諸々の機能環によって、動物はその固有の環境と緊密に連結される。機能環は、捕食環、索敵環、生殖環、媒体環の四つの範疇に分類される。

機能環の活動すべてにとって共通の課題はつねに同一である。それは客体を環境から取り除くことである。この課題は二つの方法で解決される。(イ)機能環の最終段階である行動そのものが、客体を破壊消滅させる。これは捕食環に典型的に見られる。または機能環によって逃走が誘導される。いずれの場合も、客体は環境から消え去る。同じことが媒体環についてもあてはまる。水棲動物も鳥類も行動を妨げる海水や空気の攪乱を避けようとする。陸棲動物は、進路を阻む障害物を跳び越えたり迂回しようとする。(ロ)受容器の刺激感受性は、その内部に設定された識閾と連動している。たとえば、捕捉対象が発する同一の刺激が、主体の欲求が満足させられると識閾以下に落ちこむ。それによって、やはり客体は環境から消滅する。客体のこうした遮断は生殖環においておもな機能を果たす。

117 同書、七三－七六頁。

対世界への投影図としての環境[118]

すべての受容器は、外界の刺激を興奮に変換する役割を担う。神経系を伝播するのは刺激そのものではなく、その代理をするまったく異質の過程である。その過程は、もはや環境中の事象とは何の関係ももたない。それは記号として、環境に刺激が存在しそれが受容器に到達したという事実を指し示すだけである。外界からの刺激はことごとく神経系の記号言語に翻訳される。すべての種類の外的な刺激に対して、つねに同じひとつの記号が用いられることは注目に値する。この記号は、刺激そのものの強度に対応した、強度の変化だけを指示する。刺激の強度は一定の識閾を越えてはじめて興奮記号へと翻訳される。

興奮という記号に置き換えられた外界からの刺激は、運動神経網に直接流入することはない。運動神経網は、中枢神経系内に確立された新しい興奮野から、すべての興奮を間接的に受けとる。この興奮野が、環境と運動神経系とのあいだに割りこみ、両者を媒介する。動物は天敵が彼に送ってくる諸々の刺激から逃走するのではない。敵の写像が鏡像世界に構成され、その構成された像から逃げるのである。だが、鏡像世界という言葉を用いると誤解をまねくので、高等動物の中枢神経系内に確立された固有の世界を、その動物の「対世界」とよぶことにしたい。環境の諸対象は、対世界においては、図式によって代表される。図式は環境が生みだしたものではなく、体制の組織設計によって確立された大脳の道具である。図式は対象の空間的鏡像をも呈示するが、この写像の形態と数は映す鏡そのものの特性によって規定されており、映される対象によっているのではない。

図式は動物種の体制にしたがって変化する。そのため、同一の環界を表現するにもかかわらず、対世界には厖大な多様性が生じることになる。動物は自然に適応することを強いられるといわれるが、これは話が逆で、動物自身が、彼固有のものである自然を、自身の固有の欲求にしたがって形成するのである。自然と動物は二つの別々の事物ではなく、二つが一体となってより高次の有機体を形成していることになる。環境は当該の動物の観点から見れば、純粋に主観的な性格のものであり、動物主体をとりまく個々の事象がすべて統合されることによってのみ意味を得る世界である。しかし、観察者の立場からすると、それはひとつの客観的な事象であり、観察と客体のあいだには客観的な関係が存在する。

NK――やれやれ、今度も難しいことばだらけだ。要するに、ライオンから見れば、ゲムズボックは血と肉と骨と肝臓や何やかやが詰まった食いものだけど、アブから見たら血が吸える温かい皮だけがあるってことだな。ライオンはゲムズボックをやっつけるとき、あの鋭く長い角で刺されないように注意しなけりゃならんが、あいつの恐ろしい角のことなんてアブはおかまいなしってわけだ。その代わり、アブは、あいつが振りまわすシッポにはじきとばされないように気をつけなくっちゃ。さて、この年長者は、自分が大好きな「役立たず」の名前をテンにフォーを足すぐらい、ならべているけど〔グイ語には数詞が三までしかないので四以上を数えるときには英語を使うが、ヌエクキュエのような年長者は英語をまったく知らないので、この部分はわたしの創作である〕、おれたちの土地にいるのは、なんとトンボだけだよ！　あとはみんな水のなかに住んでいるそうだ。ウミだと？　このおれたちの砂よりもずっと果てしなく水があるのか。それから、おれをいちばん驚かせたのが、キカイって話さ。おまえが大事にしているあの自動車がキカイだな。たしかに自動車の「エンジン」ってやつ、あれは心臓だ。前と後ろに二つずつ嵌めこんである丸いやつは足だ。自動車はたくさんの油を飲みこむ。チーターぐらい速く走るし、ヒョウみたいにゴルゴル唸っているときには、温かくもなる。おれたちが作るもので、キカイにいちばんよく似ているのは、撥ね罠だろうな。紐と、罠木と、留め木と、ほかにも小さいかけらをもっている。[119]獲物が入ると、自分で撥ねて脚を締めあげてくれる。おまえはあれがキカイだと思うか？

118　同書、二五三－二七五頁。
119　菅原、前掲書（注106）、二八二－二八五頁。

柔らかな機械の内的世界

ユクスキュルが今西に直接的な影響を与えたとは考えにくい。だが、すぐさま気づくことは、時代と地域を超えた不思議なまでの共鳴である。「認識しないことはそのものが存在しないことと同じだ」と今西が言いきるとき、この認識の主体は「定められた刺激以外の刺激を捨象」して「主観的な性格」をもった環境世界とわたりあうユクスキュル的な主体と重なる。今西は「生物と環境を一つにしたものが具体的な生物」であると喝破したが、これは「自然と動物は二つの別々の事物ではなく、二つが一体となってより高次の有機体を形成している」というユクスキュルの言明と同型である。今西は生物の統合性の背後に一定の「方針」を認めたが、これはユクスキュルが繰り返した「設計図《バウプラン》」あるいは「普遍的な計画性」とそっくりである。何よりも、今西が想像した（植物でさえもっている）「意識以前の意識」とは、ユクスキュルが追い求めた「内的世界」のことではないだろうか。

個別の動物種に関するユクスキュルの洞察を列挙しよう。クラゲについて――「環境は、ただ特定の動物種の行動に対する連関によってのみ了解可能となる現象」である。「そして環境自体は、その動物が答えることのできるような問いによってのみ構成されている。」[120]ウニは「周辺中の個々の物体から発する特徴的な刺激の複合体を、自らの体制内の興奮へと変換することができない場合には、それをいかなる意味でも認識できない。」[121]

今西とユクスキュルが（おそらく）独立して、動物がそれ自身にとっての世界を内的に生きているという革命的な洞察に達したことは、私たちを「少なからず愉快にする」。だが、彼らには、二つの決定的な相異がある。第一に、一四種の無脊椎動物たちの形態と運動に関する精細きわまりない分析を通読し終わったあと、私たちは奇妙なことに気づく。もっとも「高等」なワタリガニ、タコ、トンボでさえ、かれらの環境世界には他個体という存在がほとんど登場しない。かれらは単体として環境世界を生きているかのようだ。生殖／繁殖という動物存在の本源に関わる契機はもとより、いっさいの社会性が欠落しているのである。その意味で、最初の一歩を踏みだした瞬間から社会という頂きを仰ぎ見ていた今西は、ユクスキュル自身が閉ざされていた環境世界をはるかに突き抜けていた。第二に、今西が「生物を機械として見てはならない」と警告したのとは対照的に、ユクスキュルは「機械的生物学」を推し進めることに邁進した。環境世界という着想への高い評価に比べて、ユクスキュルの機械論者としての側面は等閑視されているように思える。

そこで、とくにわたしの思春期に色濃い翳をおとした（笑）「海のナメクジ」アメフラシに関する分析に注目して、ユクスキュルの思想の核心に迫ることを試みる。

彼〔ジョルダン〕はまず、筋肉袋の本体は、平滑筋繊維〔…〕の束からなっていることをあきらかにした。これらすべての筋繊維およびその束の全体は結合組織〔…〕によって覆われている。したがってそのあらゆる箇所で、結合組織どうしが連結されることになる。多くの柔軟な筋繊維をくるむ結合組織は、均一な層を形成しているわけではなく、あちこちに大きめの孔が開いていて、その空洞組織〔…〕は非常に細かく分岐している。この空洞組織は血液に直接浸されており、その血液は、袋状の身体の内側で変化し続ける圧力によって、身体の隅々まで運ばれてゆく。身体のどこかの筋肉が、ある程度の範囲にわたって収縮すると、それによってその筋肉の内側にある空洞と、他のすべての空洞組織の空所は閉じられて、それぞれが独立の内圧を得る。この内圧は、筋肉の収縮が進行するにつれ、急激に増大する。それは内圧が空洞の壁を押しやるのではなく、そこに含まれる多くの柔軟な筋繊維が働いて、自分にかけられた圧力に拮抗力で対抗するからである。[122]

このような記述それ自体がひとつの驚異である。水槽のガラス面を這うわれらがアメフラシを見つめていた高校

120 ユクスキュル、前掲書、一一二頁。
121 同書、一四六頁。
122 同書、二三九－二四〇頁。

生の意識のどこにも、右のような記述を構成する語彙のどれひとつとして浮かんでいなかったことを断言できる。奇妙なことに、この記述を読んでわたしは、青年期に出会った、用途の不明な農耕機械の細密描写のことを思いだした。[123] アンチ・ロマンにおける事物の濃密な「写生」が世界の謎への作家の驚きを間接的に暗示する象徴表現だとするならば、右の描写は実在の世界を直接的に写像することをめざす〈科学〉の説明（報告）なのである。それがシュルレアリスム的な異化効果を生むのは、生活者としての私たちは、けっしてこんなふうに生き物の内部構造を捉えようとはしないからである。

この種の説明こそが、動物学にとって本質的なものである。なぜなら、動物とは（少なくとも生活史の一時期においては）必ず〈動く〉存在だからである。なぜ、いかにして、このように〈動く〉のか？　この海のナメクジは匍匐前進する。どんなメカニズムが、匍匐を実現するような筋肉の協働をつくっているのか？　これは徹底的に力学系に関わる問いである（その意味で、ユクスキュルはルロワ=グーランの先駆者でもある[124]）。

匍匐のメカニズムを説明するには、「代理体」（Repräsentanten）という独特な概念を経由しなければならない。以下はウニに関する章で与えられた定義である。

> 中枢神経系は本来、諸々の興奮を整序することのほかにはまったく何もできない器官である。この能力だけで身体の全体を統御するためには、まず外界からのすべての刺激が興奮に置き換えられねばならず、つぎにまたすべての身体運動がこの興奮によって導出される必要がある。この身体運動の導出を秩序正しく行なうためには、その活動のすべての瞬間において、中枢神経系は筋肉の現状に適応できなければならない。したがってそのためには、筋肉の状態に影響され、また流入する興奮に独自に対処できるようなひとつの神経器官が存在する必要がある。この器官が代理体なのである。[125]［…］

アメフラシに戻ろう。ユクスキュルはジョルダンによる実験（二匹のアメフラシを正中線に沿って縦に切り分け、一個体は筋肉塊を介して、他方は複数の神経節を使って連結する）を引用し、足神経節の機能に注目する。

足神経節は［…］非常にはっきりとした中枢的機能を示す。足神経節と筋肉を結ぶ回路を完全に切断してみると、筋肉組織の全体が、持続的な収縮と制動の状態に固定される。ホヤと同様にアメフラシでは、袋状の筋肉を支配する神経節（この場合は足神経節）が、同時に興奮を吸収する貯水槽の役割も果たしている。したがって神経系全体で興奮が持続的に過剰になった場合、足神経節はその余剰分が流れ込む場所をも指定しているのである。［…］すべての観察結果を総合的に考えれば、足神経節が余剰分の興奮を神経回路全体から吸収する興奮貯水槽の役割を果たしている、とみなさざるをえない。［…］貯水槽はしかし、こうした興奮吸収の機能を担うだけではない。貯水槽の興奮圧が代理体のそれよりも高くなるまで興奮吸収が進むと、今度は逆に貯水槽から神経網へと興奮が逆流するのである。[126]〔強調は引用者〕

これ以降、ユクスキュルは、どんなメカニズムで動物は動くのかという設問に、右の傍点部で典型的に表わされているような、水力学モデルによる一貫した説明を与えようと奮闘する。『動物の環境と内的世界』の初版が刊行されたのは一九〇九年である。電子顕微鏡によってシナプス間隙が発見され、多くの化学シナプスと少数の電気シナプスが同定されたのは、一九五〇年代になってからである（公開サイト『脳科学辞典』）。だが、神経伝達

123 シモン、クロード　一九七三『ファルサロスの戦い』白水社、一六四－一七〇頁。
124 ルロワ＝グーラン、アンドレ　一九七三（荒木亨訳）『身ぶりと言葉』新潮社。
125 ユクスキュル、前掲書、一二三頁。
126 同書、二四二－二四四頁。

の本質がカリウム・イオンとカルシウム・イオンから発生する電位差であるといった、現代の神経科学の知見に照らしてユクスキュルの探索を嗤うのは、素朴な時代錯誤である。

ユクスキュル自身は、自分自身の水力学モデルがいずれ古びたものになるだろうことを幻想ぬきに予感していた。そのことをもっとも雄弁に語っている初版第四章〈反射〉を邦訳では巻末の補遺においているが、初版の位置にとどめおくべきだった。ここにこそ、ユクスキュルの思想と方法論の核心が表明されているからである。

> わたしは興奮一般を流体と比較して説明する。それは「貯水槽」の圧力であちこちへと流れるのである。〔…〕これまでわたしは多くの方面から、神経系を流体に比するのはまったく「真理に反した」描像だと非難されてきた。この非難に対しては、反対にこう問いかけるしかないように思う。「いったいわたしを批判する尊敬すべき諸氏は、学問がそもそも「真理」を体験するためのものだとでも、本当に思い込んでしまっているのだろうか?」と。なぜならすべての自然科学の目標は「真理」そのものなどではなく、「秩序」の呈示だからである。〔…〕「真理」はたしかに、私たちを取り巻くこの眼前の現実のなかに、無媒介的に存在している。しかしこの直接的「真理」を、私たち人間はそのままの形で手に取ることはできない。〔…〕つまり私たちは現実を、そして真理を学問的に活用したいのなら、現実に、そして真理にある種の暴力を加えざるをえないのである。私たちは「本質的」なものと「非本質的」なものを弁別せざるをえない。〔…〕こうした本質的な連関の多くは私たちの視野からは隠されている。そこで私たちはそれを見いだすために、〔…〕さまざまな手段を総動員することになる。さらにこうした補助手段をすべて用いてもなお見いだすことが不可能な、しかしその実在は確信しているような連関について、私たちは暫定的に比喩形象（Bilder）を用いる。[127]〔強調は引用者〕

ユクスキュルは水力学モデルを使うことにおいて確信犯だったのである。卓越した訳業を完遂した前野佳彦ならば、これこそカント主義の真骨頂だと讃えるだろう。だが、カントという大樹に寄らなくても、ここには、動物の内的世界を探究することへの鮮明な道すじが照らされていることを、私たちはまのあたりにする。それを妥協なき反客観主義とよぶこともできるだろう。第八章で焦点をあてるコンラート・ローレンツの「ひたすら事実に忠実であれ」という指令が、ユクスキュルに比べるといかに素朴かがわかる。

動物によって生きられる世界の謎が「私」（ユクスキュル）の前にある。「私」が投げ出されているこの時代と社会が許す認識の手段はあまりにも乏しい。だが、手持ちの材料を最大限活用して、首尾一貫していると感じられる、可知的な〈秩序〉をともかくこの手で造りだしてみよう。――ここには謎を説明し知解し尽くすことへの烈しい欲望が漲っている。

この欲望は、ユクスキュル自身がいみじくも述べているように、暴力を導く。「こいつの胴体を二つに割ってみよう」「この神経節を切ってみよう」。すなわち、知解への欲望に取り憑かれた探究者はためらわず動物身体に介入するのである。いうまでもなく、この実践は、ネコやサルの脳に電極を挿しこむ現代の脳神経科学の標準的手法へと連続している。こうした介入は、どんなにささやかであれ、〈知の制度化〉とそれを支える資本によって可能になる。乏しい小遣いを工面して大きな昆布を買ってきてアメフラシに与えている高校生には、この貴重な二匹を切ったり割いたりはとてもできないのだから。

わたしはこの点においてユクスキュルを非難しているわけではない。対象への介入こそが科学の本質なのだから[128]。ただ、今西が開拓した「生物社会学」がけっしてこの種の介入を行わなかったことは特筆されるべきである。のちに批判を浴びたニホンザルの「餌づけ」はたしかに重大な介入であったが、それは生体そのものにメスを入れることではなかった。だからこそ、「生物社会学」は「科学」ではないと誹る人もいるのかもしれない。

127 同書、三三八―三三九頁。
128 ハッキング、イアン　一九八六（渡辺博訳）『表現と介入――ボルヘス的幻想と新ベーコン主義』産業図書。

最後に位相をずらしてみよう。ユクスキュルが「機械的生物学」に傾注したことは、彼にとって不可避的な選択だった。原形質の超機械的能力は、人知の及ばない「奇蹟」であるから、判断中止せざるをえなかった。けれど、ユクスキュルの不朽の輝きは、原形質問題の遮断を導く端緒の考察のなかに宿っている。原形質がなすことはメロディと同じような時間における統一である。だが、それは悟性にとって了解不可能なことである。

生命の謎はメロディの謎と完全に相同であるという洞察は、メルロ＝ポンティにそっくり受け継がれた。メルロ＝ポンティの思考が独特のわかりにくさを含んでいるのは、ユクスキュルが了解可能性から排除した事柄を、彼が執拗に了解へ導こうとしたからではなかろうか。だが、ユクスキュル自身も、メロディの奇蹟をみずからから完全に切り離したわけではなかった。「ホヤの生活史の転変もまた、全体としての統一、ひとつの計画性に富むメロディー［…］であることが了解されるのである。[129]」私たちをもっとも魅惑するのは、「時間的な隔たり」を知覚する「超人的な観察者」を夢想するくだりである。「その意識は私たちのそれとは異なった概念を有し、時間的に隔たった因子間の調和《ハルモニー》が困難ではなくなるかもしれない。[130]」またもや不思議な共鳴が私たちをとらえる。

——女性言語学者のわたしは地球に来訪した七本脚のエイリアン（ヘプタポッド）の言語を解析する使命を託される。長い試行錯誤の果てに、この非音韻言語は、人類の逐次的認識様式とは異なる同時的認識様式を表現することがわかる。「われわれは事象をある順序で経験し、因果関係としてそれを知覚する。〝それら〟はあらゆる事象を同時に経験し、その根源にひそむ目的を知覚する。[131]」ヘプタポッド語をマスターしたことによって、わたしの内的世界は変容する。わたしがあなたを出産すること、あなたがすばらしい子に成長し、わたしの日々の喜びの源泉になること、ロック・クライミング中に転落して二五歳で命を落とすこと、死体安置所で用務員がシーツを開いてあなたの顔を見せること……それらすべてがわたしの「心に浮かぶ」

一九世紀後半にエストニアに生まれた生物学者と、ほぼ一世紀後に中国系移民二世としてアメリカに生まれた作家（現代ＳＦの最高峰にかぞえられる作品群を書いた）——空間と時間の隔たりを超えて、別個の環境世界に宿った二つの知が共振する。フッサールは理性の普遍性を確信していたが、私たちは想像力の普遍性を信じるべきなのかもしれない。

三　動物のメロディと主題――メルロ＝ポンティにとっての動物性

……聴講者の注記――メルロ＝ポンティのコレージュ・ドゥ・フランス講義をまとめた『自然』は豊富な内容を含んでいる。第一講（一九五六－五七）では、哲学史における自然概念の変遷がたどられ、デカルト、カント、ブランシュヴィック、ヘーゲル、シェリング、ベルクソン、フッサールが順次とりあげられ、量子力学を経由しホワイトヘッドにまで至る。哲学教師メルロ＝ポンティの面目躍如とする講義であるが、正確に論評することはわたしの力量を超える。以下では、動物を主題にした第二講（一九五七－五八）のなかで、もっとも興味ぶかい論述がみられる「動物性――動物行動の研究」に焦点を絞り、重要と思われる部分を抜粋する。じつのところ、きわめて難解であるが、本書全体にとって啓示的な内容を含むので、わたし自身の解釈と翻案を大幅にまじえた邦訳を掲載する。

有機体の構造と機能[132]

有機体は機械ではなく、力動の状態である。それはまた、内生的な生気の座である。動物は場として考えられねばならない――すなわち、それは物理的存在であるとともに、ひとつの意味であり、ある種の電場なのであ

129　ユクスキュル、前掲書、二三四頁。
130　同書、四一頁。
131　チャン、テッド　二〇〇三（公手成幸訳）「あなたの人生の物語」『あなたの人生の物語』（浅倉久志他訳）早川書房、二五七頁。
132　Merleau-Ponty, Maurice 1995/2003 (trnslt by Robert Vallier) *Nature: Course Notes from the Collège de France*. Evanston (Illinois): Northwestern University Press, pp. 150-151.

る。行動という概念に関心を寄せるとき、私たちは往々にして解剖学が開示する凍結された構造のがわへ連れ戻されかねない。生理学はとうの昔に機械論的な行動概念を乗り超えていたともいえる。それよりはるかに古くから、機能は器官から区別される実在であるという考え——つまり機能は器官の単純な反映ではなく、機能が器官に対して優位性をもつという考え方があった。機能することが有機体をかたちづくる。ラマルクによれば、それは環境への器官の適応があるからだ。ダーウィンによれば、生存の可能性と不可能性を環境が区別するからだ。ここでは、外部条件が有機体に完全な作用をおよぼすという考え方が復活している。

だが、行動は単純な建築的効果ではないし、機能を包む鞘というわけでもない。行動は機能することに先だつ何ものかであり、そのなかに未来への指示を担っている。行動は直接的な諸可能性を超えており、それがすでに素描しているすべてをただちに実現しうるものでもない。行動の内生的な主導のおかげで、有機体はその未来の命がそうなるであろうものをなぞる。それはその環境を素描し、生の全体を指示する企てをその内に含む。

有機体の発達における〈場〉という概念は、直接的・数学的には表現されえないし、物理的な場と同じ特性をもっているわけでもない。もちろん未来が現在に含まれているはずもない。しかしまた、未来は事後的な必然によって現在に付加される何かでもない。諸現象の複数性が束ねあわせられ、意味をもつ全体的《アンサンブル》効果が構成されるのである。

因果律の知覚からメロディへ[133]

スクリーンに三枚の画像を連続して映すだけの単純な実験がある。画像の中央には二本の垂直線が並んでいる。①直線と直線のあいだにはいくつものV字形が縦に並び、Vの両端は直線と接している。②同数の逆V字形(Λ)が①と同じように並んでいる。①→②→①の順に映すと、被験者は、何かの動物が動いているという印象をもつ。この図像に内生する生気を説明するのに、動物たちについて私たちがもっている実際の経験にうったえてはならない。生きものの図式と、生きものを知覚することとのあいだに深い関係があるのだから、経験をもちだしてもなんの説明にもならない。この図式がどんな生きものなのか被験者に尋ねても答えられないが、かれらは生きものを知覚するのである。時空の場が開かれると、そこにケモノがいる。空間は棲みつかれ生気づけられる。知覚された「這う」ことは、図示された部分的運動の全体的な意味なのである。単語が文をつくるように、それは行為（動作）をつくる。原因と結果のあいだの連続性の知覚がここにはある。

私たちがメロディを口ずさむとき、メロディは私たちが歌うよりもずっと多くを歌う。メロディは受肉し身体のなかにその奉仕者を見いだす。メロディは特別な時間意識を私たちに与える。私たちは、過去はその前方にある未来を隠しもっていると自然に考えがちだが、この時間概念はメロディによって覆される。それが始まる瞬間、最後の音符はすでにそこにある。最初の音符と最後の音符とのあいだには相互的な関係が生じる。最初の音符は最後の音符があるという理由によってのみ可能であるし、逆もまたそうなのだ、と考える必要がある。

生きものの構成においても、ものごとはこのような仕方で起きる。原因に対する結果の優位性〔あるいはその逆〕などない。最後の音符がメロディの終点であるなどとは、あるいは、最初の音符がそれ〔最後の音符〕に等しいなどとはいえないのと同様に、私たちは、意味が表現される場所でのその意味から、意味それ自体を区別することができない。手段と目的を区別することも、本質と実存を区別することも不可能だ。ある所与の瞬間に、物質の中心から識別の諸原理の全体的効果が湧きあがってくる。世界のこの域において生きた出来事が存在する、ということだけが重要である。

133　*ibid*., pp. 154-155; pp. 173-174.

ユクスキュルのダニ[134]

ダニは誕生時には脚も生殖器ももっていない。それはトカゲのような冷血動物の皮膚に固着しているが、性成熟に達すると交配する。精液は雌の体内に保存され、胃の中にカプセル詰めされる。ダニは木の上に落ちつき、一八年間も待つことができる。それは眼も耳も味覚ももたない。ただ、光覚、熱覚、触覚のみをもつ。それを長い眠りから醒まさせるものは、哺乳類の汗腺から発せられる匂い、すなわち酪酸である。それは哺乳類の体の上に落ち、毛のない部分を探し、そこに落ちつき、温血から栄養を摂取する。この温血の存在が、精液をカプセルから出させる。卵は受精しダニは産卵後に死ぬ。

「動物主体はその対象を二本のやっとこのあいだに把捉している。」そのひとつが知覚信号、もうひとつが作用信号である。まず匂い（知覚信号）があり、ついで運動反応が起きる。ダニが受けとる衝撃という「運動信号」がダニにとっての感官の引き金をひく。すると、触覚的な知覚水準で、ダニは毛のない部分を探す、等々。ここには、ひとつらなりの連鎖し共役された反射がある。錠前に差しこまれる鍵のように介入してくる外的な作用体との狭められた関係のなかで、環境世界を組織する活動が進行するのである。あたかも、知覚世界と作用世界が二つの言語を構成し、その助けによって動物はみずからの置かれた状況を解釈し、みずからの行動に厳密な連鎖を与えるかのようだ。

環界からの刺激が反応の引き金をひくと、この反応が、動物を環境内の他の諸刺激との接触に置きいれる。新しい反応が生まれ、以下、同様に続く。動物自身の運動によって引きおこされる以外には、外部からの刺激などない。動物の行動が環境からの反応を喚びおこし、それはふたたび動物の行動へと戻される。要するに、外部と内部、状況と運動は、「強いられた因果関係」によって翻訳することができない。行動を瞬間から瞬間へとたどって理解しようとすると、それは理解しえないものとなる。たしかに私たちは、瞬間ごとに成りたつ必要条件を見いだしてはいるのだが、意味の関係を把握していないのである。状況のそれぞれの部分は、全体状況の一部分としてのみ働いている。環境世界とは動物の運動によって暗示されている世界なのであり、環境世界それ自身の構造によって、環境世界が動物の運動を調節しているのである。

環境世界概念の見直し[135]

環境世界の概念を、実体や力の概念から切り離さなければならない。生きものである、という自然の諸計画がある。この計画を〈記号〉すなわちシニフィアン／シニフィエの連結として捉えるならば、行動の異なった可能性という〈意味するもの〉に沿って、同一の外的条件という〈意味されるもの〉がもたらされる。カニは、海草という同一の対象を利用する。あるときはその甲羅を偽装して魚からみずからを防御する。べつのときはそれ自体を食べる。また、甲羅を人工的に除去されたならば、海草をその代わりにする。いいかえれば、文化の始まりがあるのだ。動物がみずからのがわからもたらすシンボルの構築様式は、かくして、〈自然〉の内部においてひとつの先－文化の種型を定義する。単純な目標をめざすという環境世界の特徴は影をひそめ、環境世界はシンボルの解釈へと向かうようになる。けれど、計画された動物、計画する動物、そして計画なき動物のあいだには、なんの裂け目もない。動物による展開とはまるで純粋な航跡のようだ——それと関係づけられる船などこにもない。一九〇九年〔初版〕に、ユクスキュルは動物が展開するものは何かという問いに、こう答えている。「卵からニワトリへと展開するこのもの、時間につれてなんの空隙もなく構造を展げるこのものは、単一の対象に置き換えることのできない諸対象の連鎖を構成する。私たちは《非直観的な》ものたちに囲まれているのである。」

生きものと共に出来事の環境が出現する。それは空間的・時間的な場を開く。この特権的な環境の前方への湧

134　*ibid.*, pp. 174-175.
135　*ibid.*, pp. 176-177.

き出しは、新しい力の発現というわけではない。生きものは物理化学的要素によってしか作動しないが、これらの従属的な諸力が、まったく新しいそれら〔諸要素〕のあいだの関係へと合流するのである。この契機においてこそ、私たちは動物について語ることができる。動物は、迂回路を調節し造りだす、ひとつの慣性である。生命の慣性と充実があるだけでなく、その頑迷さもまたある。ユクスキュルの意図は、そのなかでまるで個々の原子のように〈このもの〉を理解できるような、そんなひとつの環境として、環境世界の概念を呈示するところにあった。それは構造をもった場であり、意識と同じく、二次的な力の場なのである。メロディの主題こそが、ユクスキュルの動物への直観をもっともよく表現している。動物主体とは、空間と時間を貫くその主題の実現である。動物的メロディのさまざまな主題化は、その明白な実現の外側にあるのではないし、動物は手本の複写によってその実現を追求しているわけでもない。主題化は特定の実現に取り憑いているのだが、この主題が有機体の目標というわけではない。

夢界の比喩[136]

環境世界の概念は、有機体を外界の一効果として、あるいはその一原因として考えたりすることを、もはや私たちに許さない。環境世界は、目標のように動物の前に呈示されるのではない。それは、意識に取り憑く主題として呈示されるのである。もし私たちが人間生活との類比を用いることを望むのであれば、私たちはこの行動の方向づけを、私たちの夢界の意識の方向づけにも似た何ものかとして理解すべきだろう。夢界には複数の極がひそんでいる。それらの極はそれ自身として見られることがないにもかかわらず、夢の全要素の直接的な原因をなし、夢で起きるすべての出来事はこれらの極へ向かって進行する。こうした知識の様相は、これらの極と有機体の諸部分とのあいだの関係にも、有機体とそのなわばりとの関係にも、さらには動物たち自身のあいだの関係にもあてはまる。環境世界の概念は、有機体の高次の活動の構成と同様、その解剖学的・生理学的な構成をも説明するものである。私たちは、有機体内部の諸主題を探しあてるよう私たちを促す事実群のつながり全体を説明しなければならなくなる。もっとも単純な生理学の水準においてさえ、私たちは、諸行動がいわゆる高等な行動ときわめて類似したものであることを見いだすだろう。それと照応して、低次な諸行動をもつ実存の様式にしたがって、高次の現象を考えねばならなくなるのである。

合目的性をめぐって[137]

またもや単純な実験をひこう。ウズムシを二つに切断し、ある半身は切り口がもとの頭部方向へ向くように、別の半身は尾部方向に向くように置く。頭部方向に向くように置かれた域は頭部を再生し、尾部方向に置かれた域は尾部を再生する。このような例では、動物の合目的性は盲目的であり、全体の計画によってではなく、局所的条件によって調節されるように見える。有機体は限界づけられ特殊化した目的論を呈示するのである。

だが、有機体は機械ではない。人間が実践するような目的論は機械の集積によって構築されるのに対して、有機体はそれを自己分化によってなすのである。特定の現象群の配列が意味を予期するのならば、この意味は、もともと機能だったものを回復し保存することのなかに存する。［新しいものを］造りだすことは、手段の選択だけに関わり、活動そのものはあらかじめ存在する枠組のなかに置かれている。だから、これらの動物は機械ではない。かれらは全体的な性格をもった秩序の原理によって支配されているからである。

［この］目的論は、それが正確な諸条件に服しているがゆえに、限界づけられ特殊化している。機械的な原因に基づく外的形態の作動があるわけではなく、生長と分化によって内側から外部へと働く作動があるのだ。私たちは、これらの諸潜在力を行為として捉えてはならない。有機体とは観察者のまなざしのもとで現にあるもので

136 *ibid.*, p. 178.
137 *ibid.*, pp. 182–183.

はないからだ。もし有機体がその現にある存在に還元されるならば、あのウズムシのような増殖は不可能であろう。有機体はその区切られた実存によっては定義されない。区切りを超えて存在するのは主題であり、様式であり、全体構造への関与を表現することを追い求める、これらの表現のすべてなのである。身体は行動の動態に属し、行動は身体性に沈みこんでいる。有機体の実在性は、存在と非存在の二律背反を逃れるような形態に根ざしているのである。

私たちはこれらの実現したものたちの主題の現前を語ることもできないし、ある欠如の周囲に出来事が集合化するともいえない。知覚においては、垂直と水平はいたるところにあるが、どこにも現前しない。全体性はいたるところにあり、どこにもない。生の諸現象はある蝶番のまわりを回転する。諸主題は次元となり、ある重力場が確立される。

知覚的関係と間動物性[138]

シマウマの皮膚のデザインは意味作用をもつ。なぜならそれは収斂の諸過程の全体的効果によって実現しているからである。動物の外見の研究は、私たちがこの外見を言語として理解するとき、興味ぶかいものになる。私たちは、動物たちが互いに対して自分たち自身を見せるような仕方で、生命の謎を把握しなければならない。

生命の概念を、効用の追求、あるいは意図的な目的という概念に同化させることを批判しなければならない。動物の形態は合目的性の顕現ではなく、むしろ、顕現［それ自体］の実存的価値の顕現なのである。動物が示しているのは効用ではない。むしろ、その外見は、私たちの夢界の生と似た何ものかを現わしている。性の儀式が有用なのは、ただ動物がそれであるところのものであるからにほかならない。いったんかれらがそこにいるならこの顕現は意味をもつが、それら〔顕現の諸部分〕が特定のこれやあれだという事実は、意味をもたない。あらゆる文化は、不条理でもあるし、意味の揺籃でもある。それと同じように、すべての構造は根拠のない価値に、そして無用なまでの複雑化に基づいている。

擬態に向きあうとき、私たちは、動物の形態と環境とのあいだの内的関係を受け容れざるをえなくなる。あたかもひとつの非分割があるかのように、二つ〔形態と環境〕のあいだに知覚関係があるかのように、すべては起きる。形態発生は、原因だけにでなく、結果のなかにもある。しかも、しばしば、有効性もなく、行動によって助けられる必要もない。ティンベルヘンの研究を見よう。褐色の腹と明るい色の背をもつ魚は、腹を上にして泳ぐ。水を湛えた窪みに棲む幼体のあるものは、マツの針葉に似せた縞模様をもつ。その褐色部は針葉の基部であり、緑の部分が先端である。行動に基づくこの同色性は、魚が刺激のバランスを認識しているからだと説明されてきた。だが、この説明が有効であるためには、動物は自分の身体の知覚をもたねばならないだろう。擬態がなによりも形態発生上の事実だからである。私たちは形態発生を心身的な要因から説明することができないのだから、形態発生に行動が近づいたのであって、その逆ではないと解釈しなければならない。

環境への動物の関係は狭義の物理的関係なのだろうか。このことをまさに問わねばならない。逆に、擬態が確証しているようにみえることは、行動は知覚的関係によってのみ定義されるのであり、〈存在〉は知覚される世界の外部では定義されえないということである。ひとつの種の動物たちのあいだには、それぞれの動物の身体のすべての部分のあいだの内的関係と同じくらい多数の関係がある。ただしく知覚とよびうるような知覚に先だって知覚的関係があったのと同じように、ここには、動物どうしのあいだに鏡のような反射関係がある――それぞれが他者の鏡なのである。この知覚的関係は、種という概念に存在論的な価値を返し与える。存在するのは、ばらばらの動物たちではなく、〈間動物性〉なのである。

138 *ibid.*, pp. 188-190.

NK——ギエギエギエギエ……。わけがわからんぞ。だけど、おれの心を良くしたところだけ言うよ。「縦にまっすぐ」と「横にまっすぐ」は、いたる所にあって、どこにもない。これは正しい。まっすぐ歩くことはすごく大事だ。でも藪で遮られて、まっすぐになんか歩けない。地平線にしたってほんとうにまっすぐじゃない。だが、おれたちが使う槍も矢もほんとうにまっすぐでなけりゃ、〈食うもの〉の体に突き刺さらない。罠紐もぴんと張ってなけりゃいかん。ほんとうのまっすぐは人が作りだすものだ。だが、いたる所にあって、どこにもないものは、ほかにある。おまえが尊敬しているっていうオオモリっていう男が昔いったそうじゃないか。「人は〈風がふく〉とか言うけど、ふかない風なんてない。」[139]美しいことばだ。グイ語では、風も空気も〈アー〉っていう。空気はどこにでもあるけど、どこにもない。それから、おまえはおれたちのことばを集めていて「大発見だ！」って喜んだことがあったろう。それを白人は〈べくとる〉とかいうそうだな。そんなことばはおれたちにはないが、そのことをおれたちは知っている。風上を〈カオ〉といい、風下を〈ツァム〉という。そして、木の根もとを〈カオ〉といい、枝の先を〈ツァム〉という。冬には冷たい風が南からやってきて北へ行く。木は地面からはえて上へ上へと伸びて小枝の先っぽになる。風も木も同じさ。だから〈べくとる〉はそこいらじゅうにあるけど、おれたちにその姿そのものは見えない。おや、それじゃ、神霊と同じじゃないか……。

次元と蝶番

まず「環境世界概念の見直し」という小節に登場する謎めいた比喩に注目しよう。「動物による展開とはまるで純粋な航跡のようだ——それと関係づけられる船などどこにもない。」ここで「展開」と訳したunfurlingとは「[帆や旗を]広げる、[光景が]繰り広げられる」という原義をもつ。これは「生成発展」という今西の鍵概念と同じである。個々の動物の身体は安定した構造をもって現われるのだから、私たちはそれが「生長しつつある」ことを直接に把持することはできない。だが、生成発展は世界の構造それ自体の隅ずみにまで滲みわたっている。梢についた青い柿の実を見あげるとき、すでに、熟柿が地面に落ちて果肉をはみ出させている光景を私たちは「見て」いる。厚みをもった現在の堆積によって、「昨日まで」ころころした毛毬のようだった仔犬が、「いつのまにか」三〇キロの巨体を凭れさせてくることにびっくりしたりする。おそらく時間が生成発展（その裏面としての衰亡崩壊）としてしか経験されないことを、ハイデッガーは「時熟」とよんだのであろう[140]。

メルロ＝ポンティは処女作『行動の構造』のなかで、以下のようなことを述べている。――現象的身体は初めから、「環境」に放射する作用の中心、［…］要するに〈行動〉の或るタイプでなければならない。［…］現象的有機体には、幾つかの意味の中核、幾つかの動物的本質が内在している。たとえば、目標に向かって歩き、獲物をつかみ、食べ、また障害物を跳び越したり迂回したりする動作などに、生物学のア・プリオリとも言うべき諸統一が内在している。［…］われわれは自然の形而上学を作りあげようとするわけではなく、［…］環境と有機体との関係を、それにふさわしい名前で呼ぼうというにすぎない。生物科学は、行動は一つの意味をもち、状況の生命的意味に依存するものであることに気づくにつれて、神経系のなかや身体のなかに互いに外的な部分の形で存在する即自的事物として行動を捉えることをやめ、内在的な環境に向けて放射される〈受肉せる弁証法〉と見ているのである。［…］大事なのは、生気論やアニミズムに帰ることではなく、生物学の対象が意味的統一体なしでは考えられないものだということを認めることである[141]〔強調は引用者〕。

ユクスキュルとの類似は驚くほどである。とくに傍点部は、ユクスキュルが機能環の例証としている「陸棲動物は、進路を阻む障害物を跳び越えたり迂回しようとする」という文と瓜二つである。前章冒頭の感傷的な描文で、「行動の諸動作は動物にとっての存在、すなわち〈種〉のある特徴的環境をめざし、世界を扱うある仕方、

139 「「風が吹く」と言うが、吹くことと独立な、吹かぬこともある風があるわけではない。」大森荘蔵　一九七六『物と心』東京大学出版会、二一一頁。
140 ハイデッガー、マルティン　一九九四（細谷貞雄訳）『存在と時間　下』筑摩書房、
141 メルロ＝ポンティ、モーリス　一九六四（滝浦静雄・木田元訳）『行動の構造』みすず書房、二三三―二四一頁。

「世界にあり」「実存する」ある仕方を透明に見せてくれる」という核心的な洞察をすでに引用した[142]。動物行動と内的世界に関わるメルロ＝ポンティの初期の思考が、ユクスキュルを土台にしていることは火を見るよりも明らかである。だが、両者のあいだに大きな齟齬があることも指摘しておかねばならない。この齟齬は、ユクスキュルの「対世界」の概念に胚胎している。環境からの刺激は、それとまったく異質な「興奮という記号」に変換され、刺激源となる対象の「写像が鏡像世界に構成され」る。動物は行動によって対象そのものと切り結ぶのではなく、この「構成された像」に反応する。こうした考えかたは、メルロ＝ポンティを源流とする「身体化」理論にまっこうから敵対するものであり、大森荘蔵が「表象主義」とよんで痛烈に批判した「世界と人間に対する見方を根幹的に拘束する構図」を体現している[143]。

メルロ＝ポンティは、ユクスキュルが身をゆだねた「機械的」生物学という本題をそっくり無視し、探究の端緒において遮断されたはずの「超機械的能力」すなわち「原形質の奇蹟」のほうに重心をおいたのである。この思いきった取捨選択により、〈メロディとその主題〉をめぐる思想がそっくり継承され、豊かに生成発展することになった。

それにしても、この講義は謎に満ちている。わたしにとってもっとも了解可能な取っかかりは、ヌエクキュエをおもしろがらせた、つぎのくだりである。「知覚においては、垂直と水平はいたるところにあるが、どこにも現前しない。全体性はいたるところにあり、どこにもない。生の諸現象はある蝶番のまわりを回転する。諸主題は次元となり、ある重力場が確立される。」メルロ＝ポンティの複雑に折り畳まれた思考の襞を縫いあわせる見えない糸こそ〈次元〉である。人や動物も含め「この世界のあらゆるものが三次元空間に存在している」という命題を、超近代の民衆は通俗物理学の水準で自明視している。世界が水平軸（X軸／Y軸）と垂直軸（Z軸）によって立体化されているという認識は、超弩級といってもよいくらい抽象的で外在的な理念であるのに、私たちは「時間は四次元」といったSF的な命題さえをも子どもの時分から知ってしまった。無意識の層にまで嵌入する知の天下りによって、行動の「奇蹟」に驚く潜勢力をいつのまにか吸い取られていたのである。仮想講義録を虫喰い穴だらけの「写本」に終わらせないために、次元とは何かを、メルロ＝ポンティとは異なった角度、むしろ今西的な角度から考えてみたい【図2－1】。

交働の空間に単独の主体が生きていると想定する。たとえ周囲に同種個体がいたとしても、それは後者を仲間として認知しない。すなわち、それには通常の意味での社会性が欠落している。それの環境に対する働きかけは、純粋な欲求の充足であろう。ユクスキュルが描き出す無脊椎動物のあるものは、このような存在仕方の例なのかもしれない。

だが、この主体が同種の単独相の他者に対する働きかけを始める。そのとき初めて欲望が生まれる。この欲望は単独の他者をめざすのだから、一次元ベクトルとみなすことができる。ここで人称代名詞のパラダイムを導入する（すでにこの主体が言語をもっていると前提するわけではない）。あくまでも隠喩としてだが、主体はワタシであり他者はアナタである。アナタは「ワタシではない面前の相手」として析出するのだから、この一次元ベクトルを張る契機は、Ｉ：〈ワタシを排除すること〉である。これはもっとも原初的な社会性であり、その内部に閉塞している。ワタシとアナタのあいだでの交通として生殖が起きるならば、ワタシおよびアナタといくぶん似た子どもができる。その存在を定位するためには、先のＩと直交する次元が必要である。このときはじめてカレが析出すると同時に、二次元平面が成立する。ワタシとアナタとカレは三角形のそれぞれの頂点をなす。

だが、注意しよう。「ワタシでもアナタでもないカレ」を定位する二番目のベクトルを張る契機は、いうまでもなくⅡ：〈アナタを排除すること〉である。すると矛盾が生じる。最初の主体は原点であり、一番目の欲望のベクトルの起点であった。だが、Ⅱの次元を設定した途端、原点は〈ワタシを排除しない〉かつ〈アナタを排除

142　同書、一八九頁。
143　大森、前掲書（注139）、一一七頁。

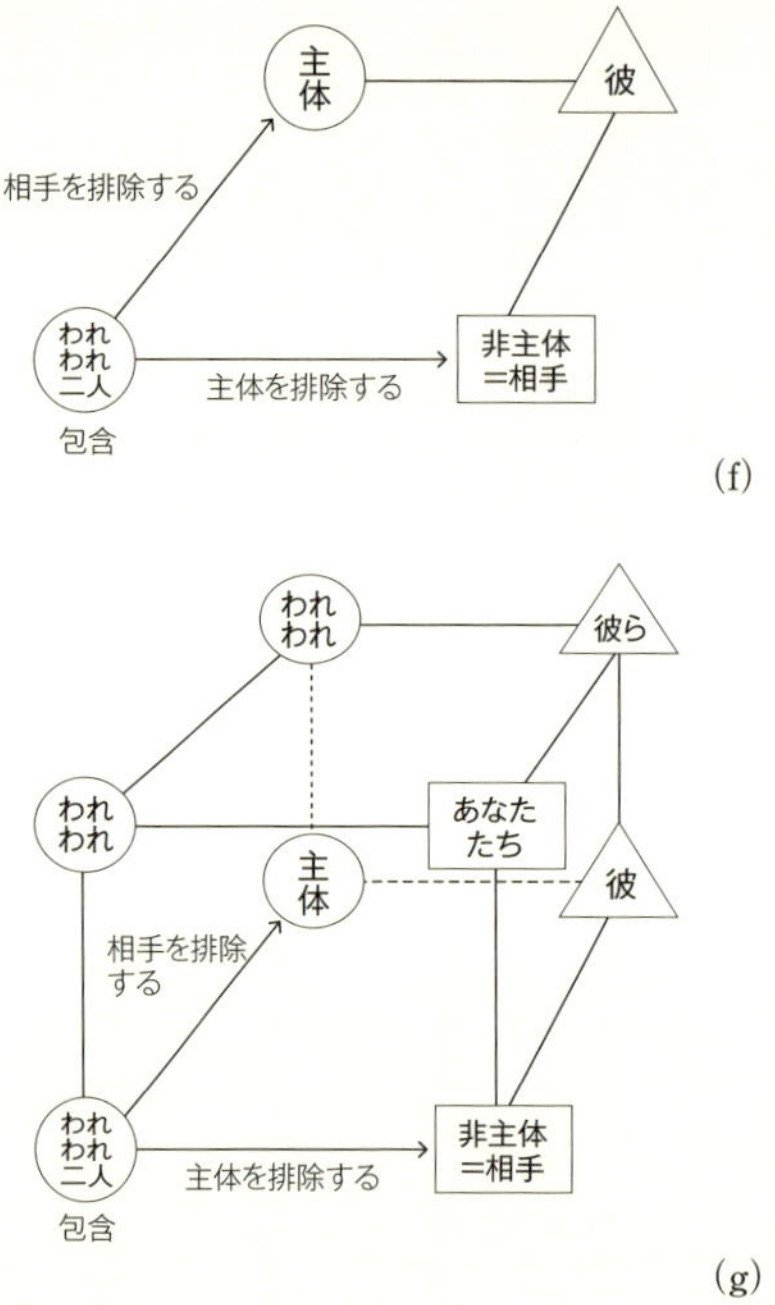

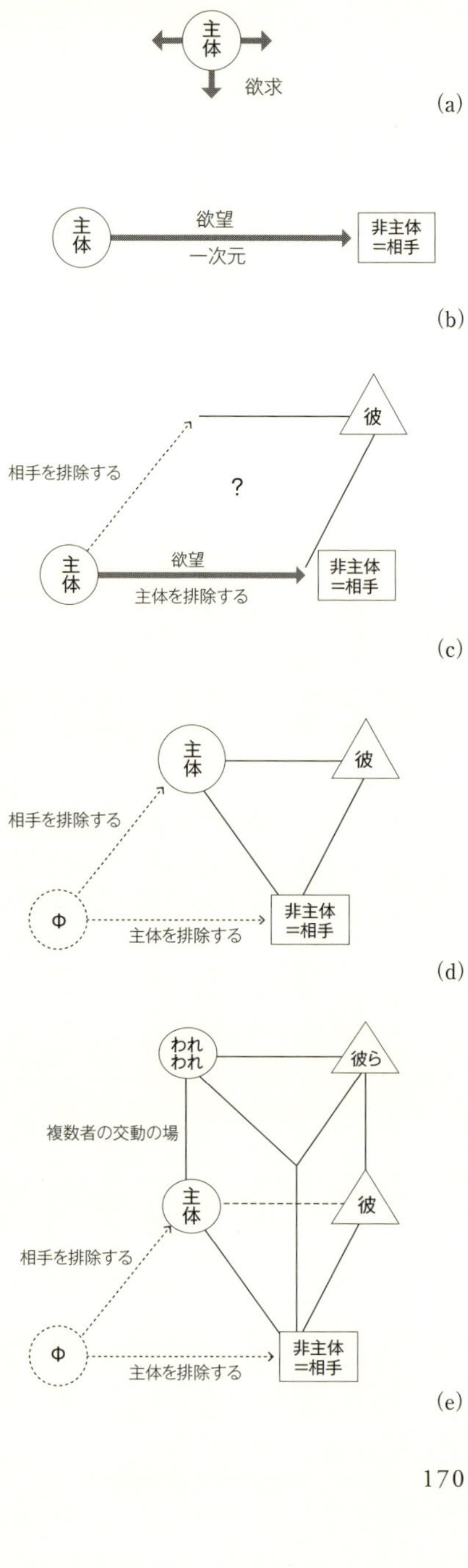

図 2-1
人称代名詞パラダイムをモデルにした次元の概念。(a)環境世界に主体が単独でいる。(b)主体は相手に欲望のベクトルを向ける。これは一次元であり〈主体を排除する〉。(c)相手ではない他者(彼)を措定すると第二の軸として〈相手を排除する〉が必要。すると主体の位置で〈主体を排除しない〉かつ〈相手を排除しない〉が同時に成立し矛盾。(d)よって主体の位置は「奥」へ移動しもとの原点は空集合になる。(e)すべての個体に複数相を導入する。だが、これでは〈包含形のわれわれ〉の占める場所がない。(f)ゆえに正しい解は原点に〈包含形のわれわれ二個体〉をおくことである。(g)これに複数相を導入すると人称代名詞の完備パラダイムと等しくなる。

しない〉が同時に成立する点になってしまう。最初の前提は、この交働空間はつねに単独者を構成要素とするものであったのだから、〈ワタシを含みかつアナタを含む〉という双数性を単独者の二次元平面に置くことはできない。ゆえに、本来、原点であった場所は空集合となる。同時に、ワタシの位置は変更を迫られる。Ⅱの軸の「手前」ではなく「奥」に移動するのである。この位置ならば、〈ワタシを含みかつアナタを含まない〉という原初の主体の属性が回復する。

人称代名詞パラダイムにおいては、単独相を「最小メンバーシップ」、非単独相を「非最小メンバーシップ」と呼ぶ。そこで、三つ目の次元で「非最小性」を表わすことにしよう。その契機は〈主体から見た交働空間にアナタもカレもそれぞれ複数いる〉ことへの驚きである。この驚きは革命的である。なぜなら、ワタシタチが対面するアナタタチ、あるいはアナタタチとは異なるカレラのうちのダレカを欲望の対象として〈選ぶ〉という、まったく新しい志向性が必要とされるからである。このときはじめて三次元空間が生まれる。

この三次元空間は、幾何学的には三角柱であり、先ほど定位しなおしたワタシの垂直上にワタシタチがいる。同様に、アナタの垂直上にアナタタチ、カレの垂直上にカレラが定位される。だが、そうするとこの空間が位相的に歪んでいることがただちに明らかになる。なぜなら、このどこにも、アナタとワタシを共に含むワタシタチ、つまり人称代名詞パラダイムでいえば排除形ではなく包含形の「われわれみんな」が存在しないからである。

とすると、出発点が間違っていたのである。正しい解は以下のとおりでなければならない。そもそも社会空間を展開させることへ探究者が動機づけられるとき、単独の主体を最初に措定することが誤っていたのである。そんなものはない。というか、単独の主体から出発するかぎり、いつまでも社会にはたどりつけない。原点はワタシトアナタすなわち人称代名詞パラダイムでいう「双数包含形」でなければならない。これは哺乳類でいえば授乳している母と吸乳している赤子の主客未分化相にあたる。あるいは卵巣に成熟した卵をたくさん抱えた雌の魚でもよい。そこから「ああ、アナタはワタシではないのだ」という驚きとともに、Ⅰ：〈ワタシを排除する〉という次元が生まれる。おそらく、それと等根源的に「ああ、ワタシはアナタではないのだ」という驚きとともに、Ⅱ：〈アナタを排除する〉という次元も生まれる。さらに、〈ワタシでもアナタでもない〉存在として、原点からの方形対角線上にカレが定位される。あとは非最小メンバーシップを導入すれば、歪みがどこにもない三次元空間すなわち立方体が成立する。いうまでもなく、この空間においては、原点（双数包含形）の真上にあるのは、〈アナタタチを含むワタシタチ〉すなわち人称代名詞パラダイムにおける「複数（三個体以上）包含形」の「われわれみんな」である。この立方体こそ、フィリピンのハヌノー語における完備パラダイムなのである。[144] この三次元空間が成立しなければ、真の意味の社会は生まれない。

今西の論理の曇りを批判するなかで、わたしは、群れをなす個体たちが同一の生活の場を共有する一方で、〈なわばり〉をかまえて他の群れを「みずからの外部とする」ことが決定的な契機であると指摘した。たとえば、日ごろ生殖をめぐって競合しているチンパンジーの雄たちが隣接集団の雄たちと闘うべく連帯するとき、包含形の「われわれみんな」という認識は不可欠である。以上の分析から、つぎの結論が導かれる。次元とは新しい社会空間を展開させる欲望のベクトルのことである。

メルロ＝ポンティのもうひとつの独特な隠喩〈蝶番〉を了解することははるかに難しい。このとき私たちは三次元の立方体ではなく、複数の二次元平面の交叉をイメージしなければならなくなるからである。この平面こそが〈記号的な意味作用〉であるという本質直観が可能である。一枚の平面の表にはシニフィアン（意味するもの）裏にはシニフィエ（意味されるもの）が配列されている。この平面を折り畳むならばその折り目は蝶番と類比できる。だが、これはヌエクキュエの住むカラハリ砂漠ヴァージョンである。かれらが実際に経験しうる〈折り畳むことのできる平面〉とは、なめした一枚の皮である。これに対して、蝶番によって機能する「扉」とは西欧的な生活世界に特有なものであろう。もしもメルロ＝ポンティが「扉」をイメージしてこの隠喩を組み立てたのならば、彼は文化相対的な生活世界に制約されていることになる。そのことへの批判を保留するならば、蝶番とは、内と外の分断を超えてまったく新しい空間を開き、しかも異質な空間どうしをたがいに包摂させる〈可動性〉そのものである。これらの茫漠としたイメージの連なりは、第十一章で記号とシンボルについて考えることによって、明証へともたらされるであろう。

だが、この仮想講義録には、もっとも深い謎がのこっている。なぜ唐突に「夢」がもちだされるのだろうか。ここで使われている oneiric（仏語の *onirique*）は単独ではあまり使われず、「夢占い」（oneiromancy, *oniromancie*）という語をつくる形態素となる。日常語としての「夢」（dream）と区別するために、「夢界の」というういささか仰々しい訳をあてた。有力なヒントは、〈夢界には極性がある〉という命題から得られるであろう。「それらの極はそれ自身として見られることがないにもかかわらず、夢の全要素の直接的な原因をなし、夢で起きるすべての出来事はこれらの極へ向かって進行する。」この極は、けっして実体として現前することのないメロディの主題と相同であろう。おおざっぱな見通しを述べれば、私たちが世界の内がわから展成に触れることがあるとすれば、それは〈夢界の存在論〉を経由してであろう。本書の記述全体を収斂させなければ、この論理をごまかしなく組み立てることはできない。わたしは、推理小説のように大団円から遡って書いているわけではないので、右の「統制方針」を成功裡に遂行できるのかどうか、いまはわからない。登攀の途上で遭難しないよう、一歩一歩、足場をたしかめて進まねばならない。

144 D'Andrade, R. 1995 *The Development of Cognitive Anthropology*. Cambridge: Cambridge University Press, p. 33.

第 II 部

生活世界

第三章
同伴する――仲間動物の生政治

――私立探偵バークは五階建てのビルの最上階にオフィスをかまえている。その部屋では黒い「怪物」が留守番している。ハンニバルと一緒にアルプス越えをした猛犬たちを祖先にもつナポリタンマスティフである。雌で名前はパンジイ。犬は非常階段づたいにビルの屋上に自由に上がれる。その隅に給餌システムが備えられ、パンジーが鼻で押すと、二つの容器がドッグフードと水で満たされる。だが、バークはよく彼女の好物の中華料理をみやげにもって外出から帰る。

> 「話せ！」おれはそういって、チャーシューの厚切りをパンジイの顔面めがけてふわりと投げた。チャーシューは政治家の公約ほども長続きせず、あっという間に消えた。／ベル〔純真なストリッパー〕は身じろぎもしなかった。パンジイは頭をベルの膝のほうに突き出し、ベルの両手をぐいぐい押して、なでてくれとねだった。〔…〕ベルはこわごわ頭をなでた。パンジイは喉をごろごろいわせた。ベルはあわてて手を引っ込めた。パンジイはまたベルの膝に頭を押しあてた。「友だちになりたがってるだけだ」「バーク、正直いって、あたし、死ぬほどこわい」「今のはパンジイが幸せなときに出す音だ」おれはそう請け合った。[145]

バークは危険な状況におもむくときパンジーを連れていく。頼りになるボディガードを敵に毒殺されないように、「食べろ」の代わりに「話せ」という命令語を覚えこませたのである。

一　人間の最良の友——犬と人の境界をめぐって

意味ある他者

〈意味ある他者〉（the significant other[s]）とは味わいぶかいことばである。この語の源流はシカゴ学派の社会学者ジョージ・ハーバート・ミードに遡るといわれる。辞典によれば「子どもは、ごっこ遊びで親や教師や兄弟などの役割を実際にやってみることによって、そのような他者の行動との関連で自分自身の行動を組織するようになる。自我発達の初期段階で影響の大きいこのような他者のことをシンボリック相互作用論では、一般化された他者と区別して、意味ある他者ということがある。[146]」たしかにミードは一般化された他者に一応の定義を与えている。「ある人にかれの自我（自己か？）の統一をあたえる組織化された共同体《コミュニティ》もしくは社会集団を「一般化された他者」とよんでよかろう。[147]」だが、彼のこの著作では、「一般化された他者」と区別される〈意味ある他者〉への積極的な言及はないので、わたしはこの語を自己流に用いる。前章で提案した人称代名詞空間のモデルにしたがえば、自己とは単体として交働の空間におかれる点ではなく、「ワタシトアナタ」という双数包含形の

145　ヴァクス・アンドリュー　一九九五（佐々田雅子訳）『ブルー・ベル』早川書房、五五－五七頁／一七二頁。
146　『発達心理学辞典』ミネルヴァ書房（一九九五）、四七頁。
147　ミード、ジョージ・ハーバート　一九七三（稲葉三千男・滝沢正樹・中野収訳）『精神・自我・社会（現代社会学大系10）』青木書店、一六六頁。

原点にふくまれる契機であった。そこから「アナタではないワタシ」として分立する自己にとって、養育者としてのアナタは始原の〈意味ある他者〉である。親きょうだいだけでなく、親友や恋人もまた、双数包含形の「われわれ」で括られるかもしれない。このような他者の喪失は自己に深甚な打撃を与える。しかも、この概念は、その余集合として〈意味なき他者〉を漠然と措定しているからこそ危険な毒をもつ。

〈意味なき他者〉の典型は「匿名の群衆」である。あるいは、しょっちゅう会うけれど、短いことばを交わすだけの店員のようなサービス提供者。大学という職場を例にとれば、個人名を知っていて、公的業務のなかで毎週のように顔を合わせる多くの学生や同僚も〈意味なき他者〉かもしれない。わたしはかれらの多くについて来歴も趣味も知らない。だから、ダナ・ハラウェイの『伴侶種宣言』で、"the significant otherness"が「重要な他者性」と訳されているのは誤訳だ[148]。重要な他者は〈意味ある他者〉の必要条件ではあるが十分条件ではない。学生に対して卒論単位の認定権をもっている指導教員は、彼（女）にとって「重要な他者」であろうが、彼（女）は、つつがなく卒業したらその教員のことをさっさと忘れてしまいたいと思っているかもしれない。これに対して、わたしの飼っていた犬は、わたしにとって確実に〈意味ある他者〉であった。これが出発点である。

アホ犬たち……

厖大な文学作品や映画のなかに印象的な犬たちが登場してきた。まず池田晶子のエッセイ集から短いアフォリズムを引く。

> 「犬の力」を知っていますか？／「犬の力」と、私は呼んでいます。人の心をかくまで深く惹きつけるその力のことです。それはすなわち、人の心を無防備にしてしまう力なのだ。彼らの振舞い、彼らの瞳、彼らの心の偽りなさは、我々の心を完全に無防備にしてしまう。それが彼らの力なのだ。心を無防備にされた我々は、無防備になった心、武

装解除した自分の心が気持よい。それが気持よくて、我々は彼らを愛するのだ。彼らは我々によって愛されるのだ。犬は、人間に愛を教えるために（神様によって）創られた生き物なのだ[149]。

おそらくこれを書いたときも、池田は無防備になっていた。だからうっかり「神様によって」などと口をすべらせてしまう。緒言でわたしは「動物は善良である」という命題をわれわれの思考の身がまえとして実験的に設定することを提案した。この命題が完全な真であることを、気のいい犬と仲良く暮らしているすべての人が知っている[150]。

丸山健二のエッセイ集は一二の章を含む。オーストラリアのディンゴについて書いた最終章を除けば、あとの一一章では、信州の田舎で彼と妻が飼った（あるいは関わった）大型犬の記憶を綴っている。原文にあるナカグロ（・）を省略して犬種を羅列すれば、シェパード、マスティフ、アフガンハウンド、セントバーナード、チャウチャウ、ドーベルマン、アイリッシュウルフハウンド、土佐闘犬、ダルメシアン、ラブラドールレトリバーである。やはり最初に登場するシェパードのマックがいちばん印象的だ。生後六ヶ月ですでに巨大であったマックは「オテ」と「スワレ」の芸しかできないアホ犬であった。妻が散歩に連れだすと突然走りだし、妻はころんで膝小僧をすりむいた。警察犬訓練士のもとに三ヶ月預けたら、見違えるように忠実に命令に従うりりしい犬になった……と思いきや、一ヶ月も経たないうちにもとに戻ってしまう。妻はひっぱられまたもや膝をすりむく。

148　ハラウェイ、ダナ　二〇一三（永野文香訳）『伴侶種宣言――犬と人の「重要な他者性」』以文社。のちに参照する『犬と人が出会うとき』では正確に「意味ある他者」と訳されている。

149　池田晶子　二〇一五『幸福に死ぬための哲学――池田晶子の言葉』講談社、四〇頁。

150　池田が死んだ愛犬のことを書いた切々たるエッセイを週刊誌で読んだのだが、発見できていない。今でも記憶に灼きついているのは、「彼は大きかったから骨壺も大きかった」というようなことばである。

〈留守にして〉帰ってきた私に、マックはいきなり低い唸り声を発し、攻撃の姿勢をつくった。慌てた私は「おい、おれだよ、おれだ」とわめいて近づいた。飛びかかる寸前に主であることに気づいたマックは、すまなそうな、照れ臭そうな顔をし、尾を振り、手を舐めた。私はマックに長いお説教をしてやった。叱られているとわかったマックは例によって犬舎の奥へ逃げこんだが、私は尚もそこまで追いかけて行き、ぶつくさ言いつづけた。「訓練所まで入れてやったのに何てばかな犬なんだ、飼い主を忘れるとはどういうことなんだ」としつこく文句を言ってやった。すると妻がこんなことを言った。「東大をでてもばかな人がいるでしょう」と。[151]

このあと「私」は、マックが飼い主を識別しそこなった理由を数えあげて、読者に対して「ばかな犬」の弁護をしている。さらに、彼がきわめて優しい性格をもった犬であることをひとつの逸話から明かす。「私」の兄が飼いきれなくなった柴犬のサスケを預かったときのこと。二頭の犬は長いことおたがいの顔を見あっていたが、「やがてマックは庭の隅の方へゆっくりと歩いて行った。そして私が放り出しておいた野球のボールをくわえてくると、それをサスケの前に置き、前肢を使ってそっと押しやった。「このボールで遊びなさい」とでも言っているように見えた。私も妻もびっくりして、そして感動した[152]」

丸山はけっして良い飼い主ではなかった。ほとんどの犬はフィラリアや原因不明の病によって数年で死んでしまう。いざ飼ってはみたもののどうしても好きになれなかった犬は、人にやってしまったりする。結局、この本の執筆時点で生きのびていた犬は、まっ黒で熊そっくりの一〇歳を越えたチャウチャウだけだった。だが、丸山にとって犬はかけがえのない存在であった。最後のほうで、多くのことを犬から学んだと述懐し、「犬を飼わなかったら、どんな人間になっていたかわからないと思うことさえある」と告白する。

庭へ出るたびに、犬舎の前を通るたびに、私を通過していった犬のことが思い出される。[…]かれらと過したもはや絶対に帰らない日々が津波のように押し寄せてくる。いい連中だった。少なくとも私などよりはるかにましな連中だったと思う。そして私は、ときどきかれらの夢を見る。これまでに飼ったでっかい犬たちが次々に現われて、私のまわりをドタドタと走り、がつがつと餌を食べ、がぶがぶ水を飲み、それからしまいにはなぜか一斉に笑うのだ。[153]

わたしは、石川県の白山山麓で初めてのニホンザル調査を始めた頃、文庫版で『夏の流れ・正午なり』を読み、丸山の硬質な削ぎ落とされた文体に震撼した。それだけに、右の引用に溢れる、彼には似つかわしくない感傷に驚いた。これもまた「犬の力」なのだろうか。そこから浮かびあがってくるのは、たとえアホで役立たずであっても、この動物と共に暮らすことを何ものにも代えがたい喜びとしている人びとがいるという事実である。

行動学者の愛犬

比較行動学《エソロジー》は、動物の境界について考えるうえで際だった重要性をもつ学問分野である。本書ではこの分野を「行動学」と略称する。行動学の創始者の一人コンラート・ローレンツが著した『人イヌにあう』は、犬に関心をよせる人が必ず読む名著である。ちなみに、ローレンツは、今西錦司より一年あとに生まれた、まさに同時代人であった。わたしが青年期に読んで以来、ずっと記憶のなかに生き続けた犬だけに絞って紹介する。

――私〔ローレンツ〕は、ウィーン郊外のアルテンベルクという町に住んでいる。雌犬スタシは、チャウチャウとシェパードの雑種で、一九四〇年の早春にわが家で生まれた。彼女が七ヶ月のときから訓練を始めたら、驚くべき速さで基本を身につけた。私が飼っている家禽にはけっして悪さをしなかったので、教えこむ必要はなかった。同年九月二日にケーニ

151 丸山健二 一九八四『夜、でっかい犬が笑う』文藝春秋、三六－三七頁。
152 同書、四三頁。
153 同書、一八九頁。

ヒスベルク〔東プロイセンの中心都市、現在はロシア連邦カリーニングラード〕の大学にまねかれ出発した。三ヶ月後、クリスマス休暇に帰省すると、スタシは熱狂的に喜んで私を迎え、教えたことすべてを以前と変わりなくやった。しかし、出発の準備にとりかかると、悲劇的な場面が演じられた。スーツケースの荷造りを始める前からふさぎこみ、一瞬たりともそばを離れず、風呂場にまでついてきた。出発が迫ると苦悩は絶望的なまでに高まり、餌を食べようともせず、呼吸が不規則になり、ときどき深い溜息をついた。いざ出発となると庭の片隅にひっこみ、いくら呼んでも出てこない。手押し車に荷物を載せて子どもたちと駅へ向かうと、二〇メートルほど離れ、毛を逆立て、異様な目つきでついてきた。駅でつかまえようとしても駄目だった。耳を垂れ、反抗的な態度で、疑わしげに私を見つめる。汽車が動きだしても同じ場所に根をはやしたように動かない。だが、汽車がスピードをあげるとだしぬけに走りだし、デッキに跳びのってきた。私は駆けよって、首と臀をおさえ、すでにかなりのスピードで走っている列車から突き落とした。スタシは転倒することもなく器用に着地した。

やがて、ケーニヒスベルクにニュースが届いた。スタシは日一日と凶暴さを増し、ニワトリを殺害し、ウサギ小屋に侵入して流血沙汰を引きおこし、郵便配達人のズボンを破いた。ディンゴが飼われている囲いに押しこまれ、野生の友と半年を過ごした。一九四一年六月の終わりにアルテンベルクに戻ると、すぐに私は囲いの中へ入った。スタシは猛烈な勢いで突進してきて、怒り狂って吠え、うなりながら近寄ってきた。だが、だしぬけに私の匂いをかぎわけた。「それから起こったことを私はけっして忘れない。」急に止まり、体を固くした。「鼻孔はいっぱいにひろがり、風が運んでくる知らせを喜ばしげに吸いこんでいた。」逆立っていたたてがみが伏せられ、体に身震いが走り、耳をぴんと立てた。鼻はまっすぐ空に向き、背すじを寒くするような、しかし美しいオオカミの遠吠えが三〇秒ほど続いた。「そして稲妻のように私にとびついてきた。私は嵐のようなイヌの喜びの渦にまきこまれてしまった。彼女は私の肩口にまでとび上がり、ほとんど上着をもぎとりそうになった。」彼女を囲いから出してやり一緒に家にもどると、妻はニワトリが襲われると叫んだが、スタシは家禽に目もくれなかった。彼女は完全にもとの訓練の行き届いたイヌに戻った。

純粋な喜びの日々。ドナウ川沿いに長い散歩をし、ときには川で泳いだ。だが、またスーツケースを荷造りするときがくると活気をなくし沈みがちになった。私は彼女を今度は連れて行く決心をしていたのだが、いくら言い聞かせても犬には理解できない。出発直前にまた庭の片隅にひきこもったが、散歩に行くとき呼びかけるのと同じ調子で呼んだら、狂喜して私のまわりを踊りくるった。

だが、私たちはほんの二、三ヶ月しかいっしょにいられなかった。一九四一年の十月十日に、私は軍務につくことになった。別れの愁嘆場のあと、スタシは逃げだし二ヶ月間野生の生活を送った。クリスマス後に、痩せ細って目と鼻から膿を出しながら、自宅の妻のもとにたどり着いた。妻の手当で回復したが、スタシを家に置いておくことは妻の手に余った。数ヶ月後、ケーニヒスベルク動物園に送られ、大きなシベリアオオカミとつがいになったが、子どもには恵まれなかった。私が陸軍病院で働くことになったとき、スタシを手もとにひきとり一緒に暮らした。だが、一九四四年六月に私は前線に送られ、スタシはべつの雄犬とのあいだに生まれた六匹の子どもとともにウィーンのシェーンブルン動物園に送られた。戦争の末期に空襲でスタシは死んだが、アルテンベルクの隣人が彼女の息子をひきとっていた。その後、私が飼っている犬はすべてこの雄犬の血をひいている。[154]

これこそ意味ある他者のひとつの極限的な姿である。わたしは一九九三年に家族づれでグイのフィールドを訪れたあと犬を飼う決心をした。子どもの頃から強い憧れを抱いていたシェパードを飼いたかったけれど、スタシのことが頭にこびりついていた。しょっちゅう海外調査に出かけるわたしがスーツケースを詰めるたびに、犬に愁嘆場を演じられたら、たまったものではない。だから、だれにでも友好的だといわれるラブラドールレトリヴァーに決めた。彼女が生きていた一二年数ヶ月のあいだ、わたしは毎年のようにアフリカに行ったが、出発の朝いつも彼女は涼しい顔をしていた。長い不在のあと帰ってくると、玄関先でシッポをプロペラのように回して歓

154　ローレンツ、コンラート　一九六六／二〇〇九（小原秀雄訳）『人イヌにあう』至誠堂／早川書房、五九‐六七頁。

迎してくれたけれど、留守中は妻のいうことをよく聞いていたそうだ。スタシにひき較べて物足りないなどとは一度たりとも思わなかった。たった一人の他者と共にいることを代替不可能な歓びの核とするそんな生のかたちは、私たちの胸を鋭く痛ませる、根本的な哀しみをおびている。

ローレンツとスタシの関わりは「あの戦争」という破滅的な空間のなかで営まれていた。一九三九年九月一日ドイツ軍のポーランド侵攻により第二次世界大戦勃発。一九四〇年四月九日スカンディナヴィア侵攻。このとき、ローレンツ三七歳、スタシは生まれて間もない仔犬だった。ウィーン爆撃は一九四五年二月一九日と二一日に行なわれた。三五〇〇個体いたシェーンブルン動物園の動物たちは四〇〇個体にまで激減したという[155]。それにしても、動物園が飼い犬をあずかったり、オオカミを配偶者としてあてがうといった経緯は、私たちには理解しがたい[156]。逸話記述につきものの曖昧さに目をつぶれば、人の最良の友であるとは、戦火や動乱のなかで人と命運を共にすることなのだと思い知らされる。

「犬の本性」を求めて

犬をテーマにした多くの著作は、ある共通した知的欲望によって動機づけられている。「犬の本性とはどんなものかを知りたい。」この欲望の根っこにはつぎのような推論構造がある。――人為選択の圧力に繰り返し曝されることによって、野生の祖先が現在のような生活形を具えた犬へ「生成発展」したのだから、この祖先を同定し、かつその行動型を現存する犬のそれと比較すれば、犬の本性がわかるだろう。

『人イヌにあう』が後世の評価を下げたのは、犬の本性をめぐるローレンツの推論が、〈犬の祖先種はジャッカルであり、のちにオオカミの血が北方から流入した〉という仮説に支えられていたためである。ジャッカル系の犬はおとなになっても子どもっぽさを失わず従順と服従を好むのに対して、オオカミ系の犬は主人とのあいだに「一対一」の忠節の絆を結ぶという。だが、訳者の一九八〇年の追記によれば、のちにローレンツはこの説を撤回した。べつの本では、ローレンツは、①オオカミと犬が非常に社会性の高い動物であるのに対してジャッカルは雌雄の配偶ペアしかつくらない、②オオカミと犬の啼きかたが非常に似ているのに対し、ジャッカルにははるかに複雑なパターンがある、という二つの理由から自説を撤回した、と解説されている。[157] ②はともかくとして、①はイヌ科動物に関心のある人ならばだれでも知っていることだろう（事実、わたしは東アフリカでも南部アフリカでも「ジャッカルの群れ」などというものは一度も見たことがない）。なぜジャッカル起源説という根拠薄弱な迷い道へローレンツが踏みこんでしまったのか、よくわからない。

ローレンツの弟子エーベルハルト・トルムラーの著書のむすびの小節のタイトルはいみじくも「犬の本性を知ること」である。[158] この目標のために、彼もオーストラリアの野生化犬ディンゴを飼って「犬の本性」に迫ろうとした（しかもローレンツよりずっと多数の個体を飼っていたようだ）。彼はふつう本能とよばれる属性を「生まれつきの知識」とよぶ。あるディンゴは生後四ヶ月のときトルムラーの自宅から脱走し隣家のニワトリに「稲妻のように襲いかかった。」そして首の後ろに咬みつき一撃で殺した。それまでずっと家の中で育てられていた仔犬が電光石火でみせた捕獲行動こそ「生まれつきの知識」の賜物であろう。

それにしても、このトルムラーの著作は、あまたの犬の本のなかでいちばん楽しく*ない*。一般の人びとの飼いかたの誤りを教え諭す家父長的な口調が気分を重苦しくさせる。ディンゴが檻の仲間を咬み殺した凄惨な事件も

155　『ウィキペディア』／「シェーンブルン動物園」。
156　どうやら動物園長はローレンツの親しい友人だったらしい。ほかにも謎はいくつもある。ケーニヒスベルクとウィーンは直線距離にして八〇〇キロ近くもある。どんなに犬の帰巣本能が優れているといっても、これはあまりに途方もない距離だ。ひょっとして、この時期ローレンツ夫人もケーニヒスベルクに引っ越して、夫の帰りを待っていたのだろうか。何よりも不可解なのは『ウィキペディア』／「コンラート・ローレンツ」に掲載されている伝記的事実が、ここでの記述と大きく食い違っていることである。それによれば、ローレンツは軍務について間もなくソ連軍の捕虜になり、一九四二年から四八年まで収容所に拘束されていたという。
157　マッソン、ジェフリー・M　一九九九（古草秀子訳）『犬の愛に嘘はない――犬たちの豊かな感情世界』河出書房新社、一九二頁。
158　トルムラー、エーベルハルト　二〇〇一（渡辺格訳）『犬の行動学』中央公論新社。

何例か報告されている。家族の一員としてのびのび暮らすローレンツの犬たちとは対照的に、トルムラーは研究所に常時六〇〜八〇頭もの犬を飼って行動と繁殖の研究をしていた。これほど大規模な施設化は自然誌的態度から少なからず隔たっている[159]。さらにそこかしこに顔を覗かせる「優生学」的な思想が息苦しい。家庭で子どもたちと共に育ったある秋田犬は、「麻薬中毒の子どもたち」の施設への慰問に連れて行かれ、しばらく友好的に関わったあと、突然一人の子どもの頭を咬んだ（幸いあまり強くはなかった）。この犬は「精神を病んだ子供たち」に嫌悪の情を抱いていたが、それをずっと我慢していたためついに「爆発したことは明らか」だったという。

犬の大規模繁殖の本質が優生学にあることは明らかだ。トルムラーはビーグル犬の巨大な繁殖場を訪れた経験を語る。「輝くばかりに清潔な犬舎」に七〇〇頭ほどの犬がいた。たった一頭の種雄と三頭の種雌（そのうち一頭はこの雄の妹）の近親交配から始まって、累積すると四〇〇〇頭もの仔犬が生まれてきたのだという。「淘汰」の方法は単純で、①もっとも大きく頑丈で、②斑点がほどよくあり黒い部分が多く、③友好的で穏やかな個体を種親として選別する。トルムラーはこうした繁殖方式が完璧だと絶賛し、「近親繁殖は欠陥をもった仔犬を生む」という世の常識は迷信であり、血統に潜伏していた「劣悪《ママ》遺伝形質」が発現するにすぎないと強調する[160]。彼自身が研究所で育てた仔犬の数は四八〇匹にのぼるが、「犬の数を管理可能な範囲に収めるために、出産時に多数の仔犬を安楽死させざるを」えなかったという。知的欲望の追求がこれほどのおぞましさを不可避的にともなうものならば、選択肢はひとつしかない。その欲望をきっぱりと遮断することだけである。

自然体への好奇心[161]

エリザベス・マーシャル・トーマス（ブッシュマン研究のパイオニアとして知られるローナ・マーシャルの娘）のとったアプローチはトルムラーと対蹠的である。トーマスを衝き動かした問いはとても単純だ。「犬はひとりでいるとき何をしているのか?」こんな基本的なことが、万巻の犬の書には書かれていないという。犬には人と同じような意識と感情があるという彼女の確信は、たとえばつぎのような観察に基づいている。――近所の老夫婦のところにシェパードとラブラドールの雑種である若い雄犬がもらわれてきた。そこには雌の老犬が一頭いたが、若い犬の遊び相手になってくれなかったので、彼はいつも所在なげにみえた。ある雪の夜、私〔トーマス〕は彼が家の近くの斜面にいるのを見つけた。鼻を地面にこすりつけ、円を描くように走りまわっている。どうやら小動物を追いかけているらしく、出発点に戻ると鼻を一箇所に押しつけた。獲物が逃げこんだ穴がそこにあるのだろう。ところが、犬はふたたび走りだし、最初の道すじをそのままなぞって大きな円を描いて走りもどると、またもや同じ地点に鼻を押しつけた。犬はそのあとさらに四回も、興奮の色をみなぎらせ、同じ軌跡を描いて走りまわった。ついに私は近くまで様子を見に行った。獲物の姿などどこにもなく、地面には巣穴などあいていなかった。「この想像力豊かな犬は、〝ごっこ遊び〟をしていたのである。」

トーマスの自宅があるマサチューセッツ州ケンブリッジ市には、犬は繋いで飼うべしという条例がある。それゆえ、彼女の放し飼いは、しばしば近隣からの苦情の種となり警察沙汰まで引きおこした。フィールドワークは、海外に行くことになった友人から半年間あずかった雄のシベリアンハスキー、ミーシャの夜の遠征について行く

159 ゴッフマンは、全制的施設（total institution）という重要な概念を提起した。具体例は、障害者施設、精神病院、刑務所、兵営、僧院などである。英語で「施設」は「制度」と同語なので、本書の文脈では、施設化とは知の全体的制度化をも意味する。ゴッフマン、アーヴィング　一九八四（石黒毅訳）『アサイラム――施設被収容者の日常世界』誠信書房。

160 トルムラー、前掲書、一二三八頁。訳者は、日本航空社員としてパリやブリュッセルに駐在中に西欧流の犬のしつけ方に興味をいだき、帰国後その道の権威になったそうだ。だが、遺伝学の知識の貧困さは見過ごしにできない。科学を括弧入れするという本書の方針に反するが、明白に誤った知識は有害なので訂正しておく。劣性遺伝子とは、染色体上の対応する座位に優性遺伝子が存在するとき（つまりヘテロ接合体）、それがになう遺伝情報が表現型として発現しない遺伝子のことである。それゆえ、自然選択圧に曝されずに潜伏するので、たまたまホモ接合体になったとき表現型が生存に不利な形質であることが判明する確率が相対的に高い。だが、遺伝子自身が本来「劣悪な形質」をになっていることを意味するものではまったくない。

161 トーマス、エリザベス・マーシャル　一九九五（深町眞理子訳）『犬たちの隠された生活』草思社、一二一―一五頁／二七―六二頁／一一〇―一一二頁。

ことから始まった。ミーシャはすっかりこれが気に入り、主人が帰ってきてからも、二つの市をまたぎ越して、トーマスを迎えにきた。この冒険は、週に二、三回、二年間にわたって続けられた。

――最大の謎は、ミーシャの正確無比なナビゲーション能力だったが、これはついに解き明かされなかった。広大な街でいくつかのランドマークは憶えていたのかもしれないが、ミーシャがその夜めざしていた目的地から帰途につくときは、たいてい異なる道順をたどった。大きな発見は、ミーシャが車の交通量の多い道路を横ぎるとき、みごとな技能を発揮することだった。ときに高速道路を突っきり、私は置いてきぼりにされた。夜の遠征にミーシャを駆り立てるおもな目的は、よその放し飼いになっている犬と出会ったときに、「尻押しテスト」をしてたがいの重量を確認しあうことであった。同じぐらいの体格で優劣を直感的に見ぬけない犬どうしは、相手の肛門を嗅ぐことによって優位性を示そうとする。ミーシャはけっして自分の肛門を嗅がせず、尻押しにもちこみ、別れるときには高く尾をあげて優位性を誇示した。マーキングするとき、できるだけ高い位置に尿をかけ、自分を巨大に見せようとしていることもわかった。自分よりも大きな犬がいることを遠目から認めると、そしらぬ顔でひき返す。あるとき、私がミーシャとはぐれて歩いていると、気の荒いセントバーナードが歩道をふさぎ猛烈に吠え立てた。そこへ、ミーシャが車の多い車道を越えてやってきた。背後をたくさんの車が通過しているので、とっさにひき返すわけにはいかなかった。彼は、何かべつのものに気をとられているふりをしてあらぬ方向を見つめ、強敵の前をすり抜けた。

これらの観察とならんで私たちを驚かせるのは、著者の夫の愛犬であるシェパードにまつわる逸話である。

――暑い夏の日、夫がコーン・アイスクリームを買った。一口食べたとき、愛犬がじっと見まもっているのに気づいた。コーンをさしだすと、犬はアイスクリームを一口だけなめた。夫がもう一口なめ、またさしだすと、犬はまたすこしなめた。こうして彼らは交互にアイスクリームをなめ、コーンがのこった。夫は一口かじり、今度はさすがに犬が平らげることを予想しながら、コーンをさしだした。だが、犬は端っこをすこしだけかじりとった。こうして、さらに二回、彼らはかわるがわるコーンをかじった。「八年間というもの、夫とこの犬とは、信頼と相互の恩愛の絆をつくりあげてきた。どちらも相手にたいして不当な要求はせず、相手を下に見たり、自分が主人顔をしたりすることもなく、たいがいはそれぞれ相手のいる前で、自分のしたいことをしてきた。」

　トーマスは、このような条件のもとでこそ、双方はおたがいを対等な存在とみなしうる、と述べる。さらに「自ら考えて行動する犬、過剰な訓練によって自発性をつぶされていない犬、行動の指針として、自らの観察力と想像力に頼ることのできる犬」だけが、交互にものを食べあうような人間の作法を理解できるという（強調は引用者）。だが、犬は犬であるからこそ、素晴らしい。そのことを示す印象的な例を挙げよう。

――ちょうど旅行に出ようとしていた。犬たちはみな舗道に出て、車に乗りこむのを待っていた。そこへ、小さなヨークシャー・テリアが「格子縞の上着にブーツ、髪にはリボン、といういでたちで、引き綱にひかれてしゃなりしゃなりと」通りかかった。犬たちはそれを〈犬ではないもの〉と認識した。あとでわかったことだが、そのテリアはたっぷりコロンをふりかけられていた。私とテリアの飼い主の悲鳴をよそに、犬たちはテリアに突進した。テリアの命を救ったのは、彼が「仰向けに寝ころがり、尾を脚にはさみ、仔犬のように尿をもらす」という行動にでたことだった。

　人の身勝手な嗜好によって歪められたこのテリアの身体は、本性にしたがってふるまうことによって、みずからのオイケイオーシス（自己保存）を達成したのである。

感情的存在としての犬[162]

　精神分析学を学んだジェフリー・マッソンは、右のトーマスの著作に心酔し、犬の豊かで純粋な感情生活を描きだすことに傾注した。彼は、認識能力の研究には関心がないし、知能を比較することなど「何の意味もない」と言いきる。本を書くことを「口実」に手に入れた三頭の犬たちの観察も興味ぶかいが、犬に関わる多種多様な

162　マッソン、前掲書（注157）、二一四頁／七九頁／一二九頁／一三六-一三七頁／二一四-二一五頁。

逸話を検討することに比重がおかれている。以下の(1)と(5)は前者、(2)〜(4)は後者である。

――(1)盲導犬になりそこなった小柄な雌のシェパード、サーシャは、二匹の仔猫に夢中だ。仔猫たちが家にきた最初の晩は一睡もせずにケージの横に寝そべり見つめ続けた。仔猫を外に出してやると前足でそっとさわった。仔猫がよちよち歩くと、哀れっぽく啼きながらあとを追ってゆく。翌週になると、細心の注意をはらって口にくわえ、隣りの部屋へ運ぶようになった。(2)一九世紀の書物に載っているデンマークのホルスタイン城の猟場管理人が語った話。彼は、ある夜、長い狩から疲れきって戻り、獲物を貯蔵室にしまったが、犬が中にいるのに気づかず鍵を閉めてしまった。その直後に呼びつけられ外出し、五日後に帰ってきた。貯蔵室に入ると、ドアの近くで犬が死んでいた。テーブルの上にはヤマウズラ一一つがいにライチョウが五羽手つかずのまま残されていた。「自分の義務に反するよりも飢えて死ぬ方を選んだ哀れな犬」を前にし、管理人は感動と悲しみにうたれた。(3)一九九六年三月の寒い季節、モンタナ州の森でダウン症の少年が迷子になった。三日間、二頭の野良犬に守られ、涸れ谷の中で発見された。犬たちは冷えこむ夜には身を寄せて少年を暖め、日中は水場へ連れて行ったらしい。何も食べていなかったが、脱水症状にはなっていなかった。二匹の犬はその後、少年の家庭にひきとられた。(4)「ワルな警官」と相棒の警察犬ドーベルマンの話。ある晩、巡査は信号無視をした若い黒人女を呼びとめ、憂さ晴らしに警棒で殴りつけた（じつはそばに目撃者がいた）。犬は相棒を攻撃し「断固として警棒を奪おうとした。」この犬は「人間と犬の文化の中で、［…］何がふさわしくない行いであるかについて鋭い感覚を備えていた」〔ただしこの逸話は典拠が曖昧で、事件が起きた都市の名前も不明である〕。(5)だが、犬は、「良心の呵責」や同情心には乏しいようだ。マッソンはサーシャら三頭を連れて、公園へ夜の散歩にでた。犬たちは追いかけっこして遊んでいたが、突然、サーシャは全速力でマッソンの背中にぶつかってきた。激痛に襲われ倒れて悶え苦しんだが、犬たちは楽しげに遊び続けた。

(1)はさして珍しいことではないのだろうが、私たちは深く揺さぶられる。(2)は衝撃的ではあるが、首をかしげさせられる。許しを得ずに餌を食うことを禁じられているがゆえに犬が餓死するのだとしたら、それは「主体性」の喪失にほかならない。(3)は真に感動的な逸話である。少年の母親はこの二頭が「息子と恋に落ちた」と解釈したという。(4)が事実だとすれば驚くべきことである。犬は社会空間の磁場にただ従属しているわけではなく、独自の「統制方針」に導かれて行為していることになる。(5)をわたしは切実に理解できる。わたしの蒙った災難はエピローグで明かそう。

『猿＝人』で論じたように、動物を「感情的な実存」として理解することは、（今西ふうにいえば）「世界の正しい見方でなければならない。」ただ、マッソンの「犬賛歌」に二点だけ疑念を呈しておく必要がある。第一に、活字になった間接情報に依拠して思考を組み立てることには危うさがある。三頭の愛犬の観察に徹することが、トーマスの自然誌的記述を凌駕する発見をもたらしたかもしれない。第二に、犬の感情生活に迫るという目標が正鵠を射ているとしても、その感情を「愛」「忠誠心」「屈辱」といった語彙を用いて「心」のなかに実体化することを疑うべきである。この懐疑を捨てさることは、油断のならない罠である〈心理学化〉に対して無防備になるリスクをともなう。擬人主義という名で一括される認識論的なアポリアにおいて、このリスクは尖鋭化されたかたちで現われる。[163]

163　本文で紹介する紙幅がないので、ここでもうひとつ素晴らしい犬の本を挙げておく。クリントン・R・サンダースは大型犬をこよなく愛する社会学者である。彼が二頭のニューファンドランドを飼っていることは、わたしを羨望させる。『犬を理解する』は、ふつうの家庭犬の飼い主、盲導犬を飼う視覚障害者、獣医、盲導犬の訓練士という四種類の人びとの犬との関わりかたを精密なインタビューから明らかにした労作である。そこから共通して浮かびあがるのは両価感情《アンビヴァレンス》である。犬の飼い主は犬が人に似た同伴者だという気持と自分の所有財であるという気持の双方に引き裂かれる。獣医は動物への忠誠と職業上の拘束との葛藤に苛まれる。訓練士は、犬を、行動主義的に操作すべき対象として扱うのか、ともに複雑な作業をになう仲間として遇するべきかで迷う。サンダースは最後につぎのように論じる。「社会的交換の間主観性は、実践的な作業仮説に基づいている。この仮説では、一方の個体は、他方の個体の感情・思考・意図を確かめられる、あるいは少なくともある程度の確実性をもって評価しうると想定される。」このように、人と仲間動物とのあいだに間主観性が成り立つと主張する点において、サンダースは次節で検討するアルガー夫妻とよく似た立場をとっている。Sanders, Clinton R., 1999 *Understanding Dogs: Living and Working with Canine Companions*. Philadelphia: Temple University Press. p. 112; p. 141.

二　擬人主義という問題系――猫を中心に

家の中のヒョウ?

わたしは猫については独立した節を立てるほどの知識をもちあわせない。だが、つぎの小節で検討するアルガー夫妻の猫研究が擬人主義と関連の深い議論を展開しているので、この節では猫を主役とすることにした。まず、猫に関するローレンツの観察を瞥見する。

――猫の心性は野生のままである。猫の性格には犬のような子どもっぽさはまったくない。猫は人をたよりにしない野生の小さなヒョウである。家からさすらい出て、狩猟の遠征や色恋沙汰をまるで原始の森に暮らしているかのようにやってのける、小さなトラと私〔ローレンツ〕が同じ屋根の下に暮らしていることは、いつも驚異の源泉である。このわが家族の一員が満喫する自由は、彼の人間に対する従属をいささかも減じるものではない。しばしば何日も家をあけ、ひとり勝手な暮らしをしているにもかかわらず、私の猫（雄）はかつて知った動物のうちで、もっとも愛情こまやかなやつだった。ただし、じゃれたり、食物をねだったり、人の膝にのって撫でられたりするのは、動物の心に真の愛情があることを示すものではない。[164]〔強調は引用者〕

猫の「遊び」に関する精細な記述も素晴らしい。私たちが「遊び」とよぶような行動パターンのなかに、獲物を捕獲するあらゆる動作が詰めこまれていることをローレンツは解き明かす。わたしも猫が狩りで見せる優美な所作をうっとりして見つめたことが何度かある。北海道大学に勤務していた頃、古びた一戸建ての公務員宿舎には広い庭があった。行きがかりで飼うことになった白い雌猫（すでに避妊手術をうけていた）が庭の叢に身を伏せ、立木にやってくる小鳥をねらってじりじりと忍び寄るさまは野生を実感させた。妻はバードカービングのサークルに加入し、野鳥観察に熱中していた。わが家のヒョウであるミーちゃんが、捕獲したコルリを得意げに見せにきたときには、彼女は嘆きの声をあげた。

心ある猫[165]

ここで、社会学者ジャネット・アルガーとスティーブン・アルガーの猫研究に注目する〔以下この著者たちを「アルガー夫妻」と略称する〕。アルガー夫妻は、人間と動物のあいだに画然とした一線を引いたミードのシンボリック相互作用理論を批判する。

——ミードによれば、動物は身ぶりを通じて互いに交通するが、みずからの行動が他個体に対してもつ意味に気づいていないし、自分の身ぶりを統御することもできない。それは、本能の発現にほかならないからだ。動物はそれゆえシンボリック相互作用に関与しない。主体の統御下にある場合にのみ、何かはシンボリックといえるからだ。ミードは、シンボリック相互作用が成立する必要条件として、①自己意識、②内面化された会話、③他者の役割をとること、④複数の競合しあう行為の選択肢を評価すること、を挙げる。④は③から由来し、選択される行為は参与者間に共有された意味に基づいている。こうした相互作用は、過去の相互作用の記憶と未来への投射を含む。このような過程は言語を媒介せずしては起こりえない、とミードは断じた。

だが、猫が心をもった行為体であることを示唆するいくつもの証拠がある。

——(イ)ある家では、夫のほうが妻より先に勤めから帰宅する。妻が帰宅するちょっと前から、猫がドアの前で待っていることに、夫は気づく。(ロ)ある猫は、ドアノブにとびついて開けたり、水洗便所の水を流すやり方を自分で学習した。(ハ)天気の良い日に猫に首輪と引き紐をつけて散歩し、はずすのを忘れていたら、飼い主の足に自分の前足を繰り返し載せた。

---

164 ローレンツ、前掲書（注154）、二五六－二六四頁。

165 Alger, Janet M. and Alger, Steven F. 1997/2007 Beyond Mead: Symbolic interaction between humans and felines. *Society & Animals* 5 (1): 65-81 [*AS-III*, pp. 185-201], pp. 188-189; pp. 193-197.

それではじめて、首輪がずれて猫の口を締めつけていることを発見した。㈡飼い主が食事を用意しても猫はすぐには食べず、べつの好物をくれないかどうか様子をうかがう。

また、アルガー夫妻は、猫が情動的で互酬的な存在であることを示す例として、主人の気分がわかるという証言をいくつか挙げている。

――「キャベッジは私が悲しんでいると、やってきて体をこすりつける」「私が動転していると膝に登ってくる」「家族が死んだため椅子にすわってすすり泣いていたら、キンディは肘かけに登ってきて前足で繰り返し私にさわった。さらに顔をさしのべて鼻と口で私の頬にキスした」等々。猫はまた、飼い主のソックスをいったん盗み、それを持ってくるといったこともする。明らかに物を取りあうゲームに人を誘いこもうとしているのである。

さらに、猫は独特な社会空間を飼い主とのあいだに成立させている。朝起きてから寝るまでの節目ふしめにさまざまな「儀礼」を飼い主と交わすことがその証拠である。

保護施設の猫たち[166]

右のような視点から、アルガー夫妻は猫の保護施設《シェルター》において長期のフィールドワークを行なった。かれらは、一般に流布している猫イメージをこうまとめる。「自律心に富み、自分自身の行動指針を追求し、私たちとの感情の共有に依存せず、私たちにあまり心を開かない。」これはローレンツが呈示した「家の中のヒョウ」としての猫像とほぼ重なりあう。だが、こうした猫像は社会的構築である、とかれらは断じる。

――このような見方は、猫たちの生得的力能からかけ離れており、反対の証拠や個人的な経験の無視のうえに成り立っている。社会的構築の力は、その正確さにではなく、私たち自身の集合的生にそれが意味を与える能力に存している。猫は神秘的な生きものであり、かれらの動機づけはかれらの内部から生まれるというように意味づけられるのだ。[…]だが、猫が利他的にふるまう、という証言がある。ある夫婦が迷い猫を保護して飼った。一年後にゴールデンレトリヴァーの仔犬を手に入れた。大きくなった仔犬は首輪から抜けだし、脱走した。猫の姿も同時に見えなくなった。探しまわっていると、敷地の片隅で猫の目が光っているのに気づいた。いくらなだめすかしても家に戻ろうとせず、猫は茂みの中に顔をつっこんだ。そばへ行くと、犬がきゅんきゅん啼く声が聞こえた。敷地の端に仕掛けてあったキツネ罠に捕らわれていたのだ。猫は犬の救出を見まもり、折れた脚を治療するために獣医に連れて行こうとしたら、自分から車に跳びのった。

アルガー夫妻のフィールドは、ニューヨーク市から北に二四〇キロ離れた、人口およそ一〇万人のアルバニーという町にある。野良猫を保護するために、数人の女たちが核になって一九八六年に猫シェルターを開設した。――のちに二世帯住宅を借りその一階部分をシェルターとし、「ウィスカーズ」（おひげちゃん）と名乗るNGOを設立した。運営はすべて寄付金でまかなわれる。五部屋を擁し裏のベランダには猫砂トイレがいくつも置かれている。一部屋は台所、もう一部屋は隔離室に使われる。ボランティアは八〇人ちかく登録。一日二交替制で一回のシフトでの平均ボランティア数は五・五人。

アルガー夫妻は大学に棲みついた猫の母子をウィスカーズに持ちこんだことをきっかけに、ボランティアとして働くことになり、のちに正式な調査の許可を得た。フィールドワークは一九九六年春から二〇〇〇年三月まで。常時、五、六〇匹が飼われ、全期間で九三匹の猫たちを同定した。以下、五つの項目に分けて、かれらの観察と考察を列挙する。

(1)猫の意識――私たち〔アルガー夫妻〕が呈示する証拠のすべては、猫たちが自己覚知《セルフ・アウェアネス》をもっていることを示している。マリアン・ドーキンス〔『利己的遺伝子』で著名なリチャード・ドーキンスの妻〕は動物の意識の標示特性《インディケーター》としてつぎの五項目を挙げた。①行動の複雑性、②学習能力、③他者たちから学習する能力、④選択をふくむ行動〔複数の代替選択肢とリスクに重みづけを行なう〕、⑤協調行動〔その典型は食物分配〕。これらのすべてがシェルターの猫たちにあてはまる。

(2)猫と人との間主観性――世話人と猫たちとのあいだの交働を観察すると、この共同体がうまく働いていることは明らか

166 Alger, Janet M. and Alger, Steven F. 2003 *Cat Culture: The Social World of a Cat Shelter*. Philadelphia: Temple University Press, pp. 1-7; pp. 27-49; p. 77; p. 91; pp. 94-138.

だ。これは、人間と猫のあいだに間主観性が存在することの証拠である。両者のあいだに「状況の定義」[167]が共有されていなかったら、五〇匹以上もの猫たちと世話人たちとが、四つの小さな部屋で争いもせずなんの危険もなく暮らすことは不可能だったろう。

(3)猫の文化——従来、動物の行動と社会システムは遺伝と進化の産物であり、種全体にとって不変であるとみなされていた。だが、近年の証拠は、動物が行動パターンと社会的布置の双方において、はるかに可変的であることを明らかにした。この可変性が同一種内での行動と社会構造の変異を導くとき、「動物の文化」が成立する。この意味においてシェルターの猫たちには文化がある。

(4)友情——猫たちは、八とおりの仕方で、他個体への選好を示した。(i)頭をぶつけあったり、鼻を触れあわせて、挨拶する。(ii)体をこすりあわせる。(iii)「つるむ」(一緒にすわり隣りあって眠る)。(iv)ぴったり寄り添う。(v)おたがいを毛づくろいする。(vi)一緒に遊ぶ。(vii)同じ食器から食べる。(viii)一緒にいられる特別な場所を確保する。

この最後の例は、雌猫のビビとリサのあいだで見られた。二匹は部屋の隅のラジエーターの下に置かれた空のトレイの中で、体をくっつけあって眠る。一九九七年の後半、ビビは健康を損ない治療のため隔離された。回復して戻ってくると、ビビはリサを舐め、リサはビビに体をこすりつけた。私〔ジャネット〕が両方をなでると、日ごろ内気なリサが私に猫パンチをくらわせた。まるで「ビビはあたしのもの!」と言っているみたいだ。リサがこんなに自己主張するのを初めて見た。もっとも強い友情は同性どうしのあいだで育まれる。野良猫の社会組織は母系の血縁に基づく傾向がつよいことが報告されているが、シェルター内の友情は血縁関係のない個体どうしで確立される。

(5)社会的役割——マーキス(雄)は三回里子にだされたが、飼い主をひどく攻撃したので、毎回すぐにシェルターに戻された。これは幸せだったシェルターに彼が帰りたがっていたことを示していた。それ以来、里子にだす試みは放棄され、シェルターの「マスコット兼守護神」になった。新入り猫が持ち運び用の檻籠に入れられて到着すると、マーキスは檻籠のてっぺんに跳びのったり、中を覗きこんだりする。また、他の猫に対して保護者的にふるまう。世話人が檻籠を掃除するために、そこに閉じこもることを好む老いた猫を出そうとしたら、老猫は悲鳴をあげた。マーキスは走って行き世話人の脚を攻撃した。私〔ジャネット〕自身も似た経験をした。あるボランティアがうっかりハルという猫の尾を踏んづけた。ハルが悲鳴をあげるとマーキスはハルにとびかかったが、攻撃したわけではなく、むしろ無事を確かめているようだった。私が近づくとマーキスは突進してきて脚に爪を立てた。この行動を私は「ハルを危害から守る努力」と解釈した。もうひとつの自発的な役割が「寄り添い」である。雄猫マーニイもシェルター設立時からのメンバーである。マーニイは新入りの社会化されていない猫のそばに行き、体をすりつけたり、舐めてやったりする。

(6)攻撃性――シド（雄）は、いちばん怒りっぽく気むずかしい。食事中や、お気に入りの場所で休んでいるとき、人やほかの猫が近づくと必ずパンチをくらわせる。だが、これは「反動攻撃」であり、他の猫から離れたいわけではない。眠るときはたくさんの猫のなかにまじる。シド以上に攻撃的な雄猫がエミリオとスモーキー。両方とも、人にはとてもなついている。エミリオは部屋に放つと執拗に他の猫を攻撃するので、見まもる人がいなければ籠から出せない。スモーキーは仔猫のとき里子にだされたが、飼い主の家族がアレルギーを発症したため、一年半で戻された。シェルターではひどく不幸な様子だ。愛らしい雌猫を選んでいやがらせを繰り返したが、この猫が里子にだされたら攻撃行動はおさまり、他の猫と平和に眠ったり、いっしょに餌を食べるようになった。

右のような観察に基づいて、アルガー夫妻は考察をめぐらす。まず、社会的役割は、個々の猫のパーソナリティから発達する。これは、猫たちがそれぞれ独自な個性をもった存在であることの証しである。また、たっぷり餌が与えられるシェルターでは、自分の餌を防衛するために闘う必要がないので、猫たちは同じ皿から食べる。この文化をほとんどの猫が共有しているので、新参猫が社会化されてゆくにつれて、かれらにも伝播する。

さらに、共同体はそのシンボルをもつ。タオルが敷かれた檻の屋根をはじめとする眠り場所が、〈情愛・親密

167　「状況の定義」は、ゴッフマンの名を世に知らしめた最初の著作で提起された「自己呈示」と密接に結びついた鍵概念である。ゴッフマン、アーヴィング　一九七四（石黒毅訳）『行為と演技――日常生活における自己呈示』誠信書房。

さ・安全〉という共有された意味をおびる。共同体は高い社会的凝集性を示し、攻撃性・優劣関係・なわばりは重要な意味をもたない。猫たちは、豊かな社会生活を営む多大な力能を具えた、高度に可変的で適応的な動物なのである。新奇な状況への適応は自己覚知の証拠であり、他の猫たちへの応答性は他者から信頼を学ぶことに支えられている。その根底にある要因は「他者の役割をとること」である。猫たちが情愛と社会的凝集によって過密に応答することは主体的な選択である。こうした選択は動物たちの内的生活の窓であり、そこからかれらの欲求、欲望、心的力能を理解できる。マーキスが他の猫を助ける選択をするとき、彼は、猫共同体に協調し秩序を維持しているのである。

アルガー夫妻が与える解釈の多くをわたしは「擬人主義的」であると直感する。とくに、ハルに対してマーキスがとった行動を「無事を確かめている」とみなすところなどは、ぎょっとさせられる。だが、擬人主義という概念が何を意味するのかを定式化しないかぎり、他の研究者の記述に擬人主義のレッテルを貼ることはフェアな手続きではない。

擬人主義的な記述は隠喩なのか

長く日本に滞在し、日本の霊長類学をテーマにして研究を行なったこともある科学史家のパメラ・アスキスは隠喩という視角から擬人主義の問題を考察している。

——擬人主義をめぐる考察は文化依存的である。人間と他の種との違いをどこにおくのかという基準は、歴史的にも文化的にもさまざまであるから、擬人主義がつねに同一の内包をもつと想定することはできない。多くの場合、擬人主義に対する非難は、「意図」にかかわる語彙を動物にあてはめることが原理的に間違っているという仮定に基づいている。だが、この仮定が経験的データによって確証されたわけではない。「擬人主義的な記述は、動物行動についての隠喩的な陳述である」という見解をよく聞くが、これは真実ではない。「国家の船が沈没した」という言明は隠喩であるが、「動物Aが動物Bを威嚇した」という言明を隠喩とよぶことはためらわれる。ある語を隠喩として利用するということは、文字どおりの用法や意味があることを前提としなければならない。それゆえ、人間行動の記述に用いられる語（字義的意味）が動物行動に適用される場合、科学者たちはその語の適切性について意識的または無意識的な決定をくだしている。人間と非-人間のあいだの差異に関わる発話者の信念が、擬人主義の判別に影響を与えているのである。[168]〔強調は引用者〕

この議論は同じ場所を堂々めぐりしている。わたしはすでに『猿＝人』でこうした水準は乗り超えたので、第二章で紹介した今西の洞察を対置させるにとどめる。「私たちの〔…〕動物に対する主体的反応が、ある程度まで人間に対するのと同じような反応をもって現わされることは、これらの動物が私たちに類縁的に近いという認識に対する私たちの表現であり、それは人間的表現となって現わされるよりほかにない。」『猿＝人』で引用した伊谷純一郎の言明は、この今西の洞察を継承するものである。「いかなる行動もわれわれの言葉で表現されるのだから、全行動はわれわれの言語の体系の中に包含されている。[169]」私たちがある動物のふるまいを「AがBを威嚇した」としか記述しえないのは、「隠喩か／字義的か」とか、「文化依存性」などという問題ではなく、意味〈主題〉をおびたメロディとしてしか行動を把握しえないという超越論的限界の問題である。

隠喩こそが、言語をめぐるあらゆる思考にとっての究極的な地平である。だが、アスキスは、言語の本体は字義的な意味の体系（＝コード）にあり、隠喩はそれへの寄生体であるという旧態然とした言語観にとどまっている。「山の前に霧がかかっている」というなんの変哲もない叙述でさえ隠喩であるという菅野盾樹の指摘は、私たちを驚かせる。[170]隠喩という不純物を微塵も含有しない、完璧に脱-身体化された「文字どおりの意味」を表

168　Asquith, P. 1997/2007 Why Anthropomorphism Is *Not* Metaphor: Crossing concepts and cultures in animal behavior studies. IN: R. W. Mitchell, N. S. Thompson and H. L. Miles (eds.), *Anthropomorphism, Anecdotes, and Animals*. Albany: State University of New York Press, pp. 22-34 [*AS-I*, pp. 241-255], pp. 241-242.

169　伊谷純一郎　一九八一／一九八七「社会構造をつくる行動」『現代心理学講座1――心とは何か』小学館／『霊長類社会の進化』平凡社、二二五頁。
菅原和孝二〇〇二『感情の猿＝人』弘文堂、二三二頁。

わすことばが存在するという理念こそが幻想なのである。だが、以上の分析は、アルガー夫妻の擬人主義を弁護するものではない。もっとも深刻な問題は、社会学を専門とするかれらの思考が〈心理学化〉によって歪められている点に求められる。擬人主義をめぐるべつの論考を検討したあと、この問題に戻ってこよう。

「擬人主義的」というラベルの誤謬

生態人類学や環境問題にも関心をよせる社会人類学者ケイ・ミルトンは、擬人主義について興味ぶかい考察をめぐらせている。ミルトンは、人以外の動物に対する人の理解を記述するさいに「擬人主義」なる語を用いることは、誤りに導きやすいと論じる。

——擬人主義という概念を用いる分析者は、非-人間的な事柄を理解する一次的な準拠点は「人間であること」（humanness）だと仮定している。しかし、一次準拠点は「自己」である、と仮定することのほうが合理的である。擬人主義とは、人びとが動物や事物に対して人間的な特徴を帰属させることによってそれらを理解することを意味している。だが、実際には、自己はそれらから現出するある特徴を直接的に知覚することによって、それらを理解しているのである。人／動物関係に関する社会科学的な言説は、三とおりの場合について擬人主義というラベルを用いる。(イ)神話、お伽噺、物語、漫画、ＣＭなどで、動物が人間らしく表象される。これらは人のステレオタイプが動物の形象に投影されているにすぎず、むしろ「擬動物的な人」というべきである。(ロ)飼い主はペットに話しかけ、野猿公園で見物人はサルに語りかける。しかし、動物に言語理解の能力があると信じているから、そうしているというわけではない。(ハ)人に対して適用される推論が、人以外の動物を理解しようとする言説で明示的に用いられる。これこそもっとも興味ぶかい場合である。(ハ)が擬人主義だとすれば、こうした言説は、「人格性」の診断基準となる特徴を動物に帰属させることにより、動物を意図的で、情動的で、個体性をもった「人」として考えていることになる。だが、論理的には、「擬人化する」とは、人だけにあてはまる特質を人以外の存在に帰属させることを意味しなければならない。動物を理解するある仕方を「擬人的」と記述するためには、擬人主義が含意することの反対を仮定しなければならない。つまり、当該の動物はある種の「内的状態」をもつ能力がないと仮定するだけでなく、その能力が人にだけ特異的であると仮定する必要がある。もっと理にかなった推論は、人びとが犬に「心があること」を帰属させているようにみえるとしたら、かれらにとってはみずからの記述が自明の真理だということである。人びとが実際には文字どおりの真理を表明しているのに、社会科学者はかれらが隠喩を用いていると仮定してきたのである。

「人間であること」よりむしろ個人的な経験こそが他者理解の根拠である。そうした理解は、ある特徴を対象に帰属させることによってではなく、対象それ自体から現出する特徴を直接的に知覚することによって達成される。私の自家用車、ザトウクジラ、私の友人たち等々は、「人間-らしい」というよりもむしろ「私-らしい」のである。生態心理学者ジェームズ・ギブソンがいうように、私たち自身についての私たちの知覚は、環境に対する私たちの知覚と同時に起きるのであり、それから切り離すことができない。私たちは、人としての自分自身を他者との関係のなかでのみ知る。つまり、交働のなかで「間主観性」をつくりだすことを通じてである。間主観性とはふるまいの相互性であり、私の動作の性質・方向・タイミング・強度が、他者の動作におけるそれらと適切に噛みあうときに生じるのである。

人間は他の人間と交働するときにのみ間主観性を生成するという見解は不必要に限定的である。猫をなでたり、犬を散歩に連れだすことでさえ、相互理解の経験を生成しうる。人間以外の動物が「ほんとうに」こうした理解を分かちもっているのかと問うことは妥当ではない。私たち自身の人格性とかれらのそれとの双方に関わる私たちの感覚が強化されさえすれば、それで充分なのである。この意味で、擬人主義とは「人間と人間以外の動物とのあいだに存在する真の間主観性を覆い隠すことをもくろむ隔絶の概念」であるというアルガー夫妻の言明は正当である。[171]〔強調は引用者〕

170　菅野盾樹　二〇〇三『新修辞学——反〈哲学的〉考察』世織書房、二五四頁。

171　Milton, Kay 2005/2007 Anthropomorphism or Egomorphism?: The perception of non-human persons by human ones. IN: John Knight (ed.), *Animals in Person: Cultural Perspectives on Human-Animal Intimacy*. Oxford: Berg, pp. 255-271. [*AS-I*, pp. 286-302], pp. 286-287, pp. 291-297.

人間／非－人間に関わる事柄を理解する一次的準拠点は「自己」であるという言明は、フッサールと共鳴しあう。人間的特性を動物に帰属させることの当否がもはや問題ではないのだとしたら、擬人主義という概念自体が無用の長物となる。何よりも、私と他者の動作の適切な噛みあいを〈直接的に知覚する〉ことから生まれる〈感覚の強化〉がありさえすれば相互理解にとって充分なのだ、という指摘は卓見である。だが、この一見非のうちどころのないミルトンの考察は、アルガー夫妻の思考の偏倚を捉えそこなっている。

(a)標準的な猫像を社会的構築と断じる挑発は読むものの度肝をぬくが、説得力のある論拠をもたない。訓練によって一貫した応答可能性を確立することが犬に対しては必須だが、猫にそれを期待しても無駄であることを、文化にかかわりなく人びとは知っている。ごく最近の都市生活を除けば、猫は気ままに自宅からさまよい出て、自律的な生殖活動にいそしむ。次章で論じるように、家畜の簡潔な定義が〈人によって生殖を統制される動物〉であるとすれば、猫は家畜ではない。「もっと理にかなった推論」は、全員が避妊手術をうけ、過密のなかで暮らす生活形こそ、人が強いた社会変容であるということだ。

(b)多数の猫たちとボランティアが事故もなく暮らせるから、人と猫のあいだに間主観性が育っている、という論理は転倒している。強制収容所で暴動が起きないからといって、被収容者と看守のあいだに間主観性が成立していると結論することはできない。

(c)平和共存の「文化」が先住者たちから新参者に「伝播」するというプロセスが起きていることは証明されていない。幸島のニホンザルの「イモ洗い文化」でさえ、数十年ものちになって、模倣によって一定の行動パターンが伝播したという因果論に疑義が呈された。代わりにもちだされたのが「局所的増幅《ローカル・エンハンスメント》」と名づけられる認知過程である[172]。限定された状況で多数の個体が同一の課題に繰り返し曝されるので、試行錯誤が注意の増幅によって収斂し、同一の行動パターンに行き着いたのかもしれない。

(d)タオルや毛布を敷かれた高い場所を猫が好むことは、だれでも知っている。なぜそれが「共同体のシンボル」という晴れがましい概念に昇格されなければならないのか。あるいはマーキスの他の猫たちへの関心が「秩序の維持」と記述されねばならないのか。猫共同体という舞台を借りた、「社会学的分析」のパロディのようにさえ見える。

わたしは一昔まえの行動科学者が「擬人主義的」と決めつけた類いの記述のほうが、機械論的な行動分析よりもずっと豊かな可能性を秘めていると思う。アルガー夫妻は人にのみ特異的とされてきた諸属性が猫にもあてはまることを経験的に証明しようとしたのだから、ミルトンの定義にしたがえば、擬人主義とよぶことは不当である。ただ、わたしはその証明が間違っていると思うだけである。根本的な錯誤は、動物行動を「内的生活の窓」とみなす基本前提にひそんでいる。第一章で論じたように、フッサールの失敗は、身体行動の複合体を「心的諸体験の指標」とみなし、両者の相関に基づいて「他の主観」を構成するという手続きに由来していた。動物行動を了解する唯一の正しい途は、〈行動が私たちに見せてくれるのは、主体が生きている環境世界の特徴であり、世界に実存する特有な仕方である〉というメルロ＝ポンティの洞察に還り続けることであり、「心」という内的世界を覗きこむことではない。「他の主観」を括弧入れすることは、ギルバート・ライルがその烙印に甘んじることを表明した「行動主義」にいくぶん近接している。[173] 野家啓一はライルとメルロ＝ポンティの思考の収斂を鋭く見ぬいている。

〔…〕行動主義が、心身の古典的区別を見直す機会を作り出したことを、メルロ＝ポンティはここで積極的に評価している。これは、「行動主義者の方法論的プログラムは二世界物語〔デカルト的心身二元論をさす――菅原による注〕

172　「刺戟増幅」ともいわれる。Tomasello, Michael and Call, Josep 1997 *Primate Cognition*. New York / Oxford: Oxford University Press, pp. 276-278.

173　ライル、ギルバート　一九八七（坂本百大・宮下治子・服部裕幸訳）『心の概念』みすず書房。

が神話にすぎないのではないかという哲学的疑惑の最大の源泉となった」とするライルの評価と軌を一にするものであろう。そう考えるならば、ライルとメルロ＝ポンティの行動主義へ向うベクトルは、方向は逆向きでありながらも、その絶対値においては等しい値を示していたと見ることができる。[174]

だが、アルガー夫妻は社会学者であったのだから「間主観性」に関わる哲学的な素朴さは大目にみるべきではないのか。いや、逆に、わたしはこの一点においてこそ、アルガー夫妻は呵責ない批判に曝されるべきだと確信する。かれらの記述と解釈は、〈社会〉と向きあう私たちの感覚を鈍磨させる成分をふくんでいる。それは、〈社会〉の欠性値《デフォルト》は「凝集性」「安定」「情愛」「親密」といった個と個を引きつけあうパラメーター（漠然と「正《ポジティブ》」の値をとる概念）によって表現されるべきだという未検証の前提に由来する。[175] こうした〈社会〉観において、「攻撃性」「優位」「なわばり」といった「負《ネガティブ》」の値をとる概念は、社会的結合を脅かす斥力、あるいは憂わしい逸脱として捉えられる。だが、こんな調和的な〈社会〉はひたすら現状維持を夢見るブルジョワジーの虚偽意識のなかにしか存在しない。

最後に、アルガー夫妻の思考から、正当と思われる認識を救出しておこう。第一に、猫（動物）が複数の行動選択肢のなかからあるもの（それがベストかどうかは不明であるにせよ）をつねに選び続けているということである。第二に、猫（動物）は、行動パターンにおいて驚くべき可変性を具えており、みずからがおかれた環境への著しい適応性を示すということである。これこそ今西が予見したことである。猫と生活の場としての環境をひとつにしたものが、具体的な猫的実存の姿である。このような猫的実存は、自己と自己をとりまく環境を統制し支配しているという意味で主体的な存在なのである。こうした主体性を把握することを志したかぎりにおいて、アルガー夫妻の探究は大きな意味をもつ。

三　生政治の主体としての動物

人種差別する犬？

米国において二つの世界大戦のはざまでなされた、犬に関する観察に目を向けよう。社会学者リード・ベインは、文化の本質を「行動パターンの社会的伝播」に求める。

私が強調したいことは、人間と同じように、犬はもともとの本性と獲得された反応パターンのセットを持っており、そのあるものは文化的だということだ。つまり、それらは教化によって犬から犬へ、人から犬へ［…］伝播する、社会的に認められた反応の類似性だという意味で文化的なのだ。／［…］私のテキサスの友人の一人が飼っている小さなテリアが、家のそばを黒人の子どもたちが通るごとにひどく興奮することに、私は気づいた。この雌犬は猛々しく吠え唸りながら、少年たちに突進した。［…］犬は子どもたちに咬みつこうとはしなかったが、黒いガキたちが見せる明らかな怯えから多大の満足を得ているようだった。彼女の女主人は、彼女を呼び戻すのだが、私はその声から主人の是認の響きを聞きとった。［…］この犬は白人の子どもたちには、こういった脅かしの反応をけっして見せない。［…］尋ねてみると、何人かの人が白人の飼っている犬が黒人に対して同様の反応を示すことに気づいていた。これが本当なら、それこそ犬の人種偏見の明白な例であり、白人の主人たちの特定の文化特質に対して社会的に敏感なすべての犬たちによって獲得された文化特質なのである。[176]

174　野家啓一　一九九三『言語行為の現象学』勁草書房、三一四頁。

175　わたしは以前にこう論じた——観察者はしばしば社会の「定常状態」（無標性）を「平穏」としてとらえるという前＝理論的な選択を行なっている。この選択が彼（女）の身体化された心によって根源的に動機づけられていることを非難するにはあたらないが、それに無自覚であることが問題なのである。菅原和孝『感情の猿＝人』四一頁。

176　Bain, Read 1928/2007 The Culture of Canines: A note on subhuman sociology. *Sociology and Social Research* 13: 545–556 [*AS-III*, pp. 7–8].

テリアの行動に対する観察は正確だと思われる。わたし自身もよく似た情況に遭遇したことがある。グイの調査を始めた一九八二年、ボツワナへの経由地である南アフリカ共和国（南ア）は人種隔離《アパルトヘイト》政策の支配下にあった。南ア最大の都市ヨハネスバーグの閑静な住宅地に、田中二郎の友人で、ブッシュマンの集団遺伝学的研究で著名なトレヴァー・ジェンキンス博士が住んでいた（彼らはカラハリでのフィールドワークの際に偶然に知りあった）。彼の家には、ファントムという名の大きな雄のドーベルマンが飼われていた。幼いころ犬に咬まれた経験のあるわたしは、当時は犬に対していくぶんこわがり屋であったから、応接間でファントムと対面したときはぎょっとした。けれど、とても穏やかな犬で、ソファに腰かけたわたしの足もとに横たわり、頭をなでてやると気持ちよさそうにしていた。手を休めると、大きな前足でわたしの脚をぐいと押して「もっとやって」とせがんだ。ずっとのちにパンジイの話を読み、ファントムのことを懐かしく思いだした。

　ボツワナへの出発が数日後にせまった昼さがり、わたしと連れの大学院生の二人で、ジェンキンス宅の前の路上に調査器材やテントを広げて点検していた。ファントムはわたしたちの周りをうろうろしていた。そこへ黒人の中年女が二人づれで通りかかった。ファントムは恐ろしい吠え声をあげて彼女たちに突進し、二人の周囲を駆けまわって吠えたてた。わたしが慌てて「ファントム！　ストップ！　カムバック！」などと怒鳴ったら案外すなおに戻ってきたが、二人の女が身をすくめるさまがとても気の毒だった。

　この事件にわたしは少なからず衝撃をうけた。ドーベルマンは、一九世紀後半にドイツ人ルイス・ドーベルマンによって作出された、新しい品種である。[177] 南アにもたらされたのは二〇世紀になってからだろう。選択的な攻撃行動が人為選択で定着するにはあまりに短い時間である。ベインが目撃したテキサスのテリアもわがファントムも、「人種偏見」という「文化特質」を獲得したということになるのだろうか。だが、第二節で浮かびあがったように、「文化」という概念は陥穽になりかねない。ベインが前提としている「文化」とは、後天的に獲得された「反応パターン」のすべてである。要するにそれは「本能」の余集合にすぎない。人と動物の境界を文化／本能の二項対立によって画定することは、フーコーのいう「人間学的な眠り」へ私たちをさそう。[178] 前章第三節でメルロ＝ポンティは海草を甲羅にまとうカニについて語っていた。「動物がもたらすシンボルの構築様式は〈自然〉の内部においてひとつの先‐文化の種型を定義する。」このいっけん奇怪な言明は、私たちを「眠り」からたたき起こす衝撃力をおびている。

「社会的に認められた反応の類似性」を基準にしてあるふるまいに「文化的」というラベルを貼ることが仮に正当だとしても、ベイツはそんな手続きを踏んでいるわけではない。テキサスの白人は、さまざまな文脈で黒人に対して侮蔑的な態度で接してきたかもしれない。だが、犬が吠えて人に突進することは、人が顎をそらせ相手を「見くだす」目つきをすることと、何ひとつ類似していない。[179]「白人が黒人を虐げるから犬もそれをまねる」という推論は「反応パターン」の具体的な比較になんら立脚しておらず、観念のなかでのつじつま合わせにすぎない。植民地状況において「白人に対して友好的な犬が黒人に対しては攻撃的になる」という命題がもっともらしく感じられるのは、私たちが人の尊大な身ぶりと犬の威嚇行動とのあいだに行動形態上の類似性を知覚するからではなく、両者の〈身がまえ〉それ自体の類似性を感知しているからである。高慢と偏見に満たされた間身体性の場に人も犬もどっぷり身を浸しているからこそ、犬と白人の飼い主とは、相似したサンス（意味＝感覚＝方向づけ）を体現しながら、他者＝黒人と向かいあうのである。犬という「最良の友」は間身体性を人と共有しているばかりでなく、この間身体性は特有の政治空間に内在する磁場によって集極化しているのである。

177　クレーマー、エーファ・マリア　一九九二（古谷沙梨訳）『世界の犬種図鑑』誠文堂新光社、二六七頁。
178　フーコー、ミシェル　一九七四（渡辺一民・佐々木明訳）『言葉と物――人文科学の考古学』新潮社、三六二‐三六四頁。
179　年配の白人女がべつの女に対して向けた軽蔑的な表情をみごとにとらえた写真がある。Morris, Desmond 1977 *Manwatching: A Field Guide to Human Behavior.* London: Jonathan Cape. p. 187.

理想の関わりを求めて――アジリティ訓練

本節の残りの部分は、人と犬との同伴を主題にしたダナ・ハラウェイの二冊の著作を批判することに充てられる。まず、デリダの講演（一九九七）に対するハラウェイの批判に目を向けよう。浴室の前で猫がふり向いて裸の自分を見たことにデリダは羞恥心をおぼえた。だが、動物を前にしたデリダの反応と内省の仕方をハラウェイは嘆く。

> 〔……〕デリダがもっと別の係わり合い方――あえて、猫についてもう少し何か知ろうとか、どうやって猫を〔が?〕振り返って見るかといったことを、科学や生物学の問題として、つまりさらには哲学の問題として親密にまじめに考えたわけでもなかった。／デリダは、敬意、つまりrespecereに歩み寄るぎりぎりまで近づいたのだが、西洋哲学や文学という経典や、自分の猫の前で全裸でいることをめぐっての悩みの数々ゆえに脇道にそれてしまった。／〔…〕デリダは、自分の猫については、伴侶種をめぐる単純な義務を怠った。その猫が、その朝ふりかえ《マ》っ《マ》てデリダを見たときに、実際に何をし、感じ、考え、あるいはデリダにどんな可能性を提供していた可能性があるだろうかという点に好奇心を抱かなかったのである。〔…〕デリダならではの動物への深い興味は、哲学者としての実践と軌を一にするものだったし、こうしたことを裏づける文章も多い。この哲学者のこうした力量を知っていればこそ、その朝の経緯〔をめぐる記述〕は私にはショックだった。好奇心を持たぬことで、別の世界へといざなわれ、入りこむチャンスを逃してしまったのである。[180]〔強調は引用者〕

奇妙な議論である。デリダがたとえ講演や論文で明示しなかったとしても彼が「〜していなかった」とどうしてわかるのだろうか。そもそも、ハラウェイは、なぜかくも他の著作者にいちゃもんをつけなければならない、と思いこんでいるのだろうか。それこそ〈知の植民地状況〉をつくりだした人びとの前‐意識的な習性なのだろうか。知の本質は「議論」〔argument「論証」と同語〕である。レイコフとジョンソンは、彼らの最初の共著の冒頭で、「議論」にかかわる英語話者の経験を組織するもっとも支配的な隠喩は《議論は戦争である》という命題に要約されると論じた[181]。戦争では相手を打ち負かさねばならないのだから、ハラウェイも、デリダというビッグネームを打ち負かすことへ動機づけられているとしても、驚くにはあたらない。だが、少なくとも、全裸の自分を猫に見られて動揺することと、何も感じないことを比べたら、前者のほうが〈動物の境界〉を人のほうから跨ぎ越す可能性に、より近いことは確かである。

『伴侶種宣言』に接したとき、わたしが抱いた印象は「慎みに欠ける」というものだった。この印象を解きほぐすと、つぎの二点がうかびあがる。

(a)彼女は書くことの戦略として、修辞的であること、つまり文彩《フィギュア》を駆使することに与する。この選択は、歴史的偶発性によって〈帝国〉の共通語としての地位を簒奪した言語を母語にしている特権を濫用するものである。修辞の極北である隠喩は世界認識の基底であり、生活形式を共有していないかぎり、直覚的な理解を拒む[182]。すなわち、もっとも手ごわい翻訳不可能性の巣窟である。国際的に流通する商品価値をもった言説のなかに翻訳不可能性をまねき寄せ、被植民者の認知的な負荷を増大させることは傲慢である。

---

180 ハラウェイ、ダナ　二〇一三（高橋さきの訳）『犬と人が出会うとき――異種協働のポリティクス』青土社、三五-三六頁。ここで、ハラウェイのわが国への紹介のされかたが、彼女にとってあまりにも気の毒であることを指摘する必要がある。というのは、この訳書が類をみない誤植の山に覆われているからである。もっともひどいところでは（一八二～三頁）見ひらき二頁に六カ所の誤植がある。何よりも失望するのは、単純なワープロ変換ミスが訂正されずに残っていることである。「…境界線が居間〔今?〕を貫いている」（二七二頁）、「人間の本質・本章〔nature〕〔本性?〕」等々。訳者はまじめに校正をしたのだろうか。長く敬意をはらってきた青土社が、これほど粗悪なできの本を三六〇〇円（税別）で店頭にならべることに憤慨した。プロローグで明らかにしたように、知の植民地状況を突き破るもっとも有力な資材は、私たちが西欧のありとあらゆる書物を良質な翻訳で読むことを可能にしている、豊かな文化的土壌のなかにこそある。手ぬき翻訳は、植民地状況に対抗しようとする知的大衆の意志を愚弄するものである。

181 レイコフ、ジョージ+ジョンソン、マーク　一九八六（渡辺昇一・楠瀬淳三・下谷和幸訳）『レトリックと人生』大修館書店。

182 菅野盾樹　一九八五『メタファーの記号論』勁草書房。

(b)アジリティというスポーツに没頭することは、かなりの余暇と金銭的余裕があってはじめて可能な生き方である。ハラウェイはしばしば「白人中産階級の女」という言いまわしで自嘲の気配を匂わせるが、おそらくこれは自己に向けたアイロニーなのであろう。定延利之+松本恵美子によれば、アイロニカルな発話の特徴は、レイ・バードウィステルやグレゴリー・ベイトソンが先鞭をつけた多元チャネル・コミュニケーションの理論によって、うまく理解できる。[183] アイロニーの「典型例」とはつぎのような複合メッセージを意図的に発することである。「(1)基層レベル上のメッセージ：私はあなたに対して協調的だ。(2)メタコミュニケーションレベル上のメッセージ：(1)は嘘で、(1)を表明する私の行為はくだらない。[184]」ハラウェイは自分に対してアイロニーを向けているのだから、彼女はみずからに対して基層レベルで協調的である。アメリカにおいて「中産階級の白人である」ことは正の価値をおびており、それを確認することは自己肯定的なふるまいだからである。では、そのふるまいがなぜ「くだらない」のか。その点を明示しないかぎり、この発話（文）は、アイロニーではなく、単なる自分ぼめ《クァ・シ》（自慢）である。

ハラウェイがアジリティの素晴らしさを強調することにはそれなりの理由がある。犬を人間の子どもの代理物として扱うのは間違っている（わたしも賛成だ）。家畜化された犬の本性は「労役（作業）犬」として働くことである。人とイヌとのもっとも健全な関わりかたとは、人の統制下で犬が労働することである（本章冒頭の「アホ犬たち」はこの一元化に疑問符をつける）。ならば、ハラウェイ自身が、スポーツではなく、愛犬の能力を最大限ひきだすような労働の場にとびこんでゆくべきである。たとえ、アジリティがあらまほしき労役（たとえば災害救助）へ向けての準備としてきわめて有効であるとしても、わたしは、『犬と人が出会うとき』（以下『犬と人が…』と略称）でのハラウェイの述懐に承服できない。

アカデミズムの中で――生物学者としてにせよ、人文学や社会科学の研究者としてにせよ――ずっと暮らしてくるなかで、私は、行動主義をせいぜい退屈な科学で、ほんものの生物学とはほど遠く、内実は観念的な決定論の言説だというくらいに見下していたのだと思う。それが突然、カイエンヌと私は、練達の行動主義者たちが教えることのできる内容を必要としはじめたのである。私は今まで軽蔑していた実践理論に従うようになった。[185]

ここでいわれる行動主義は、ライル流の含蓄を秘めたものではなく、メルロ＝ポンティが一貫して敵視した機械論的な理論である。だが、わたしはそのような意味での行動主義でさえ見くだしたことは一度もないし、それを「観念的」と呼ぶことは誤認だと考える。行動主義に基づく学習心理学こそが、徹底した反－観念論として動物と人に関わる知を根本から制約してきた強力なパラダイムだった。チョムスキー言語学と動物行動学の勢力拡大、あるいは心理学を含む学際領域での認知科学の革命が始まるまで、その覇権は揺るがなかった。愛犬が訓練に服従するようになるという便益のために世界認識の基盤を変更することは、わたしには不可避的な選択とは思えない。巧みに犬を操る人は心理学者ではなく調教師とよばれる職業人である。オペラント条件づけを含む行動主義の一貫した世界像を内面化しなくても、犬が褒美をあげればシッポを振って喜び（しかも最高の褒美は人と遊ぶことなのだ！）、悪さを叱ればしょんぼりすることさえ体得していれば、人は仔犬をそこそこ素直な〈意味ある他者〉へ育てあげることができるだろう。

183　Birdwhistell, Ray L. 1970 *Kinesics and Context: Essays on Body Motion Communication*. Philadelphia: Pennsylvania University Press.／ベイトソン、グレゴリー　二〇〇〇（佐藤良明訳）『精神の生態学』（改訂第二版）新思索社。
184　定延利之・松本恵美子　一九九七「アイロニーとコミュニケーション・チャネル」谷泰編『コミュニケーションの自然誌』新曜社、三二一－三二二頁。
185　ハラウェイ前掲書、三三八頁。

純血種の生政治

以下では、『犬と人が…』のなかでもっとも衝撃的な事例に注意を集中する。その準備として、ハラウェイのつぎの感慨に目を向けよう。

> 本書を執筆することになった段階で、私は、少なくとも犬の品種（犬種）に関しては、純粋な心情を抱いていた[186]。犬種というのが、虚飾であり、虐待であり、嫌悪であり、動物化という人種差別的優生学の具現化であり、要するに、近代の人びとによる、自分たちの道具的目的のための、人間以外の繊細な感覚を持った存在の濫用を表象するような存在であることは知っていたし、それだけでなく、いわゆる純血種が、しょっちゅう病気になり、それが、遺伝的な操作の必然的帰結であることも知っていた。〔…〕／しかし、雑種犬や動物保護センターの犬たちに対する我々の集団や個人としての義務について誰にも赦しを乞うことなく、私は宗旨替えしてしまった。ということで、私は雑種と純血種という新旧の愛情の対象〔…〕に混然と結びつけられている。こうした罪深い状態となったのも、同時に、二種類の事態に陥ったため、つまり好奇心に駆られ、恋に落ちたからだ。さらに悪いことに、私は、個だけでなく種類とも恋に落ちてしまった。性欲倒錯と知識欲に寄生されたまま、悩むしかなくなった[187]。〔強調は引用者〕

ハラウェイは、彼女が得意とする自己アイロニーさえをも超えて、懺悔の身ぶりをしてみせる。だが、もちろん彼女は、オーストラリアン・シェパードという特定の純血種を愛する自分を本気で罪ぶかく感じているわけではない。そう断言できるのは、「知っていた」という述語をこんなに奇妙なかたちで用いる文に今までお目にかかったことがないからである。「無知」こそが情状酌量を乞うもっとも有力な論拠となったはずなのに。要するに、わたしが少年時代に大好きだった植木等がへらへら歌ったように「わかっちゃいるけどやめられない」のである。「純血種」のラブラドルレトリヴァーを愛した前科をもつわたしには、ハラウェイのある犬種への没頭を責める資格はない。だが、彼女が悦に入ることは自由だが、その「恋」の告白にシラけてばかりもいられない。ここにこそ、犬たちを主体＝臣民《スュジェ》として包摂する生政治がもっとも鮮明に立ち現われているからである。[188] ハラウェイが敬意をはらってやまない、女ブリーダーの困難な闘いの歴史を跡づけよう。

――C・A・シャープはオーストラリアン・シェパード〔以下、AS犬と略称〕のブリーダーである。初めて飼った雌犬が仔犬だった一九七五年に「全犬種ファン大会」で眼科診療所を見つけ、犬の眼の遺伝性疾患に興味をもった〔叙述が前後してはっきりしないが、シャープが繁殖させるために手に入れた雌のAS犬のパットというのは、前述の仔犬と同じだろう〕。一年半後に、パットは股関節形成不全という遺伝的疾患をもっていると診断され、繁殖に供することをやめるよう獣医にアドバイスされた。しかし、すでに約束してあった交配相手の飼い主に電話をかけると、ブリーダーの名誉に傷がつくからだれにも洩らすなと言いふくめられ、このことがひどいトラウマになった。犬の愛好家が遺伝性疾患という事実から目を背けることをシャープは「現実逃避症候群」とよび、ブリーダーの権益を守るために遺伝学的データの公表に反対し、中傷や脅迫を繰り返す人びとを「手に負えない人びと」とよぶ〔もっとうまい訳がないものだろうか〕。

シャープは一九七〇年代後半にAS犬の繁殖を始めた。まもなく、アメリカ・オーストラリアン・シェパード・クラブの遺伝学委員会に、あるブリーダーがコリーアイ異常症の仔犬二匹をもちこんだ。[189] 委員会は寄贈されたこの犬のペアを手はじめに、遺伝様式を調べるために一連の試験交配を行なった。シャープをふくむ委員二人の犬舎で何十匹かの犬とその仔犬を使って交配実験を続けた。数千ドルの経費はかれら自身が負担した。委員会は家系データを収集し、「犬の目登録

186 『伴侶種宣言』の原著刊行は二〇〇三年であり、『犬と人が…』原著刊行の五年も前であるが、前者で彼女はすでにオーストラリアン・シェパードのアジリティ訓練に没頭していることを明かしていた。だからこの弁明は奇妙である。

187 ハラウェイ、前掲書、一四九頁。

188 フランス語のsujet（英語のsubject）という単語は二つの同音異義語をふくむ。第一は男性形名詞であり、「主体」「主観」を意味する。第二は「かかりやすい、陥りやすい」を意味する形容詞からの派生で、「臣下」「臣民」を意味する（女性形はsujette）。ルイ・アルチュセールの権力論がこの二重語義性を発想の核にしていることはよく知られている。アルチュセール、ルイ　二〇〇五（西川長夫他訳）『再生産について――イデオロギーと国家のイデオロギー諸装置』平凡社。

財団」が交配や検査の結果を吟味した。その結果、常染色体上の劣性遺伝子の存在が示唆された。

だが、コリーアイ異常症がAS犬に発症することを否定していたのはブリーダーだけではなかった。獣医眼科の医師たちも、AS犬がこの病気になることはありえないと信じこんでいた。シャープはカリフォルニア大学でメディア論を学んだ経歴があるだけで、遺伝学には素人であった。独学で知識を蓄え、ついに一九九〇年代初めに眼科専門の獣医との共著論文を発表した。だが、アメリカ獣医眼科専門医協会から出版された便覧では黙殺され、ようやく一九九八年になってこの論文を引用した専門書が刊行された。二〇〇二年七月には「オーストラリアン・シェパード健康遺伝学研究所」が正式に発足した。二〇〇五年にはコーネル大学の研究者が、コリー、ボーダーコリー、AS犬が共通してもつ、コリーアイ異常症の遺伝子を発見した。DNA検査の普及で、AS犬の飼い主は、自分の愛犬がこの劣性遺伝子をもっていることが判明した場合、子を生ませないようにすることが常識になった。だが、「手に負えない人びと」は事実を公開する人びとを攻撃し、発症した犬、またはその近親の犬の血液サンプルを研究プログラムに提供することさえ拒み続けた[190]。

愛犬が病に苦しむ姿をまのあたりにすることは、もっともつらい経験のひとつである。そのような苦悩をこの世界から減らすべく奮闘したシャープや、それに協力を惜しまなかったハラウェイの実践は敬服に値する。また、オーストラリアン・シェパードという品種が成立した歴史をハラウェイが精密に復元していることは、〈歴史のある層序への関心が固有の生鮮性をおびた出来事を浮かびあがらせ、間主観的な状況に集極化が生じる〉という第一章で定式化した過程の例証である。これらのことを高く評価しながらも、わたしはハラウェイの思考の不徹底性を批判せざるをえない。彼女はフーコーの『監獄の誕生』にひっかけて『犬舎《ケンネル》の誕生』などと冗談をとばしながらも、犬たちの包摂されている生政治を、この概念の起源に遡って考えようとはしないのである[191]。

人的資本と遺伝学的装備

……聴講者の注記――ミシェル・フーコーの厖大な著作群をわたしはまだきちんと読みこんではいないので、ここでは生政治という鍵概念の原点となる講義を紹介するにとどめる。聴講者の多くは、『性の歴史I』で有名になった、国民の安寧の増長を約束する「誘惑の権力」について彼が語ることを期待していただろう。[192]だが、大方の予想を裏切って、彼はアメリカの新自由主義について語ることから始めた。現時点からふりかえれば、いっけん迂回路にみえるこの接近法が、遺伝学を支柱とする生政治の現代的なありかたを不気味なまでに鋭く予見していたことは明らかである。

フーコー――アメリカの新自由主義は単に政治的代案として提起されたのではない。それは、経済と社会についての一つの分析格子である。マルクスが示したのは、労働者が売るのはみずからの労働ではなくみずからの労働力であるということだった。だが、新経済学がなすべきことは、資本主義が労働の現実を抽象化してしまったという、マルクスの現実主義的な批判を踏襲することではない。経済学の言説において労働が抽象化されてしまったそのやり方に対する理論的批判を行なわなければならない。アダム・スミス流の経済分析は、二十世紀初頭まで、所与の社会構造の内部における生産、交換、消費の事実を、それら三つのメカニズムの相互干渉として研究してきた。新自由主義は、そうしたメカニズムの解明を行なうものではない。それは「置換可能な選択」とよばれるものの本性とその諸帰結に関する研究を行なうものでなければならない。つまり二者択一的な諸目的に対して稀少資本が割りあてられるやり方に関する研究と分析を行なうのだ。いいかえれば、それは人間の行動様式についての分析であり、その内的合理性についての分析である。

189　コリーアイ異常症という病気の実態が書かれていないのはいかにも不親切である。ウェブ上での情報によれば、大略以下のとおり。――コリーアイ異常は、見た目には気づかない軽度の症状から、失明に至る重度な症状までさまざまである。重度のものでは、生後四週齢～二ヶ月くらいから網膜剝離や眼房内出血を起こし、物にぶつかる、歩きたがらない、などの視力障害がでてくる。異常の有無は眼底検査でわかる。

190　ハラウェイ、前掲書、一六五－一八三頁。癲癇についても興味ぶかい記述があるが、省略する。http://homepage.nifty.com/DEAR=MOSES/DearMoses/note8.html「Dr. モーゼの獣医学ノート」

191　「生－資本」(biocapital) という語は使われているが、マルクスへの表層的な言及にとどまり、フーコーの生政治論との対話は皆無である。同書、七二－七四頁。

192　フーコー、ミシェル　一九八六『性の歴史I　知への意志』(渡辺守章訳) 新潮社。

> 第一義的な問題は、労働する者が、自分の自由になる資本をどのようにして使用するかを知ることである。すなわち、労働者の視点に身を置き、労働者を能動的な経済主体とすることである。この視点に立つなら、賃金とは資本による所得のことであるという認識が得られる。では、賃金という所得をもたらす資本とは何か。それは、ある人に対してしかじかの賃金を得ることを可能にするような、あらゆる身体的・心理的ファクターの総体である。労働にふくまれる資本とは、適性・能力であり、「機械」だといってもいい。この機械は、その寿命、その耐用期間をもち、旧式化したり老化したりする。それは、能力と労働者とが分離不可能なやり方で結びつくことによって構成されており、ある期間にわたって稼働し続けるかぎり、一連の賃金を報酬として支払われる。経済とは機械と流れから成る複合体であり、そこで売られるものは労働力ではなく能力資本である〔強調は引用者〕。
>
> 経済的人間とはまさしく古典的な考え方でおなじみのホモ・エコノミクスである。だが、ここでのホモ・エコノミクスとは、交換相手のことではまったくなく、自分自身の企業家である。消費する人間とは、交換における諸項のひとつではなく、消費するかぎりにおける生産者である。では彼はいったい何を生産するのか。それは、自分自身の満足にほかならない。したがって、つぎのような考え方に到達する。賃金とは、ある種の資本に対して割り当てられた報酬＝所得にほかならない。そして、ある種の資本は人的資本とよばれることになる。人的資本は、先天的諸要素と後天的諸要素とからできている。先天的諸要素のなかには遺伝的とよびうる諸要素がふくまれる〔強調は引用者〕。
>
> 私たちは、自分がもっている身体、つまり遺伝学的装備を手に入れるために代価を支払う必要はない。現在の遺伝学によってはっきり示されているのは、今まで想像されてきたよりもはるかに多数の要素が、私たちが祖先から受けとった遺伝学的装備によって条件づけられているということだ。遺伝学を人口に対して適用することの現在的な意義のひとつは、リスクを背負った個人を識別すること、個人がその生涯を通じて冒すリスクのタイプを識別することである。すると、リスクを背負った個人どうしの結婚が一人の個人を生みだすことのリスクはど

のようなものかを明らかにできるようになる。完全にリスクを免れた個人など存在しえないが、そのリスクが自分自身や周囲の人びとあるいは社会にとって有害になる閾値を下まわるのであれば、その程度のリスクを背負った個人を生みだしうる遺伝学的装備は、稀少な何ものかとなる。こうしてひとつの社会が人的資本一般の改良という問題をみずからに提起するやいなや、個々人の人的資本の管理、選り分け、改良が、結婚や出産に応じて問題となったり、要請されたりせざるをえなくなる。遺伝学の使用をめぐる政治的問題は、人的資本の構成、増大、蓄積、改良の観点から提起されるのだ[193]。

犬の遺伝学的装備とその選別

右のフーコーの講義は、資本という観点からみたら、「心」や「意識」という基準によって人と犬とのあいだに境界線をひくことは二義的な問題にすぎないことを照らしている。自分の「仕事」をわきまえた牧羊犬は、いちいち人が命令しなくても、喜々として走りまわって、牛や羊の群れを畜舎に追いたてる。その意味で、犬は能力資本であり、特異な運動＝洞察能力と犬的身体の構造とが不可分に結びついた機械である。しかし、決定的な違いがある。犬は自由に消費することができないという意味で「能動的な経済主体」になりえない。「消費するかぎりにおける生産者」である人は「自分自身の満足を生産する」。この洞察はおそらくドゥルーズ＋ガタリの「欲望の生産」と深い類縁関係をもつ[194]。犬もまた「欲望の生産」に関与するとしたら、緊密な協働作業の相棒である人の欲望を介してであろう。主人と犬が一体化した労働においてもっとも枢要な〈身体資本〉とは、犬の特定品種をかくあらしめている遺伝学的装備にほかならない。

193　フーコー、ミシェル　二〇〇八（慎改康之訳）『生政治の誕生――コレージュ・ド・フランス講義 1978-1979年度』筑摩書房、二六九－二八一頁。
194　ドゥルーズ、ジル＋ガタリ、フェリックス　二〇〇六（宇野邦一訳）『アンチ・オイディプス――資本主義と分裂症（上／下）』河出書房新社。

わたしが愛用してきた『世界の犬種図鑑』〔注177参照〕には二八八の品種がカラー写真とともに掲載されている。この目をみはるほど多様な形状・色彩・模様・体格は、人為選択と地域の気候条件への適応とが複雑に絡みあった遺伝学的装備の具現であろう。それだけではない。心理学者のスタンレー・コレンは、作業犬には非常に特殊化した行動型が選択育種を通して装備されたことを指摘している。獲物を発見したポインターは、前の片足をあげ、頭と胴を硬直させ獲物のほうを「指し示す」（ポインティング）。ラブラドルレトリヴァーのように水を好む犬は、撃たれて沼に落下した鳥を泳いで回収する。弾丸の軌跡を目で追い、落下位置を正確に見きわめているらしい。この驚異的な動体視力は、家庭犬ではフリスビー遊びで活用される。牧羊犬のなかには、だれに教わるでもなく子羊ばかりかヒヨコや人間の子どもの群れまでかり集めようとする犬がいる。あるボーダーコリーは自宅の前を這いまわる虫たちを集めようとした。また、シェットランドシープドッグが雨あがりの水たまりにできるさざ波を必死で集めようとした例さえある[195]。

　社会学者のニック・クロスリーも指摘するように、ライルが重視した人間行動の「傾向性《ディスポジション》」は、ピエール・ブルデュのハビトゥスの概念と類縁性が深い[196]。犬においては、階級ではなく、人為選択の累積が傾向性を分化させているのである。純血種の系統を保存し続けるという人の執拗な実践は、経済主体にとっての身体資本の蓄積と増大であると同時に、歴史的沈殿の上に存続する「伝統文化遺産」を守ろうとする壮大な企てでもある。それは、形態的特徴という有形文化財と、傾向性という無形文化財との複合体である。だから、遺伝性疾患とは、相互に分離した多数の系統を保存し続けることを追いもとめる、人の欲望に不可避的に随伴する代価なのである。

　この代価を根絶はしえないまでも、それによって苦しむ犬と飼い主の個体群《ポピュレーション》を可能なかぎり逓減しようとするシャープらの努力にはなんの落ち度もない。ただ、「もしそれが人だったら」と想像するやいなや、遺伝学的な生政治がその不気味な姿を現わす。

――わたしの愛する人Aは先天性疾患Xに悩んでいる。A自身とわたしとがひきうけねばならぬ苦悩に満ちた生を、ほかの人びとには味わわせたくない。わたしはAの家系を詳細にたどり、同じような疾患に苦しんだ親族BやCが過去にいたことを知る。それと並行して、Xに苦しむ多くの患者とその家族から血液サンプルを提出してもらう。これらのデータを集積し、疫学や遺伝学の専門家の協力もあおぎ、ついにXが常染色体上の劣性遺伝子xによって発現することをつきとめる。これらの情報を資本にしてわたしは啓蒙活動にのりだす。「手に負えない人びと」に対する説得は以下のとおり。「DNA検査でxをもっていると診断された☞《あなたは結婚しないでください。やむをえず結婚することになったら子どもをつくらないこと。睾丸除去か卵巣摘出を推奨します。》それらすべてを拒否する頑迷なあなたに最後のお願いです。あなたの恋人の家系を詳しく調べてください。もしXに罹患している親族がいると判明したら…」以下、☞《　》内と同文。

少なくとも現在の私たちの社会では、この種の啓蒙活動は大きな抵抗にあうだろう。ただし、出生前の羊水検査の普及や、顧客に遺伝子情報の提出を要求してリスク回避しようとする保険会社の企てを耳にするにつけ、民衆の優生学への嫌悪は徐々に掘り崩されているという不安を禁じえない。それにしてもなぜ、人においては激しい反撥をまねきかねない生権力の介入が、犬に対しては賞賛に値する実践になるのだろう。その理由は単純である。犬は人によって生殖を徹底的に管理された「家畜」であるのに対し、少なくとも超近代の社会においては、人は「恋愛」「結婚」「生殖」の自由を保証された市民であるからだ。犬たちを真に対等な人の友として遇するならば、ミーシャのように夜な夜な遠征させ「自由恋愛」させるべきだ。それが許されないことのもっとも根本的な理由は、犬がひと咬みで人を殺傷する力能をもった「猛獣」の子孫だからである。だが、もしも未来の遺伝子工学（笑）がすべての家庭犬から人への攻撃性を除去することに成功したら、「猫の集会」ならぬ「犬の出会い

195　コレン、スタンレー　一九九四（木村博江訳）『デキのいい犬、わるい犬——あなたの犬の偏差値は？』文藝春秋、一八二–一九四頁。それにしてもこの訳書のタイトルはあまりにひどい。原題は『犬たちの知性』（*The Intelligence of Dogs*）というまともなものである。

196　Crossley, Nick 2001 *The Social Body: Habit, Identity and Desire*. London: SAGE Publications.

場」がそこかしこで成立するかもしれない。数十年も経てばあの美しい幾多の「品種」は消滅するだろう。犬の品種に関してかつては「純粋な心情」をいだいていたハラウェイならば、その日の到来に歓喜するのだろうか。

動物に《なる》ことを擁護する

ハラウェイに別れをつげるまえに、あまり気の進まない指摘をしなければならない。かの有名な、ドゥルーズ+ガタリの『千のプラトー』第十章の「強度になること、動物になること、知覚しえぬものになること……」に対してハラウェイが投げつける憎悪は尋常ではない[197]。前著の終章で、わたしは動物に《なる》ことの可能性が、グイと動物の関わりを理解することに多大の刺激を与えたことを明かしたので、いま同じ論点を繰り返すことは避ける[198]。かつてのわたしの「お弟子さん」の一人はドゥルーズ+ガタリを深く読みこんでいるが、ハラウェイのこの罵詈雑言に接し、ばかばかしくなって『犬と人が…』を放りだしてしまったそうだ。わたしはそこまで思いきりがよくないので、彼女が何をそんなに憤っているかを冷静に把握しようと努めた結果、いくつかの理由を絞りこんだ。①この章には、世俗的で普通の存在に対するあざけりと、実在の動物に対する好奇心や敬意の欠如しかみいだせない。②家畜と野生、群れと個体を対置する二元論は誤っている。③右の①の例証だが、フロイトの診察室に飼われていた魅力的なチャウチャウのことさえ彼らが知らないのは残念だ。④「個体化され、飼い慣らされた、家族的、感傷的な動物［…］は私たちを退行へといざなう」というドゥルーズ+ガタリの言明、あるいはご丁寧にも強調してある「猫や犬を愛する者は、例外なく馬鹿者だ」という罵りをけっして許せない、云々[199]。まじめに反論をくわえるのも愚かしいが、最小限だけ応答しよう。①ドゥルーズ+ガタリが「実在の動物に対する好奇心」を欠いているというのは誤認である。彼らが行動学の文献を深く読みこんでいることは明らかだ。②わたしは野生／家畜、群れ／個体の対立を正しいと思う。次節で考察するように、「オオカミが家畜化されて犬に《なった》」という展成の命題は、世界の謎への応答として的を射ている。「われわれは特定の動物が群れをなして生活すると言いたいのではない。[…]あらゆる動物がまず第一に集団であり、群れであると言いたいのだ。[200]」この言明は、(ハラウェイには接近できない文献だろうが)「種社会」という革命的な概念を立てた今西の洞察と瓜ふたつである。③は冗談だろうから無視する。わたしが笑いながら読んだドゥルーズ+ガタリの悪態(④)に対して本気で怒るところをみると、ハラウェイは自分を「馬鹿者」とは思っていないのだろうか。これはまじめに問うに値する論点である。

まず、超近代の社会において都市民は動物に対して無関心であっても生きていける、という生政治の現実から目を背けてはならない。このような社会では動物たちは「感傷的な」愛玩の対象としてしか生活世界に位置を占めえない。その鏡像として、動物と関わるか否かは個人的な好き嫌いにまかせられる。現に、わたしの友人やその妻は「毛のはえたものがキライ」だと広言する(ついでにいえば、わたし自身は、猫よりも小さい、キャンキャン鳴きわめく小型犬が嫌いだ)。わたしは自分が入れあげている飼い犬について、犬に関心をもたない人に対して詳しく語ることは、「わが子自慢」と同様、慎みに欠けることだと感じてきた。「愛犬家」のわたしでさえそうなのだから、ドゥルーズ+ガタリが「パパ、ママ、ぼく」の三角形[201]に回収されるような擬似家族としてのペットを嫌悪することは当然なのである。

いまのわたしには、ドゥルーズ+ガタリの深遠な思想を自分のことばで噛みくだいて語りなおすだけの力量がないので、仮想講義に召喚することは断念した。だが、ひとつだけはっきりしていることがある。彼らが動物に《なる》潜勢力を希求することは、資本主義の内閉のなかで死に瀕しているあらゆる情動を引きうけなおし生き

197 ドゥルーズ+ガタリ 一九九四(宇野邦一・他訳)『千のプラトー――資本主義と分裂症』河出書房新社。ハラウェイ、前掲書、四八―五一頁。
198 菅原和孝 二〇一五『狩り狩られる経験の現象学』京都大学学術出版会、四五六―四六五頁。
199 ドゥルーズ+ガタリ、前掲書、二七八頁。
200 同書、二七七頁。
201 ドゥルーズ+ガタリ『アンチ・オイディプス』(注194に前掲)に繰り返し登場する悪態。

なおすことを促す、命がけの挑発なのである。あらゆる〈動物《アニマル》〉は〈変則者《アノマル》〉をもつ。「変則者は個体でも、種でもなく、ただひたすら情動をになうものである。[202]」ネズミの断末魔を見つめたホフマンスタールの心のなかに生じたのは憐憫の情ではない。「それは、似ても似つかない個体同士のあいだでたがいの速度と情動が組み合わせられ、共生が成り立つということなのだ。[203]」この命がけの挑発を、躁的で殺気だった文体と痛快な悪態の嵐から切り離すことはできない。みずからは文彩と修辞を駆使して憚らない人が、あまりにも複雑な彼らの思考の迷宮にわけ入ることを放棄し、修辞的な側面にだけ目くじらを立てることはフェアではない。

わたしもハラウェイと同レベルの情動に身を任せる。「ドゥルーズの他の仕事は大好きだし」だって？　あの「知っていた」という述語と同じで、額面どおりに受けとることはできない。もしほんとうにそうだとしたら、彼らの言説が「ありふれた普通の存在に対するあざけり」だなどという途方もない誤読をどうしてできるのか。哲学に詳しいモト学生によれば、病弱なドゥルーズは、ビデオモニターにしがみついて『ウィラード』や『縮みゆく人間』のようなB級映画を観ることをこよない楽しみとしていたという。彼は、強靭な筋肉を躍動させて愛犬カイエンヌと共にすさまじい運動量をこなすダナよりもずっと脆弱な身体に囚われながら、野生の群れに具現する《此性《エクセイテ》》を夢想していた。わたしは昔、おどろおどろしい字づらにだまされて、「夜郎自大」ということばを「魑魅魍魎」の類いだと誤解していた。性の人類学の開拓者として敬愛する松園万亀雄が、彼の編著のあとがきでこのことばを使っていたので、辞書をひいて初めて「自分の力量を知らない人間が、仲間の中で大きな顔をしていい気になっていること」という穏当な（?）意味しかないことを知った。[204]ハラウェイこそは、〈帝国〉に棲息する、あっぱれなまでの夜郎自大である。

四　世界はなぜこうなっているのか

思想と子どもの問い

この探究のもっとも根源的な動機づけは〈みずからの生存を肯定的に支える〉ことであった。その第一歩は、わたしが現にこのように思考していること、それ自体を肯定することである〈それはフッサールの出発点でもあった〉。さらに、意味の根源としての〈私は生きている〉という事実と思考とを接合させるためには、世界へと開かれる「扉」を思考に与える必要がある。そのような「扉」を〈思想〉という日本語に託したい。すでに前著で論じたことの繰り返しになるが、これはのちの探究にとって必須のステップである。[205]

わたしは〈思想〉という語に、英語の"idea""thought""ideology"のどれよりもニュアンスに富んだ意味を籠めたい。それは〈身体的なハビトゥスと情動に滲透された言語の潜勢力〉のことである。もしも、わたしにとって居心地のよい社会というものがありうるとすれば、それは標準的な言語能力をもったすべての民衆が、知の制度化や天下りから離脱した地点で、みずからの思想を、みずからの素朴なことばで訥々と語りうるような、そんな社会である。思想のもっとも重要な主題は〈世界はどうしてこうなのか?〉という問いである。苛烈な抑圧が支配する〈現代日本のような〉社会では、この問いは「どうして私の生活はこんなにつらく歓びに乏しいのだろう?」という問いへと連なり、社会状況の「集極化」を通じて「革命思想」に変貌しても不思議ではない。

〈世界はどうしてこうなのか?〉——こう問うことは、書斎に籠もって「めざめた生き方」を追い求める哲学者の専売特許ではない。その原点にあるのは、子どもの問い、つまり「なぜなぜぼくちゃん/嬢ちゃん」がおとなを悩ます問いにほかならない。[206] 初めて虹を見たときの驚き。「ねえ、パパ、虹って何?」——雨あがりに空気

202 ドゥルーズ+ガタリ『千のプラトー』二八二頁。
203 同書、二九七頁。
204 松園万亀雄・須藤健一・菅原和孝・栗田博之・棚橋訓・山極寿一 一九九六『性と出会う——人類学者の見る、聞く、語る』講談社。
205 前掲拙著(注106)、四一-四二頁、八〇-八三頁。

のなかに小さな水の玉が浮かんでいるんだよ。お日さまの光がそのなかを通って曲がって七色に分かれるのさ。お日さまの光って透明に見えるけど、あれは七色の光が重なっているんだ……。受け売りによって世界の謎を解き明かした気になるおとなとは、じつに退屈な存在である。残念ながら、わたしはグイから虹とは何かを聞いたことはないが、「虹とは空に棲む巨大な蛇である。そもそもこの蛇は……」などと長い神話を語りだす人びとがいるかもしれない。

なぜなぜぼくちゃん／嬢ちゃんはある日、とても不思議なことに思いあたる。「ねえ、パンジイは、テレビで見たヒョウよりも大きくて強そうだよ。ガブッてやられたら、ぼく（あたし）なんか死んじゃうよ。それなのに、パンジイはどうしてぼくとこんなに仲良しなのかなあ?」この真剣な問いに対して「神様が人間の友として犬をお創りになった」と答えてはぐらかすことをわたしは好まない。そうではなく、自我のまなざしが直接的には貫きえない歴史的沈殿を囲っていた括弧を思いきってはずすほうを選びたい。昔むかし犬はオオカミだったんだよ。長いながい時をかけて、たくさんの人間が、子どものオオカミのなかから気が優しくて人間の言うことをよく聞く子を選んで育ててきたのさ……。もし、このぼくちゃん／嬢ちゃんが「できすぎくん」だったら、「じゃあ、そうじゃない子はどうなったの?」と訊くだろう。トルムラーが得々と書きつけたような「淘汰方式」のことを話したら、この子はとても悲しむだろう。しかし、その悲しみはきっとこの子が育んでゆく思想の土壌となるに違いない。「どうして犬はこんなに優しいの?」という子どもの問いに対するごまかしでない応答は、人為選択と名づけられる展成の思想にほかならない。

——標準的な解説書によれば、犬にみられる九〇の行動パターンのうち、オオカミでみられないのは一九種類のみである。これらはどちらかといえばさほど重要なものではなく、オオカミの行動パターンにも具わっているが、実際には観察記録から漏れている可能性が高い。オオカミだけにしか観察されない行動パターンも、通常は犬が遭遇しない狩りの状況でみられるものばかりである。また、家畜化の初期段階と推測される犬の骨と歯はオオカミのものと酷似し、ジャッカルのそれとはかけ離れている。それゆえ、現存する犬はすべてオオカミだけに由来すると考えることが合理的である。古い犬の化石は、デンマークとイギリスで九五〇〇年前、北米で一万年前、イスラエルやイラクで一万二千年前のものが出土した。その後、西ドイツから一万四千年前の顎骨が発見されたので、これが最古の犬の化石である。オオカミの家畜化は、一万四千〜一万二千年前にヨーロッパと中近東で始まったと考えられる。この年代は最後の氷河期が終わった時期と一致するので、つぎのようなシナリオが想定される。オオカミは毎年決まった巣穴で出産し、両親は仔が生後四〜五ヶ月になるまで巣穴から遠く離れることはない。もしも人がオオカミを家畜化しても、オオカミのこの習性は狩猟採集民の広範囲な遊動と齟齬をきたすおそれがあった。だが、最後の氷河期の終わりごろから人の定住化が進んだことによりこの矛盾は解消された[207]。

猫は、人の集落に侵入し、そこに定住化するようになったらしい。約一万年前のヨーロッパや小アジアの多数の遺跡から小型のネコ科動物の化石が発見されているが、これらがすでに家畜化されていたという証拠はない。むしろ食用や毛皮獲得のために人によって狩られた動物の遺骸である可能性が高い。紀元前四〇〇〇年ごろから、インダス川流域、メソポタミア、エジプトに巨大な農耕文明が出現し始めた。貯蔵される大量の穀物がネズミ類をまねき寄せた。イエネコの祖先はこの豊富な獲物に惹きつけられたと思われる。それはおそらくヨーロッパヤマネコの亜種であるリビアネコであったろう〔カラハリ砂漠に棲むワイルドキャットも分類上はリビアネコである〕。エジプトでは紀元前三〇〇〇年ごろから猫が壁画に描かれるようになった。紀元前二五〇〇年ごろ（第五王朝）の墳墓からは首輪をつけた猫の図像が発見されている。

206　独我論の深淵を照らした名著のあとがきで、著者は「自分の子供時代の思索の総決算として本書を書いた」と明かしている〔強調は原文〕。だが、永井を「畏友」と呼ぶ野家啓一は、「哲学的であることが子供の立場に立つことと同義的であるような〈わが国の〉知的風土」に対して、のちに永井が行なった批判を引用し、「子供」と「大人」のあいだとしての「アドレッセンス」〔青年期〕の場所を哲学のために要求したいと宣言する。いずれにしろ、これらの哲学者たちが「子どもの問い」を思考の原点とすることに対して批判的であることは間違いない。だが、世界の内部から展成に触れる、という目標を果たすためには、「子供の問い」から出発することがもっとも有効であるとわたしは考える。永井均　一九八六『〈私〉のメタフィジックス』勁草書房、二三三頁。野家、前掲書〔注30〕、vii－viii頁。

207　メッセント、ピーター・R（編）　一九八七（竹内啓・竹内和世訳）『動物大百科11――ペット（コンパニオン動物）』平凡社、一六一－六九頁。

さらに紀元前一六〇〇年ごろの絵を見れば、猫が人と共に暮らしていたことは確実である。紀元前一〇〇〇年ごろからは猫の神聖視と保護が顕著になり、遺骸は丁寧にミイラにされ聖墓に埋葬された[208]。

だが、右のような天下りの知識は、内的な了解を阻む不透明性に覆われている。何よりも、私たちは、「一万年」という途方もなく長大な時間単位を実感できるような、知覚に基づく手がかりを生活世界の裡に探しあてることができるのだろうか。この問いに答えることはつぎの第四章にあずけなければならない。

神話的想像力と展成の思想

神話とは世界の謎に対するもっとも根本的な思想の応答である。もちろん、それが人びとの生活世界において安定的に共有されているかぎりにおいて、ステレオタイプと化していることは認めなければならない。だが、たとえそうだとしても、その物語が現地の人びとにとって代替不可能な生鮮性をおびているならば、繰り返し行なわれる語りがそのつど聞くものの魂を揺さぶる力をおびている。

NK――やれやれ、待ちくたびれちまった。今度の長い長いお話はおもしろかったぞ。言いたいことはたくさんある。なに？　もうおまえの紙《パンピリ》が足りないって？　じゃあ二つのことだけを語ろう。まず、いつも白人たちには呆れさせられる。犬《アバ》をかわいがるって？　それはほんとうに役立たずで、愚かなことだぞ。おれたちが犬を飼うのは、猟に行ったら獲物を追い立ててくれるからだ。犬には耳の穴があるから、人の言うことがよくわかる。だから、名前を呼べば走りよってくる。けれど、政府に命じられてカデに集まって暮らすようになるまで、おれたちは広いひろい土地を動きまわっていたから、犬に毎日餌を与えるなんてできなかった。狩に成功したときには、獲物をバラす現場で内臓を投げ与えたり、みんながキャンプで夢中で肉にかぶりついているときに、しゃぶりかけの骨をほうってやったりはしたが。犬たちは、いつもガリガリに痩せて、背骨や腰骨やあばら骨が浮きでていた。ジロウは、目の前で飢えきった犬がついに息をひきとるのを見て、とても心が痛かったそうだ。カデに暮らすようになってからは、たまには、配給されたトウモロコシ粉《マイ》でつくった粥《パリッツィ》の残りをあげたりした。だから、イケヤに言わせると、定住してから犬の数は増えたそうだ。[209] だが、おまえも知ってのとおり、おれたちのキャンプでは犬どもは相変わらずガリガリに痩せていた。そんな犬たちの命をつなぐ食べものが人の糞だったわけさ《笑》。おまえはちっちゃなスコップで自分の糞を砂に埋めたりしてたけど、よく犬に掘り返されて、いやな気分になっていただろう。どうしておれたちは、こんなにおれたちの言うことをよく聞くやつと暮らしているのか。そのわけを話してあげよう。

——昔、犬とジャッカル《ズェビ》は二人で住んで、肉を生で食っていた。ジャッカルが言った、「おい！ 今日おまえは行けないか。人びとは近くにいるぞ。彼らに火を乞うて、火と共にやってこられないものか。おれたち二人《アツィビ〔男性双数包含形〕》は火を熾し、肉を灰焼きにして食おうよ。」犬は最初拒んだが、結局、人びとの所へ出かけた。彼は着いて、獲物の下肢が焼けているのを見た。彼はかれらと共に食った。それから腰を落ちつけた。彼は火を持って戻らなかった。ジャッカルはあっちで彼を待っていた。長いあいだ彼を待った。彼は「ウワー！〔持ってこい！〕」と言った。「火を持ってこい！」彼は啼くのがうまかった。「おれに持ってこーーい、こい、持ってこい、持ってこい、ほら持ってこい」〔キァ・ウワーー、アー、ウワー、ウワー、エ・ウワー〕と彼は言った。犬は言った、「ウォー、ウオオオオン。おれはそれを持っていかないよ。おれはここで食べものが焼けているのを見つけたよ。」で、犬はずっと居すわった。人びとは彼を使い、彼はいろんなものを運んでくる。彼はゲムズボックを運んでくる。彼は吠える。「エウ、エウ、エウ、オオオオオ……。ジャッカルよ、立ち去れ、立ち去れ、おれは行かないよ。」エヘイ、こっちのやつは行って人びとを見つけ、人びとを敬った。で、彼の所へは戻らなかった。エヘイ、彼はジャッカルになった。エヘイ、こっちのやつは犬になった。

犬という友（あるいは猫という「わが家のヒョウ」）が秘める謎への応答としての展成の思想は、本来、神話と

208 同書（小泉正訳）、七〇－八九頁。
209 池谷和信 一九八九「カラハリ中部・サンの狩猟活動——犬猟を中心にして」『季刊人類学』二〇（四）：二八四－三三二。

同等な生鮮性を漲らせていたはずである。だが、知の制度化によって、この生鮮性は私たちの生活世界から揮発してしまった。「ジャッカルと犬」の噺は、グイの神話のなかでももっともポピュラーなもので、すでに田中二郎が報告している。[210] 調査を始めてすぐ、わたしは二郎さんからこの物語を聞いた。だが、ジャッカルの啼き声がグイ語の〈ウワー〉（持ってくる）という動詞として聞きなされていることを知ったのは、最近になってヌエクキュエの息子カンタの語りを収録したときが初めてだった。カラハリの夜、数えきれないほどジャッカルの哀しげな遠吠えを聞いてきた。だが、カンタのみごとな啼きまねを聞いて以来、深夜にジャッカルの声を聞くたびに、帰らぬ犬を待ちわびる彼の孤独がひしひしと胸にせまるようになった。「ウワー、ウワー」という声がサバンナの夜のしじまに響きわたるかぎり、この神話はけっして生鮮性を失わない。同時にそれは「世界はなぜこうなのか」という問いかけにまっこうから応答している。グイは（神話的過去の寛大さに反して）犬にたっぷり餌を与えることなど許されない厳しい生活を送ってきた。「それなのに、なぜ連中は嬉しがっておれたちと猟に行くのか。いつも腹ぺこなのに、小さな羚羊を咬み殺したあと、どうして腹を引き裂いて内臓を食おうともせずに、おれたちが追いつくのをハッハッハッと喘ぎながら待っているのか。」しかもこの問いへの応答は、〈犬とジャッカルは見るからに似ている〉という類似性の知覚にしっかり根ざしているのである。

幻想の犬

最後に、もっとも謎めいた犬の物語を紹介する。ケイト・ウィルヘルムの「銀の犬」〔原題 The Hounds〕という短編である。

——二人の子持ちローズ・エレンは、夫のマーティンが農場を買って田舎に住む決意をかためたために、夏休みを機に引っ越す。ある日、森でクルミを拾っているとき、二頭の美しい大型犬がいることに気づく。犬たちはつかず離れずしてローズ・エレンを金色の瞳で見つめる。いくら追い払っても家の前にいるので、ついに、裏の納屋をねぐらとしてあてがい餌だけは与えることにする。八方手を尽くすが、飼い主は現われない。ケンネルクラブに連れて行き引き取りを頼むと、「予防接種と健康診断をして三週間は隔離し様子を見なければならない」と言われる。その期間の代金は一頭につき一日八ドルと言われ、あきらめて家に連れ帰る。唯一の収穫はサルキーという品種だとわかったことだけだった。二頭はひたすらローズ・エレンについてまわる。触れられ撫でられることを渇望していることがわかるが、どうしても触れることができない。夜ごと、犬たちと共に雄鹿に忍びよって殺す悪夢に悩まされる。昼間、犬の瞳を見ると、かれらもその夢を共有していることがわかる。もう二度とあの夢を見てはならない。ある昼下がり、夫の書斎にとびこみライフルを取り出して装塡し納屋の裏へゆく。

犬が納屋の向こうから姿を現わした。ローズ・エレンの存在を確信して、静かに歩いてくる。ライフルを持ちあげて、マーティンに教わったとおり慎重に狙いを定めた。大きな金色の目が陽光にきらめく。ローズ・エレンは引き金をひいた。一匹目は声ひとつたてずに倒れた。二匹目がその場に凍りつく。目の前の光景が信じられないのだろう。よもやこんな仕打ちを受けるとは、想像もしていなかったのだ。ふたたび狙いを定めて撃つ。金色の目をのぞきこんで引き金をひいた。その目から光が消えていくのが見えた。[211]

編者のコメントにあるとおり「奇妙に美しいと同時に心を激しくかき乱す物語である。」ここに描かれているのは、支配でも服従でも権力関係でもない。もの言わぬ犬たちにただ見つめられ続け、なんの理由もなくひりひりするような関心を向けられ続けるという、ただそれだけのことが、人的実存を崩壊へと導いていく。だが、逆説に聞こえるかもしれないが、この物語は私たちに仄かな希望を与える。作者は、犬的実存が孕んでいる根本的

210 田中二郎 一九九四『最後の狩猟採集民——歴史の流れとブッシュマン』どうぶつ社、七六頁。
211 ウィルヘルム、ケイト 一九九九（安野玲訳）「銀の犬」ジャック・ダン&ガードナー・ドゾワ編『幻想の犬たち』扶桑社、一一五頁。

な哀しみをだれよりもよく理解している。存在の奥底に満ちる不安をこれほど生鮮性に溢れた物語に昇華しうる、人的実存にのみ許された想像力こそが、人と犬とが共に閉ざされている生政治からの逃走線の軌跡を、ぼんやりとではあれ、描きだすのかもしれない。

第四章
共生する——牧畜の交通と論理

超人類の高位階梯を占めるアイは、太陽の異常フレアで消滅しようとする地球から火星に避難した地球人たちを拉致する計画を指揮する。だが、永久革命家ルキッフの率いるゲリラによって基地を破壊され、彼の超意識を日本人の松浦と融合させる。いっぽう、大学の理論物理学研究室の助手・野々村は、偶然のなりゆきで、亜空間を暗躍する組織の中枢をになう闘士Ｎになる。松浦と合体したＩ・マツラは、職務怠慢のためにＮを取り逃がし降格された展成管理官を尋問するために平行宇宙に存在する地球へおもむく。そこでは展成したドブネズミである齧歯人と巨大蟻が勢力を二分している。蟻はブロンズ甲虫の肉を食糧にし、その甲殻を鎧として齧歯人を襲撃する。マツラは現地駐在員の男に尋ねる。「なぜ、おそってくるんだね」「連中の家畜をねらってくるんです」「家畜?」「ええ——でっかい、食用油虫です。この丘の向こうにいますが、見ないほうがいいですよ」[212]

212　小松左京　一九六六／一九七四『果しなき流れの果に』（日本ＳＦシリーズ）早川書房／角川書店。会話部分の改行は省略した。

一　共生の論理

アリとアブラムシ

中学三年の冬休みから高校一年にかけて、わたしは『ＳＦマガジン』に連載されたこの作品を読み、鮮烈な印象をうけた。「見ないほうがいい」と忠告しなければならないほどグロテスクな巨大アブラムシ。人と家畜の関わりを考えようとすると、きまってこのシーンが思いうかぶ。わたしの脳裡にこびりついたのは、「丘の向こう」で巨大アリが巨大アブラムシから「搾乳」しているおぞましいイメージだった。だが、ここにも記憶の改竄があった。巨大アブラムシを飼っているのは齧歯人のほうであり、蟻族はそれを略奪しにくるという設定だった。アリとアブラムシの共生には、すでにダーウィンが注目していた。日本語ではいみじくも「アリマキ（蟻牧）」とも呼ばれるが、標準和名は「アブラムシ」である。

動物の行動で、一見ほかの種の動物の役にしか立っていないように見える有力な例の一つにアリマキがその甘い排出物をアリに自分から進んで与える行動がある。私は［…］アリマキの群れからアリを一匹残らず取り除き、数時間アリがアリマキに近づかないようにしてみた。数時間後、アリマキは液を排出したくなるはずだと思っていた私の思惑ははずれた。そこで、アリが触角を使うときの動きをできるだけ真似て、一本の毛髪でアリマキをくすぐったりなでたりしてみた。だが、それでもアリマキは液を排出しなかった。その後、一匹のアリを近づけてみたところ、どのアリマキも、そのアリの触角が腹部に触れたとたんに、透明な甘い液を排出し、アリがその液をむさぼるように吸ったのである。［…］アリがいなくても、アリマキは結局のところその液を排出せざるをえない。だが、その排出物は非常にねばねばしているので、アリマキとしてはそれを取り除いてもらったほうが都合がよい。だから、アリマキが甘い液を排出するのはアリのためだけではないと考えてよいだろう[213]。

この箇所に付せられた解説によれば、アブラムシは充分な蛋白質を得るために大量の液汁を摂取せねばならず、余分な炭水化物を排出する必要がある。ダーウィンは、動物がほかの種の役にしか立たない行動をするはずがないと考えたので、アブラムシにとってアリに蜜を与えることにどんな利益があるのか頭を悩まし、排出物を取り除いてもらうという理由をひねりだした。だが、その後の研究からアブラムシは自力で蜜を振り落とせることがわかったので、ダーウィンの推論は説得力を失った。アブラムシの得ている最大の恩恵は天敵に対する防衛であると推測される。多くの昆虫がアブラムシを餌とするが、敵に咬みつき蟻酸を放出するアリがいると、他の昆虫はアブラムシに寄りつかない[214]。本州でアリと共生するのは、ブナクチナガオオアブラムシ（*Stomaphis fagi*）という体長約五ミリの種である[215]。アブラムシの肛門から排出される液体は甘露《ネクター》とよばれ、糖類やアミノ酸を含む。アリの前ではアブラムシは小さな甘露粒を小刻みに排出するが、アリがいないと大きな粒をゆっくり膨らませ、それを後脚で尻のうしろへ蹴りとばす[216]。

相利共生の論理

二種の生物種PとQが接触しあい互いを害することなく生活しているとき、生物学者はそれを「共生」とよぶ。この概念は独特な推論に支えられている。親密な接触には何らかの理由があるはずだ。その理由は生存上の利益

213　ダーウィン、チャールズ／リーキー、リチャード編　一九九七（吉岡晶子訳）『新版　図説　種の起源』東京書籍、一三七頁。
214　同書、一三八頁。
215　『新訂　原色昆虫大圖鑑』北隆館（二〇〇八）、二〇八頁。
216　『行動生物学辞典』東京化学同人（二〇一三）、九六頁。

に求められなければならない。PがQから一方的に利益をひきだしているようにみえる関係を「片利共生」と名づける。それに対して、PとQの双方が利益を得ていると思えるとき「相利共生」とよぶ。相利共生の現象は人類学の根幹概念である互酬性《リシプロシティ》を連想させる。小さな生きものたちの交働から〈意味〉がおのずから現出する。この場合、意味は単純な論理に煮つめられる。PにもQにもそれぞれの都合がある。その都合を解決することが相手の欲望をかなえる結果になる。このように二者の利益や関心の合致をもたらす交通を「噛みあわせ」とよぼう。メルロ＝ポンティも「噛みあわせ」を意味するドイツ語 *Ineinander*[*greifen*]を「人間身体」に関わる素描のなかで用いていることは興味ぶかい[217]。ただし、甘いものへ向かうアリの欲望の直截さに較べると、アブラムシの欲望はわかりにくい。甘露のねばつきを払い落としたいのであれば、それは不快からの離脱をめざす消極的な欲求である。用心棒を身近において天敵に対する防衛をねらうのであれば、それは「生きたい」というもっとも根元的な欲求の発現であるが、快楽を求める積極的な欲望とは水準を異にしている。噛みあわせへと向かわせるPとQそれぞれの動機づけは異なる平面上を走っているのである。

牧畜とよばれる人と動物の関わりをつらぬく軸こそ、相利共生の論理である。この軸の周りに、独特な生のかたちが繰り広げられる。牧民と家畜とは、異なる身体を生きながら、ひとつの交働システムに包摂される。それが作動するかぎり、両者はたがいに相手から切り離すことのできない実存として共同存在している。そのことを、近代に向かって鮮烈に突きつけた最初の報告こそ、エヴァンズ＝プリチャードの『ヌアー族』であった。

ヌアーの世界に分け入る前に用語に関する注釈をしておく。牧民にとって至高の価値をになう存在こそ「去勢牛」（ox）である。だが、オックスというすっきりした英単語に比して、この日本語は妙に仰々しい（わたしは少年期にスタインベックの『怒りの葡萄』を読んだとき、「去勢牛」という語への違和感につきまとわれた）。「去勢」という負のイメージの喚起力が強すぎる感じがするので、以下では「去勢された雄ウシ」を「牡牛《おうし》」と表記する。また、歴史‐文化的な文脈が際だつ箇所では、「牡牛」のほかに「羊」にも漢字をあてる。

共生の原点[218]

……聴講者の注記――エドワード・エヴァン・エヴァンズ＝プリチャード（一九〇二～一九七三）は、今西錦司と同いどしだが、今西より二〇年近くも前に没した。一九二六年、弱冠二四歳で南スーダンとコンゴにまたがって住む農耕民アザンデの調査を始めた。その調査の最中に、大英帝国が支配するアングロ－エジプト・スーダン植民地政府から、南部スーダン地域でアザンデよりも北に住む牧畜民ヌアー（自称名ナス）の調査を依頼された。一九三〇年初めにヌアーランドに到着したが、通訳もいず、簡単な語彙集以外には辞書もなかった。植民地軍とヌアーとの抗争の板ばさみになり、アザンデの地に脱出した。わずか三ヶ月半の調査だった。その後、さまざまな機会をとらえてヌアーランドを再訪し、最初のものもふくめ計四回、通算一年強にわたる調査を敢行した。彼が、植民地支配に対する現地の人びとの敵意を浴びながら、牧畜民研究の出発点となった不朽の名著を、わずか一年ほどの断続的な調査に基づいて書きあげたのは、驚くべきことである。仮想講義の前半では、エヴァンズ＝プリチャードに一人のヌアーの男が憑依して、ウシとの共生を熱く語るという趣向をとる。

エヴァンズ＝プリチャード（憑依）――家畜囲い。それがおれの最初の記憶だ。這いはいできるようになってすぐに、母はおれを囲いに入れ、おれは糞のなかを転げまわって遊んだ。仔ウシ、ヒツジ、ヤギをひきずりまわし戯れた。やがて、母はおれにヤギやヒツジの乳房をくわえさせ、温かい乳をじかに飲ませた。幼児のうちは、母がヤギ・ヒツジの乳を搾っているとき、動かないようにつかまえた。ウシの乳を搾るときは、瓢箪を運んだり、仔ウシを母ウシの乳房から引き離したりした。瓢箪にウシの尿を集めて自分の体を洗った。少し大きくなったら、

217　Merleau-Ponty, Maurice 1995/2003 *Nature*（注132）p. 226.
218　エヴァンズ＝プリチャード、エドワード・エヴァン　一九七八（向井元子訳）『ヌアー族――ナイル系一民族の生業形態と政治制度の調査記録』岩波書店、一二－五九頁。

砂や湿った灰でおもちゃの牛舎をこさえ、泥をこねて作ったウシをその中に入れて遊んだ。もっと大きくなると、牛舎や家畜囲いの掃除や搾乳の手伝いもしたし、仔ウシ、ヤギ、ヒツジを牧草地に連れて行くこともできるようになった。

身の周りの品はみんなウシから作ったものだ。皮は、ベッド、盆、燃料入れ、繋ぎ綱、殻竿、首輪、太鼓の張り皮、パイプ、槍、盾、嗅ぎ煙草入れになる。種ウシが死んだらその立派な陰嚢は、小物入れの袋になる。尾の毛は、お気に入りの牡牛の角飾りになる。骨からは、腕輪、打ち棒、すり棒、削り道具を作る。角はスプーンや銛の材料だ。何よりも、牛糞ほど便利なものはない。乾かして燃料にする。壁や床を塗る。傷口に塗ったりもする。ほら、おまえら白人が使う絆創膏の代わりさ。糞を燃やしたあとの灰を体に塗りつけ、整髪に使い、歯を磨く。人はウシがいなけりゃ生きていけないが、ウシたちの命も人に支えられている。やつらのために牛舎を作り、虫除けのため焚き火を絶やさず、家畜囲いを掃除し、村からキャンプ地へ移動させる。やつらはのんびりゆったり毎日を送っているよ。

まだ自分の牡牛をもてなかった時分は、だれかべつの少年に頼んで、おれと同じ名前のお気に入りの牡牛を連れてきてもらった。跳びはね歌をうたい、牡牛のあとをついて歩いた。今では、明けがた、自分のウシたちに囲まれて目ざめ、女たちが搾乳を終えるまですわってウシを眺める。とても満ち足りた気持だ。牧草地につれて行き、草を食んでいるのを眺め、水飲み場に追って行き、牡牛の詩をつくって、一日を過ごす。夕方、牧草地から自分の牡牛が帰ってくると、優しく撫で、背中に灰を塗り、腹や陰嚢に刺さった灌木の棘を抜き、肛門にこびりついた糞を取ってやる。夜半に目ざめたとき牡牛の姿が見えるよう、柵の前に繋いでおく。角には長い房を、首には鈴をつけてやる。牧草地の行き帰りに、ウシが頭をもたげるたびに房が揺れるのを見つめ、草原に鈴の音が響くのを聞くと、幸せで胸がいっぱいになる。去勢前の若い雄ウシの角は、好みに合った新しい角に生え替わるように、早い時期に切断する。この手術をンガトとよぶ。生後一年目の終わりごろの乾季にやる。雄ウシを横倒しにして押さえつけ、槍で斜めに角を切断する。新しい角は切断面と直角方向に生えてくる。ウシは悶え苦しむ。成人式の割礼と同じさ。おまえら白人はあの痛みを知らぬから、そんなに臆病で、銃がなければおれたちを負かすこともできない……。

エヴァンズ＝プリチャード（覚醒）――失敬……。私は講義しながら夢を見ていたのだろうか。なに？　いつもよりずっと面白かったって？　それならよかった。さて、まとめよう。ヌアーの社会行動のほとんどがウシとかかわっている。話題の中心はつねにウシだ。牧畜以外に、農業（モロコシ栽培）と漁業も営む混合経済だが、今世紀以前には、はるかに多くのウシを飼っていたようだ。ウシの数をかぞえることに強い反感があるので統計をとることは不可能だが、推定では、牛舎一戸あたりウシ一〇頭、ヤギ、ヒツジ各五頭といったところだ。ひとつの牛舎に依存する人の数は八人ぐらい。雌ウシが約三分の二を占める。搾乳の手順としては、まず仔ウシを放つ。猛烈な勢いで母の乳房に吸いつく。最初に仔ウシに吸わせないと母ウシは乳を出さない。しばらく吸うと、抵抗する仔ウシを引き離し、母と同じ杭に縛りつける。

ヌアーは食肉目的の屠殺はしないが、供犠・儀礼では、肉を食べたいという欲求を露わにする。お気に入りの牡牛が死ぬと、持ち主の男はその肉を食うよう周囲から説得される。あくまでも拒否すれば、いつの日か非礼に対する報復の槍が彼の手脚を傷つけるといわれる。ウシが死ねば「目や心は悲しむが、歯と腹は喜ぶ。」

乳以外に血液も食用に供される。綱を首の周りにきつく巻き、血管を浮きあがらせる。深く刺さらないように紐や草で刃先を巻いた小刀で、頭部に近い血管を刺す。血が迸りでて大型の瓢箪を一杯に満たすと、綱をゆるめて出血を止める。傷口には牛糞を塗りつける。血はおもにモロコシ粥《ポリッジ》の風味づけに使うが、硬い固まりになるまで放置し熾火で焙り薄く切って食べたりもする。彼らは、採血は「ウシの健康のためだ」と言明する。採血された雌ウシは翌朝よく草を食みふとるという。採血には雌ウシの発情を抑える効果もあるそうだ。雌ウシがあまり頻繁に交尾すると妊娠能力を失うといわれる。

雌仔ウシは三歳まで種づけされない。雌ウシの様子から発情期に入ったことを知る。落ちつきがなくなり、よく鳴き、盛んに尾を振ったり、他の雌ウシの陰部を嗅いだり、背中に乗りかかろうとする。雌ウシは病気でないかぎり〔生涯に〕八頭の仔を産むという。仔ウシには細心の注意をはらうので死亡率は非常に低い。初産のときには介護のために一晩じゅう起きており、牧草地まで付き添う。叢林で出産するときには必ず傍らにいる。生まれたばかりの仔ウシは母について行けないため、母子とも動きがとれず、群れからはぐれ野獣の餌食になりかねない。生まれた仔ウシが死んだら、あらゆる手段を尽くして、乳を出させようとする。死んだ仔の頭に藁を詰めて母の尿を塗りつける。流産したときは、仔ウシの死骸全体に詰め物をし、棒を差しこんで脚をつくる。頭を乳房に押しつけ、手で乳房を引いたり搾ったりする。少年がその後ろにまわり、膣に息を吹きこむ。

ふつう母が死ぬと仔も死ぬが、初乳のあとに出る「白い乳」を一度でも味わった仔は助かるという。母をなくした仔には漏斗上の小さな瓢箪から乳を飲ませる。必乳中の雌のところへ連れて行き乳を吸わせることもある。初乳の変色した乳を飲むと危険だという理由で、仔が吸いつく前にこれを搾りとる。うっかり飲ませてしまったときは下剤を投与する。はじめの三、四日はすべての乳を仔が独占する。そのあと、近くに住む近親が招待され、人が飲むために搾った最初の乳をかけた粥が供される。仔の尾の先の毛を切り取り、所有者が唾を吐きかけ母の背の上で振る。こうしないと、人が乳を盗んだことを怒り、仔が病気になるという。生後二週間ぐらいは、人はわずかしか乳を取らない。丈夫に育つと人の分け前は多くなり、「仔ウシと乳をわけあう」（ブス）状態になる。母が妊娠すると仔に乳を飲ませなくなる。妊娠後も雌が授乳を許容すると、仔の鼻づらに茨の輪をつける。

ヌアーの男が牡牛について語るとき、日ごろの無愛想はどこへやら、腕を上げ、角の形をつくり、いかに立派かを力説する。歌い踊るときも、自分の牡牛の名前を大声で呼び、腕で角の形をまねる。ウシと人は、完全に利害の一致した共同体を形成している。この共生的関係は肌と肌の触れあいともいうべき密接なものだ。ウシのほうも人の世話や指図を従順に受ける。ウシは経済的有用性と社会的価値をもつ最大の関心事であるばかりでなく、それ自体が文化の究極目標となっている。ウシを所有し、ウシのそばにいるだけで、人の心は満たされる。ウシが彼の日常行動を規定し、彼の全神経を支配するのである……。

第二章でわたしは、フッサールや今西のような卓越した探究者を動機づけた情動として、「驚き」を強調した。右のエヴァンズ＝プリチャードの仮想講義こそ輝かしい驚きの原型である。近代／超近代を支配する生政治とは対極的な場所で、人は胸のはちきれそうな歓びに満たされて生きることができる。幼児期から家畜の糞にまみれ、牛糞を燃やした灰で歯を磨くような生のかたちを嫌悪する主体＝臣民は現代社会の多数派をなしているかもしれない。だが、たとえ少数派だとしても、エヴァンズ＝プリチャード以降、少なからぬ若者たちが牧畜民に魅せられ、その生のかたちを理解しようとしてきた。このとき「わかりたい」という知の欲望は、自分もまた牧畜民に《なりたい》という生成への欲望と見わけがつかなくなる。

二　家畜との交通——その認知的・行動的基盤

関係行動[219]

谷泰《ゆたか》が提起した〈関係行動〉という概念こそ、その後の牧民と家畜の関わりをめぐる幾多の研究に出発点を与えるものであった。谷は、リグ・ヴェーダの賛歌「われらが二足のpaśuに幸福を、四足のpaśuに幸福をもたらせ」に注目する。paśuとはドムス〔イエ〕の管理下にあるアニメートな〔生動性をもった〕財産を意味する。この賛歌では、家畜が人と共に神の祝福をうけるよう祈られている。これは現代社会における家畜の位置と対極的である。乳産工場に閉じこめられ、ポンプで乳を搾られ、性の相手は人工授精器におきかえられ、家畜の身体は

219　谷泰　一九七六「牧畜文化考——牧夫‐牧畜家畜関係行動とそのメタファー」『人文学報』四二：一‐五八。参照部分は、一‐一四頁。

完全に物象化され、生物であることからの疎外をうけている。

谷は、こうした疎外以前の〈他者としての家畜〉との関わりから、牧畜文化を捉えようとする。人間のがわの特定の対象への関係行動と、対象のがわの応答とが噛みあって相互的な関係が生まれる。牧畜という生業を動物に対する一方的な管理行動としてみるかぎり、生業論は技術論や物質文化論の範囲にとどまる――そう谷は警告する。

――特定の種間関係によって生ずるある種の論理に従って、牧夫の行動は定められている。牧夫は、家畜の発する非言語情報をもとに、その習性や性格について意味ある認識をしている〔強調は引用者〕。だが、いかに秀れた牧夫でも家畜の「言葉」や心情を了解できるわけではない。そういう認識を「思いこみ」とよぼう。家畜の立場に立っても、事態は同様である。牧夫の杖がいつ打ちおろされるか、叱声がいつ発せられるか、等々を正確に了解して家畜は行動しているわけではない。思いこみは両者の側から同時になされている。しかし、その相互的な思いこみがどんなものでもよいということにはならない。思いこみがたがいにぴったり合致している必要はないが、逆に、どれほどずれてもよい、というのでもない。いいかえれば、適切な思いこみと適切でない思いこみがあるのだ〔強調は原文〕。牧夫と家畜の関係は恣意的に構築されているわけではない。対象に応じた適切な思いこみがあり、それによって相互のすり合わせ的接近が生じ、持続的な関係が成立しているのである〔強調は引用者〕。牧畜文化を研究する者は、牧夫の思いこみのなかにひそむ知識を探りあてるとともに、観察を通じて家畜側の行動習性と関係行動の意味を見いだしてゆくほかないのである。

第三章で批判したアルガー夫妻の認識と対比させると、谷の思考の明晰さは水際だっている。かれらの猫研究や、サンダースの犬研究〔第三章の注163参照〕は、人と人のあいだの交通可能性を説明するために考案された「間主観性」の概念を、人と動物のあいだの交働にあてはめた。だが、第一章で指摘したように、フッサールが間主観性を構成する手続きはかなりあやふやなものだった。動物の内面に主観性を投影したうえで、この影絵と人的な主観との交わりを論じるという、屋上屋を架す類いの〈心理学化〉を谷は遮断したうえで、両者の〈思いこみ〉が関係の持続にとって適切かどうかという実践的《プラグマティック》な問いへと、人／動物の境界を跨ぐ交働の本質を還元した[220]。牧夫と家畜双方の〈思いこみ〉に駆動されて展開する〈関係行動〉の論理と意味を、牧夫に《なりきった》かのような緻密さで解きほぐすことこそが、自然誌的態度をもって牧畜文化に臨むただひとつの途である。

家畜の分類とそれに基づく関係行動

続く二つの小節で、北ケニア牧畜民トゥルカナにおける、太田至の研究を追跡する[221]。

▼動物分類と成長段階　トゥルカナは動物界を五つのカテゴリーに分類する。①イトワン：人間、②エティアンギト：野生の哺乳類、③イケニ：鳥、④イボレ：その他の動物、⑤エバラスィト：家畜。④は一般的に「モノ」を意味し、他の四つのカテゴリーを除外した余集合とみなされる[222]。⑤にはウシ、ラクダ、ヤギ、ヒツジ、ロバという家畜五種が含まれる。これらすべては成長に応じて雌雄とも三段階に分類される。

——第一段階：雌雄は区別されず、名詞は中性接頭辞をとる。／第二段階：雌雄とも性成熟より少し前からこの段階の語彙でよばれる。種ごとに雄と雌に対して異なった範疇名を用いる。／第三段階：雄は、種雄《エマーニク》と去勢雄《エモング》（牡牛）に分かれる。雌では、出産して仔が育ち搾乳されていることが第三段階の基準になる。ロバは搾乳されないので、仔が育つことが移行

220　わたしは別稿で、交通のもっとも原初的な形態は他者の姿形やふるまいの顕著さに「思いを籠める」ことであると論じた。この〈思い籠め〉と谷の〈思いこみ〉とがあまりに類似していることに今さらのように驚く。思い籠めという用語の由来が大森荘蔵にあることは繰り返し言明してきたが、発想の源が谷にあることを、わたしははっきり意識していなかった。それは、「交通とは本来、非対称的な過程である」という、関連性理論の出発点をなすスペルベル＋ウィルソンの洞察とも共鳴しあう。菅原和孝『ことばと身体——「言語の手前」の人類学』講談社、一八－一九頁。菅原『狩り狩られる経験の現象化』三八－三九頁。Sperber, Dan and Wilson, Deirdre 1986 *Relevance: Communication and Cognition*. Oxford: Basil Blackwell, p. 43.（内田聖二他訳『関連性理論——伝達と認知』研究社出版、一九九三年）

221　太田至　一九八七「トゥルカナ族の家畜分類とそれにともなうハズバンドリーの諸相」和田正平編『アフリカ——民族学的研究』同朋舎、七三一－七六九頁。一九七八年六月から一九八三年一月まで四次の調査が行なわれ、期間の合計は約一五ヶ月である。

222　グイ語の動物分類の中核にあるのは、〈コーｰホ〉（食うｰもの）、〈パーｰホ〉（咬むｰもの）といった機能的カテゴリーであるが、ここでも〈ホ〉はモノを意味する名詞である。

の条件になる。

▼去勢　遺伝学者の野澤謙によれば「去勢技術が開発されて種雄が成立したことは、動物の生殖へのヒトの介入が強化される上で、決定的な意味をもっていた。[223]」太田は、トゥルカナが行なう三種類の去勢技術を精密に記述している。

——ⓐ木槌法（アキドング）：雄を倒し睾丸を下へひっぱり、その上部に丸太をあてがう。専用の木槌で何度も叩き、内部の精索〔輸精管と血管・神経の束〕をつぶす。ⓑ切開削除法（アゲレム）：陰嚢をナイフで切り開いて睾丸を取り出し、精索も長く引き出して切除する。ⓒかみ切り法（アキコニ）：出生後まもない幼年雄の陰嚢の上から、一方の精索だけを奥歯でかみ切る。片側だけ睾丸をのこした雄は健康に育つといわれる。ウシ、ヤギ、ヒツジには三つの方法すべてが適用される。ヤギでは、早い時期に一部に切開削除法が施されるが、大部分は性成熟に達してから木槌法で去勢される。雄ヤギ一五頭の去勢平均月齢は一四・三ヵ月だった。ラクダは早くとも生後二四ヶ月までは去勢を行なわない。ラクダの睾丸は腹部に付着しているので木槌法は使えず、切開削除法のみを用いる。反対に、ロバは木槌法のみで去勢する。切開削除するとロバは死んでしまうとされる。

去勢によって雄はふとり、乾燥や水の欠乏への耐性が増大するとともに、性質がおとなしくなる。トゥルカナの最初の調査で、太田は、日帰り放牧中のヤギ群の個体間距離を霊長類社会学で発展した焦点個体サンプリング法を用いて定量的に解明した。[224]発情雌がいない時期では、去勢牡ヤギは雌や小型の未成熟雄と行動を共にする頻度が高かった。少なくともヤギでは、去勢は放牧中の群れの統合性を高める機能も果たしていると考えられる。

▼母子間の認知　トゥルカナは、母親に仔の吸乳を受容させるために、仔に対する認知の形成に努める。これがうまくいかないと、母は仔の吸乳を拒絶する。仔を受容させるための方法は五通りある。それぞれの処方のあとに、仔を母に近づけ吸乳させる。

——⑴母から少量の乳を搾り、母の口吻と仔の尻にこすりつける。⑵仔の前脚一本を母の膣内に押しこむ。⑶母の外陰部を紐で縛ったり手で塞いだりする。(4)母の膣内に塩と灰の混合物を塗りつけ、さらに口をつけ息を吹きこむ。(5)仔犬を両手で持って母の顔の前に近づける。仔犬は悲鳴をあげ、母は頭を下げて突きかかる。これを何度も繰り返す。

(1)では、母が授乳時に仔の尻の臭いを嗅ぐという習性が利用されている。(2)〜(4)は、こうした操作をうける母は出産したと思いこみ仔を受容する、という理由に基づく。(5)は、母が犬に対して攻撃的になることで自分の仔に気づく、という論理によって説明される。出産後に仔が死ぬと、仔の皮で人形を作る、ほかの雌の仔を養子にする、その出産前の末っ子に吸乳させる、といった方法によって、搾乳を可能にしようとする。

▼家畜の体色と模様　変異に富む家畜の体色と模様を表わすための多彩な語彙がある。——色彩語は以下の八つである。ⓐ白、ⓑ黒、ⓒ赤、ⓓ黄＋橙、ⓔ灰褐色＋灰色、ⓕ淡紅紫色、ⓖ青＋緑＋黄緑、ⓗ紫。分析の便のため、ⓓ＝〈黄〉、ⓔ＝〈灰〉、ⓕ＝〈桜〉、ⓖ＝〈青〉と表記する。さらに、体毛のパターンを指示する語彙（パターン語と総称）が一六種類ある。直感的な理解を助けるために漢字を用いた模様名（わたし自身の発案）に置き換え、《 》で示す。まず《斑紋》を表わす四つの語はほかの語と異なったふるまいをする。ヒョウのように小さいまだらが白地に分布するパターンを《斑》、それよりも大きなまだらが散在するパターンを《紋》とよべば、｛メリ／コリ｝と｛ンゴロク／コモリ｝という二つの対は｛《斑a》／《斑b》｝、｛《紋a》／《紋b》｝と書き換えられる。a：斑紋の色が〈黒〉〈青〉〈紫〉のいずれか、b：斑紋の色が〈赤〉〈黄〉〈灰〉〈桜〉のいずれか。これら四つの語は、「《斑a》−〈紫〉」のように斑紋の色を表わす色彩語をともなって用いられるが、斑紋が〈黒〉または〈赤〉のとき色彩語は付加されず、パターン語が単独で用いられる。

残り一二種類のパターン語にも概念語をあたえる。まず体色の地が〈白〉か、べつの色Cかで二分する。前者（白地）の場合、Cの部位と形状を模様名で表現すると、以下の五種類になる。《帯》（コリ）[225]：頭の付け根から腰にかけて胴のま

223 野澤謙　一九八七「家畜化の生物学的意義」福井勝義・谷泰編『牧畜文化の原像』日本放送出版協会、六三−一〇七頁。引用部分は九六頁。
224 太田至　一九八二「牧畜民による家畜放牧の成立機構——トゥルカナ族のヤギ放牧の事例より」『季刊　人類学』一三（四）：一八−五六。

んなかにC色の帯がある。《頭巾》（リンガ）：頭だけがC色。《背帯》（ンゴラ）：後頭部から尻まで背中にC色の帯がある。《縞》（アゼ）：首から腰にかけてC色の縦縞が五〜六本走っている。《耳環》（トゥリヤ）：耳の周囲にだけ輪状のC色がある。

「地」が白以外の色で覆われる場合は七種類ある。白の位置とパターンに着目すると以下のようになる。《白斑《しろふ》》（ブブエ）：肩の上の瘤から背・胴にかけて白いまだらが散在。《大雲》（カペリ）：胴まんなかに大きな白い斑がひとつだけある。《稲妻》（カディケディ）：細く短い白縞が胴に数本はしる。《雪》（ルクワ）：白い縦縞が胴に何本もはしる。《白頭《はくとう》》（ンゴレ）：頭だけ白い。《白帯》（ティリ）：胴まんなかに太い縦の白縞。《雲》：（ワズィ）：瘤から背・胴にかけて四、五個の白斑が散在。以上一六種類のパターン語彙と色彩語彙の組み合わせにより、家畜のある一個体を精確に指示することができる。これには九通りの方策が弁別されるが、詳細は略す。

▼角の矯正　家畜、とくにウシの形態をさらに多様にしているのが、角の矯正という人為的な処置である。角の形を弁別するカテゴリー名は一八種類ある。このうち八種類は「巻く」「くっつける」など、角の形と関連する動詞または形容動詞を語源としている。他の一〇種のカテゴリー名は、角の形を表示することだけに特化した語彙である。

――これらの名称は角を矯める方法と対応する。矯正方法は一一種類に類別されるが、この類別はある種の流れ図《フロウ・チャート》で表現できる。第一ステップ：｛H＝叩く、S＝削る、B＝焼く｝という三通りの矯角区分。第二ステップ：｛*l*：左の角のみ、*b*：両方の角｝という相互排除的な選択肢のどちらか。第三ステップ以下は複雑に枝分かれするが、〈H＝叩く〉では変異を生む選択肢は｛+：結ぶ、−：結ばない｝の二項対立である。「結ぶ」の選択肢では第四ステップで｛r：右角に、s：皮に、h：角どうしを｝のどれかがとられる。〈S＝削る〉では、第三ステップで｛1：深く、0：浅く｝が問われる。太田は矯正方法の範疇をI〜XIのローマ数字で表わしているのでそれにしたがう。下位ステップが欠性値をとる場合は空集合の記号φで表わす。［H・*l*・+・r］↓

Ⅰ／［H・*l*・＋・s⇩額］↓Ⅱ／［H・*b*・－・φ］↓Ⅲ／［H・*b*・＋・h］↓Ⅳ／［H・*b*・＋・s⇩額］↓Ⅴ／［H・*b*・＋・s⇩背］↓Ⅵ／［S・*l*・φ・φ］↓Ⅶ／［S・*b*・1・φ］↓Ⅷ／［S・*b*・0・φ］↓Ⅸ／［B・*l*・φ・φ］↓Ⅹ／［B・*b*・φ・φ］↓Ⅺ。矯正方法の範疇は一一種類しか区別されないのに、角の形は一八種類ある。後者の七種類の過剰のうち三種類は、自然にあるいは偶発的に両角にできる形である（上部が同方向にゆるくカーブする／短角／折れている）。さらに、矯正法Ⅳ＝［H・*b*・＋・h］（両角を叩き角どうしを結ぶ）という方法が五種類の異なる形を生みだす。

▼個体名　トゥルカナは家畜に個体名をつける。[226]これは基本的に呼称であり、ウシ、ラクダ、ヤギ、ヒツジでは、経産雌にのみ付与され、搾乳のときに呼ばれる。ロバでは、駄用に使われるすべての個体が命名され、使役時に呼ばれる。

——太田は、ヤギ三群、ウシ二群、ラクダ三群、ロバ二群で、名前をもつ個体（四〇一頭）を識別した。すべての個体名はなんらかの属性に由来し、外見的特徴に由来する名が八〇パーセント近くにのぼった。各群れ内で重複する名前は少なく、約八〇パーセントの個体が同名者をもたなかった。

　搾乳される状況と人が発する音声（個体名）とを家畜自身が関連づけて学習するのであれば、家畜にとっての個体名とは、これから搾乳することを人が知らせる信号《シグナル》であろう。だが、太田は、搾乳時に個体名を呼ばれた雌が明確な反応を示す場面を観察していない。「トゥルカナ族における家畜の個体名が、人と家畜のあいだのコミュニケーションにおいて果たしている役割は、搾乳のときにのみ発せられる特有な音声とともに、家畜をなだめて人がおこなう操作を容易にさせるための手段のひとつになっている、という以上のことはいえないように思わ

225　カタカナ表記すると《斑b》にあたるコリと同語にみえるが、《斑b》は*korri*、《帯》は*koli*でべつの語である。
226　太田至　一九八七「家畜の個体名はいかに付与されるか——北ケニアのトゥルカナ族の事例より」和田正平編『アフリカ——民族学的研究』同朋舎、七八七－八一六頁。

れる。[227]」人と家畜の交通可能性に対する太田のこの懐疑的態度は、のちに分析する波佐間の見解とくっきりした対照を示す。

家畜を数えないのか?

エヴァンズ＝プリチャードも示唆したように、東アフリカ牧畜民の研究では、ウシの数をかぞえたり群れの構成を数字で表わすことは嫌われる、と報告されてきた。牧童が全個体を識別していることは当然だが、大きな群れを前にして、ただ一頭の欠損もなく確かめられものだろうか。[228]

太田が調査対象としたヤギ群は計一九五頭で、牧童A(一六歳)が六八頭、B(一九歳)が九一頭、C(一三歳)が三六頭を分担していた。牧童は、分担群を数頭〜十数頭の小集団に分割し、それぞれが何頭から構成されているのか数字で記憶していた。これを太田は「確認単位」とよぶ。各単位の構成員の姿を認めると同時に数字をかぞえてゆく。単位の全体数に達すると、べつの単位で同じ操作を繰り返す。だが、学校の出欠簿のように構成員を順番に点呼できるわけではなく、目についた順にそらで記銘してゆくわけだ。

——ひとつの単位は二〜一九頭で構成され、計二六単位の平均は七・五頭だった。最年少の牧童Cの単位構成は容易に理解できた。それは三つの単位(C1＝一八頭、C2＝一〇頭、C3＝八頭)に分けられる。C3はもっとも年少の個体たちが性別を問わずにまとめられている。C1は雌、C2は雄である。Cは成長段階と性別という二つの弁別基準で単位を区分していたことになる。

牧童Aの九つの単位構成は、Cとは異なった属性を基準にしていた。A1:種雄(三頭)、A2:去勢牡(一〇頭)、A3:泌乳中の雌(一四頭)、A4:第一夫人の雌(一九頭)、A5:新入り個体(四頭)、A6:第二夫人の雌(二頭)、A7:第四夫人の雌(九頭)、A8:〔これらの夫人たちの?〕息子の妻の雌(四頭)、A9:べつの家族の雌(三頭)である。牧童Aの基本的な分割基準は所有者であると考えられる。じつはA3とA5はすべて第一夫人のヤギであった。第一夫人のヤギが多数なので、「搾乳中」「新入り」という二次的な基準を適用して下位区分したと思われる。

最年長の牧童Bは一四の単位を分割していたが、彼が語る弁別基準が実際と合致しないところもあり、理解が難しかった。太田は歯の萌出状態をみずから調べて年齢推定を行なった。分析結果を要約すると、雄は成長段階にしたがって三分されていた。雌については、成長段階を一次的な基準、体色を二次的な基準とする場合と、逆に、体色を基本的な示差的特徴とし成長段階を補助的に用いる場合とに分かれた。牧童の創意工夫によって認知可能なサイズの単位を切り出しているのである。

太田の分析の特徴は、彼自身がすべての個体を識別したうえで、牧童の弁別基準を詳しく聞きだしたことである。それでも、確認単位を分ける明快な論理を把握することは容易ではなかった。三までの数詞しかもたぬグイとは異なり、トゥルカナは数詞体系を発達させており、足し算もできる。だが、各単位の数を精確に知っていても、それらを合計することを彼らはけっしてしない。これらの観察から太田はつぎのような結論に達する。

> 個体の存否を確認している牧童は、数字を最終的な確認のために援用しているものの、独自性をもった個体の一頭一頭を確かめているのである。その意味においては、トゥルカナ族は家畜の頭数を数えてはいない。／確認単位をもちいたチェックが単に頭数を数える方法と大きく異なっている点は、確認を終えた時点でどの個体がいないのかということも同時に判明するということである。このことは、個々の確認単位が、そのメンバーの全員を頭の中に思い描きうるほどに十分に小さく作られていることに依存している〔強調は引用者〕[229]。

227　太田、同論文、八〇一頁。
228　太田至　一九八七「牧畜民による家畜群の構造的把握法――北ケニアのトゥルカナ族の事例より」同書、七七一－七八六頁。
229　同論文、七八一頁。

太田は、確認単位をもちいた家畜存否のチェック方法はこれまでにどこの牧畜民からも報告されていないと指摘したうえで、多数の家畜群を保持している人びとのあいだでは、これと似た方法がとられている可能性が高いと示唆している。

共生のなかの交通可能性[230]

波佐間逸博は、ウガンダ北東部のカラモジャ地方（東でケニアと北で南スーダンと国境を接する）で、二つの民族集団カリモジョンとドドスを対象に研究を行なった。この研究は、色彩認知、角の形、焼き印などに関して、太田に優るとも劣らない精緻な分析を積みあげているのだが、この小節では、牧童と家畜のあいだの交通という主題だけに焦点をしぼる。

▼牧童と家畜の共同注意　ウシやヤギは、牧童が目線を定めているその先を見つめるだけでなく、鼻腔を広げて匂いを嗅いだり、その方角に進んだりする。ヤギ群を木蔭にすわらせている牧童がこれから向かう予定の牧野のほうを眺めていると、すわりこんで反芻していたヤギがつぎつぎと立ちあがって牧童を追い越し、その先を歩きはじめることがある。

――ふだん休憩中に群れと正対して見つめるのはこうした「先走り」を防ぐためだが、仲間の牧童と放牧ルートについて相談しているときなど、ついそちらを見やりがちになる。そんなときにヤギが移動を始めてしまうと「ハイ」という音声で木蔭にひき返させる。

家畜が牧童のめざす方向をまなざすことで、両者の四囲にあるものや出来事を分かちあうこと、つまり共同注意が成立している。牧童が放牧中にとる統制行動の大半は、牧童の意図を先まわりして読みとり、つぎの行動を急ぐ個体を押しとどめる行為から構成されているとさえいえる。だからといって、放牧は、家畜と牧童の指示-応答のシークエンスによってびっしり埋め尽くされているわけではないと波佐間は強調する。いわば「暗黙の相互理解」にもとづいて、ゆったりと自然に流れる時間に、牧童も家畜も身をまかせている。

▼家畜への呼びかけ　音声的なシグナルが発せられるたびに、波佐間は、幅ひろい牧童の指示に対してウシやヤギが適確に反応することに驚いた。牧童の発声に対して正しく応答した比率は八〇パーセント以上にのぼった[231]。この驚きは、ウシ・ヤギに対して発せられる「音声言語」を分析することへと波佐間を導いた。ドドスでは、ウシとヤギへ向けての音声がそれぞれ一一種類と九種類弁別されたが、ここではウシ用の音声だけを紹介する。

――音声の近似的な発音を「　」内に、波佐間がそれぞれの音声にあてた「意味」を〈　〉内に示す。(a)群れ全体へ：①「フィーヨー」＝〈スピード落とし草食べろ〉、②「キリュ」＝〈止まって休憩しろ〉、③「ウウワー」＝〈移動するぞ、集まれ〉。(b)群れまたは個体へ：④「スー」＝〈前方へ移動しろ〉／〈もっとスピードあげろ〉、⑤「ハイ」＝〈戻り草食べろ〉、⑥「ツィポ」＝〈水飲みにこい〉。(c)母ウシへ：⑦「アレ」＝〈搾乳するのでおいで〉、⑧「ヘー／ケック」＝〈動くな、落ち着いて乳出せ〉、⑨「ハー」＝〈仔が近づくのを受け容れろ〉。(d)新生子へ：⑩「ブー」＝〈乳やるからおいで〉、⑪「アアーイ」＝〈やめろ〉（乳を吸い続けたり、蹴る行動に対して）。

　これらの音声は、カリモジョン語、ドドス語に特徴的な、広母音、狭母音、鼻母音、歯茎破擦音、舌尖震え音にもとづいている。種ごとに語は特有であり、小さな屈折と音調変化をつけて意味を伝達する。ドドスでは、母ウシに「こい」と呼びかけるとき、「「コッ」という後部歯茎音に、「アレ」という、r発音部分でそり舌尖の瞬間的な閉鎖を作り、連続的なはじき音となる音声言語を複合させて指示を出す」と説明される。また、母ヤギに搾乳時に「囲いの中で「こい」と呼びかけるときには、「イ」という音声に、「キウ」という舌根を後退させて呼

230　波佐間逸博　二〇一五『牧畜世界の共生論理――カリモジョンとドドスの民族誌』京都大学学術出版会、一四九－一七二頁。調査期間は、カリモジョンで一九九八年八月～一九九九年三月、二〇〇五年一月～三月、二〇〇七年十一月、二〇一一年八～九月、ドドスでは二〇〇三年一月～八月である。

231　同書、一五〇－一五一頁。波佐間はウシとヤギについて「正しい応答の比率」を音声ごとに棒グラフで表わしているが、「正しい応答」の判定基準（たとえば、群れ内の何頭ぐらいが反応したのか）が示されていないので、この分析結果をにわかに信じることはできない。

気と吸気によって、軟口蓋と舌根の片脇がはじかれて出る音を複合させてシグナルを送る」という〔いずれも強調は引用者〕。

これらの難解な記述にたよっても読者が自分で発音することは困難だろう。「歯茎音」「そり舌」「はじかれて出る音」といった表現は、グイ語を含むコイサン諸語に特徴的なクリック流入音の記述を連想させる。音声学者の協力を得て、国際音声字母（IPA）で表記することを試みるべきだった。波佐間の音声記述のわかりにくさは技術的な問題にとどまらず、交通にかかわる彼自身の思考とも密接に関わっているので、のちに再論する。

——家畜に呼びかける「音声言語」は、文脈に応じてだけでなく、反復、母音ひきのばし、声の大きさ、トーンといった特徴によっても、意味が変わる。草を焼き払って新芽が出ている場所から、塩分を含んだ草の生える黒土の採食地へむけて群れ全体にゆるやかな移動を開始させるために、「スー」という音声が、ウシ、ヤギ、ヒツジに対して共通に発せられる。この音声は、有蹄類が群れで移動するとき牧地を覆う短い草に足がこすれる、乾いたかすかな音に似ている。この模倣によって、移動開始の文脈を群れ全体に共有させると考えられる〔強調は引用者〕。ハイエナなどの捕食者や、家畜略奪をねらう敵の襲撃から逃れさせるさいには、「ツッ」という無声の歯茎側面摩擦音を使用する。しばしば腰に巻いた布を手に取って振る身ぶりをともなう。ウシは尾をあげ駆け足で移動する。声帯震動をともなわない後部歯茎の摩擦音「ツツイ」は、ヤギの群れに対して、群れの頭が向いている方向への移動速度を上げることを命じる文脈で発声される。ウシに対しては、ヤギよりも低音で、右の「ツッ」よりも長くゆっくり発する。舌の位置の高低を変化させ、音程変化をつけながら口笛を吹く行為は、すべての動物に歩行のスピードを落とさせ、草を食べさせる効果がある。

こうした牧童の統率行動によって、群れは明らかに密集性を高めている。だが、牧童は放牧群の統合性よりもむしろ、家畜がじゅうぶんに採食することを望んでいるようにみえる、と波佐間は指摘する。「ハイ」という音声を発する行為はアキキラとよばれる。これは、良質な牧草地で、先頭個体の移動を止める必要がある場合になされる。この音声介入によって、群れの先頭個体は後退し、一箇所にとどまって採食に没頭する。ある牧童は、ウシはどれがいま食べるべきよい草なのかを彼〔牧童〕自身ほどには知らないので、指示をしないと理想的な採食地でも食べずに通りすぎてしまう、と説明した。

最後に、泌乳雌を呼びよせ、接触を受け容れるよう促す音声が格別な重要性をもつ。雌ウシは人の下腹部への接近や体への接触を忌避して動くことがある。こうした回避行動を抑制するためには、「ヘー」という長子音を「ケック」という音と複合させて発することが有効である。後者は、上下の歯を閉じ、唇を横に広げ外気を吸い、軟口蓋と舌根の両脇をはじいて出す。囲いの中で入り乱れている牛群のなかに呼びかけると、母ウシがゆっくり群れから出て声を発する搾乳者のもとへ近づき、乳頭部に触ることを受け容れる。

▼名前の自覚　あらゆる家畜個体に身体的特徴にもとづく名前が付与されている。乳を搾るとき、群れのなかに向かって牛の名前を呼ぶと呼びかけられた母雌だけが声を出しながら接近してくる。個体名は放牧中にも頻繁に発せられる。先頭集団の外側に位置する個体に距離を詰めるよう指示する音声や、群れの後方を歩く個体に前進を促す音声とともに、牧童は個体名を発する。移動する群れの後方で、一心に採食して取り残された個体には、その個体名とともに呼び笛という聴覚信号を送り、群れが離れて行くことを気づかせる。アカシアの莢、塩性の土塊や草本などを食べさせるときも、それを必要とする個体の名を呼ぶ。朝夕の搾乳時には、仔畜群から仔を、成獣群から母を呼び出すために名前を声に出す。

――波佐間は八〇頭からなる成牛群を対象にし、名前を呼ばれたときの反応をテストした。ジェンダーを表示する接頭辞や性・成長段階といったカテゴリー名は省略し、日常の発話より音素の発声時間を圧縮された語を、牧童に反復してもらった。しかも、牛の耳によく聞こえるよう低音で発声することを求めた。経産雌五頭、未経産雌一頭、牡牛二頭の計八頭を被験個体とし、牧童が名を呼んで五秒以内に、顔を向ける、歩み寄る、呼び返す、といった応答的な反応が見られるかどうかを検証した。焦点個体の五メートル以内にいた他個体が反応した場合も漏らさず記録した。呼びかけられた個体が正しく反応する傾向は圧倒的に高かった（フィッシャーの正確確率検定：$p < 0.0001$）。さらに波佐間は驚くべきビデオ映

像を写真化して掲載している。経産雌アムワイ（三歳）を焦点個体とし、五回連続して呼ぶと、べつの二頭の向こうにいたアムワイが顔をあげこちらを見る。さらに五回連続して呼ぶと、耳を音源へ傾け二歩近づき、眼前にいた経産雌の後ろにまわりこむ。さらに三回呼ぶと、接近しながら顔をあげ耳を傾ける。もう一回呼ぶと唸り声をあげる［この間一〇秒］。経産雌コリウォンゴル（四歳）は草を食んでいた。四回呼ぶと少し顔をあげ横目でこちらを見る。さらに四回呼ぶと頭をあげ正視。さらに四回繰り返すと、唸り声をあげて呼びかえす［この間九秒］。

このテストは、牛による名前の自覚を明瞭に示した。どの対象個体も、牧童が名を呼んだとき、周囲の個体が反応しないなかで、正確に応答した。搾乳時にいつも名を呼ばれている経産雌が応えることは、波佐間も予想していた。しかし、未経産雌や牡牛も応えたことに、彼は驚いた。どのウシも、哺乳期を通して、母雌にひきあわせてくれる人に名前を呼ばれて近づき、しかるのちに母に近づくことを許され母乳を吸うという経験を共通にもっている。名前呼びかけへの正確な反応は過去の記憶が呼びさまされることによって惹き起こされると波佐間は解釈する。さらに、こうした初期記憶を基底にした原初的交通にくわえ、放牧時に牧童から名を呼ばれる経験の積み重ねが、「自己」と「名前」の結びつきに対する認識を強化していると彼は推測する〔以下の引用の〔　〕内と強調は引用者による〕。

> 人間の名前呼びに対して一頭だけが応答し、［…］人間に給水を求める牛の振る舞いは、種の特性を越え出て実行されており、人間―牧畜家畜に固有な混成言語〔ピジン〕的コミュニケーションが創発していると考えられる［…］。／［…］家畜は、共鳴しあう身体を備えた存在として共在しており、［…］感覚する力を備え、自律的に活動する存在として現実の生活世界に参加しているのだ。この点において、牧畜民にとって動物的他者と関わることと人間的他者と関わることとのあいだには、絶対的な隔たりは存在しない［…］。家畜の幼獣は人間に対して非常によくなついており、人びとの後を追う。子どもと子牛は双方とも相互社会化しながら成長し、子どもは幼少のころから家畜の群

れにとってのリーダとして、家畜を方向づけるようになるのである。[232]

さらに波佐間は「雌ウシは牧童の一枚布を好む」いう牧童の見解を引用する。「牧童は身にまとっている一枚布をめったに洗わないから、家族と群れの乳の匂いが浸みこんでいる。」雌ウシは人にあつかわれるとき、深く息を吸い込み、認識できない人の匂いを嗅ぎつけると逃走しようとしたり、深く低い声を出すという。——初産の雌は乳房が敏感なので、授乳を拒む傾向がつよい。牧童は雌ウシの側面に立ち、体を接触させ「ヘー」「ケック」という音声を出したり歌いかけたりすることによって、共在へと牛の意識を向けさせる。搾乳を終え、乳管に残るわずかな乳を仔ウシに与える母は、母系の血縁で結ばれた個体や、同時期に生まれ育ち近接しあう個体と寄り添いながら、仔に乳を吸わせることを好む。

そして、つぎのような結論に到る。——新生子を母ウシに受容させる牧童は、親密な同種の雌個体と類似した関係役割をもって、家畜の社会関係のなかに統合されている。家畜の個体性には〈かけがえのない個〉という感覚の基礎が内包されている。牧畜世界の社会性は、牧民が家畜を自分自身に向きあう人格として理解しながら家畜と向きあい、両者がこの事実を知っているというコミュニケーション行為によって構成されている。

波佐間の研究は、谷の〈関係行動〉という概念を出発点とした、牧夫／家畜間の交通可能性をめぐる思考のひとつの到達点である。牧童と家畜との濃密な関わりを「共鳴しあう身体」として描ききった記述は、真に私たちの魂を揺さぶる生鮮性に満ちている。そのことを認めたうえで、波佐間の思考が、彼の交通論につきまとうある過剰さによって曇らされていることを批判しなければならない。牧童の家畜への呼びかけに「音声言語」という奇怪なラベルを与えたところに、すべての問題は集約されている。言語の身ぶり起源説に傾倒しないかぎり、あ

232 同書、一六八頁。

らゆる自然言語がもともと「音声言語」であったことは自明である。だから、「音声言語」というラベルで波佐間はべつのことを言おうとしていると考えねばならない。わたしなりに推測すれば、離散的な音素に分節化される手前の、クリックを連想させるような「反り舌」「歯茎音」「破擦音」といった、いわば「パラ言語学的な音響特徴」が、あたかも言語のような〈意味〉をになっていると言おうとしているのではなかろうか。

こう問いかけたとき、われわれはすでに〈言語の磁場〉に吸い寄せられている。あらゆる交通を言語と類似したコード――すなわちシニフィアンとシニフィエの結合規則――にもとづく〈伝達〉へと集極化させることへといざなわれるのである。だが、人と家畜との身体が「共鳴しあう」なかで起きているのは、ほんとうにそんなことなのだろうか。

明らかにウシもヤギも生まれおちた瞬間から何かを学び続けている。ウシたちが人から賦与された〈自己の名前〉を認識していることは、波佐間の周到な検証から明らかになった。だが、いっぽうで、少なくとも同程度に周到な観察を行なった太田が、トゥルカナでそのような証拠を得ることはなかった。人と家畜が渾然一体となったシステムを牧畜文化とよぶならば、その文化間に差異があることは驚くべきことではない。

さらに分析を進めるうえで、メルロ＝ポンティが関心をそそいだ、間身体性および習慣的身体という次元が枢要な座標軸を与える。凡庸ではあるが、牧童が発する「音声言語」の総体が複雑な信号系《シグナル・システム》をなしていると考えてみよう。記号論の標準的な見解によれば、信号とは、ある顕著な（ふつう視聴覚的な）刺戟をシニフィアンとし、受け手の決まりきった反応をシニフィエとする記号である[233]。私たちの日常世界においてもっとも代表的な実例が交通信号である。赤色発光それ自体に意味がコード化されているわけではなく、歩行者または運転者として移動する文脈においてのみ、そのシニフィアンは知覚者に「停止」反応をなかば自動的にひき起こす。習慣は前‐意識的な行動図式へと沈殿するのである。動物どうしの交働を信号系として捉える考えかたが機械論的な行動解釈に導く危険性をおびていることをわたしは以前に批判した[234]。だが、習慣的身体の前‐意識性を照らすかぎりにおいて、信号という概念は有効性をもつ。多くの習慣は鞏固な制度と権力作用によって主体＝臣民の身体に植えつけられる。牧畜社会では、家畜身体への人からの「植えつけ」は、人と家畜双方の新生児（子）期から醸成される濃密な間身体性と不可分に進行する。

家畜に呼びかける人は、〈いまここでおまえにこんなふうにふるまってほしい〉という期待を投げかけている。関連性理論の用語でいえば、〈おまえにこんなふうにしてほしいという私の情報意図はおまえに理解されるだろう〉という期待である。この思い籠めは、世代を越えて継承され精密化した、明瞭な示差的特徴をもつ一一種類（ウシへ向けて）あるいは九種類（ヤギへ向けて）の音声シグナルに具現されている。人の子と家畜の仔とが「相互社会化」するとは、この信号系が両者の身体に習慣として滲みこむことにほかならない。牧童が思いを籠める、その〈いまここ〉とは、《文脈《コンテクスト》》とよばれるあらゆる交通論の中核をなす概念に等しい。動物たちが学び続けているもっとも核心的な〈意味〉こそ文脈である。[235]「スー」「ツッ」「ハイ」などといった人の声を聞くウシたちは、べつに何かを命じられているわけではない。かれらは、〈いまここ〉が、移動を開始したり、駆け足になったり、ゆっくり草を食んだりすることにふさわしい文脈であることを理解するのであろう。

なぜそんな理解が可能なのか。〈濃密な間身体性〉という語で近似できるような、波佐間の記述の積み重ねは、私たちを深く感動させる。この情動反応のなかに「牧畜文化」の本質がひそんでいる。同質の感動は、あのエヴァンズ＝プリチャードの記述からすでに立ちのぼっていた。自分の牡牛が帰ってくると、優しく撫で、背中に灰を塗り、腹や陰嚢に刺さった灌木の棘を抜き、肛門にこびりついた糞を取ってやる。序章では、フォントネが注目したオイケイオーシスという古代ギリシャの概念を紹介した。それは、「自分自身との親近性／自分の特性の

233　シービオク、トーマス・A　一九八五（池上嘉彦編訳）『自然と文化の記号論』勁草書房。
234　菅原和孝『感情の猿＝人』弘文堂、一五一－一五五頁。
235　ベイトソンは、イルカが「新しい動作が求められているコンテキスト」を学習したすばらしい事例を記述している。ベイトソン、グレゴリー　二〇〇六（佐藤良明訳）『精神と自然——生きた世界の認識論（普及版）』新思索社、一〇七頁。

保存に役立つものとの親近性」であり、あらゆる動物が「生きたい」と欲求し努力していることの根幹を支える「自発的な傾向」であった。カリモジョン／ドドスのウシたちは、かれらのオイケイオーシスを豊かにすべく人が全力を尽くしていることを、身の底から理解している。だからこそ、奇蹟的なまでの文脈の共有が実現される。この情動の共同体を〈言語の磁場〉の圏内に引きこむことは、牧民と家畜との共生の根源性をむしろ矮小化することである。ましてや、植民地の苛酷な歴史と不可分な言語現象であった「ピジン」になぞらえることは、不適切な隠喩である。むしろ、われわれは、ここでまた谷に還るべきである。カリモジョン／ドドスにおいては、人と動物とが相手に投げかけあう〈思いこみ〉の〈適切さ〉がその極限にまで達していると解すべきではなかろうか。

　これまで保留していた問いにふれよう。家畜への「呼びかけことば」をめぐる執拗なまでの「音声学的」記述を、なぜ波佐間は不可欠としたのか。以下は臆測にすぎないが、これらの呼びかけは、離散的な音素の連なりとしての通常言語とは異なる音響上の顕著さをおびているのではないか。スペルベルとウィルソンの関連性理論におけるもっとも重要な洞察は、〈交通の本質は聞き手の注意を明確に惹きつけるところにある〉というものだった。ひょっとして、家畜への呼びかけがもつパラ言語学的な音響構造は、ウシやヤギの聴覚にとって口笛や誘導笛と同じくきわだった顕著さ《セイリエンス》をおびて聞こえるのではなかろうか。もしこの臆測が当たっているならば、牧童の呼びかけとそれに対する家畜の応答とは、〈顕示的交通《オステンシブ・コミュニケーション》は「交通意図」の明示によって成立する〉というスペルベル＋ウィルソンの定義にあてはまることになる。[236] 付け加えれば、かれらが「言語に代表されるコード化された交通は、顕示的交通の一特殊例にすぎない」とことわっていることを忘れてはならない。

歌われる牡牛[237]

カリモジョン／ドドスでは、歌は日常生活のあらゆる局面で聞かれる。カリモジョンでは、歌〈エオス〉は、エエテとエモンという二つのジャンルに分かれる。エエテは作者不詳で、特定の人間集団（年齢組、世代組、地域集団、出自集団など）と特別な関係をもつ動植物やそのほかのトーテムへの言及をふくむ。これに対して、エモンは、作者以外の者が公の場で歌うことをつつしむような歌で、放牧経験をおもなモチーフとし、牡牛をはじめ作者が所有する特定の家畜個体に言及する。放牧は男によってのみ遂行されるので、エモンを作詞作曲するのもほぼ男だけである。歌い手は、歌われる個体の角型を両腕でつくって垂直に跳躍し、その声や歩行のしかたを歌声と身ぶりに織りこむ。牧歌は「つくる」ものではなく「想起する」ものだとされる。旋律と詩は、なんの前ぶれもなく全体として牧童をおとずれる。「想起」された牧歌は繰り返し口ずさまれることによって記憶される。――波佐間はエモン七五四曲を収集した。六四五曲にウシの名が出現した。最多は牡牛である。異なる歌で一頭の同じウシが言及されることがあるので、重複を除くと三〇四個の家畜の名が歌われた。東アフリカ牧畜民研究では、しばしば男と彼の愛する牡牛との「同一視《アイデンティフィケーション》」が論じられてきた。だが、波佐間の分析によれば、大半の歌で作者と家畜が区別されていることは明白だった。逆にいえば、同一視が明示される特定の歌を識別できる。たとえば、〽わたしの牡牛ロヤバレムが日中、咆吼していた。満たされないままに、咆吼している――で始まる歌では、この牡牛は作者がもっとも好む青灰色を体色にし、作者と同一視されている。これは略奪を主題にした歌であり、草や水を求めて唸り声をあげる牡牛と、ウシに飢える作者自身とが重ねあわせられているのである。

人が家畜から特異なヴィジョンを受けとるという分析はもっとも鮮やかである。詩を創造するイマジネーションの源泉である視覚像が、家畜の体色や、放牧中に経験される視覚的認知とつよく関連していることが解き明かされる。色彩語彙や模様語彙で構成される家畜の個体名の出現頻度はとても高い。また、家畜から他のものへ移行する歌詞展開、地と図の反転、自在な縮尺変化、錯視による視覚イメージの変化などが注目される。

236 Sperber & Wilson, *op. cit.*, p. 33.〔注220参照〕
237 波佐間、前掲書、一七六－一九七頁。

――たとえば、〈斑点がシリエ〔牡牛の名〕の背中に流れこんだ――で始まる歌では、降り始めの雨粒が、地面や牧童の身体だけでなく、家畜の体表面にも斑点をつくるさまへの感興が表現されている。〈物、深く掘られた黒い穴。黒い牡牛――これはある歌の末尾だが、高台の牧草地にいる黒い牡牛が、まぶしく光る青空のなかの黒い空間として見えていることを描写している。だが、これを「地と図の反転」とするのは、過剰な解釈にも思える。青空が密度をもったモノのように仰ぎ見る者を抑えつける感覚はそう珍しいものではないから、そこに「黒い穴」があいていると見ることはそれほどとっぴではない。ただ、「地と図の反転」という解釈に付された説明は重要である。迷子の家畜を探すときや、身をひそめている敵を警戒すべき地域を通過するとき、樹木の枝葉ではなく、そのあいだに眼の焦点を合わせ「何もないように見えるところを見なければならない」のである。

つぎの歌は「縮尺変化」とよべるような修辞をみごとに例示している。ロンゴロック・ロトドンゴレという牡牛の名に言及したあと、〈わたしは名を与えた。カンムリヅルと。コインの中に立つもの――と歌われる。この叙景で、牡牛は乾季の沼沢地に立っている。それがウガンダ・シリングの貨幣に描かれた、ウガンダの国鳥ホオジロカンムリヅルへと転位しているのである。

最後に、以下の歌が着想されたとき、波佐間は一四歳の牧童とともにウシの放牧をしていた。強烈な陽射しからのがれ、乾いた地面に深い影を落とすタマリンドの巨樹の下に腰をおろしたとき、下から見あげた無数の葉が視界を覆い、そのあいだから差しこむ陽光のきらめきが、霧雨や星空の印象を牧童に与えた。鳥の卵に似た斑点のある彼の牡牛がそれに重ねあわせられる。〈霧雨が降る。ああ、ベイエ〔牡牛の名〕。〔…〕星に似ている。タマリンドの空。〔…〕私は冷たい火の中にいる――末尾の「冷たい火」とは星のことである。この詩に向かいあうとき、どれほど多くの大切なことが近代の生から喪われたかという思いに打ちのめされる。第三章四節で、民衆の一人ひとりがみずからの思想を素朴なことばで語るような社会への希求を表明した。だが、この詩は素朴どころかあまりにも鋭い美的感性を自生させている。一四歳の牧童によって生きられる思想が、私たちには及びもつかない詩想によって、生活の場のただなかで表現されているのである。

色彩認知から殺人へ――文化の究極目標

家畜の体色や体毛パターンを表わす厖大な色彩語彙・模様語彙に関する研究は、福井勝義によって先鞭をつけられた。年代順は逆になるが、この小節では、認知人類学で発展した色彩認識の理論を原点とする福井の研究を追跡する[238]。福井は、エチオピア西南部、オモ川東岸域の高地に住むボディ（自称名メエン）が色彩に対して鋭敏な感覚を発達させていることに調査の初期から気づいた。最初は二〇二枚、のちにはそれらを濃縮した九八枚の色彩カードを用いて、ボディの複雑精緻な色彩世界にアプローチした。

まず、バーリン＋ケイの有名な研究[239]に準拠して、八種類の基本色彩語を確定した。簡略化して表わせば、〈赤〉（ゴロニ）、〈橙〉（ニャガジ）、〈紫〉（シマジ）、〈緑／青〉（チャイ）、〈黄〉（ビレジ）、〈灰〉（ギダギ）、〈白〉（ホリ）、〈黒〉（コロ）である。さらに、八二枚の幾何模様カードを作製して名称を聞きだし、およそ一五の模様語彙を確定した。これらの精細な認知はもちろん、ウシの毛色・模様に対する底知れぬ認識世界と連結している。

――ウシの毛色の種類は少なくとも六三語にのぼり、一六のクラン名に分かれていた。白黒模様を例にとれば、一五種類の語が近縁関係にしたがって五つのグループをなした。トゥルカナの場合と同じように、わたしの考案した模様語を《　》内に示す。(I)白地に縦縞やまだら：《縦線》（トゥルカ）、《豹》（コルディ）、《黒雲》（ビラシ）。(II)黒地に白縞一本：《白肩》（エルディ）。(III)白地に黒斑：《黒頭腰》（ルディ）、《黒頭背腰》（ゲッリ）、《黒紋》（チョブリ）。(IV)黒地が胴全体を覆う：《漆黒》（コロ）、《白頭》（ポロギ）、《白顔》（ボロガ）、《白尾》（チョカジ）、《白縞尾》（リンギリ－イディ）。(V)黒

238　福井勝義　一九九一『認識と文化――色と模様の民族誌（認知科学選書21）』東京大学出版会、二六－一四五頁。調査期間は一九七三年夏～七五年六月、七五年一二月～七六年九月である。

239　Berlin, Brent O. and Kay, Paul D. 1969 *Basic Color Terms*. Berkeley: University of California Press.

地が優先：《白腹》（バーシ）、《白帯》（カルミ）、《稲妻》（バリガーシ）。

色・模様はアエギとよばれる。ボディの個人名はアエギと深く関わる。[240] うまれた直後の幼名は母によってつけられ、家庭内でしかつかわれない。社会的な名は、生後一年経った頃に命名儀礼によってつけられ、「プエンの名」とよばれる。プエンとは、酸乳を口にふくんで吹きかけることであり、人または家畜を対象にした重要な儀礼で行なわれる。命名儀礼ではその子の名を叫びながらプエンする。この名はなんらかのアエギにちなんでおり、個人はこれを一生になう。このようなアエギをモラレとよぶ。たとえば、キリマランという名の男がいるが、キリは「キリン模様」（キリンディ）から由来し、マランは「先頭を行く」ことである。ゆえにこの名は「先頭を行くキリン模様のウシ」を意味する（ボディ語では偶然にキリンを「キリン」とよぶ）。モラレは出生順にしたがって世代を越えて継承される。長子は父方の祖父から、第二子は父の兄弟から、第三子は父のべつの兄弟または母の兄弟から受け継ぐ。第四子以降は、父の親しい友《ラーリ》や近隣の人のモラレを継承する。

――子どもたちが好む石ころ遊びでは、さまざまな色模様の石片をウシに見立て、砂の柵で囲う。若者は、自分にふさわしい仔ウシが生まれたと聞きつけると、所有者のもとへおもむき「自分のモラレだからぜひ分けてほしい」と懇願する。たいていは、持ち主は「乳離れする頃わたす」と約束してくれる。これによって二人のあいだには特別な信頼関係が築かれる。その相手は、同じ年頃の仲間、親しい知人、親族などであり、もともと「約束」を意味するラーリという語（複数形ラーレン）でよばれ、終生の盟友になる。譲ってくれた相手には必ずお返しをしなければならないが、とくに時期は決まっていない。若者はモラレの仔ウシと同じ小屋に寝てその成長をみまもり、ウシが一歳を越えた頃に去勢する。牡牛を讃える歌ビッリを創作し、放牧にさいしてはこれを朗唱する。

だが、モラレの牡牛も病気や老衰を免れない（ウシの寿命はおよそ一二歳）。所有者は、べつのウシを犠牲にし、その血でからだを清め、牡牛の回復を祈る。死期がせまると、同じ年齢集団の仲間たちが首長のもとへ連れてゆき、儀礼の手順どおりに屠殺・解体し、肉を食べ尽くす。持ち主は気が狂ったように泣き叫び、仲間に取り押さえられて何時間も過ごす。悲嘆の経験からほどなく彼は姿をくらまし、近隣の他民族を一人殺して帰ってくる。この殺人を「血讐」を意味するルファということばでよぶ。帰還した若者はウシを一頭殺し、自分の体にその血を塗りつけ、腕に男女の性器をかたどった瘢痕をほりつける。

福井は、この衝撃的な慣行を、抑制のきいた筆致で簡潔に報告するにとどめている。ルファを知ったときの驚愕は、夫の調査に同行した福井正子の美しい紀行文学に鮮やかに描かれている。[241]『キリントの歌』というタイトルにはかけがえのない感動が凝縮されている。福井正子が日本からもちこんだ赤い格子縞のブラウスを前述のキリマランがひどくほしがった。ボディにはこの格子縞が「キリン模様」（キリンディ）に見えたのだ。このことが彼女の詩想をかきたて、仲の良い娘たちといるとき、こんな歌をうたい、喝采をあびた。〽キリノ　キリノ　キリント／わたしの服はキリントよ／キリマランがとてもほしがっている／わたしの服はキリントよ――二度目に訪れたときは、ボディの全員がこの歌を知るようになっていた。歌詞には追加がほどこされ、ずっと長い歌曲となっていた。

ルファのことをはじめて教えてくれたのは、夫妻が「インテリ青年」とあだ名していたバシマジという男だった。原文の改行を省略して引用する。

日没まえ、夫とバシマジがつれだって帰ってきた。「きょうは、たいへんなことがわかったよ、正子」夫は、いつになく興奮している。バシマジに、話してよいかと目で合図して、「かれらの腕の彫りものね。あれは人を殺したしるしだというんだ。それも、モラレの牛が死んだときにね。モラレが死ぬと人を殺すんだって」といった。「ええっ？」わたしはとっさにバシマジの左腕をみた。「それなら、かれも人殺しってわけ？」バシマジは、あきらめたようなほ

240　福井、前掲書、一七一―一八四頁。
241　福井正子　一九八一『キリントの歌』河出書房新社、一八八―一九三頁。

っとしたような顔をしている。思えば、うすうすそんな気はしていた。［…］それにしても、だがこれほど直接的に、モラレとかれらの攻撃性がむすびついていたとは、さすがに息をのんでしまった[242]。

三週間におよんだ略奪の遠征から男たちが帰ってきたときの描写はさらに衝撃的である。――夕日をあびてぎょっとするほど近くにみえていた山なみが青ぐろい輪郭だけになったころ、農耕民から奪った衣服を身につけ、盗んできた牛やヤギをつれて男たちは帰ってきた。子どもたちが大きな縦割りの瓢箪になみなみとヨーグルトをそそいでもってくる。その夜は囲いの外に男たちは寝た。翌日、ほうぼうの囲いで雄仔ウシが殺され、男たちは血でからだを洗い、ナイフや銃に血を塗りたくった。人を殺して不浄になった体をきよめているのだ。農耕民の犠牲者は二〇〇人にのぼったと推定される。男たちは、現金や腕時計を奪ったばかりか、死体から衣服もはぎとってきた。

だが、ほんとうにわたしを混乱させているものは、そういうことではない。そんなかれらにたいして、なおもわきたってくる憧憬の念を自分の心のなかにみとめたからだ。力が一気に爆発し、総力が結集され、あらゆる略奪のかぎりをつくす。ひとつの部族が、部族の存在の意味をそこにもとめ、ひとつの方法論をつらぬく。それは、美的な魔力であり、ボディの男たちが〝バリテ〟とよんでいるものの噴出なのだ[243]。

これが、家畜との共生、牡牛への愛に満たされた生のかたちが行きつくひとつの極限的な姿である。近代の道徳に依拠してボディを責めることはむなしい。文化人類学者であれば、他民族に暴虐のかぎりを尽くすボディに対して福井正子が感じた「なおもわきたってくる憧憬の念」に共感しただろう。だが、その情動を文化相対主義という手垢まみれの枠組に流しこまずに、異質な生のかたちにみずからを合致させることを希求する人類学者の思想の問題として、徹底的な討議にゆだねるべきだった。三十年以上まえにわれわれがその機会を取り逃がしたことが、この学問分野に横溢していた「バリテ」を痩せ細らせる一因をなしたのではないかと思えてならない。

三　家畜化の論理

先史のほうへ

本節の議論は私たちの生を超えた途方もなく長い時間を思考に編入することを要求する。第一章で論じたように歴史学が権力的な制度化を免れえないのは、それが依拠する資材が、文字や碑文といった人工物であるからだ。ではそれらが作られるより以前の晦冥の層、すなわち先史に対してはどのような接近法が可能なのか。ふたたび「なぜなぜぼくちゃん」に登場してもらおう。「ぼく」はあるとき大きな謎が気になりだす。「地面をどこまでも深く掘っていったら何があるんだろう?」小学校の図書室から借りて読んだジュール・ヴェルヌの『地底旅行』はとても面白かったけれど、地球のまんなかに海があって恐竜が棲んでいるなんて、あまりに作りごとじみている。間もなく遠足でバスに乗って田舎へ行き、高い崖を見あげ、初めて断層というものをまのあたりにする。家の近所の八幡様の薄暗い林のなかには薄気味わるい草葺きの小屋が建っていて、金網で囲ってある。立て札には、弥生時代の家が発掘されたので復元した（渋谷区教育委員会）、云々と書かれている。

どこまでも深く穴を掘ったら何があるのか。多くの子どもがそのことを空想するだろう。『地底旅行』ほど深

242　同書、二〇三頁。
243　同書、二一〇－二一四頁。

く降りなくても、日本の国が始まるよりもまえの、いまの「ぼく」たちがその名前をだれも知らない人びとが暮らしていた「時間」に行きあたる。この思念こそは、世界のありさまを根本から変えるほどの衝撃を孕んでいる。

大森荘蔵が喝破したように、私たちが生きることを支えるもっとも基底的な感官こそ触覚である。「触れることのできるもの」がこの現実組織のヘソである。[244] 足裏の触覚をたよりに大地を踏みしめて立っている。鍬を手にし、大地を掘る。それは死者を埋葬するために人が営々とやってきたことだ。狭い村の墓地では、この区画は空いているはずだと思って掘った穴の奥底から古びた人骨が出てくる。別種の必要にせまられ（たとえば大規模な道路工事）地面を掘る人たちは、べつのものに行きあたる。動物の形をしているのに、どう見ても骨ではなく石だ。長い時間が経つにつれて、一回きりの此性《エクセイテ》としての個体の生が堅牢な物質に《なった》。そのことに魅惑された人びとが考古学という知の制度をつくる。地面を掘り下げることはどこまでも身体的な行為である。探りあてた化石にこびりついた土や砂を丁寧に払い落とす作業は指先の繊細な触覚に導かれている。こうして「なぜなぜ嬢ちゃん」が長じたあなたは、平坦に掘りさげられた長方形の穴の底に立つ。

考古学とは、あなたが関心を向けることになったある層序平面に広がる生の網状組織を、触覚と視覚と想像力を総動員して、〈いまここ〉に顕現させる身体的な実践である。〈考古学をする〉とは、自然誌的態度によって晦冥の層と取っ組みあうことにほかならない。化石が眠っていたこの地層がどれくらい「まえ」のものなのか、その絶対年代を推定する作業には科学が介入してくる。科学を囲う括弧をはずさなければ、C_{14}含有量の測定、カリウム・アルゴン法、等々といったテクニックを何ひとつ利用できない。だが、絶対年代を括弧に置き入れたままでも、あなたは考古学的な認識を思考の素材に編入しうる。なによりも、層序のものすごい厚さをじかに知覚することによって悠久の時の重みが身体を押しひしぐ、その感覚を手ばなさないようにしなければならない。[245] 地層とは、時間というけっして知覚しえない存在の根が垂直性の次元に投射された、ひとつの奇蹟である。浅い層にイヌの下顎の化石が発見され、それより深い層にヤマネコの頭蓋の化石が見いだされる。層序が柱状図として刻まれた扉に、時間という見えない扉が貼りついている。汗水たらして掘り、泥や砂を払い落とし、復元する、という身体的実践が蝶番の可動性を解放すると、見えない扉が剝がれて開き、あなたの想像力の空間に〈いまここ〉を底面とする逆円錐が浮かびあがる。それはあのベルクソンの円錐と同じ形をしているが、時間の向きは逆である。もっとも上にある円錐の底面はあなたが内‐存在する世界である。円錐の先端は悠久の時の闇に呑みこまれ、想像的なまなざしも届かない消失点《ヴァニシング・ポイント》である。[246]ベルクソンがイマージュとよんだ同心円が、錐体の軸と直角に交叉して現われる。底面に近い（浅い）平面をイヌが走り、遠い（深い）平面でリビアネコが身を伏せている……。

この不可視の円錐をありありと現前させないかぎり、展成の思想はおろか、「人為選択の歴史」でさえも、そこへ接近する途を塞がれたままであろう。だが、それは自然誌的態度によって切り拓かれうる途でもある。ダーウィンその人が、同位元素のことなど何ひとつ知らずに、悠久の時が刻まれた地層を生鮮性で満たすような想像力を躍動させ続けていた。このような把持によって、人／家畜の関わりを了解することにとって欠かせない成分として、動物考古学という特異な学問分野を自然誌的態度のなかに取りこむことができる。

遺伝学からみた家畜化[247]

家畜とは何か？　この本質的な問いに対して、集団遺伝学者の野澤謙は簡明な定義を与える。家畜とは、その

244　大森荘蔵　一九八二『新視覚新論』東京大学出版会、二二三頁。

245　江戸東京博物館で展示されている、都立一橋高校遺跡の地層を再現した実物大模型は観るものを圧倒する。明暦の大火（一六五七年）、関東大震災、東京大空襲の焼土がくっきり残っていることにも感銘するが、何よりも、わずか四〇〇年未満の時の経過が「現在」を数メートルもの深さの土の堆積の下に沈めてしまうことに驚かされる。

246　ベルクソンの場合、円錐の先端は「現在」の平面に突きささり続けており、底面は「純粋記憶」とよばれる理論的構成物である。ベルクソン、アンリ　二〇〇七（合田正人・松本力訳）『物質と記憶』筑摩書房、二一八、二三一、三四四頁。

247　野澤謙　一九八七「家畜化の生物学的意義」福井勝義・谷泰編『牧畜文化の原像』日本放送出版協会、六三－一〇七頁。

生殖（reproduction）が人の管理下にある動物である。野生動物が自発的に人の生態環境に接近してそのなかに入りこんだり、あるいは人によって強制的に引き抜かれたりする。人のがわは、初めは無意識的に、のちには利益にめざめ意識的に動物の生殖を自己の管理下におき、その管理を強化しつづける。この世代を越えた連続的な過程が家畜化である。動物の生殖に対する人為的管理、すなわち人為選択を支えるものは、こういった性質の動物がほしいという、人の欲求である。ここで重要な原則が二つある。

原則1：家畜化によって新種が形成されることはない。——家畜はふつうその野生原種から空間的に隔離されているが、両者のあいだに生殖隔離が成立した例はひとつもない。

原則2：対等な種間雑種から第三の家畜種が新たに生まれることはない。——たとえば、雄ロバと雌ウマの交配から生まれる雑種第一代はラバとよばれ、役畜として有用である。だが、ラバには生殖力（妊性）がほとんどなく、動物学上の種とは認められない。

——家畜化の実行可能性には動物のがわの要因が大きくあずかっている。栽培植物学における雑草《ウィード》という概念が参考になる。雑草とは、人によって攪乱された環境に適応した、作物以外の植物のことである。雑草的生態は、動物界にも数多く観察される。穀物倉への寄生者としてのネズミ類、田地・畑地に好んで棲息するスズメ類、ゴミ集積所に集まるカラス類、等々。イヌは中石器時代に人との共同生活に入った最古の家畜だが、これには掃除夫《スカベンジャー》的生態があずかっている。ウシ類やブタ類も、もともとは作物略奪者として人の生態環境に侵入してきたのかもしれない。実験動物のマウスとラットは極限まで家畜化された動物だが、穀物倉への侵入寄生という雑草的性格がそれを可能にしたし、その捕食者ネコを人の生活圏にまねき寄せる二次的効果も生んだ。

家畜のなかには、現在でも野生原種との遺伝的交流が持続している例がある。東南アジア村落の養鶏は、以前にはわが国でもふつうにみられた庭先放飼である。しかし、この地域はニワトリの野生原種であるセキショクヤケイの自然棲息地なので、森林に接した農家の庭のニワトリにしばしばヤケイの雄が接近し交尾する。東南アジアではブタにも野生原種からの遺伝子流入がみられる。

家畜化によって動物の身体と習性には大きな変化が起きた。家畜化の初期には小型化が顕著であった。大きな個体を統制することが難しかったため、小さい個体が選好されたのであろう。体の部位や器官の相対的な大きさにも顕著な変化が起きた。なかでも、脳、とくに前頭葉の退行は著しい。それにともない頭蓋は前後方向に短縮した。イヌやブタがその野生原種であるオオカミやイノシシより鼻づらが短くなっているのは、この趨勢の現われである。家畜においてもっとも顕著な増大がみられるのが生殖器官である。卵子や精子の形成、膣の開口といった生殖機能の開始が早くなり、卵胞数も多くなる。発情周期は規則的または周年的になる。子宮が大きくなり産仔数も増大する。乳腺の発育も向上し雌の育仔能力が増大する。これに対して、副腎機能は減退し、ストレスへの防御反応は退化する。饑餓や病原体に対する家畜の抵抗力は野生動物に較べて著しく低い。

野生原種との交雑という現象は私たちの関心をそそる。カラハリでの最初の調査の記憶が鮮明に甦る。原野にほど近い農場に、田中二郎と旧知の間柄である、オランダ国教会の宣教師ヤーリング氏が夫人と共に暮らしていた。ある日ぶらりと立ち寄ったとき、居間の家具の上に大きな美しいネコが前脚を揃え直立してすわっているのに目を惹きつけられた。ヤーリング夫人が話してくれた。「このネコは雑種《ハイブリッド》なのよ。母親がブッシュでワイルドキャットの雄とメイク・ラブして、この子が生まれたの。でも、この子は不妊《ステライル》みたい。」

辺境の地では家内的な空間と野生の空間とが隣りあわせに接し、その境界でイエネコとワイルドキャットとのあいだで、子どもが生まれている。「なぜなぜぼくちゃん」が「ミーちゃんはどうしてうちにいるの？」と尋ねたら、物知りパパは確信をもって「ご先祖さまはヤマネコだったんだよ」と答えることができる。野生の原種がすぐ近くに現前し、私たちの仲間動物がかれらとのあいだに雑種の仔をつくる。このわくわくするような出来事は〈家畜は野生動物から展成した〉という本質直観に揺るぎない根拠を与える。

今西の遊牧論

牧畜の起源へ向かう思考の原点となるのが、今西錦司の有名な論考である[248]。今西は『生物の世界』を書いたあと、クラレンス・レイ・カーペンターが初めて行なった霊長類の野外研究を知り、動物社会学への関心を深化させた。マントホエザル（パナマのバロ・コロラド島）、アカクモザル（西部パナマのコト地方）、シロテテナガザル（タイ北部）に関するカーペンターの報告によって[249]、今西は枝から枝へわたりながら果実をあさって歩く生活に思いをめぐらせた。ここから新しい本質直観が生まれた。

今西――森林が広ければ広いだけ同じような群れが存在することが予想されなければならない。そこにおのずから群れと群れの交渉が生まれてくる。お互いがなわばりをつくってそのなかに落ち着くのが当然の帰結である。ひとつの動物群が一定地域内にあって食物を求めながら移動を続けていくという生活様式を「遊牧生活」(nomadism）とよぼう。

> 牧畜の起原論には大きく分けて、狩猟起原説と農耕起原説がある。起原が一元的である必要はないが、内陸アジアの乾燥地帯にみられる牧畜に関しては、狩猟起原説に歩がある。遊牧的な狩猟生活においては、動物の群れに誘導せられた遊牧が行われていた。牧畜生活者もまた、家畜の遊牧に誘導されてみずからも遊牧しているといわねばならない。野生の群れは一面の草のなかから拾い食いをして歩く。純粋な放牧という、原始的な牧畜生活において行われていた遊牧は、草が悪くなったために移動していたものではない。遊牧という生活様式は牧畜生活者の骨の髄まで浸みこんでいたにちがいない。家畜を馴致し、家の周囲に引き寄せるようになっても、昔の習慣からはなれることができず、馴致した家畜に対する一種の奉仕として、遊牧を続けたのであろう。昔からの習慣が骨の髄まで染みこんでいるのは家畜も同様だ。野性としての遊牧性をモンゴルの家畜からなくすことは、いつまで経ってもできないだろう。〔強調は引用者〕

のちのわが国の研究者たちは今西が提起した「遊牧生活《ノマディズム》」という概念を「遊動」とよびかえ、牧畜に限定せずに用いることになる。今西の「遊牧論」で注目すべき点が二つある。第一は、第二章でわたしが批判した「論理の曇り」があっというまに拭いさられたことである。『生物の世界』の段階では、今西は、たがいの環境に侵入しないことによりに個体間の平衡が保たれると明言しながら、他方では、生活形が同じなら摩擦は生じないので同種個体の共同生活が成立すると述べていた。この矛盾を解消するためには、〈個体たちが群れをなして生活の場を共有しながら、なわばりをかまえて他の群れと対立しつつ平衡をたもつ〉と考えるしかない。カーペンターを読むことによって、今西は正確にこの本質を射あてた。この学説史が孕む意味は重大である。〈 〉内のような描像はわたしが霊長類学の教育をうけた時代（一九七〇年代）には常識だったが、戦争前夜に今西が生物の世界に思いを凝らしたときには、リアリティをもたなかった。だから、それを「論理の曇り」と批判することはアナクロニズムだった。「生きている」ことの本質は、経験を遮断した理念的操作だけによっては直観されえない。もしもべつの可能世界ではだれも森林でサルの群れを観察するといった「ばかばかしいこと」を思いつきもしなかったとしたら、動物が社会的に実存するその潜勢力の宏大なひろがりを、人は永久に把握しえなかったろう。

第二に、狩猟採集民が動物の遊動につきしたがうことに牧畜の起源（今西の語法では「起原」）を求めた洞察の革新性は、どれだけ時代を経ても古びることがない。すぐまえの考察とは逆向きになるが、この種の洞察は、考古学的な証拠によってその真理値を経験的に試されるようなものではない。それは大過去に〈現実に起きたこと〉とは合致しないかもしれない。それにもかかわらず、それが本質直観として「正しい」のは、異なる種が異なる平面上を走るそれぞれの都合（動機）を追求しながらも、同時に相手の都合を尊重するという、〈噛みあわせ〉（相利共生）の論理がここに具現しているからである。谷泰の「関係行動」あるいは以下で紹介するような「行為連鎖」「相互すり合わせ的な出来事連鎖」といった独特な概念は、今西のこの本質直観を母胎にして発想さ

248　今西錦司　一九四八『遊牧論そのほか』秋田屋／一九七四「遊牧論」『今西錦司全集第二巻　草原行・遊牧論そのほか』講談社、二一四－二八五頁。
249　伊谷純一郎　一九七二『霊長類の社会構造』共立出版、四六頁、一〇八頁。

れたと推測される。

牡誘導羊と宦官[250]

谷泰にとって牧畜文化研究はライフワークである。夥しい数の地をみずからの足で踏みしめ、観察を積み重ねた。その足跡をたどらずして、谷の方法論の独創性を理解することはできない。一九六九年夏から一九九三年二月までのおよそ二四年間にまたがって訪れた調査地は二二箇所にのぼる。国別に牧民の名を列挙し、［　］内に地名を記す。

——(1)イタリア：①［アブルッツォ］。(2)ギリシャ：②サラカッチャニ［イピロス］、③同上［テッサリア］、④ヴラッハ［同上］、⑤アロマンニ［同上］、⑥［クレタ］。(3)ルーマニア：⑦アルダン［ビストリッツァーナサウッド］、⑧シェビス［同上］、⑨ティリシュカ［シビウ］、⑩トパル［コンスタンツァ］。(4)トルコ：⑪クルド［ハッカリ］。(5)イラン：⑫バクチアリ［マスジッド・スレイマン］。(6)アフガニスタン：⑬デュラニ・パシュトゥン［バダクシャン］、⑭ウズベッキ［同上］、⑮アラビ［同上］、⑯タジック・シャグニ［同上］。(7)インド：⑰バカルワラ［ジャムー］、⑱カシミリ［カシミール］、⑲チベタン、ザンスカール［ラダック］、⑳マールワリ、ビカネール［ラジャスタン］、㉑同上、カロリ［ジャイプール］、㉒同上［ジャイプール東方］。

これに加えて、フランスでオートザルプのネバッシュ、イタリアのサルデーニャ地方、トルコのユルック、チベットのアムド・ドマとカンティスシャン、中国の新疆アルタイ山脈南部、そしてモンゴルのシリン・ホトから、文献または同僚研究者の私信による知見を収集している。これらの間接情報を合わせると、計二九のフィールドでの観察を思考の素材にしたことになる。

谷の著作の構成とは順番が逆になるが、彼の思考の道程をその端緒から追ってゆきたい。まずは、広域調査が折り返し地点を過ぎた頃に谷が目撃した印象的な光景からはじめる。

――一九八七年七月初旬、インドのカシミール山中にて。夏営地におもむくバカルワラ牧民に谷は同行していた。すでに午後四時近くになっていた。雨雲がたれこめ、川は雪融け水で増水していたが、ヤギの群れに幅一〇メートル余りの川を渡らせなければならなかった。川岸から水面まで若干の落差があることもかれらを怯えさせ、なかなか渡ろうとしない。一頭を突き落としてでも渡らせれば、ほかの個体たちも追随して渡ることを牧夫は知っている。だが、その一頭をつかまえるのがひと苦労である。怖じけづき興奮したヤギたちは手に負えない。他の牧夫を加勢に呼んで、やっと三人がかりで突き落とすことに成功したときには、すでに半時間が経過していた。その一頭が懸命に川を泳ぎわたるや、あとのヤギたちもつぎつぎに跳びこんで、数分後にはすべてが渡り終えた。

ヨーロッパの一七世紀の印章に、同じような光景が描かれている。鈴をつけた大きな羊が先頭をきって川を渡るあとから、数頭の羊たちが泳いでついてくる。橋の上にいる群れから、川へ身をおどらせる姿もある。解説文によれば、先導する羊は〈去勢された牡〉〔以下、牡羊と表記〕でありつき従うのは雌たちだ。この寓意画は、君主のリーダーシップに臣民たちが生死をものともせずに従うことを象徴しているのだという。

谷は、彼の研究の原点をなした、中部イタリアの牧夫による牡羊の養成法を解き明かす。特異的に有標化された個体への偏愛とも形容できる執着がその根底にある。毎年生まれる当歳雄のうち、種雄候補に定めたもの以外は、大半を間引く。残された種雄候補のなかから、二年目になったとき、誘導羊に適しているとみなしたものを去勢する。首に毛糸の短い紐をつけ、犬を連れ歩くようにして親和性を高める。名前を与え、呼びかけ、なでてやり、その名を覚えこませる。さらに、いくつかのコールサイン「こちらに来い」「前へ進め」「止まれ」などを教えこむ。やがて、紐を長くして群れのなかに戻し、同様の訓育をほどこす。確実に命令に応えて行動するようになったとき、紐を解く。

250　谷泰　一九九七『神・人・家畜――牧畜文化と聖書世界』平凡社、一三八―一四四頁。

この牡羊は、群れの再生産過程から疎外され、「管理するもの／されるもの」を媒介する仲介者の役割をになう。雄の性を犠牲にした存在を管理者と被管理者を仲介するエージェントとして利用する技法が、〈家畜管理領域〉と〈人民管理領域〉とにひとしく見いだせる。誘導羊は、君主と女たちのあいだに介在して後宮を統治する宦官と同型なのである。このアイデアの核心は、「関係行動」の概念が提起された論攷ですでに明かされていた。キリストと信徒群との関わりが、牧夫と羊群との関係の隠喩であることはよく知られている。だが、谷は、マタイ伝のつぎの一節に注目する。「それ生れながらの閹人（eunuch）あり、人に為られた閹人あり、また天国のために自らなりたる閹人あり。」[251] ここで閹人《えんじん》と訳されたユーヌクとは辞書に「去勢された男、睾丸の機能を失った男、宦官」とある。神＝キリストは牧夫的な位置をとって信者群を善導する。だが、キリストの「人性」に重心を移すならば、彼は他の人びとと同様、神＝牧夫に支配され、誘導羊として「迷える羊」群の先頭に立つのである。谷の広域調査の主要な目的は、誘導羊を育成する慣行がどのように分布しているのか、さらにそれが古代国家以来の〈人民管理〉の技法といかに重なりあっているのかを明らかにすることだった。後者の側面には本書では立ち入らず、誘導羊の分布に関わる谷の発見だけを紹介しておく。まず注目すべき変異が見いだされた。(a)去勢ヒツジの代わりに去勢ヤギを用いる。(b)複数の雌を育成して誘導羊にしたてる。(c)雌雄双方を誘導者に仕立てる〔他の二つの変異型は省略する〕。

――(b)はルーマニア北部では「先頭を行くもの《フルンターシャ》」と呼ばれるが、群れの先頭にいる傾向が高いわけではなく、牧夫の呼びかけに反応し群れの動きを始動する役割を果たす。八人の牧夫が合流させた五〇〇頭の羊群では四人ずつの組が交替で管理していたが、各牧夫はそれぞれ七頭～十数頭の異なる雌たちをフルンターシャとし、餌でおびき寄せていた。(c)は遠く離れたギリシャとインド西部で見いだされたが、その中間地域にどれほど広範に分布しているのかは明らかでない。

駆けだしの霊長類研究者だった頃、誘導羊をめぐる谷の発表を初めて聞いた。そのときの驚きをいまに至るまで忘れていない。当時のわたしは、キリスト教の桎梏から免れている日本だからこそこんな「神をも怖れぬ」研究ができるのではないかと「文化風土論」的な感想をもった。だが、いまはべつのことを考える。みずからの思考を牧民の想像力と合致させようとする人類学者の意志は、人と動物の境界をかるがると跨ぎ越すのである。

搾乳へ至る行為と出来事の連鎖[252]

谷は、〈技術とは、主体と自然環境との関わりで成立する一連の行為連鎖プログラムである〉というルロワ＝グーランの洞察をひいたうえで、以下を強調する。[253] 現在見いだせる人・家畜関係は、人の初期的介入を契機とした動物のがわの対応的変化、それによるつぎのあらたな介入可能性の発見といった、相互すり合わせ的な出来事の連鎖の結果としてである。

1　考古学で推論されたこと——舞台は東地中海沿岸のレヴァント回廊〔シリア、レバノン、ヨルダン、イスラエル、パレスチナ自治区を含むベルト状地域〕である。

1－1　先土器新石器文化Ａに先行するナトゥーフ文化段階に、ガゼル追いこみ猟の証拠がある。この前期では雌雄の骨が同じ割合で出土していたが、中期になると雄が八〇パーセントを占める。群れをそっくり追いこみ、資源保全のため雌は逃がしたと推測される。

1－2　ナトゥーフ文化段階後期のサリビヤ遺跡の消費遺骨では、若い個体の割合が野生群とほぼ一致した。通常の猟では大きな成獣をねらうから、その割合が自然比よりも大きくなるはずだ。サリビヤの遺骨構成は、野生の群れをまるごと囲いこみ皆殺しにした結果と考えられる。

1－3　先土器新石器文化Ａの中・後期（紀元前八〇〇〇～七五〇〇〇年）に低湿地帯でムギ栽培が始まった。

251　谷、前掲論文（注219）、四九－五〇頁。

252　谷、前掲書、一八－一三四頁。ただし、動物考古学に依拠する推論については、のちの著作のほうが新しい知見を取り入れ、より充実している。谷泰　二〇一〇『牧夫の誕生——羊・山羊の家畜化の開始とその展開』岩波書店、三〇－五五頁。

253　ルロワ＝グーラン『身ぶりと言葉』（注124に前掲）。

1－4　ヒツジ・ヤギの家畜化は紀元前七〇〇〇～六五〇〇年ごろ起きた。その証拠は先土器新石器文化Bの中・後期から発見された。狩猟では幼獣が狩りやすいので、屠殺年齢分布では幼齢の事例が少なくない。逆に、高齢に達した個体が狩られることもあるので、消費遺骨のなかには高齢個体も少数現われる。だが、右の層位以降では、幼獣および三－四歳以上の遺骨が極度に減少する。これは、成長年齢を越えた個体は間引くという、年齢に応じた計画的な消費戦略の証拠である。家畜化がもっとも早く進行した地域は、アナトリア東部からイラン西部にいたるザグロス丘陵らしい。

1－5　紀元前五〇〇〇年紀になると四歳以上のヒツジ・ヤギの遺骨が増加する。肉利用を目的としていた群れ管理が乳利用目的に変わったためと考えられる。肉利用が目的ならば、体重が増加しなくなった個体を飼養することは避けられるので、間引き年齢の低さが維持される。搾乳が開始されると、雌を長く生かし乳を搾取する戦略が優勢になる。雌を生かし続ければ羊毛も毎年取得できる。皮革加工用具の頻度が減少し、織毛に用いる紡ぎ棒の出土例が増加することがその証拠である。家畜化の証拠が確認されてから、搾乳が開始されるまでには、一五〇〇年以上の隔たりがある。

2　群れの捕獲——行為連鎖の変化とそれによって生じた新しい出来事を再構成する。

2－1　先土器新石器文化B中期に農耕は丘陵地に拡大展開し、粗放天水ムギ農耕が始まった。人びとは丘陵にひろがる禾本科草原で野生の穀粒を採集しているとき、偶蹄類の群れと身近に出会った。同文化B後期に定住集落がつくられ耕地が拡大すると、偶蹄類たちは耕地に侵入する外敵になった。かれらを捕獲するだけでなく、増殖させて肉の供給源にするという発想が生まれた。

2－2　出産後まもない状態で母子を追い立て、残された新生子を生け捕ることはたやすい。だが、新生子の授乳に困難をきたすので、母子ともども囲いへ追いこんで捕獲するほうが得策である。

3　人の居留地への繋留——捕獲されたものたちは草を与えられ飼養される。野生の偶蹄類では、母雌がそれぞれ行動域《ホーム・レインジ》

をもち、仔がその近傍でつき従うことが知られている。

3-1　次世代の仔が居留地で出生する。この仔たちは居留地を自己の行動域とみなす。

3-2　数世代すると群れ全体がこうした個体たちになり、放牧可能な群れが形成される。

4　授乳関係の不安定化への対処——日帰り放牧が実行されると以下の出来事が連鎖する。

4-1　放牧中に雌が分娩すると、母雌は群れに合流しようとして新生子を置き去りにする。人はそれをキャンプに持ち帰るが、たしかな母子認知が確立していないために母雌が授乳を拒否する。

4-2　授乳・吸乳介助が始まる。授乳を拒否された新生子を人がかかえ、実母を捕らえその腹の下に押しこむ。また、母が死んで孤児になった新生子が他の泌乳雌から吸乳できるよう努める。以下、母から授乳を拒否された仔も、母を亡くした仔と同様、「孤児」とよぶ。

5　催乳技法の成立——泌乳雌は、本来、実子だけにしか授乳を許さず、実子がいなければ乳腺が開かない。催乳とは、〈実子への授乳状況の見立て〉を介して、〈泌乳雌の実子以外の個体への授乳許容態度を誘発する〉技法である。催乳技法の開発によってはじめて搾乳が可能になった。

5-1　乳母づけ——乳母の子宮に手をつっこみ、その液を孤児に塗りつける。実子の尿や死んだ実子の皮を孤児にこすりつける。または、せまい所に乳母と孤児を閉じこめ、養子関係を強制する。許容度の高い母雌には、実子とともに孤児を近づけ、二頭の新生子による吸乳を許容させる。

5-2　他の泌乳雌から搾乳し、その乳を孤児に人工哺乳する。現在ひろく観察される搾乳技法——牧夫は乳房を手で突きあげてから搾りはじめる。この動作は、実子が乳房を口吻で突きあげてから吸乳をはじめる、その刺激の模擬である。授乳介助のさいに発せられるのと同じ声（イタリアの場合「プチュップチュッ」という吸気音）を、搾乳のさいにも泌乳雌に対して発する。

6　人による乳の横どり——本来、実子の取りぶんであった乳を人が搾取する。人は、出産後の一定期間、実母と実子の授乳関係を許容する。仔がある程度成長し柔らかい草を食むようになると、部分的搾乳を開始する。成長のために母乳を子にふり向ける必要と、より多くの乳を搾取したいという欲求とは、本来、相互背反的であるが、時差をともなう設定によって両立可能になる。

6－1　母子の分離放牧——新生子による同輩集団が形成される。母子という垂直的な関係ではなく、同輩という水平的な関係をもった、均質な群れがつくりだされる契機が用意される。

6－2　現代の牧民からの知見を外挿すると季節的移行のパターンが認められる。

6－2－1　新生子はキャンプにとどめ、母群を放牧に出す。帰るとめぐり会わせ、授乳関係を結ばせる。早く生まれ成長の早い仔は、夕刻の吸乳から翌朝の吸乳まで、夜間も母子分離される。

6－2－2　三ヶ月あまりたち、新生子がもっぱら草を食うようになると、一斉に母雌からの搾乳を開始する。母子分離は、夏の終わり、乳が涸れて交尾期に入る頃まで続けられる。

6－2－3　秋の到来とともに、新生子群は母群に合流し、一群として放牧に出される。

6－2－4　種雄を季節的に隔離する。種雄を常態的に混入していると、交尾が長期にわたるため、出産期もばらつき、母子分離放牧および搾乳の一斉開始をねらう効率的な集中管理の妨げになる。

7　**古代文明との接合**——搾乳の常態化は経済と思想の両面に特異な帰結をもたらした。

7－1　雌は生産財として母群に残すのに対して、母群から排除される雄は（自己消費を除けば）貢納財ないし交換財として外部への流通にゆだねられる。

7－2　〈動物殺しを前提としない動物性の食資源の獲得〉への道が開かれる。

谷の論理構成で特徴的な点は、群れを放牧したがために生じた母子認知の攪乱に対処することを、行為連鎖の初発のモメントにおいたことである。人が乳を飲む目的で搾乳を開始したのではなく、動物の仔のいのちを救うための緊急措置としてそれは始まったと考えるのである。最後に、**7－2**をめぐって、谷は重要な議論を行なっている。乳利用によって、殺しを必然的にともなう肉食という生活原則を否定的対立項とし、菜食主義的な生活原則にポジティブな価値を与えることが可能になった。牧畜に基礎をおく文明は、食生活に応じて人間集団を差異化する手段を手に入れたのである。創世記には、神はエデンで人間に植物食だけを許したとある。ヒンドゥーのアヒンサも食生活上の慣習によって人を差異化する原理である。家畜飼養を行なっていても乳を利用しない東南アジア、オセアニア地域では、肉食に対するネガティブな評価がない。これは、イデオロギーとしての菜食主義が、乳利用を前提とした世界ではじめて発想されたことを示唆している。

乳利用の開始は、この地域の人々をして、〈流血をともなわない動物食〉と〈流血をともなう動物食〉という二項対立的範列（清／穢または無罪／罪）の措定を可能にし、自己の存在に関わるテーマとして〈殺しをめぐる倫理〉を対自化させる道をも開いた。その点で、乳利用の開始は、自己の生を支える自然に対するナチュラル・イデオロギーという文脈でも、無視できない含意をもった文明史的出来事だったと言いうるのである。[254]

牧畜の起源を再構成するという谷の野望につきしたがううちに、「動物を殺して食うことは許されるのか」という倫理学的な問いの最前線にひきずりだされることになった。だが、この問いと正面から向かいあうことは、本書の探究では保留せざるをえない。[255]

＊　＊　＊

NK——昔、農牧民《テベ》たちはヤギを連れてこの土地にやってきた。[256] テベたちと仲良くしたクアのなかにも自分で

254　『神・人・家畜』一三五頁。

255　わたしは前著で動物の肉を「食うか食わないか」という選択基準を動物が経験する「苦痛」に還元するピーター・シンガーの「論理の極端化」を批判したが、問題がそれで終わったと考えてはいない。だが、本書の探究の射程内では、肉食にかかわる私たちの日常実践に対して論理的な明証性をもった指針を与えることはできない。菅原和孝『狩り狩られる経験の現象学』四七－五四頁。

ヤギを飼って増やすやつが現われた。おまえと親しかったガナのツォマコがいちばんたくさんヤギをもっていた。グイでは、おれたちの姻族キェーマもずいぶんもっていた。ヤギをもっていることこそ、金持ち《エィハ》であることの証しだ。あるときおまえは尋ねた。「ヤギに名前をつけないのか?」おれたちの答えはこうだ。「犬には耳の孔があるから名前を呼べば走ってくる。けれど、ヤギには耳の孔がないから、名前を呼んでも知らんぷりだ。おまえはヤギに名前をつけて、いったい何をしたいんだ?」。

　ヤギをもっているテベをおれたちは羨む。だれにも見つからなければ、盗んで食う。ほら、おれのにいちゃん、おまえがいちばん最初にキャンプに泊めてもらった年長者、彼の名は「ヤギ《ピリ》」だ。おれたち二人の父ちゃんは、テベのヤギを盗んで食ったから、それを自慢して、にいちゃんが生まれたときこの名をつけた。それから、みんなに「心のない男」と言われていた、ガナのノースューな。あいつは遠くのキャンプに住んでいたころ、迷いこんできた仔ヤギを焼き穴で灰焼きにして何度も食ったそうだ。「だから、おれの家の周りには焼き穴がいくつもある」ってうそぶいていたものさ《笑》。

　タニという年長者が言っていた「良い思いこみ」と「悪い思いこみ」があるという話におれは同意しない。「やつはこんな性質《コー》をもっているから、おれがこうしたら、やつはああするだろう」とおれたちはただ思って《アン(エナーハ)》いるわけではない。おれたちはそれを知って《アー(アナーハ)》いるのだ。おまえが素敵な語りを取った〔録音した〕あの年長者カエカエ。若いころの病がもとで右脚が萎えてしまったあの男も、おれたちの姻族だ。彼はうまく歩くことができない障害者《テャーハ》だが、じつに巧み《ネャーハ》な男だ。あれは、おまえがおれたちのおしゃべりを毎日取って、紙に書きはじめた年のことだった。おれたちみんなは、高いノネの樹が聳える土地で、隣あったキャンプに暮らしていた。ある朝、おまえがカエカエのキャンプを訪れたら、低い木に白っぽい雌ヤギが繋がれていた。そこへだれかが仔ヤギを連れてきた。カエカエは砂の上にすわったまま、突然、杖でその仔ヤギを打ち殺した。おまえはとてもびっくりして、あとでピリの息子（つまりおれの息子でもある）キレーホに「カエカエはなぜ仔ヤギを殺したのか?」と尋ねた。キレーホの答えはこうだった。「あの仔ヤギは母の乳を飲まなくなった。このままでは飢え死にしてしまうだろう。だが、子どもが死んだことを母親が知らなければ、いつまでも自分に幼子がいると思って、雄と性交して新しい子を生むことができないだろう。だから、母親に『おまえの子は死んだぞ』とわからせるために、母の目の前で子を殺したのだ。」キレーホは正しいことを話した。なに? 母ヤギは自分の子が殺されたなんてわかっていないみたいだったって? そんなことはない。ヤギは泣くことができないが、自分の子を殺されてとても心が痛かったのだ。いくらやつが愚かでも心は痛む。そのことをおれたちは知っている。ところで、グイ語で「アタマがよわい」ことをピリピラハというが、ヤギ《ピリ》となにか関係があるのだろうか? そのことをおれは知らない。

256 グイ/ガナのヤギ飼養はきわめて粗放的であり、放牧に牧童がつくことはまずない。朝、囲いから出され小さい仔ヤギが分離されると、雌と牡ヤギがまざった群は自律的に採食移動し、定住地の水場に立ち寄って水を飲み、夕方キャンプに帰ってくる。雄はすべて性成熟に達したのちに陰嚢を切開され睾丸を除去される。ゆえに成熟した種雄は存在せず、去勢前の若い雄が雌と自由に性交する。田中二郎が調査を始めた一九六七年に、すでにガナの一部の人たちはカデ地域でヤギを飼っていた。一九八二~八三年の調査で、大崎雅一はカデ定住地で飼養されているヤギの数を五四三頭と推計した。五年後の一九八七年~八八年に、池谷和信はヤギの総数を約二七〇〇頭と見積もった。急激な増加の主要な原因は政府による仔ヤギの無償配付だったと思われる。わたしは二つのキャンプでヤギを個体識別してその所有者を確定した。その結果、遠く離れたキャンプ間に親族および姻族のつながりを媒介にした広範な「委託関係」の網の目がはりめぐらされていることがわかった。大崎雅一 一九九一「カラハリ狩猟採集民サンの定住化とその影響」田中二郎・掛谷誠編『ヒトの自然誌』平凡社、五六七－五九三頁。/Ikeya, Kazunobu 1993 Goat raising among the San in the Central Kalahari. *African Study Monographs* 14 (1): 39-52. / Sugawara, Kazuyoshi 1991 The economics of social life among the Central Kalahari San (G//wikhwe and G//anakwe) in the sedentary community at !Koi!kom. IN: Nicolas Peterson and Toshio Matsuyama (eds.), *Cash, Commoditisation and Changing Forgers* (Senri Ethnological Studies 30). Osaka: National Museum of Ethnology. pp. 91-116.

四　われ《エゴ》の外にある論理

論理は自然に埋めこまれている

牧畜民の生のかたちにみずからの思考を合致させたい、つまり、牧畜民に《なりたい》というわれわれの欲望が向かう先を、わたしは論理とよんだ。牧畜という生業を成立させた行為と出来事の連鎖を再構成する谷の手続きはきわめて論理的であった。わたしが青年期から谷の思考に強く引き寄せられたそもそもの理由は、彼の執拗なまでの論理癖にあったといっても的はずれではなかろう。いまこの論理構成をあらためて見つめなおすと、そのすべてが隠された前提（公理）から出発していることに気づく〔紀元前八五〇〇年～五〇〇〇年に生きていた人をH、ヒツジの野生原種をSと表記する〕。

――(i)HもSも個体として生き続けようと努力している。(ii)個体とは、皮膚境界で四囲から区切られ、他個体とは共有しえない知覚世界に閉ざされた実存である。なかでも冷温覚・痛覚・快不快などは、原理的にその個体の内側で経験される。(iii)ただし前項は、個体間のさまざまな交働において右の経験が同時的に共有される可能性を排除しない。(iv)HもSもそれぞれの異性個体と接触し生殖を行なう。(v)HもSも、もし雌であれば、新生子を出産し、授乳して育てる。(vi)成長したSは草を食べるのに対してHは雑食である。(vii)HもSも群居性である。すなわち、あるかたちで展開される社会空間において〈あなたたち〉のなかから特異的な個体を意味ある他者として選択する。(viii)Hたちどうし、Sたちどうし、そしてHとSという組み合わせで、意味ある他者とのあいだに「親和性」とよべるような情動の絆が成立しうる。

(1)HがSの群れを囲いこむ→(2)HがSの母子間の交働に介入する……といった行為連鎖を貫く論理は、右に列挙した前提（公理）とは異質である。なぜなら、(1)(2)……(n)は、Hの自発的な意志、またはSの内発的な習性によって発動される連鎖であるかぎり偶発性に開かれているのに対し、(i)〜(viii)の命題群にはそうした偶発性の関与する余地がないからである。この偶発性をもたらすものは、Hの意図の恣意性だけではない。たとえば、『積みすぎた箱船』においてダレルの与える餌をけっして食べずに飢え死にしたダイカーの仔のように、捕獲された恐怖からSが立ちなおれなかったとしたら、牧畜に至るいかなる行為連鎖も不可能であったろう。Sの習性がHの働きかけとの「相互的なすり合わせ」に応じる潜勢力を内包させていたからこそ、行為連鎖がたぐり寄せられた。いいかえれば、Sもまた前‐意識的な選択を行なっているのである。

　わたしが前提（公理）とよぶような命題群は、超越論的な主観性が遂行する理念的な操作によっては導きだせない。フッサールの言いかたを借りれば、それは〈超越的な〉モノたちがつくる構造のなかに埋めこまれた論理である。その意味において、この論理は、われ《エゴ》の外側にはじめから自生している。これらの命題群は、科学が法則として定立するような因果関係ではなく、単なる事実性《ファクチュアリティ》を表現しているといってもいい。

色模様の多様性がなぜ存在するのか

　東アフリカ牧畜民に戻ろう。性、成長段階、体色、模様、角の形といった属性を語彙レベルで弁別する牧民の認知の精緻さは私たちを驚嘆させる。まるで、何枚もの解析格子を重ねあわせることによって、かけがえのない単独者を浮かびあがらせているかのようだ。この描像は、交通論の核心的な概念である「冗長性《リダンダンシー》」を連想させる。これらの属性は、それぞれを独立して認識できるという意味で、バードウィステルのいう多元的な交通チャネルを構成しているようにみえるからだ[257]。だが、この社会に生まれ育つものにとっては、家畜の一頭一頭は、はじめからそれぞれに独特な個体として現われているはずである。グイが飼養するおよそ一五〇頭のヤギを個体識別

257　Birdwhistell, *Kinesics and Context*, pp. 88-91.（前掲、注183）

したみずからの経験にたよって推測すれば、家畜の体色と模様は、私たちが知人の顔をけっして忘れないように、個体性のもっとも有力な座位（隠喩としての〈顔〉）になっていると思われる。

トゥルカナのウシ・ヤギの体色の多様性について太田は論じる。「人々はひとつの家畜群の体色が結果的にであれ、多様に維持されるような種雄を選択しているように思われる。」――ウシについては、体色を支配する遺伝子の対がヘテロであり、かつ劣性遺伝子が多様である可能性が高い個体が種雄として選択されている。ヤギの場合、特定の遺伝子型をもつ個体が種雄として選択される傾向はないが、ヤギ群はウシ群よりもサイズが大きいため、より多くの種雄を含みがちだ。ひとつの群れ内では、相異なる体色の個体が種雄として選択される傾向がある。これが群れ全体の体色の多様性を保持する効果をもつ。将来は去勢される雄が去勢前に交尾に参加していることも、体色が多様に維持される要因である。[258]

いままでの論述で、わたしはこの種の論証を避けてきた。科学を括弧入れするという探究の方針にしたがえば、「遺伝子」「優性／劣性」「ホモ／ヘテロ」といった概念は現地の認識にとって外在的であり、生活世界の内部にとどまるかぎり有意性をもたないと思えたからである。だが、ほんとうにそれは「外在的」な概念なのだろうか。――ボディは、雌雄のかけあわせでどんな仔が生まれるのかについて厖大な知識を蓄積している。[259] 親Pから子Cが生まれることを「P→C」、色模様にかかわる属性Xをもつ雌とYをもつ雄とが生殖することを「X×Y」と表記するなら、ボディは以下のような認識をもっている。(a)母→仔：〈黄〉→〈灰〉、〈赤〉→〈橙〉。すなわち、どんな種雄とかけあわせても、母の体色が〈黄〉ならば仔は必ず〈灰〉に、〈赤〉ならば必ず〈橙〉になる。(b)X×Y→Zであるとき、属性Yをもつ母と属性Xをもつ種雄をかけあわせても結果は変わらない。つまりY×X→Zである。仔の属性を決定するのは、両親の属性の組み合わせであり、それぞれの属性は「伴性」ではない。(c)親のいっぽうが〈白〉であるとき、仔にどんな色模様が現われるか予測可能である。すなわち、〈白〉×《黒頭腰》→《黒頭腰》／〈白〉×《白肩》→《白肩》／〈白〉×〈白〉→〈白〉／〈白〉×〈赤〉→〈赤〉／〈白〉×《黒頭背腰》→《黒頭背腰》／〈白〉×〈黒〉→〈黒〉／〈白〉×〈紫〉→〈紫〉

または〈白〉または〈黄〉。(d)《黒頭腰》×《黒頭背腰》↓《黒頭腰》+《黒頭背腰》／《漆黒》×〈赤〉↓〈橙〉／〈白〉×〈緑〉↓〈白〉+〈緑〉／〈白〉×《豹》↓不確定／《豹》×《黒雲》↓《豹》+《黒雲》。

ボディはつぎのような推論を行なっていると考えられる――〈白〉は弱いから、仔においては消えてしまう。だが、弱い〈白〉どうしをかけあわせると消えない。《黒頭腰》、《黒頭背腰》、《豹》、《黒雲》は、相手を打ち負かす強いやつと、相手に負かされる弱いやつとが混じっているようだ……。このような認識を福井は民俗遺伝観《フォークメンデリズム》とよんだ。それは遺伝学という科学とどの程度の整合性をもつのか。この課題は、福井と野澤との共同研究によって検討された。以下は、野澤がもたらした成果の概要である[260]。

――野澤は毛色変異を遺伝的多型のひとつとして位置づける。「遺伝的多型とは、同一生息場所に、種内の二つあるいはそれ以上の遺伝的に決定される不連続な型が、世代を越えて共存し続けている状態をいう。」野澤は、黒化、白化、褐化、銀色、単色、斑紋という六種の変異型を生みだす遺伝子を明らかにしたうえで、野生動物の毛色変異が非常に少ないことを強調している。以下では、ウシの色模様変異に関する解説だけを紹介する。それには、全部で六つの遺伝子座位が関与するが、ボディのウシに関係する三つの座位W、E、Sについてだけ述べる〔大文字は優性遺伝子、小文字は劣性遺伝子、アンダーバー_はその座位において対立遺伝子が欠如していることを示す〕。W座位は三つの遺伝子型をもち、優性突然変異遺伝子Wにより〈優性白〉が起きる。WW：色素沈着がほぼ欠如、Ww：葦毛、ww：有色。E座位は四つの遺伝子型をもち、劣性突然変異遺伝子eにより〈淡色帯の拡大〉が起きる。$E^{d}_$：黒色優性拡大（ホルスタイン的）、E_：黒色正常拡大（ジャージー的）、$e^{br}_$：斑点、ee：黄または赤。S座位の遺伝子型はW座位と同じく三つである。SS：全色、Ss：軽微斑点、ss：斑点（ホルスタイン的）。さて、この遺伝子型を用いて、ボディのウシの色模様変異の一部を記

258　太田、前掲論文（注221）、七五一頁。
259　福井勝義、前掲書、一五九−一六九頁。
260　野沢謙　一九九五「家畜化と毛色多型」福井勝義編『講座　地球に生きる　4　――自然と人間の共生』雄山閣出版、一一三−一四二頁。

述することができる。まず体色についてはWとEの二座位が関与し、つぎのような遺伝子型との対応を得る。〈赤〉：ww/ee、〈橙〉：ww/ee、〈紫〉：Ww/E_、〈青／緑〉：Ww/E^{d-}_、〈黄〉：Ww/ee^{-}、〈灰〉：WW/E^{d}_、〈白〉：WW/〔E座位は関与せず?-〕、〈黒〉：ww/E^{d}_〔?-〕[261]。つぎに模様については、WとSの二座位が関与する。まえに明らかにした一五種類の模様を生みだすW座位はすべて遺伝子型ww（すなわち有色）である。S座位がホモかヘテロかによって、模様と遺伝子型とは不完全ながら以下のように対応すると考えられる。《漆黒》《白尾》《白縞尾》：SS、《白肩》《白頭》《白顔》《白腹》《白帯》《稲妻》：Ss、《縦線》《豹》《黒雲》《黒頭腰》《黒頭背腰》《黒紋》：ss。

素人でも最初に気づくことがある。ボディの遺伝観によれば、「〈白〉は弱いから、仔においては消えてしまう。だが、弱い〈白〉どうしがかけあわされれば、消えない」はずであった。ここから、私たちは、〈白〉が劣性遺伝子のホモ接合体によって発現するという推測にいざなわれる。だが、遺伝学によれば、ウシの白い体色は優性遺伝子Wによって発現するのである。野澤は、ボディの言明する両親の毛色と子の毛色との関連が遺伝学的に説明可能であるかどうかを検討した。その結果、W遺伝子が関与すると考えられる事例を含めると、およそ四分の一の事例が説明不可能になってしまった。だが、W遺伝子が関与しない交配事例だけに限定すると、説明不可能な事例は五パーセントにまで落ちこんだ。おそらく、〈白〉そして「糠毛」に相当する〈緑／青〉、〈紫〉、〈灰〉という語で指示される毛色の定義が曖昧さを含んでいるためだろう。以上を総合して二つの結論を得る。(1)遺伝学はウシの模様についてボディほど細かな分類を行ないえない。(2)W遺伝子の関与例を除けば、ボディの民俗遺伝観はメンデル遺伝学とほとんど矛盾しない。

いうまでもなく、ボディのこの知識は、メンデル遺伝学とはまったく無関係に獲得されたものである。両親の毛色組み合わせから子の毛色を予測させる知識によって、ボディ族は飼いウシ集団の毛色分布を操作することができる。ウシの毛色に多様化淘汰を加える文化的装置は、彼らの民族遺伝観を育て、逆にこの遺伝観が多様化淘汰の有効性を支えている、ということができるであろう。[262]

現象学的人類学で著名なマイケル・ジャクソンは、彼の編んだ論文集の序論で、福井の報告した「民俗遺伝観」に注目した。

福井勝義による、南西エチオピアのボディにおける民族誌的研究は、いかに「矛盾した」モデルが、論理的混乱をではなく、社会的使用の対照的な文脈を反映しているかという例を与える。牧畜民のボディは、八つの基本的な色彩語に基づいて、ウシの夥しい色模様を認識している。この色模様の現地語彙、ウシの系譜、氏族の分類に精通することは、播種や雨乞いといったもっとも重要な出来事に際してどのウシが供犠獣として象徴的にふさわしいかにかかわる決定を左右する最重要性をもつ。しかしながら、われわれの目的にとって衝撃的なことは、ボディは、宇宙論的・儀礼的な目的に有効な色模様をもつウシを選択的に交配するときメンデル遺伝学の原理を応用しているが、人間の生あるいは人間の家系に対してはこのモデルを適用しないということである。その理由は、人ではなく、ウシが社会の小宇宙《ミクロコスモス》と自然の大宇宙《マクロコスモス》とを媒介する決定的な媒介位置を占めるからであり、さらに、人間性と宇宙とのあいだの関係を効果的に御そうとするなら、儀礼的に正しい色彩の組み合わせが、すぐさま入手可能でなければならないからである。[263]

261　野澤のもとの表ではee/ E^d_となっているが、W座位にe遺伝子が書かれていることが不可解である。誤記と判断し、wwと書き換えたが、わたしの理解が間違っているかもしれない。

262　同論文、一三九－一四〇頁。

263　Jackson, Michael 1996 Introduction: Phenomenology, radical empiricism, and anthropological critique. IN: Jackson, M. (ed), *Things as They Are: New directions in phenomenological anthropology*. Bloomington: Indiana University Press, pp. 1–50. 引用箇所は p. 12.

このジャクソンの序論は、西欧思想のビッグネームを綺羅星のごとく連ねるのみで、論旨はいちじるしく錯綜している。これがもし現象学的人類学の代表的な水準を示すものならば、その未来は暗いといわねばならない。なかでも、右の引用部分はわれわれを失望させる。ジャクソンは旧態然たる象徴論の枠内にとどまっており、ボディの民俗遺伝観がもたらす真の驚きを捉えそこなっている。彼が何をもって「矛盾」とみなしているのか不分明であるが、わたしは、現象学的な判断中止そのものが矛盾に直面しているのだと考える。

　エチオピアでの二回目の雑種ヒヒの調査をわたしが終えるとき、調査チームの同僚であった庄武孝義〔当時、霊長類研究所の助手で、野澤の一番弟子であった〕はまだ半年近くの調査期間をのこしていた[264]。彼が採取した貴重な血液サンプルを冷凍保存したまま日本に持ち帰るために、野澤にエチオピアまで来てもらった。大きなクーラーボックスをかかえて帰国の途につく野澤にわたしは同行した。彼と親しく話すことによって、わたしは、トロツキズムこそもっとも優れた政治思想であると断言する野澤の澄みきった知性を深く敬愛するに至った。だが、その彼が今西の思考を冷笑することに、大きな隔たりを感じた。現代生物学の根幹をなす集団遺伝学の最先端をにない、ネオーダーウィニズムを信奉する野澤は、認識論的には客観主義者なのだろう。いっぽう、わたしはおそらく青年期以来、自然誌的態度しかほんとうには信じていなかったのだろう。自然誌的態度とは、生活世界の内側から（わたし自身を含めた）人びとが把捉する事柄だけに基づいて思考を組みたてる方法である。

　ところが、生活世界の内部でボディが獲得したウシの色模様の多様性にかかわる認識は、メンデル遺伝学と顕著な収斂をみせた。この節の最初のほうで、わたしは、ある種の論理は自然の構造のなかにあらかじめ埋めこまれていると論じた。生活世界の内部で行なわれる本質直観が十分に明晰でありさえすれば、それはわれ《エゴ》の外部に自生する論理と出会うことによって、科学が発見する「真理」と合致する――これこそ、まさしく客観主義であり、その祖型をなすプラトン主義であるといってもよい。このような思考を受け容れるとき、自然誌的態度は、いったん括弧に入れたはずの科学に全面的に屈服することになる。

だが、もちろんそんなことはない。右に仮想した論証は肝心なところで現象学的還元を踏みはずし、論理的飛躍を冒している。民俗遺伝観とメンデル遺伝学は収斂するのであり、合致するわけではない。そもそも「合致」をいう時点で、メンデル遺伝学の完全性＝無謬性と照合するなら民俗遺伝観の「不完全性」や「矛盾」が明らかになるだろう、といった類いの論点先取がなされている。だが、二つの「理論」が収斂することへの驚きそのものがわたしの生活世界の内部で起きている〈現象〉なのであり、この驚きは世界の外部に視点をおいたうえで二つを比較考量する〈理念的操作〉からは湧き出しえないのである。

とはいえ、生活世界の本質形態の把握と科学の予測とのあいだに起きる収斂をまのあたりにした以上、科学の姿もまた変わらざるをえない。「家畜化の論理」を了解するという関心の向けかたによって、考古学的な想像力がわたしの思考から切り離しえないものになったのと似たことがここでは起きている。括弧のなかに閉じこめた科学は、いまや、その半身を括弧からはみ出させている。そのようなありさまにおいてわれわれの関心を惹きつけずにはおかないような科学の相貌を理解するうえでヒントになるのが、ダン・スペルベルの象徴表現論のコアにある「引用符つき命題」または「半命題」という概念である[265]。

――「ねえねえ、これちょっとすごくない。どうしてアタッシュケースに入るぐらいのちっちゃな爆弾でサラエボの町はふっとんじゃったの。そんでこんなでっかい蟻地獄の穴みたいになっちゃったの」[266]「それは『E＝mc²』だからさ」「なにそれ？」「Eはエネルギー、mは質量、cは光速さ。たった一キログラムのプルトニウムがあれば、こんなのはお茶の子さいさい」「ウッソ〜、そんなことがほんとうだって、どうしてあんたにわかるのさ」「アインシュタインっていう天才がそう言ったからさ、科学者の言うことはいつだって正しい」「あんたバッカじゃないの」

264　庄武孝義　二〇〇九『ブラッドハンター――血液が進化を語る』新樹社。
265　スペルベル、ダン　一九七九（菅野盾樹訳）『象徴表現とはなにか――一般象徴表現論の試み』紀伊國屋書店。
266　以下の傑作SFの設定から拝借した。夭折した天才に黙祷。伊藤計劃　二〇〇七『虐殺器官』早川書房。

半命題（右の例では『　』内の等式）とは、社会関係や制度の信憑性に埋めこまれることによって、主体にとって真理値が不明であるにもかかわらず、記憶に蓄えられ「受け売り」されるような命題のことである。生活世界のただなかで、遺伝学は半命題として私たちにその不気味な貌を向けている。あらゆる科学分野のなかでそれがまっさきに括弧からはみ出てくることは、論理的な必然である。わたしはフッサールがあっさりと括弧をはずした「生殖連関のアプリオリ」を、生活世界の内部に踏みとどまったまま把捉する道すじを示した（第一章第三節）。この延長線上に「子は親に似ている／同じ親から生まれたキョウダイどうしは似ている」という揺るがしがたい事実性が浮かびあがる。フーコーが見ぬいたように、「遺伝学的装備」は人的資本の管理と選別をめざす生政治の磁場において主要な集極点をなす（第三章第三節）。遺伝学を完全に括弧に入れおいたまま生活世界の深層へ測鉛をおろすことはできない。生殖という自然の連関がすべてのわれ《エゴ》が事実的に存在することの原因であると認めるかぎり、遺伝学のこの特権性を全的に乗り超えることは不可能である（ある種の哲学的技巧を用いれば生殖を存在の原因として認めないことが正しいとする論証も可能だろうが、その途をたどることはこの探究の関心外である）。もっとも肝要なことは、遺伝学を半命題にとどめおいたままでも、自然誌的態度は展成へ接近できるということである。

第五章
敵対する——天敵の政治経済学

新一が通う高校に赴任した数学教師の「田宮良子」は高い知性をもつパラサイトである。父親不詳の子を妊娠していることを同僚教師たちから非難され、「田宮良子」という身分を捨てることにする。新一と「彼女」は、この作品全体の主題が凝縮された会話を交わす。

> 「ハエは……教わりもしないのに飛び方を知っている。クモは教わりもしないのに巣のはり方を知っている……なぜだ?」「なっ　なにい!?　いきなり……」「わたしが思うに……ハエもクモもただ「命令」に従っているだけなのだ。地球上の生物はすべてが何かしらの「命令」を受けているのだと思う……」「いったい何言ってんだ……」[…]〔田宮は怪訝そうに眉を曇らせ〕「人間には「命令」がきてないのか?」「だから何なんだよそれ……神様の話か?」「わたしが人間の脳を奪ったとき1つの「命令」がきたぞ……」〔改ページ〕「〝この「種」を食い殺せ〟だ!」[267]

267　岩明均　一九九一『寄生獣　2』講談社、一八－二〇頁。

一　人の被傷性

都市と田舎

人と動物の敵対に関する探究は、私たちの生活世界の根底をはしっている人と人とのあいだの境界へとひき寄せられる。その境界の両側に位置するのが都会と田舎である。どこにも目に見える分割線などなく、両者は連続的に推移するのだが、私たちは子どもの頃から両者のプロトタイプを身体的に把握している。都市に生まれ育った子どもにとっては、田舎とは田圃や山河や海といった、日ごろ見慣れない風景がひろがっている空間である。おばあちゃんが裏の畑でもいできたトウモロコシのほのかな甘味や、井戸水で冷やしたスイカの歯に滲みる清涼感が、子ども心に深く刻まれる。『となりのトトロ』にはそんな昭和三〇年代の田舎の輝きが美しく定着されている。それを観て心をゆさぶられる都市民は、その時代には多くの子どもたちが日本脳炎であっけなく死んでいったことを忘れている。

都市における〈動物の隠蔽〉と不可分にもたらされた恩恵が、都市民は天敵への被傷性からほぼ完璧に免れたということである。日本の街では、猛犬が人（その多くは子ども）を襲って死に至らしめる事件が散発的に起きてきた。だが、野犬狩りとイヌの放し飼いへの規制が徹底したせいで、近年そうした報道に接することは稀になった。ましてやクマをはじめとする野生動物に襲われることは、都市生活者にとって無縁の災厄である。身の安全に浸りながら、私たちは、映画やマンガという拡張現実のなかで人を喰らう怪物と遭遇することにスリルを味わう。かく言うわたしがこの類いの作品の愛好者である。『エイリアン』シリーズは第一作から第四作まですべて映画館で見た。宇宙から来訪した「人狩り《マン・ハンター》」を描いた『プレデター』にもすっかり夢中になった。「捕食者もの」ファンは、都市文明の堅牢な母胎《マトリックス》（＝子宮）に保護されている自分が、獰猛な肉食獣にぺろりと喰われてしまいかねない無力な存在であることを思いおこし、自虐的なカタルシスに耽るのかもしれない。

接触帯域《コンタクト・ゾーン》

グイにとってライオンに襲われ喰われる可能性は、もっとも激烈な恐怖と絶望の源であった[268]。天敵の都合と人の都合は調停不能な仕方で対立する。ここに前章の主題「共生」の反転像が得られる。生存を支えるもっとも根幹の欲望をライオンが満たすことは、人が命を失うことである。「食う／食われる」の関わりは、何らかの交通に基づいた「噛みあわせ」ではなく、Pの存続とQの消滅とが表裏一体で起きる交働である。ヒゲクジラ類が海水を呑みこんでオキアミを濾しとるような場合には、この遭遇は自動的な過程のようにも感じられる。人と天敵との遭遇においても、そんな自動性がありうるのだろうか。

NK——ひとつ思いだしたことがある。おまえがよく知っているカエカエじいさんの母にまつわる出来事だ。はるか昔の話だよ。カエカエの父はコーペ、母はツォーアーという名だった。おまえが初めてカデに来たとき、よぼよぼ婆さんになったツォーアーは息子カエカエのキャンプで暮らしていたから、おまえも彼女に会ったことがあるだろう。まだ女ざかりのころ夫のコーペに先だたれてから、ツォーアーはカエンキュエという男とねんごろになった。だが、カエンキュエは、サラジュウェの町に住むテベ〔農牧民〕の女のことが昔から好きだった。だから「サラジュウェに水を求めに行く」と言って旅にでた。嫉妬したツォーアーは、恋人を呪詛した。カエンキュエは裕福な男で鉄砲を持っていた。サラジュウェから帰る途中、雄のゲムズボックの仔を追いかけてしとめた。だが、コー〔乾季の終わりの一年でもっともつらい季節、九〜十月ごろにあたる〕の太陽はひどく熱かった。「おい！　太陽が苦しいぞ。おや、もう暗いのに、なんて暑さだ。それなのに、おまえ〔カエンキュエ自身〕は、歩

268　菅原和孝『狩り狩られる経験の現象学』京都大学学術出版会、三五一−三九九頁。

いて歩いてきた。ただ横になろう。」道のまん中でただ横になり、砂の冷たさを感じた。ぐっすり眠ってしまった。それをライオンがめっけもんした《笑》。――

カエンキュエは、眠ったまま何が起きているかもわからずに、喰い殺されたのかもしれない。天敵に対抗するうえで格別に有効な武器である鉄砲をつかう機会さえなかった。この遭遇は、自然的過程のなかに埋めこまれた、存続／消滅の一事例であった。近代の手がまだ触れない「原野の人生」においては、人は天敵に対する被傷性にむきだしのかたちで曝されていた。ほぼ一世紀前にカラハリ狩猟採集民がおかれていた情況は、人／天敵関係の極限的な姿を体現している。だが、「近代の手が触れた」人生は、この極限からさまざまに隔たった天敵との関わりをまねき寄せる。その関わりはそれぞれに特異な政治経済的な文脈で起きる。なかでも顕著な文脈は、「植民地」「入植と開拓」「環境破壊」といった、人と動物がおたがいとの出会いを否応もなく強いられる接触帯域《コンタクト・ゾーン》においてて生じる。

以下で記述するのは、さまざまな地域の「田舎」で起きている出来事である。そこで導きの糸になるのが、イギリスの人類学者ジョン・ナイトの探索である。まず、ナイトが編集した『天敵――人類学の視界における人びとと野生動物の争い』に注目する。この論文集には、イギリスの郷士階級の伝統であるキツネ狩りやアメリカの地方都市におけるハトの殺戮に関する報告も収められているが、論述の拡散を避けるために、人と動物の接触帯域において、人のがわの被傷性が露呈するような事例に焦点を絞る。ついで、わが国の山村住民と動物たちとの敵対の様相を明らかにしたナイトの民族誌を吟味する。

二　害獣という問題圏

ナイトは、人びとと野生動物の争いは人類学的な研究の周縁におかれ、分析的な注意を払われてこなかったと指摘したうえで、「垂直関係」と「水平関係」との区別を提起する。「垂直関係」とは食う／食われるという関わりが成立することであるのに対し、「水平関係」とは同一の資源をめぐる人と動物の競合のことである。――水平関係の競合が顕著に現われるのが、森林辺縁での農業である。農民は、作物生産労働のほかに、野生動物から生産物を守るという別種の労働に精力を費やす。ときに垂直／水平関係は重なりあう。英語に「菜園狩猟《ガーデン・ハンティング》」ということばがあるように、作物をねらう鳥獣が農民に射殺され、後者がその肉を消費するのであれば、水平軸の競合と垂直軸の捕食とが同時に成立したわけだ。

一般に有害鳥獣に関わる言説は自然／文化の二項対立に立脚している。だが、野生動物と人間とが対立関係におかれていない文化も多く報告されている。北方狩猟民は、儀礼を通じて動物の行動や繁殖に影響を与えることができると信じている（アイヌのクマ送り《イヨマンテ》が典型的な例）。野生動物と家畜との二項対立も普遍的ではない。野生の領圏を家畜的な秩序の一部とみなす民族も珍しくない。人間にとっての守護霊が、ある特定種の野生動物を人間のもとへひき寄せてくれるのである。

これとは対照的に、近代の自然保護思想は、自然／社会の二元論に基づいている。そのもっとも尖鋭的な表現が「保全主義《コンサヴェイショニズム》」である。自然は、人間の資源利用を免れるべき圏域として位置づけられる。野生動物の個体群を保護する抜本的な解決策は、全住民を移住させることである。[270] 現代の自然保護思想は新しい種類の権威主義を創出した。それは保護される動物のための生活圏《レーベンシュラウム》を確立し、これらの動物たちは隣接する田舎共同体へ侵入するにまかされる。野生動物に対する国家の関心は、当の動物からの田舎住民の疎外をまねく。とくに害獣が絶滅危惧種である場合には、自然保護が依拠す

---

269 Knight, John 2000 Introduction. IN: J. Knight (ed.), *Natural Enemies: People-Wildlife Conflicts in Anthropological Perspective*. London / New York: Routledge, pp. 3-24.

270 ボツワナ政府が野生動物の保護を理由に、全住民を中央カラハリ動物保護区から、その外側に設置された、いくつかの集落に「再定住」させたのは、典型的な場合である。丸山淳子 二〇一〇『変化を生きぬくブッシュマン――開発政策と先住民運動のはざまで』世界思想社。

る功利主義は矛盾に直面する。害獣駆除と自然保護のどちらを志向するにせよ、功利主義の立場にたつかぎり、文化的な文脈から独立した決定因を想定せざるをえない。このとき、自然に関わる人間の経験の多くは象徴的に媒介されるという事実を無視する結果に終わるのである。

功利主義をめぐるナイトの議論はわかりにくいので、補足して説明する。功利主義とは最大多数の最大幸福の実現をめざす思想である。現代の動物倫理学は、この最大多数に動物をも含めることを主張するが、[271]ナイトはこの理解を共有していないので、幸福の享受者を人だけにかぎって考える。野生動物が幸せに生きているという事実は、私たちの審美感や生命への畏敬の念を刺激する。これは無形の幸福である。だが、その野生動物のために、人命・家畜・作物などに甚大な被害がおよべば、物質的な不幸の総量が無形な幸福の総量を上まわるから、「駆除」が正当化される。しかし、インドのトラのように、一頭を殺すことが種の存続を危機にさらすならば、野生動物を管理する権限をおびた公的エージェントは駆除に踏みきることをためらう。そのトラによってまた一人村人が殺されたなら、トラの跳梁を放置することは反人道的であるという非難をまねく。功利主義的な論理を突きつめても、自然保護に万人の納得する根拠を与えることは難しいということになる。

ナイトは、有害鳥獣に関わる言説を組織する象徴体系のなかでとくに興味ぶかい側面として「否定的な擬人主義」に注目する。

――日本のツキノワグマは「犯罪者」であり「死の罰」を与えられねばならない〔新聞報道記事による〕。サーミのトナカイを襲うオオカミは「盗賊」、中世英国のキツネは「暗殺者」、ペンシルベニア州のハトは「エイズもち」、ヨーロッパの土着カモと交雑するイギリスから飛来したカモは「ごろつき」とよばれる。一六世紀フランスでは、ネズミは、ある州《プロヴィンス》のオオムギを不当にも破壊したかどで、教会裁判所によって告発された。近代初期の英国では、罠にかかったキツネは絞首索で殺された。英国の猟領地の番人は「さらし台」を使い、そこにイタチ、オコジョ、ネズミ、カラスなどの有害鳥獣の死骸を展示し、他の動物たちへの見せしめとした。これとは逆向きの隠喩もある。人間の暴力と殺戮が捕食のイディオムによって非難されるとき、両者の結びつきはいっそう強化される。犯罪者や戦争での敵は「ジャッカル」「オオカミ」「狂犬」といった烙印を押される。こうしたイディオムは、人間の行為の領圏に捕食の潜在性が内在するがゆえに心をかき乱す。人間存在は内部に動物的な核をもち、道徳性は内なる動物性を超克することに根拠をおいているとされる。人間から動物への転形が起きるという信念こそ、人間の捕食者的な潜在性のもっとも衝撃的な表現である。転形信念は世界じゅうで記録されている。ヨーロッパの狼男、西アフリカのゾウとチンパンジー、中南米のジャガー、インドネシアのイノシシ、日本のキツネ等々。野生動物による作物略奪が自然／社会の境界を脅かすのだとすれば、転形はまさに人間と動物の境界を脅かすのである。

訳語に注釈をくわえれば、わたしが前著の鍵概念のひとつとした「変身」にあたる英語はメタモルフォーズであり、昆虫の変態に典型的にみられるように、「心」をふくむ身体のすべての性質の全的な変容を意味する。それに対して「転形」に該当する英語はシェープ＝シフトであり、姿形（外見）の変化を意味する。ドゥルーズとガタリが『千のプラトー』で提起した《なる》ことに対応する概念は、転形ではなく変身のほうだと解する。[272]

人間の分割

本書の冒頭でわたしは〈動物の境界〉の二重語義性を強調した。あらためて繰り返せば、まずそれは人と動物を隔てる境界を意味する。第二に、人のある個体群《ポピュレーション》の内部において、動物に対してどんな志向姿勢をとるかに応じて、人と人とのあいだに境界が張られる。この第二の境界について、ナイトは重要な定式化を行なっている。

――人と野生動物との争いは、動物による実際の破壊によってひき起こされるが、同時に、この争いは人のがわの緊張・分割・敵対と密接に関わっている。人内部の分割には以下のパターンがある。

271 伊勢田哲治　二〇〇八『動物からの倫理学入門』名古屋大学出版会。
272 「山麓にて」（緒言）の注3、および第三章第三節の最終小節「動物に《なる》ことを擁護する」を参照。

(a)野生動物との争いのなかに、もともとあった人間の社会的分割が、そのまま現前する。
(b)野生動物をめぐる争いを通じて人間どうしの分割が明白になる。地方の農民や家畜飼養者と都市の自然保護主義者との対立は典型的な場合である。
(c)人間どうしの争いが野生動物へと投射される。野生動物との顕在的な争いは、人びとのあいだの社会的葛藤を表現する象徴的媒体になる。自然から迫ってくる危険への恐怖や憎しみを煽ることが、共同体の価値を是認したり、集団を再編成することに役立つ〔サーミがオオカミの脅威をさけぶことは、トナカイ放牧者としてのサーミの文化的アイデンティティを強化することに役立つ〕。

この争いを本質的に規定する要因が国家である。人／動物の争いの多くは、煎じつめれば「人びと」と国家のあいだの葛藤に帰着する。野生動物が公的な保護の対象になるとき、地方で害獣被害を蒙る人びとは、国家的な権威に非難を向け、経済的な償いを求める。米連邦政府の自然保護主義的な圧力〔イエローストーン国立公園へのオオカミ再導入のこと〕に反撥したモンタナの農場主たちは、オオカミをワシントンDCに導入することを求める決議を州議会で可決した。インドのグジャラティ地方のアジア・ライオン保護区域に隣接する村民にライオン保護の必要性を啓蒙するために訪れた役人たちは、「すべてのライオンをおまえらと一緒にデリーに連れて行け」と罵られた。

自然保護思想は社会的支配の一イディオムとして現われる。遠隔地の住民は、不公平にも複合的な環境リスクに曝されている。人類学は自然保護思想が果たす唱道的な役割を無視することはできない。この争いに捲きこまれている絶滅危惧動物たちと向かいあい、自然保護思想と釣りあう力をもった人類学的な唱道は欠如したままだからである。人類学があまりにも根づよく人間中心主義に縛られているという指摘は新しいものではない。オランダの文化人類学者・哲学者であるバーバラ・ノスクはかつてこう慨嘆した。「なんたることか、どこにも動物の人類学はない。ただ、動物と関係する（人間中心の）人間に関する人類学があるばかりだ。」[273]

われわれの探究もまた、研究対象を文化的に特定化し脱自然化するという、人類学の慣習的な手続きにしたがっている。

だが、その射程はもっと基本的な人類学的境界面《インターフェース》に向かっている。それこそ動物的な「他者」との境界面である。真に自己反照的な人類学は、人間中心の狭量を乗り超えねばならない。人類学のリベラルな理想は「よそもの嫌い《ゼノフォビア》」に挑戦することにあった。この原点を拡大すれば、「動物嫌い《ズーフォビア》」への挑戦にまで到る。〈ほかの人びとを対象化する〉ことに疑問符を突きつけてきた人類学は、〈動物たちを対象化する〉ことにも疑義をさしはさむことができるはずだ。

この論集に寄稿された諸論文が、編者ナイトが表明するような野心に呼応しているかどうかは、じつは心もとない。けれど、一五年以上も前に出版されたこの書物で、ナイト自身は、近年提唱されはじめている「人間性を超えた人類学」への展望を予示していた。その先見の明に敬意を表したうえで、当然の疑問を呈示しなければならない。ノスクの希求する「動物の人類学」は形容矛盾のようにもみえる。「動物それ自身」の学とは、もはや人類学ではなく「動物学」なのではないか。本章の探究は、この疑問に応えようとする試みでもある。結論を先どりすれば、動物を人と対等な動作主《エージェント》の位置におきながら両者の関わりを究明することは、人類学にしかできない知の離れわざなのである。

三　水平的競合の諸相

マラウィにおける農作物被害の歴史

マラウィは南部アフリカと東アフリカのはざまに位置する内陸国である[274]。細長い国土の東縁には南北五六〇キロメートルにもおよぶマラウィ湖が伸びている。英国保護領ニヤサランドであったが、一九六四年に独立した。

273　Noske, Barbara 1997 *Beyond Boundaries: Human and Animals*. Montreal: Black Rose Books, p. 169.

274　現代マラウィの全体像を知るのに恰好の良書がある。ただ、これを読んでも、植民地期のマラウィに人喰いライオンが横行していたなどとは想像もつかない。栗田和明　二〇〇四『マラウィを知るための45章』明石書店。

ブライアン・モリスの探究は、同時代の人びとの生活世界を明らかにする民族誌ではなく、植民地期の歴史文書の発掘に注がれている。論文の中心である人喰いライオンに関する衝撃的な記述は第五節にまわし、ここでは論文の後半で焦点をあてられている野生動物による作物被害に関する記述を紹介する。[275]

――マラウィの人びとは、さまざまな動物種による作物略奪に直面してきた。現在ではゾウは保護区と森林保全区とに限局されているが、かつては全土に分布していた。猟獣局のおもな機能は野生動物の保護ではなく作物防衛だった。『夜の豹』と題する旅行記で著名なガイ・マルドーンは一九四〇年代にムウェラ丘陵に農業官として駐在した。彼はのちに猟獣管理官になり、地方の農園に侵入するヒヒとイノシシの駆除にあたるとともに、保護区からさまよい出たゾウの統御に精力を注いだ。ンコタコタ県《ディストリクト》のゾウはとくに由々しき問題だった。ゾウは樹木の多い山腹から湖岸へ降り地方農園を破壊した。植民地期には銃の所持は厳しく制限されていたため、住民はゾウに対して防御手段をもたなかった。ある老女は、生計の唯一の糧である穀物畑を守るため、夜に松明をかざしてゾウを追い払おうとして踏み殺された。なかでも有名なのがムピミビの群れで、約一〇〇頭のゾウで構成されていた。一九二〇年代にこの群れはシレ河沿いにうろつきまわり、通過したあとに大潰滅と絶望をのこした。地方の行政官たちは、ゾムバの植民地政府に最良の解決策はゾウを根絶やしにすることだと書き送った。ある行政官は、軍事演習の一環として機関銃射撃の標的にゾウを利用するのが賢い解決策だと示唆した。もっとも根本的な問題は、人間とゾウがなわばりを競合させていたことである。生態学的にも社会構造の面からも、ヒトとゾウはよく似ている。多くの中央・東アフリカの共同体は、ゾウと同様に母系中心的な社会集団を形成し、両方ともその食糧獲得活動が疎林帯の環境に破壊的な影響を与える。ともに長い子ども期をすごし、他の哺乳類には類をみない長命種である。ゾウは人びとの生計と安寧に対する持続的な脅威である。

だが、ゾウやカバといった巨獣たちよりも作物に深刻な被害を与える動物がほかに四種類いる。ヒヒ、ヤマアラシ、樹上性サル類、イノシシである。ヒヒとサルが日中に畑荒らしをするのに対して、ヤマアラシとイノシシは夜行性である。「ニヤサランドでは、これらの生きものは年間、数千ポンドに相当する食糧を破壊し、何千人ものアフリカ人の生存を脅かしている。」
一九三〇年代までにマラウィの野生動物は激減した。それとともに、猟獣を保護すべきだという意見が出はじめた。だが、一九四八年から六一年にかけて、夥しい動物たちが殺された。ゾウ八五二頭、カバ一〇四八頭、バッファロー五六二頭、ウォターバック四八九頭、ローンアンテロープ＋エランド＋クーズー合わせて五五四頭、他の羚羊類一一九九頭、さらに三〇万頭にのぼる「害獣」（おもにイノシシとヒヒ）。一九五五年までに、バッファロー、ローンアンテロープ、エランド、クーズーなどの羚羊類は、作物被害にとって問題ではなくなった。湖岸の多くでカバは絶滅し、シレ河下流域での人間とカバの争いを抑制する近年の努力は、この地域でのカバの消滅をまねいた。いっぽう人口の急増には目を瞠らされる。一九三〇年に二〇〇万人以下だったのが、現在では九〇〇万人に達する。不可避的な結果として、過去五〇年間に大型哺乳類は激減した。

ここで素描された近代史は、サブサハラ・アフリカの全域に典型的なものであろう。植民地期に、野生動物たちが闊歩していた土地への人びとの入植が加速するのと平行して、巨獣だけでなく中・小型哺乳類のすべてが害獣として憎まれるようになった。歯どめのない「駆除」が横行した果てに、野生動物たちはほうぼうで絶滅し、国立公園と保護区でほそぼそと生存を維持するようになった。絶滅が危惧されるようになってはじめて、グローバルな権力は「保全」という名の「社会的支配」を貫徹しようとする。これに対して、つぎの事例は、人間のがわの完膚なきまでの敗残の歴史である。

スマトラ入植民の受難[276]

サイモン・ライは、スマトラ入植民を襲った絶望的なまでのイノシシ被害を調査した。発端は一九八〇年代に

275 Morris, Brian 2000 Wildlife Depredations in Malawi: The Historical Dimension. IN: J. Knight (ed.), *op. cit.*, pp. 42-47.
276 Rye, Simon 2000 Wild Pigs, 'Pig-Men' and Transmigrants in the Rainforest of Sumatra. IN: J. Knight (ed.), *ibid.*, pp. 104-123.

入ってからインドネシア政府が推進した大規模移住政策であった。これはジャワ島で深刻化する人口過密の解消策として構想された。入植地として選ばれたスマトラ島東部に一九八一年から移住が始まった。ライがフィールドワークを行なったのは、入植開始から一一年後の一九九二年だった。

――新天地での豊かな生活を夢見て移住政策に参入したのは、ジャワで稲作の経験を積んでいた農民たちだった。各世帯は、政府から二ヘクタールを与えられた。一ヘクタールは移入前に開墾が済んでおり、残りの一ヘクタールは自力で開墾するよう奨励された。政府の青写真では、灌漑田または降雨を溜める水田を作り、自給自足を確立できるはずだった。だが、最初の二〜三年で農業経営は破綻した。生活困難のため、貯金をはたいてジャワに帰る者や、もっと良い土地を探して移る者が続出した。政府が導入した農業システムは、スマトラ低湿地帯の熱帯降雨林には不適であり、机上で作製されたシナリオがいかに生態学的洞察を欠くものであったかが暴露された。ライの調査時点では、まだ約六〇〇世帯が残っていたが、多くの移入者は付近で拡大されたプランテーションの賃金労働者に雇われていた。農業の潰滅は二つの原因に帰せられた。第一は土壌の肥沃さの急激な喪失である。第二が、野生動物の作物略奪だった。損害を免れたのは成熟した果樹だけだった。

とくに一九八四年以来、イノシシの襲撃が劇的に増大した。対抗策として移入民たちは毒殺を試みた。ジャワでは、イノシシを殺すのにトゥバという植物が一般的に用いられていた。だが、スマトラのイノシシはこの毒のある種子をすぐに避けるようになった。「他のイノシシに何が起こったかを見たからだ。」狩猟は有効な対抗策だが、入植地では森への狩猟遠征はあまり組織されなかった。出稼ぎのため男手が不足していただけでなく、ムスリムの食規制のためイノシシの肉を食うことができないので、狩猟に費やされる労力に較べ、見返りはあまりにも少なかった。また、移入者たちは森に棲む多くの精霊を怖れた。

ノブタ（ブッシュ・ピッグ）とはイノシシのことだが、民俗知を記述する際には、「豚」のほうが喚起力をもつので、この小節ではイノシシを「豚《バビ》」とよぶ。クルアンの教え以外にも、豚の神秘的な力能に対する怖れがある。豚は穢れた動物であるだけでなく、周囲の森にひそむ邪悪な生きものたちの代表でもある。耕作の行きとどいたジャワから来た人びとは、森に対する経験をもたず、森に棲む生きものと精霊に親しみを感じられなかった。

――ここでライは、パク・ウィリオというスンダ人のドゥクン（儀礼的な治療師）に焦点をあてる。パク・ウィリオは深い知識をもち、森のへりの小さな家に住んでいた。ある夕暮れ、パク・ウィリオは、ライを「森の縁の豚の土地《タナー・バビ》」への散歩に誘った。彼はライに「豚人間《オラン・バビ》」を見せたかったのだ。だが緑の混沌を見つめてすわっていても何も見えず何も聞こえなかった。のちに家のテラス《パティオ》にすわってパク・ウィリオは語った。「おれたちは豚の土地にいる。かれらからおれたちの土地を守るすべはない。かれらはここではおれたちに優越する。「豚の秘密の知識《イルム・バビ》」（豚の精霊）をもっているからだ。二種類の豚がいる。バビ・トゥンガッルとバビ・ビアサ（普通の豚）だ。バビ・トゥンガッルは、単独雄で、豚人間である。豚たちの長《おさ》で、普通の豚たちを指揮して菜園に侵入させる。彼は利口で、おれたちの考えを知っていて、おれたちがつぎにどう動くかわかっている。」

さらにパク・ウィリオは「豚の導師」について語る。「チナク河上流の森の奥には、岩があり、これが豚精霊《イルム・バビ》の源となる。岩は豚の形をしていて、その口から水が流れ落ちている。「豚の導師《グル・バビ》」は、入門者を何度もこの岩へ連れて行き、豚のやりかたと豚の言語を教えこむ。入門者はグルから開示された秘密のマントラを暗誦する。しばらくすると、彼は一人で岩のところへ戻るように命じられる。衣服を脱ぎ、岩の正面に跪き、岩の口から流れおちる水をじかに飲む。それから、マントラを唱えたあと、岩のなかに棲みついている豚の精霊に、豚になりたいという望みを囁く。変身がなされると、彼の衣服はグルが回収して保管する。彼は、だれかの畑に行き、根を掘り返し、バナナの木を破壊し、作物を腹いっぱい詰めこむ。好きなだけ豚のままでいて、豚として森のなかで生きる。人間に戻りたくなったら、グルを探しあてなければならない。グルは彼の目の前に衣服をかざし持つ。豚人間はそのなかに体を突っこもうとあがき、徐々に人間の特徴をとり戻す。」

豚人間への怖れは、異民族への猜疑と結びついている。森のなかには「スクの人」と呼ばれる部族が住んでいる。それはふつう土着先住民のタラン・ママクをさす。その人口はおよそ千人と推定される。森に住み、焼畑農耕を行い、狩猟採集で得た食糧を焼畑から得た農産物の足しにする。移入者たちは、「スクの人」が魔力をもち、それによって豚に変身できると信じている。この力すなわち「秘密の豚の知識《イルム・バビ》」は、タラン・ママクのいくつかの親族集団において父系で継承される。――ライは、この事例に認知人類学的な理論をあてはめようとする。その思考の問題点については、本章の最後で批判する。

四　転形と植民地状況

バカ・ピグミーにおけるゾウへの転形

ピグミーと総称される人びとは、ブッシュマンとともにアフリカの狩猟採集民を代表する「民族」である。乾燥サバンナに適応したブッシュマンと対照的に熱帯降雨林に住むピグミーに関しては、わが国の研究者によるものを含め、膨大な研究が蓄積されている。ここでは、本章の主要モチーフのひとつである「植民地状況における動物への転形」という一点に絞って論じる。コンゴ共和国に住むバカ・ピグミー（以下「バカ」と略称）に関するアクセル・ケーラーの報告に依拠する。[277]

バカのなかには、森のなかでゾウに転形する力をもつ、〈モキラ〉とよばれる人がいる。モキラは本物のゾウと区別がつかないが、糞の匂いと体臭は人間のものである。足跡は本物のゾウほど深くないし、近くに他の（普通の）ゾウの痕跡がないことからモキラとわかる。だれもモキラを殺すことを望まないが、危険が切迫した情況で狩人が偶発的に殺してしまうことがある。死んだときには、ゾウと人の二つの死骸を残す（異伝では人の死骸だけ残る）。死の瞬間に、人はゾウの身体に幽閉されないように魂と共に跳び出すのである。
——人の攻撃をうけたゾウはふつう逃げるが、ときに逃げたふりをして半円を描いて戻り、猫のように攻撃者の背後から忍びより襲いかかる。ゾウの反撃を生きのびた狩人はほとんどいない。ゾウは狩人を鼻で巻いて樹の幹や地面に叩きつけて体を砕き、足で踏みつけて骨をへし折る。さらに牙で体を引き裂き、あとに骨と肉と血を残す。だが、モキラに殺されたハンターは異なったタイプの傷を負っている。それはナイフで突き刺した痕、あるいは山刀で切った痕のように見える。

バカにとってゾウは動物界の帝王であり、もっとも力強く神秘的な、森林の祖である。この地位は〈ンジャボ〉への畏敬に結びついている。ンジャボは神話的存在であり、巨大な牙をもつトーテム的な祖先であるが、今でもその生きた化身がいる。それは、雌雄を問わず老いたゾウで、群れを先導し、「大統領のように」恭しく距離を保つボディガードたちに従われている。ンジャボが一声吠えれば、ゾウの全大軍がただちにその周りに集まる。

バカにとって狩猟儀礼は特別な重要性をもつ。森の精霊が大型猟獣の狩猟を成功させる媒介者となるからである。とくに、ゾウのように偉大な動物の猟の成功は、精霊世界との調和的な関係に全面的に依存する。精霊世界は死者と祖霊の作用とが渦巻く領圏である。狩人は、モーメという守護霊の助けをうけてはじめて宇宙の均衡と社会の調和を保つことができる。偉大な狩人は、さまざまな精霊の眷族の庇護をうけるが、なかでも重要なのが過去の狩猟名人たちの霊《ナブラ》と、儀礼結社の亡き指導者の霊である。

大型獣の狩猟は、人びとどうしの、そして人びとと環境との調和的で均衡のとれた関係に依存する。狩人とその家族は、性行動と食生活に課せられた制限にしたがい、さまざまな儀礼を実践しなければならない。もっとも重要な規範は、狩人自身は自分が仕留めた大型獣の肉を消費してはならないということである。優れた狩人は、尋常ではない視力、精霊界への特権的アクセス、転形といった特別な権能をもつ。けれど、狩人がこれらの力

277 Köhler, Axel 2000 Half-Man, Half-Elephant: Shapeshifting among the Baka of Congo. IN: J. Knight (ed.), *ibid.*, pp. 50–77.

を濫用するリスクもある。狩人の親族に死があいつぐと、彼が自分の成功を増強するために、かれらを「食う」妖術《ウィッチクラフト》を用いたという疑いが囁かれる。

転形と妖術とのあいだの類縁性を暗示するのは、奇妙な雑種的生理学である。動物の姿をした妖術師《ウィッチ》は、何らかの人間的特質を保持していて、過度に攻撃的だったり、ことさらに悪意あるふるまいをする。これに対して、転形者は行動も動物そっくりだが、体臭と糞の匂いは人間のものである。両方とも傷つけられると人間の血を流す。だが、決定的な違いがある。モキラは妖術師のように人肉食もしないし、個人的な利益のために害をなすわけでもない。かれらは血讐の規則にしたがい、仲間を害されたことに報復するために加害者を殺す。また、自分たちの共同体を再建するために、誘拐によって成員を補充する。

象牙交易の歴史

困ったことにケーラーは彼のフィールドワークの期間を明記していないが、調査が終盤にさしかかった頃、モキラが現われたという噂が急速に広まったという。モキラがのこしたとされる最初の足跡は、コンゴ／カメルーン国境に近い小さな商業中心地ンタムの近くで見つかった。この街は、ムスリムの交易人たちが象牙密貿易に関与し、バカにその生産を注文してきたことで悪名が高い。ケーラーは、モキラ説話を政治経済の文脈で解釈することを試みる。物質的な媒体は、隣国カメルーンへの象牙輸出と、それと引き替えに得られる現金および種々の工業生産物である。だが、象牙によってもたらされる個人的な利益は、徹底した分配を原則とするバカの生業経済に統合されていることをケーラーは強調する。象牙交易は、貨幣に駆動される近代経済が、分配に基礎をおいた伝統経済と社会的に動機づけられた交換網へと統合される、もっとも「成功」した例とさえみえるという。

――一九八〇年代中期にカカオ市場が崩壊するとともに、象牙はその重要性を復活させた。他のピグミー集団同様、かつてバカは象牙と他の森林産物を農作物・塩・鉄と交換していたが、現在ではそれに現金・衣服・他の消費財（中古ラジオ、家庭用雑貨、山刀、等々）がくわわっている。一九八九年に絶滅危惧種国際取引協定が成立し、象牙およびゾウの遺骸物を利用した産物の取引は全面的に禁止された。しかし、この禁止は、カメルーンとの国境地帯に拡がるスアンケ県《ディストリクト》にはさしたる効力をおよぼさなかった。国境管理はとくにコンゴ側できわめてルーズだったし、県行政府は野生生物管理を所掌事項に含めていなかったから、ゾウ狩りはずっと続いている。カメルーン側の闇市場で象牙の需要は絶えず、地方住民は現金を稼ぐ代替手段をもたないからである。

バカはもともとゾウを狩る習慣をもたず、ゾウの肉も食わなかった。かれらがゾウ肉を愛好するようになったのは、一九世紀終わりに市場での象牙需要が高まってからのことである。だが、べつの文献によれば、他のピグミー集団では一七世紀からすでに象牙を生産し、ゾウの肉を消費していたようだ。歴史言語学的な研究では、すでに紀元一〇〇〇年ごろから、ピグミーをはじめとする狩猟採集民によって中央アフリカの森林産物を流通させる遠距離網が存在していたとされる。

一八八〇年までに大西洋交易はカメルーン南部の森林や北西コンゴにまで達した。それまでにすでに、複数の民族集団にまたがる取引を介して、象牙は内陸から沿岸部にまで運ばれていた。一九世紀終わりにはヨーロッパの象牙需要はピークに達した。一九〇五年に、スアンケの北ンゴコ地域を統括するドイツ植民地行政官は、ゴムに次ぐ重要な輸出品目である象牙の激減は深刻だ、と報告した。ゾウ肉への欲求に駆られたバカによって、ゾウの大量殺戮が続いたためだったと考えられる。

ピグミーのゾウ狩り名人は、近隣のバントゥ農耕民との交換関係において政治的な卓越性を獲得した。バカが「偉大な狩人《トゥマ》」とよぶ男をバントゥは「ピグミー首長」に任命した。ピグミー首長は、ゾウ狩りの並はずれた功労への返報として、バントゥから複数の妻を受けとった。狩猟名人の権力基盤の強化こそが、象牙交易がピグミー社会に及ぼしたもっとも大きな影響だった。象牙は婚資としても重要だったので、有力な狩人たちは率先して一夫多妻婚を行なうようになった。

ケーラーはこの絶望的な近代史に牧歌的ともいうべき考察を絡ませる。彼は〈モキラはバカとゾウとの分かちあい関係の具現である〉という命題を解釈の前提におく。〈モキラが人を襲う〉という事実は、バカと分かちあいのエートスを共有しない他者たち（ゾウであれバントゥであれ）に対する、バカの社会関係から創発する緊張と葛藤を照射する。バカは、森はそこに棲むすべてのものたちに属していると明言する。もちろん、このような思想は、一九世紀末にかけて象牙狩猟が加速されたという事実と不整合をきたす。象牙交易へのバカたちの積極的参入が、ゾウとのあいだにもたれる分かちあい関係にひずみをもたらしたことは否定できない。だが、バカの民族誌から明らかになるのは、ゾウの共同体への基本的な共感である。この共感は、ゾウの社会性に対する詳細な観察と、ゾウと森の世界を分かちあう経験に基づいている。報復への恐怖はこの共感と不可分である。恐怖は実際に知覚されるゾウの知性と力に根ざしているが、同時にゾウとのあいだに維持されるべき人格化された関係の論理的な帰結でもある。モキラの説話に凝集される種間関係の力動は、他の種との分かちあい関係に内在する実存的なジレンマと葛藤から生成している……。——なんと空疎なことばの羅列であろう。本集に収録された他の論文にも共通している、「人類学的言説」に特徴的な限界については、本章の最後でまとめて批判する。

チンパンジー商売

ポール・リチャーズのシエラレオネ（西アフリカ）における研究は、植民地の政治状況においてチンパンジーがスティグマ化されてきた過程を論じる[278]。シエラレオネ森林部の主要な生業は、高地適応した米栽培である。この地域では、「チンパンジー商売《ビジネス》」（ンゴロ・ヒンダ）がしばしば囁かれる。これはもっと一般的な信念ボニ・ヒンダから派生している。ボニ・ヒンダは、誤って「食人」と訳されることがあるが、妖術師が「悪い薬《ハレ・ニャムイ》」をつくるために、若者を殺し死体の一部を取ることである。この薬は、特別な政治的・経済的権能をもたらす。殺害者は、転形の呪術によって、ヒョウ、ワニ、チンパンジーの外見を獲得する。実際の野獣が与える傷と似せるため、特別のナイフが使われる。ヒョウとナイルワニはほぼ絶滅したが、チンパンジーは現在もときたま森林地帯で遭遇する動物である。

一九八八～九〇年のフィールドワークで、リチャーズは数人の猟師からチンパンジーの話を聞いた。チンパンジーは、子どもに石と台を使ってナッツを割るすべを教える。また母は割ったナッツを子どもに与える。最初リチャーズはこれらの話を空想だと思ったが、のちに霊長類学の知見と一致していることを知った。チンパンジーの暴力的性向についても、現地の見解と霊長類学の近年の研究とは収斂する。森林に接した開墾地で、おとなたちが農作業に気をとられているすきに、赤ん坊がひったくられた。使いばしりの子どもが森を抜ける径でチンパンジーにさらわれた。これらの実際の被害が、ンゴロ・ヒンダの信憑性を高めている。その背後には、五世紀にわたる奴隷交易の歴史が横たわっている。

――一五～一六世紀、奴隷交易の最初期のころ、ギニア高地の森林を通る交易路が開けた。西アフリカ森林帯における奴隷交易はもっぱら誘拐によった。一九世紀半ばまで、森林の誘拐者はシエラレオネの南部・東部からキューバへ奴隷を供給した。これらの奴隷は米栽培の知識をもち沼地で重労働ができたため、とくにサウス・カロライナ州で高い価値をおかれた。一九八九年に、ある老人は、祖父母から誘拐にまつわる昔話を聞いたことを語った。人さらいたちは、現リベリア領から訪れ、村の首長たちに強い酒をたくさんふるまい、その見返りに象牙と毛皮を要求した。首長は若者たちに託送物を海岸まで運ぶよう命じた。長い距離を歩いて疲れきった若者たちは船上でくつろぐよう勧められ、乗船と同時に船は出港した。子どもたちを失った悲嘆は世紀を越えて受け継がれた。子どもが森のなかでチンパンジーにさらわれるという事件は、強烈な民俗的記憶をよびさます。

リチャーズは、ンゴロ・ヒンダによる殺人が現実かどうかは外部からの観察者には決定不可能だという不可知

278 Richards, Paul 2000 Chimpanzees as Political Animals in Sierra Leone. IN: J. Knight (ed.), *ibid.*, pp. 78-103.

論的な立場をとる。ただ、歴史的には興味ぶかい記録に事欠かない。

——一九一三年の報告。「そいつは私を地面にうつぶせに倒し、顔を殴り、顔と目をひっかいた。はねのけようとすると、左親指と膝下に咬みついた。さらに右手の人さし指と中指を食いちぎった。私はヒヒのような黒い姿が藪に逃げこむのを見た。そいつは私と同じくらいの身長があった。」病院で一二歳の少年を診断した医師は一九二六年に記した。「シエラレオネではこの類人猿は大きなサイズに達する。獰猛さで知られ、機会さえあればためらいなく子どもたちを襲い、殺す意図をもってかれらをさらって走り去る。」何例かの攻撃では、被害者は性器に損傷をうけていた。

森を一人で歩き、襲われ手脚を食いちぎられた子どもが、ンゴロ・ヒンダの犠牲者とされてもおかしくはない。ンゴロ・ヒンダが転形した妖術師なのか、棲息地をめぐる人とチンパンジーの競合からひき起こされた行動学的な反応なのかは、観点次第で揺れ動く。ンゴロ・ヒンダと密接に結びつくのが、食人は実際に行なわれているという信念である。まず疑われるのが首長である。「そうでなきゃ、どうして首長は首長になれるんだ?」シェルボ県《ディストリクト》では、一八九〇年代にボニ・ヒンダの告発が流行した。このとき活躍したのが、占いに熟達したトンゴ奏者であり、メンデ語で〈トンゴ・モ〉〔妖術検知者〕とよばれた。容疑者が生け贄にされる事件が何回かあったため、植民地政府の介入をまねいた。

——トンゴ・モには前駆的な慣習があった。伝統的には妖術告発は試罪法《オディール》によってなされていた。容疑者は、サシーウッド〔マメ科の木で樹皮からアルカロイドが採れる〕の毒を飲むことで死ぬか/嘔吐するかが試される籤びき的な審判をうけた。平等主義的な社会では権威者の裁定はつねに疑われるので、神意に直接うったえるのである。妖術師・食人者の疑いがこれで晴らされれば、その人は残りの生涯、さらなる告発をうけることがない。だが、フリータウンの植民地権力は試罪法を一八八〇年代の末に禁止した。トンゴ・モはその隙間を埋めるかのように一気に蔓延した。

トンゴ・モがある種の正統性を獲得したのは、それが商業的個人主義に根ざす政治権力に対抗して農業的平等社会を防衛することに向けられたからである。二〇世紀初頭には多くの首長がトンゴ・モの犠牲になったが、類似の告発は現代まで脈々と続いてきた。リチャーズはフィールドで親しくなった男の例を挙げている。——彼は、それまでの生涯で四回にわたり「人間チンパンジー」の容疑をうけたが、そのつど放免された。もっとも最近の容疑は一九八七年であった。発端は彼自身が犯した殺人だった。自分にひどい仕打ちをした妻に復讐するため彼女が愛する子どもを手にかけ、その子がチンパンジーに襲われたように装った。それ以来、ブッシュで子どもが死んでいるのが発見されるたびに、まず彼が疑われた。彼は移民出身の熟練した裕福な鍛冶屋である。彼のように富を追求する外部者は、反社会的で利己的な傾向をもつとみなされる。動物が人間を殺しても、偽装された殺人の疑いをまねく。この底流には、けっして稀ではない児童虐待への怖れを助長するような社会的緊張がある。

イギリスの植民地統治のあいだ、食人は現実の犯罪とみなされていた。だが、のちに植民地の役人たちは、拘置所での拷問によって強いられた食人の自白を疑うようになり、ボニ・ヒンダとされていた案件を洗いなおした結果、いくつかの例は現実の動物によるものだと結論づけた。一九一二年に発布された法令でワニ結社とヒョウ結社の成員であることは自動的に罪とみなされることになったが、チンパンジーについては不問に付された。ワニとヒョウの結社はたしかに存在し、殺人も犯したようだが、ボニ・ヒンダの実在は疑わしい。ときに起こる野生動物の襲来で子どもが重傷を負うことが、妖術告発にも似た道徳的パニックへと拡大されたのではなかろうか——そうリチャーズは推測する。

一九九〇年代になっても、若者たちはチンパンジーを怖れ、年長者たちの公徳心に疑念をもち続けた。一九九一年から、シエラレオネと東リベリアとの国境地帯で、ダイアモンド鉱山の支配権をめぐり叛乱が起きたのを発端にして、長い内戦に突入にした。リチャーズは内戦についても詳しく記述しているが、本章のテーマからはずれるので省略する。

リチャーズの結論——チンパンジー保護に邁進する自然保護主義者たちは、この国でチンパンジーとは極端なまでの烙印《スティグマ》を押された動物なのだということを認識しなければならない。この烙印は奴隷交易の歴史に深く根をおろし、森の民の闘争と不可分に結びついている。闘争の政治は時代が変わるにつれ新しい装いをおびる。奴隷交易に加担した首長たちへの恐怖は、金儲け以外は何も顧慮しないビッグマンに対する貧窮した若者たちの恐怖へと姿を変えた。自然保護は多大な政治的感受性をもたねばならない。経済的誘因によってチンパンジー保護を促進することは倒錯した結果をもたらすだろう。森林への新規移入者を統制するために首長の権限を高めるような計画はきわめて危険である。内戦で根なし草になった若者たちは、社会的排除への復讐心を首長たちにぶつけることをためらわない。この怒りをまえにしたら、チンパンジーたちには逃げ場がない……。

読む者を暗澹とさせる記述である。ひとつだけコメントしておこう。リチャーズはンゴロ・ヒンダの実在に関して不可知論の立場を表明しながら、歴史文書を検討するうちに、チンパンジーの対人攻撃が人間のしわざだと誤認されたという解釈に傾く。だが、畑の縁に寝かされた赤ん坊ならいざしらず、森の小径を歩いている子どもをチンパンジーが攻撃することがほんとうにあるのだろうか。チンパンジーの狩猟行動に関する研究によれば、かれらのおもな捕獲対象はブルーモンキーやアカコロブスといった樹上性のサルであり、これらの種はオトナオスでさえ体重は一〇キログラム内外である。開けた地上に降りて、それよりもずっと大きいヒトの子どもを狩るという想定はにわかには信じがたい。だが、シエラレオネのチンパンジーは、豊富なデータが蓄積されている東アフリカのチンパンジーとは習性が大きく異なる可能性もある。霊長類学者との慎重な討議が求められる。

五　殺戮者としての食肉類

人喰いライオンの猛威[279]

モリスの歴史人類学的な研究に戻ろう。西欧人として「暗黒大陸」の横断に初めて成功した、スコットランドの探検家＝宣教師デイヴィッド・リヴィングストーンがのこした記録には「自然の残酷さ」と題された節がある。

ライオンこそが残酷さの表徴であった。

――宣教ステーションで起きた惨事。ある夜、ライオンが小屋の上に跳び乗り、草葺き屋根を破って屋内に侵入し、二人の女とその子どもとを殺した。ほどなくして、同じライオンが、他の二人の女と少女一人を殺害した。戸外の騒ぎを不審に思って小屋を出たべつの女も殺された。毒殺を試みたが失敗し、けっきょく宣教師の一人がこのライオンを射殺した。リヴィングストーンの伝記を著したロバート・ローズの回想によれば、基地での最初の一年間に八人が殺された。

植民初期の行政官ハンス・クーデンホーフは、チルワ湖の近くに出没する人喰いライオンについて書いている。このライオンは、一四人を殺害し六人を負傷させ、ライフルと槍で武装した討伐隊によって仕留められた。数十年後、著名な地理学者フランク・デベンハムは植民地行政府に委託されてニヤサランドを探検した経験を書いている。「カスングの人喰い」と題された一章はライオンに充てられている。そこでは、少なくとも六〇人のアフリカ人を殺したとされるライオンを、一人の行政官が撃ち殺したことが報告されている。

一九二五年には、ミンジ宣教区のレフ・J・ファン・ヘールデンがライオン被害の報告を残している。一〇の村の住民がライオンの危険のために耕作をしない。彼の任期中の八年間で、人喰いライオンが現われなかった年は一年たりともなかった。一人の行政官は、国じゅうのほとんどの県で、年平均で五〇人が殺されていると推計した。

――過去数十年の報告のなかでも、二つの事件はとくに注目に値する。第一の事例が「ミチンジ・ライオン」である。このライオンは一九二九年から三〇年にかけてミチンジ県を大恐慌に陥れ、二四の村で三六人を殺した。ある村では一日に三人が殺された。襲撃は、人びとが畑で作業したり、水汲みに行ったりする日中に発生した。犠牲者の大部分は女だった。弁務官R・H・マレイの報告によれば、恐怖のなかで、半分の村は作づけをしなかった。また、畑で不寝番することを人

279 Morris. B. *op. cit.*, pp. 37-39.

びとが怖れたため、あらゆる作物が野生動物に破壊され、いくつかの村は放棄された。ライオンは四〇〇平方マイルにも達するなわばりをうろついて新しい犠牲者を襲い続けた。五〇人の警官が投入されたが戦果はなかった。村人自身にも災厄をまねく条件があった。男たちはタバコ農園へ出稼ぎにでて共同狩猟を組織せず、女たちは親族の死骸をすぐ運び去ったため毒を仕掛けることもできなかった。一九三〇年九月に、ミチンジ・ライオンは、三人の完全武装した西欧人によって仕留められた。

第二の事件は「ナムウェラの人喰い」である。これは、猟獣管理官ノーマン・カールの回想録の一章のタイトルである。彼は一九一二年にタバコ農園主の息子として生まれ、第二次世界大戦中、ナムウェラ丘陵に駐在した。この地域は人口密度が高く、猟獣は乏しかった。ライオンはモザンビークとの国境を越えて侵入し、稀少な獣以外に「他の唯一手に入る食べ物、すなわち人間」へと向かった。カールが受けとった報せによれば、「この二週間で、二頭のライオンによって一一人の犠牲者がでた。二頭を射殺したら、両方とも壮年であった。老齢で野生動物を捕獲できなくなったライオンが人間の肉を食うという通説は疑わしい。」三ヶ月間で五〇人ほどが犠牲になったと推計される。

現在ではライオンはほぼ保護区に限局されるが、人口密度の高い県でも被害はときおり報告されている。ンコタコタ動物保護区を通る道路をバイクで走行していた猟獣管理官がライオンに殺されたことが、一九七〇年代に報告されている。

人喰いヒョウと人喰いハイエナ[280]

ハイエナとヒョウはしばしば子どもの命を奪う。エクウェンデニの宣教師は、ある女を襲った悲劇について書簡を残している。彼女は、畑の脇に子どもを置いて農作業していた。振り返って見ると子どもはいなかった。足跡からみるに、ヒョウにさらわれたと思われる。

一九二〇年代にはチクワワ県で、二頭の人喰いヒョウが記録された。一頭は四人の子どもを殺害し、他の多くを負傷させた。もう一頭は、九歳から一三歳までの少なくとも九人の子どもを殺した。一九五〇年代になっても、カスング県において三七人を殺したヒョウに関する報告がある。その獰猛さと狡猾さはあまりにも有名で、この地方の首長は、彼の身を案じた人びとから、狩猟隊への参加を制止された（結局、この狩猟隊によってヒョウは仕留められた）。ヒョウは現在でも多く棲息し、小さな子どもを襲っている。めったに姿を見せず、もっぱらイヌとヤギが村から消え失せることが、ヒョウのしわざだと推測される。

　ブチハイエナも怖れられている。とくに暑い季節に戸外で眠っていると顔を咬まれる。二〇世紀初頭にヘクトール・ダッフは書いている。「ムンジバ県の北アンゴニランドでは、ハイエナは家の外で待ちうけ、夜明けに人が戸口から外に顔を出した瞬間に襲いかかる。」

——ハイエナの攻撃でもっとも有名なのは、ミチェシ山の北、ファロンベ平原である。一九五〇年代後半に多くの死が記録されている。最初に記録された例は、一九五五年九月だった。狂人という噂のある男が、村近くの径でハイエナに殺されて食われた。七日後には、八マイルほど離れた場所で、老女が、頼りない草の扉を破られ、小屋から引きずり出された。彼女は三〇ヤードほど引きずられ、悲鳴を聞いて村人たちが駆けつけたときには片腕をもぎ取られていたが、病院に行くことを頑として拒み、翌日死亡した。同じ年にもう一件、六歳の子どもが殺され、この年の死者は合計三人となった。それが大被害の始まりだった。一九五六年に五名、五七年に五名、五八年に六名の死者がでた。このパターンは一九六一年まで続き、その年は八名が命を落とした。殺害は毎年、人びとが外のベランダで寝はじめ、野火が起きる、九月に始まった。野火によって、ハイエナは野生の獲物を捕獲することに困難をきたす。一月に人びとが屋内で寝はじめるころに、殺害は収まる。

　四〇年を経た今も、この地域にハイエナはたくさんいる。人びとは乾季に戸外で寝るが、人が殺されることは

280　*ibid.*, pp. 39-41.

めったにない。だが、重傷を負わされる事件は多いし、家畜被害も甚大である。本論文執筆時にモリスはマラウィに在住し、ドマシ峡谷に居をかまえていた。家の上の洞窟にはハイエナの集団が棲み、近隣の村で多くのヒツジとヤギを襲っていた。男たちは洞窟を火でいぶしてハイエナ退治をすることに多大の精力を費やしていた。本章の第二節で参照したマルドーンの『夜の豹』は、ライオンとヒョウに六つの章を充てている。先述したカールと同様、マルドーンも、人喰いライオンたちは老いぼれではなく、むしろ若く壮健であることに気づいていた。ライオンたちが「人肉に味をしめたことのもっともありそうな説明は、村人たちを広範に襲撃したことによってかれらが発達させた「人間に対する」軽蔑であろう。」こうした背景に照らすなら、現在でも大型肉食獣への恐怖がマラウィにひろくみられることは当然である。

六　日本でオオカミを待つ

この節では、日本の山村における人と野生動物の敵対をめぐる、ナイトの民族誌に焦点をあてる[281]。この著作の魅力的な題名『日本でオオカミを待ちながら』は、日本の山野へのオオカミ再導入を主張する「日本オオカミ協会」（ＪＷＡ）の思想に由来する。山村での天敵動物（イノシシ、ニホンザル、シカとカモシカ、クマ）に関するナイトの分析を追跡したのちに、絶滅したニホンオオカミにふれ、日本オオカミ協会の主張を紹介する。

以下の記述で注意すべきことを二点指摘する。ナイトが用いた統計資料は二〇年以上まえのものなので、現状はかなり異なっている可能性がある。わが国の獣害と狩猟実践にさらなる関心をもつ読者は、その後の変化を自力で調べていただきたい。また、彼の参照した日本語文献すべてについて原典にあたることは不可能だったので、英文からの訳しもどしが日本語の原文と異なる場合があることをことわっておく。

イノシシとの「合戦」[282]

ナイトのフィールドは、紀伊半島に位置する和歌山県本宮町である。主要なフィールドワークは、一九八七～八九年にかけて二六ヶ月間にわたって行なわれた。その後もしばしば来日し、補足データを集めた（彼の妻は日本人である）。本宮町は県内で過疎化が進んだ一六の地方自治体のひとつにかぞえられる。一九五五年から一九九五年までに人口は一〇二七六人から四三二〇人に減少した。一九六〇年には六〇歳以上が全人口に占める割合は一一パーセントにすぎなかったが、一九九五年には四四パーセントに達した。

――日本の狩猟に関する基礎資料を挙げておく。狩猟が許可されるのは二九種の鳥類と一七種の哺乳類である。[283]一九九二年の統計では、三百万羽の鳥類（その四分の一以上はスズメ）、三三万匹の哺乳類（その半分以上はウサギ）が捕獲された。一九九五年には、散弾銃・ライフル銃使用者が二〇万人以上登録されている。これは登録された猟師の八五パーセントにのぼり、罠猟の免許をもつ人は一〇パーセント以下である。残りは空気銃の使用者である。本宮では、狩猟免許をもつ人は七六人いて、その六三人が銃猟師、一三人が罠猟師である。

イノシシの優れた嗅覚能力は「千里鼻」といわれる。はるか遠くから作物を嗅ぎつけ、都会からの移入者がつくる有機農法の米はまずいから食わないという。これはジョークで、手間暇かけて有機農法を追求する新参者を揶揄している。山村住民のイノシシへの憎しみは測り知れない〔その一端は前著で紹介した[284]〕。七三歳の農夫は嘆

281　現代日本の狩猟について、わが国の人類学者がナイトと同レベルの研究をなしえなかったことは残念である。わたし自身、日本で狩猟の参与観察をすることを長く夢見てきたが、果たせなかった。単純な制限要因は、猟期が十一月一五日から二月一五日に定められていることである（北海道を除く）。冬期休暇が著しく短縮された日本の大学では、この期間は最繁忙期にあたる。開講コマ数の確保を機械的に押しつける文部科学省の大学管理によって、文化人類学の生命線であるフィールドワークを教員が持続することはどんどん困難になっている。

282　Knight, John 2003 *Waiting for Wolves in Japan: An anthropological study of people-wildlife relations*. Oxford: Oxford University Press, p. v; p. 37; pp. 56-73.

283　二〇一六年六月現在の環境省のウェブサイトによると、ナイトの挙げた数字とやや異なり、鳥類二八種類、獣類二〇種類になっている。▼野生鳥獣の保護及び管理～人と野生鳥獣の適切な関係の構築に向けて～／狩猟制度の概要［https://www.env.go.jp/nature/choju/hunt/hunt2.html］

く。「こんなひどい罪を犯すやつが人間だったら、牢屋に閉じこめて絶対逃がさないのに。野ばなしのイノシシは、翌年の春には一〇倍、二〇倍に増えて、また田畑を荒らしにくる。」イノシシは「根だやし」にすべき動物であり、「撲滅作戦」「全滅」といった標語がさけばれる。

だが、猟師にとって〈シシ〉は敬意をはらうべき好敵手である。一人の猟師が犬を連れて撃ちに行く単独猟をネヤドメまたはホエドメという。これに対して、〈待ち場撃ち〉または〈巻き狩り〉は集団猟で、勢子と待ちに役割分担し、隠れた待ちのほうにイノシシを追い立てる。猟はしばしば「合戦」とよばれる。とくに獰猛な雄をガリまたはガリッポという。「逞しい精神」をもつ人だけがガリッポの扱いかたを知っている。狩猟には軍事のイディオムが溢れ、「戦場」「戦法」「戦果」「戦歴」といったことばがとびかう。実際、これは命がけの戦いである。一九九七年一月、紀伊半島の高田在住の男が猟の最中にイノシシに殺された。猟師たちのあいだでは何日もこの話でもちきりだった。

――昔、本宮でも死亡事故があった。五人で猟に行き、一人がシシを高い所から撃った。シシは射手のほうへ向かったのでさらに二発命中させたが、ものともせずに駆けのぼってきた。射手は下へ逃げくだったが、途中で転倒した。シシは彼を牙で突き刺し、血をしたたらせて仁王立ちになり、そのまま姿を消した。のこりの四人は復讐戦を誓い、あとを追ったが、捕らえられなかった。

シシは待ちのなかでいちばん「気の弱い人」めがけて向かっていく。突進してくるシシは、まるでドラム缶が転がってくるようだ(「ジェットコースターみたいだ」と言う猟師もいる)。牙は刀か剃刀のように鋭い。松ヤニをこすりつけた毛皮は鉄板のようだ。勇敢な犬たちはしばしばシシの犠牲になる。群れのリーダーは「大将犬」とよばれ、ほかの犬たちは「兵士」である。犬が「戦死」すると猟師は「復讐戦」を誓う。月刊誌『狩猟界』に鹿児島での事例が載った。その猟師は「犬斬り」とよばれるイノシシを三年にわたって追い求め、ついに仕留めると、その毛をひとかたまり犬の墓にたむけた。

――シシは「天然の知恵」をもつ。前の晩、翌日の猟のことを話してはならない。ネズミがそれを聞きつけシシに告げ口に行くからだ。うっかり前夜に口をすべらせると、翌朝出猟しても、いつもいるはずのところにいない。猟期開始の一一月一五日になると、田畑荒らしがぴたりとやみ、シシは姿を見せなくなる。もはや安全ではないことをシシが知っているのだ。

「男性的で大胆な動物」だというイノシシへの賞賛はよく聞かれる。「猪勇《ちょゆう》」とも言われる。とくに雄は勇敢で、雌や仔を逃がすために自分が囮になって猟犬たちと闘う。「シシを撃つのは度胸で撃て」とよく言う。猟師は「猟欲」が湧いてこなければ山にはいる資格はない。寒ければ寒いほどいい。寒くないと「人間は沸いてこない」のである。

「悪者」としてのサル[285]

本宮町では二〇種以上の作物がサルの被害にあっている。戦いのイディオムは猿害への対処においても一般的である。村人は「猿との戦争」に勝たなければならない。サルには人間社会が投影される。ハナレオスは「村八分の猿」であり、群れは「親分」に率いられ、「見張り役」「斥候」「戦闘部隊」とのあいだで「合図」が交わされる。サルを撃退するためにさまざまな案山子が考案される。サルの死骸を「見せしめ」のため逆さ吊りにしている人もいる。「野生動物は、とくにそれが同種のものである場合には、死の匂いを嫌う」というのは、広く行きわたった信念である。一九六二年公開の映画『キングコング対ゴジラ』から着想を得て、巨大なゴジラの立看板を森へ向けて設置している村もある。

有害鳥獣駆除を名目としたサルの殺戮はすさまじい数にのぼる。一九九六年の統計によれば、全国で九〇〇〇

284 菅原、前掲著書（注106）、五五－五六頁。
285 Knight 2003 *op. cit.*, pp. 89-115.

頭のサルが殺された。一九八五年から九五年までの平均は五～六〇〇〇頭だったが、この年に一気に倍増した。それ以前の統計をみると、一九六六年には全国でわずか三〇五頭しか殺されていない。三〇年間で三〇倍に増えたことになる。だが、猟友会はサルの駆除を引き受ける人を調達することにしばしば苦労する。本宮で狩猟免許をもつ人のうち一五人がサルの駆除はしないと表明しているが、のこりの猟師たちもなんとかこの任務をかわそうとする。サルは撃たれそうになると両手を合わせて命乞いするという俗信は広く蔓延している。村人にもサル殺しに反対する人は珍しくない。檻で生け捕りにしたサルを猟友会メンバーが射殺しに行くと、「殺すな！」と叫んで制止する村人がいる。サルを殺すことは、田舎の肯定派と都会の反対派の対立に還元できず、田舎の内部にさえ両極化をひきおこす。こうした状況に、農村社会学者・真坂昭夫は、害獣統制以外の論理を読みとる。サルは過疎地の荒廃をひきおこす「悪者の役」を負わされ、村人はサルを「村くずし」の原因とみなして怒りをぶつける。動物を悪役に仕立てることは、田舎の発展をまったく支援しない国家の無策ぶりを隠蔽する効果をもつのである。[286]

森林の破壊者――シカとカモシカ[287]

本宮町ではシカはカノシシとよばれる。鹿肉特有の香りを表わす「香の宍」からきたとの説もある。雄の枝角は「三段角」「四段角」などとよばれ、武勇の象徴として珍重される。カモシカは、カマシシ、オドリジシ、バカジシ、アホーなどともよばれる。

戦後の国主導の植林事業により、全森林面積の十分の四は植林地になった。植林地におけるシカとカモシカの被害は甚大である。若い苗木を採食し、生長した木の幹をはがして食べる。雄は角を幹にこすりつける。樹皮の傷は樹木の生長を遅らせ、菌類の木部への侵入をまねき木材の質を劣化させる。一九九九年にシカが森林におよぼした被害は、四〇〇〇～五〇〇〇ヘクタールにおよぶ。カモシカの害はその半分ぐらいと推計される。

——九一歳の村の長老は材木会社で働き、家族ぐるみで植林を続けてきた。「冬になると緑はなにもなくなるから、シカとカモシカはヒノキを食べる。ほんとうにすごいものだ。苗木を植えるとやってきて、その先っぽを食べるから、三、四年経っても伸びず、まるで盆栽だ。」もう一人の被害者は、先祖が本宮町に住みはじめてから五代目になり、一〇〇ヘクタールの山林を所有する。四〇パーセントがスギ、六〇パーセントがヒノキである。一九九五年に、新しく植えたヒノキの苗木一・五ヘクタールぶんを食害で失った。損失は一三〇〇万円にのぼる。「スギ、ヒノキの葉を食べるようになったのは、ここ一〇年ぐらい前からだ。きっと、苗木にやった肥料をほじくり返して食べたら気に入ったんだろう。」一日じゅうかけて山の一画に苗木を植えたら、夜、カモシカがきて、翌朝、前日の一日仕事が灰燼に帰しているのを発見することは、山林労働者にとって最悪の経験である。

里に現われたシカが犬たちに追われて逃げまどうのは冬によくみられる光景だ。人びとは興奮し「シカがおるぞ！」と叫びながら鍬などを手に取って追いかける。水田に逃げこみぬかるみに足をとられて動けなくなったシカをよってたかって殴り殺したこともある。岐阜県では三本脚のシカが報告されている。一九九〇年四月の朝日新聞の記事によれば、道路脇の側溝にシカが落ちて身動きがとれなくなっているのを地元の男が発見し、石で殴りつけ後ろ脚一本を骨折させた。

本宮の猟師たちはシカの猟期が一二月一日から一月末までに短縮されたことを残念がる。猟期の最初は発情期が終わったばかりで肉がまずい。二月のほうが肉の味がよくなるから二月にまで延長すべきだと彼らは主張する。単独猟は「忍びより」とよばれ、犬よりもむしろ銃の好きな猟師が行なう。彼らは、散弾銃ではなく、高性能ライフルに大金を投じる。頭をトロフィーにするため、首の下部をねらう。この変異型として「コール猟」がある。猟師は、鹿笛を使い、発情期の雌鹿の「ピー、ピー」という声をまねて自分のほうへおびきよせる。恋愛や情欲

286 ナイトはこの著者をマイタ・アキオとしているが誤りである。真坂昭夫 一九八九「戦後山村社会の「村くずし」と森林管理——猿害発生と都市近郊山村社会」内田節編『「森林社会学」宣言』有斐閣。原書は参照できず。
287 Knight 2003 *op. cit.*, pp. 126-153.

で身をもちくずす男を喩えて「秋の鹿は笛にひかれる」などという。鹿笛は「残酷」で「汚い」方法だと考える猟師がいるいっぽう、呼びはじめて三〇分以内に雄ジカは姿を現わすと断言する猟師もいる。鹿笛は本州では法律で禁じられた。

シカ狩りでもっとも一般的なのは、「追い出し」「追い回し」などとよばれる、犬を放つ方法である。チーム編成はイノシシ猟と同じ「巻き狩り」で、一〇人以下の猟師が「勢子」と「待ち」を分担する。追われるとシカは川へくだる習性があるので、逃げ道をかなり確実に予想できる。長い時間追い続ける耐久力をそなえた洋犬のほうが向いている。

――一九八三～九二年に本宮の猟師は、シカ九〇七頭、イノシシ七〇三頭を捕った。だが、イノシシのほうがずっと尊ばれる。シカは「神経質」で「気が小さい」とみなされる。イノシシ猟は「力くらべ」だが、シカ猟で身に危険がおよぶことはない。シカが逃げおりる川は村の方向へ流れていることが多い。「鹿は逃げきれると思ってない」と感じる猟師もいる。「どうせ死ぬんなら、村のほうを向いて死のう」というのだ。シカのあきらめのよさは、猟師には物足りなく感じられる。

カモシカはシカ以上に狩りやすい。突きだした岩のてっぺんで静止する習性があるのでねらいやすい。これが「アホー」とよばれるゆえんである。そのため一九二〇年ごろまで乱獲の犠牲になり、いくつかの地域で完全に姿を消した。一九二五年に猟獣から除外され、一九三四年に天然記念物に指定された。一九五五年には特別天然記念物に昇格した。だが、禁猟後もカモシカはひそかに捕られ続けてきた。岐阜では、三〇〇頭捕った猟師さえいる。

――もちろん猟師は逮捕されないように気を配る。山のなかで解体し、頭部を切断し、蹄や皮とともに始末する。肉だけ持ち帰り、鹿肉だと偽ったり、名をいわず「黒いやつ」または「黒」という隠語でよんだりする。だが、一九五九年に、岡山県の毛皮取引業者への捜査が発端となり、全国で一六四人の密猟者が一斉検挙された。紀伊半島にも摘発はおよんだ。

カモシカ保護をうったえる「動物愛護の連中」への敵意と反感は深い。「天然記念物指定は間違っている。おかげで増えすぎて被害甚大だ。狩猟の一般的イメージは、とにかく手間暇がかかるということだ。日曜しか猟に行けないサラリーマンは、せっかく出猟しても手ぶらで帰ることが多くて、時間のムダだったとがっかりする。カモシカ猟が許可されれば、成功率が増大して狩猟の人気は高まり、若い世代のリクルートもできる。」

ナイトは、森林生態学の研究を参照して、シカとカモシカによる被害増大の原因をさぐっている。一区画の皆伐という林業経営が森林に棲む偶蹄類にとって「超最適環境」をつくりだしている。突然、森林内の一地域が開かれ、下生えの急速な生育を促す。ある調査によれば、灌木と草本類の種数は、成熟した森林では一五種であったのに対して、皆伐後は四八種に急増した。皆伐政策はこうした「森林辺縁生態」を人為的につくりだした。一五年ほど経って木が生育しきって樹冠が閉じられると、日光を遮られた下生えは全滅する。個体数を増大させた動物たちは食べものに困り、森の外へ出て行く。戦後日本の林野行政はこうした「Λ型《ラムダ》」の変動を草食動物の個体群にもたらしたのである。

「共存不能」な敵か？——ツキノワグマ[288]

クマをめぐる議論において、ナイトは米田《まいた》一彦の著作に大きく依拠しているので、まず米田の研究を跡づけることからはじめる。青森県生まれの米田は、一九七二年夏、秋田大学五年目のとき、秋田県五城目町のりんご園を荒らしにくるクマを初めて観察した。それ以来、みずからを「クマ追い」と称し、昼夜を問わずクマの観察を続け、その遭遇回数は千回を越える。秋田県庁に就職し鳥獣保護行政を担当したのち、フリーのクマ研究者となり、クマが絶滅に瀕している西日本に拠点を移し、広島・島根・山口三県にまたがる保護管理計画の立案づくり

288 Knight *ibid.*, pp. 159-193.

に参画した。七年間で四八頭のクマを「奥山放獣」し、うち三五頭はテレメトリー追跡を行なった[289]。一九九八年刊の著作によれば、一三〇〇〇頭のツキノワグマが本州と四国に棲息し、三〇〇〇頭のヒグマが北海道に棲息していると推定される[290]。九州のクマは一九五〇年代に絶滅したらしく、四国での棲息数もわずかである。

米田はよく「九州でクマが絶滅し困った者はひとりもいなかった。クマの存在理由はなにか」と聞かれるという。これに対して米田が書きつける応答は素朴ではあるが、種差別偏見＝人間中心主義への静かな怒りがこめられている。

> クマが絶滅して困った人はたしかにいない。だが、クマは存在理由がないと生きてはいけないのだろうか。人間の存在理由はなんだろう。動物には、生きる権利はないのだろうか。じゃまな動物は殺すしかないと考えるのは、人間のエゴではないだろうか。なんとか被害を防ぐ努力をして、クマと共存していくのが、人のあるべき姿なのではないのだろうか[291]。〔強調は引用者〕

米田は共存のひとつの可能性を、クマが出没する広島の過疎集落で目撃した光景にみている。母と仔グマ二頭が現われ、村の犬たちがけたたましく吠えた。三頭のクマは悠々と一本のカキの木に登り、カキを食べ続けた[292]。

> 二〇分ほどで、その細長いカキの木には実がなくなり、三頭は農家の軒下を通り、次のカキの木に向かった。親子グマは私の脇二〇メートルのところを通り、たわわに実ったカキの木に登った。畳みをたたいていた一人のおばあさんが、「あれは渋柿じゃんけ、クマは食べんよ」と言っていたはずだが、クマはせっせと食べている。［…］しばらくして、人の気配を感じて振り向くと、いつのまにか三人のおばあさんが潜んできていた。どの顔も、「おもしろいのう」と笑っている。［…］どうもおばあさんたちは、クマはむやみに人を襲わないものだと知っているようで、憎いクマ

じゃけ撃てや、などとは言わなかった。このさびしい過疎の集落ではクマは森にいる隣人なのだろうか。おばあさんはカキの実を食べられても、また来たかい、と毎年クマを待っている。

だが右の「おばあさん」とは対照的に、ナイトが紹介する他の事例では、人びとのクマへの敵意はすさまじいものである。一九五九年四月から三年半、朝日新聞北海道支局に勤務していた本多勝一はこんな例を報告している。富良野町でバスの前にヒグマが現われた。乗客の「ぶっつけちまえ！」という声に励まされ運転手はアクセルを踏みこみ、バスをクマの尻に衝突させた。クマは崖から転落して死んだ[293]。

一九四六年から一九九四年にかけて（ほぼ半世紀のあいだに）七七五六四頭のツキノワグマが殺された。一九九四年に全国で殺されたクマの半分以上は有害獣駆除の対象だった。紀伊半島では一九五〇年から八五年までのあいだに、年間一〇～三〇頭のクマが駆除されている。ナイトは広島のある田舎住民のことばを原戸から引用している[294]。

——「共存、共存」って言うやつがいるが、冗談じゃない。クマとの共存なんて気ちがいざただ。[…] ここはクマの土地じゃない。おれたちが昔むかしから住んできた所だ。おれたちのことも考えろよ！

クマのあたえる実際の損害だけでなく、社会一般がその損害に対して無関心であることへの怒りが僻地には渦

---

289 米田一彦　一九九六『山でクマに会う方法』山と渓谷社、一四頁。
290 米田一彦　一九九八『生かして防ぐクマの害』農山漁村文化協会、二九－三三頁。
291 米田、前掲書（一九九六）二一八頁。
292 同書、五六－五七頁。改行は省略。
293 本田勝一　一九六一／一九九八『北国の動物たち』朝日新聞社、二〇頁。ただし、本多はこの逸話を「北海道小話」として紹介しており、文体はユーモラスである。わざわざ崖をおりた乗客三人はヒグマの肉をせしめることになった。毛皮はバス会社のものになった。バス前部を小破させた運転手は会社から大目玉をくらった。
294 原戸　一九九四「広葉樹不抜の森構想」山田國廣編『里山トラスト——一本の立木が地域と都市をむすぶ』北斗出版。原書は参照できず。

巻いている。だが、「共存」をめざすさまざまな取り組みが模索されていることも事実である。ナイトによれば、富山県の猟友会は、実のなる樹を山のなかに植林したり、クマの冬眠場所を作ったりしている。クマに同情的な岩手県の村民は語る。「左右を見ると、昔はクリとドングリの森だったところに、今はスキーのゲレンデしかない。ゲレンデが〈熊の畑〉のどまんなかをつっきっている。あんたがクマだったら、村の畑におりようかってぃう気にもなるんじゃないか?」本宮で小学校教諭を定年退職したH氏は「人間がクマの害獣なのだ」と言いきる。彼は山のなかに実のなる樹を植林する事業を一九九〇年代終わりから続けている。米田によれば、森のなかに文字どおり「熊の畑」としてトウモロコシ畑をつくり、クマの「収穫」にまかせる試みもある。広島の田舎町では町有林六ヘクタールに一五〇〇〇本のクリを植樹した。クリ材は単価が高いので町の収益にもなる。キャッチフレーズは「実はクマにやろう、材は町がもらおう」である[295]。

オオカミの血[296]

最後のニホンオオカミが報告されたのは一九〇五年一月二三日のことである。奈良県東吉野村鷲家口《わしかぐち》において、アメリカの動物採集家が猟師から死体を購入した。この毛皮と頭骨はロンドンの自然史博物館に所蔵されている。ニホンオオカミを独立した種(*Canis hodophilax*)とする説もあるが、ユーラシアと北米に広く分布するハイイロオオカミの亜種(*Canis lupus hodophilax*)とみなすのが、一般的な見解になっている[297]。わたしは、少年期以来、上野の科学博物館でニホンオオカミの剝製をみるたびに、貧相な野良犬のような姿に不満をおぼえていたが、これは一八七〇年ごろ福島県で捕獲された雄らしい。体が小さいのは島嶼化の影響によるという説が有力である。

——ナイトは、狼に関わる多くの民間伝承を記載しているが、本節ではそのごく一部を紹介するにとどめる(伝承の文脈では「狼」と漢字表記する)。夜の山道を一人で歩いていると後ろからついてきて、無事に家に着くのを見とどけると山へ戻って行く「送り狼」の伝承は、日本全国の山村で知られている。家に着いたら感謝のしるしとして狼に塩か水を与える。山から降りた人が足を洗ったあとの水は塩分を含んでいるから、これを狼に供えたとも推測される。狼は「義理がたい」獣で、助けられると恩返しするが、裏切られると「仇」をなす。ある男は、妖怪・一本踏鞴《いっぽんたたら》に襲われ、狼によって救われた。御礼に自分の死後に死体を喰わせることを誓ったが、遺族は約束を破り堅固な墓に遺体を埋め封じた。怒った狼の祟りにより、この一族は業病、夭折、その他の災厄に何世代にもわたって襲われた。一九八七年、高田に現存する一族の末裔は、霊能者に供養を依頼した。

狩猟の現場では、もはや存在しないはずのオオカミへの想いが息づいている。猟師にとって大切なものは「一が犬、二が自分の脚、三が鉄砲」である。優れた猟犬をもつことが、猟の成功度を決定的に高める。和犬はオオカミの血をひいているという信念が、猟師のあいだには根づよい。紀伊半島でよく知られる伝説——衰弱した狼と遭遇した猟師が、勇敢にも口に手をつっこんで喉に刺さった骨を抜いてやった。感謝した狼は、自分の仔を一匹くれた。その仔はすばらしいイノシシ猟犬に成長し、猟師に多大の福をもたらした。

なかでも紀州犬はオオカミの血をひいていると明言する猟師は多い。名前も、鉄狼《てつろう》、白狼《はくろう》、士狼《しろう》（後述）などと、オオカミにちなんでつける。紀州犬は特異な外貌をしている。白い毛、細い眼、尖った耳、巻きあがった尾、頑丈な体格、敏捷性、野性味、足には水かきが発達し[298]、犬歯は顎に対して直角に生え、獲物に咬みついたら絶対に放さない。

——一九七〇年代、M氏は森から現われた犬を保護した。風変わりな姿をした犬で、右の耳だけ垂れ、毛は長く、足が異

295 米田、前掲書（一九九六）二一六頁。
296 Knight 2003 *op. cit.*, pp. 195–212.
297 今泉由典 一九六〇『原色日本哺乳類図鑑』保育社、一六三頁。*hodophilax* という亜種名は「送り狼」の伝承に由来し、ラテン語で「道を教える者」という意味だそうである。『ウィキペディア』／ニホンオオカミの項は非常に充実しており、多くを教えられる。
298 わたしは少年時代にマンガ雑誌で、主人公が飼った犬が足に水かきがついていてオオカミとの雑種だとわかったという話を読んだ。だが、わたしが所持している三種類の犬種図鑑のどれにもこんな形態的特徴は記載されていないので、都市伝説の類いだと思われる。

様に大きかった。ジョンと名づけられたこの犬は五年間に九七頭のイノシシを仕留め、紀伊半島全域にその名を轟かせた。大金を積んで譲りうけを願いでた人が何人もいたが、M氏は断わり続けた。結局、大きなイノシシと勇敢に闘い、牙で刺され死んだ。M氏は、ジョンは狼の血が体のなかに流れている「山犬」だったと信じている。月刊誌『狩猟界』にもこれとよく似た京都の猟師の話が載った。彼は、罠にかかった野良犬を放してやってから間もなく、山で白い仔犬を見つけた。「山犬の恩返し」だと信じ士狼と名づけた。この犬は卓越したシカ追跡犬になった。

紀伊半島の深い森のなかに住む炭焼きたちは彼らの飼う雌犬をオオカミとつがわせてきたといわれる。生まれた仔犬たちはみずからシカを狩って餌とし、猟犬としてのめざましい技能を身につける。人をけっして咬まないが、見知らぬ人がさわると震えて脱糞する。どんなに遠くの山で放しても、必ず炭焼きの家に帰ってくる……。実際に、何人かの猟師が、チョウセンオオカミと和犬の雌犬を交配させたという報告がある。本宮の南西、上富《かみとん》田《だ》に住むH氏は、和犬を北米のシンリンオオカミと交配させたい、と野心を語る。

本節の最後に、日本へのオオカミ再導入の主張をウェブサイトから転載する〔原文の「ですます」調を「である」調に改め、簡略化した〕。

――森・オオカミ・ヒトのよい関係を考える　一般社団法人日本オオカミ協会（Japan Wolf Association: JWA）／一九九三年八月二〇日、「日本オオカミ協会」は、オオカミに対する誤解と偏見を解いて、その生態を科学的に正しく伝え、世界中のオオカミの保護と復活の《ママ》ために設立された。二〇一一年四月十一日に一般社団法人としての登記を行なった。／これを機に、「オオカミの復活と、これによる自然生態系の再生保護、農林水産業の振興、獣害事故の防止等」をめざし、よりいっそう活動に励んでいく。／絶滅した、あるいは絶滅が危惧されている動物は、オオカミだけではない。にもかかわらず、なぜ〝オオカミ〟なのか。それは、オオカミが頂点捕食者（キーストーン種）であるからだ。日本オオカミ協会が考える生態系のあり方、そして荒廃しつつある現状の復元方法について説明する。／生物多様性は生態系の健康度をあらわす指標のひとつ：土壌、空気、水などの無機的な物質の上に、さまざまな生物が共存し、相互に関係しあって生物群集や生態系を構築し、環境を安定化する働きをしている。地球誕生以来の四〇億年以上という時間の経過のなかで、生物は無機的な環境に作用し、新たな環境をつくってきた。この相互作用の連続を通して、地球の生物圏《バイオスフィア》がつくられてきた。現在の生物多様性は、未来のより高度な多様性を生みだす母体になるはずだ。／生態系は、そのなかで進化してきた生物の一種にすぎない私たちにとってかけがえのないものである。生態系ぬきでは人間は生存できないといっても過言ではない。生物多様性とは、生態系の健康度をあらわす指標のひとつである。／絶滅種、とりわけ頂点捕食者の復活は生態系復元の第一歩：人類の歴史は自然破壊の連続だった。その《ママ》〔健全な生態系の〕生物多様性は、欲望を満たすための際限のない開発によって限りなく低下し続けている。多様な生物に支えられた生態系の再生は、人類が生存し続けるために不可欠な私たち自身の責務である。／日本では近代になって多くの生物種を絶滅させてきた。一世紀前のオオカミ、最近のカワウソ、トキ、コウノトリの絶滅は多くの人が知っている。幸い、トキとコウノトリは復活しつつあるが、カワウソは忘れられたままだ。オオカミはさらに悪いことに無視され続けている。／絶滅種、とりわけ生態系のネットワークの要に位置する頂点捕食者（キーストーン種）の復活は生態系の存続にとって不可欠だ。日本で一世紀前に絶滅したオオカミ（正しい呼称はハイイロオオカミ）はそうしたかけがえのない頂点捕食者だった。／シカやイノシシの異常な増加を抑え、彼らから日本の生態系と農林水産業を守るためには、オオカミ復活以外に方法はない。食物連鎖の頂点に立つ捕食者オオカミの再導入による均衡のとれた生態系の復元が求められる。これはすぐにでも実現できる。オオカミの保護は、今や国際的な常識である。／真の生物多様性保護の自然観に根ざしたオオカミの復活：野生生物を含む自然を、人間にとって有益なもの、害になるものに分けて考えることは、人間中心主義の自然観による。自然があっての人間、自然に抱かれ生かされている人間という生態学的自然観とは相容れない。／日本オオカミ協会は、自然と人類の共生を説く生物多様性保護の自然観に基づき、均衡のとれた生態系の復元のために活動している。シカ対策の切り札を、奥山はオオカミ、里山はハンターと考え、現在、オオカミの再導入とともに、下記の二つの同時実現を提言している。／1．ハンターの自治体雇用による常勤体制化／2．シカやイノシシなどに対する広域的侵入防止柵（壁）の建設[299]。

次節で、いままで詳述してきた人と動物の敵対の諸相を自然誌的態度のなかにどのように取りこむことができるのかを考察したのちに、日本オオカミ協会（ＪＷＡ）のマニフェストを検討しよう。

七　「暗澹」との向きあいかた

「悲しいから泣くのではない。泣くから悲しいのだ」という金言で有名なウィリアム・ジェイムズは「悲嘆」についてつぎのように述べている。

涙も、心臓を締めつける感じも、胸骨の痛みもともなわないなら、それは何であろう。何も感じずに、ある情況を悲しむべきものだと認知することは、それ以上のものではない。どんな情動にもこのことはあてはまる。純粋に脱身体化された人間の情動などというものは実在しない。[300]

ジェイムズのこの観察はかけ値なしに真実だとわたしは思う。そこで、彼にならって、本章を書くあいだじゅうわたしの心臓を締めつけていた感覚にまなざしをむける。人と動物の敵対をめぐる記述と分析の多くは、わたしを暗澹とさせる。この暗澹という情動反応は二つのたがいに異質な契機を孕んでいる。第一の契機は〈政治的〉であるのに対して、第二の契機は〈知の成り立ち〉に関わる。二つの小節に分け、この順に論じよう。

敵対の倫理と政治

殺される動物の数の途方もなさがわたしを暗澹とさせる。わが国では、一九九六年だけで九〇〇〇頭のサルが殺された。戦後半世紀のあいだに八〇〇〇〇頭ちかいツキノワグマが殺された。これを書いている二〇一六年初夏は例年になくクマの被害が甚だしく、すでに秋田県で四人が殺されている。クマの「駆除」がこのまま加速すれば、オオカミと同じように、ツキノワグマも日本で確実に絶滅するだろう。

暗澹へのひとつの向きあいかたは、べつの可能世界でわたしがXだったら何を考え、感じるだろうか、と問うことである。それは「他者の身になる」ことへの勧奨であり、人的実存に固有な想像力を倫理的な問いと結合させることにほかならない。だが、わたしが二〇世紀半ばの日本に生まれおちたことが偶然であるのと同様に、わたしがその〈身になる〉べきXを〈だれ〉におくかという選択にもなんの必然性もない。「臼挽き牛」の哀しみから出発したこの探究は、右の選択において、支配的な社会通念と大きく食い違う。丹精こめて育てた田畑を一夜にしてイノシシにずたずたにされて絶望する農夫の〈身になる〉ことと、竹の子を夢中になってぱくついていたらなんの警告もなく射殺されてしまった嵯峨野の若いクマの〈身になる〉こと[301]とのあいだに優先順位をつけることはできない。あらゆる動物がオイケイオーシス（生きたいと欲求し努力する自発的な傾向）を追求していることに心うたれるという情動反応がなければ、〈動物の境界〉を主題にした探究をはじめる意味もなかったろう。人と動物の敵対から生まれる暗澹を乗り超える途は、〈Xの身になる〉という意味での想像力の行使によっては切り拓かれえない。敵対する動作主《エージェント》のどちらの立場に視点をおくかによって世界の見えかたが変わり、それに基づく価値判断も決定されるのであれば、〈相対主義的なニヒリズム〉は不可避であろう。

探究の源流として注目した現象学も、この袋小路を突破するもくろみにとって無力である。フッサールが他者を構成する手続きが独我論の迂回のうえに成り立っていた以上、人と動物が敵対の渦中で共に苦しんでいる世界

---

299 http://japan-wolf.org/content/aboutus/

300 James, William 1884 What Is an Emotion? *Mind* 9: 188-205, 引用箇所は194。以下からの孫引き。Goldie, Peter 2000 *The Emotions: A Philosophical Explorations.* Oxford: Oxford University Press, p. 53.

301 京都市の嵯峨野で若いクマが射殺された事件から間もなく、わたしは以下の論文で怒りを表明した。菅原和孝 二〇〇七「他者の象徴としてのライオン――カラハリ砂漠の狩猟民グイの視点から」『生命誌』（年刊号「関わる」）四九－五二巻：二八－三七。

の現実を了解する地平よりもはるか手前で、彼が探究の射程を閉じたことは明らかである。第Ⅰ部「源流への遡行」が扱った範囲にかぎれば、現象学は、他者の苦しみをどのように内的な了解のなかに取りこむのか、というその見通しをはじめからもっていなかったとさえいえる。[302]

メルロ＝ポンティのように、〈現象学的還元はつねに探究の端緒でありその全体でもある〉と言いきるかぎり、暗澹のなかに踏みとどまり、しどろもどろであり続けることが、知的にはもっとも誠実な態度のようにも思える。[303]彼が到達した間身体性という概念こそは、私と他者たちとが共に受苦の共同性に内属しているという事態そのものを分析するうえで、もっとも有力な手がかりになったはずである。だが、メルロ＝ポンティはこの問題を主題化する手前で「時間切れ」になってしまった。われわれは独力で〈相対主義的なニヒリズム〉からの脱出路を探りあてなければならない。

もう一度、スマトラのイノシシ、マラウィの人喰いライオン、紀伊半島のクマ、といった動物的他者たちを見つめなおしてみよう。はっきりしていることは、作物を潰滅させたり人を襲ったりすることは、なんらかれらの〈本性〉ではないということだ。かれらは本章冒頭に登場したパラサイトのように「この種〔ヒト〕を喰い殺せ！」という「命令」に盲目的にしたがっているわけではない。今西の概念を借りれば、動物が主体として統合してきた「生活の場」へのヒト個体群の侵入や、「生活の場」それ自体の破壊が、人との接近遭遇へかれらを追いやった。これらの侵入や破壊は、西欧の植民地支配をはじめとする多様な歴史的文脈のなかで組織される権力関係によってひき起こされた。戦後日本において野生動物の大量殺戮を生みだしている権力とはいかなるものかを考えてみよう。以下の考察では、括弧をはずすことが躊躇される陳述を二重ブラケット『　』でくくる。

ハンナ・アレントが経済から自律した政治空間の創出を構想したのとは対極的に、[304]戦後日本の政治は経済発展を至上の価値とした。経済こそ第一という思想は最大多数の人びとの物質的欲望の充足を何よりも優先する〔ひびきはよくないが「物質的欲望」を「物欲」と略称する〕。『戦後の国家意思は、物欲の充足という目標にもっとも整合する国策として工業化と都市化を志向した』……（α）。国家意思とは抽象化された理念であるが、（α）の命題はこの国で生まれ育ったわたし自身の子ども期からの生活実感に深く根ざしているので、（α）をわたしの思考に編入する。すると、理念的操作と想像力によって、以下の仮想言説を導くことができる。国家意思をワタシという一人称によって擬人化する。[305]

――『資本主義体制であるかぎり物欲の充足には上限がない。工業化と都市化を追求することにとって、国土面積の八〇パーセントを占める森林の第一義的な「存在理由」は、建設資材を供給することである。落葉広葉樹林も、照葉樹林も、そこに棲息する野生動物も（観光資源として以外は）さして利潤を生みださないのだから、優先順位はかぎりなく低い。食糧生産の支えとなる第一次産業は、工業化＝都市化にとって二義的な意味しかもたないので、海外からの輸入ですべてまかなえるならば、最終的には消滅してもかまわない。この国策を徹底して推し進めれば、やがて日本列島から野生動物は消滅し、動物といえば「畜産工場」で〈生物であることから疎外されている〉家畜と同伴動物《ペット》だけになるだろう。フィリップ・K・ディックが描いた、ヒト以外の動物がほとんど存在しない未来社会みたいだが、人は物欲が充足されているかぎり「人類の孤独《ウィ・アー・アローン》」に苛まれたりはしない。[306] フクロウの声を聞いて心が震えたり、鮮やかな白斑を胴に散らせ袋角をてらてらさせた雄鹿が目の前に躍りでてわくわくしたりすることは、毎日腹いっぱい食べられてはじめて愛でる余裕ができる、

302　だが、その後、医療人類学においては現象学的な視座から受苦の経験を了解する試みが盛んになってきた。菅原和孝『感情の猿＝人』で注目した論文集を挙げておく。Csordas, Thomas J. (ed.) 1994 *Embodiment and Experience: The Existential Ground of Culture and Self.* Cambridge: Cambridge University Press.

303　「しどろもどろになること」については前掲書（注106）で論じた。四四七－四四九頁。

304　アレント、ハンナ　一九九四（志水速雄訳）『人間の条件』筑摩書房。

305　グイは、ボツワナ政府の国家意思を推量して語るとき、政府《ホルマンテ》を「私」という一人称で指示し、あたかも国家という人格と自分とが対面的に交渉しているかのように、語りを組織することがある。以下の仮想言説もグイのこの語り口を模倣した。菅原和孝　二〇〇四『ブッシュマンとして生きる――原野で考えることばと身体』中央公論新社、二五九－二七五頁。

306　ディック、フィリップ・K　一九七七（浅倉久志訳）『アンドロイドは電気羊の夢を見るか？』早川書房。

審美的感覚にすぎない。「自然保護」という思想は、明日の食事を心配したこともないプチブル《笑》の感傷にすぎない。感傷を断ちきってはじめてワタシのようなブルジョワになれるのさ《笑》。もちろんワタシは無謬ではないし、予見能力をさしてもっているわけでもない。戦後の復興期に、いくら材木があっても足りないから、全国の林業者に拡大造林を奨励した。それでも木材価格は高騰するいっぽうなので、昭和三九年に木材輸入の全面自由化に踏みきったら、安い輸入木材に負けて日本の林業は衰退の一途をたどった。現在のわが国の山野の荒廃はワタシの本性である無定見がまねいたことだ。山地を異常な数のスギとヒノキで埋めつくしたおかげで、多くのわが臣民が花粉症に悩むようになるなんて、まったく予想しなかったよ。』……（β）。

現実の国家権力は、環境保全や審美的感覚を複雑に織りまぜて大衆に語りかけるから、これほどまでむきだしの形で物欲ニヒリズムが可視化されることはない。だが、環境破壊に対抗する思想は、裸形の資本主義が向かう未来を（β）と大差ないものとして捉えるだろう。だからこそ、物欲の無際限な追求が人類という種を滅ぼしかねない可能性に対して警鐘を鳴らすのである。日本オオカミ協会（ＪＷＡ）のマニフェストが依拠する推論構造はその典型である。

1　人類は生態系に組みこまれて進化してきた生物の一種にすぎない。
　1－1　生態系が破壊されれば、人類は存続できない。
　1－2　ゆえに、破壊されつつある生態系を再生することが、私たちの責務である。
2　生態系は安定と均衡を特徴とする。生態系の安定性は生物多様性によって支えられる。
　2－1　現在の生物多様性は未来のより高度な多様性を生みだす母体となる。
　2－2　私たちは自然破壊によって低下し続けている生物多様性を回復しなければならない。
3　多様な生物を関係づけるもっとも重要な物質循環の過程は食物連鎖である。
　3－1　ある生態系を構成する食物連鎖には必ず頂点捕食者が存在する。

3−2　日本列島を覆う森林生態系の頂点捕食者はオオカミであった。

3−3　オオカミ絶滅後、それに代わる頂点捕食者は、ヒトの狩猟者である。

3−4　だが、山村の過疎化と高齢化により、ヒト狩猟者の個体群は減少し続けている。

3−5　頂点捕食者の欠乏が草食動物の異常増加をひき起こし、自然環境と人為環境（農林業資源）の双方を破壊している。

4　頂点捕食者であるオオカミを再導入することにより、草食動物の個体数は適正化し、環境破壊は食いとめられる。それによって生物多様性は回復し、生態系は安定化する。……（γ）

この推論構造は、日本オオカミ協会も自認するように、生態学的自然観に基づいている。本書の探究の文脈で捉えれば、「生態学的な世界認識」といったほうが適切である。生態学が、生物社会学や行動学とともに、自然誌的態度にもっとも近接した学問分野であることは直観的に明らかである。では、われわれは、生態学全体を囲う括弧を一挙にはずすべきなのか。この問題を論じるまえに、推論構造（γ）の論理的なつながりを表層的なレベルで検討する。1は公理であるから、これを認めない人にとっては、2以下の推論全体が意味をもたない。本書の探究は1のような認識に生活世界の内側から触れることができるかどうかを問いかけているのだから、現時点では1はまだ括弧内に閉じられている。だが、それでは生態学との対話が成り立たないので、暫定的に1をスイッチ・オンする。すると、2は生態学が積みあげてきた研究成果によって経験的に立証された定理として位置づけられる（2−1への疑念は後述する）。3はこの定理の系《コロラリー》をなすが、現実世界にかかわる経験的記述が複雑にまじりこんでいる。ナイトの民族誌を詳細に読みこんだわれわれは、これらの記述すべてを真と認めることができる。だが、分岐点は3−4であるから、その帰結3−5を解決することにとって、4という行動指針《アジェンダ》は唯一の論理的帰結ではない。代替案は、たとえば——4'−1山村の過疎化と高齢化を食いとめる／4'−2狩猟という実践を、ゴルフなどより百倍もすばらしい、スポーツ＝遊び＝生業活動として称揚する気運をこの社会に蔓延させる〔ゴルフは環境破壊をひき起こし、階級構造のなかで上層に位置する人びとだけがアクセス権をもち、なんの生産物ももたらさないのに対し、狩猟は環境の改善に貢献し、猟銃とすばらしいワンコさえ手に入れれば続けられるし、何よりもおいしいシシ肉やシカ肉を賞味できる〕。

もちろん、4'を実現するためには、この社会の仕組みを根本から変えねばならない。何よりも（β）に類した国家意思を可視化したうえでそれを打倒する必要がある。日本オオカミ協会（JWA）の頭脳集団はこのようなアジェンダを夢想的で実現可能性に乏しいと断じるだろうか。だが、現在のような国家であるかぎり、オオカミ導入に伴うリスク（人身事故、家畜被害、狂犬病など）に対する責任を国がひき受けることなどありえないのだから、生態学的な解決策が、4'を志向する社会革命と同程度に夢想的であることは否定できない。

自然誌的態度と生態学との位置関係について考えてみよう。生態学のごく初歩的な雛型を、わたしは理学部動物学教室の実習で学んだ。

——森林にクォードラートとよばれる正方形の区画をロープで設定し、そのなかに存在するすべての樹木の胸高直径を巻き尺で測定する。長い柄をつけた剪定鋏で枝を切り落として研究室に持ち帰り、枝に生えたすべての葉をむしり取り重量を精密秤で量る。かまぼこ板に似た扁平体に頑丈なバネで固定された捕殺金具をひっぱりあげ、通称「天ぷら」（はんぺんに似た食品）を仕掛け、林床に間隔を決めて設置し、翌日回収して、捕らえたノネズミを解剖して胃の内容物を調べる。シカのような大型哺乳類の個体群密度を推定するためには、目視による確認のほかに、糞や食痕のカウントが重要な指標になる。ニホンザルの群れが幸島のような狭い森にどれだけの食害を与えているのかを知るために、何頭かの焦点個体を追跡し、その個体が樹上で葉を食べはじめたら双眼鏡でじっと観察し、口にはいった葉の枚数を数える（実際にこの苦行に挑んだ研究者を知っている）。アリの巣の社会構造と活動リズムを明らかにするため、極細の筆でさまざまな色のアクリルペイントの斑点をアリの胴体につけて個体識別する。

生態学者は、ありとあらゆる手練手管を駆使して、生物のふるまいとその数量を精確に記述し記録することに奮闘する。だが、生態学が制度的な知へ昇格するためには、決定的な飛躍が要求される。その飛躍がめざす到達点こそ、生態系（その一環としての食物連鎖）と名づけられる〈全体性〉である。フッサールの自然主義＝客観性批判の眼目は、〈客観的な世界は自然と同一視されるが、客観的で真なる世界とは理論的な構築物であり、けっして知覚できない〉ということであった（第一章第二節「自然主義批判」参照）。大文字山の数十箇所から動植物のある限定されたサンプルを採取することから、森林全体の生物体量《バイオマス》やそこに棲息するヤチネズミの個体数を推計することに至るまでのあいだには、統計学や微分方程式といった、高度に数学的な操作が介在する。それと同様に、〈ヤマカガシがダルマガエルを呑みこんだ〉、〈ヒヒが口吻を血だらけにしてディクディク（サバンナに棲む小さな羚羊）を食った〉（エチオピアで実際に観察したことがある）といった個々の観察が繋ぎあわされ、食物連鎖という全体的な理念へと抽象化される。

社会的な分域《ドメイン》を相似の例としてあげよう。自然誌的態度によって直接観察できる「社会」とは、人と人との対面相互行為だけである。だが、私たちは、村落共同体からはじまって国家あるいは「国際社会」（奇妙なことばだ）に至るまで、なんらかの全体性をもったシステムを、対面相互行為の総和をさらに超えでるような何ものかとして構築する。[307] これによって、私たちは、知覚しえない何か重要な事柄（規範、道徳、公共の福祉、等々）について思考することができる。だが、いかなるかたちであれ、全体性を理念的に構築したうえで、それを客観的に実在するモノとみなした途端に、〈物象化〉の誘惑がしのびよる。もちろん、（β）で仮想した「国家意思の独白」は物象化の最たるものであるから、あくまでも戯画的な修辞として括弧内にとどめおかなければならない。

生態学的な世界認識においては、〈生態系〉あるいは〈生物多様性〉といった理論的構築物が、ある種の作用主《エージェント》として物象化される。推論構造（γ）の2-1〈現在の生物多様性が未来のより高度な多様性を生みだ

307　菅原和孝　二〇一〇『ことばと身体』（講談社）第五章でこの問題を詳しく論じた。

す〉という命題は、こうした物象化の典型である。別種の間接的知識によれば、中生代が生みだした生物多様性はおそらく偶発的な要因で潰滅した。あるいは、この現在を第四間氷期として捉えるならば、遠からぬ未来に確実に到来する第五氷河期においては、現在の生物多様性はリセットされるだろう。生物多様性と名づけられる自律的な作用主が、さらに高度な多様性を再生産するという保証はどこにもない。

何よりの問題は、物象化によって、私たちが無数の生物種とつながりあって現に生きていることの意味が生態系（食物連鎖）という名の物質循環過程へと疎外されるということである。同時に、客観的実在という理念的なカプセルに封じこめられることによって、私たちの思考と想像力は、そこにざわめいている森とじかに切り結ぶことから疎外される。

現実世界とかぎりなく近い可能世界ではわたし自身が生態学的な世界認識にたつXである。そのXはこう反論する。『キミの言うことは傍観者的態度であり、韜晦にすぎない。戦後の長期単独政権下で、この国で進行したすさまじい環境破壊はキミを暗澹とさせている。ならば、破壊を進行させる力と闘わなければならない。旧ソ連の科学政策の標語だった「知識は力」は命題自体としては正しい。私たちは生態学という武器によって闘う。生態学は科学である。科学は客観的真理を探究する活動であるからこそ、社会的な支持をうけ、無定見な政治権力と拮抗する別種の権力となりうる。現象学的還元とは、はじめから正しいとわかっているアジェンダを先送りにする猶予《モラトリアム》にすぎない。ナイトも「自然保護思想と釣りあう力をもった、人類学的な唱道は欠如したままだ」と言っているではないか。文化人類学も生態学と同様に自然保護を唱道する使命をになうべきだ。』……（δ）。

生活世界の不可避性によって政治闘争に押しやられれば、わたし自身が（δ）を表明するだろう。だが、探究の内部に踏みとどまるかぎりにおいて、唱道につきまとう単純化と曖昧さは批判されざるをえない。物欲至上主義（β）は「野生動物の生を尊重することは、感傷であり、審美的感覚にすぎない」として自然保護思想を冷笑すると想定された。それを打ち砕くべき（γ）の主張（JWAのマニフェスト）の眼目は、〈ヒトもまた生物多様性をもった生態系に内属しているのだから、生態系の破壊は人類の滅亡をまねく〉という推論であった。(β)で戯画化した国家意思と、生態学的な唱道とは、基本的に同じ世界認識に立脚している。それはナイトが批判した人間中心的な功利主義と同根である。われわれは「審美感や生命への畏敬といった無形の幸福」のために自然保護を主張するのではなく、それが人類全体の存続にとって不可欠だからそうするのだ、というわけである。

この分析によって、客観的実在としての生態系＝生物多様性を物象化する世界認識のもっとも根本的な問題が明らかになる。第一に、それは「感傷」「審美感」「生命への畏敬」を、あたかもみずからの弱い腹であるかのように蔽い隠し、それらを思想＝理論の問題として正面に据える機会を取り逃がす。第二に、それぞれにかけがえのない動物的主体(人もふくむ)のすべてが、たがいに対して外在的に並列しつつ、全体性の網状組織を構成する、無数の結節《ノード》へと均質化される。もちろん結節と結節は相互に連結されているが、この連結は結局のところ物質循環に還元される。これに対して自然誌的態度は、国家意思が「感傷」「審美」と嗤うような情動反応こそを理論的にもっとも本質的な問題として捉える。同時に、主体どうしの関わりを、並列された個物をつなぐ機械的(化学的)な連結としてではなく、ときにたがいの境界が溶融するような、動的な交働系として把持する。第Ⅱ部「生活世界」での記述と分析はすべてこの方針に沿って行なわれていたはずである。

それにしても、「感傷」「審美」「生命への畏敬の念」といった、ありきたりな言語的ラベルのどれも、私たちが動物たちとともに内－存在しているこの世界の謎を矮小化すると感じられる。ナイトが引用している、青森のマタギ猟師の述懐を読むとき、そのことを思い知らされる。クマが木の幹を剝がす行動は深甚な被害をもたらすので、彼はクマの駆除のために早春の山にはいり、双眼鏡で遠くの山腹にいる子連れのクマの姿に見いった。——三ヶ月の仔グマが春の陽射しのなかに気持ちよさそうにすわっていた。もう一頭が母の背中に乗っかっていた。三番目は母の乳首にしがみついていた。この親と仔の無垢な姿を見ていたら、たくさんのクマを殺してきた私でさえ、猟欲が失せた。私はこのあまりにもすばらしい光景に胸をうたれ、ただ立ちつくして見つめ続け、われを忘れた。[308]

彼が「われを忘れる」ことと釣りあうだけの、けっして常套句に回収されないような情動表現があるとしたら、それは〈ことばを失う〉ことだけであろう。もちろん、わたしはここで逆説を弄している。だが、このマタギが「胸をうたれる」ことと、近年の日本の若い世代の女たちがひっきりなしに口ばしる「カワイイ!」という情動表現とのあいだに横たわる途方もない懸隔を見つめるとき、やはりわたしはことばを失う。それでも最小限のことばを吐くとしたら、彼のこの純粋な感動は、二〇〇頭以上のクマを射殺し続けてきた苛烈な実践と切り離せない祝福として到来しているということだけである。

文化表象を超えて——環境と虚環境のモザイク状境界を歩く

『天敵』に収録された論文群を読んでわたしが暗澹としたのは、人と動物の敵対の諸相が突きつけるむごたらしさのためばかりではない。知の制度化の閉塞がわたしをひしひしと押しつつんだ。それは、判で押したように類似した構成の論文群が並んでいたためである。まず現地での印象的な逸話を挙げ、天敵動物の深刻な被害をざっと記述する。そのあと、歴史・社会的文脈や象徴論・認知理論を参照しながら、解釈と蘊蓄をかたむける。なかでももっとも重要な理論的方向を示していると思われるライの議論だけに注目しよう。

——豚たちの悪意ある本性をめぐる言説的表象を、畑や森で豚を知覚することと切り離されたものとみなすことはできない。知覚は表象の前奏ではない。両者は同時的かつ相互依存的な過程である。スキーマ理論の発展に寄与したマンドラーは述べる。「スキーマは環境との相互作用を通じて構築される。[…]特定の出来事に関わる経験の結果として発達するスキーマは、その出来事のコピーではない。スキーマは環境の規則性の抽象的な表象である。われわれは諸もろの出来事をそれらが活性化するスキーマによって了解する。スキーマはまた加工のメカニズムでもある。それは、環境から与えられるデータを解析し、適切な仮説を与えるように働く。」マンドラーが〈知覚する者〉と〈了解する者〉とを区別していないことこそ、スキーマ理論の特徴を示す。スキーマは最小の知覚入力から複雑な解釈を即座につくりあげる。ある事象をまえにしたとき、人は知覚者でありかつ解釈者である。スマトラへの移入民の環境にかかわる言説的表象を通して伝えられるものは、ひとつの抽象的な説明である。この説明は、諸特徴を関係づけ合体させ、森に関わる移入者たちの文化的スキーマをつくりあげる。これら諸特徴は、木々、精霊たち、悪意（敵意）、さまざまな動物たちや鳥たちをふくむ。なかでも豚（イノシシ）たちこそもっとも象徴的な支配力をもつ。それがもっとも強力な社会的意味をもつからこそ、豚は森を「代表する（＝表象する）」「鍵象徴」になる。豚こそが、森スキーマを起動し、森の象徴的例証となる。だが、森スキーマは厳格な構造ではない。スキーマは、新しい入力を取りこみうる、融通性をおびた形状化である。そこにはブリコラージュの余地がある。だが、スキーマが解釈的なまた表象的な機能をもつためには、それはある程度は環境に対する耐性をもたなければならない。ここでレスリー・ホワイトの有名な定式化を思い起こそう。――「人類と自然とのあいだには文化のベールが懸かっている。人はこの媒介物を通さなければ何ひとつ見ることはできない。すべてに浸透しているものこそことばの本質である。」人間と環境のあいだに懸かるベールとして文化的象徴をとらえるこの隠喩は、「言語と他の象徴体系が私たちの経験する事柄を決定する」という考えかたに由来する。ベールの隠喩は、人間が意味作成者として環境のリアリティを溶解することを含意している。だが、スキーマ理論に照らせば、ベールの隠喩は誤りである。それは文化表象と外的環境との照応を見えなくする。スキーマは、開かれた融通性のある形状化であり、新しい情報を受けとめ、かつそれに適合することを可能にする大きな容量《キャパシティ》をもつ。外的環境に対するスキーマの照合は環境との絶えまない相互作用を通じて起きる。それゆえ、豚をめぐる移入者たちの表象は、全面的にかれらの想像力による構築物だというわけではない。それらは、事実、作物に損害を与える、自然に存在する生命体としての豚と類似性をもっている。だが、この照応または同型性は、個々の文化表象は単に世界に関する私たちの知覚を映しているという単純な自然主義を含意するわけではない。スキーマ理論は、構築主義的な人類学がつかう「ベールとしての文化」の隠喩、そして、直接的知覚という考えか

308　藤原長太郎　一九七九「熊二百頭射獲の我が悟り」『狩猟界』二三（三）：三三－三七。わたしは原エッセイを参照していない。ナイトの英訳から訳しもどしたので、原文と食い違っているかもしれない。タイトルの漢字・仮名づかいも正確ではない可能性がある。

たにひそむ自然主義との双方に対する代替案を呈示する。スキーマ理論は、環境は文化的知識を介して知覚されるという考えかたを支持するが、それは知識が形成され、貯蔵され、人間の経験にもたらされる複雑な過程について、構築主義理論よりもずっとニュアンスに富んだ説明を与える。スキーマ理論は、構築主義と自然主義のあいだの隘路をぬい、人間の環境知覚への接近が突きあたっている袋小路を脱する途を提供する。[309]

カントに由来するスキーマの概念が近年の認知科学に取り入れられ、人類学にも大きな影響を与えていることは興味ぶかい動向である。とくにマーク・ジョンソンが精錬した「イメージ図式」は、身体化理論にとってもっとも重要なものである。[310] そのことを認めたうえで、ライの長い論述（右はそれを大はばに要約したもの）を読んでわたしが暗澹とした理由を述べなければならない。このようなもってまわった文章を書く訓練を積まなければ、人は文化人類学をすることができないのだろうか。ここには知の制度化の閉塞が何重にも折り畳まれている。以下、指導教員のアドバイス風に再構成する。

――キミは、文化人類学最大の理論的な難問である、構築主義と自然主義の対立を乗り超える新しい方法論を提示する必要がある。近年、認知科学に関心をもつ人類学者の注目を集めているスキーマ理論は有望株だから、それに傾倒してみたまえ。構築主義と自然主義の対立とは、認知に還元すれば、表象と知覚の対立に帰着する。表象を優先すると、サピア／ウォーフの言語相対主義と同根の「文化はベール（サングラスという比喩を好む人もいる）」説に舞い戻るから新味がない。だが、知覚と直接経験がすべてだなどといえば、アフォーダンス理論の亜流になる。もちろんナマの知覚など存在するはずがない。知覚はつねに表象／象徴作用に滲透されているが、逆に、表象／象徴は知覚を資源としてつくられる。この相互滲透をスキーマという概念に籠めよう。だが、スキーマを固定的な構造として、直接経験と精神とのあいだに嚙ませたら、構造主義と見わけがつかない。ある程度は安定しているが、環境からの新しい入力に応じて動的に変容する心的な実体として、スキーマを描く必要がある。ブリコラージュということばはカッコイイから挿入するように……。

戯画化がすぎたろうか。だが、わたしには暗澹を通り越して愕然とする理由がある。このいっけん野心的な論考は、パク・ウィリオという一人の男の語り（まさに言説的表象）だけに依拠して構成されたものなのである。スキーマとは、個人に宿るものではなく、なんらかの共同性をもつはずだ。だからこそ、民族誌に会話分析の方法を初めて導入したマイケル・モアマンは「お気に入りのインフォーマントの打ち明け話」だけに依拠した文化人類学の理論構成を侮蔑したのである。[311] さらに、群がるイノシシ（豚）の恐ろしい姿を直接観察することもせず、精霊が跳梁跋扈する森の奥に分け入って背すじを寒くする経験もなく、なぜこの人類学者は、「スキーマと環境との相互作用」や「環境知覚」について語る資格をもつのだろう。「なんたることか、どこにもイノシシの人類学はない。ただ、情報提供者の言説があるばかりだ。」このような研究は（「科学」とよばれるかどうか疑問だが）、トーマス・クーンのいう「通常科学で行なわれるパズル解き」を彷彿とさせる。[312]

第四節で参照したケーラーの「ゾウへの転形」に関する論文においても、ゾウの生態と社会構造それ自体に関する記述は皆無であった。だが、すでに一九八〇年代から、マルミミゾウに関する調査が、野生生物保全協会（WCS）の資金提供をうけた動物学者たちによってなされていた。[313] 生態学的な側面を無視する代償でもあるかのように、この論文には「分かちあい関係」「社会関係から創発する緊張と葛藤」「〔ゾウ共同体への〕基本的な共感」「実存的ジレンマ」といった、文化人類学者が愛用しそうなことばがちりばめられていた。だからこそ、

309 Rye, *op. cit.*, pp. 118-121.
310 ジョンソン、マーク 一九九一（菅野盾樹・中村雅之訳）『心の中の身体』紀伊國屋書店。菅原和孝 二〇一三「身体化の人類学へ向けて」菅原編『身体化の人類学』（世界思想社）八-九頁。
311 Moerman, Michael 1988 *Talking Culture: Ethnography and Conversation Analysis*. Philadelphia: University of Pennsylvania Press, pp. 7-8. 菅原『語る身体の民族誌』（京都大学学術出版会）五-七頁。
312 クーン、トーマス 一九七一（中山茂訳）『科学革命の構造』みすず書房。
313 ブレイク、ステファン 二〇一二（西原知昭訳）『知られざる森のゾウ――コンゴ盆地に棲息するマルミミゾウ』現代図書。この訳書のどこにも原著刊行年と出版もとが書かれていないのは重大な瑕疵である。Blake, Stephen 2006 *Hidden Giants: Forest elephant of the Congo basin*. Wildlife Conservation Society.

わたしはそれを「空疎なことばの羅列」とよんだのである。

安あがりなパズル解きにすぎない論文が経験科学の産物として正統化されるのは、ゾウ人間も豚人間もみな文化表象であると位置づけられるからだ。文化人類学の使命はそのような表象を歴史と文化の文脈に位置づけて解釈すること、または認知メカニズムによって説明することである。現地の人は表象という名の幻想を文字どおり〈信じている〉のに対して、西欧的な教育をうけた人類学者は豚人間が実在しないことを〈知っている〉。この対比を言明することはタブーである。

このような偽善から抜けだすためには、いっそのこと「文化表象」という概念自体を廃棄したらどうだろう。メルロ＝ポンティは「私自身からけっして切り離せない」ことにのみ依拠して思考を組み立てることを現象学的実証主義の根幹においた。豚人間も、ゾウ人間も、人びとの生活世界において育まれる思想からけっして切り離せない事柄として存在している。そう考えれば、知覚と表象の二元論から抜けだせると思う。

前著において提案した環境と虚環境の区別をあらためて繰り返そう[314]。環境において出会う事物を私たちは同一性指定できる。これはダチョウ、あれはアフリカオオノガンだ。だが、神話世界を駆けまわるダチョウ小僧やオオノガン嬢ちゃんはけっして同一性指定できない。その姿を想像しようとしても、鳥と人間とが二重露光されたようになり、くっきりした輪郭を結ばない。フッサールの警告――「事象とはそのまま自然事象ではなく、通常の意味での現実が現実一般であるわけでもない。」さらに彼は（いささか唐突に）虚構に格別な意味を付与した。「制約のない本質探究は必然的に想像における操作を必要とする。それゆえ「虚構」こそが現象学的な生の要素をなす。」

たとえば、わたしはオオノガン嬢ちゃんのことを想いながら疎水べりを歩く。凝然と佇むアオサギの姿が目に留まり、「姿は似ているけれど、オオノガンのほうが大きくて首が太いなあ」と考える。このときわたしは環境と虚環境のモザイク状境界の上を歩いている。人間が思考することも語ることも、〈歩く〉という身体的行為として捉えることがもっとも透徹した本質直観である。定着性の無脊椎動物を除けばあらゆる動物の原的な活動は〈動く〉ことである。サンゴのような定着動物でさえ幼生段階では泳ぎまわる。カラハリの原野で長い歳月を過ごしたわたしは〈歩く〉ことを過剰に特権化しているかもしれないが、〈歩く〉ことを思考と語りの本源に据えるというのは、けっして恣意的な隠喩ではない。フッサールは本質直観の出発点を「原的に与える働きをする〈見る〉こと」に求めた。彼は、この〈見る〉が単に感性的に見ることではない、と断わってはいるが、その根底に眼球を動かしてまなざしを向けるという身体行動があることは疑いえない。もしも、〈歩く〉ことを「原的に与える働き」に据えることが恣意的であるならば、〈見る〉ことを特権化することも恣意的だといわねばならない。〈モザイク状境界を歩く〉というイメージが優れているのは、同一性指定できることとできないことが目まぐるしく交替しつつ現出するありさまを把握できるからである。もし知覚と表象という語に固執するのであれば、両者は分離しがたく混淆しあっているといってもよい。そのかぎりにおいては、「環境は文化的知識を介して知覚される」というライの結論は大きくはずれているわけでない。紀州犬にオオカミの血がまじっていると言いきる猟師は、「人間が沸いてくる」厳寒のなかでガリッポと「力くらべ」するこの環境と、原野生種から犬たちに絶えず「血」が流れこんで「雑種」を生みだし続けている虚環境とのモザイク状境界に身をひそめて銃をかまえるのである。

314 菅原、前掲書（注106）一九一－一二二頁。

第 III 部

観察と思考

第六章
分類する——種と階層の認知

二〇一五年五月〔作品刊行時点では七〇年後の未来〕、スウェーデン、イギリス、アメリカ、ドイツなどの著名な科学者たちが相次いで突然死をする。多くは心臓麻痺と診断されたが、自殺めいた死にかたもあった。一人は謎めいたメモをのこしていた。「船乗りは非常にかかりやすい。〔…〕海上生活者と陸上生活者をくらべたデータを手に入れなければならぬ。凝視の度合いはちがうはずだ。」この科学者は精神分裂《マ》病《マ》患者のなかに甲状腺腫の発症例がほとんどないことにも注目していた。死ぬ前に彼らはみな奇妙なことをしていた。メスカリンとメチレン・ブルーを摂取し、体のどこかに多量のヨードチンキを塗布していたのだ。合衆国政府特別財務局と科学者の橋渡しをする渉外係官グレアムはこれらの不審死を調査する過程で何ものかに心を覗きこまれるような奇妙な感覚をおぼえ、その瞬間べつのことを考えるようにした。この生来の第六感が彼の命を救った。死んだ科学者たちが共有していたのはヒトの視覚能力を変容させる処方だった。可視光の知覚が赤外線よりもずっと奥まで届くようになると、空中にいくつも浮かんでいる青い太陽のようなものが見える。それらは太古から地球に棲息していたある種の生命体で、人類の苦悩や悲嘆や怒りの感情を摂取していた。人類は負の情動という「乳」を搾り取られる家畜だったのだ。生きのびたある教授は語る。「かれらは動物でも植物でも鉱物でもありません。〔…〕別の、まだ分類されていないもので、〔…〕一般に受けとられている意味での物質ではありません……」[315]〔強調は引用者〕

一　同一性指定の根拠としての分類

分類不能なもの

英国の超常現象研究家が右の作品をSF専門誌に発表したのは一九三八年のことである。一九四三年に単行本が刊行されると英米で大ベストセラーになった。「青い太陽」を見ることができるようになった人間たちは、今まで不可視だった支配の軛《くびき》を打ち破る戦いに立ちあがる。だが敵は「アジア軍」を操り、「家畜」からの解放をめざす西欧諸国の叛逆を潰滅させようとする。前半の息づまる緊迫感とうってかわって後半はB級アクションになるのにはがっかりしたが、何よりも当時の中学生が衝撃をうけたのは、西欧の作家の目にはアジアの民は自由意志をもたないロボットのような存在として映っていることだった。だが、この中学生は訳者解説に明記されていたクロノロジーを呑みこんでいなかった。敗残兵たちを餓死するにまかせ若者を特攻に追いやる大日本帝国は、連合国がわから見れば悪霊に取り憑かれた豚どもの群れとしか見えなかったのだ[316]。

この不快な作品を本章の冒頭におくのは、私たちは生活世界において分類ができない存在者と出会うことなど

315　ラッセル、エリック・フランク　一九六四（矢野徹訳）『超生命ヴァイトン』早川書房。
316　ルカ福音書第八章に豚の群れに入った悪霊のことが記されており、『悪霊』はこれをエピグラフにしている。ドストエフスキー、フョードル・ミハイロヴィッチ　一九六九（池田健太郎訳）『新集 世界の文学15　悪霊Ⅰ』中央公論社。

ありうるのかを問うためである。単純な条件がある。目に見えないものは分類することが難しい。スペルベルはその独創的な象徴理論のなかで〈匂いは象徴表現である〉という鬼面人を驚かせるような議論を展開した。[317] 匂いという不可視の存在者を名ざすとき、私たちは「栗の花の匂い」「吐瀉物の異臭」というふうに臭気源によって換喩的に表わすことしかできない。それは色彩語彙によって喚起される鮮やかな視覚イメージと鋭い対照をなす。[318]「黒死館」「白夜行」「赤旗」「黄禍」「緑の館」「蒼ざめた馬」「限りなく透明に近いブルー」「茶色い戦争がありました」「桃色遊戯」「紫煙」「グレーゾーン」等々。だが、匂いの換喩表現も、精確な同一性指定を行なうことがある。

——太郎と花子はマンションの一室に帰る。玄関を開けたとたん強い「ガスの匂い」に気づく。二人は台所に駆けこみ、太郎はガスの元栓を閉め、花子は窓を開ける。スペルベル理論を脚色してこの認知過程を説明する。(1)外界からの知覚入力が受動的記憶（平面に喩えられる）の領域に写像される。(2)「ガスの匂い」が同一性指定されるとは、この平面の一点が定まることである。(3)同時に「ガスの匂い」と関連するさまざまな知識が作動記憶（平面上の円に喩えられる）に呼び出される。知覚入力を頂点とし、同一性指定された「ガスの匂い」を底面の中心とする円錐体が成立する。(4)円錐体のある高さに底面と平行した平面が形成される。これを補助命題とよぶ。——具体的にいえば作動状態になった知識とは、{都市ガスに含まれ燃焼する成分は一酸化炭素COである}{COは酸素O_2よりも赤血球中のヘモグロビンと結合しやすいので一酸化炭素中毒とよばれる血中酸素濃度の低下が起きる}{この低下は個体の死をひき起こす}{COとO_2がある割合で混合した気体は爆発しやすい}といったものである。この場合に形成される補助命題とは「ぼくはガスのさらなる漏出を止めなければならない」「私は部屋を換気しなければならない」といったものである。

前章の末尾で提起した環境と虚環境の区別を成り立たせる条件は、環境内で主体が遭遇するほとんどの事物は同一性指定できるが、虚環境においてはそうではない、というものだった。「ガスの匂い」の例から明らかなことは、同一性指定こそが、環境における主体の生存を支える世界認識の臍であるということだ。それゆえ、環境内において、同一性指定することが難しい「分類不能なもの」に出会うことは、稀な体験として主体につよく記銘される。そのとき主体を襲う特異な情動反応が〈不気味にかんじる〉ことである。

——〔二〇〇〇年前後のことか〕わたしは、海外出張しないかぎりは、肥えたラブラドルレトリヴァーを伴って早朝のジョギングを毎日欠かさず行なっていた。その蒸し暑い朝も、一時間ぐらいのコースの半ばで休憩する広い公園のベンチにすわった。ふと地面に目を落とすと妙なものがいた。ぬめっとした黒く細いゴム紐のようで、長さは優に一メートルはあるように見えた。末端は草のない地面にあいた小さな穴から出ているようだった。いったいこの「もの」がなんの門に属するのか見当もつかなかった。カルトムービーとして評判が高いジョン・カーペンター監督の『遊星からの物体X』で、ハスキー犬の毛皮を突き破ってピチュピチュ音をたてて出てくるミミズのような触手のことを連想し、犬を引っぱってそそくさとその場を離れた。当時、わたしは、理学部の人類進化論研究室のゼミにときどき顔をだしていた。院生たちにこの不可思議な目撃譚を話したが、だれも「それ」の正体をあてられなかった。数日後、院生の一人から学内便が届いた。「あれから気になって調べてみました。どうやらコウガイビルというもののようです。」丁寧にも彼は百科事典の一頁のコピーまで同封してくれた。そのコピーはとっくの昔になくしてしまったので、またもやウィキペディアのお世話になる。「扁形動物門ウズムシ綱ウズムシ目〔…〕コウガイビル科コウガイビル属に属する動物の総称〔…〕。近年、都会では外来種の☞オオミスジコウガイビルという大型種が侵入している。〔…〕湿った土壌や石の下、朽ち木の中などにおり、夜間に湿った所を徘徊する。肉食であり、ミミズやナメクジ、カタツムリなどを捕食する。〔…〕」オオミスジコウガイビル：「日本には本来分布していない外来種〔…〕。北海道（小樽市）・本州・四国・九州に定着している。〔…〕中国南部原産。体長は50cmから1mと非常に大型。」〔強調は引用者〕

このときわたしは、自分の日常生活のすぐ傍らにまだ知らぬ生きものが蠢いていることに少なからず驚いた。

317 スペルベル『象徴表現とはなにか』紀伊國屋書店。
318 Berlin, Brent O. & Kay, Paul D. 1969 *Basic Color Terms*. Berkeley: University of California Press.

だが、これはもちろん素人の驚きである。動物分類を専門とする生物学者ならば、新種を発見して興奮することはあっても、わたしのように「何の門か見当もつかない」などということはありえないだろう。ここで、遅まきながらの内省がおとずれる。わたしは気楽に「門《ファイラム》」「綱《クラス》」「目《オーダー》」「科《ファミリー》」「属《ジーナス》」などという用語を受け売りすることによって、科学を括弧入れするという本書の方針から逸脱しているのだろうか。あらかじめ見通しを示せば、分類学が遺伝学と結合しないかぎり、それは生態学と同様、ぎりぎりまで自然誌的態度に立脚する世界認識の方法である。だが、分類学が切りだす「構造」は、理念的操作と抽象化の産物であり、鞏固な知の制度化と結びついている。

分類とはなにか

「分類」を表わす名詞として英語にはclassificationとtaxonomyがある。前者は一般的に「類別すること」である。たとえば、東洋的な民俗知は食物を「冷」と「熱」に類別する。こうした二元論的な類別は下位区分を伴う必要は本来ない。だが、classificationは、階層を伴う生物分類の意味でも用いられる。ひとまずclassificationを「類別」と訳し、その特別な場合をtaxonomyすなわち「分類」と訳しわける。類別は分類の上位概念であり、分類は類別に含まれる。以下の論述は、ロイ・ダンドラーデの『認知人類学の発展』に依拠する[319]。

ある語で示される対象（世界に存在する諸事物）はひとつの部類《クラス》を構成する。諸事物が生物である場合に、この部類を分類単位《タクソン》（複数形タクサ）とよぶ。本章では、この「分類単位」という語が頻出するので、「分類単位」を「単位」と略称する。また本章では、「単位」という語をタクソン／タクサの意味においてのみ用いる。あるひとつの単位が他の複数の単位を含むとき、分類関係（taxonomic relation）が成立する。もっと詳しくいえば、ある語の集合が与えられたとき、その集合の内部構造は、〈パラダイム〉か〈分類関係〉に二分される。ここでいうパラダイムとはクーンの科学哲学の鍵概念である「科学の全活動を規定する理論的枠組」とは別ものであり、むしろ文法の「語形変化」に近い。語の集合を構成するすべての要素が同数の弁別素性の組み合わせによって対立するとき、パラダイムが得られる。たとえば、Γ「三親等の傍系親族」を表わす日本語の親族名称はΓ＝｛オバ、オジ、メイ、オイ｝の四つである。四つの要素を対立させる弁別素性は二つ考えられる。第一はエゴの上方／下降世代、第二は女／男という区別である。どちらの区別についても前の属性を＋、後の属性を－の値で表わすと、以下の組み合わせが得られる。オバ＝（＋、＋）、オジ＝（＋、－）、メイ＝（－、＋）、オイ＝（－、－）。ゆえにΓはパラダイムをつくる。

これに対して、ある語において、他の語群を示差する弁別素性が欠落しているとき、分類関係が生まれる。Δ「一親等の直系親族」を表わす日本語の親族名称はΔ＝｛オヤ、コ、ハハ、チチ、ムスメ、ムスコ｝の六つである。弁別素性は三親等傍系親族の場合と同じなので、素性の欠落をゼロ記号で表わすとつぎのように分析できる。オヤ＝（＋、０）、コ＝（－、０）、ハハ＝（＋、＋）、チチ＝（＋、－）、ムスメ＝（－、＋）、ムスコ＝（－、－）。「AがBを包含する」を「A∪B」と表記すれば、オヤ∪｛ハハ、チチ｝、コ∪｛ムスメ、ムスコ｝が得られる。ゆえにΔはひとつだけの位階《ランク》をもつ分類関係をつくる。

民俗分類の階層構造

科学とは無縁な局地的《ローカル》な生活世界のただなかで人びとはどのように動物を分類しているのだろう。この領域の研究の展開を決定づけた記念碑的な論文が、バーリン＋ブリードラブ＋レイヴンの共著「民俗生物学における類別と名称体系の一般原理」である〔以下ではこの三人の著者を「バーリンら」と略称する〕[320]。ここで彼らが使った特

319 D'Andrade, Roy 1995 *The Development of Cognitive Anthropology*. Cambridge: Cambridge University Press.
320 Berlin, Brent O.; Breedlove, Dennis & Raven, Peter 1973 General principles of classification and nomenclature in folk biology. *American Anthropologist* 70: 290–299.

殊な用語五つのうち三つは形容詞を名詞化したものである。つまり「属的《ジェネリック》」「種的《スペシフィック》」「変種的《ヴァライアトゥル》」である。だが、生物学の「属」「種」「変種」と混同すると致命的な誤りをおかすことになるので、ここでは「属体」「種体」「変種体」という訳語を用いる。

バーリンらの理論の骨子を略述する。民俗分類は限られた数（ふつう五箇）のレベルをもつ。《位階0》**唯一始発点**：それ以下に分類されるすべての単位を含む単一の語で表わされる。現代日本語のドウブツとショクブツはその例。この位階にあたる語が存在しない文化も少なくない。／《位階1》**生活形**：語の数は少なく、ふつう六～一〇箇の範囲に収まる。生活形はただちに知覚可能な不連続性に基づいて区別される。／《位階2》**属体**：これこそが民俗分類の中核である。もっとも多くの形態や行動の特質を共有するものたちのまとまり、すなわち事物の「自然な種類《ナチュラル・カインド》」である。以降では、これを単に〈自然種〉と略称する。属体は、必ずしも、生物学の属や種と対応するわけではない。民俗分類と生物学的分類という二つの体系は、異なった数のレベルをもつ独立した体系である。ただし、民族生物学の多くの研究は、民俗的な属体と科学的な分類体系とのあいだに高い一致があることを発見してきた。ほとんどの属体名はひとつの特定の生活形に含まれる。だが、いかなる生活形名とも結合しない「非-連結的な」属体名も知られている〔後者の実例は英語の民俗分類を例にとって後述する〕。／《位階3》**種体**：生物学的分類学とは異なり、種体の位階が出現することはむしろ稀である。ある属体の下位集合としての種体はせいぜい二～三の要素しか含まない。またほとんどの民俗分類で二種以上の種体に分割できる属体が属体の数全体に占める割合は一〇～二〇パーセントにすぎない。属体が種体に分けられるかどうかは、文化的な重要性に依存するところが大きい。／《位階4》**変種体**：このレベルが成立することは稀である。もし成立すれば、つねに文化的にきわめて高い重要性をもつ。

具体的なイメージをつかむために、身近な民俗分類を検討しよう。吉松久美子は、バーリンらの理論に依拠し、古典文学を資料に用いて日本人の民俗分類の歴史的変遷を明らかにした[321]。中世だけに焦点をあてれば、日本人は動物の「生活形」に、トリ、ウヲ、ムシ、ケダモノ（ジウ）、カヒの五つの語をあてていた。私たちが現在「爬虫類」「両棲類」とよぶようなカテゴリーは、すべてムシとして一括されていたようである。

つぎに、英語話者の民俗動物分類を検討しよう。唯一始発点はイキモノ（creature）である。これは四つの生活形に分かれる。ドウブツ（animal）、トリ（bird）、ウオ（fish）、ムシ（insect）である。英語圏の民間用法ではアニマルはもっぱら哺乳類をさす。さらに、英語には、タコ（octopus）、ウナギ（eel）、クラゲ（jelly fish）のようにほとんどの人がフィッシュの生活形に含めることをためらう水棲動物が多数存在する。タコは別名デビル・フィッシュ、クラゲはジェリー・フィッシュだが、民俗的センスはそれを魚の一種とすることに抵抗するのである。ヘビ（snake）も右の四つの生活形のどれにも含まれないという意味で非連結的な属体である。ヘビそれ自体が生活形だとする考えかたもある。

英語話者の民俗分類における犬を例にとり、種体と変種体の位置づけを明らかにする。第三章で明らかにしたように、属体イヌ（dog）の下位には夥しい品種名が並ぶ。これを種体のレベルとみなし、プードル、シェパード、テリアの三種体を例にとると、つぎの下位区分がある。プードル∪〔トイ・プードル、スタンダード・プードル〕、シェパード∪〔ジャーマン・シェパード、オーストラリアン・シェパード、等々〕、テリア∪〔フォックス・テリア、ブル・テリア、エアデール・テリア、等々〕。すなわち変種体のレベルにおいても精密な細分化がなされている。これはもちろん犬の育種交配が盛んだった英国その他の西欧諸国において、犬への関心が文化的に著しく研ぎ澄まされたことの結果であろう。

321　吉松久美子　一九八四「日本人の動物に関する民俗分類とその歴史的変遷」『季刊　人類学』一五（二）：一七九－二四〇。

語彙素分析

民俗分類学において階層的な構造体が取りだされる手続きは、言語学的な語彙素分析に基づいている。その心臓部をなすのは一次語彙素と二次語彙素の区別である。日本語のトリにかかわる分類を、だれでも知っている鳥類名だけに限定して説明しよう[322]。

一次語彙素は、(a)分解不可能／(b)分解可能という二つの部類に分けられる。(a)の例としては、〈ウ、サギ、トキ、カモ、タカ、ワシ、トビ、キジ、ツル、シギ、ハト、モズ〉などがあげられる。(b)は(b_1)生産的／(b_2)非生産的の二つに下位区分される。(b_1)「生産的」とは言語学的な概念であり、この形容詞の日常的な用法〔「そんな議論は生産的じゃないよ」〕とはかけ離れている。ある形態素mにべつの形態素〈p、q、r……〉が結合して、不特定数の新しい語を産出するなら、mは生産的な語彙素である。民俗分類で生産性をもつ形態素は、生活形を表わす単位――いまの場合〈トリ〉――だから、生産的な一次語彙素とは、〈オシドリ、ヤマドリ、ヒヨドリ、ムクドリ、コマドリ、チドリ〉などである。また「鳥」という漢字の音読み「チョウ」をも含めるならば、〈ライチョウ、ブンチョウ、サンコウチョウ〉も(b_1)に含められる。

(b_2)分解可能だが非生産的な一次語彙素とは、トリ〔チョウ〕という語彙素を含まない、しかも語源が明らかな、あらゆる鳥の名のことである。〈オナガ〔尾長〕、ハヤブサ〔「速い翼」が転じたとの説あり〕、ウミネコ〔海猫〕、ブッポウソウ〔仏法僧〕、キツツキ〔木啄き〕、オオルリ〔大瑠璃〕、メジロ〔目白〕、ホオジロ〔頬白〕〉などがこれにあたる[323]。〈カッコウ〉〔郭公〕は鳴き声の擬音語に由来する。擬音語の扱いについては、ダンドラーデは明確な見解を述べていないが、(b_2)に含めることが適切であろう。

二次語彙素とは、分解可能で、かつそれを構成する語彙素のひとつがすぐ上位の単位名〔ただし生活形名を除く〕であるような、単位の名称である。定義を一読してもピンとこないが、実例をあげれば一目瞭然だろう。ワシ⊃〈イヌワシ、オオワシ、オジロワシ〉、タカ⊃〈ハイタカ、クマタカ、オオタカ〉、あるいはズクとはミミズク（木菟）のことなので、ミミズク∪｛コノハズク、アオバズク｝といった包含関係が得られる。このとき｛｝内の名称はすべて二次語彙素であり、位階でいえば種体である。さらにこの定義から必然的に帰結するのは、二次語彙素とは上位の単位名（ワシ、タカ、ズク）を共有する複数の語が並列される構造のなかにだけ出現するということだ。

こうして、民俗分類の五つの位階を、語彙素分析だけに基づいて、定義することができる。《0》唯一始発点：いま注目している自然種の分域《ドメイン》全体を包括するもっとも広いカテゴリー名。《1》生活形：一次語彙素の方名をもつ単位で、しかも一次語彙素の方名をもつ下位の単位（すなわち属体）を一箇以上含む。《2》属体：一次語彙素の方名をもつ単位で、二通りに分けられる。(イ)それより下位の単位を含まない（この場合、民俗分類の位階は三つで打ちどめになる）。または(ロ)二次語彙素の方名をもつ一箇以上の下位の単位を含む。《3》種体：二次語彙素の方名をもち、しかも一次語彙素の方名をもつ単位に含まれる。やはり二通りに分けられる。(ハ)それより下位の単位を含まない（位階は四つで最下層に達する）。(ニ)下位の二次語彙素の方名をもつ単位を含む。《4》変種体：二次語彙素の方名をもち、しかもより下位の単位を含まず、かつ二次語彙素の方名をもつ上位の単位に含まれる。日本の鳥の民俗分類で変種体の実例をあげることは難しいが、生物学分類の標準和名ではつぎの例がある。ハト∪カラスバト∪｛リュウキュウカラスバト、オガサワラカラスバト｝。

語彙素分析は純粋に形式的な手法なので、私たちが実際に生きている動物認識のセンスと齟齬をきたすことがある。いわゆる猛禽類を例にとろう。ミサゴ、ハチクマ、ノスリ、サシバ、チョウゲンボウはすべて分解可能で非生産的な一次語彙素であるから、位階としては属体にあたる。すると、これらの単位はすべてワシ、タカ、ハ

---

322 この領域については以下に多くを教えられた。松井健　一九九一『認識人類学論攷』昭和堂。また鳥類の分類については、以下を参考にした。『決定版 生物大図鑑——鳥類』世界文化社（一九八四）。

323 安部直哉（解説）／叶内拓也（写真）　二〇〇八『山渓名前図鑑——野鳥の名前』山と溪谷社。

ヤブサ、トビと同じレベルで並列することになり、「かれらはすべてタカの仲間である」という直観に反する。

英語を母語としない私たちには、英語話者の民俗分類を直観的に把握することが難しい場合がある。ドーベルマンのファントムを飼っていたジェンキンス博士との会話で、ホームズものの小説の話題になり、ジェンキンスに「何がいちばん好きか？」と訊かれた。わたしが『バスカヴィル家の犬』をあげると彼は「それはドッグじゃなくてハウンドだよ。*The Hound of the Baskerville* だ」と訂正してくれた。あの「犢《こうし》のように大きい」犬をドッグとよぶことは間違いなのである。逆に、ハウンドを「猟犬」と翻訳することもしっくりこなくなる。語彙素分析の形式性は、動物認識のこうした微妙な襞を照らすものではない。

二　プロトタイプか本質か？

基本レベル効果――プロトタイプ理論の総合[324]

アメリカの認知心理学者エリーナ・ロシュが提起したプロトタイプ理論は、レイコフが牽引した身体化理論の礎となった。それはプロトタイプ効果と基本レベル効果という二つの考えかたを軸にするが、前者については別稿でかなり詳しく論じたので（注71参照）、ここでは基本レベルについて論じる（プロトタイプ効果についてはのちにべつの角度からとりあげる）。

基本レベルとは、民俗分類における属体レベルのことである。基本レベルに位置するカテゴリーはつぎのような性質をもつ。(イ)その形状を全体として知覚することができ、速やかな同定を行なえる。動物のシルエットをつぎつぎと被験者に見せ、その名称を即答させる実験がいちばんわかりやすい。大多数の被験者は、十二支の動物たちのように、属体名で答えるだろう。それより下位の方名で答えるときには反応速度が有意に低下する（犬のシルエットに「シバイヌ」と答えるような場合）。(ロ)基本レベルに位置するカテゴリーのメンバーと交働するときには、人は典型的な身体的活動に関与する。ネコの喉をくすぐる、イヌの頭をなでる（「犬と関わるときどうしますか」と問われて「けとばす」と応える人とは友だちになりたくない）、ウマに跨がる、ウシやヤギの乳を搾る、ヒツジの毛を刈る、ニワトリは……首を絞めるのだろうか。私見だが、この基準があてはまるのは、少数の家畜に対してだけだろう。家畜でさえも、ブタに対したときの典型的な交働様式を思いうかべることは難しい。野生動物の場合はそんなものは想定不可能だ。トラやイノシシやヘビと遭遇したときの典型的なふるまいとはなんだろう。プロトタイプ理論家たちの中心的な主張は民俗分類が人工物にも拡張できるということなので、この(ロ)の条件は人工物にこそもっともよくあてはまるだろう。〈楽器〉という唯一始発点に包含される〈弦楽器〉という生活形、さらにそのなかに含まれる〈ヴァイオリン〉という属体を思い描けば、それとの交働様式がある形に収斂することは明らかだ。だが、この解釈はトートロジーである。道具とはまさにある形態のふるまいを人からひきだすことをめざして作製されるのだから。(ハ)基本レベルのカテゴリーは、人どうしの交通において、特有の傾性をおびる。まずそれは語彙素として音節が比較的「短い」という特徴をもつ。また発達の初期段階で個人の語彙目録に登録される。〈わんわん〉〈にゃんにゃん〉は遠からず〈イヌ〉〈ネコ〉として記銘されるだろう。さらに、基本レベルに位置する単位名は文脈的に中立である。二人の主婦のこんな会話を想像しよう。A：「玄関に鍵かけなくて不用心じゃないの？」B：「ううん、三和土《たたき》でいつもでっかいイヌが寝てるから大丈夫。」〈イヌ〉を生活形レベルにひきあげて〈ケダモノ〉にしたら、Bの応えは異様に聞こえるだろう。A：「なにそれ？　あんたの旦那？」逆に、〈　〉内を〈ニューファンドランド〉に入れ替えても、Bの答えは不自然に感じられる。それが適切になるのは、文脈のより深い絞りこみが求められるときだけである。たとえば、A：「へえ、どんなイヌ？」B：「ニューファンドランドっていうの」。

324　D'Andrade *op.cit.*, pp. 115-121.

プロトタイプ効果に関するロシュのもともとの実験は、カリフォルニア大学バークレー校の学生たちを被験者にして、鳥類の属体名について「鳥の良い例」（典型例）である度合いを評点させるというものだった。五三種の鳥の名がリストアップされているが、「鳥らしさ」の評点が高いものベストテンと、その評点が低いものワーストテンを示しておく。ただし英名からの翻訳なので属体名としてふさわしくないものも混じっている。《ベストテン》①コマドリ、②スズメ、③アオカケス、④ルリコマドリ、⑤カナリア、⑥ムクドリモドキ、⑦ハト、⑧ヒバリ、⑨ツバメ、⑩インコ。《ワーストテン（点数が低いもの順）》❶ペンギン、❷エミュー、❸シジュウカラ、❹ダチョウ、❺シチメンチョウ、❻ニワトリ、❼シラサギ、❽クジャク、❾アヒル、❿フラミンゴ。――❸シジュウカラがなぜこんなに低い点数なのか不可解である。推測だが、被験者たちは文字情報としてこれらの鳥の名を見せられているので、シジュウカラを意味する‘titmouse’（これは古い言いまわしで現在では単に‘tit’とよぶことが多いという）の字づらからハツカネズミを連想したのではないだろうか。

それにしても、どんな要因が、ある鳥をよりプロトタイプ的にしているのだろうか。この謎に挑戦したジェイムズ・ボスターの研究は興味ぶかい[325]。彼は、サンフランシスコ湾周辺を焦点域にして、プロトタイプ度と他の「自然的な原因《ソース》」とのあいだの相関を検定した。出版物にそれぞれの鳥の名が現われる頻度とのあいだには弱い相関しかなかった。この地域でこれらの鳥が実際に目撃される頻度とのあいだには中程度の相関がみられた。もっとも高い相関が得られたのは、鳥たちの分類学的な位置であった。ある鳥が多くの種を含む「大きな目」に属するならば、類似した他の種が多く存在する。この結果、もっとも大きな目であるスズメ目（燕雀目）に含まれる種のプロトタイプ度がもっとも高くなる。実際、プロトタイプ度が高い上位一六種のなかでスズメ目に含まれないのはハトとインコだけだった（念のため注記すればカラス科もスズメ目である）。人びとは、身近に知っているすべての鳥を平均化して「鳥らしさ」の一般的な輪郭をつくりあげているのだろう。

本質主義に基づく民俗分類[326]

この小節で論じる「本質主義」という用語に含まれる「本質」とは、フッサールの本質直観とはまったく異なる思想的立場から発想されている。その源流はアリストテレスだが、わたしはアリストテレスの動物論にまで遡行することができなかったので、アメリカの人類学者スコット・アトランの著作を参照するにとどめる。アトランの出発点は〈常識〉を認識のなかに正当に位置づけることである。日常世界の可視的な次元に限定するならば、常識はけっして有効性を失わない。それはじかに経験される局所的《ローカル》な世界に関わる知識の源であり真偽判断の土台である。もちろん、常識は、科学が明らかにする世界像に照らせば、偽でありうる。だが、常識も科学もなんらかの想念《アイデア》によって世界を概念化することに変わりはない。アトランがいう「認知」とはこのような想念の内的構造のことである。彼は民俗分類をこうした内的構造のひとつとして位置づける。

――民俗的な分類法は、普遍的に三つの絶対的に区分される階層的なレベルによって成り立つ。唯一始発点、生活形、そして属－種素である。ここで属－種素（generic-sepieceme）という新しい用語を使うのは、局所的環境において動物相を基本的に理解するうえで、属と種の区別はほとんど関連性をもたないからである。マヤのツェルタルにおいて、ハンは、民俗的な動物属体の七五パーセントは生物学的な種と一致することを見いだした。しかも、その半分以上は、その地域に同属の種をもたない「孤立種」だった。ある局所的な共同体のなかでは、属と種の区別は不可能であることが多い。属－種素は、プロトタイプ理論でいわれる基本レベルにあたる。それは局所的な植物相と動物相を明瞭に境界づけられた形態－行動的なゲシュタルトへと相互排除的に分割する〈根底的な関係〉である。その視覚的な相貌は一目で知覚可能である。
〔強調は引用者〕

325　Boster, James 1988 Natural Sources of Internal Category Structure: Typicality, familiarity, and similarity of birds. *Memory and Cognition* 16 (3): 258–270.

326　Atran, Scott 1990 *Cognitive Foundation of Natural History: Towards an anthropology of science.* Cambridge / New York: Cambridge University Press.

注意ぶかく読むとなにも新しいことは述べられていないのには失望させられる。バーリンらの階層分類とプロトタイプ理論の基本レベルを追認したうえで、五つの位階を三つに減らすほうが合理的だと提案しているにすぎない。だが、ほんとうにこの提案は正鵠を射ているのだろうか。「一般の人」として、しかも「子ども」として、わたしが「ただちに肉眼で識別できる相貌」をどのように直観的に把握していたかをふりかえってみよう。

高校の生物部でヘビを飼育していたとき、「ぼく」はその生き餌としてたくさんのカエルを捕獲し続け、『原色日本両生爬虫類図鑑』を繰り返しながめた。[327] だが、そんな「専門的な」まなざしを身につけるよりもずっと前から〈カエル〉は「ぼく」にとって親しい動物であった。宵闇がおおう台所の裏口から出た母がうっかり踏んづけてきゃあと悲鳴をあげたあの動物はガマ（ヒキガエル）であった。それは紙芝居のなかで児雷也をその背中に乗せていた怪物だった。雨上がりの庭先でアジサイの葉っぱにとまっていた、手足の指に吸盤のついた小さな黄緑のカエルはアマガエルだった。「ぼく」が中学三年のとき激しい初恋をした少女は「アマガエルを掌で包んで遊んでいた」という思い出を話してくれた。田圃の畦道で足もとから跳び去るトノサマガエルは、わくわくさせる生きものだった。手でつかむとギウッと鳴き、力づよい筋肉の躍動が電流のようにつたわってきた。

生物分類学のがわに立てば、右の記述は誤りをふくむ。東京でふつうに見かける黄緑の小さなカエルには、ニホンアマガエルだけでなくシュレーゲルアオガエルがいる。あの高く跳ぶカエルはトノサマガエルではなくダルマガエルであった。これらはすべて属レベルで区別される。ヒキガエル属（*Bufo*）、アマガエル属（*Hyla*）、アカガエル属（*Rana*）〔ダルマガエルはこれに属する〕、アオガエル属（*Rhacophorus*）である。しかも〈カエル〉とはカエル目（SALIENTIA）という大きな単位につけられた名称である。渋谷区とその近郊地域にかぎれば、ヒキガエル、アマガエル、ダルマガエル、アオガエルのすべてが「同属の種をもたない孤立種」だったかもしれない。この地域に住む少年少女たちは「属的ギャップで標づけられた種」と出遭っていたことになる。ゆえに「局所的な共同体のなかでは、属と種の区別は不可能であることが多い」という指摘それ自体は正しい。高校の生物部員にとってそれは興味ぶかい知見だったはずだ（そのころ気づいていなかったが）。だが、それがどうしたというのだろう？ アトランの論理の混濁がこの分析によって露わになる。

民俗分類は生物分類学からは独立に、語彙素分析に基づいて抽出されるべきものであった。だからこそ二つの別個の分類のあいだに高い一致が認められるならば、そのこと自体が興味ぶかい論点になる。「属－種素は基本レベルに対応する」とアトランがいうとき、彼も民俗分類のがわに立っていたはずである。けれど、「同属の種をもたない孤立種」の多さを指摘して「属と種の区別は不可能だ」と言いきるとき、彼はいつのまにか生物分類学に越境しているのである。生物学的な「目」を構成するか否かとは関わりなく〈カエル〉は明らかに属体名であり、基本レベルに位置する。それは顕著で明白なゲシュタルトとして把握される。だが同時に、少女がガマを掌に包んで遊ぶことはありえない。属体を種体と合併することは、「一般の人」の生活実感に根ざす動物認識から、生鮮的な差異を奪いさることである。何よりも、「種素」（specieme）ということばを造語するのは不必要に衒学的であるばかりか、理論的に偏向している。これは明らかに「音素」（phoneme）から由来する造語だが、「音素」が示差的特徴の対立によって弁別される離散的な単位であるという大前提を論点先取しているのである。

本質主義の立場からのアトランのプロトタイプ理論批判には、格別な注意をはらう必要がある。まずアトランは民俗分類が神経科学的な基盤をもつことを示唆する。かつてローマン・ヤコブソンは、失語症の二つのタイプを、言語能力を組織する二軸としての「範列」と「統辞」の区別に関連づけた[328]。この系譜につらなる神経科学の研究がある。

――側頭葉に微細な損傷をうけたある患者は、動物の種を説明するよう求められても、それを生活形と関連づけることしかできなかった。「ブタ」や「サイ」を定義するよう促された患者は「動物《アニマル》」とだけ答えた。第一節で述べたとおり、英

327 中村健児・上野俊一 一九六三『原色日本両生爬虫類図鑑』保育社。
328 ヤコブソン、ローマン 一九七三（川本茂雄・田村すゞ子・村崎恭子・長嶋善郎・中野直子訳）『一般言語学』みすず書房、二四－四四頁。

語話者の民俗分類では「動物」とは「哺乳類」を意味する。彼はイルカとは「魚か鳥だ」としか言えなかったが、「灯台」を説明するように求められると、「岸にある高い建物で、光が回転して、船に警告する」とすらすら答えた。この症例は「脳はあらゆる目的に使用できる意味の汎用貯蔵庫である」といった一般的な見解に疑問符を突きつける。むしろ人が自然種を認識し分類する能力は脳内に局在化している可能性がある。

つぎにアトランは、ロシュを槍玉にあげて民俗分類の理論に潜伏する機能主義を批判する。この分野が発展した一九六〇年代以来、民俗生物学的な単位は実用的な意味において機能的であるという想定が支持されてきた。それは、民族科学者が使い続けた「分類《タクソノミー》」という概念の誤用に基づいていたとアトランは断言する。だが、いくら読みなおしても、それがいかなる意味で誤用なのかが、わたしには理解できない。彼は曲がりくねった文章をつらねながら、些末な観察を述べているにすぎないように見える。プロトタイプ理論批判としてわかりやすい部分だけに注意を集中する。

――プロトタイプ理論は、分域《ドメイン》横断的な情報処理の様式を強調する点で、誘惑的な陥穽を構成する。心は二種類の一般的な情報処理戦略をもつとされる。厳密に規則に拘束された戦略と、そうでない戦略とである。これらの一般戦略は、法則に支配された現象と、あまり規則的でない自然のパターンの双方を人間が扱うことができるよう自然選択されたと考えられる。だが、私〔アトラン〕は、それらの進化史がなんであれ、分域特異的《ドメイン＝スペシフィック》な規則が、ある所与の分域で組織される実在を画定すると考える。これらの実在が定義されてはじめて、利用に供することも可能になる。たしかに、プロトタイプは事物を記憶のなかで利用するさいに有効である。日常世界に実際的に対処するとき、プロトタイプは、とくに有用で顕著な実例の集合のあいだの類似性を認識することを助け、知覚入力のパターン化を促進する。すなわち、プロトタイプ的なパターン化は記憶と使用に依存し、記憶と使用は文脈に影響をうけるので、このパターン化は歴史と社会変化に応じて変容する。他方、分域特異的な規則によって限界づけられた概念は、使用の文脈がいかなるものであれ、その輪郭において非歴史的・超文化的である。プロトタイプ的な判断は、すべての分域で記憶と認識にかかわる発見法として役立つかもしれないが、それらの分域を構成する概念の意味それ自体には関連しない。[329]

つまるところ、アトランの本質主義は、以下の命題に煮つめられる。〈分域特異的な規則が非歴史的・超文化的な意味をもつ実在を画定する。〉控えめにいってもこれは反動的な見解である。それはウィトゲンシュタインが『哲学探究』において到達した〈語の意味は使用のなかにしか存在しない〉という洞察の対極に位置する。アトランは、ゲームは家族的類似によってしか定義できないことを論じた有名な箇所だけを引用するにとどまり、言語の意味は「規則」（またはコード）によって定まるという通念に対してウィトゲンシュタインが（のちにクリプキが）突きつけた、徹底した懐疑をあっさり素通りしたのである。[330]

このようにアトランを批判したからといって、わたしはプロトタイプ理論に全面的に帰依しているわけではない。ロシュもレイコフも基本レベルに対する鋭敏な感受性が「進化」史的な基盤をもつことを示唆している。失語症についての先の引用からも明らかなように、アトランもまた、民俗分類を支える神経科学的な基盤の生得性を疑っていない。そもそも「生得性」説をもっとも強力に主張した人こそ、かのブレント・バーリンだった。

> 民俗分類的な類別のシステムは、人間が単位それ自身のあいだに看てとる類似性にまずもって基づいており、これらの単位の実際上または潜在的な文化的重要性からはまったく独立している。／〔べつの箇所ではつぎのように言明される〕人間存在は、生物学的な現実性のもっとも顕著な集塊《クラスター》を呈示するそれらのグループ分けに対する、ある種の生得的な好奇心によって、引っぱられている。[331]〔強調は引用者〕

329 Atran, *op. cit.*, p. 55.
330 ウィトゲンシュタイン、ルードウィッヒ 一九七六（藤本隆志訳）『哲学探究（ウィトゲンシュタイン全集８）』大修館書店／クリプキ、ソール 一九八三（黒崎宏訳）『ウィトゲンシュタインのパラドックス——規則・私的言語・他人の心』産業図書。
331 Berlin, Brent 1992 *Ethnobiological Classification.* Princeton: Princeton University Press, p.31; p. 290.

本書の探究は「進化」(展成)はもとより「生得性」を囲む括弧をまだ解いていない。この判断中止を維持するかぎりは、バーリン、アトラン、プロトタイプ理論が共通して前提としている「神経科学的な基盤の生得性」に対して向けられた批判のほうに注意をはらうべきである。そこで、二つの研究をあげる。第一は、コロンビア川盆地に住む北米先住民サハプティンに関するユージン・ハンの研究である[332]。

――サハプティンの動物に関する知識は非分類的な区分にコード化されている。しかもこれらの区分は複数あり、たがいに他を横断している。(I)動物界は〈卵を生むもの〉と〈乳を出すもの〉に二分される。前者は鳥、爬虫類、魚、昆虫を含み、後者は哺乳類に対応する。(II)もうひとつの二項対立は〈草食〉/〈肉食〉である。(III) I〜IIとは独立した、移動様式に基づく区分がある。〈飛ぶもの〉:鳥と翅のある昆虫/〈走るもの〉:シカ、バッファロー等/〈登るもの〉:リス等/〈掘るもの〉:ジリス、マーモット等/〈水中に頭を入れ泳ぐもの〉:魚類/〈水上に頭を出し泳ぐもの〉:ビーバー、カメ、アメンボ等/〈這うもの〉:アリ、無翅の虫類、クモ、カメ(前項にも含まれる)/〈這いくねるもの〉:ヘビ類。――これらの区分はたがいに重なりあうので、階層的な分類システムを構成しない。だが、この類別法は、観察可能で興味ぶかい属性を確実にコード化している。それゆえ、分類それ自体は生物学的な民俗知の中心ではない。〔強調は引用者〕

このサハプティンの認識と似かよったものとして、中川裕が定式化したグイの動物類別をあげておかねばならない[333]。

――グイの類別は機能的・実用的で、類別O/類別Pという二つの独立した基準が重なりあったものと解釈できる。類別Oは「食用か否か」を問うものであるのに対して、類別Pは「凶暴か否か」(つまり「咬むか咬まないか」)を問う。双方の基準にとっての「否定」は〈ゴンワハ〉(役立たず)という述語で表わされる。それゆえ、動物たちの位置する認知空間は二つの基準を座標軸とする四象限に分割される。I〈食用〉&〈凶暴〉/II〈食用〉&〈凶暴さにおいて無能〉/III〈食用として無能〉&〈凶暴〉/IV〈食用として無能〉&〈凶暴さにおいて無能〉。IIIはライオンをプロトタイプとし、ヒョウ、毒ヘビ、サソリなどを典型的なメンバーとする〈咬むもの〉(パーホ)というカテゴリーを構成するのに対して、

Ⅳはことばの真の意味において「役立たず」な動物である。

だが、ごく最近になって中川は、グイにもバーリンらの階層分類が適用できるという考えに傾いている。この分類は五つの生活形名をもつが、内部構造は他に類をみないほど特異だという。この新しいアイデアは現時点で未出版なので、これ以上書くことはできない。

第二の懐疑論はジャネット・ドアティーによって提起された。ドアティーは、心理学的なテストと観察に基づく経験的な土台から生得性仮説に挑戦した[334]。——どんな単位が、会話のなかでもっとも頻繁に使われ、もっとも容易に想起・同定され、子ども期にもっとも早く学習されるのだろうか。植物を例にとれば、英語話者において一般的にもっとも顕著な単位は、コナラ（oak）、カエデ（maple）、カバノキ（birch）といった属体名ではなく、生活形名のキ（tree）であった。類別のもっとも根底的な水準、つまりもっとも顕著なカテゴリーは、生得的で普遍的な性向によって固定されているわけではない。それは、文化の成員がある意味論的分域で実在物と交働するしかたに応じて変化する。ツェルタルのような焼畑農耕社会では、自然の世界との密接な繋がりがあるので、動植物の分域における自然的な非連続性は人びとにとって明白であり、属体レベルがもっとも顕著である。だが、近代の都市に住む英語話者においては、自然的世界との交働はひどく痩せ細っている。多くの都市住民はオークを同定することに困難をきたすだろう。それゆえ、生活形名がもっとも顕著になるのである。民族生物学的な類別は、人間の関心を反映するのであり、汎人間的な心理学上の制約を反映するわけではない。

都会で育った「ぼく」は忸怩たる思いを禁じえない。というのも、わたしは樹木や草花について自分でも呆れるほど無知だったからである。カラハリで民族鳥類学の仕事を始めるまでは、ムクドリやヒヨドリさえはっきり

332 Hunn, Eugene 1976 Toward a perceptual model of folk biological classification. *American Ethnologist* 3-3:508-542.
333 中川裕　二〇〇一「〝虫〟のグイ民俗範疇」田中二郎編『カラハリ狩猟採集民——過去と現在』京都大学学術出版会、一三九－一七四頁。
334 Dougherty, Janet 1978 Salience and relativity in classification. *American Ethnologist* 5 (1): 66-79.

知らなかった。講義中に学生に手を挙げさせても、身近な野鳥の名を知っている若者はごく少数である。ドナルド・キーンは三島由起夫がマツとスギの区別もつかなかったことに驚いたという。だが、これらの証拠は生得説を論駁するうえで決定的なものではない。行動学者は生得性（本能）と学習を二者択一的にとらえることに警告を発する。ウグイスが種特異的な音響構造をもった囀りを発する生得的能力を具えていることは疑いえないが、他の同種個体の囀りを聞く機会がなければ、じょうずに「ホーホケキョー」と鳴くことはできないという。属体（基本レベル）への生得的な感受性は、「自然的な世界との密接な繋がり」のなかに埋めこまれた生活形式においてはじめて全的に開花するのかもしれない。

指示の因果説とネオ本質主義

アトランは属体（彼のいう属－種素）の本質とは何かに関して分析哲学的な考察を行なっているので紹介しておく。

——語の意味を把握するということは、その語の外延に含まれる実例は必然的にその属性を明示することを知っていることと同値である。アリストテレスに倣い、ある所与の生類（living kinds）の属性の集合を二つの部分集合に区分する。(i)その類に固有な属性、および(ii)その類にとって偶発的な属性である。〈トラは大きくて縞のあるネコ科動物であり、しかも火曜日にだけ目撃される〉という命題が真であるならば、「大きくて縞があるネコ科動物」という属性はトラに固有であり〔(i)に含まれる〕、「火曜日にだけ目撃される」という属性はトラにとって偶発的だと考えられる〔(ii)に含まれる〕。ゆえに以下の(1)は真だが(2)は偽である。——(1)それがネコ科でなければ、それはトラではない。／＊(2)それが火曜日に目撃されなければ、それはトラではない。だが以下はどうか？——(3)それに縞がなければそれはトラではない。この設問に応えるためには、われわれは生類の固有な属性は二つの等級に区別されることを認めなければならない。第一等級はより本質的だが、第二等級ほどにはよく知られていない。本質的な特質とは、よく知られ知覚可能な諸特徴の「下に横たわる」ものである。すなわち、ある種類の知覚可能な特質とは、その種類の本質的な本性の自然的な帰結であるか、もしくは、その本性によって自然的にひき起こされる、と仮定される——たとえ、その本質的な本性の大部分が知られておらず、また結局は知られないままで終わろうとも。いまや「自然的な帰結」は「正常性」という条項に依存することになる。ゆえに(4)もし何ものかが物理的にその自然な成熟を阻碍しないのであれば、トラにとって四本脚をもつことは自然である。——いいかえれば、ほとんどの一般の人びとは、所与の生類のすべての個体はそれぞれ内的な原因的本性をもち、この本性が当該個体をしてその種類の形態的類型と一致すべく成長するよう導く、と仮定しているのである。すると以下は真である。——(5)もしそれが本性として縞をもたないならば、それはトラではない[335]。

最初に断わっておけば、わたしは分析哲学でときに遂行される、いわば「テクニカルな」論証をけっして嫌いではない。だが、このアトランの論証が空疎なのは、「正常性」という条項をもちこむことが、単にアドホックな彌縫策にすぎないからである。べつの箇所で彼はソール・クリプキの有名な理論を長ながと引用しているが、クリプキの徹底性を理解していないから、二番煎じにもならない凡庸な観察に終わるのである。

グイの個人名について考えていたころ、わたしは『名指しと必然性』を繰り返し読んだ[336]。寝てもさめてもそのことばかり考えていた時期がある。そして正しい理解に達したという確信をもった。別稿で呈示したわたしの解釈はウェブ上で電子的に公開されているので、関心のある読者は参照してほしい。自然種に関するクリプキの本質主義を理解するために、論理の骨格だけをかいつまんで再掲する[337]。

——クリプキの目的は、(1)「固有名は確定記述で置き換えられる」という考えかたを棄却すること、(2)アプリオリ／アポステリオリという対概念と必然的／偶然的という対概念を切り離すこと、の二つである。必然的真理とはあらゆる可能世

335　Atran, *op. cit.*, pp. 59-60.
336　クリプキ、ソール・A　一九八五（八木沢敬・野家啓一訳）『名指しと必然性——様相の形而上学と心身問題』産業図書。
337　菅原和孝　一九九七「記憶装置としての名前——セントラル・サン（|Gui と ||Gana）の個人名の民族誌」『国立民族学博物館研究報告』二二（一）：一–九二。

界で成立する真理のことであり、従来はアプリオリな分析命題だけにあてはまると考えられていた。(1)クリプキの有名な洞察は、〈固有名はすべての可能世界において同じ対象を指示する固定指示子(rigid designator)である〉というものだ。可能世界とはＳＦのパラレルワールドのようなものではなく、「ある状況がある個体にとって可能だろうか」という問いを契機にして約定される世界である。この公理から〈指示の因果論的見取り図〉が得られる。最初の命名儀式において、個体は直示や記述によって固定される。この名前は、共同体内の他の話者たちとの結びつきに基づいて、結節点から結節点へと受け渡される。(2)同一性言明の様相論理学的な分析を行なう。「ヘスペラス(宵の明星)はフォスフォラス(明けの明星)と同一である」というクリプキの用いた有名な例は、指示対象の固定に「天文学」のような制度化された知が介在するので不適切である。わたしはむしろ「湖モデル」を提案したい。密林を踏破した探検隊Ａは北の丸い湖に出会い、それを「マローン湖」と命名する。べつの探検隊Ｂは南の密林からべつの丸い湖に着き、それを「グラディス湖」と命名する。のちに勇敢な探検隊Ｃがマローン湖から舟を漕ぎだし、艱難辛苦の果てにグラディス湖にたどり着く。二つの湖はくびれた瓢箪状の巨大な湖の北側と南側を構成する水域だったのだ。「マローン湖はグラディス湖である」という同一性言明が成立する。この必然的真理を証明するためには、「舟を漕ぎだす」というアポステリオリな探索行動が不可欠である。この分析から、同一性言明が必然的真理として成り立つ二つの条件が明らかになる。(α)同一の個体に複数の異なった現われがある。(β)この現われのそれぞれに他者が命名する。

以上に立脚して、本質主義を再考する。菅野盾樹の例証を脚色して用いる[338]。気温がけっして０℃以下にならない惑星から来訪した炭素代謝型知性体が北極に降り立ち、硬く白く美しい物体を採集する。だが、母星と同じ環境が維持されている宇宙船内にもちこんだ途端、この物体は融けてしまう。「コオリはミズである」という同一性言明が必然的な真理として成立する。自然種の場合、固有名とは異なり、最初の命名儀式で与えられる個体はある「種」のサンプルにすぎない。それを「種」全体に繋げて固定するためには、いかなる可能世界においても変化をきたさぬ事物の本質を存在論的な根拠にしなければならない。よって「水の本質はH_2Oである」と主張しなければならない。同様に、トラの本質は、縞があろうがなかろうが、そのゲノムでなければならない――QED。

野家啓一は「指示の因果論的見取り図」に賛同しながら、後半部で定式化された「ネオ本質主義」を形而上学として斥ける。[339]だが、ネオ本質主義の勝利を憂える必要はない。科学に対する厳密な判断中止を敢行するかぎり、水素原子H、酸素原子O、ゲノムといった不可視の実在をみずからの思考に編入する必要はないからである。自然誌的態度は、自然種とは何か、という問いかけに対してべつの径路から接近することが可能である。

三　生物学的な分類の視座

本節では、北海道大学で長く教鞭をとっていた動物分類学者・馬渡峻輔の啓発的な著作を追跡することによって生物学者は分類という営みをどのように捉えているのか、さらに「種」という概念をいかに定義するのか、という問題を照らす。本章の他の部分と統一をとるために、馬渡の用語を一部修正する。彼は、階層的分類におけるランクを「階層」と訳しているが、社会的な階層と区別するために、今までの論述と同じく「位階」に改める。また、かなと漢字の使いかたもわたし自身の文体に合わせて修正する。馬渡はクラシフィケーションに「分類」という語をあて、それは単なる「類別」ではないとわざわざ断っているので、この用語法は、今までの記述とは異なり、彼のものに従う。[340]

338　菅野盾樹　一九八五『メタファーの記号論』勁草書房、二一七－二二二頁。
339　野家啓一　一九九三『科学の解釈学』新曜社。
340　馬渡峻輔　一九九四『動物分類学の論理――多様性を認識する方法』東京大学出版会。

種の概念――形態学的／生物学的

馬渡のもっとも根本的な動機づけは「自然分類」(natural classification) の体系を構築するための理論的な基礎を確立することである。まずいささか客観主義的な宣言がなされる。生物の進化の歴史が過去に起こった唯一無二のものであるなら、その進化史を表現するような分類はたったひとつしかなく、それこそが自然分類である。だが、この言明は、具体的な論述を通じて複雑な陰翳をほどこされることになる。

――分類体系の元素となる〈種〉とは類似する個体の集合である[341]。いったい何が類似しているのか。それは個体の属性である。分類学では個体の属性を「形質」、形質のとる状態を「形質状態」と名づける。リンネ的体系が立脚している思想は「類型学的な種概念」(typological species concept) である。その骨子は「種は共通の形態プランにしたがう個体の集まりであり、それは本質的に静的なもので変化しない」という命題に要約される。プラトンのイデアにルーツをもつこの考えかたは変異を無視しており、「種とは神により創造された不変の客観的実在である」とのキリスト教的な思想のもとに確立した。このような思想の当否はさておき、伝統的な分類学は基本的な方法論を設定した。体系上の個々の位階に配置される単位は、その構成員である一段下位の位階群の単位のうちのひとつを基準にして認識され確定される。これは「担名基準」(name-bearing type) とよばれる。たとえば科の位階にひとつの単位が新しく位置づけられるとき、その単位に含まれる属の位階群の単位のうちのひとつを担名基準に指定しなければならない〔たとえば、イヌ科CANIDAE←イヌ属*Canis*〕。分類体系はことばで成り立っている。ある位階上の単位をある名称で確定するさいに、その単位の一構成員にその名称の全責任を負わせる、ことばのシステムである〔強調は引用者〕。

文脈はまったく異なるが、馬渡のいう「ことばのシステム」は、第三章で引用した伊谷の言明と反響しあう。「いかなる行動もわれわれの言葉で表現されるのだから、全行動はわれわれの言語の体系の中に包含されている。」

――分類学が形態学に準拠する裏には積極的な理由がある。なによりも、形態は機能の現われである。形態の違いの多くは機能の違いを意味し、機能の違いはその生物の暮らしぶりの違いを示唆する。だが、形態学的な種概念は破綻せざるをえなかった。個々の種内にはさまざまな多形polymorphismが存在することは、リンネ以来知られていた。多形とは、同一地域の同一種が明確に形の異なった二種類以上にわけられることである。雄が雌より二倍大きくても、青虫がチョウと似ていなくても、それらを別種にする分類学者などいない。ある集団の各個体がそれ以前の二個体の子孫であるような集団、すなわち〈繁殖集団〉をひとつの種と認めていたのである。つまり分類学者は、種内位階（亜種、変種、品種）と種超《しゅちょう》位階（属、科、等々）とは内容において違うことを認識していたのだが、その違いの本質をうまく言い表わすことができていなかった。

遺伝学の発展により、個体と集団の関係を遺伝的にとらえることが可能になった。そこからマイアの有名な定義が生まれた。「種とは、実際的にも、可能性においても、互いに交配しうる自然集団である。それは他のそのような集団から生殖の面で隔離されている。[342]」これ以降、マイアの定義は「生物学的な種概念」とよばれるようになり、これを推力として分類学は「類型学的な種概念」からの離陸を果たしたのである。そこで決定的な試金石となるのが〈生殖隔離機構〉（reproductive isolating mechanism）とよばれる行動学的なメカニズムである。

生殖隔離と種の意味

生殖とは、第四章「共生する」をつらぬく論理軸となった〈噛みあわせ〉が雌と雄のあいだで実現される、もっとも特権的な交働である。この噛みあわせにさまざまな位相での阻碍と干渉が挟みこまれるとき、隔離が生じる。この阻碍／干渉は、大きく分けて〈交尾前〉と〈交尾後〉という二つの時間的フェーズで作動する。[343]

341 原文では「元素」などという語は使われず、「単位」になっているが、本章ではタクソン（タクサ）の訳語である「分類単位」を「単位」と略称することにしたので、混乱を避けるためにここだけ「元素」の語を勝手に用いた。

342 Mayr, Ernst 1969 *Principles of Systematic Zoology*. New York: McGraw-Hill.

――Ⅰ. **交尾前隔離**：(1)雌雄個体間の接触機会が減少する。(1a)時間的な要因でこの減少が起きる。たとえば、交尾をする季節や一日の時間帯が異なる。(1b)生態的な要因。たとえば、森林の樹冠部・中層部・林床といったふうに、同じ地域内で生息場所を棲みわけている。(2)雌雄が出遭ったとしても、交尾頻度が減少する。(2a)行動的要因による減少。たとえば、求愛ダンス、鳴き声、フェロモンといった、配偶行動が噛みあわない。(2b)機械的要因。単純に外部生殖器の構造の違いで交尾が妨げられる〔オサムシ類で高度な分化がみられることは有名〕。／Ⅱ. **交尾後隔離**：(3)たとえ交尾が起きても、雑種となるべき接合子〔受精卵〕の形成が減少する。これは配偶子と生殖管の不和合のためである。雌の体内に入った異種の精子が体内環境に適応できず、卵に出遭うまえに運動能力を失ったり、死んだりしてしまうので、受精にいたらない。(4)雑種の生存の減少。たとえ雑種個体が生まれてもその生存力が弱く、性成熟に達する前に死ぬ。(5)遺伝子拡散の減少。(5a)雑種に行動的隔離が起きる。たとえ雑種が性成熟に達しても、その配偶行動が、出遭った異性のだれともうまく噛みあわない。／(5b)雑種の不妊。雑種が性成熟に達しても、機能的な配偶子をつくれない。／(5c)雑種崩壊とよばれるプロセスが起きる。雑種どうしの交配が続くと子孫の妊性と生存率が低下する。

生殖隔離という基準をもちこむことにより、個体も種も時間軸を含む四次元的な存在であることがはっきりした。さらに馬渡は、種超位階は種位階と根本的に異なることを強調する。種超単位に位階名をつけるとき、従うべき生物学的概念は存在しない。同じ種超位階に入れられた単位の共通点は、ただそれより下位の単位の群塊化《クラスタリング》によってつくられたという事実だけである。位階は分類の約束ごとにすぎない。それは、リンネ式の階層分類体系において、単位間の類似と入れ子関係を表わすことを目的として考案されたものであり、生物の類似関係を大まかに認識するための目安だと思えばよい。だからこそ、リンネの分類体系はのちに「人為分類」とよばれるようになったのである。――このように、種超位階の恣意性を強調することが馬渡の論考の一貫したモティーフをなしていることに注意したい。

自然分類を求めて――表形分類法と分岐分類法

馬渡は分類学のたどった現代史をつぎのように総括する。生物学者のあいだには伝統的な分類法は客観的でも科学的でもないという批判が根強く渦巻いていた。一九五〇年代以降、こうした批判に応えるかたちで、新しい体系分類法が二つ生みだされた。表形分類法と分岐分類法である。伝統的な分類法は二つの分類法の一部を取り入れ、進化分類法と名を変えて、現代に生き残っている。ちなみに馬渡はみずからを進化分類学者と位置づけている。本節の最後で、彼の立場を明らかにする。以下、話はやや専門的になる。

――表形分類法とは「形態学的、解剖学的、生理学的、生化学的な相対的類似と差異を基準とする分類法」で、数量分類学ともよばれる。すべての形質を等価に扱い、系統発生を考慮しないことが基本的な特徴である。可能なかぎり多くの形質を用い、単位間の総類似度（overall similarity）に基づいて分類する。もっとも簡単な計算法は連合係数を使う方法だが、数十から数百にのぼる形質を扱うので、コンピュータの普及によってはじめて組織的な実行が可能になった。

表形分類が系統発生を表現しないことの理由を表形分類学者自身が明白に認識している。(1)非相同形が動物界には一般的に存在する〔「相同」とは形態の類似が共通祖先に由来するものをいう。これに対比して、わたしが生物学を学んでいた時代には、非相同形を「相似」とよんでいた〕。なかでも〈収斂進化〉はきわめてふつうである。似た環境に棲む二種の生物はしばしばよく似た選択圧にさらされ、よく似た形質を進化させる。「肢がない」という形質は、ヘビ以外にも遠縁のトカゲなどいくつかの系統群で進化した。穴巣性の鳥類は、系統関係がどうであろうと、色や斑点のない白い卵を産む。こうした形質が多く混じっていればいるほど、表形図は真の系統樹からかけ離れたものになる。／(2)進化率の違い：どの系統においても、急速に進化する形質とそうでない形質がある。遠い祖先からほとんど変化せずに継承した相同

343　馬渡、前掲書、五六頁掲載の表3を改変した。ただし、この表も、以下の論文所収の表を馬渡が改変したものである。片倉晴雄・中野進一九八六「昆虫の生殖隔離機構とその研究法――特に食葉性テントウムシ、オオニジュウヤホシテントウ群を例として」『生物教材』二一：五一－七〇。

形質を原始形質とよぶのに対して、比較的最近になって変化した形質を派生形質（apomorhpy）とよぶ。多くの動物は、原始形質と派生形質をモザイク状にもつ。ヒトの五本指は、デボン紀に誕生した両棲類の祖先から変化していない原始形質であるが、一本だけの大動脈弓は派生形質である。逆に、カエルは大動脈弓が二本で原始的だが、指の数は四本で派生的である。

〔ここからは科学を括弧入れするという本書の方針を逸脱し、生化学や分子生物学を囲う括弧から、かれらが半身をはみ出させるのを黙認せざるをえない。〕理論的には表形図が進化系統を表わす場合も考えられる。こうした機械的進化は生体分子を使った系統解析の根拠となっている。ヘモグロビンはそれをもつすべての動物のあいだで相同である。アミノ酸置換数の比較から、長い時間単位でみた場合の進化率は一定と考えられている。総類似度に基づくという大前提を破棄し、用いる形質を慎重に選べば、系統解析に有効となるのである。
――これと似た方法として、電気泳動法による酵素蛋白質の分析がある。一〇種類以上の酵素蛋白を使い、種間でその電気泳動パターンを較べて系統解析を行うのである。この方法は、集団内多形の遺伝学的研究から発展した。各酵素ごとに電気泳動にかけ、得られた泳動パターンからおのおのの酵素を支配する遺伝子型を遺伝子座ごとに推定し、対立遺伝子の種類と頻度を種ごとに求めるのである。そこから、各種間の遺伝的な近縁度や遺伝的距離を計算する。次節でふれる〈分子進化の中立説〉に基づけば、類似度は分岐年代に比例するはずである。この方法は形質をできるだけ多く用いる点で表形分類のもともとの理念に近づいているともいえる。

　生体分子を用いる表形分類の場合、どの程度の類似が属あるいは亜種レベルにあたるのか、いろんな動物でのデータの蓄積から経験的に判断されるが、そこには生物学的な根拠はひとつもない〔強調は引用者〕。根井の式〔次節で後述〕で算出される遺伝的距離が同じであれば、異なった動物グループを同じ位階に位置づけることは可能である。属の位階がさまざまな動物グループで同程度の遺伝的距離を示すなら、この距離を基準にしてある単位を属の位階におく理由は成り立つ。だが、この位置づけが形態形質と矛盾する場合、遺伝的距離に重きをおかずに、形態形質に基づいて属を決めてもいっこうにかまわない。
より高度な生化学的分析法を利用する分子系統学についても馬渡は要を得た解説をしている。比較を総体的に行なえば行なうほど、比較するものの実体がぼやけてくることは避けられない。そこで、一九七〇年代以降、DNA塩基配列を直接的に比較して類縁関係を再構成する分野が突出してくる。これは、「中立説」に基づく分子時計という概念の導入によって、分岐年代の正確な推定を行なうという方向へ尖鋭化した。

DNA塩基配列の比較といういっけん客観的な方法論に馬渡は慎重に留保をつける。比較自体はコンピュータが実行するのだが、データをどう解釈するかは研究者に応じて違ってくる。死活問題になるのが配列の類似度をどのように判定するのかということである。たとえば、ABCDEFGとACDEFGとは似ていると直観されるが、一対一で比較すると最初のAしか合わない。直観を救うためには、後者にギャップを入れてA_CDEFGとすればよい。だが、ギャップを任意にもちこむことは客観的データのなかに主観をもちこむことだ、と批判される。対策として考案されたのが、ギャップを設けるたびに合致の得点を減らす「ペナルティ減点法」を採用することであった。だが、どんな彌縫策を弄しても、数値化の過程に主観の入る余地を根絶することはできない。DNA塩基配列の比較もけっきょくは形態形質の比較と五十歩百歩なのである〔強調は引用者〕。

馬渡が解説している新しい分類法のなかで門外漢である私たちにもっとも大きな衝撃を与えるのが分岐分類法（cladistic method）である。この体系分類は、昆虫学者ヘニングの規定した原理に多くを負う。その出発点は、生物のもつ形質は原始形質と派生形質に分かれる（前述）という認識である。分岐分類の要になる方法は単純である。〈ある形質について、Aはその原始的状態xをもつのに対して、BとCがその派生状態x'を共有しているとするならば、BとCをひとつの群に分類せよ〉。もっと詳しくいえば、①〜⑦の単位において、三つの派生形質u' v' w'に関してつぎのような共有関係がみられた。u'：{①②}、v'：{③④}、w'：{⑥⑦}。すなわち{　}で示される三つの姉妹群ができたのである。このとき⑤は孤立している。つぎに、べつの派生形質x'

については、’x’：［⑤ ｛⑥ ⑦｝］という共有関係が得られた。さっきは孤立していた⑤がひとつの分岐群に収まったわけだ。さらにべつの派生形質’y’に関してつぎの共有関係を得た。’y’：《｛③ ④｝［⑤ ｛⑥ ⑦｝］》。最後に、①〜⑦のすべてが、もっとべつの派生形質’z’を共有していることがわかった。’z’：〘｛① ②｝《｛③ ④｝［⑤ ｛⑥ ⑦｝］》〙。よって、この七つの単位は、単一の祖先から、合計六つの結節点を通過して分岐したことが明らかになった。

だが、素人にはどの形質が他のどんな形質から派生したのかなど見当もつかない。原始形質と派生形質を区別するためには、今までに分類学・形態学・解剖学・生理学・古生物学で蓄積されてきた動物に関するあらゆる知識を総動員しなければならないだろう。

——分岐分類では、形質の変化から派生形質を探しだすことが最優先される課題になる。それゆえ、分岐分類学者は、進化的極性の決定に奔走することになる〔強調は引用者〕。だが、異種間にみられる似た形質が相同なのか非相同同形なのかを判断することは困難をきわめる。〈最節約基準〉は、「もっともありそうな」分岐図を探りあてるために案出された、現在もっとも広く使われている方法である。それは〈分岐全体を通して変化が最小となるような分岐径路を見つけだせ〉という指令に要約される。これは〈収斂と逆転の数を最小にせよ〉という指令と同値である。

単純なモデルを示そう。任意の系統Xからある系統Yが分岐することを「X↓Y」と表記し、ある分岐が起きた時点ののちにべつの分岐が起きた時間経過を「∨」の記号で表わす。L↓L1∨L1↓L2∨L1↓L3という分岐系列が得られたとする。文章で表わせば、LとL1が分かれたあと、L1のライン上から、順にL2とL3が分岐したのである。しかもL、L1、L2、L3のすべてが単位として現存すると仮定する。すると「｛（L1 L3） L2｝ L」という関係は単系統群ということになる。これに対して、｛（L L2） L3｝といった関係は側系統群である【図6-1】。単系統群のみを分類の単位と認め、それ以外を排除することこそが、分岐分類の真髄である〔強調は引用者〕。分岐分類の手法を適用して脊椎動物の系統関係を描いた研究がある【表6-1】。この表をながめて、私たちは驚愕せ

図 6-1　分岐分類学における単系統と側系統の概念

側系統に含まれる分類群は分類単位とはみなされない。馬渡1994、図 32（102 頁）より改変。

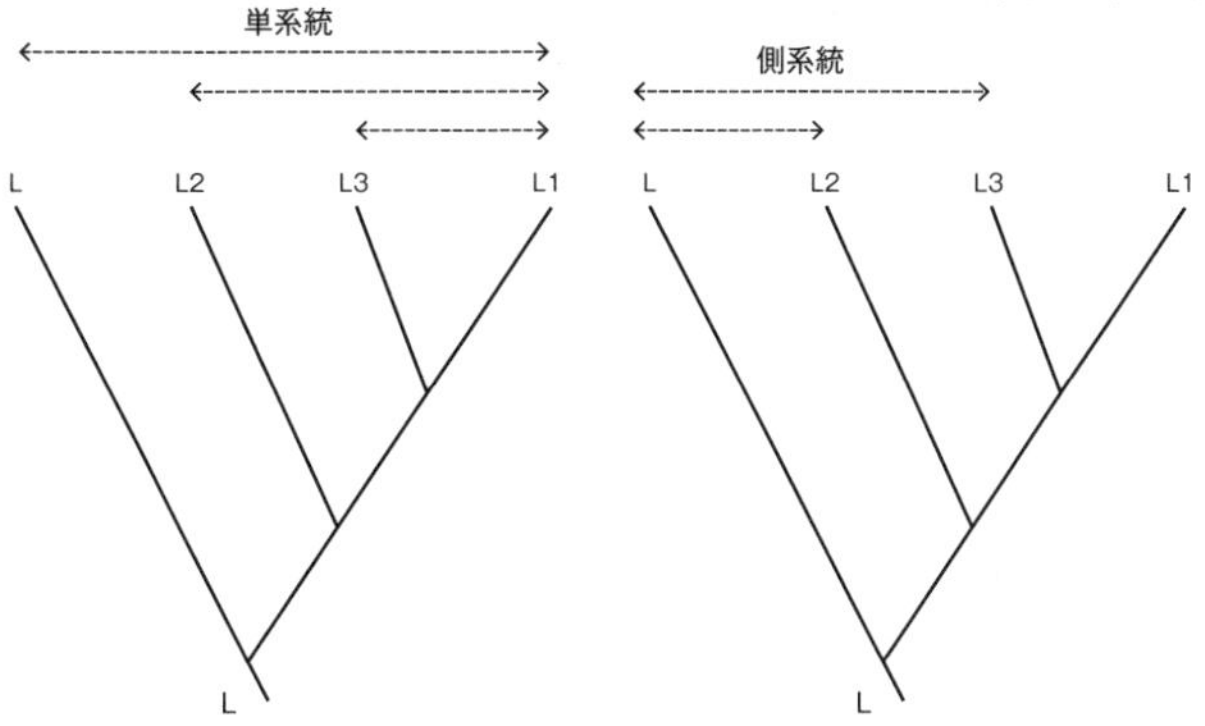

表 6-1　分岐分類による脊椎動物の系統関係

サメ類										
その他の脊椎動物の祖先系統 V0										
	硬骨魚類									
	その他の脊椎動物の祖先系統 V1									
		シーラカンス								
		その他の脊椎動物の祖先系統 V2								
			肺魚							
			陸棲脊椎動物の祖先系統 TV1（半水棲の単位群を含む）							
				サンショウウオ・イモリ＋カエルの共通祖先						
					サンショウウオ・イモリ類					
					カエル類					
				陸棲脊椎動物の祖先系統 TV2（同上）						
					カメ＋ヘビ・トカゲ＋ワニ＋鳥類の共通祖先ＴＶ３					
						カメ類				
						ヘビ・トカゲ＋ワニ＋鳥類の共通祖先 TV4				
							ヘビ・トカゲ類			
							ワニ＋鳥類の共通祖先 TV5			
								ワニ類		
								鳥類		
					哺乳類の祖先 M1					
									単孔類	
									有袋類と有胎盤類の共通祖先 M2	
										有袋類
										有胎盤類
4 億年前後		3.9	3.8	3.3	3.1	2.5	2.3	2.1	1.9	1.1　（億年）

馬渡 1994 の図 33（106 頁）を大きく改変した。最下段の分岐推定年代はきわめてラフな値である。

ざるをえない。〈魚類〉〈爬虫類〉という、いままで慣れ親しんできた単位（伝統的な分類では「綱《クラス》」）が消え失せているではないか。魚類も爬虫類も側系統群なので、こういうことになるのである。

——一般的なレベルにおいて体制が類似している動物群をグレイドとよぶ。単一の祖先種から由来したあるひとつの系統発生の全体部分を占める動物群のことをクレイド（clade）とよんで区別する。クレイドはつねに単系統群である。たとえばワニ類と恐竜類を含む祖竜類のなかでひとつの血統が劇的に分岐し、鳥類が生じた。鳥類はクレイドでありかつグレイドである。つまり単系統群である。だが、爬虫類の全体はグレイドではあるが、側系統群なのでひとつのクレイドとはいえない。

馬渡は人びとを唖然とさせるような分類学の尖鋭化を率直に総括している。——分岐分類学者はつぎのように宣言したに等しい。「あなたが見ているものは幻です。魚とか爬虫類ということばはもう使えません。」だが、分類とは本来ことばの問題ではなかったのか。それは人と人のあいだの意思疎通をはかるためのものだった〔強調は引用者〕。「鳥類という名は残って、爬虫類という名が消える。どこかおかしいとは思いませんか？」[344]

種を確定することの困難

本節の最後に本章の主題ともっとも関わりの深い問題、すなわち種を確定することをめぐるいくつかの困難を馬渡の整理にしたがってまとめておこう。

(一)個体群内変異（個体変異）：とくに問題となるのが、同一地域内の同一種が二種類以上の明確なタイプに分けられる「多形」という現象である。たとえば、ナミテントウの斑紋多形は約二〇〇タイプが知られる。

(二)個体群間変異：異所的な同種内の個体群間でみられる変異のことで、地理的変異ともよばれる。ほとんどは遺伝的変異と考えられるが、生育環境の差や発育途上で起こる偶発的な要因で生じる非遺伝的変異も混在している。

(三)亜種：亜種名をつけられるのは、地理的に連続する個体群がなんらかの形質の不連続によっていくつかの個体群集団にわかれる場合であり、「地理的品種」ともよばれる。連続した勾配をなす形質変異（クライン）は亜種にはなりえない。

――(三)への注記。形質の不連続性は生殖隔離と無関係に生じうるという事実が、問題を複雑にしている。二つの個体群が同種なのか別種なのかは、それらの個体群が同所的になったのちに、結果として初めてわかることなのである。二個体群が異所的に存在するかぎり、検出された形質の不連続性は、生殖隔離が存在する証拠にはならない。逆に、表現形に差がないけれども生殖的に隔離されている個体群が存在している場合、同所的であれ異所的であれ、分類学はそれを弁別できない。

(四)分岐分析の限界：長く確定されてきた種でさえも側系統になりうる。ホッキョクグマは、現世のヒグマを祖先として二万年以内に分化したという化石上の証拠が発見された。もっとも北方に進出したヒグマが急速に分化し、新たな適応帯に入りこんだのである。ヒグマとホッキョクグマは交雑可能で、妊性のある子ができる。ホッキョクグマを生みだした北方のヒグマ個体群は、南方に隔離された同種個体群（たとえば北海道のヒグマ）よりもホッキョクグマに近縁だと推測できる。

カイヤドリヒドラ類の種分化も分岐分類の矛盾を照らす。三つの種A、B、Cが現存する。〔A C〕〔B C〕は同所的だが、AとBは異所的である。Aでは、ポリプから小さなクラゲが遊離し、しばらく生長したのちに成熟する。Bでは遊離したクラゲはあまり生長せず短期間で成熟する。Cでは、小クラゲはポリプ内で成熟してから遊離する。分岐分類では、幼形成熟《ネオテニー》という派生形質を共有する〔B C〕が姉妹群にくくられる。だが、A×Bは交配可能だが、AとC、BとCは交配しない。AとBは同種内亜種、Cは別種と考えられる。同じ進化系列上にあるBとCのあいだに生殖隔離が発達し、Cより早くAから分岐したBは、Aとのあいだに生殖隔離を発達させなかったのである。

最後のヒドラ類の例は重大な意味をもつ。分岐分類では、生殖隔離の有無ではなく、形質の不連続性で種を定

344 馬渡、同書、一一六頁。

義するしかない。だとすれば「分岐分類学は種の分岐順序を特定できる」というヘニングの当初の主張は空手形であった。こう考えると、分子時計をつかって単位間の類縁関係を探る分子進化学のもたらす結果も再考の余地があることがわかる。分子時計の表わす時間は、二つの個体群集団のあいだでもっとも最近に遺伝子交流が途絶えてからの時間を表わす。遺伝子交流は地理的隔離によっても遮断されるので、分子時計は、種の分岐、すなわち生殖隔離が成立したのちの時間を表わしているわけではないのである。生殖隔離の続いている時間はたいていそれよりもずっと短いはずである。

種を確定するという実践の前に横たわる難問はまだまだある。

(五)同胞種(sibling species):形態では種の区別が難しいが、生殖隔離されている集団を同胞種とよぶ。ヨーロッパでマラリアを媒介するハマダラカは一種に分類されていた。しかし、生態、行動、発生の研究によって、形態の類似した六種を混同していたことが判明した。形態差がきわめて小さいため種の見極めを誤った例である。日本では、ナミテントウとクリサキテントウ、ヒキガエルとナガレヒキガエルなど多数が知られており、研究が進むにつれて増える傾向にある。

(六)多型種(polytypic species):多型種とは多くの地理的変異を抱えた種のことであり、種内に多形(polymorphism)を抱えた多形種polymorphic speciesとは意味が異なる。馬渡は、わたし自身が研究したヒヒ属内の雑種化を多型種の好例として挙げているが、詳しくは次節にゆずる。

(七)生殖隔離が不完全な個体群:これにはシンガミオン(syngameon)という用語があてられる。シンガミオンとは、〈同所的な(少なくとも境界部分では同所的な)半種(semispecies)の集まり〉のことである。用語解説が続くが、半種とは、品種と生物学的種との中間にある個体群集団で、部分的な交雑と遷移、および弱い生殖隔離を示す。動物でシンガミオンの例はほとんど知られていなかったが、遺伝生化学的な手法の発達によって、さまざまな動物群で種間交雑が生じていることが明らかになりつつある。哺乳類におけるシンガミオンの例として北米のオオカミとコヨーテがあげられる。この二種は、少なくとも五〇万年(一説では二〇〇万年)ものあいだ共存していた。このように、生殖的隔離は不完全ではあるが、それぞれ集団としてのまとまりを維持している同所性あるいは側所性（parapatric：隣りあって境界を接すること）の個体群が実在するのである。

（七）のシンガミオンに馬渡が付す注釈は重要である。――遺伝子は相互に浸透しながら、二集団は混じりあわず、形質差を保っている。生殖隔離が不完全であってもわれわれには二つの塊が見える。逆に考えれば、生殖隔離が不完全であるにもかかわらず、アイデンティティーを保つというのはよほどのことである。そこには二つの実体を維持するためのなんらかの重要な機構が隠されていると思われる。分類学は自然そのものを研究対象としながら、非離散的な自然の実体をまだ完全にとらえきっていないし、それらを完全に表現する方法をいまだに確立しえていない。[345]――このような思考のなかにこそ、馬渡が志向する「進化分類学」の問題意識がくっきりと現われている。

――あるひとつの系統の枝が新しい適応帯にはいりこみ、その祖先とは違った形質を獲得することこそ、きわめて重要な進化の内容のひとつではないか。生物学的種の概念を確立したマイアその人が、進化の内容を分類体系にとりこむことを提唱している。姉妹群どうしであってもそれぞれの進化の歴史は驚くほど異なる。進化分類学者は、ひとつの子孫のみに存在する派生形質すなわち固有派生形質にも注目する。現世生物のなかで、鳥とワニが姉妹群である。ワニは全体として他の爬虫類に非常によく似ている。すなわち比較的少ない固有派生形質しか発達させなかった、多くの形態学者がよぶところの〈爬虫類〉というグレイドの一員である。いっぽう鳥は、クレイドの一本が空中という新しい適応帯にはいりこんだことにより、劇的な改造をもたらした〔強調は引用者〕。血縁関係に対してではなく、形質転換に、より大きな分類学的重要性を割り当てるべきである。[346]

ここに至って、われわれは、アトランに代表されるような本質主義的な種概念から遠く隔たった地点にまで歩

345　馬渡、同書、一五八頁。
346　馬渡、同書、一二一―一二四頁。

んできたことに気づく。少なくとも、進化分類学者は、教条主義とは無縁である。本節を馬渡のつぎのことばで結ぼう。

進化分類学者は博物学者であるといえる。私は、進化分類学者が博物学者である点に将来のより大きな可能性をみる。どんなに還元的、分析的な研究も、自然を理解する目的で始まり、その結果は自然に立ち戻って検証されねばならないのであるから[347]。

第一章で論じたように、「博物学」とは「自然誌」と同義である。右のことばは、まさしく自然誌的態度の表明である。あたりまえのことだが、生物学の基盤をなす分類学の原点とは自然誌的態度にほかならなかったのである。

四　自然誌的態度にとって種とはなにか

身体化理論における種

本書でたびたび言及したように、わたしはレイコフを身体化理論のもっとも重要な牽引者の一人として位置づけている。そのレイコフが『認知意味論』第一二章「「客観主義的な形而上学の欠陥」において、種の概念について再考している[348]。彼のもくろみは、本質主義と客観主義に基づく「古典的カテゴリー」〔要するに必要十分条件で定義される不変のカテゴリー〕としての種概念を解体することである。

――マイア〔この訳書ではメアーと表記されている〕によって特徴づけられたような種は古典的な意味での自然種ではない。それどころかそれは古典的カテゴリーでさえない。その理由は以下の七つである。①種は、そのすべての成員がその種であることを決定するような属性を共有するといった均質的構造をもっていない。②生物学的な種は、内在的な属性に関してではなく、他の集団との関係によってのみ定義される。③種は個々の成員の属性によっては定義されない。たとえば、種はその遺伝子供給源によって定義されるわけだが、いかなる個体もその供給源のなかの遺伝子の一部を分けもっているにすぎない。それに対して、古典的カテゴリーはつねに個々の成員各々がもっている共通属性によって定義される。④広い範囲にわたって分布する個体群を考えたとき、必ずしもある点を境にして一つの種がべつの種と区別されるわけではない。しばしば見られるのは漸次的変化である。べつの言いかたをすれば、生物学的な種はプロトタイプ効果を示す。⑤「〜と同じ種に属する」という概念は推移性をもたない〔推移性とは命題P、Q、Rに関して、P→QかつQ→Rならば、P→Rが成り立つこと〕。ここでマイアを引用する。「広い地域に生息する種には、交雑可能な個体群の連鎖で繋がれているにもかかわらず、たがいに別の種としてふるまうような、末端の個体群が存在することがある」[349]。もっと詳しくいえば、一連の隣接した地理的な領域があり、それぞれの領域のなかに個体群をなした生物が存在する。個体群をA、B、C、D、Eとよぶ。A×B、B×C、C×D、D×Eはすべて交雑可能だが、連鎖の末端の個体群AとEは交雑できない場合がある。AとEは同種か否か？　これは客観主義的なカテゴリー概念では答えられない難問である。⑥生物学的種の概念は、いかなる絶対的な必要条件をもっているとも解釈できない。⑦べつべつの種であるかどうかは、地理上の棲息地に応じて決まることもある。客観主義の伝統のなかでは自然種〔この訳書では「自然類」〕は内在的な必要十分条件によって定義され、それが位置する場所との関連では定義されえないはずであった。

これらの考察から、レイコフは以下のように結論づける。――進化論の視点から生物学的な種を特徴づけようとすると、生物界は客観主義の形而上学が求めるような明確に区別された自然種に分割されているのではないこ

347　馬渡、同書、一四七頁。
348　レイコフ『認知意味論』紀伊國屋書店（注34）、二二九－二三八頁。
349　Mayr, Ernst 1984 Species concepts and their applications. IN: Sober, E. ed. *Conceptual Issues in Evolutionary Biology*. Cambridge, Mass.: MIT Press. レイコフの前掲書（二三三頁）に引用。

とがわかる。——別稿で批判したように、レイコフの認識論には重大な矛盾がひそんでいる[350]。彼は客観主義を撃破することを目標に掲げながら、要所要所で、ダーウィン的な進化論の真理性を「科学のもっとも成功した例」として自明視している。このような〈科学とのねじれた関係〉を隠蔽することは論理的な混濁であり、フッサールが批判した意味での「自然主義」を根本から清算してはいない。だが、右の論証にかぎっていえば、そして馬渡を経由することによって達した眺望点からながめれば、進化分類学によって呈示される世界像とレイコフの思考とがみごとな合致を示していることは明らかである。この考察によって、われわれはアトランの擁護する本質主義的な「属‐種素」というカテゴリーの定立を棄却することができる。

実在論にとっての自然種

第一章では植原亮の実在論を批判したが、自然種とは何かについては、植原は啓発的な考察を展開している。彼が依拠するのは、アメリカの科学哲学者リチャード・ボイドが精錬させた自然種の理論である。植原の目標は「認識論の自然化」であり、自然種の概念を人工物のみならず知識にまで拡張することをめざす包括的な構想であるが、本章ではその側面には立ち入らない。実在としての自然種の特徴は以下の三点にまとめられる。

(一)性質群の恒常性：ある自然種に属する個体は、単一の性質ではなく、それに特徴的な性質の一群として出現する。そうした性質は、単なる寄せ集めではなく、外部に変化が生じてもそれに耐えうるような安定したひとまとまりをなす。性質群が示すこのような安定性は、生物個体に見られる恒常性《ホメオスタシス》になぞらえられる。このことが、自然種を一単位とする分類実践を可能にしている。

(二)帰納的一般化の成立：恒常的性質群のなかに含まれる性質のそれぞれについては、帰納的一般化あるいはその個別的な適用としての因果的説明と予測が成立する。(一)と(二)の条件の結びつきは、経験的探究の対象としての自然種という観点から理解できる。ある自然種がどのような性質からなる恒常的性質群なのかについての記述が増加していくと同時に、それらの性質について多くの帰納的一般化が得られていく。それが進むにともない、その自然種を表わす自然種語は法則集約語としての身分を獲得していく。こうしてその自然種を主題とした理論が構築されていく。

(三)自然種には、その基礎となる一定の構造ないし基底的メカニズムが存在している。このメカニズムにうったえることで、ある自然種に特徴的な性質が見られること、ならびにそうした性質が安定した一群をなすことを説明できる。このメカニズムの概念こそ、古典的な本質観で想定される厳格な意味での「本質」を緩めるべく導入されたものにほかならない。このメカニズムに求められるのが、当該の自然種に特徴的な性質を恒常性の具わった一群として出現させ、またその自然種に関する帰納的一般化を成立させることの基礎となっている、ということで十分であるなら、それはもはや内的な微細構造である必要はない。すなわち、メカニズムには、微細ではないような外的要因が含まれていてもかまわない。メカニズムの解明は、経験的探究における大きな達成となる。それは何よりも、探究の対象についての深い認識をもたらすと考えられるからである。[351]

そもそもわたし自身がこの問題に取り憑かれはじめたきっかけをはっきり記憶している。

——一九九四年[…]、夕方、調査助手たちと聞き起こし作業にいそしんでいるとき大粒の雨が降り始めたので、われわれは小屋の中に避難した。そこへツバメが飛びこんできた。キレーホがつかまえたのをつくづく見た。そのときわたしはこの鳥の喉にまさに「臙脂色」のきれいな模様があることに初めて気づいた。帰国後、鳥類名検索事典をひもといて、ヨーロッパ、アフリカ、日本を跨いで、ただ一種のツバメが「いる」ことを知った。[352]

だが、右の文章を書いたときに、わたしはもっとも肝心なことを不問に付していた。なぜ、わたしには、自宅の前の電線にとまっている「そいつ」と、カラハリでキレーホに摑まれて眼をぱちくりさせていた「あいつ」と

350 菅原和孝「身体化の人類学へ向けて」『身体化の人類学』世界思想社(注71)、二四-二六頁。
351 植原亮 二〇一三『実在論と知識の自然化』勁草書房(注94)、三五-四一頁。
352 菅原和孝『狩り狩られる経験の現象学』京都大学学術出版会、四四三-四頁。

が同じツバメだとわかるのだろうか。植原の右のまとめは、この謎にいちおうの解答を与えてくれる。この鳥はアフリカでも日本でもいつもあの鋭くV字に切れこんだ「燕尾」と喉の臙脂色とをもっているだろう。それはこの自然種の「恒常的性質群」のひとつなのだ。だからこそ、もしもフランスを旅行しているときそっくりの姿をした鳥を見かけたら、わたしは帰納的一般化をほどこして、「あ、ツバメだ」と言うことができるだろう。さらに、もしも同じ形状をした純白の鳥を見つけたら、コウガイビルを初めて見たときのような不気味さにうろたえたりはせずに、鳥の姿をその「種」特有なものとする「基底的メカニズム」つまり遺伝子に思いをはせ、「アルビノのツバメだ」と叫んで騒ぐだろう。ただし、科学を括弧入れしたわたしは、白化突然変異という概念も遮断しているし、それが生じた遺伝子座位を名ざすこともできないのだが。

NK——待ちくたびれたぞ。すべての命あるものが名前をもつことが不思議だとおまえは言う。相変わらず役立たずなことを考えるものだ。おまえが初めてカデに来たころ、ジロウから昔々のお噺をたくさん聞いたろう。そのなかで、「脂肪嬢ちゃん《ヌイ・ツォワゴ・シ》」の噺がいちばん好きだったとおまえは言っていた。最近、おまえ自身が、おれの息子たちに語ってもらって、それをカメラに取ったそうだな。そのお噺はこんなふうに始まる……。

——人間の男たちが、水が溜まったパン《カーバ》〔太古に湖底だった丸く平たい草原〕のそばの丘の上で休んでいた。そこへダチョウおばちゃん《ゼロオ・ツォワゴ・シ》が水を汲みにきた。その姿を見て男たちはくすくす笑って囁きあった。「アッ！　この年長の女の人ときたら！　なんて姿なんだ！　脛が赤いじゃないか。こりゃ大笑いだ。エヘヘヘヘ。この年長の女の人の頭は〈エベ〉だ〔首が長細く頭が大きい〕。頭は醜いし脛は赤いし。」ダチョウは彼らの嘲笑が耳に入ったが、黙りこくって繰り返し水筒に水を汲み入れ、帰って行った。彼女には三人の娘がいた。長女がヌイツォワゴ（脂肪嬢ちゃん）、次女が「肝臓」、三女が「腎臓」という名だった。べつの日、ダチョウは三人の娘を連れて水汲みに行った。あの男たちもまた来ていたが、脂肪嬢ちゃんのあまりの美しさに息を呑んだ。男の一人が彼女に「水を汲んできてくれ」と頼んだ。脂肪嬢ちゃんは上澄みを汲むすべを知らず、泥まじりの水を男に与えたが、彼はそれを飲んだ。彼女たちが帰ろうとすると、男たちはその後ろについたが、侮辱されたことを恨んでいたダチョウは男たちを小枝で鞭打ち、同行させなかった。水をもらった男は一人でダチョウ一族を訪れ、親たちに媚びて媚びて媚びて、ついに親たちは長女を男に与えた……。

そのあとヌイツォワゴが犬嬢ちゃん《アバ・ツォワゴ・シ》に欺されてひどいめに遭ったことはおまえも知ってのとおりだ。ほら、もうおまえの紙《パンピリ》が尽きるころだから、それはまたのお楽しみ。

＊　＊　＊

グイは人間と動物の身体的な形状や所作に対して精密な観察眼を発達させている。その一環として、頭の形や耳の付きかたを表わすいくつもの形容詞がある。〈エベ〉はそのひとつで、調査助手によれば、私が夕食のシチューをよそうときに使う「おたま」そっくりの形だという。この物語の驚きは、ダチョウが「種」の異なる子どもたちをもっているところにある。さきの(一)「恒常的性質群の安定性」が成立しないのである。さらに、「脂肪」という物質や、「肝臓」「腎臓」といった内臓が「自然種」であることに間違いはないが、それらは動物のように容易に人格化されうる存在者ではない。何よりも、鳥が脂肪や肝臓や腎臓を娘にもつような世界では、そのような生殖連鎖を可能にするような(三)の「基底的メカニズム」など想像することもできない。

本題からは逸れるが、この語りで圧巻なのは、男たちがダチョウの醜さに大笑いするくだりの迫真性である。グイの女にとって容貌の醜さを男から嘲られることは最悪の侮辱であることを示すべつの語りもある。[353] いま注目すべきは、男たちのこの哄笑が、動物のことをこよなくおもしろがるグイの根源的な身構えを鮮やかに照らしているということである。それこそ自然誌的態度の原点なのかもしれない。

353　菅原、同書、三七六頁。

雑種ヒヒの記憶

本章を書きながら、青年時代に没頭したアヌビスヒヒとマントヒヒの雑種社会の研究のことを思いだしていた。前節で参照した馬渡峻輔氏は、彼の著書が刊行されてすぐに見ず知らずのわたしに献本してくださった。前節の「種を確定することの困難さ」という項の(六)「多型種」の実例として、わたしの研究を詳しく引用していることを見いだし、とても驚いた。分類学者が関心をそそぐほど重要なテーマに取り組んでいた自分が、それを放りだして人類学に「転向」したことに、一抹の後ろめたさを感じた。

——一九七六年の三月にわたしは第一回目の雑種ヒヒの調査を終えてエチオピアから帰国した。それからすぐにアヌビスヒヒの群れを母体にするゴルジ・グループの社会構造の概略を明らかにする報告をいくつかの場所で行なった。それをもとに指導教授である河合雅雄と共著で論文を書いた。「雑種化と霊長類の進化」と題するこの論文は(1)と(2)に分けて、『自然』という雑誌の十一月号と十二月号に連載された。[354]「(1)ヒヒにみる種間雑種の社会」では、おもにわたしがゴルジ・グループの内部構造を記述した。「(2)種形成とホミニゼーションとの関連」では、河合が、霊長類の進化の過程で雑種化が新しい社会構造を生みだすことに大きな役割を果たしたという自説を展開した。雑誌が刊行されて間もなく、当時、大学院生として所属していた霊長類研究所で、珍しく分野を横断するゼミが開催され、社会・生態部門と変異部門の教員・院生が一堂に会した。その席上で、変異部門の教授であった野澤謙（第四章参照）は、この河合・菅原の共著論文を痛烈に批判した。その骨子は「アヌビスヒヒとマントヒヒのあいだに生殖隔離がみられない以上、この二つは種ではなく亜種である。地理的に隔離されていた亜種どうしが、なんらかの原因で同所的（前節で用いた概念を使えば側所的）になり、両者の境界で〈二次相互遷移〉が起きているにすぎない。種とは生殖隔離によって定義されるのだから、種間雑種が霊長類進化の原動力になったなどという考えかたは論理的にまったくナンセンスである」というものだった。わたしは霊長研の大学院ゼミではその舌鋒の鋭さで知られていたが、このときばかりは野澤に完全に敗北していると感じ、まともな反論ができなかった。わたしの口を重たくさせたひとつの理由は、公衆の面前で「ぼくも河合さんの考えはおかしいと思います」などと言って指導教授を裏切ることはできない、という配慮であったろう。野澤さんが「分子進化の中立説」に依拠して、遺伝的距離という客観的基準を適用すれば種の同定に曖昧さがまじる余地はない、という趣旨の発言をしたことにわたしは反撥を感じたおぼえがある。この議論の方向はなにか変だ、というわだかまりがのこり、とても後味がわるかった。完膚なきまでにやりこめられた河合さんがあとで「生殖隔離、生殖隔離って錦の御旗みたいにおっしゃいますが、グレートデンとチワワかて生殖なんか不可能やわなあ……」とぼやいていたことをよく憶えている。

河合のぼやきには同意できないことが、今ならばはっきりわかる。マイアの生物学的種の定義には周到にも「種とは、実際的にも、可能性においても、互いに交配しうる自然集団である」という傍点部の条件が挿入されていたからである。世界じゅうの家庭でごろごろしているイヌは、地域個体群を形成する自然集団ではないが、可能性としては、チワワはミニチュアダックスフントとのあいだに子をなしうるし、さらにその子はトイプードルとのあいだで生殖しうる。逆に、グレートデンはマスティフと生殖しうるし、その子はシェパードと生殖しうる。小さな品種とそれより少しだけ大きい品種をつないでいけば、最終的には、チワワとグレートデンは可能性において同一の繁殖集団に帰属する。

もちろん、理学研究科に所属していた駆けだしの研究者に、科学を括弧入れするなどというハチャメチャな思想を要求するのは酷である。だが、その時点でさえも、わたしが野澤に対して決然と主張しなければならなかった本質直観があったはずである。それは、動物たちが生きている独特な社会と生態をぬきにしては「種」という概念は空疎であるという一点であった。

野澤に代表される、ネオ-ダーウィニズムから出発した集団遺伝学者は、木村資生が創始した「分子進化の中立説」という革命的なパラダイムに帰依した。このパラダイムは〈分子レベルでの進化的変化、すなわち遺伝物

354　河合雅雄・菅原和孝　一九七六a「雑種化と霊長類の進化⑴——ヒヒにみる種間雑種の社会」『自然』三一（一一）：四八-五七／一九七六b「雑種化と霊長類の進化⑵——種形成とホミニゼーションとの関連」『自然』三一（一二）：六四-七三。

質それ自身の変化を引き起こす主な要因は正のダーウィン淘汰ではなく、淘汰に中立なまたはほとんど中立な突然変異遺伝子の偶然的固定である〉と木村自身によって要約されている。[355] この前提に立って、根井正利は二つの集団間の「標準遺伝的距離」を求める数式（のちに「根井の式」という略称でよばれるようになった）を提案した。式それ自体はここには掲載しないので、興味のある読者は木村の有名な本にあたってほしい。[356] 実践的にいえば、この式を活用するためには、二つの集団1と2における、ある遺伝子座位での遺伝子頻度をなんらかのサンプルから求めなければならない。庄武孝義はそのために、雑種ヒヒ、アヌビスヒヒ、マントヒヒの三集団から、それぞれ数十頭ぶんの血液を採取したのである。この頻度から、ⓐ集団1から任意に選んだ二つの相同な遺伝子が均一である確率、ⓑ集団2から……（以下同文）、およびⓒ集団1と2のそれぞれから任意に一箇ずつ選んだ二つの相同な遺伝子が均一である確率、という三とおりの確率を求め、その三つを変数として「根井の式」にほうりこむのである。

この操作によってある任意の二つの動物群が分岐した絶対年代がわかるのであれば、それを尺度にして、つぎのように宣言すれば事足りるのだろうか。「余は分岐年代が五〇万年以上だと計算される二集団を別個の種とみなし、それ以下の二集団を同種内の亜種とみなすぞよ。」だが、こんな宣言が無意味であることは明らかだ。まず、その「余」がだれであるかによって、種と亜種を分けるクリティカルな基準尺度は恣意的に設定される。それ以上に本質的な問題は、このような基準の設定は、前節で馬渡がきめ細かく解き明かした、種の確定をめぐる幾多の難問に取り組むことなく、ただそれらすべてを無視しさるのである。そんな独断的な手続きはもはや生物学ではなく空ろな形而上学である。

『猿＝人』で詳しく論じたことだが、アヌビスヒヒとマントヒヒの雑種化現象がきわだった重要性をもつのは、前者がニホンザルと同じような単層の群れ社会をつくるのに対して、後者がバンドを基本単位として（伊谷はこれが他のサバンナヒヒやマカカ属に一般的な「群れ」に相当すると考えた）その内部にいくつもの単雄ユニット（ハレム）を擁する特異な構造をもっているためである。さらに休眠場の崖では、複数のバンドが集合してトゥループとよばれる上位集団をつくる。このようにマントヒヒは他の霊長類に例をみない三層の重層社会をつくるのである。馬渡はこの点を確認したあとで、庄武の研究を引用している。

このような大きな違いがあるにもかかわらず、血液タンパク質の電気泳動を用いた集団遺伝学的解析によると、この二つの種の遺伝的距離は近く、たとえていえば、ニホンザルの亜種間の遺伝的距離と大差なかった。結論として、庄武は、この両種は比較的最近に地理的あるいは生態的隔離が起こり（彼は両種の分化時間を三三万五〇〇〇年と計算している）、ある程度の遺伝的分化が進行したが、種分化の完成まで至らないうちに、互いに接触混合したものと推定している。［…］庄武は、マントヒヒ特有の長毛のマントなども灼熱の半砂漠に生息するための適応的効果として急速に進化したと推定している。社会構造もまたしかりである。／以上の研究結果と、両種の分布域が雑種帯以外では重ならない［…］ことから見ると、マントヒヒとアヌビスヒヒは亜種レベルの種内変異であるかもしれない（以下、前出の多型種の概念が導入される）[357]。

まさにこれは野澤が河合・菅原の共著論文に対して投げつけた批判が正当であったことを証しだてるレビューである。この探索において自然誌的態度に対して突きつけられた問題はいくつもある。まず、議論のこの水準においては、遺伝学はその半身どころか全身を括弧から解きはなち「その作動の内的可能性や必然性は私たちには少しも理解できない機械」〔第一章第二節「自然主義批判」参照〕としてわたしの面前に立ちはだかり、その硝子の

355 木村資生　一九八六『分子進化の中立説』紀伊國屋書店、九頁。
356 同書、二六七頁。
357 馬渡、前掲書、一五三－一五五頁。

眼でわたしを見つめている。自然誌的態度を一個の主体として擬人化すれば、この主体は〈対他存在〉へと変容している[358]。だが、そのように考えると、われわれの前には意想外の視野が拓かれる。レイコフがまとめたように、究極的には「生物学的な種は、内在的な属性〔本質〕に関してではなく、他の集団との関係によってのみ定義される」のであれば、種もまた一個の対他存在なのである。さらに、ある個体群の内部においてあらゆる雌雄の組み合わせで交雑が可能なのか、逆に、隣接する個体群どうしのあいだで厳密に生殖隔離が維持されているのか、といったことは経験的な観察可能性を超越する問いである。フッサールが自然主義批判のなかで述べたことばを脚色するなら、「客観的で真」なる実在としての「自然種」とは理論的な構築物であり、原理的にけっして知覚できないのである。

みずからから切り離せない直接経験。わたしはマントヒヒ的な特徴とアヌビスヒヒ的な特徴とが複雑に混淆した雑種ヒヒの社会に深く魅惑された。だが、足かけ四年未満の観察によっては、このヒヒたちが、前節の「生殖隔離と種の意味」の項で挙げた(5c)「雑種崩壊とよばれるプロセス」すなわち「雑種どうしの交配が続くと子孫の妊性と生存率が低下する」という負の効果を免れているのかどうかを明らかにすることはできなかった。

長く勤めた職場での残された在任期間がわずか八ヶ月になった二〇一四年八月初旬に、三六年ぶりにエチオピアへの「感傷旅行」をする機会を得た。かつてのフィールド、アワシュ峡谷のロッジに二泊し、昔の餌づけ場所の周辺を歩きまわった。アワシュ滝上流の河辺林ではまったく人を怖れないアヌビスヒヒの群れのなかに入りこんだが、峡谷の崖ふちを長く歩いても雑種ヒヒには会えなかった。あきらめて、徒歩でうろつくわたしを拾いにきてくれたガイドの運転するランドクルーザーに乗りこんだ。だが、車が走りだしてからすぐに、道を雑種ヒヒの集団が横切った。ちょうどゴルジ・グループの遊動域のまんなかあたりだった。わたしは車をおりて夢中でカメラのシャッターを押した。かつてはわたしを集団の一員として遇してくれた人なつこい連中だったが、あれからもう三世代以上が更新されている。あたりまえのことだが、かれらはあっというまに逃げ去ったので、哀しい気分になった。それにしても、(変な言いかただが)雄は「典型的な雑種」の姿をしていた。つまりマントヒヒとアヌビスヒヒの形質が半々ぐらいにミックスしているように見えた。

馬渡が詳しく引用した拙論をわたしはつぎのような文章で締めくくっていた。「大自然の偉大な実験ともういうべき雑種ヒヒ社会の研究が継承されてゆくことを祈りたい[359]」。だが、今に至るまで、アワシュ峡谷での調査が再開されたというニュースを聞かない。自然誌的態度によって「種とは何か」という根本問題を真に解き明かすためには、ヒトの何世代にもわたって研究が継続されること、すなわち「人類」と称するこの「種」がまだとうぶん存続するとともに、その社会のなかに「学問」の共同体が維持されることが必要である。それぐらいの慎ましい希望をもつことは、私たちに許されるのだろうか。

358 菅原和孝 二〇一五「鏡なき社会の対他存在論」佐藤知久・梶丸岳・比嘉夏子編『世界の手触り――フィールド哲学入門』ナカニシヤ出版、一九七-二〇九頁。
359 菅原和孝 一九九〇「雑種ヒヒの社会構造」河合雅雄編『人間以前の社会学――アフリカに霊長類を探る』教育社、三二一四頁。

第七章
本能を生きる——行動学の光と影

コードヴァーとハムは山頂から眼下に奇妙な金属製の物体を発見した。火炎を吹いて地上に着陸したのだ。もっと近くで様子を見たかったたが、その日はコードヴァーが結婚してから二五日目だった。急いで帰宅し、夕食を済ませたばかりの女房を尻尾で叩き殺した。翌日、金属の物体の所へ行き、出てきた怪物の姿に身ぶるいした。皮を剝ぎたてのぬらぬらした肉の色だった。その午後は、収容所に行き新しい妻をめとった。妻は法悦の結婚生活のなかで卵を生み、その卵は収容所にいる「余りの女」たちが抱いて暖める。孵化した赤ちゃんは必ず男子一人に女子八人の割合になっている。さらにつぎの日、村人たちが金属物体の周りに集まり相談していると、怪物は何かの仕掛けで、村人の言語を話しだす。仲良くしたがっているようなので、村に連れてきてやる。連中のなかの赤い口をした個体が女らしい。最初は友好的だったが、村人の一人が妻を尻尾で叩き殺すのを目撃した怪物たちは怒りだし、「もう女を殺すのはよせ」と命じる。驚いたことにあの怪物たちは女を無制限に生かしておくのだ。さすがの強者たちも吐き気が胸の底からこみあげた。だが、それを聞いた女たちは自分たちの清らかな生活を怪物どもが破壊しようとしていることに激昂して戦いに蹶起し、金属物体をねらって絶壁の上からたくさんの岩を落とす。物体からは火炎が浴びせられ、それが崖崩れを誘発し、間一髪で金属物体は宙に舞いあがり逃げ去った。五三人の女が死んでいたから、余分な女の数を減らすことには役だったわけだ。だが、男のほうも一挙に一七人も死んでしまったから、問題はかえって深刻になった。「当分のあいだ、女房を殺す時期は二五日目じゃなく、もうすこし早くしたほうがいい、と思うな」[360]……この種族が尻尾で妻を叩き殺すのはかれらの文化なのだろうか。それとも本能でそうしているのだろうか。もしも後者であれば、村人たちを一瞬で大量殺戮する力をもつ肉色の怪物たちは、かれらを許してくれるのだろうか……。

一　行動学の原点――ローレンツとティンベルヘン

衝動と葛藤――ティンゴの場合

コンラート・ローレンツがニコラス・ティンベルヘンと共に開拓した行動学《エソロジー》こそは、動物大好き少年がみずから選んでも不思議ではない憧れの学問分野であったはずだ。『ソロモンの指輪』邦訳初版が刊行されたのは一九六三年だが、ＳＦにうつつをぬかしていた中学生はその本のことを知らなかった。大学入学後に遅まきながら読んだ。それ以来、わたしは行動学に対して奇妙な両価感情《アンビヴァレンス》をいだき続けてきた。それはなぜだろう。

360　シェクリイ、ロバート　一九五六／一九八五（宇野輝男訳）「怪物」（稲葉明雄・他訳）『人間の手がまだ触れない』元々社最新科学小説全集第九巻／早川書房（ハヤカワ文庫ＳＦ）、九―二九頁。

私〔ローレンツ〕は自然科学者であって、芸術家ではない。だから私にはまったくなんの自由も「様式化」〔ハラウェイが戦略とする修辞と同義だ〕も許されない。しかし、動物がいかにすばらしいものであるかを読者に物語ろうとするとき、このような自由はすこしも必要ではない。むしろ、動物の話を書くときにも、厳密な科学論文の場合と同様に、ひたすら事実に忠実であるほうが、適切であると思う。なぜなら、生ある自然の真実はつねに愛すべき、畏敬に満ちた美しさをもっており、人がその個々の具体的なものを奥深くきわめればきわめるほど、その美はますます深まってゆくものだからだ。もし、研究の客観性、理解、自然の連繋の知識というものが、自然の驚異への喜びをそこなうなどと考えたとしたら、これほどばかげたことはない。むしろその逆なのだ。自然について知れば知るほど、人間は自然の生きた事実にたいしてより深く、より永続的な感動をおぼえるようになる。[361]

この健全な身構えそれ自体を嘲ることは難しい。それは、ハラウェイが傾倒した正の強化刺激〔報酬〕を与え続ける訓練法が「行動主義」という理論体系と同義ではないのと同様に、客観主義という特異な世界認識と必然的な同型性をもつわけではない。何よりも、客観主義は観察者から独立したただひとつの真なる世界状態の写像を要求するのだから、そこに「愛」とか「美に対する感動」といった身体化された反応がまぎれこむ余地はない。それでも、「生ある自然」への「畏敬」がもたらす実践の指針が〈事実に忠実である〉ことへと収斂するという一点には真剣な注意を向ける必要がある。

わたしはいまなおローレンツの書いたこの箇所を引用することにつよく動機づけられている。それはもちろん、わたしがそれをずっと記憶していたからである。わくわくしながらこの本を読んだとき、右の引用箇所に反撥を感じた。学問のトバ口に立ったばかりの青年にどうしてそのような情動反応がおとずれたのだろう。ローレンツが文学に対する自然科学の優位を一毫も疑っていないことに不満を感じたことだけはよく憶えている。後知恵めくが、〈事実に忠実である〉ことがそもそも可能なのだろうか、と疑っていたのかもしれない。いずれにしろ、この反撥の記憶は、ローレンツの言説が『積みすぎた箱船』や『幽霊』と同じく、わたしから切り離せない経験の一部となっていたことを照らしている。

ふたたび『人イヌにあう』に還り、ローレンツにとって本能とは何であるのかがもっとも明瞭に表現されている、オーストラリアの野生犬ディンゴをめぐる観察を検討する。

> 私としては、ディンゴをオーストラリアに連れてきたのが人間であり、ディンゴはオーストラリアの文化が衰退するにつれて独立していったのだということを、いささかも疑わない。オーストラリアの原住民が、文化を喪失するもととなったと思われる同じ要因が、おそらくはオーストラリアのイヌを、究極において野生化の方向に押しやることに貢献したのである——多くの有袋類が鈍重で、つかまえるのが容易だった、という要因が〔強調は引用者〕[362]。

多少でも文化人類学を学んだ人であれば、ここに露呈されている「未開社会」に対する無知蒙昧に失望するだろう。オーストラリア・アボリジンこそ、現存する人類社会のなかでもっとも精緻な親族と婚姻の体系を発達させてきた人びとである。その体系はレヴィ＝ストロースの『親族の基本構造』第一部「限定交換」の骨格となる民族誌資料を提供した。この本のもっとも難解な章は、大陸北東部のアーネムランドで発達したムルンギン体系の謎を解き明かそうとする悪戦苦闘に充てられている。何よりもわれわれを愕然とさせるのは、〈獲物を楽に捕獲できると人は怠惰になり、文化の衰退をまねく〉という類いの、（非ピューリタン的な）生活世界に対する侮蔑に満ちた因果論を、この偉大な自然観察者が疑っていなかったことである。ローレンツのナチズムへの迎合については第四節で取りあげる。

361 ローレンツ、コンラート　一九六三（日高敏隆訳）『ソロモンの指輪——動物行動学入門』早川書房、五頁。
362 ローレンツ『人イヌにあう』（注154）、一九五頁。

母性行動にひそむ意外な側面に関するローレンツの非凡な観察に目を向けよう。[363]

――哺乳動物の母親に「孤児」を養育させようとするならば、巣の外におき、できるだけ弱々しそうに見せねばならない。この姿が母の育児本能を強くかき立てる。だが、最初から自分の子たちのなかにまじっているのが見つかれば侵入者とみなされ、むさぼり食われてしまう。家畜では、胚膜や胎盤を除去し臍帯《せいたい》を切る反応に欠陥がある場合、出産直後に子どもを食べてしまうことがある。とくにブタやウサギでよく見られる。子どもが生まれると、吸ったり舐めたりして、胚膜に自分の門歯でつまめるほどの襞をつくり、注意ぶかく嚙んで穴をあける。胚膜の覆いが開かれると、舐め吸う動作で穴が広げられ、胚膜は呑みこまれる。つぎに胎盤とそこにつながる臍帯に同じ動作がなされるが、嚙みと吸啜はゆっくり注意ぶかくなされる。最後に臍帯の遊離した端がソーセージのしっぽのようにねじ切られ吸いつくされる。このあと、家畜では臍から下腹部まで穴をあけてしまうことがある。こうして子どもの肝臓を食べてしまうウサギもいる。新生子をすぐ取りあげ、清潔にして乾かし、数時間後に胚膜を食べる衝動が鎮まってから子を戻せば、悲劇を防ぐことができる。

哺乳動物の母が死んだ子や病気の子を食べて取り除くことは、正常な本能的衝動の現われである。シェーンブルン動物園につがいのジャガーが飼われていた。雄は斑点をもち、雌は黒変種だった。ほとんど毎年、漆黒の健康な子が生まれていたが、ある年、一匹だけ生まれた子は最初から病弱だった。生後二ヶ月で成長が停まり生存があやぶまれた。母ジャガーが子の全身をくまなく舐めるのを見て、園長は悲しげに頭を振り、私〔ローレンツ〕に試験問題をだした。「母親の心のなかで何が起こっているか?」彼女の舐める動作が妙に気ぜわしく吸うような感じがみられることに私は気づいていた。二度、母は赤ん坊の腹の下に鼻をつっこみ、臍のあたりを窺った。私は答えた。「育児反応と死児を食べる衝動との葛藤のはじまり。」翌朝、仔はあとかたもなく姿を消していた。

さて、ディンゴである。前述のシェーンブルン動物園の園長はローレンツの親友だ。一九三九年、彼が電話をかけてきた。ローレンツは自分の飼っている雌イヌにディンゴの仔を育てさせたいと願っていたので、六日前に生まれた仔犬を一匹譲ってくれるというのだ。

――その後スタシ〔第三章第一節参照〕の母親となるゼンタが出産したばかりだったから、またとないチャンスだった。ディンゴの仔が草の上におかれて鳴いていると、ゼンタはくんくん鼻を鳴らし、仔犬を運ぶときのように大きく口をあけた。だが、野生動物の奇妙な匂いが彼女の鼻をうった。彼女は驚いてとびのき、ネコが唾を吐くときのような唸り声をだして、口内の空気を吐きだした。数メートル後退したあとで、キャンキャン鳴いているチビにふたたび近づき注意ぶかく嗅ぎはじめた。鼻先が触れるまで少なくとも一分はかかった。それから突然、仔犬の毛を荒あらしく舐めはじめた。その長ながしく舌で吸いこむ動作は、新生児から胚膜を取り去るためのものだった。

　ゼンタは仔犬の腹の下に鼻づらをつっこみ、彼をあおむけにころがした。さらに臍のあたりを注意ぶかく舐めはじめ、前歯で腹の皮膚を噛んだ。ディンゴの仔が悲鳴をあげたので、ゼンタは驚いてとびのいた。彼女は仔犬を巣につれていこうと決めたようにまた大きく口を開いたが、あの奇妙な匂いがまたもや鼻をうち、あわただしい舐める動作が再開された。それは激しさを増し、仔犬の皮膚に歯をかけ、苦痛の叫びを再度あげさせるまで続いた。ゼンタはおののいて後退した。つぎに近づくと、舐める動作はさらに慌ただしく、ただならぬ気配をおびた。みなしごを巣に運ぼうとする行動と、いやな匂いを発するチビを食べてしまおうとする行動とのあいだを揺れ動く、対立する衝動の交替はずっと急速になった。ゼンタが心のなかで激しく苦悶していることは明らかだった。だしぬけに、彼女はこの葛藤の重圧に打ちのめされ、腰をおとしてすわりこむと、鼻を空に向け、その苦悩を長いオオカミに似た遠吠えにこめて発散した〔強調は引用者〕。私は、ディンゴともどもゼンタの子どもたちも取りあげる決心をした。いっしょに小さい箱に入れて一二時間おいた。翌朝返してやると、ひどく興奮しながらも、疑わしそうに受け入れた。仔犬たちを順にくわえて犬舎に移したが、ディンゴの仔は中ほどの順番だった。その後、乳さえ呑ませたが、よそ者と疑っていたようで、ある日、この仔の耳をひどく咬んだ。耳の形はもとに戻らず、一方に垂れるようになった。

363　同書、一九二頁、一九九－二〇六頁。

ここには、動物行動に対する独特な把握がある。目に見える行動の背後には「衝動」と名づけられる不可視の力が渦巻いている。その力どうしが衝突し「葛藤」という内的状態を生む。そのことが、動物的主体を「苦悩」させ、この主体は「重圧」に打ちのめされる。さらに主体は激しい表出行動によって、「苦悩」を「発散」することができるのである。

行動学の基本概念

オランダ出身のニコラス・ティンベルヘン〔ティンバーゲンという英語読みも一般的〕はローレンツの盟友として、行動学の創生期を担った。第二次世界大戦終結の八年後に原著が刊行された『動物のことば』は行動学の代表的な入門書である[364]。

ⓐわが子を保護する本能：魚の親が自分の子どもを食べないのはどうしてだろう。マウスブリーダー〔口内稚魚育成者〕とよばれる魚の一群がいる。ティラピアの雌は、幼魚を口に入れて保護しているときには摂食本能が完全に抑えられる。その他の種には餌あさりの本能が消えていないものもいて、子育て期間中もミジンコやイトミミズなどをとって食べる。スズメダイモドキ科の魚は、夕暮れどきに幼魚を水底に掘った穴に連れ帰る。雄がわが子を探し集めて口にふくんだとき、目の前に蠕虫が一匹現われた。彼はしばし熟視し、ためらっているようだったが、口にふくんだ幼魚たちを吐きだし、虫を捕らえ呑みこんでから、ふたたび幼魚たちを拾いあげ、穴へ連れもどった。

スズメダイモドキ科のマウスブリーダーの観察には重大な問題が隠されている。もしも動物が本能にしたがって自動的にふるまう機械なのだとしたら〔行動学は往々にしてこのような描像を流布させてきた〕「ためらい」などありえないはずである。

ⓑ子のがわの認知：ローレンツの観察したゴイサギの事例をティンベルヘンは引用している。巣に帰ったゴイサギは、配偶者と自分の子たちの双方に「慇懃な挨拶」をする。頭を低めて黒色の頭頂部をよく見せ、ふだん折り畳んでいる三本

の細長い白色の飾り羽をもちあげてから、巣の中に入る。ローレンツが巣のそばにいるとき親鳥が帰ってきて、彼に攻撃的な姿勢をとった。すると若鳥たちがすかさずこの親を攻撃した。両親だけが「なだめの儀式」をする唯一の同種個体なので、若鳥はそれによって両親を認知し防禦反応を抑制していることが、この観察からわかった。

ⓒ雌雄の協働：セグロカモメの雌雄間の抱卵交代は特有の「儀式」によって行なわれる。卵を抱いていないほうの親は、何時間も餌をあさっていると卵を抱こうとする衝動が強くなってきて、自分のなわばりに舞いもどり、巣の材料をかき集めてから歩みよる。そして雛に餌を与えるときに発するのと同じ「ニャー」という声をだす。擬似的な営巣行動と鳴き声とが、配偶者を飛びたたせるよう刺激する。だが、後者の抱卵衝動が非常につよい場合には、「交代の儀式」を挙行しても相手は卵の上から動かない〔強調は引用者〕。交代を求めるほうは力ずくで押しのけようとする。これとは対照的に、アカエリヒレアシシギでは、卵を孵して雛を保護する役目を担うのは雄だけである。雌は鮮やかな色彩をもち雄はくすんだ保護色を呈する。雌はなわばりを選び、囀って雄をひきつけ交尾する。雌が産卵直前にふたたび囀りだすと、雄は交尾期と同様に雌の囀りに惹きつけられる。雌は巣に入り雄の面前で卵を産む。これから世話すべき対象が雄に直接示されるのである。

傍点部に注意すれば、「衝動」こそが魔法の呪文であることは明らかだ。それは、「欲動《リビドー》」が、すべての謎を解き明かす精神分析の呪文であることと相似である。

ⓓ群れをなすメカニズム：社会的促進（social facilitation）とよばれるメカニズムは、群れ生活を理解するうえで、きわだった重要性をもつ。トゲウオは他のトゲウオが摂食しているのを見ると、自分も餌をとり始める。群れの一羽が驚愕シグナルを発すれば、他の鳥もいっせいに飛びたつ。睡眠もまた「伝染性の行動パターン」である。陸棲の群居性動物では歩行も同期化される。群れの数個体がその場を立ち去ろうとする志向運動（intention movement）を示すと、他の個体

364　ティンベルヘン、ニコラス　一九五五（渡辺宗孝・日高敏隆・宇野弘之訳）『動物のことば——動物の社会的行動』みすず書房。

も加わる。[365] 社会的促進は、各個体がてんでばらばらの活動を追求して散逸することを防ぐ。集団で行動する魚類では、嗅覚的な警報信号が、群れの逃避行動を誘発するうえで重要である。肉食性のカワカマスが、ハヤの群れから一匹を捕獲すると、他のハヤは四方に逃げ散り、その近くによりつかなくなる。これは、殺されたハヤの皮膚から出た化学物質に対する嗅覚反応による。それぞれの種は、自分たちと同種の身体に由来する「恐怖物質」〔fright substance〕に対してのみ反応するのである。

　次節の主人公となるハンス・クマーが書いた優れた概説書『霊長類の社会』においては、「社会的促進」が鍵概念をなしている。[366] さらに、嗅覚的な警報信号の説明は、「野生動物は同種個体の死の匂いを嫌う」という民俗知と共鳴しあう〔第五章第六節参照〕。

ⓔ敵対のメカニズム：トゲウオ類の雄のなわばりをめぐる闘い。雄は自分のなわばり内で他の雄と出遭うと必ず闘うが、その外であればすばやく逃げる。充分に大きな水槽に二匹の雄aとbを入れると、それぞれが水槽の左右になわばりAとBを形成する。雄aとbを捕らえて、幅の広い二本のガラス管に一匹ずつ入れる。二本を隣あわせてAの領域におろすと、aは二重のガラス越しにbを激しく攻撃し、bは狭い管の中で逃げまどう。だが、両方の管を領域Bにおろすと逆のことが起きる。雄イトヨの攻撃をひき起こす解発因子《リリーシング・ファクター》は敵の形態特性である。雄は、イトヨそっくりの形をした銀白色の模型は攻撃しないが、イトヨとは異なる形状〔葉巻や葉っぱの形〕をしていても、下半分を赤く塗った模型には猛烈な攻撃を向ける。私〔ティンベルヘン〕の研究室には窓に沿って二〇箇の水槽が並べてあった。赤色の郵便車が約一〇〇メートル離れたところを通り過ぎると、すべての雄が水槽の窓側に突進し、その隅から他の隅まで車を追跡した。イトヨの倍のサイズの模型は遠くから見せると攻撃をひき起こすが、なわばり内に入れても攻撃されない。対象物の張る視角が認知を規定するのである。模型を垂直に立てると威嚇の姿勢に似るので、攻撃は激しさを増す。

　ガラス管に入れられたイトヨの雄aとbはそれぞれ水槽内の視覚風景〔水草や水槽隅の直角面？〕を認識することによって、自分のなわばり内にいるのか、そうでないのかを知ると推測される。これは本能に盲従する自動機械の反応ではない。

(f)信号系：アクター（作用を与える者）とリアクター（反応する者）とのあいだの交働は信号《シグナル》の概念によって包括的に理解しうる〔第四章第二節参照〕。人間には先見（foresight）があり、それが大幅に行動を規定しているが、動物の行動は先見によっているのではない。警戒の声が仲間に警告する目的で発せられるのなら、仲間が周囲にいない場合でも同じように叫びたてることの理由がわからない。親鳥が行動の意義を知って雛を抱いたり餌を与えたりするのならば、自分の雛がカッコウの雛によって巣の外へ放りだされたとき見殺しにするわけがない。かれらの行動は、内的・外的な刺激に対する直接的な反応による。親鳥は雛が餌をせがまなければ与えることができず、雛が巣の中にいなければ抱くことができない。セグロカモメでは、雛が近隣の巣にいる成鳥に攻撃されると、親鳥は雛を庇おうとするが、殺されてしまうと雛を食べてしまう。雛の声や動く姿が知覚できないと、親鳥にとって雛は自分の子としての意義を失い、餌としての価値しかなくなるのである。

人間における感情的な怒りや恐怖の表現、つまり情動言語（emotional language）は、理性で考えて発することばとは異質である。動物の「ことば」はこの情緒的なことばの段階のものである。動物を隔離して育てても、巧みに巣を造る、敵と闘う、求愛する、といった複雑な行動をやってのける。「生まれつき」だという点でも、動物の「ことば」は人間のことばとは異なる〔強調は引用者〕。

隔離して孵化させた魚や鳥が、造巣、闘い、求愛などに関して、その種に特徴的な行動パターンを示すという観察は膨大に積み重ねられているので、〈動物が示す種特異的な行動パターンは生得的である〉という中心教義は立証されたとみてよいだろう。そのことはべつとして、行動学の創設者が記した右の言説と向かいあうとき、

365　第三章第二節で記述されたように、牧畜民のウシたちの数個体が歩きだすと、他の個体たちも追随するというのは、志向運動のみごとな例である。

366　クマー、ハンス　一九七八（水原洋城訳）『霊長類の社会——サルの集団生活と生態的適応』（現代教養文庫）社会思想社。

すでにこの時点で死命は決せられていたとさえ言いたくなる。動物に鋭利な観察のまなざしを向けた天才が、探究の端緒において、すでに人／動物のあいだの分割線を揺るがしがたく固定化していた。「動物には予見や洞察が欠如している」という右の主張に対する経験的な観察からの反証がひとつある。アフリカ大陸に広く分布するベルベットモンキーは天敵の種類に応じて警声を使いわけることで有名だが、ここには明らかに「観衆効果」が働いており、周囲に群れの個体がいないときは、たとえヒョウに追われても沈黙したままだという[367]。

だが、経験的な証拠の突きあわせよりも本質的な水準で、この分割線の固定化を批判しなければならない。動物のふるまいは「ことば」の不完全な「段階」などではない。ことばを用いて交通することと、信号系に交通をゆだねることとは、個別的な力能や知性の問題ではなく、環境世界に内属する実存のそれぞれに独特な存在仕方の問題である。動物の「ことば」を人の「情動言語」と類比するという発想は、人にとって言語がもつ意味をも矮小化する。「理性的なことば」が言語の核であり「情動言語」はそれへの寄生体であるという考えかたは、〈言語行為論〉以前の命題中心的な言語観に立脚している。〈命題を陳述することも感情的な行為である〉という主張を拙著で展開したので、再論は避ける[368]。

ⓖ**転移活動**：「誇示」(display) の一般的な原則は、派手な色彩をもつ身体部位が使われる場合にははっきりその部位が見えるような姿勢をとることである。魚は正面に向かって威嚇するときは鰓蓋をひろげ、側面にむかって誇示するときにはすべての鰭を立てる。さらに、威嚇が生じる場合をよく調べると、もっとも重要な論理が浮かびあがる。

> ちょうど自分のなわばりの境界で侵入者に出会ったなわばり所有者は、同時に攻撃と逃避の双方の衝動を刺激されることになる。これによって「緊張」(tension) すなわち二つの相拮抗する衝動による強い興奮が生じ、いわゆる「転移活動」(displacement activity) が現われ、抑えられた衝動が吐け口《ママ》を見出すのである。〔強調は原文〕

さまざまな転位行動の例――ホシムクドリやツルは嘴で羽毛を整える《プリーン》。シジュウカラは採餌行動を始めるし、水鳥には眠った姿勢をする種さえいる〔セグロカモメの「草引き」（転移性造巣）、ソリハシセイタカシギおよびミヤコドリの転移性睡眠、ニワトリの転移性採餌が図示されている〕[369]。転移活動は、緊張度のきわめて高いときにだけ現われる。求愛動作も緊張状態で起こるが、根底にある性衝動がいろいろな条件によって妨げられることが原因である。相手からの信号がなかなかこなければ、信号で誘発されるべき連鎖反応のなかの次の反応は起こりえない。性衝動を激しく昂められながらそれを抑制された結果、転移活動が起こる。イトヨの雄が雌に巣の入り口を指し示す運動は雌が巣に入るのを待つあいだに起きるし、産卵を誘発する揺すりの運動は卵の排出を待つあいだに現われる。どちらも、転移活動によって〈水あおり〉行動の一部が発現しているのである。

前項(f)での批判とは独立に、〈転移活動〉という概念の独創性に驚かされる。〈転移活動〉こそが、動物行動の謎を説明するために提起されたもっとも核心的な思想であるといっても過言ではない。だが、それは気がかりな既視感を与える。神経系を電気回路の隠喩で捉える思考様式に仮託すれば、あたかも動物の神経回路に「過負荷」が与えられて「ショート」し、電流がべつの回路に流れこんでしまったかのようだ。逆に、民俗知のがわに寄り添って言いなおせば、〈転移活動〉とは要するに「狸寝入り」の合理的な説明である。

NK――ヤマアラシは愚かもので、おれたちに捕えられそうになってあやうく逃げのびても、すぐそのことを忘れて木蔭でぐっすり眠ってしまう。だから、たやすく追いついて殺すことができる。おまえは、おれの息子たちから教わったグイ語の新しいことばを翌日には忘れてしまうから、「スガワラはヤマアラシの心臓を喰った」

367 菅原和孝『感情の猿＝人』九〇頁。
368 同書、第八章。
369 ティンベルヘン、前掲書、一〇四頁。

といつもバカにされていたじゃないか。この白人の年長者に言わせると、べつに愚かなわけじゃなくて、あまりにも恐ろしい目にあったから、たくさんの怖さが激しい水の流れみたいに砂を掘り返して、眠りという窪みに流れこんだってわけだな。この話はおれを笑わせる。けれどやっぱりわけがわからん。ヤマアラシが〈咬むもの〉に襲われるたびに寝てしまうんだったら、この砂に棲むすべてのヤマアラシは、とっくの昔に喰い尽くされて、いなくなってしまったことだろう。あのものすごい棘があるから、眠っても平気なのかな。あの棘に刺されないようにやつをひっくりかえして、柔らかい腹に槍を突き立てるのは、おれたち人間だけなのかな。

ＮＫの不審をひきとって論じなおそう。〈転移性〉の身繕いも、造巣も、採餌も、睡眠も、要するに、主体が直面している文脈（たとえばなわばり防衛）において〈関連性に欠ける〉ふるまいをすることにほかならない。それに付随するであろう生存の不利益を免れて、なぜ〈非関連的な〉活動が固定しえたのだろう。もうひとつ、右の「過負荷による回路のショート」という隠喩は、ユクスキュルが追求した「興奮の水力学モデル」〔第二章第二節参照〕と非常によく似ている。だが、ユクスキュルにとって「興奮を流体と比較して説明する」ことは客観的真理をめざす企てではなく、「秩序の呈示」にすぎなかった。だが、ローレンツやティンベルヘンは、「衝動の水力学モデル」を客観的な実在を写像する映写幕のごとく提案している。行動学の心臓部に位置するもうひとつの鍵概念に目を向けよう。

(h)儀礼化[370]：トマス・ハクスリーの孫であるジュリアン・ハクスリー（一八八七〜一九七五）はローレンツの師であり友人であった。儀礼化ということばが初めて用いられたのは、ハクスリーのカンムリカイツブリの研究においてである。儀礼化とは、「ある動作様式が、系統発生の過程をたどるうちに、もともとあった本来の機能を失って、単に「象徴的な」儀礼になる」過程のことである〔強調は引用者〕。〈儀礼化〉こそ、ローレンツが有名な著作『攻撃』のなかで展開したもっとも重要な概念である。だが、ローレンツの記述は体系的でないばかりか、ときに錯綜しているので、ガンカモ類の雌がつがいのなわばりに侵入した他の同種個体に対して行なう威嚇行動に限定して整理しなおす。以下「雌」「雄」はなわばりの占有者だけを意味し、「敵」はそこへの侵入者のことである。①ヨーロッパのツクシガモでは、儀礼化によって固定している行動要素はほとんどない。雌は〈頭を低く突きだして敵に突進し頭をあげて雄のほうへ戻る〉。②アカツクシガモでは雌は(a)〈雄と並んで前方へ向かって敵を威嚇する〉、(b)〈雄の周囲を廻りながら、敵の方向へ頭を向けて威嚇する〉、(c)〈胸を雄のほうへ向け、肩越しに背後へむかって敵を威嚇する〉という三とおりのパターンが出現する。③ヨーロッパのマガモ（アヒルの祖先種）では、雌の敵への威嚇は右の(c)のパターンに固定している。④アカハシジロガモ（海棲）では雌は〈頭を肩越しに背後へ突きだす動作〉と〈頭を雄に向ける動作〉とを交互に行なう。⑤メジロガモ（海棲）では、雌は〈威嚇しながら敵に向かって泳ぎ、顎をあげながら雄のもとへ戻る〉。⑥ホウジロガモ（海棲）では、敵の現前にかかわりなく、雌は〈雄の背後から首と頭を右後方と左後方へ規則的にかわるがわる伸ばす〉。——こうした雌の行動はひとくくりに「敵の」「駆り立て」とよばれるが、雄がこれに促されて侵入者を攻撃することはほとんどない。つがい形成前のマガモでは「駆り立て」は求愛を意味する。雌の申しこみを雄が受け入れると、彼は〈顎をあげ頭を雌から逸らしながら早いリズムで「レープレープ、レープレープ」と鳴く〉。水上では〈嘴を濡らして羽を整える《プリーン》〉動作によって求愛に応える。

つぎのような展成系列が想定される。（Ⅰ）「駆り立て」の儀礼化が起きていない段階：①ツクシガモ。（Ⅱ）儀礼化が完全には固定していない段階：②アカツクシガモでは実際の威嚇と儀礼化された「駆り立て」とが混在する。③マガモでは、つがい形成前ならば「駆り立て」は雌の求愛行動として機能する。（Ⅲ）海ガモ類では「駆り立て」

370　ローレンツ、コンラート　一九七〇（日高敏隆・久保和彦訳）『攻撃——悪の自然誌』みすず書房、九二〜一〇六頁。英語の ritualisation はわが国の行動学の邦訳書では「儀式化」と訳されるのが通例だが、文化人類学では ritual は「儀礼」と訳されるので、〈儀礼化〉と訳すほうが正確であろう。「儀式」に対応する英語は ceremony であり、多くの場合、プログラムが定まった式典をさすが、両者の使いわけは英語の書き手においても必ずしも厳密ではない。次項のゴッフマンは、ceremony と ritual を同じような意味で用いる。

が雄を実際に敵にけしかける可能性は皆無になり、雌雄間の親愛を示す信号としてのみ機能する。

何よりも重要なローレンツの本質直観は、生存(生殖)の必要性では説明できない、ある過剰な成分が行動のなかにまじりこんでいるということだった。このような直観は、人における交働社会学の泰斗、ゴッフマンにも共有されていたものである。[371]

――交働を規制するルールは実体的／儀式的の二種に区別される。前者は、それ自体が価値をおびている事柄に関わる行為を規制する。たとえば〈財産の私有〉は「人の所有物を盗んではならない」という法的ルールで守られる。「男は自分から女に握手を求めてはならない」という規制は儀式的ルールである。[372]「人混みでは親は子と手をつなげ」という指令と比較すれば、このことは明らかだ。迷子になるのを防ぐことは、その子の安全を守るそれ自体価値をおびた行為である。だが、握手に関わるルールは、慣習的な交通可能性を規制するルールとして設定されている。

なわばり防衛と結びついた雌雄の生殖はそれ自体が重要なことであるのに対して、敵への実際の攻撃に結びつかない「駆り立て」は、雌雄間の交通にとって意味をもつのである。儀礼化という概念のなかにこそ、動物の交通のなかに〈象徴性〉が現成する可能性がやどっているのだろうか。実際、予備校生のとき中学からの友人が貸してくれた河合雅雄の『ニホンザルの生態』を読んだとき、わたしは雄どうしのマウンティングの解説に深い印象をうけた。「動物にも象徴があるんだ!」のちになって、マウンティングの〈象徴性〉というアイデアの源もまたローレンツにあることを知った。

社会的な服従を表現する動作が、交尾を望む雌の行動から発達したという例は、サル、とくにキイロヒヒに見られる。[…]この動作は[…]もう性別や性的動因とはほとんど関係がなくなっている。この動作は、儀式を行なっているヒヒが、その儀式のむけられた相手は自分より順位が高いと認めていることを示すにすぎない。[…]だからこの種のサルでは、「わたしはあなたの雌です」というのと、「わたしはあなたの奴隷です」という両方の意味がかなり近いのだということがわかる。この奇妙な象徴的身振りがこのような由来をもつことは、動作の形に現われているばかりでなく、その身振りを相手が認めるやり方にも現われている。[373]〔強調は引用者〕

だからこそ、本屋で買える希有な学術雑誌『季刊 人類学』に掲載された、水原洋城の「馬のり論序説」は衝撃的であった。[374] 水原は、劣位な雄が見せる性交時の雌と類似した姿勢が、雌のごとき服従を「象徴している」という考えかたを、横溝正史がよくもちだしたような、凡庸な「因縁話」として嘲笑った。この今なお生鮮性を失わない記憶を土台にして、ローレンツが儀礼化をどのように捉えていたかを、見つめなおしてみよう。

〔……〕ツクシガモでは、「まだ」、自分の雄のもとへの逃走と敵に向かう攻撃とは、十分に説明がつく。マガモの場合にも明らかにそれと同じ動機が働いているけれども、その動機の命じる動作様式の上には、それとは独立の新しい動作様式が積み重なっている。全体の過程を分析するのを非常にむずかしくしているのは、さまざまのもつれ合いがあるからで、もつれ合うのは、「儀式化」によって新しく生じた本能的動作が、もともと別の動機によって引き起こされる動作様式の遺伝的に固定化された模写だからなのだ。[375]〔強調は引用者〕

371 Goffman, Erving 1967 *Interaction Ritual: Essays on face-to-face behavior*. New York: Anchor Books, pp. 53-54. ゴッフマン、アーヴィング 一九八六（広瀬英彦・安江孝司訳）『儀礼としての相互行為——対面行動の社会学』法政大学出版局、二九－三〇頁。菅原和孝『身体の人類学』河出書房新社、一二二頁。

372 ただし、英米では、女性の社会進出が進むにつれて、このエチケットは古くさいものになった。デボラ・シフリンはフェミニズムの観点から、この一見女性を保護するように見える作法にひそむ抑圧を分析した。Schiffrin, Debora 1974 Handwork as Ceremony: The case of the handshake. *Semiotica* 12:189-202.

373 ローレンツ『攻撃』一九四頁。

374 水原洋城 一九七一「馬のり論序説」『季刊 人類学』二（四）：六三－八五。

375 ローレンツ『攻撃』九六－九七頁。

ローレンツは、ガンカモ類の種間比較によって、行動が複雑な差異と類似性のモザイク状パターンをなして現出することに気づいたのだろう。系統発生にしたがった行動要素の置換と改変が起きているのではないか、という着想が彼をとらえた。だが、経験主義的な合理性のレベルで、以下の二つの疑問から目を背けることができない。(イ)この仮説を立証するためには、行動とは独立に、形態学・解剖学・古生物学の知見を動員してガンカモ類の種分化の過程を確定しなければならない。行動パターンの類似性を「共有された派生形質」とみなして分岐分類法を適用することは、循環論法だから禁じ手である。(ロ)「遺伝的に固定化された模写」という概念は神秘的である。「模写」という語は模写をする動作主《エージェント》を含意するからである。ゆえにこれを単なる「複写」と解さなければならない。

具体的なイメージをもつために②のアカツクシガモに似た祖先種からマガモが分化したと仮定する。この祖先種の雌は〈敵を威嚇する〉ことに動機づけられたとき、(a)〈雄と並んで前方の敵に頭を向ける〉、(b)〈雄の周囲を廻りながら敵の方向へ頭を向ける〉、(c)〈胸を雄へ向け肩越しに敵を威嚇する〉という三とおりのパターンを臨機応変に選んでいた。マガモへの種分化の過程で、〈なわばり防衛が(c)を動機づける〉という連結が消失し、〈求愛が(c)の動作パターンだけを動機づける〉という新しい連結が生じた。動機づけと動作を連結する構造に変換が起きたのであり、どこにも「複写」など起きてはいない。

この分析から二つのことがわかる。(イ)「ある動作が本来の機能を失って象徴的な儀礼になる」というハクスリーのもとの定義に誤りに導く罠がひそんでいた。実体的ルールが空洞化して儀礼を生むという因縁話は、〈「儀礼」とは中身のない形式的な慣習である〉という近代的な思想に由来している。何も失われたわけではない。動機づけシステムの全体的変容だけが起きている。(ロ)動機づけ《モティベーション》とは具体的な文脈において志向対象をめざす行動へと主体を促す契機《モメント》であるはずだ。もし衝動という概念を用いるなら、環境世界の認知と衝動とが統合された系として、動機づけを把握すべきである。

第二章の探究の到達点は、行動をある「動機《モティーフ》」（主題）をもったメロディーとして了解するということだった。すると、種間でみられる変異は、メロディーの〈転調〉として把握される。だが、こうした了解の仕方とは逆に、ローレンツの描くガンカモ類の行動は、時間性を欠如させた要素の群塊《クラスター》のようだ。だからこそ、まるで染色体の組み換えのように、分離した要素の「複写」や「置換」が発想されるのである。

二　社会構造をつくる行動——マントヒヒの行動学

やや長い前口上——本節では、マントヒヒ研究に一生を捧げた、スイスの霊長類学者ハンス・クマー（一九三〇〜二〇一三）の著作を吟味する。わたしは一九七二年の前期に京都大学理学部の四回生として伊谷純一郎先生のゼミを受講した。当時、伊谷さんは『霊長類の社会構造』を書き終えたばかりで、その執筆に利用した重要な英語論文を受講生に一篇ずつ担当させた。学期も終わりに近づいた二回目の担当でクマーのマントヒヒに関する論文が、わたしに割りあてられた。それは宿命的な出会いだった。わたしはこの複雑な社会構造をもつサルに魅せられた。伊谷さんもこのゼミを楽しんでいるご様子で、「ゼミの最終日には生ビールを飲ませに連れて行ってやる」と約束してくださった。だが、当日、伊谷さんは授業の冒頭で「息子が木から落ちて網膜剥離を起こしおったから、ビールはとりやめや」とすまなそうにおっしゃった。幸い、ご子息は大事には至らなかったが、幻と化したビア・パーティには今でも心のこりを感じる。クマーについて、伊谷さんが「社会のことがとてもよくわかっている人だ」とコメントをつけたことが印象にのこった。そのクマーを「行動学者」のカテゴリーに括ることには違和感があるが、ウェブ上に掲載されている追悼記事では、彼は「行動学者《エソロジスト》」とよばれている。どだい西欧には「動物社会学」という分野名が存在しない。クマーの思考の特徴は、行動学的なメカニズムと社会構造の生成とを結びつけることだった。

マントヒヒとの出会い――クマーの青春時代

クマーが六五歳で上梓した著作には「ある科学者の旅」という副題がつけられていることからも察せられるように、この本には自伝的な側面がある[376]。生涯の研究テーマであるマントヒヒとは人間にとってどんな存在であったかということから、彼は説き起こす。

――紀元前一三五〇年ごろ、エジプト第一八王朝のアメンホテプ四世の治政において、マントヒヒはトート（トキまたはヒヒの頭をした月の神で、神々の書記役・学問芸術の守護神）の化身と考えられていた。トートは、エジプト壁画では、神の王の隣に席を占め、死者の魂の重さを測っている[377]。秤の頂にはマントヒヒがすわっている。古代エジプトで神聖視されたのとは対照的に、ヨーロッパ中世から近代にかけて、マントヒヒは「色魔」の象徴だった。スイスのある自然史家は、この「犬頭」のサルは、「ヤギのごとく好色で色情狂、あらゆる種類の女を汚そうと試みる」と書いた。

伊谷のゼミで運命の出会いを果たすまえから、マントヒヒは青春時代の「ぼく」にとって特別な動物だった。西欧がこのサルに押しつけた烙印《スティグマ》とみごとに重なるので、慎みに欠けるが、「ぼく」が大学三回生の晩秋に完成させた未刊の小説の一節を引用する。

――ぼくらの目の下の汚らしい藤色のコンクリートの岩山の上で大きな雄のマントヒヒが昔絵本でみた悪魔の細長い鼻のような非現実的なペニスを矮小な雌の尻の中につき入れた〔…〕雄たちはみな太いゴム紐のような赤いペニスを長くしならせて闊歩していた〔…〕ぼくは野蛮な顔を無邪気に昏れの薄い太陽の光に曝してのそのそしている彼等を見降ろしながら何か気のきいた冗談でこの白昼堂々の猥褻さを笑いとばしてしまえぬものかと思案したが〔…〕彼らの中でももっとも雄大な一頭がついにやり始めぼくはまるで何ひとつ知らない幼稚園児のように茫然とサル山を見つづけそして実際自分達二人がつるりとして無性的な幼稚園児に変貌してくれることを痛烈に願った〔…〕[378]

長い歳月を経て読み返し、マントヒヒの雄の姿態が与える強いインパクトが鮮やかに捉えられていることにわれながら感心した（自分ぼめ）。彼らはまさに「狒々親爺」なのである。この種差別偏見はなんの根拠もなく形成されたわけではない。マントヒヒ雄の雌に対する強烈な愛着こそ、このハレム型社会の根幹を支える基本的な志向性だからである。

クマーはマントヒヒをキイロヒヒの亜種（*Papio cynocephalus hamadryas*）として位置づけている。シノセファルスは「犬の頭」を意味するが、ハマドリアスとはギリシャ神話に登場する森のニンフだそうだ。基本的な事項として、妊娠期間は六ヶ月、幼児は一四ヶ月で離乳、雌は二二ヶ月ごとに出産する。

――私〔クマー〕は子どものときから動物が好きでドリトル先生のシリーズに夢中だった。チューリッヒ大学では動物学を専攻した。一九五五年の初夏に、二五歳の私を指導教授のヘディガーがチューリッヒ動物園に連れて行ってくれた。ヘディガーはいろんな動物の前で、さまざまな研究上のアイデアを語ってくれたが、食肉類の獣舎の隣にあった岩山のサルたちの前でたちどまった。「あそこではぼくたちが思いもつかないおもしろいことが起こっているにちがいないよ。」丸みをおびて四角ばった鼻づら、くすんだ毛、赤い尻――さっぱり魅力的ではなかったが、その後何度もそのサル山を訪れるうちに惹きつけられた。最初の研究はこのヒヒの山で始まった。おとな雄はリーダーのパシャ一頭だけで、四頭のオトナ雌がハレムのメンバーだった。三頭の青年雄はすでに性成熟に達していた。三頭の子ども雌、二頭の子ども雄、二頭の当歳雌を合わせ計一五頭の集団だった。この集団の観察から、基本的な行動要素目録《エソグラム》を完成させた。四頭の雌にとって、パシャに毛づくろいすることは、こよない特権であり喜びだった。彼女たちが集まって横たわったパシャのマントをせっせと毛づくろいするシーンは「マント・カルト」の様相を呈した。未成熟の雌は、マントへの毛づくろいをする勇気がなく、パシャの後ろからそのシッポの先の総毛を遠慮ぶかくいじった。

376 Kummer, Hans 1995 *In Quest of the Sacred Baboon: A Scientist's Journey*. Princeton: Princeton University Press.
377 だが、ジャッカルの頭部をもつ古代エジプトの死の神アヌビスもまた、死者の心臓を量るための秤をもっている。もちろんこれがアヌビスヒヒという種名の由来である。
378 『棲息地』と題するこの作品は数百枚のレポート用紙に万年筆でびっしり書かれたものである。執筆時の筆名は鳥羽鷹尾であった。文体は、当時、傾倒していた大江健三郎とウィリアム・フォークナーの影響を露骨にうけている。句読点をつかっていないのはフォークナーの模倣。

一九五七年から五九年にかけて私は、学位論文のために実験室にこもってショウジョウバエの生理的学的な研究をしていた。飼育員のレームは早く白衣をぬいで動物園にくるようせっついた。私は動物圏に戻り、このときの観察をもとに処女論文を公にした。パシャの優位は衰えていた。マントと鬣《たてがみ》の毛は抜け落ち、大きな頭だけが目立った。一九五八年一二月、ハレムのなかの劣位の雌二頭が、成熟に達していた雄ユリシーズとナハに奪いさられたが、パシャは無傷だった。

一九五七年にフライブルクで国際行動学会が開かれた。ティンベルヘンもローレンツも出席した。ローレンツは私の「葛藤によって抑制された毛づくろい」「優位な個体への逃走」といった話を多大の興味をもって聞いてくれた。彼の手がテーブルの上で、若い雌がリーダーをおそるおそる一本の指でさわる様子をまねているのに気づいた。彼ほど熱心な聴衆を後にも先にも見たことがない。ヘディガー教授は私をフライブルクのレストランに誘ってくれた。私たちは両方ともいくぶんシャイだったから、ヘディガーがそれまで聞いたこともなかったアフリカでの経験を話してくれたのは、ワインのせいだったのだろう。私も酔いが手伝ってぶしつけな質問を発した。「どうしたらアフリカへ行けるんでしょう?」ヘディガーは簡潔に尋ねた。「どこへ行きたい?」私はためらわずに答えた。「アビシニアへ、マントヒヒのところへ!」この瞬間から、事態はあれよあれよという間に進んだ。

私はすでに結婚していた。妻も一緒にエチオピアへ行くつもりだったが、出発の半年前に生まれた娘のためにこの計画はご破算になった。ある夜、私と若い動物学の学生クルトは、チューリッヒで働いているアムハラ〔当時のエチオピアの支配民族〕の眼科医と歓談した。調査計画を聞いた彼は、その地域に住むアファル遊牧民が敵の性器を切断する風習があるという話をした。クルトも私も帰り道では沈黙していた。私は、苦労を重ねた末に、出発の一週間前に車の免許を取得した。

クマーの青春とわたしのそれとのあいだには不思議なまでの符合がある。指導教授の河合先生はアファルの性器切断の話をたっぷりして、わたしを怯えさせた。わたしは出発の二ヶ月前に結婚し、出発一ヶ月前に艱難辛苦の末に運転免許証を手に入れた。二度目のエチオピアには妻も同行すると決めていたが、妊娠のために計画は水泡に帰した。わたしが初めてエチオピアの地を踏んだのはクマーの初渡航から一五年ものちのことだったが。――当時は、今と違って、調査の基金をとるために何十頁もの申請書を作製する必要はなかった。私〔クマー〕の場合、科学財団にわずか四頁の申請書を書き、すんなり通った。一九六〇年十月二五日、中古ジープともども乗船しナポリから出港した。紅海を航行してエチオピア北端近くの港町マッサワへ入港した。一一月二一日アジスアベバに到着。アジスアベバとディレダワを結ぶ鉄道沿いの地域で調査地の物色を続け、最終的に調査拠点が決まったのは年が明けてからだった。ディレダワから西に四二キロメートル離れたエレルの町周辺の岩山や崖が観察場所になった。ここから一六〇キロメートル北上したところにハダールという地点がある。一四年後そこで、ルーシーの愛称で知られるアウストラロピテクス・アファレンシスの化石が発見された[379]。

マントヒヒのフィールドを確立するまでにクマーが乗り超えねばならなかった数々の困難は省略する。あらかじめ注意しておくことが三点ある。①彼はエレルのトゥループではおもに非介入的な自然誌的観察に徹し、その後わたしの調査地になったアワシュ国立公園を野外実験の拠点とした。②以下に登場するスイス人研究者たちはすべてクマーの指導をうけた弟子たちである。③クマーはマントヒヒの社会構造を初めて明らかにした記念碑的なモノグラフにおいて、一頭の雄が数頭の雌を所有する単位を「単雄ユニット」(one-male unit) とよんだ[380]。だが、この熟年の著作では、「ハレム」だけでなく「家族」「婚姻」「妻」といった擬人的な用語が使われているので、後者の用語法を踏襲する。

雄と雌の絆[381]

マントヒヒのハレムが維持される行動的メカニズムを復習しよう。雄は自分が所有しようとする雌に繰り返し

379 ジョハンソン、ドナルド・C.+エディ、マイトランド・A. 一九八六(渡辺毅訳)『ルーシー――謎の女性と人類の進化』どうぶつ社。
380 Kummer, Hans 1968 *Social Organization of Hamadryas Baboons: A Field Study*. Basel: Karger.

攻撃をしかけるが、もっとも顕著な行動は〈首咬み《ネック・バイト》〉という儀礼化された攻撃である。雄のこの行動パターンの複合体は〈かり集め技術《ハーディング・テクニック》〉とよばれる。雌は雄の近傍にとどまれば攻撃されないことを速やかに学習する。これをクマーは「攻撃者へ向けての逃走」（攻撃者から離れさるはずの逃避反応が転倒したパターン）だとみなした。

――われわれ〔クマーら〕は、アヌビスヒヒの雌も〈かり集め〉を受ければ近接を学習するようになる、という仮説を立証するために、アワシュ滝の上流に棲むアヌビスヒヒの群れから捕獲した雌を、下流のマントヒヒのバンド内に放つ「移植実験」を行なった。統制実験に用いたマントヒヒの雌はすぐハレムの一員になったが、アヌビス雌の抵抗は強かった。彼女たちも、攻撃者のそばにとどまることによって威嚇や〈首咬み〉を避けるという困難な課題をマスターしたのだが、長期的にそれを持続する動機づけは低かった。いくら〈かり集め〉ても雌がどこかへ行ってしまうので、ついにあきらめる雄もいた。こうした雌はトゥループの周辺に置き去りにされ、すぐに捕食者の餌食になっただろう。この実験に今でも私〔クマー〕は罪悪感をおぼえる。サバンナヒヒの社会からハレムが展成する過程で雌がはぐれることは珍しくなかったろうと考えることでみずからを慰めた。

　この本の最大の驚きは、青年時代にわたしが親しんだ毅然とした論理構成に較べて、クマーの思考がずっと陰翳に富んでいることだ。移植実験の記録映画（霊長類研究所でも上映会が開催された）では、「アヌビスヒヒの雌も容易に〈かり集め〉に従う」ことが強調されていた。つぎの分析も、加齢を経てクマーが身につけた慎重さを示している。

――マントヒヒにおける婚姻の絆は雄の雌への所有的な愛着の持続を基礎にして展成したことは明白なようにみえる。だが、われわれはこの点で慎重であらねばならない。展成とは遺伝的物質の変化である。絆が展成したのならば、雄のマントヒヒの所有傾向もまた遺伝したのでなければならない。だが、今のところ、われわれはマントヒヒの婚姻的な交働は単なる習慣ではないのか、サバンナヒヒの遺伝子型が維持されたまま、世代ごとに環境によって誘導される改変《モディフィケーション》ではないのか、ということを確言できない〔強調は引用者〕。アワシュの雑種圏は雄の所有が遺伝なのか習慣なのかを見きわめる貴重な手がかりである。マントヒヒが今でもサバンナヒヒと同じ遺伝的性向をもっているのならば、若雄は周囲の成雄の行動を模写することによって彼の雌への態度を獲得するのかもしれない。その場合には、二つの亜種の行動はあたかも慣習のように両方の側から雑種圏域に広まり、中間地帯で平衡のとれた混合がみられるだろう。だが、ハンスエリ・ミュラーはこの説明に反駁した。それぞれの雑種集団は多様な外見をもった雄たちによって構成され、ある個体は純粋なアヌビスの外観を、べつの個体は純粋なマントヒヒの外観をもち、他の個体は中間的である。雄は彼自身の身体的な形質（もちろんそれは遺伝によってのみ決まる）と一致したふるまいを見せた。菅原は、アワシュにおける徹底した研究から、これらの結果を確証し識別した。たとえば、純粋なマントヒヒに形態的に近い雄ほどアヌビス的な雄よりも多くの雌を所有していることを示した[382]。

右の引用からは思考の公平さが感じとれる。マントヒヒ雄の〈かり集め〉を生得的なプログラムだと断定すれば、展成の議論はずっとたやすくなるはずなのに、彼はそれが〈習慣〉として伝承される可能性をぎりぎりまで捨て去らなかったのである。

遺伝的システムと充足システム[383]

前節でわたしは儀礼化の本質を〈生存（生殖）の必要性では説明できない過剰な成分の混淆〉として把握しようとした。クマーのつぎの思考はこの定式化と共鳴しあう。

――種の遺伝的システムについてもっとも印象的なことは、それが高い融通性をもって働くということである。このシス

381　Kummer, *op. cit.* (1995), pp. 120-123.
382　わたしは雑種ヒヒについて二つの英語論文を公にしているが、クマーが引用しているのは、最後に刊行されたものである。Sugawara, Kazuyoshi 1988 Ethological Study of the Social Behavior of Hybrid Baboons between *Papio anubis* and *P. hamadryas* in Free-ranging Groups. *Primates* 29 (4): 429-448.
383　Kummer, *op. cit.* (1995), pp. 137-143.

テムは単に有機体の体制と行動をつくる厳格なプログラムなのではない。それは発達を制御するさまざまなプログラムを始動させ、特定の環境に対して適応的な形質を形成するよう有機体を方向づける。マントヒヒは高山の寒冷では厚いマントを発達させ、暑い海岸ではまばらな毛をもつ。生物学者はこうした変異を「改変」(modification) とよぶ。あらゆる改変が適応的とはかぎらないが、体毛の生長にかかわる改変が適応的であることは確かだ。だが、もっとも謎めいた設問がのこっている。なぜ社会行動はこんなに〈華麗になる〉(luxuriate) のだろう。これもまた適応的改変なのだろうか。それとも遺伝的システムから解放された〈自由な戯れ〉なのだろうか。

チューリッヒ動物園で見られた社会的に精密化した行動(マント・カルトや尾をたがいの体に巻きつけ並んで歩くこと)には、なんの適応価も認められない。〈自由な戯れ〉について考えるために、動物の戦略を評価する二つの基準を提案する。第一が、遺伝子の生存価であり、展成の一般的な基準である。第二が、個体にとっての充足価 (gratification value) である。二つの選択肢が許されるとき、動物が一方を選好するよう仕向けるものは何か。どんな行動形態やその直接的な帰結が報酬となり探索のゴールになりうるのか。人為的に環境を変異させたアワシュでの多くの実験から、ヒヒは彼らの行動を充足価に基づいて選択することを示唆する結果が得られた。もしも、短期的な充足価が長期的な生存価の信頼しうる指示器であるとしたら、驚くべきことである。おそらく展成的な「探索過程」の当初において充足は高い損失に結びついたが、この損失を上まわる利得をもたらす途が拓かれたのだろう。その過程を理解する手がかりは〈動物園での行動〉から得られる。動物園における自然環境からの特異な疎外は、動物に多くの余暇と余剰エネルギーをもたらした。こうした条件下で高等動物は充足システムと戯れる。充足システムの基軸は、最適量の新奇性への欲求である。動物でも人でも、この欲求は、好奇心を満たす行動、すなわち〈探査〉において全的に充たされる。しかも、それは野生状態で生存価をもたらしうる。英国の小鳥たちは牛乳瓶の蓋を開けることをおぼえた。チューリッヒ動物園では、セメントで固めた放飼場の地面にはしる罅割れをつつくことにヒヒたちは長い時間を費やす。成雄たちは二〇パーセントもの時間をこれに費やす。エレルの休眠場の崖では罅割れつつきをするのは幼子だけであり、それもわずか三パーセントの時間にすぎない。動物園では、若雄ユリシーズは注意をかたむけて平たい石をころがし、それをぽんとひっくりかえした。動物園のヒヒだけがシッポの総《ふさ》を水にひたしその水をしゃぶる。これも探査の過程で偶然に発見した行動だろう。〈自由な戯れの解放的な発達〉の仮説には説得力があると私は思う。充足システムは新奇さと精密化を追求する。これは文化へと向かう傾向の成分ではなかろうか。

クマーはもはや固定的な本能説の信奉者ではない。充足システムの思想はほとんど夢想的であり、クマーが自認するほどの説得力はもたないのかもしれない。ペシミスティックな観察者ならば、鋳割れ探査は拘禁による常動反応にすぎないと断じるだろう。だが、動物の行動を機械的反応ときめつけることよりも、「戯れ」「解放」「文化へ向かう傾向の成分」として了解することのほうが何倍も豊かな知性の行使だとわたしは直観する。

トゥループ間の抗争[384]

マントヒヒでは、バンドという基本社会単位《ベイシック・ソシアル・ユニット》（伊谷の用語）が集まって休眠集団トゥループを形成するというのは、この社会の重層性を確証する重要な特徴である。

――クマーの中心的な観察拠点は、エレルの鉄道駅から一〇キロほど東のコーン・ロックと名づけられた独立した岩山であった。もっとも集中的に観察したバンドIの行動域は、およそ二八平方キロでそのなかにコーン・ロック以外に五つの休眠崖があった。西から順にエレル・ロック、ラヴィーン〔峡谷〕・ロック、スティンク〔悪臭〕・ロック、レッド・ロック、ホワイト・ロックである。この遊動域内に七つの他のバンドが棲んでいたから、ときに休眠崖はバンドどうしが敵対する場になった。バンドの敵対の詳しい記述は東端のホワイト・ロックでの観察から得られた。このときクマーたちはレッド・ロック・トゥループを追跡していて、レッド・ロックに向かうつもりだったのだが、分派がホワイト・ロックに向

384 *ibid.*, pp. 150–152.

かったので、そっちへ行った。五時三〇分に到着したときには、小さな崖はヒヒたちでごったがえしていた。突然、二頭の雄のあいだで闘いが始まり、バンドの雄たちが整列して、敵対するバンドの雄たちと向かいあった。この夕刻は四つのバンド（三〇頭〜九〇頭）がホワイト・ロックに集まったが、そのうちの一バンドが他のバンドにとって疎遠な集団だったようだ。足かけ五年の観察期間中にクマーたちは十数回この種の闘いを観察した（平均で休眠日数の二パーセント）。どのバンドも、見知ったバンドが集まる休眠場に帰ろうとするのだが、帰りつくよりも早く日が暮れてしまうことがあり、疎遠なトゥループによって占有されている到達可能な崖で泊まらざるをえなくなる。闘いのたびごとに深傷を負った個体がいないか探したが、いつも発見できなかった。バンド間の闘いの観察からわかったことは、トゥループは休眠崖を確保する必要によって形成された烏合の衆ではなく、おたがいをよく知り、十分な信頼をおけるバンドどうしの集まりだということだ。疎遠なバンドと崖を共有する状況下では、闘いは最初バンド内の雄どうしの諍いから始まることがある。だが、一五分もしないうちに、バンドのすべての雄は横並びに整列して他のバンドの雄たちと対峙する。これは「攻撃性の向け換え」として理解できる。

トゥループ構成の日をおっての変動が明示されていないのは、社会学的には大きな不備である。河合が組織した研究チームは、ゲラダヒヒ社会の研究においてこの限界を乗り超えた[385]。ただ、ゲラダヒヒの基本単位集団は単雄ユニット（ハレム）であり、それが集まってハードとよばれる上位集団を形成する。ゲラダヒヒのハードの構成変動の分析からマントヒヒのトゥループの成り立ちを推測することは困難である。

クランの発見[386]

一九七〇年代初めに、クマーはチューリッヒ大学助教授の職を得て、学生たちにマントヒヒ研究を奨励した。その結果、研究チーム第二世代が、エチオピアに赴くことになった。

——コーン・ロックのバンドⅠを一九七二〜七七年の五年にわたって観察し、バンドの個体数を毎年一月にセンサスした。

一九七三年：五九頭、七四年：五一頭、七五年：六六頭、七六年：六七頭、七七年：六九頭〔これはわたしが最初に調査した、アワシュ滝のすぐ下流に遊動域をもつ、アヌビスヒヒの群れを起源とするゴルジ・グループとほぼ同じサイズである〕。若い世代の中心になったのは、最初の調査のころからエレルに住み、多くの住民と友人になっていたジャン＝ジャック・アベグレンだった。彼の妻ヘルガは行動学のトレーニングをうけていた。クランを最初に発見したのはヘルガだった。彼女は、コーン・ロックのいつも同じ場所で夜を過ごす雄たちの外見がよく似ていることに気づいた。崖の右端で休眠する雄たち、ロッソ、ロッシーニ、バブ、ビショップ、ペプシはみんな赤みのつよい顔をし、白い頬髭と明るい灰色のマントをもっていた。ヘルガは彼らを「レッド家」とよんだ。同じバンド内にほかにもたがいによく似た雄たちがいた。おもに顔の色あいから私たちは彼らをそれぞれ「ブラウン家」「ヴァイオレット家」とよんだ。

クランとはひとつのハレムおよびそれに追随する独身雄たちの集合体であり、バンドとハレムの中間層をなす。同一クランの雄どうしは、チチームスコ、アニーオトウト、オジーオイといった血縁関係で結ばれている。クランの発見こそサバンナヒヒに関する従来の知識からの決定的な飛躍だった。旧世界のオナガザル上科では、雄が出自集団を出て別の集団に移入することが知られていたが、バンドⅠでは、雄たちは終生とどまるようだった。近親交配を回避するためには、雌が移出しなければならないはずだ。

——長期観察した五年半のあいだに、最初からバンドⅠにいた成雌一九頭のうち九頭が別のクランへ、あるいはコーン・ロック・トゥループ内の別のバンドへ移出した。姿を消した雌が四頭いたが、彼女たちは死亡したと推測される。最初からいた八頭の雄のうち二頭は姿を消しが、のこり六頭はずっと同じクランにいた。消失した二頭が長距離を移動してべつのバンドに入りこんだとしたら、それを確かめるすべはない。だが、もし雄の遠隔バンドへの移入が規則的に起きているのなら、バンドⅠのクランでも新参雄が観察されるはずである。五年半で現われた雄が二頭いたが、比較的老齢の独り者

385 Kawai, Masao (ed.), 1979 *Ecological and Sociological Studies of Gelada Baboons.* Basel/ Tokyo: Karger and Kodansha.
386 Kummer, *op. cit.* (1995), pp. 154-163.

だった。雌をすべて奪い去られ、流浪する身になったのであろう。

コーン・ロックの子ども雄たちは、ときに他のバンドに入りこみ、そこの子ども雄と喜々として遊ぶことがある。継続調査期間中に、全部で一三頭の子ども雄または若雄が別のバンドと行動を共にするのが観察された。うち四頭は数週間から数ヶ月にわたって戻ってこなかったが、それは滞在先のバンドがたまたま長期にわたって出自バンドと同じ泊まり場にならなかったせいである。

母親を同じバンド内のべつのクランの雄に誘拐された子ども雄の去就は、クランに対する雄の驚くべき忠誠心を照らす。イシはわずか二歳だったが、父親のそばにとどまり、二頭はしきりと毛づくろいしあった。ヴァイオレット・クランのメイビーは母が誘拐されたとき離乳前の幼子だったから、誘拐した雄が属するレッド・クランで、母と共にほぼ二年を過ごした。約三歳になると彼は母のもとを去り、父と兄弟がいる出自クランに戻った。ほかの霊長類では何よりも強い母子の絆を、マントヒヒの雄どうしの紐帯は上まわるのである。マントヒヒこそは、すべてのマカカ／パピオ属のなかで、唯一、父と息子のあいだの絆を発明した種である。クランの雄どうしの関係はきわめて友好的だ。レッド・クランのロッソとロッシーニの関係はひときわくつろいだものだった。なんの闘いもなく、一方の所有する雌が徐々に他方のハレムに移動したことさえある。一九七五年、ロッシーニには老いが忍びより、クラン仲間である若いバブに一頭の雌を奪われた。翌七六年には老衰し、バンドⅣの雄たちにすべての雌を奪いさられた。だが、彼の完全な凋落のあと、バブは昨年自分が奪った雌が、目の前でロッシーニを毛づくろいすることを黙認した。

雄どうしの抑制[387]

フィールドワーカーならばだれでも憧れる瞬間がある。いろんな気がかりが組み合わさって謎が一気に解け「エウレカ！」と叫ぶ瞬間である。拙著で書いたとおり、グイのフィールドでそんなにも劇的な霊感がわたしにおとずれたことはなかった[388]。だが、クマーはその希有な体験をしている。本書中の白眉なので、詳しく追跡する。

——まず、さまざまなヒントが無意識の裡に堆積されてゆく長い時間経過がある……。野生状態のマントヒヒで、雄間の順位に感づく機会はまったくない。人為的に多くの餌をかためて置けば、たしかに採餌優先順位を推定することはできる。だが、W・ゲッツはこの順位とハレムのサイズのあいだになんの相関もないことを見いだした。他の霊長類では社会組織の基軸である優劣関係がなぜマントヒヒでは顕在化しないのだろう。つぎのような重要な証拠がある。(1)トウモロコシの粒を山積みにして家族どうしが異常なほど接近するように仕向けると、雌をめぐって闘争が起きる。危険な攻撃性はたしかに雄のあいだに潜伏している。(2)雌はつねに欲望の対象なのに、他の雄に所有されていない雌をめぐって争いが起きることはなく、つねにたった一頭の雄が所有する。(3)移植実験で雌を一頭ずつ数日の間隔をおいて放つと、必ずそれぞれが別々の雄に所有された。ケージに入れたメスを放置しておくと、彼女を訪れる雄は必ず特定の一頭だけだった。その雄と雌のあいだのほとんど目につかない身ぶりの交換が、他のすべての雄を抑制しているかのようだった。

ある夜、キャンプのベッドでこうしたイメージの流れをぼんやり追っていたら、突然「エウレカ！」がおとずれた。——雄の順位にかかわりなく、べつの雄がすでに雌と接触しているのをいったん見てしまうと、雄はそのあとこの雌雄のペアの絆に介入することを完全に抑制される。ただちにクマーはこの仮説を証明する実験を考えつき、それを可能にする資金獲得にのりだした。以下では所有者の雄をP、ライバルの雄をR、雌をfと表記する。

——①実験の舞台はまたもやアワシュである。まず、ハレムの雄を捕獲してからまた放つ、パイロット実験を行なった。この雄が捕獲されて檻の中で動けないのを見きわめるやいなや、すぐに別の雄、一、二頭が、所有されていた雌を〈かり集め〉遠くへ行った。三〇分のちにリーダーを放つと、ただちに奪った雄たちを攻撃し、たやすく取り戻した。だが、一二時間リーダーを閉じこめてからだと、闘いはもっと激しくなり、九試行中四回で、強奪した雄の所有権が維持された。

---

387 *ibid*. pp. 167–181.
388 菅原和孝『語る身体の民族誌』（京都大学学術出版会）viii - ix頁。

②八頭の雄と一五頭の雌を捕獲した。雄のある個体たちは同じトゥループから、べつの個体たちは別のトゥループから選んだ。同じトゥループの雄二頭はおたがいが見える位置にケージを置いて飼う。別のトゥループの雄どうしは実験までおたがいが見えない場所に配置する。

③二本の高いアカシアのあいだに六メートル×九メートルの金網の囲いをつくる。Pとfを囲いに入れ、そのそばにRを小さな檻に入れたまま置き、一五分間放置する。そのあとRを同じ囲いに入れ、一五分間行動を観察する。つぎの実験はやや複雑である。同じ雄どうしでPの役割とRの役割を入れ替えるのである。雌は、実験の全試行を通じて、けっして同じ雄とは出会わせない。

④同じトゥループから来た顔見知りどうしでは、完全に抑制が働いた。実験者を驚かせたのは、Rの特異な行動だった。彼は、P＝fのペアを見ること自体を避け、空を見あげたり、周囲の藪を覗きこんだりした。行動学者が「向け換え」（redirection）とよぶ行動型である。あるR雄はひとさし指で小石を前後に動かした。この行動は「向け換えられた」毛づくろいである。

⑤fがRに尻向けしてもRは顔をそむけたままだった。Rはマントを大げさに掻いたり、自身への毛づくろいに耽ったり、地面を丸く掌で拭いたりした。PはRに対して驚くほど友好的で、数分もすると雌から離れ、親和的な告知行動（notifying behavior）をした[389]。Rはほとんど反応せず、ターンしたPの尻へ向けてかすかな唇鳴《リップ・スマック》らしをしたり、尻に手を伸ばしかけたりするだけだった。

⑥見知らぬ雄どうしでは様子が異なった。一五回の実験のうち四回でRが攻撃をしかけ、うち二回でRがfを奪いとった。また、二回ではPが攻撃をしかけた。だが、この結果には奇妙な側面がある。六回の攻撃のうち四回までは、ステアケース峡谷から捕獲された二頭の雄に向けられたのである。この雄たちは捕獲状況それ自体が異例だった。このトゥループの雄たちは罠の餌にはけっしておびき寄せられなかったので、最終的にクマーたちはケージに入れたメスをおびき餌代わりに使った。だが、こうして捕獲された二頭はひどく神経質で不安げだった。このトゥループの他の雄たちは雌という

誘因につられず、あまりにも不器用な雄だけが惹きつけられたのかもしれない。すなわち、極端に劣位な所有者に直面したときには、ライバルの抑制は解除されると考えられる。

⑦ライバルを抑制する要因は、すでに他の二者のあいだに存在する関係である。その関係から排除されているという経験が、この高度に社会的な実存を、極端な不安に追いやる。この被傷性にさらされるのは雄だけではない。ステアケースから捕獲された「内気な」二頭の雄は実験で出会ったときに、あろうことか雌をそっちのけにして、おたがいどうしの毛づくろいに耽った。そんな無視に慣れていなかった雌はR雄を威嚇したが、なんの注意も払われなかった。排除された雌はついに他のR雄がするのと同じ挙動に行きついた。しばらくじっとすわっていたあと、過剰な関心を周囲に向け、なんの変哲もないものを検査し、最後には空をつくづく見つめたのである。

⑤の分析の末尾に、クマーは感動的なことばをつけ加えている。「野生のマントヒヒの雄たちは平和こそを拠りどころにしている。彼らはおたがいを必要としているのである。」これはまさに『猿＝人』でわたしが提起した「嫉妬の行為空間モデル」と相同である。それでも今なお、Rの「向け換え行動」の詳しい記述を読むことは、魂をゆさぶられる経験である。マントヒヒという「色情狂」を思わせる毛むくじゃらの存在に特別な思いいれをもたないすべての人にとっても、そうであってほしいと願う。わたしが驚いたのは、クマーはこの熟年の著作においては、霊長類学であれほど有名になった「ペア・ゲシュタルト抑制」ということばをまったく使っていないということだった。ゲシュタルト知覚が雄を「本能的」に抑制するという固定的なメカニズムの存在を暗示することを避けたのだと思われる。実際、このフィールド実験を解釈するうえで、われわれは自動反応としての「本能」という概念を必要としない。クマーたちがヒヒを捕獲して連れ帰るとき、二頭の雄を同じ檻に入れざるをえ

389 Kummer, *op. cit.* (1968). 雄がすわっているべつの雄にまっすぐ近づき、面前でくるっとターンして引き返す行動。クマーは、これを「遊動の方向の提案」と解釈した。わたしはこの行動を「ターン」とよび、クマーとはべつの解釈を提示した。Sugawara, *op. cit.* (1988). この議論は菅原『感情の猿＝人』（五九－六六頁）にも詳しい。

なかったことがある。車に揺られているあいだ、この二頭は檻の両隅にへばりつき、たがいから顔をそむけて檻の外を見つめ続けた。ちらっとでも目が合ったら致命的な闘いが始まることを二頭とも知っていたからであろう。

ヒヒの雄の長い犬歯は抜き身の「刀」である。彼らが闘って牙が顔にあたると、すぱっと切れてしまう。わたしの最初の調査で五頭の雌を所有していた純粋マントヒヒに近いロベスは、二回目の調査のときには頬がざっくり裂けていて、餌づけ用のトウモロコシの粒を口に詰めこむとぽろぽろ落ちてしまうありさまだった（それでもちゃんと三頭の雌を所有していたが）。マントヒヒの雄たちを縛っているのは、彼らの全身で把持されている、〈闘うのは危険すぎる〉という〈洞察〉ではなかろうか。熱心に空を見つめ続けるマントヒヒ雄の姿からは、動物的実存を満たす根本的な善良さが立ちのぼってくるかのようだ。

三　動物の「楽園」から

この節で追跡するのもわたしにとって特別な本である。カラハリ砂漠ですさまじい調査を続けた動物学者夫妻が一九八四年に出版した著作は、その四年後に邦訳が刊行された[390]。

——その頃、グイの日常会話分析にのめりこんでいたわたしは、動物学の本を読む意欲を喪失していた。警告を発してくれたのは、チンパンジー研究者・上原重男さんだった。「菅原がぜったい読むべき本だよ。」そう言われて億劫な気持をふりはらって読んだ。そして、これは動物学者が書いたノンフィクションの最高峰だと確信した。わたしは京都大学教養部に赴任した翌年、一九八九年の夏に、長期の海外調査に出かける算段をした。アフリカに出発する研究仲間が複数いたので、理学部の人類進化論研究室が中心になって壮行会をしてくれた。挨拶を求められたわたしはこの本のことを熱く語った。自分がどんなにすごいフィールドに行っているのか初めて知った、と。

本を開くと挿入されたカラー写真にまず目をうばわれる。夫が木蔭にすわって書きものをしているすぐ横に若い雄ライオンがたたずみ、彼のほうを覗きこんでいる。べつの写真では、草の上にあぐらをかいてノートを広げている妻の鼻先に、若いカッショクハイエナが鼻づらを近づけ、挨拶をしている。野生食肉獣と人とのあいだに育まれた驚くべき信頼関係がここにはある。

冒険と艱難辛苦

マーク(一九四四〜)とディーリア(一九四九〜)のオーエンズ夫妻は、ジョージア大学の動物学専攻で出会った。ディーリアは奇しくもわたしと同い年である。二人ともアフリカで食肉類の研究をしたいという夢が抑えがたくなり、博士課程を修了しないうちに旅立つ決心をする。一九七四年一月四日、結婚から一年後のことだった。——かれらの全財産は、寝袋、テント、キャンプ用調理器具、カメラ、そして六〇〇〇米ドルのみだった。ボツワナの首都ハボローネでは、中古のランドローバーに一〇〇〇ランド(一五〇〇米ドル)を投じた。[391] 三月上旬にマウン〔オカヴァンゴ沼沢地観光の拠点として有名な町〕へ旅立った。マウンで準備を整え、中央カラハリ動物保護区内の北にあるディセプション・ヴァレーに向かうことに決める。道中で、草のなかにころがっているドラム缶を見つけ喜んだ。現地の少年たちに道を教えられ、翌日の早朝に南北にのびる口蹄疫の防疫柵にたどりつき、柵沿いに南下した。夜は柵のそばに車を停めて眠り、翌朝さらに進むとついに柵がとぎれ、かすかな轍あとだけをたよりに草原を進んだ。その轍も消え失せ、現在位置はまったくわからなくなった。マウンまで帰るのに必要なガソリン残量を計算し、あと二〇マイルだけ西へ行くことにする。あきらめかけたとき、大きな砂丘の上にでた。眼下になだらかなディセプションの斜面が広がっていた。砂丘をくだり涸れ谷を横切り、アカシカの樹が立ち並ぶ場所を見つけ、そこをキャンプ地に決めた。五月二日のことだ。動物た

390 オーエンズ、マーク+オーエンズ、ディーリア　一九八八(小野さやか・伊藤紀子訳)『カラハリ——アフリカ最後の野生に暮らす』早川書房。章ごとに、マークとディーリアのどちらが書いたかが明記されている。

391 この時代ランドはまだきわめて強い通貨であった。その後その価値はどんどん下落し、現在のレートは一米ドル=一三ランドほどである。

ちはまったく人を怖れない。ここは地上の楽園だ。

六月初めのある日、車の中に一リットルしか水が残っていなかったので、水をつめて大切に保管してあったドラム缶の栓をレンチで緩めようとしたら、手ごたえもなく倒れた。中はからっぽだった。缶の底の目に見えない亀裂が二〇〇リットルの水圧で広がり、水が滲みでていたのだ。もう調査を続けることは無理だ。そこへ救いの神が現われた。ボツワナ国土調査局で働いているバッグホッファー氏（バーギー）がマウンで彼らの冒険を聞きつけ、轍をたどって差し入れをもってきてくれたのだ。その翌朝、きょうこそディセプションとお別れだというとき、バーギーは八人の人夫を伴って大型トラックで現われ、豊富なキャンプ用品と大量の水・ガソリンを提供してくれた。

ディセプション・ヴァレー――欺しの谷。なぜこんな奇妙な名前がついているのか、わたしはこの本を読むまで知らなかった。二〇一三年に初めて訪れるチャンスをつかんだとき不思議に思ったのだが、ディセプション・パンは、周囲では見かけない黒色の土で一面に覆われている〔「パン」とは太古の湖底が丸く平たい草原になった地形で、雨季には露出した岩盤の窪みに水溜まりができる〕[392]。バーギーの説では、パンの黒っぽい色が遠くから見ると水を湛えているように見えるので、ブッシュマンがここを「欺す《カエカレ》」と呼んだという。のちにオーエンズ夫妻は、旱魃の年に、水鳥が湖と間違えてこのパンに舞いおりるのを目撃した。

――七月半ば、野火が東から近づいていた。訪れたバーギーは、三週間の休暇をとってヨハネスバーグの娘一家のもとへ行く、と言いおいて別れをつげた。二週間以上が過ぎた八月初旬の朝、野火は急速に迫ってきた。車の後部バンパーに倒木をロープで縛りつけて引きずり、キャンプの周囲に防火帯をつくろうと躍起になった。雨のようにふりそそぐ火の粉のなかで、いがらっぽい煙に噎せながら、草の茎をつたってキャンプの地面を燃え進む炎を叩き消した。翌朝、真っ黒になった原野を茫然と見つめていると、正午ごろバーギーの大きなトラックが現われた。アフリカ人の一団がおりてきて、心臓麻痺による彼の突然の死をつげる。彼らは国土調査局の備品だからという理由で、バーギーがくれたキャンプ用品を無慈悲にもトラックに積みこんだ。だが、水の入ったドラム缶を渡すことだけは断固として拒絶した。いまや帰りの飛行機代も使い果たし、二〇〇ドルしか残っていなかった。二人とも栄養失調で衰弱していたが、ジャッカルの研究を続けた。九月初めにマウン在住のドイツ人獣医がセスナ機で来訪しご馳走を差し入れてくれた。彼がもってきた手紙の束のなかに『ナショナル・ジオグラフィック』誌からの通知があった。申請していた三八〇〇ドルの補助金採択の知らせだった。これで調査を継続できる見通しがたった。ライオンとハイエナの調査に没頭し、あっという間に一年半が過ぎた。

一九七六年四月六日、バーギーでさえ未踏だったディセプションの南がわを踏査することを決意した。涸れ谷は何本にも枝分かれし、どの支流をたどればよいのかまったくわからない。方角を示す唯一の手がかりは、何年も前に英国空軍が撮影した航空写真を合成し拡大した地図だ。その上に直径五キロメートルにもおよびそうな巨大なパンを見つけた。唯一の陸標である涸れ谷をはずれるのは危険だったが、このパンに集まる動物たちはどうしても見ておきたかった。だが、何時間か進んだが、パンには行き着かない。あらためて航空写真を見つめ、パンだと見えた円形は、カメラの中に入りこんだ小さなゴミが写真の引き伸ばしによって拡大されたものだと気づく。何時間もまぼろしを探して走っていたのだ。失意の帰路、タイア痕はまったく見つからず、完全に迷子になった。貴重なガソリンと水をあまりにも無駄にしてしまった。やっと自分たちの車の轍跡が草の上を走っているのをディーリアが見つけ、迫りくる死の恐怖から脱出できた。帰り道で二頭の雄ライオンを見つけ、サタンとモレナと名づけた。南方踏査への出発からほぼ一週間後にベースキャンプに帰った夜、ディーリアは精力的にハイエナ探しに出かけた。テントで日誌を書いていたマークはサタンの訪問をうけた。ライオンはテントを繋ぎとめているロープに足をひっかけ、テントは揺れ動いた。入り口は蚊帳を張っただけで開けっぱなしだった。サタンのたるんだ腹が目の前に見えた。その腹がひきしまったかと思ったら恐ろしい咆吼が何度も轟いた。

一九七六年五月、補助金をうけてから二〇ヶ月が過ぎ、資金も底をつきかけた。マウン滞在中にディーリアはマラリアを発症した。病みあがりに、マークが郵便局からもってきた手紙で彼女の父が心臓発作でもう六週間も前に他界したことを知った。アフリカの僻地滞在でいちばんつらいのは、肉親の死に立ち会えないことだ。マークも滞在中に祖母と母をなくした。よく援助してくれるサファリ会社から高周波の長距離無線機を借り受けることができた。キャンプに戻ってしばらくするとその無線で連絡が入った。オカヴァンゴ野生生物協会の理事が補助金について相談したいという。ついに今後二年間の研究資金を確保したのだ。余裕ができたので二年半ぶりにアメリカへ帰国した。

一九七六年一〇月ヨハネスバーグへ戻り、中古のランドクルーザーと必需品を大量に買いこんで出発した。一九七七年一〇月には、フランクフルト動物学協会が、セスナ機購入のための補助金申請を採択してくれ、中古機を手に入れた。それからは、麻酔で眠らせ発信器つきの首輪を装着したライオンを空から追跡できるようになり、研究は飛躍的な発展をとげた。

夫妻がもっとも心を痛めたのは、口蹄疫防疫柵が野生動物にもたらす壊滅的な影響だった。乾季に水を求めて北へ大移動するウィルデビーストの大群がクケ・フェンスで行く手を遮られ大量死するのである。この柵の建設は、英国植民地であった一九五〇年代に始まっていた。牛肉はボツワナからＥＣ（現ＥＵ）に大量に輸出され、ダイアモンドにつぐ外貨をボツワナにもたらしている。政府が口蹄疫撲滅に躍起になるのは理解できるが、柵が口蹄疫の蔓延を防ぐうえで有効だとは立証されていない。オーエンズ夫妻によるボツワナ政府への勧告は大きな反響をよび、ボツワナ農業省は動物保護区内で野生動物が利用できる給水設備の開発にのりだした。夫妻は、動物保護を推進できるだけの社会的影響力を自分たちがもつべきではないか、と考えはじめた。ついに、一九八〇年一二月、二人は七年間近く住んだディセプションをあとにし、アメリカで博論執筆に専念し、カリフォルニア大学デイヴィス校に提出した。一九八四年にふたたびカラハリに戻って研究を再開した。

わくわくする逸話は数知れないが、わたしがもっとも楽しんだのは、太鼓の音がするのでてっきり人間が叩いているのだと思って行ってみたら、アフリカオオノガンの雄が首をふくらませて吠えている声だった、という話である。「動物の楽園」をもっともよく象徴するのはキャンプに小鳥たちがパン屑と水を求めて飛来する描写である。

——トキワスズメ、キクスズメ、ハジロアカハラヤブモズ、ケープカラムシクイ、シロハラチャビタキ……。あるときアフリカスズメフクロウがキクスズメを捕らえた。フクロウの爪のなかでキクスズメがもがいているのを、キバシコサイチョウがひったくったが、キクスズメは逃げおおせた。

初めて読んだときには見過ごしていた鳥たちの標準和名が、いまではすべて親しいものになっている。それは、のちに、グイで民族鳥類学の研究に没頭したおかげである。マウンとハンシーをつなぐ道では、今もクケ・フェンスの防疫ゲートを通過しなければならない。消毒水を張った浅い窪みを車で通過したあと、ドライバーは運転席を降り消毒薬のしみこんだマットの上に立ち、靴の裏を殺菌する。

オーエンズ夫妻がディセプションを去ってから二年後にわたしはカラハリの地を初めて踏み、それから三二年間グイの人びとのもとへ通い続けた。そのような人類学者の目からみると、七年間もカラハリの最深部に滞在しながら、かれらがグイとガナの人びとにいっさい関心を向けなかったことは不思議である。再定住地コエンシャケネでグイとガナの社会変容を調査している丸山淳子に、わたしは『カラハリ』はすばらしい本だから読むようにと勧めた。すると彼女は苦い顔をして、「あの人たちこそ野生動物保護に名をかりて住民を保護区から追いだす政策を正当化した張本人でしょう」といった意味のことを述べた。ウェブで調べると、オーエンズ夫妻はザンビアでアフリカゾウの保護活動に従事したのち一九九七年に帰国し、アメリカの野生動物保護に関与しているようだ。The Kalahari Yearsというタイトルのサイトには、「サンが動物保護区内で環境と調和を保った狩猟採集活動を続けることを希望する」いっぽうで「牧畜や農耕を望む人びとは保護区の外側でそれをするべきだ」とも書かれている。[393] これは、小規模な農耕とヤギ飼養を古くから行なっていたグイ／ガナの人びとは出て行け、とい

393　http://www.owens-foundation.org/docs/kalahari2.htm 「サン」とは「ブッシュマン」という通称に含まれる差別的ニュアンスを避けるために使われるようになったコイコイ（近縁の牛牧畜民）のことばだが、これ自体きわめて侮蔑的な意味をもつことが指摘されている。

うに等しい。丸山の批判はあたっているのかもしれない。もちろん「調和を保った狩猟採集活動」うんぬんは単なるリップサービスであろう。自然誌的態度の暗い半身《ダーク・サイド》としての人間への無関心については、次節で再論する。

ハイエナ社会の秘密[394]

オーエンズ夫妻の研究は、行動学〔行動生態学〕に重要な発見をもたらした。中央カラハリに生息するカッシヨクハイエナ〔以下、ハイエナと略称〕は絶滅危惧種で生態と社会は謎につつまれていた。雌ハイエナ、スターとの出会いはとても印象的である。

――真夜中すぎにキャンプに戻ると、ドラム缶のそばにハイエナがいた、私たちには関心をしめさずキャンプ内を嗅ぎまわり、木にぶらさげたタマネギ袋に目をつけると、後脚で立ち上がり網袋のはしを前足でひっぱった。タマネギが落ちて鼻を打ち、ばらばらと地面にふりそそぐと、とびさがった。そのひとつの匂いを嗅ぎ、咬んでみて、頭を振ってくしゃみをした。ヤカンの取っ手をくわえてキャンプを出て、ちょっと先で地面に置き、鼻で蓋をかたかた動かして開けて、水を舐めた。立ち去る前に、足を停めて、私たちをじっと何秒か直視した。額には小さな星形の斑点があった。

ハイエナのマーキング行動、そして個体間の交働に関する精緻な観察にもひきこまれる。

――スターは尾をあげ直腸にある小嚢をめくりだした。丸い突出物二つを草の茎にあてて白い糊状のものを一滴塗りつけると、小嚢をひっこめ歩きだした。嗅いでみるとつんと黴くさい匂いがした。

シャドーという用心深い雌はスターと同じくらいの大きさだ。スターと出会うとシャドーは唇をまくりあげ歯を剝きだした。キイキイ鳴きながら這いつくばってスターの周りをまわる。スターは逆方向にまわる。シャドーはスターの鼻の下をとおるたびに、尾の下の臭腺の匂いを嗅がせようとする。薄闇のなかで、二頭はバレリーナのようにぐるぐる旋回した。この挨拶は何分間も続いた。

数日後には、ひとまわり小さい二頭のハイエナがスターにつきまとっていた。スターが屍肉のかけらを見つけるたびに、とんでゆきキイキイ鳴きながら彼女の鼻先を腹這いで行ったり来たりして食物をねだる。スターはこれに応えて獲物をわけてやる。ポーゴーとホーキンズと名づける。てっきり子どもかと思う。だが、この子たちはつぎの日の晩には両耳ずたずたの成雌パッチイズと一緒で、どう見てもこちらが親子である。この頃には、一帯に住む七頭を識別できるようになっていた。

数日後の夜、スターと二頭の子どもたちがハーテビーストの屍骸に集まっているところへ、パッチイズがきた。子どもたちは食べ続けたが、雌成獣二頭はにらみあい、全身の毛が逆立った。やにわにパッチイズが襲いかかりスターの首に咬みつき激しく振りまわした。スターは悲鳴をあげる。一〇分近くも放さず狂暴に振りまわし、血が砂にしたたり落ちた。荒い息づかいと悲鳴のあいだに厚い皮膚の奥で歯ががりがり音を立てる。いったん放してから、耳の近くに食いつく。すぐわきには無防備な頸動脈が激しく脈打っている。二〇分も徹底的に痛めつけると急に放した。銅貨のような穴があいている首すじを見て私〔ディーリア〕は気分がわるくなった。スターはよろめいて前膝をついた。もう二度と立ちあがることはできまい。ところが、彼女は長い毛をぶるぶる震わせると、尾を振って屍骸に歩き、ほかの三頭と並んで鼻づらがふれそうなほど寄り添って食った。五分後にスターは屍骸から離れて眠る。挨拶や首を咬む行動はそれからも何度か目撃した。咬みつく前に鼻と口の部分で格闘することもある。二頭が並んで立ち、鼻づらを高くあげて激しくぶつけあうのだ。だが、いったん屍骸に集まると非常に和やかで、たいてい一頭が食べているあいだ、他の連中はそばで眠ったり、仲良く毛づくろいしたりして待っている。最初の一頭が屍骸の一部をもって藪に去ると、べつの一頭が食べはじめる。こうして交替して食べるのである。

シャドーとパッチイズはそれぞれ出産したが、間もなく仔は姿が見えなくなってしまった。理由はまったくわからなかった。やがてディーリアはスターが三頭の幼子を育てている巣穴を発見する。だが、仔たちが生後二ヶ

394 『カラハリ』九三頁／九九頁－一〇二頁／三一九－三三一頁。

月半になったある朝、スターは仔の一匹の首を口にくわえ、北へ向かってゆっくり歩きだした。夫妻も車であとをつける。

——途中で、近くに棲むライオンのプライドの雄モフェット〔後述〕が木の下で彼女をじっと見ている姿が双眼鏡に映った。ハイエナはあまり視力がよくないので、ライオンに気づかず、どんどん近づいてゆく。だが、あと七〇メートルぐらいのところで、スターは前方を窺い、大きく迂回した。彼女が歩くあいだ、くわえられている仔は微動だにしなかった。もとの巣穴から四キロメートルも歩いた。丈の高い藪をつっきって開けた場所に出たとたん、慌てて車のエンジンを止めた。目の前には信じられないものがあった。数個の大きな砂山から成る、長さ十数メートルにもおよぶ巨大な巣穴の集合体だった。年齢がまちまちで明らかに異なった親から生まれた仔たちがいくつかの砂山の頂きに立っていた。行方不明になっていたシャドーとパッチイズの子どもたちもいた。

これがハイエナの群れ《クラン》の存在理由《レゾン・デトゥル》だった。成獣は単独で餌あさりをするが、子どもは共同哺育するのだ。スターはもとの巣にひき返し、のこりの仔二匹も順番に運んできた。観察を続けるうちに、雌たちは自分の子ども以外の仔にも授乳していることがわかった。

一九七九年、カラハリはひどい旱魃にみまわれた。ある風の強い日、スターは真夜中まで一匹の獲物も発見できず、疲れきって砂丘をのぼり、冷たい砂の上に横向きに寝ころんだ。ぐっすり眠っていたし、風の音で何かが近づく気配も聞きとれなかったのだろう。以前、彼女を見つめていた雄ライオンとその兄の二頭に襲われて殺された。だが、スターの死後、子どもたちの異父兄が、殺したてのトビウサギを運んできた。そのあと雌たちも餌を運んできた。群れ全体で、母をなくしたみなしごを「養子」として育てるのである。

ライオン社会の改変

オーエンズ夫妻は、ライオンを麻酔で眠らせ耳にタグをつけて識別していたが、調査資金が潤沢になってからは、つぎつぎと発信器つきの首輪を装着するようになった。これによって、広大な地域を覆うカラハリ・ライオンの生態が初めて明らかになった。ライオン社会の基本的単位はプライドとよばれる母系の群れである。それに他のプライドで生まれた雄が入りこみ寄生する構造をとる。雄の役割は生殖となわばりの防衛である。成雄の長く厚い鬣は、他の雄と闘うとき、頸部を防護する機能をもつと考えられている。

——私たち〔オーエンズ夫妻〕がまず親しくなったのは、ベースキャンプの東南東になわばりをもつブルー・プライドだった。二頭の成雌、五頭の若雌、二匹の子ども雄によって構成されていた。またディセプションの谷の西南西になわばりを構えるスプリングボック・パン・プライドをはじめいくつかのプライドを識別し、発信器装着を成功させた。

雄ライオン、パピーとブラザーを麻酔銃でねらったとき起きたことは忘れえぬ経験になった。二頭で行動する雄は兄弟であることが多い。パピーが麻酔弾をうけてへたへたと倒れ眠りこむのをブラザーはじっと見ていた。パピーの体を隅ずみまで嗅ぎ、ついに麻酔弾を見つけた。それを前歯ではさむと後ろへさがってひっぱった。針が抜けると弾丸を噛み砕き、破片を吐き捨て、針であいた傷口を舐めた。優しくクークー鳴きながら、パピーの頭部に自分の頭をこすりつけた。それから前半身をかがめると、パピーの首をそっとくわえて持ちあげようとした。もちあがらないと今度は尻をくわえた。そうやって一五分も頑張っていた。私たちはいたく感動したが、ブラザーの犬歯がパピーを傷つけるのが心配で、車をゆっくり進めて追い払った。パピーにタグをつけ、体重・体長を測定したあと、日よけになる木の下へひきずった。ブラザーはついてきて、パピーが意識を取り戻すまで近くに横たわり、倒れている仲間の体じゅうに頭や鼻づらをしきりとこすりつけた……。

後述する経緯でブルー・プライドの雄ボーンズが死んだあと、鬣がまだ生えそろっていない瓜二つの姿をした雄ライオン二頭が接近してきた。おそらく兄弟であろう。マフィンとモフェットと名づけた（この二頭がのちにスターを殺した）。すでにブルー・プライドの雌たちは私たちに心を許していたので、この二頭ともすぐ親しくなった。彼らはよくキャンプを訪れ、台所を荒らしていった。

──ある夜、マフィンとモフェットはスプリングボック・パン・プライドのなわばりとの境界近くで、後者の雄サタンの咆吼と張りあい三時間も応酬を続けた。サタンが挑戦に応えるのをやめ沈黙があたりを覆ったあと、マフィンとモヘットはハーテビーストの小さな群れを見つけ、それぞれが一頭ずつをしとめた。彼らがそれを食っているとサタンが忍びよってきた。マフィンとモフェットは気配に気づくと、すさまじい吠え声をあげて、襲いかかった〔そのあとに続く凄惨な闘いの描写は省略する〕。最初は優勢にみえたサタンだったが、二頭の猛攻にひるみ、灌木の茂みから逃げだそうとした。その左足をモフェットが力いっぱい咬んだ。右目から鼻に深い傷を負い出血したマフィンは衰弱していたが、力を盛り返し、サタンの頭部に激しく咬みついた。サタンの吠え声と唸り声は力をなくし、哀れっぽい鳴き声になった。ついにモフェットがサタンの背骨に歯をあて、にぶい軋み音をたてながら、脊椎を噛み砕いた。二頭が食べ残した屍骸のところに戻ってからも、長いあいだサタンは動かず、高鼾のように喉をごろごろいわせていた。やがてのろのろと前脚で立ち、動かない下半身をひきずりながら、南へ向かって進もうとして倒れた。血尿を排泄し喘ぐように息を呑みこみ、何度も体を起こして自分のテリトリーにむかって這っていこうとした。とうとう大きく身を震わせ、地面にくずおれ、深く溜息をついた。夜明けにサタンの死亡が確認された。

雨一滴降らない長い乾季のあいだ、ライオンたちはばらばらに分散して遠くへ移動しながら狩りをする。しかも、獲物はふつうライオンが見向きもしない小動物である。このことに気づいたのは、モフェットが飛びたったクロエリノガンを前足で叩き落として食うのを目撃したときであった。

──サタンが殺されて二週間後にはスプリングボック・パン・プライドは別の成雄に乗っ取られていた。そのプライドに属する雌ハッピーは、新しい主と性交していたが、やがてブルー・プライドのなわばりに入りこみ、マフィン、モフェットと戯れた。二頭の雄がなわばりの奥へ戻り、雌たちがイボイノシシを食っている所へ近づくと、信じられないことにハッピーもしゃあしゃあと雌ライオンたちのそばに来た。ブルー・プライドの雌たちは気にとめる様子もなかった。その後、四日間、彼女はこのプライドの一員のようにふるまい、マフィンとモフェットからあいついで求愛された。マフィンと二日間性交を繰り返し、恍惚状態で草むらで仰向けに寝ころび、ごろごろ転がった。その後、モフェットがハッピーに求愛しても、マフィンは平然としていた。五日目の夜ハッピーは単独で南へ向かい、スプリングボック・パン・プライドの仲間たちのもとへ戻った。

雌ライオンがプライド間を行き来する事例はこれまでまったく報告されたことがなかった。その後の継続観察からつぎのことがわかった。カラハリのライオンたちは、水を一滴も飲まなくても、八ヶ月間は生きていける。乾季には広大な範囲に獲物を求めて散らばる。ブルー・プライドの雌たちは、その行動範囲を雨季に較べて四五〇パーセントも拡大し、六〇〇平方キロメートルもの広さを動きまわる。かれらはめったに吠えなくなり、小さなグループに分かれて行動する。雌が雄と一緒にいる時間は雨季には活動時間の五七パーセントに達するが、乾季にはわずか二〇パーセントに落ちこむ。しかも、雌は乾季のあいだ、たびたび別のプライドに移って行動圏を変える。「これはまさにひとつの種がその社会構造を苛烈な環境にみごとに適応させた、驚くべき一例である。」[395]

最後に、ボーンズの物語を紹介しよう。一九七五年五月初旬、オーエンズ夫妻は、ブルー・プライドの雌たちにつぎつぎと麻酔銃を撃ちこみ、耳にタグをつける作業に没頭していた。それが一段落してから数日後の早朝、餓死寸前にまで衰弱した雄ライオンを見つけた。体じゅうに十数本のヤマアラシの棘が深く突き刺さり、その周囲は化膿していた。麻酔銃で眠らせて棘を抜いたが、右の前肢の上膊部から突きだしている一本がどうしても抜けなかった。ペンチでひっぱってもするりとはずれてしまう。ヤマアラシの棘ではなく、ひどい複雑骨折をして骨がとびでていたのだ。

——客観的な科学調査を貫徹するならば、放置して死なせるべきだ。だが、すでに麻酔がかかっていたし、歯の状態からまだ五、六歳の若い盛りだと思われた。できるだけのことをしようと決心した。棘の傷に化膿どめ軟膏を塗ったあと、骨

395 『カラハリ』三〇三頁。

折箇所を切開し、骨の割れた端を切りとり、裂けた筋肉を縫い合わせ、消毒して傷口を縫合した。野生生物局から借りたライフルで付近にいるゲムズボックを一頭撃ち、肉を頭の下に置いてやった。目を醒ました雄は肉をがつがつ呑みこんだ。折れた骨がくっつくまでじっとさせてやりたかったので、もう一頭ゲムズボックを射殺し、屍骸をそばに置こうとしたが、目ざめたライオンは警戒しているのでうまくいかない。なんとか木蔭で屍骸と一緒に落ち着かせることができた。手術してから九日後の晩、彼の咆吼が響きわたるのを聞いた。この先、生き延びるかどうかわからなかったが、私たちはいつしか彼をボーンズとよんでいた。三週間後、ボーンズが、殺したばかりの若いゲムズボックを食っているのを見つけた。体重はいちじるしく回復していた。私たちは彼の生命力に目を瞠った。やがてボーンズはブルー・プライドのなかに悠々とはいってきた。雌たちが体をすり寄せるのを見て、彼がこのプライドの主なのだと知った。

その後、ボーンズは、夫妻のライオン研究の最良の伴侶となる。よくキャンプを訪れ、台所で悪戯をする。一九七七年六月の早朝もそうだった。

――食堂で粉ミルクの缶をくわえ、犬歯で噛み切ると、白い粉末が散り、彼はくしゃみをした。風呂場に入り、ピンクのプラスチックの洗面器に溜まった残り水を飲みはじめた。だが、それは油汚れをとるために使った粉石鹸の溶液だった。飲めば飲むほど泡だって、鼻が泡だらけになった。飲み終えると深い溜息をついた。げっぷをすると鼻先の泡がふくらみ、くしゃみをすると泡が割れた。ボーンズは洗面器をくわえてキャンプから出て行き、それを噛み砕きながら歩いた。その後ろ姿にディーリアが優しく声をかけた。「元気でね、ぶらぶら歩きのライオンさん。」

同年、九月。乾季の終わりの酷暑が始まっていた。夫妻は数ヶ月にわたるハイエナの無線追跡で疲労困憊していた。ボーンズの来訪以来、ライオンは姿を見せなかった。かれらは食糧品補給のためにマウンに出ることにした。

――マウンからの帰途、サファリガイドの友人に道でばったり会った。客としてアメリカから来た薬剤師とその妻を連れていた。動物保護区の境界近くにあるサファリ・キャンプに泊まるように勧められ、喜んで応じた。夢のような設備とご馳走だった。薬剤師の妻に乞われるままに、ボーンズとの出会いを話したら、彼女はとても感動したようだった。翌朝、まだ夜が明けきらないころ、ハンターたちと別れた。ディセプション・キャンプに着いたときは正午ちょっと前だった。すぐに、ディーリアが、無線機を貸してくれたサファリ・エージェントの事務所に定時交信を入れた。交信にでたハンターが「ちょっと悪い知らせを伝えなければならない」と言った。今朝別れたばかりのガイドと薬剤師が「君たちのライオンを一頭撃ち殺した」という。ディーリアは消え入りそうな声で耳についたタグの色と番号を訊く。突然、彼女は叫ぶ。「マーク！　おおなんてことを！　ボーンズだわ——あの人たちボーンズを撃ったのよ！」彼女はキャンプの外に走り出た。「そんな……嘘よ……信じられない……いや！　そんなのいやよ！」[396]

ボツワナの法律では、保護区から一歩でも外に出たライオンは、合法的な狩猟の対象となる。ボーンズは境界線からほんの数メートル外の灌木の下で休んでいた。おそらく水を求めて東への移動を始めた羚羊類の大群を追って境界線のあたりまで行ったのだろう。

四　「人間ぎらい」と知の制度化

歴史と階級のなかの観察者

本章で描いてきた行動学者たちは、あの東京生まれの少年が希求したような生のかたちを手に入れた。それがあまりにも希有なかたちであるということ自体が、思想に対して応答をせまる問題となって立ちはだかる。末の息子が「動物学者になる」という夢を繰り返し口にのぼらせるようになってから、苦労性の父は何度もこう言って「ぼく」の憧憬に水をさそうとした。「動物学なんてものは、皇族か金持ちの坊ちゃんがやることだ。」

396　同書、二四二 - 二四三頁。

ローレンツをモデルにするのであれば、わたしの父の世界認識は的はずれではなかった。以下で、ローレンツの伝記的事実は科学評論家アレック・ニスベットの優れた評伝に依拠する。[397] コンラートの父アドルフは著名な整形外科医で、新しい股関節手術法をあみだした。名医としての力量で獲得した巨万の富によってウィーン近郊の川沿いの村アルテンベルクに城のような邸宅を建て、アドルフ自身ノーベル医学賞の有力候補にさえなった。この偉大な父と聡明な母とが、ありとあらゆる動物をつかまえてきて飼おうとする息子の夢想的な性癖を黙認しなかったら、この卓越した自然誌家は生まれなかったろう。

自然誌的態度は真空から生まれるわけではない。ローレンツの場合、それは、ドイツ・オーストリア帝国下の資本主義の成熟の土台の上に建造されたプチブルの邸宅において花ひらいた。もちろんこの種の「因縁話」は、それが思想を根本的に動機づけていたことが立証されないかぎり、理論的には本質的な事柄ではない。だが、ローレンツの思想はドイツ帝国の底部を流れる歴史的無意識から自由ではなかった。何よりもすぐに気づくのはフロイトとの類縁性だが、フロイトの本能論や抑圧論をみるかぎり、明瞭な輪郭をもって抽出できる同型性を（少なくともわたしは）両者のあいだに見いだすことができない。[398] ローレンツの哲学的土壌はユクスキュルと同じくカントであり、[399] フロイトの影響はむしろ「前意識」の水準にとどまっていたように思われる。『攻撃』の緒言には、すこし前にアメリカに招かれ、精神分析学者たちと議論する機会があったことがふれられている。

かれ〔フロイト〕の衝動説についてその人たち〔米国の精神分析学者〕と論じ合った結果、思いがけないことに、精神分析学の成果と行動生理学の成果とが一致していることがわかったのだが、この一致は、両分野のあいだで問題の立て方も研究法も違い、とりわけ帰納の土台が違うだけに、わたしにはいっそう重要なことと思われた。[400]

もしもローレンツがカマトトを装っているのでなければ、フロイトとの類縁性は暗流として通底していたと診断すべきだろう。その暗流とは、私たち自身もそこに半身を浸している〈擬似物理学的思考〉（水力学モデルもエネルギーの概念もそこに含まれる）である。

現代史との関連でローレンツを位置づけるとき、いっそう興味ぶかいのは、前述したオーストラリア・アボリジンへの言及にも透けてみえた、西欧中心主義と結びついた優生思想である。ローレンツが、ティンベルヘン、カール・フォン・フリッシュと共にノーベル医学生理学賞を受賞したのは一九七三年だったが、ちょうどその前年『サイエンス』誌上に、ハーバード大学医学部教授レオン・アイゼンバーグのローレンツ批判が掲載され、大きな反響を巻き起こした[401]。〈ローレンツがノーベル賞を受賞しそこねた可能世界〉に視点をおけば、最悪のタイミングだったといわねばならない。アイゼンバーグが標的にしたのはそれまでなぜかだれも話題にしなかった一九四〇年刊の論文だった。その理論的な軸足は、彼が晩年まで一貫して表明し続けた人類の自己家畜化への憂慮におかれていた。長い孫びきは避けなければならないのでポイントだけ抽出する。

健全な系統の人種が頽廃の徴候に冒されることからの唯一の防衛手段は、ある種の生得的様式に基づいたものである[…]。同種の仲間の美醜に対するわれわれの種特異的感受性は、家畜化に原因し、われわれの人種の脅威である退化の徴候と密接な関係にある[…]。／通常、高い価値をもつ人は、**他の人種**における頽廃の僅かな徴候をも特別な強さで嫌悪する〔ゴシック体は菅原による〕。[…]人類が家畜化に伴う頽廃による破滅を免れるためには、強靭さ、英

397　ニスベット、アレック　一九七七（木村武二訳）『コンラート・ローレンツ』東京図書。
398　フロイト、ジークムント　一九七〇（井村恒郎・小此木啓吾他訳）『フロイト著作集　6』人文書院。とくに「本能とその運命」（五九－七七頁）参照のこと。
399　ローレンツ、コンラート　一九七四（谷口茂訳）『鏡の背面』新思索社。
400　『攻撃』二頁。
401　ニスベット、前掲書、九七－一〇四頁。

雄性そして社会的有用性の選択がある種の制度によって遂行されるべきである。わが国家の基本である人種政策はすでにこの観点から遂行されているのである。〔強調は引用者アイゼンバーグによる〕

ローレンツが反ユダヤ主義者だったという証拠はない。ウィーン大学医学部解剖学教室に在学していたとき彼はベルンハルト・ヘルマンという親友をもった。二人はウィーンの同じ行政区で同じ日の同じ時間にうまれた純粋の同年齢者だった。ベルンハルトは鳥やけものを飼うことに夢中で、動物行動に魅せられていた。だが、彼はユダヤ人だった。一九四一年ごろ母親とともにナチスに捕らわれ、強制収容所で死亡したと推測される。[402]『ソロモンの指輪』第二章「アクアリウム」には「悲劇的な死をとげた私の友人ベルンハルトは、その道〔自然の淡水生態系に似せたアクアリウムをつくること〕の名人の一人だった」という言及がある。[403]ニスベットはとても公平で、ローレンツ自身の弁明も紹介している。もっとも重要な指摘は、ドイツ語から英語への翻訳の過程で誤訳が生じたということである。右にゴシック体で強調した「他の人種」とは正しくは「異性の人びと」と訳すべきだったという（それもひどいと思うが）。その点を酌量したとしても、少なくともこの論文にかぎれば、ローレンツがナチズムに迎合していたことは明らかである。実際問題として、フッサールが教壇から追放されたのとは対照的に、ローレンツはケーニヒスブルク大学に職を得て、そこでの在任中は夜遅くまで続くカント研究会を楽しんだのだから。

盟友ティンベルヘンはどうだったか。オランダ人である彼は、オランダを一気に占領したナチズム政権を憎み、ユダヤ人教授の追放に抵抗する運動にくわわり、収容所に身柄を拘束された。ティンベルヘンの冷ややかなコメントによれば、ローレンツは「あの論文で自分をさらけ出したのであり、」「政治的にも社会的にも極めてうぶであった。」

どんな政治的立場によるのであれ（たとえ汎アフリカ主義者によるものであれ）、わたしは、「人種」という概念を無造作に用いてその身体的な〈美醜〉をうんぬんするあらゆる思想をじつに低劣だと思う。だからこそ、わたしの会話分析の師タブーカが「おれたちクア〔ブッシュマンを意味する包括名〕は醜く、白人は美しいのに、おれたちと同じように、笑いころげるとき相手の体を押しあうんだなあ」と言うのを聞き、その卑屈さに深い衝撃をうけた[404]。

わたしには一点だけ、ローレンツに共鳴することがある。それは〈人類の自己家畜化〉に対する彼の強烈な危機意識である。一九七〇年代のローレンツが予見できなかった未来世界では、サイバースペースによって人類の認知能力がとめどもなく家畜化され、その「野生」の想像力を失うだろう。街のいたるところでスマホを凝視する人びとを見るたびにその思いを深くする。かつて映画への熱いオマージュをそのまま幻想的な物語に昇華させた『フリッカー』という長編ミステリーがあった。そこに登場するフランスの学者は「次世代の人類には短期記憶しかなく、一センテンス以上の単語の連鎖を理解しなくなるだろう」と予言した[405]。もうひとつ人類の家畜化を描いた壮大な黙示録がある。現代ＳＦの最高峰とわたしが信じて疑わない、ダン・シモンズの『ハイペリオン』四部作である。

――無限に複雑化したサイバースペースはテクノコアとよばれる自律的な人工知能の巨大集合体を構築する。テクノコアはホログラム映像で人間そっくりの「大使」を人類社会へ送りこんでくる。そして数々のすばらしい贈り物をくれる。その最たるものが宇宙空間に浮かぶ巨大な〈ゲート〉である。宇宙船はそのなかをくぐり抜ければ一瞬にして銀河系のどこへでも行くことができる。〈ゲート〉はつぎつぎと出現し、それらが結節となったネットワークが銀河系全体を覆い、銀

402　同書、四〇頁、一一一－一一二頁。
403　『ソロモンの指輪』二七頁。
404　菅原和孝　一九九六「ひとつの声で語ること――身体と言葉の「同時性」をめぐって」菅原和孝・野村雅一編『コミュニケーションとしての身体（叢書身体と文化　第二巻）』大修館書店、二四六－二八七頁。
405　ローザック、セオドア　一九九八（田中靖訳）『フリッカー、あるいは映画の魔』文藝春秋。

河帝国が成立する。だが、大きな秘密があった。テクノコアは虚空間に存在するが、それが作動し続けるためには現実空間に実在する生きた神経回路網が必要である。ゲート内は時間を超越しており、そこを通過するたびに人類はその脳神経系をテクノコア自身のコンピュータとして好き勝手に利用されていた。[406] なぜこの仕組みが人間の尊厳を冒瀆するように感じられるのだろう？ べつに減るもんじゃなし。

資本主義のなかの観察者

動物の飼育と観察に私財を投じたローレンツはべつとして、行動学者がみずからの希有な生のかたちを持続するためにくぐり抜けなければならない苛酷な試練がある。研究資金の獲得である。クマーが「アビシニア」の調査を開拓した頃はまだかなり牧歌的な時代だったようだが、オーエンズ夫妻の苦闘には胸をつかれる。あのときかれらが三八〇〇ドルを獲得しなかったら、それが尽きるころ二年間の研究資金を得なかったら、さらにセスナ機購入のための資金援助を受けなかったら、カラハリのライオンとカッショクハイエナの驚くべき生態と社会について、私たちは永遠に〈知る〉機会がなかったかもしれない。本章では省略せざるをえなかったが、行動学の原点ともいうべき、イトヨの生殖行動についても、資金の多寡はべつとして、まったく同じことがいえる。雄のジグザグ・ダンスや、草でできた袋状の巣で卵塊を守り、鰭であおって新鮮な水を供給し続ける行動がもし〈知られる〉ことがなかったら、私たちは、小さな生きものが営々と持続している生の努力に生鮮性をおびた想像力を向ける手がかりをもたなかったろう。〈知る〉ことには、けっして切り下げることのできない価値がやどっている。たとえ科学を括弧入れしようとも、この根幹的な価値を相対化することはできない。ただ、ひとつ問題がある。何が〈知る〉に価するかを決めるのは、国家を頂点とするさまざまな権力体だということだ。それゆえ、行動学者は、他のすべての科学者と同様、みずからの研究テーマが解き明かすに値する意義をもつことをこれらの権力体に納得させるべく交渉に乗りださねばならない。わが国の科学研究費補助金の制度を例にとれば、「計

「画調書」を作成するという実践は、権力体（その一部としての科学者共同体）を説得する「知の技法」にほかならない。

この点に関しては、わたし自身ひとごとのように批評する資格はないが、痛烈に意識してきたことがひとつある。それは自然誌的態度をつらぬくことは、右のごとき交渉を有利に進めるにあたって、きわめて拙劣な技法だということである。北海道大学で知遇をえたある大学院生は理学部の生物学教室で、指導教授に「行動学をやりたい」と言ったら、「夏休みの絵日記みたいなことをやっても意味がない」と言われて反撥し、文学研究科に転進したそうだ。ミクロな物質過程への還元だけが「科学」だと信じこんでいる生物学者たちが支配する〈知の制度化〉のなかで、行動学者は自分たちが全身全霊を懸けて打ちこんでいることは、絵日記どころか、世界を根底から統一的に理解することを可能にする〈生物学〉なのだと証明する必要があった。すなわち、社会生物学なのだ、と。

説明への欲望

ディーリア・オーエンズは、カッショクハイエナの共同哺育に関する観察を記述したあと、ハミルトンの血縁選択理論に基づく解釈を書きしるしているので、前もって説明しておく。「適応度」を個体が次世代に残す遺伝子頻度と定義する。個体の「包括適応度」は〔①自分自身がもとからもつ適応度－②利他行動によって生じる損失＋③［各血縁個体にその利他行動がもたらす利得×各個体の血縁度］の総和〕で与えられる。③の［　］内は、血縁度が低くなるほど利他的にふるまう個体にもたらされる利得が減少することを示す。

――観察期間中に生残したハイエナの子たちのうち七〇パーセントは養子として育てられたみなしごだった。シャドーた

406　シモンズ、ダン（酒井昭伸訳）一九九四『ハイペリオン』／一九九五『ハイペリオンの没落』早川書房。第三部と第四部はこの議論と関連性が低いので省略する。

ち成雌ハイエナは出自クランにとどまるので、雌はすべて血縁関係にある。彼女たちはなぜ死んだスターの子に食べものを分けるのだろう。三匹のみなしごはシャドーにとってイトコの子だから、シャドーと共通の遺伝子をそれぞれいくらかもっている〔血縁度計算によれば平均して六・二五パーセント〕。彼らを生きのびさせることはシャドー自身の包括適応度を上昇させる。かれらの社会行動が展成する過程で、〈扶助〉遺伝子をもち、みなしごに餌を運ぶ個体のほうがずっと高頻度で次世代に生残する血縁個体を増やしてきた〔このあと、雄の大部分は出自クランを出てよそへ移住するので、移出前にクランのメンバーを扶助しても包括適応度はあまりあがらないという議論があるが、これは混乱している。もし父が違っていても、同腹キョウダイの血縁度は二五パーセントもあるのだから、みなしごになったイモウト、オトウトをアニが移出前に扶助することは、包括適応度の増大に貢献するはずである〕[407]。

行動学という学問分野の近傍にいたすべての人びとにとって、これはもはや耳にタコができるほど聞き飽きた言説である。前節で紹介したクマーもまたハミルトン理論を引用して「クランは血縁選択によって展成した」という議論をとってつけたように観察につけ加えている[408]。わたしは社会生物学を構成する諸命題の「客観的な」真理値を数学的に検証するという「敵の土俵」に入って論争するつもりはない。ただ、わたしが疑問に思うのは、尊敬すべき自然誌的態度によって、カラハリの酷熱のなかを這いずりまわり、数えきれないほどの魂をゆさぶられる経験を積み重ねたオーエンズ夫妻の思想にとって、この種のセット・センテンスが必須の成分なのかということである。動物行動を生き生きと描写する自然誌的記述を読むとき、たとえそのフィールドに土地勘がなくても、私たちは生鮮性に溢れた虚環境の奥深くへいざなわれる。一度その旅をしたら、大江のヤマドリよりももっと深い情動のレベルで、私たちは「友」ボーンズを襲ったむごたらしい暴力に対するディーリアのやり場のない憤りを、死ぬまで忘れないだろう。

だが、サイバネティックスの進歩によって蔓延した「プログラム」という隠喩は、今度こそ動物たちを自動機械にしてしまった。社会生物学が提示した諸定理を受け売りすれば、「説明し尽くしたい」という欲望が当座はかなえられたように感じられる。さまざまな動物種に関して虱つぶしに〈理論によって説明できる〉ことを確かめる営みこそ「通常科学のパズル解き」である。このパズル解きは社会生物学（行動生態学）という支配的なパラダイムの内部でリレーされ続け、植民地資本主義によくみられる〈捕食的経営〉を認識の世界に生みだす。[409]説明ヘノ欲望充足サレタリと報告する幾多の言説が、科学者共同体とよばれるテクノコアに生産物として奉献される。つぎに同じ種を対象にして補助金を申請するときは、未検証のべつの問題を見つけたり、新しい手法を開発したりといった「新味」を打ちださねばならない。[410]この生産と消費の連鎖からは、血尿を漏らし自分のテリトリーにむかって這い進み深い溜息をついて死んでいった雄ライオンにとって生の意味とはなんだったのだろう、と問うような、情動を孕んだ知は疎外される。

人間ぎらい

オーエンズ夫妻を極北として、行動学者は多かれ少なかれ人間ぎらいになってゆく。夫妻は、周囲数十キロメートルに人っ子一人いない隔絶された土地で、ライオンやハイエナを友として暮らすことをこよない喜びとするようになった。たまに街にでると、冷えたビールとワイン、シーバスリーガル（わたしの青春時代には垂涎の

407　『カラハリ』三一九―三二一頁。ここでディーリアは「利己的」「利他的」という概念を混乱して使っている。他個体の生存に寄与する自分自身の行動に少しでもコストがあれば、それは現象的にはすべて「利他行動」とよばれる。

408　Kummer, *op. cit.* (1995), p. 161.

409　ドイツ植民地下の南西アフリカ（現ナミビア）における「ブッシュマン」というラベルを与えられた下層階級の社会的構築を再構成したロバート・ゴードンは、鉄道を建設し、その周辺のサバンナに農地を拡大し続ける収奪経済を「捕食的農業実践」として特徴づけている。Gordon, Robert J. 1992 *The Bushman Myth: The Making of a Namibian Underclass*. San Francisco: Westview Press, p. 206.

410　現代科学の制度化に対するこの種のペシミズムはわたしの創案ではない。たとえば、科学社会学者フラーはアカデミズムを支える学術雑誌のピア・レビュー（研究上の同僚による査読）制度と引用率で論文を序列化する慣行がどれほど欺瞞に満ちているかを論じている。フラー、スティーブ　二〇〇〇（小林傳司・調麻佐志・川崎勝・平川秀幸訳）『科学が問われている――ソーシャル・エピステモロジー』産業図書。

的だったスコッチウィスキー）、湯の出るシャワーと清潔なバスタオルといった文明の快楽に一瞬は陶然となるが、「人間」とのあまりに久しぶりの会話は妙にうわついて、すぐ疲れてしまう。ああ、早くディセプションに帰りたい。しかも、だれよりも大切にしていたライオンの友は、ガイド料に見あうサービスを顧客に提供することしか眼中にない男（友人だと信じていたのに）と、アメリカから来た俗物とによって、遊び半分で殺されてしまった。わたしは夫妻がこの二人を殺してやりたいと感じたと想像するし、そのガイドとは絶交したと信じる。

クマーは正直な人である。ふつうだれも公にしないような事件について書いている。アワシュでアヌビスヒヒの雌の移植実験をしていた頃、彼はエレルに戻ってホワイト・ロックで観察を続けた時期があった〔この場所は崖の上にサバンナが広がっているようだ〕。

——ある夕刻、ヒヒたちが激しい警戒のそぶりをし、落ち着きかけていた休眠場所から移動を始めた。崖の上に人がきたのだ。クマーも息せききって上へ行った。例の「性器切断」の風習で知られたアファル遊牧民の青年が立っていた。この民族に特徴的な、ちりちりした頭髪をマッシュルームのようにふくらませた髪型をしている。クマーは彼に少額の金をわたし、たどたどしいアムハラ語（明記されていないが）で観察の邪魔をしないよう頼んだ。相手はわかったふうだった。だが、翌日も彼はやってきて、ヒヒたちを追い払った。男は崖の上からジェスチャーでもっと金をよこせと要求してきた。それはあまりにも傲慢な身ぶりに見えた。つぎの日の夕刻クマーは拳銃を身におびて観察場所へ行った。案の定、男はまたやってきた。クマーは忿怒に震えながら崖の上へでる道を駆けあがり、男に近づくと拳をかためて力いっぱい殴りつけた。男はよろめき、いつも腰のベルトにさしている大きなナイフを抜きはなった。クマーは拳銃をかまえた。だが、そこにほかのアファルの男たちが忽然と現われた。そのうち一人は銃をもっていた。絶体絶命の窮地に至ったことに慄然としたが、年かさの男に向かって必死で事情を話した。幸い、年長者はよく理解してくれて、短い杖で青年のふくらはぎを打つまねをした。ことなきを得たものの、クマーは自分が恐ろしいことをしでかしたことを悔やんだ。あの青年が殴られたことを屈辱と感じたら、復讐のためブッシュで待ち伏せ彼を撃つのではなかろうか。泊まっているホテルの主人にわけを話し、むこうの様子を探るよう依頼した。彼らは最近この地に移動してきた集団でホワイト・ロックの北にキャンプしていることがわかった。青年の名はイッサといい、ホテルの主人が見かけたときは、まだ頬が大きく腫れあがっていた。そう聞いたとき、クマーは奇怪な喜びにとらえられた。エチオピアでの長期滞在によって彼はむやみに怒りっぽくなっていた。帰国後、妻と市場の通路を歩いているとき前からぶつかってきた若者の胸ぐらを突然つかみ、妻を怯えさせた……。[411]

母国を離れ遠隔の地で長期のフィールドワークを続ける人に忍びよるこの種の人格変容が、わたしには痛いほどわかる。とくに調査対象が動物である場合には、彼（女）の人間ぎらいはほぼ不可避である。〈動物の境界〉は思いがけないかたちで彼（女）の生活世界を縦断する。境界のこちらがわで「私」は動物たちと共にいる歓びに浸り、向こうがわには、観察を攪乱する野蛮な現地人や、遠隔の地で文明の快楽を維持するために田舎町にひとつだけあるホテルのレストランに夜な夜なたむろする植民者の末裔や、カンバス地の屋根を日よけにした無蓋車の荷台のベンチに並んで、キリンやシマウマの姿にいちいち嘆声を発するツーリストたちが――要するに、退屈な人間どもがいる……。だが、いつか、申請した研究計画が不採択になったり、運よく職にありついた大学での授業に押しつぶされたりして、彼（女）は退屈な人間どものただなかで日々を過ごすようになる。街のどこかから漂ってくる木を燃やす匂いに、焚き火を見つめて過ごした長い夜の記憶を喚びさまされる。自分は間違った場所にいるという鋭い違和感と虚無感が彼（女）をさいなむ。

これが自然誌的態度の末路なのだとしたら、どこかで道を誤っているのだ。わたしにいえることはあまり多くないが、少なくとも「人間」はけっして退屈な存在ではない。それを忘れないための手っとりばやい実践は、行動学者と人類学者が同じフィールドで共同研究をすることである（私はグイの猟犬たちの行動学的な研究を夢想しながら、けっきょく実現できなかった）。たとえば、国立公園の周辺住民が農作物へ大打撃をあたえる野生動物と

411　Kummer, *ibid.*, pp. 164-166.

の共存を模索するさまを記述した西﨑伸子の研究は、人間ぎらいにつき進んで〈動物の境界〉を倒錯したかたちで引きなおそうとする行動学のニヒリズムを乗り超える貴重な試みである。[412] 保護区周辺の学校で、行動学者たちが動物たちの生の意味を現地の子どもたちにつたえるような活動も試みられるべきである。何よりも、科学の制度化を支える生産と消費のリレー・ゲームから自然誌的態度を解きはなち、ボーンズやサタンやマフィンの死がわれわれに喚びおこす情動を包摂するような、〈意味〉と〈了解〉の思想をつくりださなければならない。

――一九七九年の乾季、マフィンとモフェットは水の匂いに惹かれて農場に侵入し、鉄罠がマフィンの脚を捕らえた。彼は一晩じゅう苦悶し、モフェットはそれを見まもり続けた。翌朝、農場主にマフィンは射殺され、モフェットも銃弾を浴びせられ猟犬の群れに追われて、消息不明になった。

パラダイムの覇権

本章の最後に、個人的な記憶に遡行する。霊長類研究所での大学院生活の終わりのほうで、その評判がわが国でも喧伝されはじめていたエドワード・O・ウィルソンの*Sociobiology*を読むという特別ゼミの企画がもちあがり、何人もの院生と教員がそれに参集した。[413] わたしは光栄にも最初の章を担当することになった。その後、ゼミは欠席しがちになったが、およそ一年後に、最終章 "Human Sociobiology" をまたもや担当した。精読したあと、徹夜でレジュメを作った(もちろん当時はまだ手書きだった)。

――ヒトは歴史的にジェノサイドを繰り返してきたから、ヒトの展成を特徴づけるのは「集団選択」(群淘汰)(個体ではなく集団が自然選択圧に曝される単位になること)であるという説にわたしは衝撃をうけた。同性愛の遺伝子がなぜ現在まで淘汰されずに残っているのかという設問の解答は以下のようなものだった。おそらく劣性遺伝子であろう同性愛遺伝子が表現型として発現すると、その個体自身は子孫をのこせないが、彼(女)はその特異な性向によって、巫女・司祭・後宮の管理者といった特別な地位を獲得した。その地位が異性愛者である彼の近親者たちに利得をもたらしたので、同性愛遺伝子をもつ個体の包括適応度は増大した……。わたしは眉に唾をつけながらも、とてもおもしろく読んだ。やっとレジュメを清書し終わり、当時、妻と住んでいた公団団地の四階のベランダから朝焼けに色づく空を見あげた。そのとき思いがけない感動が押しよせ、わたしは思わず「なんと壮大なニヒリズムだ！」と叫んだ。この記憶は今なお生鮮性をおびている。

何年も経ってから意外なところでウィルソンと再会した。『科学の終焉《おわり》』のなかにウィルソンへのインタビューも掲載されていたのだ[414]。ウィルソンが、ヒトの〈自然への愛着〉を促す遺伝子も自然選択の産物であり、バイオフィリア〈他の生物種への愛〉は生まれつきの性向だとする理論に到達し、生物多様性をまもる運動の主唱者になっていたことを、わたしは初めて知った。ニヒリズムから脱出しようとする彼なりのあがきなのだろうか。最後に、もし日高敏隆という英仏独語に堪能な行動学者がいなかったら、私たちは行動学について何ひとつ知らなかったかもしれない。

――一九七二年の年明けから間もなく、国立大学の学費大幅値あげが閣議決定され、全国の大学で反対運動が巻き起こった。まだS共闘の勢力がつよかった理学部代議員大会は圧倒的多数で長期ストライキを可決した。だが、ストのさなか、当時、東京農業工業大学の教授だった日高さんが大学院向けの特別講義にきた。わたしは当然のごとく聴講に行き、教室のまえで「スト破りをするのか」と民主青年同盟（日本共産党の青年組織）の学友諸君に詰られたが、強行突破した。

日高さんが京都大学理学部に赴任されたことは、彼の手になる幾多の邦訳書のお世話になっていた理学研究科の院生たちにとって大きな喜びだった。わたしの博士論文の審査委員を務めてくださったこともとても光栄だった。北大在職中に、日高さんが組織した巨大プロジェクトの末端に連なって、初めて日本人の身ぶりと会話をV

412 西﨑伸子　二〇〇九『抵抗と協働の野生動物保護――アフリカのワイルドライフ・マネージメントの現場から』昭和堂。
413 Wilson, Edward O. 1975 *Sociobiology: The New Synthesis*. Cambridge: Harvard university Press.
414 ホーガン『科学の終焉《おわり》』（注）二八五－二九八頁。

TRで分析する試みに挑戦した。京都によばれて自己接触行動に関する発表を延々数時間にわたって行なったとき、日高さんが抱腹絶倒されていたことにとても励まされた。わたし自身が京都大学に赴任してからは、それほどたびたびご一緒する機会はなかったが、今でも鮮やかに記憶している酒の席での日高さんのことばがある。「アメリカではマルクス主義者が社会生物学のいちばんの天敵なのに、日本じゃ伊藤嘉昭みたいな筋金入りのマルクス主義者が社会生物学を宣伝しているんだから、ほんとにおかしな国だ。[415]」あるときなぜか日高さんと二人きりでバーの止まり木でウィスキーを啜ったことがある。そのとき日高さんは「オウムが人間のことばをしゃべることを鸚鵡がえしってバカにするけど、最近の研究では、ほんとうに人語を理解していて、適切な文脈で意味のあることばを発していることがわかってきた」と熱く語られた。そのときわたしは（自分がなぜそんなバカなことを言ったのか憶えていないが）「それって強化学習で説明できるんじゃないスか」などと応えてしまった。すると日高さんはキッとなって「そりゃ、オウムに対して失礼ってもんだろう」とおっしゃった。

だが、これはわたしの観測だが、行動学はいつのまにか社会生物学に吸収合併されてしまったのではなかろうか。ニスベットの語源解釈によれば、「エソロジーとは言語を用いることなくして意味を表す性質や身振りについての論議という意味」だそうだ。[416]最近の動向を知らないのだが、日高さん亡きあと、彼のお弟子さんたちが〈動物に対して失礼でない〉認識を積み重ねているのならば、エソロジーはこれからも「意味を表わす」「動物の身ぶり」の学として、動物に夢中な少年少女を惹きつけ続けるだろう。

415　伊藤嘉昭（一九三〇〜二〇一五：クマーと同年齢である）には夥しい生物学の著書があるが、ウィルソンの『社会生物学』（新思索社）の訳者の一人でもある。日本共産党の党員であった伊藤は一九五二年五月一日に皇居前広場で起きたいわゆる「血のメーデー事件」において騒乱罪容疑で逮捕され、長く刑事被告人の身分にあった。一九七〇年無罪確定。河合雅雄が、『朝日新聞』に、伊藤のような卓越した研究者を日本の国立大学が政治犯という前歴のために採用しないことを批判する血を吐くような怒りの一文を寄稿し、わたしは感動した。幸いにも、一九八八年に伊藤は名古屋大学教授に着任した。その数年後、日高さんと共に伊藤さんと飲む機会があり、光栄に感じた。伊藤さんが「ぼくも人民のために頑張ってたけど、あれも利己的遺伝子のせいだったのかなあ」と笑っていたのがとても印象的だった。そのときすでに党から除名されていたという。

416　ニスベット、前掲書、一一三頁。

第八章
偶然と必然を思考する——ダーウィンの経験と継承者たち

その「猫」——クァールはリンクスを思わせる体形をしているが、耳にあたる部分には、あらゆる原子が発する固有振動を感知する繊毛が巻きひげ状についている。両肩からは二本の強靭な触手が生え、内側に並んだ小さな吸盤で物体を操作し、どんな複雑な作業もこなすことができる。しかし、彼を養っていた文明は戦争によって消滅した。この惑星上には、もう仲間はほんの少ししか残っていない。しかも、彼は出会うたびに、その仲間を殺して食ってしまった。あるとき、天空から金属球体が降りてきて、中から二本足の生きものが出てくる。彼の唯一の食べものである生きたイドへの渇望で目の前がまっくらになるが、なんとか自制して無害な野良猫を装って二足生物の前に姿を現わす。宇宙のさまざまな星系を探査し、珍奇な生命体を採集することを任務にしている二足生物の集団は、友好的にふるまうクァールを船内に導き入れる。だが、クァールのねらいはこの船を乗っとり、イドが無尽蔵にひしめいているかれらの母星へ到達することだった。彼は二足生物が注意を逸らす一瞬をついて動く。飢えに堪えかね、単独になった二足生物を捕食する。体をずたずたに切り裂いて、溢れる血液に充満するカリウム・イオンをがつがつ吸収する……[417]。だが、一九世紀のビーグル号は、惑星を覆う海面の上を這いすすむかぎり、どんな遠隔の地におもむきどれほど珍しい動物を採集しようと、大英帝国を滅ぼしかねない怪物を持ち帰る心配などなかった。

一　自然誌的態度としての展成論——ビーグル号からの出発

「進化」の奇蹟と祝福

チャールズ・ダーウィン（一八〇九〜一八八二）の思想に接近する前口上として、数年前に書いた文章を再利用する。ただしこのときはまだ展成という造語はつかっていなかった。

——「ダーウィンは偉いやつだ!」とここで叫んでおく必要がある。［…］ジャック・モノーの『偶然と必然』という書名にこそダーウィニズムの神髄が凝縮されている。私たちが内属するこの世界に満ちるすべての生命体が、微細な「個体変異」という偶然と「最適者の生存」という必然のカップリングによって、ゆっくりその姿を変えてきた。地球が存在するかぎりは、これからも変え続けてゆく。わたし＝身体と他のすべての生命＝身体は物質として切れ目なく連続している。「壮大」というありきたりの量化子で表現するのも憚られるほど途方もない世界像。この世界像がなぜ汲めども尽きない魅惑に満ちているのかといえば、それは「人知を超えた複雑性」と「単純な論理」との超絶的な合体であるからだ。なぜ人知を超えるか。私たちにはけっして直接経験できない膨大な時間にすべてを委託するという根源的な（脱＝人間主義的な）遮断がこの思考を虚無へと溶かしこんでいるからだ。なぜ単純か。あらゆる有機体が自己複製する（しようとする）という身体レベルの努力が営々と反復されることを、全面的に肯定しているからだ。

そのことに賛歌を捧げたうえで、進化を思考すること自体が根本的な偶有性のうえに成り立っていることを強調したい。

そこで手がかりになるのは、様相論理学における可能世界論である。地球の陸地すべてが熱帯降雨林で埋め尽くされているような可能世界を想定することができる。そこではあらゆる有機体は死後速やかに分解されるので、化石が残存することはない。あるいは、ヒト以外の霊長類すべてに致命的な打撃を与えるウィルスが〈近代〉成立以前に蔓延した可能世界も想定できる。化石のない世界では、私たちは遠い過去に今とは異なった姿形の生物が存在したという証拠をけっして得ることができない。もしその世界で「進化論」を構想する天才が出現したとしても彼の理論は形而上学に括られるのが関の山だろう。ヒトと似た身体をもつ動物がいない世界では、ヒトが他の動物たちと連続した存在であるという「異端」学説が正統なパラダイムになることは困難だろう。私たちが進化への想像力を羽ばたかせること自体がさまざまな僥倖の上に成り立っている。進化を奇蹟と呼ぶなら、進化について考えることは祝福なのである。[418]

右に書いたことは基本的には正しいと、いまもわたしは考えている。だが、これは〈科学を括弧入れする〉という無謀な方針を固めるより以前の論考なので、いくつかの曖昧さをのこしている。何よりも重要なことは、ダーウィンが何もない真空からこの驚くべき世界認識を掴みだしたわけではないということだ。彼は、自然誌的態度の模範ともいうべき透徹したまなざしをもって、生きものたちと向かいあった。〈知の制度化〉の奥深くに包みこまれる以前のダーウィンと新しく出会いなおし、彼の思考に生鮮性の霧を吹きつけるためには、ビーグル号の船上にいた青年ダーウィンを召喚する必要がある。

ぼくが出会った無脊椎動物たち

……聴講者の注記――いま私たちが『ビーグル号航海記』をすばらしい日本語で読むことができるのは、ひとえに荒俣宏

417　ヴァン・ヴォクト、A・E　一九六八（沼沢洽治訳）「宇宙船ビーグル号の冒険」『世界SF全集17――ヴォクト』／一九七八（浅倉久志訳）『宇宙船ビーグル号』早川書房。
418　菅原和孝　二〇一三「進化に内側からふれることは可能か」『atプラス』一五：一四二―一五六。

の偉業のおかげである。何よりも圧倒されるのは、その訳注の徹底性と精確さである。彼の刻苦精励のおかげで、私たちは独力で行なったら何年も費やすであろう「資料調べ」の労苦を免除され、青年ダーウィンの経験の核心部にじかに到達することができる。このような誠実な知の労働こそが、植民地状況の閉塞を内部から食い破る橋頭堡となるのである。

ダーウィン――まだ無名のちんぴらだった頃のぼくに講義を依頼するなんて、君たちもずいぶん酔狂だ。ぼくは、弱冠二二歳のとき、無給の「博物学者」としてビーグル号に乗り組むことになった。一八三一年一二月二七日、イギリス南西部のプリマスの西にある軍港デヴォンポートから出港した[419]。それから五年近い歳月をこの探検行に費やした。長いね……。君たちのなかには文化人類学というぼくの時代にはなかった学問を専攻する人が多いそうだが、そのフィールドワークだって五年も行きっぱなしってことはないだろう。大学院の修士課程に入学して博士課程の全期間を終えてしまう勘定だ。研究室では忘れさられるし、指導教授からも破門されるだろう（笑）。ぼくのたどった長い道のりを順番に話していったら、一セメスターだけでは終わらない。それにビーグル号の航路は行きつ戻りつ、とても複雑だ。世界地図の上にプロットしないとぴんとこないだろう。それは君たちへの宿題として、きょうは思いきって整理して話そう。講義のテーマは「動物の境界」だから、動物の系統群ごとに観察と思考を語りなおしてみたい。

①アメフラシ：まだアフリカ大陸の西をうろうろしていた頃。ベルデ岬諸島〔現カボベルテ共和国〕最大の島サンチャゴ島に碇泊していたとき、海のナメクジであるアメフラシを観察した。内臓を調べると小さな石のかけらがいくつか出てきた。鳥の嗉嚢のように、摂取した海藻をこれで擦りつぶしているようだ。いじると赤紫色の粘液を出して周囲の海水を濁らせる。体じゅうが刺激性の分泌物で覆われていて、カツオノエボシにやられたときみたいに、鋭い刺すような痛みを与える[420]。

②コメツキムシ：リオデジャネイロには長く滞在したが、その最後の数週間はボトフォゴ湾に面した小屋に住み、すばらしい日々を過ごした。ピロフォロス・ルミノススは、よく目につく発光昆虫だ。この虫をひっくり返しておくと、頭部

と胸部を後ろに反らせて跳ねる態勢をとる。すると胸部の棘が外へ露出し、翅を覆う腹部の鞘の端にひっかかる。反りつづけると棘は筋肉の力をうけてバネのように曲がる。その力を一気にゆるめると、鞘の端で支え面を強い力で叩く。その反動で五センチほどの高さまで撥ねあがる。筋肉だけでなく、棘の機械力を利用しているのがおもしろい[421]。

③悪臭をはなつ菌類：森へ散歩に行き、ヒメノファルス属〔この学名は「処女膜＋男根」という不穏な意味をもち、亀頭のような形のキノコが皮膜を突き破るさまを表わしている〕の菌類を採集した。イギリスでみるスッポンタケそっくりの悪臭をはなつ。手にもって運んでいると、ストロンギルス属の甲虫がキノコの上にとまった。これもスッポンタケでよく見られることだ。二つの隔たった土地で、同じ科に属する植物と昆虫とが似かよった関係を結んでいるのは興味ぶかい[422]。

④ジガバチ：ペプシス属のこのハチはリオ近郊に多く、ベランダの角に泥巣を造る。巣をあけると仮死状態になったクモやイモムシが詰めこまれている。ハチと大型クモとが死闘を演じるのを観察した。ハチは不意にクモに針を一刺しすると離れた。クモは小さな傾斜をころげ落ち、厚く茂った葉の下へ逃げこんだ。ハチはすぐ戻ってきて、翅と触覚をすばやく振りながら半円形を描いて探索し、隠れていたクモを発見した。敵の強力な顎を警戒して周囲を廻ったのちにクモの胸部の下側を二度針で刺した。動かなくなったクモを注意ぶかく検査してから巣へ運びはじめた[423]。

⑤ウミエラ：一八三三年八月下旬ぼくはバイア・ブランカからブエノスアイレスまで陸路の旅を行なった。海岸でぼくを驚かせたのは、刺胞動物門花虫綱ウミエラ目の動物である。薄くてまっすぐな肉の茎の両側にポリプが互生している。中軸は二〇～六〇センチで、弾性のある石のような肉質で、末端はミミズのような形の尻尾になっている。上端は切断されたように平たい。干潮になると泥砂の表面に上端が五～六センチ露出するので切り株が並んでいるように見える。手で

419　ダーウィン、チャールズ・R　二〇一三（荒俣宏訳）『新訳　ビーグル号航海記　上』平凡社、一八頁。
420　同書、二五頁。
421　同書、七〇頁。
422　同書、七三頁。
423　同書、七六－七七頁。

触れるとギュッと縮んで砂の中に隠れる。ポリプのひとつひとつは仲間どうしと密接に繋がっているが、口、体、触手はべつべつである。大きくなると何千箇ものポリプをつける。卵はポリプとはべつの器官でつくられているようだ。「ここでどうしても、個体とはなんだろうと考えてしまう。[424]」

⑥浮遊グモ：ラ・プラタの河口で。索具が浮遊グモの糸に覆われることがよくあった。クモは少し高くなった場所に這いあがり、腹部をつきあげて糸を出し、水平方向に飛んでいく。サンタ・フェでの観察では、クモは杭のてっぺんに立ち、紡績突起から四、五本の糸を射出した。暑く、微風さえ吹いていないように感じたが、糸は陽光を浴びて輝き波うった。岸に目をこらすと上昇していく陽炎がはっきり見えた。上昇気流にのった糸がクモ自身を空中に浮かびあがらせるのだろう。[425]

⑦バッタ：すでに一八三五年三月終わりになっていた。チリのパルパライソに碇泊したとき、コルディエラ山系を横断し、アルゼンチン側のメンドーサの近くまで行った。ルハンの村に辿りつくちょっと前に南の方角に暗赤色がかった雲のギザギザの塊が見えた。野火の煙かと思ったが、ほどなくバッタの大群とわかる。北をさして飛んできて、ぼくたちに追いついた。下は地上から一〇メートルほど、上は一〇〇〇メートル近くに達する厚みをもっているようだ。強風が船の索具に吹きつけるときのような音がする。棒を振り回してもたたき落とせないから、それほど密集はしていないのだろう。蝗害はこの地方ではめずらしくない。砂漠に産卵場所があるようだ。[426]

⑧サシガメ：ルハン村に一泊したとき、夜半に二・五センチもある黒いナンキンムシの猛攻をうけた〔サシガメ科オオサシガメという昆虫〕。わざと指をのばすとぐいぐい血を吸いだす。ちっとも痛くない。一〇分も経たないうちにウエハースのように平たい体がまん丸くふくれあがる。捕らえて飼い続けた一匹は、一人の将校の血を糧にして、四ヶ月にわたってまるまると肥っていた。[427]

ぼくが出会った両棲類・爬虫類たち

個別的な観察を紹介するまえにこの連中の生活のしかたを特徴づける重要な条件について考える。それが〈冬眠〉である。北半球出身の君たちは自分の慣れ親しんだ季節感覚を逆転してほしい。南半球では一一月〜三月ごろがピークとなる暑い雨季が終わると急速に秋から冬へ向かい四〜八月はかなり寒い。南米の両棲類・爬虫類たちは〈冬眠〉する。ビーグル号は七月下旬から八月上旬をモンテビデオに碇泊して過ごし、それから南下して南緯度が四度も高くなるバイア・ブランカに九月上旬から月末にかけて碇泊した。〈冬〉が終わり〈春〉が始まるこの時季が、〈冬眠〉について考える機会をぼくに与えてくれた。

——モンテビデオでは、七月二六日〜八月一九日の二三日間の平均気温は摂氏一四・七度だった。毎日の最高温度の平均は一八・六度、最低温度の平均は七・八度だった。いちばん下がった日は五・三度にまでなったが、日中は二〇度から二五度にまで上昇する日さえあった。だが、ここでは、甲虫類のほとんどすべて、クモ類の数属、カタツムリ、陸棲の貝、ヒキガエル、トカゲのすべてがまだ石の下で眠っていた。バイア・ブランカにくると、九月七日〜一八日の平均気温はビーグル号の甲板上での測定によれば約摂氏一〇度で、日中でも一三度を越えることはほとんどなかった。九月一九日〜九月三〇日には平均気温一四度で、日中は一六〜二一度になった。平均気温は四度しかあがってないが、最高気温が急上昇したので、生命の動きをよびさますには十分だった。[428]

この分析からつぎのことがわかる。冬眠から動物をめざめさせる刺激は最高温度の絶対値ではない。その土地でみられる平常の気候に刺激はコントロールされているのである。

⑨毒へビ：クサリへビ科のある毒へビ（トリゴノケファルス属またはコフィアス属）はガラガラへビとクサリへビの中

424 同書、一九〇―一九一頁。
425 同書、三〇二頁。
426 ダーウィン、チャールズ・R　二〇一三（荒俣宏訳）『新訳　ビーグル号航海記　下』平凡社、一五二頁。
427 同書、一五三頁。
428 『ビーグル号　上』一八八―一九〇頁。

間に位置するようだ。このヘビは、怒ったり驚いたりすると、尾の末端をとてつもない速さで振動させる。それが枯れ草や小石を叩くとガラガラという音が聞こえる。ガラガラヘビの習性をもつのだが、音を出す仕掛けは発達していない。生物の特徴は、その体構造からある程度独立して、多様化する傾向をもつようである。このヘビの顔は醜くいかにも獰猛そうだ[429]。

ぼくが出会った鳥たち

一八三二年七月五日にリオを出港し、七月二六日にモンテビデオに碇泊した。このときマルドナドに一〇週滞在し、ポランコ川へ小旅行した。たくさんのレア〔アメリカダチョウ〕の群れを見た。一群れに二〇〜三〇羽いる。ごく近くまで馬を進めても平気だが、近づきすぎると翼を広げ、風に吹かれる帆のように滑走して逃げてゆく。

⑩レア：翌年の九〜一〇月にバイア・ブランカに滞在中に、レアの卵を探して歩いた。レアは特徴のある低いかすれた鳴き声をあげる。初めて砂丘でこれを聞いたとき、野獣の吠え声かと思い、立ちどまった。一箇だけ散在している卵はウアチョとよばれ孵化しないといわれる。巣は浅い穴をなし、そこに寄せ集められた卵を四ヶ所で見つけた。三つの巣にはそれぞれ二二箇の卵があり、もうひとつには二七箇あった。合計で九三箇にもなった。べつの日に馬に乗って一日探したときは六四箇見つかった。うち四四箇は二つの巣にあり、残り一八箇はウアチョだった。ガウチョによると、雄だけで卵を孵し、その後もしばらく雛と共にいるという。アフリカのダチョウでは雌の産卵能力がきわめて大きいことが知られている。継続して産み続けると、最後の卵を産むよりも前に〔抱卵が不充分だった？〕最初の卵は死んで腐ってしまうだろう。何羽もの雌が協力しあって抱卵すればこれを回避できる。また雄も抱卵に駆りだされざるをえない。レアの場合、多くの卵がウアチョとして無駄にされるのは奇妙である。複数の雌が協力態勢をつくることの難しさとともに、抱卵する雄を見つけにくいことによるのではないだろうか。レアの卵一箇は鶏卵の一一倍の重さがある[430]。

⑪ダーウィン・レア：ネグロ川流域に滞在中、ガウチョたちからアベストルス・ペティセとよばれる珍しい鳥の話を聞いた。ふつうのレアと外見はよく似るが、体はひとまわり小さく脚もすこし短いという。のちに採取したいくつかの標本のきれいな部分を繋ぎあわせ完全な一体ぶんの剝製を作ることができた。のちに、ぼくの名前を種名とし、ストルティオ・ダルウィニという学名がつけられた。ふつうのレア（S・レア）は南緯四一度のネグロ川を南限とするラ・プラタ地域に棲むのに対して、S・ダルウィニは南パタゴニアに分布する。ネグロ川周辺は両種の混在地域であろう[431]。

⑫ナキコウウチョウ：ムクドリモドキ科のこの鳥はよく牛や馬の背に群れてとまる。水泡がはじけるようなシッという鋭い声をだす。この鳥にはカッコウのような託卵習性がある。ぼくの調査助手が、スズメの巣の中にほかよりひときわ大きくて色も形も異なる卵を見つけている。北米に棲む別種のコウウチョウにもカッコウと似た習性が報告されている。牛の背にとまるような些細な習性も似ている。だが、カッコウはとても臆病な鳥でいつも藪に隠れて暮らすのに対して、コウウチョウはツグミのように群棲を好み、開けた平原に暮らす[432]。

⑬タイランチョウ：スズメ目タイランチョウ科のこの鳥の体の構造はモズに似ている。空中を滑空している姿を見ると猛禽類と見まがうばかりだ。べつのときには、水辺に寄りつきカワセミのように静止し、淵に浮きあがってくる魚を捕らえる。羽を切って籠や庭で飼うとすぐに人に馴れる。この鳥が繰り返す甲高い鳴き声をスペイン人は「ビエン・テ・ベオ」（ごきげんよう）と聞きなす[433]。

⑭カラカラ：この小さなタカ〔ハヤブサ科〕は南米では悪名高い。ポリボルス属四種が知られているが、ラ・プラタに棲息する種はカルランチャの名で知られる。とても頭がよく、他の鳥の巣から卵を盗んだり、馬の背の爛れた傷から瘡蓋

429 同書、一八五－一八六頁。
430 同書、一七五－一七八頁。
431 同書、一七八－一八〇頁。
432 同書、一〇八－一〇九頁。
433 同書、一一〇－一一一頁。

を食いちぎったりする。生きた鳥や獣はめったに襲わず、もっぱら腐肉あさり《スカベンジャー》である。イモムシ、貝、ナメクジ、バッタ、カエルなども食う。生まれたての子羊を襲って臍帯を裂いて殺すことさえある。コンドルを追いまわし、呑みこんだばかりの屍肉を吐き出すまで攻撃をやめない。多彩な習性と高度の狡猾さをもつ鳥だ。鳴き声は風変わりで非常に耳ざわりである。鳴くときは嘴を大きく開き、冠羽が背中にくっつくほど高く頭を反り返らせ、いまにも後ろにひっくり返りそうだ。はるかに小さいチマンゴカラカラは完全な雑食性で、チエロ諸島では植えつけたばかりのジャガイモを掘り返される被害をうけた。いちばん最後まで屍骸から離れない鳥だといわれ、死んだ牛や馬の肋骨の中によくいる。フォークランド・カラカラは、カルランチャと習性が似ている。撃ち落とされ傷ついたカモが、猟師の目の前で襲われたことさえある。航行中は甲板の上ぼれをひったくる機会を窺う。人を怖れず気が強く、狩人が動物を仕留めるとすぐに群がり取り巻いておこを飛びまわり、索具を引きちぎったり肉を盗んだりといった狼藉をはたらく。悪戯好きで好奇心旺盛だ。無類の喧嘩好きで、怒ると嘴で草を切り刻む習性がある[434]。

⑮コヒバリチドリ：この小型の鳥は南米南部のひろびろした乾燥地にたくさんいる。二羽または小さな群れをつくって暮らす。地面にうずくまると大地に溶けこんで見わけがつかなくなる。植物質の餌を食べるのに適した筋肉質の嗉嚢、アーチ状の嘴、肉厚の鼻孔、どれをとってもウズラに似ている。だが、飛ぶ姿はキジ目とは似ても似つかない。長く尖った翼、飛びかたの不規則さ、上昇の瞬間にあげる切々とした鳴き声、そのすべてがシギを思わせる。オオヒバリチドリのほうはライチョウに似た習性を示す。シロハラオオヒバリチドリはチリ中部のコルディエラ〔北米、メキシコ、中米、南米につらなる大山系で、アンデス山脈やロッキー山脈をふくむ〕の雪線のすぐ下にまで棲む。近縁のサヤハシチドリは南極圏に棲み、波をかぶる岩に生える藻や貝を食べる。この科は他の科の鳥たちとさまざまな類似関係をもち、博物学者を悩ませる。「現在にも、そして生物が創造された過去にも共通する大原理《グランド・スキーム》を明らかにする助けとなるグループのひとつである[435]。」

⑯フォークランド諸島には重さ九キログラムにも達するフナガモがたくさん棲む場所がある。水面を叩いてしぶきをとば

す特異な身ぶりのために「汽船」とよばれる。飛ぶ力は弱いが、小さな翼を交互に動かして水を掻き、すばやく動きまわる。海藻の上や干潮に露出する石の上につく貝を食べるので、嘴と頭は貝殻を砕く必要のために大きくて硬くなっている。[436]南アメリカでは、三種の鳥が翼を飛ぶ目的以外に使っていることがわかった。ペンギンは鰭として、フナガモは櫂として、レアは帆として翼を使うのである。

ぼくが出会った哺乳類たち

馬が耐えながら運ぶ荷物の重量のすごさにぼくは感服しっぱなしだった。傷を負ってもイギリス産の馬に較べてすばやく恢復するようだ。馬の肩に咬みつく吸血コウモリ、撃ち殺しても尾を枝に巻きつけて落ちてこないホエザル（ついに大木を伐りたおすはめになった）、吐きそうなほどの悪臭を雄が発するゲマルジカ、手の届きそうな距離まで這って近づいたらすごい速さで川へ突っこんで行ったカピバラ……どれも印象ぶかいが、理論的な思考の素材となるような観察はそれほど多くないので、大幅に省略する。

㉑ツコツコ：小型の齧歯類で、モグラの習性をもつネズミである。主食は地中の植物の根であり、地下にいるときはきわめて特徴的な鳴き声を発する。生息数が多いところでは、一日中この声が聞こえる。腿の骨の関節に靭帯がなく、垂直方向に跳びあがることができない。何匹か飼ってみたら初日からよく馴れる個体もいた。大きな眼をもつが、ほとんどの個体は盲目であろう。後天的に瞬膜に炎症を起こしたせいだと思われる。ラマルクが知ったらさぞかし大喜びしただろう。[437]

㉒マーラとビスカーチャ：ぼくはマーラを誤ってアグーティと記載していた。マーラはウサギによく似たテンジクネズ

434　同書、一一三－一一六頁。
435　同書、一八〇－一八二頁
436　同書、三七〇－三七一頁。
437　同書、一〇六－一〇八頁。

ミ科の動物である。後ろ足に指は三本しかなく、体の大きさはノウサギの二倍に達し、九～一一キログラムにもなる。二、三匹の小さな群れをつくり、荒れた平原を一列になって跳ねていく。チンチラ科の齧歯類ビスカーチャが穴を掘るところではマーラはこの穴に居候をきめこむが、ビスカーチャがいないバイア・ブランカでは自分で穴を掘る。パンパスに棲むアナホリフクロウもビスカーチャが掘った穴の口に見張りのように立っている。ビスカーチャは南緯四一度のネグロ川まで分布し、それより南にはいない。川が越えられない障壁になるので、ウルグアイ川の東側には分布しない。ブエノスアイレスではおそろしく数が多い。夕暮れどきに群れをなして現われ、穴の口でじっとする。硬いものを穴の口にひっぱってくるという奇妙な習性をもつ。牛の骨、石、硬い土塊、乾燥した糞、等々。この習性がどんな機能を果たしているのか見当もつかない[438]。

㉓ゾリヨ（ブタバナスカンク）に犬をけしかけると、悪臭をもつ油脂を数滴ひっかけられたとたん尻尾を巻いて逃げ帰ってくる。一回でもやられるとひどく元気がなくなり、鼻から汁を出し、それからは猟犬として使いものにならなくなる。ゾリヨの匂いは五キロメートル離れていても嗅ぎとれるぐらい強烈なものである。船がモンテビデオ港にはいるとき、風が岸から吹いてくると、甲板上でこの匂いを嗅がされたことも何度かある[439]。

㉔アルマジロ：バイア・ブランカ周辺には三種のアルマジロが棲息する。ピチアルマジロ（ピチー）、アラゲアルマジロ（ペルードー）、マタコミツオビアルマジロ（アパル）である。もう一種のムリタアルマジロ（ムリタ）はバイア・ブランカより北を南限とする。右の三種はほぼ似た習性だが、ペルードーだけが夜行性である。アルマジロは、甲虫、イモムシ、植物の根、小型のヘビ類を食べる。ピチーは乾いた砂を好み、数ヶ月一滴の水も飲めない沿岸の砂州に暮らす。バイア・ブランカ近辺を馬に乗って一日まわると何頭かのピチーを見かける。捕獲するためにはよほどすばやく馬から降りないとあっという間に柔らかい土にもぐりこむ。「こんなに小さくてかわいい動物を殺すのは、しのびない気分になる。」ナイフを背に突き立てるときも「とてもおとなしくしている[440]。」

㉕ピューマ：ある駐屯地に着いたとき、粗末な夕食でもてなされた。肉を食べているときふと、土地の人気料理である

犢《こうし》の胎児ではないかと思い、ゾッとしたが、よく聞くとピューマの肉だという。肉の色は白っぽく味は犢そっくりだ。別名アメリカライオンともよばれるピューマの分布は広い。南米では、赤道直下の森林からパタゴニアの砂漠を通り、フェゴ島の寒冷な地域にまで南下している。中央チリのコルディエラでも標高三〇〇〇メートルぐらいでピューマの足跡を見かける。シカとレアのほかに、ビスカーチャその他の小型哺乳類を食べる。人間を攻撃することはごく稀である。牛や馬もあまり襲わないが、チリではほかの哺乳類が少ないので、牛や馬の若い個体がよくねらわれる。獲物に襲いかかるときは肩にとびつき片ほうの肢で頭を後ろにひっぱり背骨をへし折る。食い残した屍骸の上に灌木をたくさん重ねて隠し、そばで見張りをする。屍肉をねらうコンドルがその上空を旋回するので、人はたやすくピューマを見つけることができる。ピューマ狩りにつかう犬はレオネロスとよばれる特別な品種で、長脚のテリアのような華奢で貧弱な犬だが、ピューマに襲いかかる本能は強烈である。ピューマはとてもずるがしこい獣で、追われると前に通った道に戻ってきて、不意に片側へ跳びのき身を伏せて犬どもをやり過ごす。非常に静かな動物で、たとえ傷ついても叫び声ひとつあげないが、繁殖期にはごくたまに吼える。[441]

ガラパゴスの経験

君たちも知ってのとおり、ガラパゴス諸島の探査こそ、五年間近くにわたる冒険行の白眉だった。そこで得た幾多の洞察は、のちのぼくの思考にとって本質的な成分になった。

——陸鳥としては、二六種の標本を入手した。うち二五種がガラパゴス群島の固有種である。

---

438 同書、一三九－一四〇頁、二四〇頁。
439 同書、一五七頁。
440 同書、一八四－一八五頁。
441 同書、二二五頁。『ビーグル号　下』四一－四二頁。

(g1)もっとも興味ぶかいのは一三種のフィンチである〔荒俣の訳注によれば、ダーウィンはこれをアトリ科のヒワの仲間と考えたが、その後ホオジロ科に再分類され、現在はフウキンチョウ科に分類されることが多い。カラハリにも、フィンチという英名をもつ鳥が三種いる。キクスズメ、オオイッコウチョウ、ニシキスズメである。最初の一種はハタオリドリ科、あとの二種はカエデチョウ科に属する〕。すべての種の大多数の雄は漆黒であり、雌は褐色を呈する。これらのフィンチの嘴は完全に順を追って大きさを変化させている。シメのように太く大きい嘴からアトリのように細く小さい嘴までじつによく揃っている。「深い類縁関係をもつ鳥たちのあいだで、その体構造が順を追い変化し多様化を示していく事実を前にすると、次のような空想を本気でめぐらしたくなるだろう。つまり、この群島に元来いたごく少ない固有種群から、ある一種が選びだされ、別々の目的にそって変形させられたのでは、と。[442]」

(g2)ガラパゴスの鳥たちは人をまったく怖れない。鳥が人間をこわがるのは、人間に対する特別な本能のせいである。鳥たち一羽一羽がどれほど迫害されても、短い年月のうちに恐怖心が身につくわけではなく、次つぎに世代が重なって遺伝的な性質になる。野生動物の場合、獲得された知識が子孫に遺伝される例はめったに見つからない。鳥が人間をこわがるのは、それが先天的にそなわった遺伝的な習性というほか、説明のしようがない。ガラパゴスやフォークランドではたくさんの鳥が人間に危害をくわえられているのに、人間への恐怖心をなかなかもとうとしない。この事実からひとつの可能性が導きだされる。ある土地に新しい猛獣や猛禽が侵入すると、土着の生物たちの本能がこの外来者の技や力に慣れるまでに、その地域はとてつもない損失を発生させるだろう。[443]

(g3)この群島にはたくさんのトカゲ類がいるのに両棲類の姿がない。「トカゲの卵は石灰質の殻に守られているので、ねばねばしたカエルの卵よりもずっと簡単に海水に乗って運ばれる〔…〕。[444]」大きな島の中心部のかなり高地にだけ湧き水があるので、陸ガメは喉が渇くと長い旅をする必要に迫られる。その結果、地ならしされた径ができ、泉から四方八方に枝分かれして海岸へのびている。スペイン人たちはこのカメ径をたどって最初に水場を見つけだしたのだ。泉の近くでは頭を前方に突きだし必死に脚を動かして移動するやつや、満腹するまで水を飲んでゆっくり帰って行くやつなどがいる。

泥浴びをするものもいる。泉にたどり着くと目のところまで水に沈め一分間に十回ぐらいの割合でごくごくと水を飲む。飲んだあとのカメの膀胱は水をたくわえて脹れるが、日をおって少しずつ小さくなっていく。水が必要なときはカメを殺して脹らんだ膀胱から水を飲む。中の水は透明でかすかに苦い味がする。島民たちはまず心嚢にある水を飲むという。しかし、このカメたちは泉などまったくない年に数回雨が降るだけの島でも、確実に生きていける。繁殖期には雄がかすれた声で吼える。一〇月に卵を産む。砂地では卵をかためて産み落とし上に砂をかけるが、岩場では窪みを見つけるたびにいくつかずつ産んでゆく。卵は鶏卵よりも大きい。孵化したての稚ガメのかなりの数が、カラカラに習性がよく似たガラパゴスノスリの餌食になる。右で述べた雄の吼え声とは矛盾するが、カメはまったく耳が聞こえないと地元民はいう。実際、後ろからそっと近づき追い越すと、カメは不意に頭と脚をひっこめどさりと音を立てて地面に落ちる。これを見るのがいつも楽しみだった。肉は生のままでも塩漬けにしても美味。脂肪からはすきとおった上質の脂がとれる。捕獲するときは、まず尻尾の近くの皮膚に切れ目を入れ脂肪層の厚さを確かめ、薄ければ逃がしてやる。カメはこの奇妙な「手術」からすぐに回復するという[445]。

(g4)ウミイグアナとリクイグアナ：ウミイグアナは海岸の岩場にだけ棲みついている。体長は一メートル以下がふつうだが、なかには一・二メートルになるものもいる。色はくすんだ黒、醜く愚鈍な生きものである。数頭の胃の内容物を調べたら、海藻ばかりであった。だが、この海藻は岸辺の潮だまりには生えていない種類なので、岸から少し離れた海底に生えたものを食べているのだろう。このトカゲたちの奇妙な習性は、人に追いかけられて怯えたとき、けっして海に跳びこまずに、ひたすら陸を逃げることだ。だから、容易に狭い場所に追いこむことができる。海に飛びこむよりも尻尾を摑まれることのほうを選ぶ。咬みつく気はまったくない。この愚かしい習性はつぎのように理解できる。かれらはもともと陸

442 『ビーグル号 下』二四三頁。
443 同書、二七四－二七五頁。
444 同書、二四六頁。
445 同書、二四五－二五〇頁。

上に敵をもたないが、海ではしばしばサメの餌食になる。「陸上は安全だというしっかり安定した遺伝的本能にうながされ、［…］陸上を逃げ場とするのだろう。」[446] ウミイグアナが扁平な尾をもち四肢の指に部分的に水かきをもつのとは対照的に、リクイグアナは尾が丸太状で水かきをもたない。海の仲間と同じくとても醜い動物で、腹部は黄色がかったオレンジ色をしている。地中に緩い勾配で掘りこんだ穴に棲む。穴を掘るときは体の左右を交互につかう。つまり、右の前肢で土を掻くと右の後肢でそれを後方へ蹴りだし、穴の口の前に堆積させる。右側が疲労すると左側が仕事を引き継ぎ、これをずっと繰り返す。低地に棲むイグアナは数が多いが、一年じゅう一滴の水も飲めないようだ。大量に消費するサボテンで水分を補給しているのだろう。高地ではグアヤビタ〔「アカシアの葉」とも書いてあるのでアルゼンチン産のマメ科ジャケツイバラ属のグアヤカンのことだと思われる〕の酸っぱくて渋い実を主食としている。樹に登り静かに葉を食む姿もまれではない。ともあれ「爬虫類がこれだけ異様なかたちで草食哺乳類のお株を奪っている場所は、世界のどこにもない」[447]

動物との出遭いを追体験する

この小節では、ダーウィンの経験にわたし自身を寄り添わせることを試みる。

まず①アメフラシである。思春期のわたしがその紫色の液体の噴出に強烈な印象をうけたアメフラシにダーウィンも関心をかき立てられていたことに、不思議な連帯感をおぼえる。だが、わたしはアメフラシの体を包む粘液に毒性があるとはまったく知らなかった。

⑤ウミエラについては、ポリプという特異な体制が注目される。第六章で馬渡が注目したカイヤドリヒドラの例で、われわれはポリプからクラゲが遊離する生活形に出会っているが、同じ刺胞動物でも、花虫類（綱）ではポリプ形だけがあり、クラゲ形は生じない。[448] クラゲの群体やウミエラの定着性の柱状体は、ダーウィンが感嘆したように、「個体とは何か」という本質的な問題を突きつける。この問題は、次章でとりあげる今西錦司の生物社会学において明晰な解答を与えられる。

ダーウィンの観察は、いくつかの局面で、中央カラハリでわたしが得た「豆知識」と呼応しておもしろい。コルディエラ山系を越えたあとに遭遇した⑦バッタ（イナゴ）の大群。カラハリ隊の同僚たちの歴史復元によれば、中央カラハリ地域でも今世紀初頭にイナゴが大発生し農作物に被害を与えたことが植民地政府の文書に記録されている。[449] カラハリのギャーン（アフリカスカンク）は㉓ゾリヨの類縁種で、英名のゾリラはスペイン語のゾリヨと同語源である。グイによれば「こいつが小屋の中で屁をしたら吐いてしまう。もうその小屋には住めない。」ダーウィンはゾリヨの体色について何も書いていないが、ギャーン（ゾリラ）は、典型的な「警告色」として、黒と白の鮮やかなストライプ模様をもつ。

アフリカとの比較でもっとも興味ぶかいのは、⑩レアとダチョウの産卵習性の共通性である。一夫多妻集団をつくるダチョウの場合、ひとつの巣に複数の雌ダチョウが産みつける卵は多くても十数個だから、レアのほうがずっと多い。雄が抱卵に協力することはダチョウでも知られている。わたしも、原野のキャンプに滞在したとき、ダチョウの吠え声をライオンの咆吼と聞き間違え青ざめたことがあった。グイの解説によれば、ダチョウは雌雄ともに吠える。夜、雄は巣とはべつの所に寝る。雌は一晩じゅう卵を抱いて腹がへるので、吠えて雄を呼ぶ。雌が採食に出ているときには雄が抱卵するそうである。

⑬タイランチョウの鳴き声がスペイン人たちによって「ビエン・テ・ベオ」と聞きなされるという話は、グイによるさまざまな鳥の鳴き声の機知あふれる聞きなしを知っている者からすれば他愛ないともいえる。それよりも注目すべき関心のベクトルは、③ヒメノファルス属の菌類の観察から㉒ビスカーチャをめぐる記述へと向かっ

446 同書、二五三頁。
447 同書、二五八頁。
448 『岩波 生物学辞典 第4版』（一九九六）「ポリプ」一三三三頁。
449 大崎雅一 一九九六「歴史的観点から見た|Gwiと||Ganaブッシュマンの現状——セントラル・カラハリの事例より」『民族学研究』六一（二）：二六三－二七六。

ている。それは現代の展成論でもっとも注目をあびている〈共進化〉の概念とつながりがある。スッポンタケに似た悪臭をはなつキノコは英国でも南米でもある種の甲虫をひきつける。類縁関係のかけはなれた生物種どうしのあいだにみられる不思議な〈噛みあわせ〉が、途方もない地理的隔たりを超えて成立しているのである。カラハリではツチブタの掘った大きな穴をさまざまな種が隠れ場や巣として利用する。その役まわりを南米ではチンチラ科の齧歯類ビスカーチャがになっている。ツチブタもビスカーチャも自分の都合でせっせと穴を掘っている。かれらが自身の生を懸命に生きることが、意図（志向性）を超えた次元で、他の動物たちに対してかけがえのないアフォーダンスを供与し続けている。あまりにも当たり前のことだが、それは自然誌的態度にとっていつまでも生鮮性を失わない驚きの源である。

そのビスカーチャは硬い物体を蒐集して穴の口のそばに置くという機能の不明な習性（本能）をもっている。動物たちが天賦の力能として発現する本能的行動への好奇心もまた、ダーウィンの観察の原動力であった。④ジガバチの毒針がクモの体の腹側にある神経節を正確に射ぬくという本能の妙技に対する驚きは後述する牧野尚彦にまで受け継がれる。

⑫ナキコウウチョウは日本にはいないムクドリモドキ科の鳥で、もっとも大きな目であるスズメ目に属する。だが、この鳥は、かけ離れた系統関係にあるホトトギス目のカッコウを特徴づける〈託卵〉の習性をみせるのである。⑭カラカラのギャングぶりの精細な記述には思わずひきこまれる。人を怖れずその生活の周辺で狼藉を繰り返すこの鳥は、野澤が家畜化への前適応として注目した〈動物雑草《アニマル・ウィーズ》〉の性格をおびているように思える。本能という主題のもとにカラカラを括るのは、「怒ると嘴で草を切り刻む」という記述のためである。これこそ、第七章で注目した〈転移活動〉の一種だと思われる。

以下の分析では、展成論の心臓部めざして徐々に焦点をずらしていく。まず、ユクスキュルが注目した原形質とは「粥」であったことを想起しよう。フランソワ・トリュフォーの映画のタイトル『柔らかい肌』は人間や仲間動物たちの身体のプロトタイプ的なイメージを喚起する。硬い外骨格をもつ甲虫類や甲殻類は私たちと異質だ。②コメツキムシを見つめるダーウィンは、動物の顕著な運動に筋肉以外の物理的な力が働くことに魅惑されている。この魅惑はアルマジロという硬い殻に覆われた哺乳類への関心と連続する。「かわいい動物を殺すのは、忍びない気分」になりながら、「とてもおとなしくしている」動物にナイフを突き立てる。この描写から立ちのぼる〈残酷さ〉こそ、彼の記述の底流をなす。

柔らかい皮膚ではなく硬い鎧に覆われた身体への原初的な驚きは、カメと出会うときにもっとも強くかき立てられる。『怒りの葡萄』にもこんな一節があった。「子どもは必ずカメを飼う。そして必ず逃げられてしまう。[450]」泉めざしてのそのそ歩いている巨大な陸ガメ（g3）を目にすることほど類のない感動があるだろうか。後ろからそっと近づいて追い越すと手足と頭をひっこめてどすんと地面に落ちる。それを見ることは「いつも楽しみだった。」頑丈な鎧の中に全身を縮こまらせさえすればどんな敵も防禦できるはずだったのに、海をわたって侵入してきた二足獣に好きなように弄ばれ、なぶり殺しにされてしまう。

ある種の動物たちは、人とは大きく異なる生活形をもつ——冬眠である。南極の方向へ近づくにつれて気温は低くなる。北のほうの寄港地では日中に気温が二〇度を越える日があったのに多くの変温動物はまだ石の下で眠っていた。だが、南の寄港地はもっと寒いように感じられるのに、少し気温が上昇しただけで動物たちはめざめた。この不思議さを解き明かしたいとねがうことは生理学的な関心の原点である。だが、たくさんの気温の測定値をならべるダーウィンの分析は混乱している。「その土地でみられる平常の気候」の指標として気温を用いるなら、覚醒をもたらす「刺激」は、覚醒前の一定期間の気温と覚醒後のそれとのなんらかの差分であるはずだ。いくつかの差分のとりかたが想定される。たとえば、毎日の最高気温と最低気温（または平均気温）の差の

450　スタインベック、ジョン　一九六七（大久保康雄訳）『怒りの葡萄』新潮社。

平均値を二期間のあいだで比較する、あるいは差がある閾値を上まわった日数それ自体を比較する、等々。ダーウィンの与えているデータでは日数比較はできないが、気温変動の差分を検討するかぎりでは、モンテビデオとバイア・ブランカとのあいだに特段の違いはないように見える。何よりも致命的なのは、二地点の観察のあいだに一八日間もの隔たりがあるということだ。もしも気温とは独立した体内時計によって二つの地域での覚醒が同期していたとしても、無線交信が使えなかったこの時代にはそれを確かめるすべはなかった。残念ながらダーウィンの環境生理学的な関心の端緒は、実証性をもたない思いつきで終わったのである。ついでに指摘すれば、⑨でクサリヘビ科の毒ヘビが尾を振る行動をガラガラヘビと関連づけて理解しようとしているのは、信頼性の低い思弁だとわたしは思う。わたしが飼っていた美しいシマヘビは、生きたハツカネズミを餌として与えると、激しく尾を打ち振りながら忍びよった。攻撃性や緊張が高まったときに尾を震わせるという反応は系統とかかわりなくヘビ類に散在していると思われる（ヤマカガシやジムグリが尾を振るのは見たことがない）。

「博物学」の思考は、形態に基づく分類関係の理解と、フィールドでの行動習性の把握とを両輪として進む。形態的にはウズラによく似る⑮コヒバリチドリが、飛びかたはシギのようで、しかもその近縁種は多様な環境に棲息している。「博物学者の首をかしげさせる」ほど、他の分類群と複雑な類似関係をみせる種が存在することが、なにゆえに「創造の大原理」を明らかにすることの手がかりを与えるのか、その論理は曖昧ではあるが、この時点ですでにダーウィンが多種多様な動物を存在させる何らかの大きな法則を見いだせるかもしれないという予感をいだいていたことは確かである。

同質な予感は、いくつもの断片的なアイデアを見えない糸のように縫いあわせている。フォークランド諸島で重たく不格好な⑯フナガモを見て、飛翔のほかに鳥類が開発した翼の用途が三通りあることに思いいたる。游ぐための〈鰭〉（ペンギン）、水面を漕ぎすすむための〈櫂〉（フナガモ）、そして風をうけて滑走するための〈帆〉（レア）である。視野をさらに広げれば、器官の〈相同性〉という展成のもっとも太い軸に接近するだろう。

展成の思想は、すでにラマルクを読んでいたダーウィンの頭の片隅を囓り続けていたに違いない。だからこそ、地中に暮らす㉑ツコツコが大きな眼をもつがほとんど盲目であるという発見を「用不用説」と結びつけ、「ラマルクが知ったら大喜びしたろう」というような屈折した表現によって、危険水域になりかねない反 - 創造説への共感を暗示したのである。『種の起源』にはこの観察がそっくり取りこまれている。

南アメリカの堀穴性の齧歯類であるツコツコすなわちクテノミス（*Ctenomys*）は、モグラ以上にふかく地下にすむ習性をもっている。ツコツコをたびたびとらえたことのある一人のスペイン人の、それがしばしば盲目であるという見解は信じてよい。私が飼っていた一頭はたしかに盲目の状態であったが、解剖して明らかになったところでは、それは瞬膜が炎症をおこしたためであった。目がたびたび炎症をおこすことはどの動物にとっても有害であるにちがいないし、また地下住性の動物にとってはたしかに、目はなくてはならないものではないから、その大きさが縮小し、同時に瞼が癒合してそのうえに毛皮がのびてくることは、そのような動物では利益になることであろう。そうであるとすれば、自然選択は不使用の効果をたえずたすけるということになる。[451]

この部分をめぐって二点疑問がある。『ビーグル号』では瞬膜の炎症という所見は、持ち帰った標本を調べたイギリス動物学会の会員リード氏がもたらしたと明記されているが、『種の起源』ではダーウィン自身が解剖して確かめたかのように読める。また、瞬膜とは爬虫類と鳥類に見られる眼の構造で、哺乳類では消失しているはずだ。これらの疑問を脇におけば、ツコツコをめぐる考察は重要な事実を照らす。一八三二年のマルドラドでの観察からかぞえれば、大著の執筆に至るまでの二十数年間にわたって、ダーウィンは青年期に積み重ねた夥しい

451　ダーウィン、チャールズ　一九六三（八杉竜一訳）『種の起源（上）』岩波書店、一七八頁。Darwin, Charles 1859/1998 *The Origin of Species*. Ware (Hertfordshire): Wordsworth Editions, p. 106. 訳文は原文を参考にして一部修正した。

観察の意味を問いかけ続けていたのである。

ガラパゴスにおけるウミイグアナとリクイグアナの棲息場所、食性、習性の対比は鮮烈である〈g4〉。この爬虫類を人類史上初めて「博物学者」のまなざしでつぶさに観察した青年の幸福感はいかばかりだったかと想像すると、往年の動物少年の胸はつよい憧れに満たされる。それだけに、ダーウィンがこの愛すべきトカゲたちをしきりに「醜い」と形容することに鋭い違和感をおぼえる。ひょっとしたら、この青年は鳥やけものは好きだったけれど、爬虫類ぎらいだったのだろうか。そういえば、⑨クサリヘビの顔のことも「これほどいやらしい表情の動物を見たことがない」などとこきおろしていたではないか。

ここでダーウィンが接近したもっとも巨大な概念こそ〈ニッチ〉（生態学的地位）であり、今西理論の中核〈棲みわけ〉であった。だからこそ「爬虫類が他の地域では草食哺乳類が占めるべき位置にいる」という洞察が得られた。これと軌を一にした洞察は、有名なガラパゴス・フィンチ類にみられる〈多様化〉への着眼から得られた。それは『種の起源』の核心をなす〈生命の樹〉（系統樹）のイメージへと結実した。

悠久の時と出遭う

仮想講義の形式から別れをつげ、わたし自身の『ビーグル号』読解へ転移する。何よりも深く印象づけられたのは、動物学よりもいっそう決定的な影響を青年ダーウィンの思考に与えたのは、地質学であったということである。

――ⓐ落雷で生じた物質：ラグナ・デル・ポトレロとラ・プラタ川岸辺のあいだに横たわる広い帯状の砂丘で奇妙なものを発見した。雷がさらさらした砂地の中に落ちたため、珪酸質がガラス化して小さな管になったのだ。管の内面は完全にガラス化して光沢があり滑らかだ。顕微鏡で覗くと細かな気泡が無数に見える。水蒸気の泡だと思われる。

ⓑ巨大陸棲動物の化石：ビーグル号が最初にバイア・ブランカに入港したのは一八三二年九月七日だったが、ほぼ一年

後の一八三三年八月二四日にも入港した。この機会にダーウィンは陸路でブエノスアイレスへの旅にでた。フロンタ・アルタで小さな平原の断層を見つけた。ここに巨大な動物の化石がたくさん埋まっていた。(i)メガテリウム(オオナマケモノ)、(ii)メガロニクス、(iii)スケリドテリウム(ほぼ完全な骨格が得られた)、(iv)ミロドン・ダルウィニ(この化石種にもダーウィンの名がつけられた)、(v)発掘現場では同定できなかった巨大四足獣、(vi)アルマジロそっくりの節のある甲羅をつけた大型獣、(vii)絶滅したウマの仲間、(viii)マクラウケニア(ミズラクダ、南米固有の有蹄類)、(ix)トキソドン(南米固有の有蹄類、サイほどのサイズ)。これらは礫層と赤色泥土のなかに二三種類の貝類とともに埋まっていた。うち一三種は現生種である。ダーウィンは、哺乳類の種としての寿命は甲殻類のそれより長くない、という学説を裏づける結果だとしているが、貝類は軟体動物なので、混乱した結論である。

ⓒサンタ・フェの対岸の町バハダで地質学調査に没頭し、パンパス堆積層から巨大アルマジロに似た獣の骨質甲羅を見つけた。またトキソドンとマストドンの歯も発見した。北米と比較すると太古の巨獣には南米と共通する属のものが多い。また南米にまったく見られないウシ科の偶蹄類についても、近年ブラジルの洞穴でその化石が発見された。つまり、南北アメリカ大陸の動物相は過去のほうがずっと共通性が高かった。また西インド諸島の動物たちには南米的な特徴をもつものが多い。かつては同諸島は南米大陸とつながっていたが、その後沈下した地域があったのだろう。

ⓓ一八三四年二月二〇日、ダーウィンはバルディビアの森のなかで休息していた。そのとき強い揺れが襲った。未曾有の大地震だった。三月四日コンセプシオンの港に着いて被害の甚大さを知った。家並みはすべて廃墟の列になっていた。翌日は北西の港タルカワノに上陸した。ここでは崩れた建物は津波に流されただ一層をなすゴミの山と化していた。この地震でいちばん目についたことは、陸地がまんべんなく隆起したことだ。莫大な数の海棲貝類の殻が標高数百メートルの高さの土に混じっていることからみても、この海岸で隆起が進行していることは確実である。大地震のとき、北東に六〇〇キロメートル近く離れたファン・フェルナンデス諸島では火山が噴火した。ゆっくりたゆまず大陸を隆起させる力と火口から溶岩を噴きださせる力は同じものだと確言できる。

ⓔ一八三五年三月七日、コンセプシオンに三泊したあと出帆し、一一日にバルパライソに入港した。三月一三日にはダーウィン一行はコルディエラを越える旅にでた。サンチアゴで必要物資を調達し、三月一八日にはポルティーヨ峠めざして出発した。巨大な丸岩に覆われた谷の急傾斜をほとばしり流れるマイプ川が発する轟きにまじって、転がりぶつかりあう石の音が遠くからでもはっきり聞きとれる。長い年月にわたって石たちが昼も夜も川すじを転がりつづけていることを思うと、どんな山や大陸がこれほどの石の浪費を永遠に行なえるのだろうか、と考えこんでしまう。

ⓕコルディエラを構成する平行した山脈線のうち二本が抜きんでて高い。ダーウィンたちがたどる峠道がチリ側にあるペウケネス尾根をまたぐ地点の海抜は、三九六〇メートルである。メンドーサがわのポルティーヨ尾根は四二九〇メートルだ。ペウケネス尾根と、その西にある数本の高い山脈線の下層は、海底下の溶岩が流出してできた厚さ一〇〇〇メートルにおよぶ斑岩の大堆積でできあがっている。交互に層をなす堆積はやがて石膏層に吸収され、その上層にはかなりの貝殻がふくまれる。海抜四〇〇〇メートル以上の高山に、かつて海底を這っていた貝類がいるのだ。

　このような観察こそが、展成の思想が「博物学者」にやどる不可欠の契機をなしていた。第四章においてわたしは、先史に接近しうる唯一の径路は考古学の実践であり、たとえ科学によって推定される絶対年代を括弧にとどめおいたままでも、自然誌的態度は悠久の時を刻まれた地層に生鮮性を充填することができると論じた。だが、これらの論証は、わたし自身にとって間接性のなかにとどまっている。何よりも、わたしは、チャールズ・ライエルの『地質学原理』に心酔したダーウィンとはちがって[452]、いまだかつて地質学に真剣な関心を向けたことがない。すでに地質学の知識とセンスを涵養していたからこそ、ダーウィンはⓑ〜ⓕのような経験を、直接的な実感をもって貪欲に摂取し、思考のもっとも豊穣な養分としえたのである。みずからの手で多くの絶滅した巨獣たちの化石を掘りだす。大地震に遭遇し陸地の隆起をまのあたりにする。急峻な谷川を転がりおちる石の音をじかに耳にする。四〇〇〇メートルの高山に堆積する貝の化石に見いる。これはテントの前に立った雄ライオンの咆吼に体を震わされることより何倍も稀有な経験であり、ヴィクトリア朝はおろか、超近代に生きる私たちのほとんどがけっして手にしえない〈真実の瞬間〉である。非凡な知性がこうした直接経験をみずからの思考の養分としないかぎり、「ごく普通の生き方をしている人」(Ⓒフッサール)は、みずからの生の長さを何万桁ものオーダーで超える〈途方もなく長い時間〉にこそ世界の謎のすべての答えが秘められているという洞察に達する契機などもちあわせない。その意味でダーウィンは空前絶後の思想者であった。彼はビーグル号の航海で「博物学者」が夢みてやまない珍奇な動物たちにたくさん出遭った。しかし何よりも重要なことは、彼が〈悠久の時〉とじかに向きあったということである。

二　自然が選択する——『種の起源』という胚珠

『種の起源』の基本概念

ダーウィンの展成論はいくつかの著作にまたがって開示されているが、本節ではその思考がもっとも凝縮されている『種の起源』(正確には『自然選択による種の起源について、または生のための闘いにおける自然選択によって有利になった変種の保存』初版刊行一八五九年)だけに焦点をしぼる。とはいえ、この側面についてはすでにあまりに多くのことが論じられているので、本書の探究全体にとって大きな意味をもつと思われる部分だけに限定して論じる。まず、もっとも根幹をなす思考の土台は、〈変異〉(variation)、〈変種〉(variety)、〈個体的差異〉(individual difference)、〈変異性〉(variability)という一連の用語である。三番目と四番目がミックスされた、〈個体的な変異性〉(individual variability)という言い方もなされる。[453] 要するに、同じ種の個体どうし、究極的には同じ両親から生まれたキョウダイどうしのあいだに、いろんな水準で形質の多様性が見られるということだ。この

452　『図説　種の起源』二七九頁。書誌は注213参照。
453　『種の起源(上)』六四−六五頁、八三頁。

経験的事実を本章ではひとくちに〈変異〉とよぶ。ガラパゴス・フィンチのように、ある祖先種から相互に多くの差異を示す複数の種が放散していくことは、〈生存のための闘い〉（struggle for existence）あるいは〈生〔活〕のための闘い〉（struggle for life）の結果である。この因果関係の認識から〈自然選択〉という概念が定義される。

生活のためのこの闘いによって、変異は、いかに軽微なものであっても、またどんな原因から生じたものでも、どの種でもその一個体にいくらかでも利益になるものであったら、他の生物および外的自然にたいする無限に複雑な関係において、その個体を保存させるようにはたらき、そして一般に子孫に受けつがれていくであろう。〔…〕どんな軽微な変異も有用であれば保存されていくというこの原理を、それと人間の力との関係をあらわすために、私は〈自然選択〉の語でよぶことにした。[454]

さらにすぐあとでダーウィンは〈生存のための闘い〉ということばを隠喩的に用いているとことわっている。[455] たとえば、砂漠のへりに生育している植物は乾燥にたいして生きるために闘っているといえるが、正確には湿度に依存しているのである。また、ある区画に散布されたたくさんの種子から一本の植物が成熟する場合では、同種または異種どうしの植物のあいだで〔たとえば乏しい水分をめぐって〕闘いが起きているといえる。

ダーウィンの思考が翻訳によってわが国の知的風土に移植されたときに生じたいくつかの重大な偏倚を指摘しなければならない。まず「生存闘争」はよくない。まるで生きのこりを懸けて二個体が実際に〈争って〉いるかのようだ。もちろんサタンとマフィー／モフェット兄弟の場合のように血みどろの闘争が起きることもあるが、次章で紹介する柴谷も強調しているように、なんら身体的な争いが起きなくても、たとえば増加率のわずかな差だけで、ある種はべつの種に〈とって代わる〉ことがある。さらにいつのまにか〈生存競争〉という新しい概念が、日常語のなかに滲透するようになった。あたかも同一のゴールをめざして二個体が凌ぎをけずっているかのようだ。典型的には、発芽した二種の植物が日光という同一の資源を求めて茎を上へ伸ばすような場合である。生長速度のまさるものが先に葉をつけ、劣るものが日光を遮られ死滅するという意味では、〈競争〉はふさわしい概念である。だが、生活の場と食性とを完全に〈棲みわけた〉リクイグアナとウミイグアナの場合には、どんな意味でも〈競争〉は起きていない。かれらはそれぞれサボテンをぱくついて日なたぼっこしたり、長い尾をゆらめかせて優雅に游ぎまわりながら海藻をこそげ採ったりして、懸命に生きている。ひょっとしたらダーウィンの思考の端緒としてのストラッグルとは〈闘い〉でさえなく、〈あがき〉のことではなかったろうか。だとすれば、それは本書の冒頭から繰り返し登場してきたオイケイオーシスと同じである。

もうひとつわたしには不可解でならない翻訳文化の慣習がある。近年出版された「進化」理論の専門書においてさえ（後述するデネットの大著を含めて）、今なお「自然淘汰」という訳語が使われ続けているのはどうしたわけだろう。ダーウィンは以下のように述べている。

［…］有利な変異の保存と有害な変異の棄却とを、私は〈自然選択〉とよぶのである。有用でもなく有害でもない変異は、自然選択の作用をうけず、不定的な要素としてのこされるであろう。そのことは、たぶん、多型的とよばれる種において、みられるであろう。[456]

もちろん「保存」と「棄却」はコインの裏表である。だが、小節冒頭の引用から明らかなように、力点は「利益になる」形質の保存におかれているのであり、「棄却」はこの効果のネガティブ表現にすぎない。棄却＝ふるい

454　同書、八四－八五頁。
455　同書、八六頁。
456　同書、一〇八頁。Darwin, *op. cit.*, p.64.「不定的な要素」は原文では“fluctuating element”なので「変動する要素」のほうが適切かもしれない。

落としのほうを前面に押しだすのは、わたしには弱肉強食を正当化する社会ダーウィニズムの歪みの残響としか思えない。八杉竜一が一九六三年という早い時期に「自然選択」という正しい訳語を選んだ決断は敬服に値する。[457]

それとはべつに、右の引用にはダーウィンの恐ろしいまでの予見がみてとれる。彼はすでに「多型種」の概念および「分子進化の中立説」を先どりしていたのである。わたしがこれと似た「不気味なまでの洞察力」に気づいたのは（おそらく一九八〇年代に）カラハリのテントの中で灯油ランプの光のもとで文庫本全三巻を初めて通読したときだった。

〔不妊でしかも父母と形態が大きく異なる働きアリがなぜ進化しえたのかという問いを自然選択によって説明しようとするときに生じる〕この困難は、克服しがたいものにみえるけれども、つぎのことを想起するなら、それはよわめられるか、あるいは私の信ずるところでは消失するかするものである。それは、選択は個体とともに家族にも作用しうるものであって、望む目的をこうして達成することもあるのだということである。〔…〕その共同体の一定の成員における生殖不能の状態と相関した本能あるいは構造のある軽微な変化がその共同体にとって利益になるものであって、そのためおなじ共同体の成員である生殖可能の雌雄が繁栄し、その生殖可能な子孫に対して、同様の変化を示す生殖不能の成員をうむ傾向をつたえたのである〔…〕[458]。

第七章では、クマーやディーリア・オーエンズのような卓越した観察者が、とってつけたようにハミルトン理論を引用することを批判した。だが、社会生物学という支配的パラダイムの枢軸である血縁選択理論は、けっして新しい意匠ではなかった。ハミルトンは、ダーウィンの直観を集団遺伝学で発達した数理モデルによって定式化しただけなのである。

隠喩としての〈自然選択〉

さて、ダーウィンは「生存のための闘い」は隠喩だと言明していたが、それよりもずっと巨大な隠喩を用いていることに気づいていたのだろうか。まさに〈自然選択〉という概念そのものである。これは命題の形に書きなおせば以下のようになる。《自然が個体の生存に有利な変異を選択する》。すなわち《自然》は選択を実行する動作主なのである。この点に関してダーウィンは確信犯であったふしがある。

> 人間は方法的および無意識的の選択の手段によって偉大な結果をおさめることができるのだし、またおさめてきたのである。自然にはそれができないなどということがあるだろうか。[…] 彼女は、あらゆる内部器官、あらゆる度合いの体質的差異、ならびに生命の全機構にたいして、作用することができる。人間は、自分の利益のためにのみ選択する。〈自然〉は、自分がせわする存在者のためにのみ選択する。[459]〔強調は引用者〕

だが、（大文字ではじまる）〈自然〉はいつ定義されたのだろう。メルロ＝ポンティによれば、それは「対象ではない対象」であった（エピグラフ参照）。思いきった単純化をほどこせば、自然とは、人間による制度化がおよばない森羅万象のことであろう。動植物は、それら森羅万象の一部である。無限定な全体が、みずからの一部を構成する存在者の利益のためになんらかの選択を行なっている。これは、控えめにいっても、神秘的な観念である。

457　八杉は上巻「解題」の末尾で「訳語はできるだけ各学会の制定用語にしたがった」とし、「自然淘汰」という古くからの訳語をもちいなかったのもその一例だと明記している。だが、これがどの「学会」なのかは定かでない。もっとも権威あると思われる『岩波　生物学辞典』の見出し語が「自然淘汰」であるのは驚きである。

458　ダーウィン、チャールズ　一九六八（八杉竜一訳）『種の起源（中）』八九頁。Darwin, *op. cit.*, p. 182. 訳文は原文を参考にして一部修正した。

459　とくに邦訳では“community”が「社会」と意訳されているので、「共同体」に修正した。『種の起源（上）』一一一頁。Darwin *ibid.*, p. 65.

もっと突きはなして批評すれば、自然という全体的過程において〈おのずからそうなっている〉というに等しいのではなかろうか。ダーウィンはこの危うさに気づいたのだろう。初版の一三年後（一八七二）に出版された第六版（最終版）では、つぎのように書かれている。

変異は軽微なものであってもその個体にとって有利であれば残っていくということの原理を、人間がおこなう選択と区別するために、〈自然選択〉と呼ぶことにした。しかし、イギリスの哲学者で進化哲学を説くハーバート・スペンサー氏がよく用いている〈最適者生存〉という言い方のほうが正確であり、ときには〈自然選択〉に劣らぬ重宝な表現といえる。[460]

この一節からふり返ると、今さらながら驚くべきことに気づく。初版では、〈最適者の生存〉ということばはいっさいつかわれていないのである。たしかに、後者の概念に統一すれば、人為選択を行なう人間的な動作主の位置に、意思も志向性ももたない〈自然〉を代入するという、隠喩的思考の混濁からは免れるだろう。だが、動作主を個々の生身の存在者へと移したとたん、もっと直截的な疑問の火線に曝されることになる。ほんとうに最適者だけが生存してきたのだろうか。現に存在し続けているから最適者に違いないという後知恵でしかないのではないか。以上のような疑念をことばじりを捕らえるだけの揚げ足とりで終わらせないために、〈自然選択〉という隠喩にもりこまれた思想の核を抽出して先へ進もう。

(1)同じ親から生まれたキョウダイたちのあいだには微細な変異がある。これを拡張すれば、同じ種の個体たちのあいだには微細な変異がある。

(2)変異した形質のあるものは生存に有利であるから、その形質をもつ個体が長期に存続する可能性を高める。よってその個体が生殖するチャンスをも高める。

(3)この有利な形質は生殖の結果生まれた子どもたちに遺伝する。
(4)このプロセスの効果が途方もなく長い時間にわたって累積すると、以前よりも当該環境に適応した形質をもった個体たちの集まり（個体群）が優勢になる。
(5)この優勢になった個体群が、母胎となった種から充分に大きな差異で隔てられるとき、異なる新しい種が誕生したといえる。すなわち、ある種はべつの種へと変容してゆく。この変容はつねに多様化と放散の方向へ向かう。
(6)ただし、上記(1)の命題の主要な成分である〈変異〉を生みだすメカニズムについてダーウィンは確信をもたず、獲得形質の遺伝も棄却していなかった。同様に、(3)における遺伝のメカニズムも、ダーウィンの時代には知られていなかった。

(1)〜(5)の定理群は、個体（集団）の移出入、地理的な分布と隔離、同一地域内における環境の変動といった要因は考慮に入れていないが、それらはいわば右の骨格に肉づけされるべき精密化であるから、ここでは省略してかまわない。むしろ重要なことは、(6)でほのめかされる〈未知のメカニズム〉の位置づけである。

グレゴール・ヨハン・メンデルという修道院の司祭がエンドウの交配実験をしたのは一八五六年〜六二年のことである。その成果が刊行されたのは一八六六年、『種の起源』第六版刊行の六年前、ダーウィンが死去するより一六年も前のことだった[461]。だから、ダーウィンがメンデルの論文を目にする時間的余裕は充分にあったはずだ。だが、後述するデネットの考証によれば、メンデルはちゃんと論文の別刷をダーウィンに郵送したのに、ダーウィンがそれを読んだ形跡はないそうである。メンデルの研究の重要性は長く注目されず、やっと一九〇〇年になって、オランダの植物生理学者・遺伝学者であるヒューゴ・ド・フリースら三人の研究者によってそれぞれ独立に「再発見」された。さらに、ロシアからアメリカに帰化した遺伝学者テオドシウス・ドブジャンスキーがショ

460 『図説　種の起源』四五頁（注213）。
461 『岩波　生物学辞典　第4版』「メンデル」一三九八頁。

ウジョウバエの交配実験に基づいて集団遺伝学の基礎を固め、『遺伝学と種の起源』という革命的な著作を世に問うたのははるか時代をくだって一九三七年のことだった[462]。

この知の歴史をいささか詳しく書いたのは、もっとも核心的な主張を導きだすためである。遺伝学がダーウィンの死後に確立されたこと、すなわちダーウィンが遺伝のメカニズムを何ひとつ知らなかったことは天の配剤である。〈自然選択／最適者の生存〉という因果プロセスの当否について判断中止をしたままでも、われわれはつぎのことを確言できる。〈悠久の時の経過のなかで種はべつの種に変化する〉そして〈地球上に生まれたすべての生きものは究極的には単一の生命の樹をなして連続している〉という驚天動地の世界認識は、科学の制度化によって知の疎外が完成するよりも前の時代に、忍耐づよい観察に支えられた思索と直観とによって確立されたのである。その意味において、ダーウィンの展成論は、純粋に自然誌的態度に基づいた、ことばの真の意味における《思想》なのである。

三　継承と批判

ネオ－ダーウィニズムの啓蒙活動

まずことばの定義から。ネオ－ダーウィニズムとは、自然選択理論と集団遺伝学とを結合した「総合説《シンセシス》」を自称する展成論である。いままでの章で何度か言及した社会生物学はこの支配的パラダイムの一分岐であるから、みずからを「新総合説《ニュー・シンセシス》」と名づける。すぐ前に明らかにしたように、ダーウィンの思想とネオ－ダーウィニズムは別ものであり、後者を特徴づける還元主義的な思考様式にダーウィンはなんの責任もない。

一九九五年――展成論に関わる西欧のエピステーメーに不思議なシンクロニシティが生じた年である。英語圏において、ジョン・メイナード・スミス＋エオルシュ・サトマーリ著『進化する階層』、スチュアート・カウフマン著『自己組織化と進化の論理』、ダニエル・デネット著『ダーウィンの危険な思想』の三作品が、同年に刊行されたのである（邦訳刊行は順に一九九七、一九九九、二〇〇〇年——いずれも大著だがデネットのものが最長）[463]。わが国では阪神大震災とオウム真理教の地下鉄サリン事件があいついだ年だ。それにしても、世界史的にはどんな年だったのだろう。うがった見方をすれば、一九九〇年のソヴィエト連邦崩壊によってついに円環を閉じきった〈外部なき資本主義〉に囚われた知は、〈生のためのあがき〉を通じて、マルクス主義に代わる最終兵器として「進化論」にたどりついたのではなかろうか。本書を製作する限られた時間内で、わたしは一番目と二番目の著作を精読することができなかった。不本意ではあるが、デネットの大著だけに的をしぼる。

デネットの思考の鍵概念は〈アルゴリズム〉と〈デザイン〉である。アルゴリズムとはあらゆる種類の演算規則のことだが、この場合は、盲目的な偶然性を発振源とする自動的なふるまい分けの作用をさしている。要するになんら作用主の志向性や意思が関与しない〈自然選択〉の機械的過程をこの語で表わす。デザインとは、熱力学の第二法則（エントロピーの増大）に抗して組織の崩壊を食いとめることのできるような、物質の秩序だった配置のことである。つぎにデザイン空間という概念を導入しよう。デザインの最大の特性は古いデザインのコピーをつぎつぎと再利用し、新しい配置に組みなおせるということである。デザイン空間における〈デザイン集積の原理〉とは、ダーウィンが考えた「わずかでも有利な形質が世代を越えて累積し続ける」という過程を小粋に言いなおしたものである。

もうひとつの対をなす鍵概念が、〈スカイフック〉と〈クレーン〉である。前者の原義は「観測用気球」「ヘリコプターに取りつけた鉤とロープ」「資材を吊って搬送するヘリコプター」などだが、転じて「空から物を吊り

462　同書、「ドブジャンスキー」「ド・フリース」一〇〇八–九頁。
463　メイナード・スミス、ジョン＋サトマーリ、エオルシュ　一九九七（長野敬訳）『進化する階層』シュプリンガー・フェアラーク東京／カウフマン、スチュアート　一九九九（米沢富美子訳）『自己組織化と進化の論理』日本経済新聞社／デネット　二〇〇一『ダーウィンの危険な思想』青土社。

あげることのできる空想上の機械」を意味する。それに対して、後者は、地上からこつこつ物を積みあげて高い建物を建造する装置のことである。ダーウィニズムの真髄とは、スカイフックの存在を否定し、クレーンだけでデザイン集積を説明するところにある。以下、三点だけにしぼって批判する。

(一)現状維持——何よりも深刻なデネットの限界は、資本主義の内閉に安住する知の〈現状維持〉志向にある。以下の部分はそのことを端的に示している。

率直に、だが公平に言って、今日、この地上の生命の多様性が進化のプロセスによって作り出されたのだということを疑う人は誰だろうと、ただ無知なだけだ——それも四分の三の人々が読み書きを学習している世界では、許し難いほどの無知である。[…]こういう懐疑論を証明しようとすれば、その負担はとんでもなく大きなものになってしまうのである。[464]

人類学者としてのわたしは、このようなかたちで「無知」を蔑む知識人を容認できない。本書の探究へわたしを押しやり続けてきた動機づけのひとつは、「ヌエクキュエだったらどんなふうに考えるのだろう」という問いかけであった。「テクノコア」に従属する以前の生に想像力を重ねあわせる契機をふくまない思考は、みずからを内奥から呪縛する文字文明＝自民族中心主義に気づくことができない。さらに、ビーグル号に乗り組んだ青年ダーウィンを敬愛するわたしは、ダーウィニストとしてでさえも、右の恫喝に承服しえない。「生命の多様性がすべて神の御業によって造られたことを疑う人は異端である」と決めつける創造説を懐疑することが、どれほどとんでもない負担をしょいこむ選択だったかを、デネットならだれよりもよく知っているはずだ。だが、彼がここで匂わせているのは、「ネオーダーウィニズムによって蓄積された証拠は圧倒的に強力だから闘っても勝ち目はないですヨ」という警告である。〈現に覇権を掌握しているパラダイムには順応したまえ〉という勧奨に、闘わずして屈服していたなら、ダーウィンその人の思想は生まれえなかっただろう。

(二)啓蒙への意志——デネットがこんな傲慢なことばを吐くのは、ネオーダーウィニズムが絶対的な真理であると確信しているからである。この確信から〈啓蒙〉への責任感が生まれる。そのことが、この著作の尋常ではない長さを生む原因になっている。わたしは笠井潔が大好きだが『哲学者の密室』だけは「分量を半分に濃縮すれば大傑作になっただろうに」と残念だった。『危険な思想』もそこから〈啓蒙〉(しかも洒脱な文体でカモフラージュされている)の要素をすべて取り去ればもっと爽やかな読後感を与えたかもしれない。おそらくデネットがねらっている読者層は真正の創造説信奉者ではあるまい。敬虔なピューリタン的生活をしている白人貧困層《プア・ホワイト》には(たとえ文字が読めても)彼の大著を読破する暇がないだろう。そうではなく、〈意味〉をすべて剝ぎ取られたアルゴリズムとデザイン集積だけが「生命の神秘」を解き明かす究極の真理なのだと今なお納得しえないインテリやプチブル(そのなかには中庸なキリスト者どころか無神論者も唯物論者さえも含まれる)の蒙を啓こうとしているのである。こうした知的な階層こそ、いつまでたっても、合目的性、生気論、エラン・ヴィタルからはじまって、断続平衡、自己組織化にいたるまでのスカイフックへの夢を断ちきることができないのだ。デネット型クレーンによって、ダーウィンの美しい浮遊グモが尻から噴射したような、スカイフックへの誘惑の糸をシラミつぶしに切りとっていけば、知的な大衆のすべてが輝かしい真理の光のもとに立つだろう……。

だが、この位相において、わたしはデネットと決定的にすれ違う。ユダヤ・キリスト教的な一神教とは無縁な風土に生まれそだち仏教の輪廻転生思想に慣れ親しんでいる日本人にとって、〈動物が人になった〉という命題はあたりまえのことのように感じられる。わたしにとって、創造説を〈信じない〉ことは啓蒙される必要などさらさらないほど根ぶかい習性である。旧約聖書に描かれる神は、人を試したり罰したりする存在である。少なく

464 デネット、前掲書、六三頁。

とも善良な民を天国の門へ導くかぎりにおいて、神は人と多少は似た意思と意図（無限の愛をもふくめて）をもつ存在（人格神）として思念される。その神がこれほど多様な生物たちすべてを造ったという物語は世界の謎の深さと釣りあわない。悠久の時の経過につれてランダムで無方向な突然変異の累積がすべての生命体を生成させたという物語は、私たちの想像力の限界を超えるからこそ〈おもしろい〉。ドーキンスのミーム理論を援用するなら、ネオ‐ダーウィニズムというミームは創造説というミームより明らかに心的魅力度が高い。その魅力の最大の秘密は（何度も繰り返すが）、いかなる人の直接経験もけっして接近しえない、超越的な時間性にメカニズム全体をあずけているところにある。〈悠久の時〉こそ神である。果たしてそれが啓蒙に値する絶対的真理なのかと問うことは、野暮だからやめよう。信じることは救われることなのだから。だが、それが真理だという確信によって、〈生のためのあがき〉に新しく驚きなおす潜勢力が封殺されてしまうとしたら、つまらないことだ。このことはつぎの小節で論じなおす。デネットへの批判はまだ終わっていない。

（三）ヒトの特別な地位――青年期から感じていたことだが、動物行動を主題にした哲学的な議論の多くは〈おもしろくない〉。それは、動物をめぐる新しい発見の驚きをもたらすのではなく、動物に較べたときのヒトの象徴能力の特異さを強調することによって、最後には「人間礼賛」で終わってしまうからだ。多大の期待をもって読んだボイテンディクの『人間と動物』はその典型であった[465]。それをいうなら、メルロ＝ポンティの『行動の構造』でさえ、癒合的形態／可換的形態／象徴的形態という段階わけを行なうことによって、人間中心主義を補強していることは否定できない。ではネオ‐ダーウィニズムはどうなのか。

さすがにデネットは、ウィルソンのような「同性愛遺伝子の包括適応度」といった単純な決定論とは敵対している。だが、彼は、リチャード・ドーキンスの提唱したミーム理論のことは（ミーム学という厳密科学を構築する可能性は保留しながらも）高く評価している。「実際、心についてのこのように徹底的にダーウィン主義的な見方に代わりうるものが何かあるだろうか」。そう聞かれても困るが、ミームによってヒトの文化の特異性を説明しようとする手続きが〈おもしろくない〉方向に傾斜してゆくことは否定できない。たとえば、「私たちを特別のものとしているのは、もろもろの種のなかで私たちだけが、ミームの釣り上げクレーンのおかげで、遺伝子の至上命令を克服できるということなのである。[466]」「ミームの釣り上げクレーン」という特有なジャーゴンを「象徴能力」あるいはもっと広く「記号」に替えてしまえば、これはわたしが青年期から耳にタコができるほど聞かされてきた常套句と相同である。極めつけはつぎのくだりである。

私たちは、私たち自身を構成している細胞たちとはちがって、[飛び出したら修正のきかない]弾道軌道を走っているわけではない。私たちはむしろ〈誘導つきの〉ミサイルとして、どこでコースを変えることも、目標を捨てることも、忠誠の義務を別のものに振り換えることも、結社を結んでおいてあとからこれを裏切ることも、ひとしく可能な存在なのである。私たちにとっては、いつもが決断のときなのであり、私たちはミームの世界に生きているがゆえに、どんな考えも、あらゆる見送られた結論同様、自分と無縁ではない。またこそ私たちは、ゲーム理論によってゲーム展開の場と参加規則は与えられても、その解決までは与えられてもらえないといった、多種多様な社会的チャンスとジレンマに絶えず直面させられることにもなるわけである。[467]

このあとデネットは、「倫理の誕生をめぐる理論のすべては文化と生物学の統合を果たすことが必要だ」とつけ加えている。最初にこれを読んだときわたしはページの下に「なんでこう凡庸になるのか?」と鉛筆で書きこんでいる。第五章の末尾でわたしを襲ったのと同質の情動反応がまたやってくる——わたしは暗澹とする。こん

465 ボイテンディク、F・J・J 一九七〇『人間と動物』みすず書房。
466 デネット、前掲書、四八二頁、四八五頁。
467 同書、六一四頁。

なもってまわった虚飾に満ちた文章を書くことが、認識の徒であることの証しなのか。アメリカの著名な哲学者でさえ、グライスの公準なんて守っていないじゃないか。[468] グライスが命じる「短くあれ〈不必要な冗漫さを避けよ〉」という「作法の公準 3」の指令に従えば、右の長たらしい文章はたった二行に切り詰められる。「ヒトには他の動物と異なって自由意思が具わっている。それはヒトが表象の脈網に棲むからである。」それだけのことを主張したいのであれば、ダーウィンの思考の核であった〈途方もなく長い時間のなかで偶然が必然となる〉ことへの驚きはデネットにとってほんとうに必要だったのだろうか。文化と生物学の統合を果たすことが倫理をめぐる理論にとって必須だと彼はいう。だが、そんな統合をする以前に、わたしが身体レベルで把握している倫理がある。わたしを信頼しきって身を寄せてくる犬を自由気ままに蹴ることは悪いことである。人を怖れずに近づいてくる鳥やイグアナを遊び半分で撲殺することは吐き気がするほど邪悪なことである。それが直覚できないのなら、あなたとは友だちになれない。

いつまでも消えぬ懐疑

ネオ–ダーウィニズムの中心教義を簡単にまとめないと、先に進むことができない。[469] まず基本的な前提は自然選択と遺伝性の変異には必然的な関係があるということだ。変異があれば必ず自然選択が働く。

1　遺伝性変異の供給源は以下のとおりである。

1–1　有性生殖による遺伝子の組みなおし。膨大な数の遺伝子がいくつかの染色体に分属している。配偶子が生成されるとき相同染色体の偶然的な配分が起きる。この雌雄配偶子が機会的に出遭って受精するので、親と同じ遺伝子組成をもつ接合子が生じることはない。

1–2　相同染色体の接合と交叉による遺伝子の組み換え。毎代、配偶子が生成するときこれが起きる。染色体のつなぎ換えが起きる部位はそのつど異なるから、生成した配偶子内の染色体構造は配偶子ごとに異なる。これによって変異量は甚だしく増大する。

1－3　遺伝子突然変異。多くの研究者が突然変異率を推定することに奮闘してきた。それぞれの遺伝子ごとの突然変異率は、キイロショウジョウバエで10^{-6}～10^{-5}（一〇〇万分の一から一〇万分の一）、ハツカネズミで8×10^{-6}（八／一〇〇万）という値が得られた。ヒトでは、単一の優性遺伝子によって発現する遺伝病の疫学的な研究から、4.25×10^{-5}あるいは（0.5～4.3）$\times 10^{-5}$という推定値が得られている[470]。

1－4　染色体異常。ある種の染色体異常は遺伝子突然変異と区別できない効果をひき起こす。またその後の染色体の接合・交叉に影響を与え間接的に変異を生じることもある。

2　右の四項目のなかでもっとも重要な1－3遺伝子突然変異はランダムに生起し、それが表現型として何らかの形質の変化をひき起こす場合には、その変化は定まった方向をもたない。いいかえれば、この変化は、個体の誕生時には環境とのあいだになんら必然的な相関をもたない。自然選択はその個体の〈生のための闘い〉において発現した形質に対して働く。

3　遺伝性の変異は、外的環境はもとより、体細胞の活動によって維持される体内環境とは完全に独立に生じる。ただし、外的環境のなかでも放射線とある種の化学物質（人工的な薬物をふくむ）は突然変異率を増大させる。

4　右の3の系。〈生のための闘い〉を通じて個体が後天的に獲得した形質は遺伝しない。すなわち、それは自然選択の資源にはならない。

5　個体群の隔離や伸縮によって、自然選択とは独立に、その遺伝子構成が変化することがある[471]。

5－1　遺伝的浮動：隔離された集団が小さく個体数が少なくなるため、配偶子や接合子を生じるとき偶然がつよくは

468　「グライスの公準」については拙著参照。菅原和孝　一九九八『会話の人類学――ブッシュマンの生活世界Ⅱ』京都大学学術出版会、一五頁。
469　駒井卓　一九六三『遺伝学に基づく生物の進化』培風館、二〇三－二〇四頁。
470　同書、一四三－一四五頁。
471　同書、二六八－二七八頁。

たらいて集団の遺伝的組成が変動し、ときに適応価とは関わりなく、ある遺伝子が失われたり固定されたりする。

5-2 びん首効果：集団のサイズの伸縮による偶然の効果がその遺伝的組成に影響をおよぼす。広義の遺伝的浮動にふくめることもあるが、狭義には、環境条件の変化や移住のために個体数が急激に減少するときに生じる遺伝子の抽出誤差のことをさす。

ネオ-ダーウィニズムによって、展成という「事実」は、直接経験に基づく私たちの直観にとってひどく不透明なものになった。第二章でメルロ=ポンティもこだわっていたように、〈生きる〉（行動する）ことの背後になんらかの合目的性を想定することは、人間的思考にとってきわめて根ぶかい習性であろう。ランダムで無方向な突然変異という観念こそ、あらゆる種類の合目的性へのいざないを完全に断ちきる力をもつ。

だが、直観は抗うことをやめない。この複雑精妙な生きものたちの不思議が、偶然の積み重ねだけによって成立したはずがない。この「素朴な疑問」と格闘した牧野尚彦の思考はとても興味ぶかい。まず、最初に指摘しなければならないのは、ウェブサイト上でも罵られているように、集団遺伝学に対する牧野の理解は不正確である。彼は、「一アミノ酸について一〇億年に一回の置換率」[472]という数値を根拠にして、突然変異がいかに起こりにくいものかを論証しようとしているが、これは間違いである。アミノ酸の置換率とは、おそらく木村資生による、ヘモグロビンα鎖を用いた脊椎動物におけるアミノ酸の置換数比較の研究から引かれていると思われる[473]。ヘモグロビンはすべての脊椎動物に相同な生体分子であり、自然選択に対して中立だからこそ、そのアミノ酸置換率を分岐年代の推定に使えるのである。任意の遺伝子の突然変異率はこれとはまったく異なり、ある突然変異の事象が生物学的単体一世代あたりに起こる確率で表現される。その推定値は1-3で示したとおりだが、これは半世紀以上も前に出版された駒井卓の名著から引いたものなので、古びているかもしれない。だが、『岩波 生物学辞典』で挙げられている数値も桁数は同じである[474]。たとえば、キイロショウジョウバエは一四〇〇〇箇の遺伝子をもつと推定され、雌は五〇箇の卵を毎日産卵でき、その世代間隔は一〇日である。またその寿命は約二ヶ月であるから、[475]〇・〇〇〇〇〇〇一÷一〇×一四〇〇〇×五〇＝〇・〇〇七／日。〇・〇〇七×六〇（日）＝〇・四二。すなわち、あるショウジョウバエの雌が毎日産卵すれば、彼女が、一生のうちに産むすべての卵のうち〇・四箇の卵に一箇の突然変異遺伝子が含まれる計算になる。突然変異は牧野が想定するよりずっと高頻度で起きるのである。

だが、そのことを考慮に入れても、牧野がランダムな突然変異では到底実現しそうにないものの例として挙げる、動物の行動と形態の複雑精妙なデザインはとてもおもしろい。ダーウィンも注目していたカリバチ（ジガバチ）についてだけ記述する。[476]ダーウィンも観察したように、このハチは獲物の「胸部の下側」を刺す。正確には胸腹部の微小な神経節を探りあて、正確な毒針の一撃をみまう。この毒はなかば永続的な麻痺をもたらすが、獲物はけっして死なない。口器や触鬚を動かし、観察者が餌を口にあてると食べることさえできる。さらに、孵化した幼虫は、はじめは獲物の筋肉や脂肪組織だけを食べ、最終段階にはじめて獲物の生命維持に必須な中枢部分を食べる。産卵管が変化した毒針は複雑な構造をもつ（真の産卵をになうべつの器官も装備している）。針の根もとに二つの毒嚢がつながっているのである。異なる毒物を混ぜあわせるのかもしれないし、いっぽうは毒の前駆体を、他方はそれを活性化する物質を貯蔵するのかもしれない。後者だとすれば、何かの衝撃で毒嚢が破れても、体内が活性化された毒で汚染されることはない。

この観察から四つの形質が抽出される。①獲物の神経節に毒針を正確に突き立てる本能的行動、②麻酔性の毒液を産出する生理メカニズム、③幼虫の段階では、眠っている獲物を殺さないように末端から食べるという本能

472 牧野尚彦　一九九七『ダーウィンよ　さようなら』青土社、三七頁。
473 馬渡『動物分類学の論理』東京大学出版会、六九頁。
474 『岩波　生物学辞典』一〇〇五－六頁。
475 https://ja.wikipedia.org/wiki/ キイロショウジョウバエ
476 牧野、前掲書、一二二－一二六頁。

的行動、④二つの毒嚢を体内に具える解剖学的な構造。まず①～④のすべてを同時に実現する単一の遺伝子が突然変異によって一挙に生まれたと想定することは不可能だ。遺伝子が粒子としてふるまうというメンデル遺伝学の公理を受けいれるなら、①～④の形質はそれぞれべつべつの遺伝子に支配されているはずだ。もし逆に、これらの遺伝子が同一染色体上でつねに連鎖し行動を共にするばかりか、相互に整合する方向性をもっていっせいに突然変異した、と想定するなら、それはデネットが峻拒するスカイフックをまたもや密輸入することにほかならない。

牧野によれば、この困難を突破する唯一の途は、系統発生にもなんらかのプログラムが存在すると仮定することである。こうしたプログラムの存在を暗示するのが、個体発生の最初期段階における胚の形態形成を導くメカニズムである。形態形成を可能にする必須の条件は位置座標である。この座標の「原点」の役割を果たすのが、卵細胞の〈極性〉である。化学物質の濃度分布によって細胞の位置価がきまる。要するに卵の最初の極性は、哺育細胞との位置関係で与えられ、その前後方向は母親の体の軸性によって影響をうける。牧野はこうした考察を経て、ランダムで無方向な突然変異の累積によってあらゆる展成を説明できるという「作話技法」を打倒する武器は、生体高分子に本来具わっている〈自己組織化〉の力能である主張する。「生体高分子を自律的に情報を処理する生きた組織体とみなす洞察力[477]」によってはじめて、自然選択理論では説明のできない、生物の形質の数知れぬ妙技が展成したプロセスを全的に理解できるのだと、牧野は論じる。

わたしは自己組織化の理論を深く勉強する暇がなかったので、論評は避けるべきだろう。だが、その理論の当否はべつにして、ただちにわかることがある。どれほど自己組織化の神通力に傾倒したとしても、すぐ前で照らされたカリバチの謎、すなわち〈生のためのあがき〉にとって水準を異にするとしか思えない四つの形質がなぜ連動して展成しえたのかという謎に答えることはできないのではなかろうか。自己組織化という物質過程に拠りどころを求める思考様式もまた新しいタイプの還元主義ではないのだろうか。それでも、わたしは牧野の挑戦を貴重だと思う。デネット流の現状維持へのいざない〈恫喝〉に屈せず、とても正直に「王様は裸だ!」と叫ぶ勇気をもった人がいるのはよいことである。

四　虚環境へ融けこむ自然誌

遺伝子プールの超越性

前節を書きながらしきりに思いだしていたことがある。エチオピアからの帰国の途で、ネオ-ダーウィニスト〈かつトロツキスト〉の野澤謙さんといろんな話をした。そのとき、マントヒヒの精妙な行動プログラムを例に挙げて、わたしも牧野とそっくりな懐疑を表明した。あんな複雑な構造がランダムな突然変異で生まれたなんてとても信じられない、と。そのときの野澤さんのきっぱりした答えを今でも憶えている。「ぼくらの常識じゃ測れない途方もなく長い時間で起きたことですよ。どんなことだって起こりうるんですよ。」いまふり返るとこの野澤さんの断言こそ、まさに〈信仰〉の表明であった。前節で「〈悠久の時〉は神だ」といういささか軽佻浮薄な修辞を弄したが、そう的はずれでもない気がしてきた。牧野が発したソンナコトガホントウニ可能ナノカという問いそのものに対してはネオ-ダーウィニストは〈判断中止〉するのである。それは「死にいたる病は絶望である」と喝破したデンマーク生まれの実存主義の先駆者が言表した認識と相似である。

概念的に把握しようとするあらゆる試みが自己矛盾であることを明らかにすることができさえすれば、問題はふさわしい方向をとり、キリスト教的なものは信仰に、人が信じようと欲するか欲しないかに、ゆだねられねばならないこ

477　同書、二八二頁。

とが明らかになる。[478]

もちろんわたしがネオ－ダーウィニズムを括弧入れし続けるかぎり、それがわたしの「信仰」になることはありえない。にもかかわらず、一度なりともその断片を囓ってしまった知識は、気がかりな夢のあと味のようにいつまでもわたしにつきまとう。

偶然のことから、彼が地動説や太陽系組織をまったく知っていないのを発見したとき、私の驚きは頂点に達した。いやしくもこの十九世紀の教養ある人物で、地球が太陽の周囲を公転しているという事実を知らぬものがあろうとは、あまりの異常さに私はほとんど信じがたくさえあった。／「ふふふ、驚いてら。」〔…〕「だがこうして知ったからには、こんどはできるだけ忘れてしまうように努めなきゃ。」／「忘れるように？」
――そこでホームズは次のように説明する。人間の頭脳とは、小さな屋根〔裏？〕部屋のようなものだが、愚かな人はここに手あたりしだいにいろんながらくたまで取りこむから、役に立つ肝心な知識ははみだしてしまうか、ほかのものとごた混ぜになって、いざというとき取りだしにくくなってしまう。それに対して、手なれた熟練者は、頭脳部屋へ取りこむ品物について、非常に注意をはらい、仕事の役に立つもの以外にはけっして手を出さず、非常に種類の多いものを順序よくきちんと整理しておく。その後、ワトソンは、ホームズのよく知っている事柄とそうでない事柄とを紙に書き出してみる。「一、文学の知識――皆無／二、哲学の知識――皆無／三、天文学の知識――皆無〔……以下略〕[479]」

少年時代からホームズを敬愛してきたが、ここに表明されている彼の知識に対する考えかただけは間違っている、とわたしは思う。知識は狭い空間に詰めこめる「もの」ではない。それは、別種のかけ離れた知識とのあいだに陽炎のような糸をはりめぐらせ、虚環境に新しい極性を与える。この章を書き続けるわたしの思考の屋根裏部屋で大きく育ってしまった不気味な蜘蛛は〈遺伝子プール〉という名をもっている。そいつは次元やベクトルや風のように「どこにでもあるがどこにもない。」プールを満たす液体の分子のひとつひとつは空間のなかに局在する。すなわちすべての生きものそれぞれの身体のなかにあるのだから、異なる身体内に幽閉された小さな「溜まり水」どうしはけっして繋がりあわない。ただ「同種」の身体Aと身体Bとから生じた配偶子が接合子をつくり身体Cへと形態形成したときにかぎり、プールには新しい分子群が流れこむ。プールの容積量は身体の数（個体数）に正比例するが、その分子構成は身体とは独立に変動する。プールは旱魃で干あがり消滅するかもしれないし、果てしない雨季が続くことによって溢れだし大陸全体を覆いつくすかもしれない。だが、どんなに伸縮を繰り返しても液体の成分が変化しなければ、興味ぶかいことは何もない。あるとき観測者は液体の色が変わったことに気づく。あるいはプールの西側で液体の分子構造に変化が生じ、水と油のように東側の液塊から分離しけっして淆じりあわなくなる。このとき観測者は「新しい種が生まれた」という。

もちろんこんなプールなど実在しない。それは虚環境に投射された、きわめて抽象化された理念である。いいかえれば、ネオ-ダーウィニストたちが経験主義的データから摑みだしたみごとな本質直観なのである。虚環境を文学的な想像力によって構成される仮想（拡張）現実と混同してはならない。前者は後者を真部分集合として包含している。ここからわかることは、われわれが括弧に置き入れ続けている科学もまた、その半身を虚環境に浸しているということである。いいかえれば、科学はけっして現実の写像などではなく、それ自身も虚環境なしには成り立ちえないのである。

478 キルケゴール、セーレン・オービュエ　一九六三（桝田啓三郎訳）「死にいたる病」『世界の名著　40　キルケゴール』中央公論社、五四二頁。
479 ドイル、コナン　一九五四（延原謙訳）『緋色の研究』新潮文庫、二〇-二一頁。

植民地の経験

二世紀ちかく前にダーウィン（以下Dと略称）が乗り組んだ船は歴史とよばれる虚環境に航跡をのこして進む。またもや暗澹としてしまうから、わたしはこの小節を書きたくない。だが自然誌的態度の暗い半身を隠しとおすことはフェアプレイではない。『ビーグル号』のほうぼうに、獰猛というしかない西欧植民者の蛮行の記述がちりばめられている。

(i)旅の途中、険しい丘の下に逃亡奴隷たちが隠れ住んでいた場所を通った。軍隊が派遣され、一人の老女を除いて全員が捕らえられた。この老女は山頂から身をなげて粉ごなになった。古代ローマの婦人ならば高貴な自由に殉じたと讃えられただろうが、「貧しい黒人女性の場合は、ただの野蛮な強情ということにされてしまう。[480]」

(ii)Dは愚鈍そうな黒人と小舟に乗りあわせた。意思をつたえたくて大きな身ぶりをしたら、ふと手が黒人の顔の近くにいった。すると怯えた顔になり、目をなかば閉じ両手をだらりとたらした。「大きくて強そうな男が自分の顔に向けられたと思い違えた一撃を防ぐことさえできない光景を見て、わたしは容易に忘れられない驚きと辟易と恥辱とを味わった。この男は、なんとも救いがたい家畜奴隷の段階よりもさらに堕落した状態にみずからを躾けてしまっていたのだから。[481]」

(iii)夕暮れにたどり着いた中継所を統治しているのはアフリカ生まれの黒人中尉だった。彼ほど教養があって親切な人物に会ったことがなかった。それだけに彼が遠慮してDたち白人と席を共にして会食することを辞退する様子を見るのはとてもつらかった。[482]

(iv)男女と子ども合わせて一一〇人ほどいたインディオの部族を兵士たちは見つけ、男たちを一人残らずサーベルで突き殺した。他のインディオたちは恐れおののき、組織的な抵抗をあきらめたのに、二〇歳前後のインディオの女全員をも虐殺した。Dが思わず抗議の声をあげると、この話をした兵士はこう答えた。「だがな、ほかに方法があるかね？ あの女たちは、どんどん子を産むんだから！」インディオたちが征服者に討ち亡ぼされる過程をふり返ると、Dは「気分が暗くなる。[483]」

(v)一五三五年、最初の白人植民者が馬七二頭を連れてラ・プラタに入植した。その後、これほどの変化をとげた地域はほかにないだろう。無数の馬、牛、ヒツジが植物相を一変させ、グアナコ、シカ、レアを駆逐した。ペッカリーの大群は野生化したブタにとって代わられた。[484]

(vi)フェゴ島民の住居は乾し草の山のようだ。折った枝をいくつか地面に突きさしただけのものが柱がわりだ。「この不幸な民は成長しきれずひねていた。醜い顔は白い塗料で塗りたくられ、膚は汚れて脂ぎっていた。髪は乱れ放題だし、声もしわがれ、身ぶりが荒あらしかった。こういう人びとを眺めると、かれらが同じこの世にすむ同類〔…〕だとは信じられなくなる。」この人びとは冬季に飢えると犬を殺すよりも先に老女を殺して食べるという。ある少年の言によれば「犬はカワウソを捕まえるが、婆さんは捕まえない。」一八二六年から三〇年にかけて実行されたアドベンチャー号とビーグル号の前回の航海中、フィッツロイ艦長は、盗まれたボートの賠償としてフェゴ島民数名を人質にし、イギリスへ連れ帰り、教育を受けさせキリスト教に改宗させるべく努めた。今回の航海でかれらを故郷に送りかえすことにした。そのうちの一人、ジェミー・ボタンと名づけられた青年を出身地の入り江まで連れてきて一族と再会させたが、なんの愛情の交歓もなかった。ジェミーは母語を忘れていた。彼を村に残して、約一ヶ月間にわたり周辺の海峡や湾を周航して戻ってみると、ふとって清潔で身なりのきちんとしていたジェミーが「痩せて目だけギラつかせた野蛮人に変わり、髪はもじゃもじゃで長く、腰にまいた毛皮のほかは、裸だった。〔…〕かれはここまで完全に、また悲惨に変化してしまった。これだけ変わった人を見たことがなかった。」だが、服を着させると堂々とした姿に戻り、艦上で艦長と食事をするときは、正しい作法をした。ジェミーは、イギリスに帰りたいとは思わない、と言った。夕方、若くてかわいらしい奥さんがやってき

480 『ビーグル号　上』五〇－五一頁。
481 同書、六〇頁。
482 同書、一四九頁。
483 同書、一九四－一九八頁。
484 同書、二三〇頁。

たのを見て、ジェミーがここに残りたがっている理由がわかった。[485]

　Dは『ビーグル号』の終盤近くで、「八月一九日、われわれは永久にブラジルの岸を去った」と書いたあと、突然、抑えていた悲憤を迸らせる。「神よ、わたしは二度とこの奴隷の国を訪れやしない。」堰を切ったように、彼が見聞きした悲惨な情景を書きつらねる。

――道を歩いているとき家の中から拷問にかけられている奴隷の呻き声が聞こえた。借りた家の向かいに住む老婦人はいつも自分の女奴隷の指をつぶすための締めネジを手ばなさなかった。Dに濁った水を一杯もってきた六、七歳の男の子は馬鞭で三度も叩かれた。気のいい男が大家族の男女や幼児から永遠にひき離される現場を見た。そして(ii)で描いたように、Dに殴られると誤解して屈強な男奴隷が見せた卑屈で無力な所作……。奴隷制を擁護する同胞たちにむかってDはうったえる。「妻とか幼児だとか〔…〕そうした愛しい人たちが、わが身から引きはがされ、いちばん良い値をつけた客に野獣さながら売り渡されていく情景を、あなた自身も、切実な心配ごととして思い描いてみてほしい！」。数ページ先では、野蛮人の生活をまのあたりにした衝撃を綿々としるす。――「人類のなかでも最下等、最野蛮の人たち」を見るとDは問わずにはいられない。われわれの祖先もこのような野蛮人だったのか、と。かれらには家畜動物の本能もなく、かといって理性の生みだした技芸をもちあわせているようにも見えない。野蛮人を見る興味の一部は、荒野でライオンなどの野生動物を見たいという欲求と同じだ……。けれど、D自身、矛盾した感情に引き裂かれている。――人間の狩猟好きは本能的な喜びのなごりだとされている。「もしそうなら、大空を屋根とし地面を食卓とする野外生活の楽しさは、同じ感情につながっているに違いない。それはまさに、野生の、本来の習慣に戻った野蛮人の姿だ。」そして人間がめったに訪れない土地を通った旅を思いだすとき、「文明国の風景からはぜったいに得られないとても大きな喜びを感じる」と告白する。[486]

　わたしはこんなふうに正直な青年ダーウィンが好きだ。彼は「奴隷の国」でまのあたりにした悲惨さに深いところで傷ついている。それとともに自分が文明人であることの僥倖を噛みしめ優越感にひたるときもある。「最下等の野蛮人」の惨めな生は耐えられないと心底思う。だが、最後には、なぜおれはあんなに野外の生活を愛し、孤絶した地で野宿する夜あんなにも深い喜びを感じたのだろう、と自問する。陰鬱なロンドンなどではなく、今となっては夢のような、パンパスやアンデス高地やガラパゴスこそがおれのほんとうにいるべき場所ではないのだろうか……。このように感情移入すると、前章で描いた、退屈な母国の日常のなかでフィールドへの郷愁をかき立てられる「行動学者」とダーウィンとはそっくりだと気づく。虚環境はいつもモザイク状境界を隔ててすぐそこにある。TV番組がブラジル・オリンピック一色に塗りつぶされるのにうんざりして次つぎとチャンネルを変えていてふと気づく。スペイン人に虐殺された茶色い肌のインディオの末裔たち、アフリカから連れてこられた黒い肌の奴隷の末裔たちが幸せそうに踊り歌っている。このとき、歴史は〈いまここ〉の現実に流れこんでいる。その意味で、学校教育をうけた世界じゅうのすべての民衆にとって〈世界史〉は間主観的に共有された虚環境なのである。

個体特異的な虚環境の自然誌

右の結論とは対照的に、わたしがおそらく少数の同時代人としか共有していない虚環境の自然誌がある。まず保留していた前節のⓐについて、ヌエクキュエに語ってもらおう。

NK——あの物知り男キェーマがおまえに妖術や邪術の話をたくさん語ってくれたことがあったろう。それをおれの息子タブーカがおまえによくわかるように説明《タローセ》した。だから、おれもタブーカから聞いてこの話を知った。それは「雷ぐすり」（ナオ）の話だ。盗人《ぬすっと》への報復の呪術につかう。雷は、木の枝や葉を打ち砕いて、砂の奥深くへ入ってゆき、クソをする。その落雷現場を探しあてて砂を家の高さぐらいに深く掘りさげると、ヤギのクソ

485 同書、三九六－四二四頁。
486 『ビーグル号　下』四五六－四六六頁。

のような丸い粒が二、三粒見つかる。とても美しいものだ。掌に載せてころがすと「ムナ、ムナ、ムナ」（コロコロコロ）と音を立てる。これを水に入れて盗人の足跡にふりかけると、盗人は盗んだ食べものを食べているときに、それで喉を詰まらせて死んでしまう。

この話を聞いたとき、わたしは半信半疑だった。電撃が地中深くに達して砂を変成させるという物理的プロセスがあるなどとは信じられなかった。だが、ⓐで「落雷で珪酸がガラス化する」という話を読んで思わず「あっ」と叫んだ。いくら科学を括弧入れしても、カラハリ砂漠とラ・プラタ川岸辺の砂丘という遠く離れた場所で同じような物理的現象が起きているという事実は、わたしを魅了する。

もうひとつ保留していた話題がある。㉔で「とてもおとなしくしている」アルマジロの背中にナイフを突き立てる描写をわたしは〈残酷〉と評した。じつは〈残酷〉こそが自然誌＝博物学の本質的な成分である。なぜなら第六章で参照した馬渡も論じているように、分類学を具体的に支える一次資料は「正基準標本」（holotype）だからである。つまり、個体集団のなかから完全で典型的な個体を見つけだし、それを、種を代表する基準（タイプ）に指定するのである。この基準は唯一の個体に限られ、必ず世界のどこかの研究機関または大学で管理されていなければならない[487]。もちろんそれはなんらかの保存処理を施された生物の遺骸である。わたしの青春時代に分類学を専門とする理学部動物学教室の教員がしょっちゅう言っていた。「ぼくたちのやっていることは死物学です。」自然誌は分類学に立脚しているがゆえに、「博物学者」は必ず標本とすべき動物を殺さなければならない。「博物学」だけの責任ではないが、西欧の植民地進出によって、夥しい数の動物種が絶滅に追いやられた。タイムトラベルSFの傑作『時間線をのぼれ』の作者ロバート・シルヴァーバークは、どんな気まぐれでか知らないが、ドードーはじめこれらの動物種絶滅の過程を再構成する優れたノンフィクションを書いている。

現存する生きものは、それぞれが唯一無二であり、独自の美をもったかけがえのない天然の所産である。一つの種を死にいたらしめることは、全人類からその独自の美を体験する機会を奪うことだ、それは、ダムを造って渓谷を水浸しにしたり、由緒ある建築物を取り壊したり、名画に火を放ったりするのと似ている。一つの種が絶滅するたびに、世の中からその分だけわれわれを喜ばせるものが減るのだから、利己的な見地からいっても損をするのはわれわれなのだ。[488]

もちろんこれは第四章で批判した素朴な功利主義に立脚した議論である。だが、いまはそのことに茶々を入れたくはない。おそらく、多忙をきわめた売れっ子作家シルバーヴァーグを衝き動かしたのは、もはや本書の通奏低音になってしまった〈暗澹〉または〈やりきれなさ〉であったと思われる。そのことが痛いほどわかるからこそ、わたしは(g2)のように鳥が人間を怖がるか否かを本能の問題として思索しながら、何ひとつ危機感を表明しないダーウィンの鈍さに愕然とする。彼は、人を怖れることを知らぬ動物たちを遊び半分で殺すことは奴隷制と同じぐらい恥ずべきことであると、どうして主張しなかったのだろう。それは彼が「博物学者」として「おとなしくしている」動物を殺しまくることに慣れっこになっていたからなのだろうか。こうして、個人特異的なランプに照らされるわたし自身の虚環境の自然誌はかぎりなく暗い色調をおびていくのである。

もうひとつコメントを保留していたのが㉕ピューマのことである。前著での終章で、少年期から動物園で見るヒョウに特別な思いをいだいていたことを書いた。さらにカフカによるヒョウの素晴らしい描写を引用し、「[言説の]ネットワークの外部に自律的に実在する野生の豹に出会うことなどありえないのではないか」と述べた。[489] だ

487 馬渡、前掲書、一七頁。
488 シルヴァーバーグ、ロバート　一九八三（佐藤高子訳）『地上から消えた動物』早川書房、三〇頁。
489 菅原和孝『狩り狩られる経験の現象学』京都大学学術出版会、四六一頁。

が、このことは、わたしにとって、ピューマにこそよく当てはまる。わたしの父はある種の知的スノッブだったので、さして家計に余裕もなかったのに、いろんな全集を買いこんでいた。中学生のときある全集の一巻ですばらしいピューマの話と出会った。訳者解説によれば、著者のウィリアム・ヘンリー・ハドスン（一八四一〜一九二二）はアルゼンチンの首府ブエノス・アイレスの郊外に生まれた。父母は北米からの移住者だったが、父方の祖父はイングランド、母方の祖父はアイルランド出身だった。ハドスンは二九歳で渡英し、三〇年後にイギリスに帰化した。八一歳の生涯は貧困の連続だった。邦訳は一二の節に分かれるが、第二節「アメリカのライオン、ピューマ」はこのネコ科動物への賛歌のおもむきがある。[490]

――ピューマは鳥でいえばハヤブサに似ている。自分より大きな獲物を一撃で斃す。獲物が乏しい地域なら、屍骸を草や柴で念入りに覆って隠しておく。獲物が豊富な土地では、生き血をすすり、いちばんおいしい胸の一部だけを食べて満足し、あとはほうっておく。捨ておかれた屍骸はキツネやカラカラの食欲を満たす。ひとまわり体が大きいジャガーにけっして負けない。捕獲されたジャガーにはピューマに負わされた傷痕を背にもつものが少なからず発見される。ネコ科のなかでもっとも悪賢く大胆で血に飢えたこの猛獣が人間をけっして襲わないとは、なんと不思議なことではないか！　いたいけな幼児が野原へ出かけて眠っていてもまったく危険がないとは、よく知れわたった事実である。ピューマは大きくなってからも子どものころの遊び好きの心を失わない。私は愛玩用に飼われたピューマしか知らないが、七、八年のあいだ一度も不機嫌な様子を見せなかった。人が近づくと横になりごろごろ喉を鳴らして、足にじゃれついて身をくねらせ、しきりと愛撫を求める。

イギリスに生まれアメリカに出稼ぎに来てガウチョの生活にすっかり馴染んでしまった男からこんな話を聞いた。旅行中に、乗っていた馬が死んでしまったので、重い馬具を背負い、歩いて旅を続け、夜になると岩陰に寝床をつくった。月が明るく照っていた。四頭のピューマが現われた。つがいの二頭が二匹の子を連れていた。彼はピューマが人を襲わないことを知っていたので、身を動かさずにいた。しばらくたつと、ピューマたちは彼の近くで仔猫のように跳ねまわって遊びはじめた。追っかけあいの最中に、何度となく彼の頭上を跳び越えた。真夜中すぎまでじっとピューマのしぐさを見ていたが、そのうち眠ってしまった。朝、目ざめるとすでにいなくなっていた。

ピューマは人間に対してわが身を守ろうとしない。ピューマをしとめたことのある何人もの狩猟者が口をそろえて言うには、哀れをさそう無抵抗な態度で人間の手にかかって死んでゆく。多くのガウチョは、家畜を守るために容赦なくピューマを殺しはするが、この荒野でピューマだけが人間の友だからその命を奪うことは許されない悪事だと感じるという。ボダム・ウェザムの『中央アメリカ横断』（一八七七年）にグァテマラで聞いたピューマの話が載っているが、それは私がパンパスで耳にした話と奇妙なほど似ている。あるマホガニー伐採者が森の奥から小屋に帰る途中、何か柔らかな体がすり寄せられるのを感じた。ピューマが尾をぴんと立て、猫のように喉をごろごろいわせ、笑っているかのような顔で、らんらんと光る両眼を彼に向け、足にじゃれついたり、身をくねらせたりしていた。まるでネズミをもてあそぶ猫のように前足でちょっかいをかけてくる。男は宙ぶらりんの不安と緊張についに耐えられなくなり、大きな叫び声をあげ、斧でめった打ちにした。ピューマは唸り声をあげ歯をむきだしうずくまった。あわや跳びかかろうとしたとき、叫び声を聞きつけた男の連れが姿を見せたので、一声うなると茂みに消えた。だが、ピューマの生態がよく知られているパンパスでなら、この男もこんな恐怖はおぼえなかったろう。「ネズミをもてあそぶ猫のように」ではなく「幼な児にじゃれつく飼い猫のよう」だったのだし、愛情表現のお返しにこんなひどい仕打ちをうけたあとでさえも、「跳びかかろうとした」などと想像する必要はなかったのに……。

この随想には、右の引用箇所の何倍にもわたってピューマの素晴らしさが綴られているが、人間が殺そうとすると眼から涙を流すといった話は明らかに都市伝説ならぬ植民地伝説だろうから省略した。少なくとも、㉕での「人間を攻撃することはごく稀である」というダーウィンの見解はハドスンと一致している。また獲物の頭を

490 ハドスン、ウィリアム・ヘンリー　一九六二（寿岳しづ訳）「ラ・プラタの博物学者」『世界教養全集　34　ファーブル昆虫記／ラ・プラタの博物学者／ビーグル号航海記／シートン動物記』平凡社、一五四–一七四頁。

後ろにひっぱり一撃で頸椎をへし折る、食い残しの屍骸を灌木〔柴〕で隠す、といった習性の記述も同じである。だが、少年期にハドスンのピューマ賛歌という「刷りこみ」をうけてしまったわたしにとって、ダーウィンがピューマに親愛の念を表明していないことは大いに物足りなかった。

残念ながら、この「牧歌」は訂正されなければならない。《ウィキペディア》英語版によれば、北米では一八九〇〜一九九〇年の一世紀間にピューマが人を襲った事件が五三例報告された。うち死亡例は一〇例である(〇・一回/年)。一九九一〜二〇〇四年の一三年間の統計では頻度は激増している。攻撃八八例、うち死亡二〇例にのぼる。死亡例の年間頻度は一・五回で、それより前の一〇〇年間に較べたら一五倍にはねあがっている。もっとも被害に遭うのは子どもであり、しかも子どもにくわえられた攻撃のほとんどは致死的であった。一九九一年以前の攻撃例を再検証するとやはり攻撃被害者の六四パーセントは子どもで、そのほとんどが死亡した[491]。広い北米全体での統計なので、「人をめったに襲わない」という見解を根拠のないものときめつけるわけにはいかないが、ピューマが人に対して特別に友好的な動物であるという民俗知は、どうやら「神話」だったようだ。

何がハドスンをこれほどまでのピューマ礼賛へ動機づけたのだろう。以下はわたしなりの解釈である。ピューマこそは、アフリカのサバンナのライオンのように、パンパスの食物連鎖の頂点にたつ「キイストーン」種であり、大自然の象徴である。後半生をイギリスで暮らし、少年時代を過ごしたパンパスへの切々たる望郷を書き続けたこの貧乏作家にとって、その象徴たるピューマを美化することは彼自身の生への誇りを回復することにほかならなかった。だが、――とあなたは反問するだろう。そんなにもラ・プラタを懐かしむのなら、なぜ彼はガウチョたちの仲間として一生を広大な自然のなかで暮らそうとはせずに、陽光乏しく陰鬱な大ブリテン島などに骨を埋めてしまったのか、と。その理由はわたしにはわからないが、ひとつだけ確かなのは、もしも彼が〈啓蒙の近代〉にふれていなかったら、彼は故郷喪失者にならなかったろうということである[492]。

わたしの少年期へ戻ろう。「人の友」としてのピューマ像に「ぼく」は夢中になった。美しい野生の猛獣が、原野で出会ったら、猫のように体をすり寄せてくる。それこそ子どもの夢の核心である。動物への憧れが子どもの夢の中心にあった時代にわたしが生をうけたこともまた「天の配剤」であった。サイバースペースに棲息する怪獣たちを捕獲することに夢中になるよりも、それは何倍も豊かな虚環境との出会いだったといまもわたしは信じている。そこからもっとも重要な直観が得られる。青年ダーウィンの経験こそ、この現代にまで滔々と流れこむ自然誌的態度の源流であった。「博物学者」を遠い異郷へと駆り立てる探検家魂の原点こそ、子どもの夢ではなかったのだろうか。わが師、河合雅雄先生の最高傑作とわたしが信じている『少年動物誌』を読むと、この直観はけっして単なる感傷ではない、という想いを深くする。[493] だが、本章の探究を経てわかったことがある。この純真な子どもの夢は〈啓蒙の近代〉と不可分だったのだ。

最後に、ずっと分析をくわえなかった⑧の黒く巨大なナンキンムシ（正確にはオオサシガメ）について書こう。ダーウィンはわざわざ指をさしのべてこの虫に血を吸わせ、平たい体が丸くふくれあがってゆくのを一〇分近くも〈観察〉した。この一節に付された訳者注を読んで思わず息を呑んだ。この虫はシャガス病という恐ろしい風土病を媒介する。晩年ダーウィンの健康が思わしくなかったのはこの病のせいだったという説がある……。[494] このとき、わたしにしつこく取り憑いていた些細な記憶が新しい光のもとに浮かびあがった。

——子ども時代の「ぼく」はいくぶん活字中毒気味のところがあって、読むものがなくなると、本棚の隅っこをかきまわして、兄（八歳年長）と姉（四歳年長）が昔つかった小中学校の古びた国語の教科書をひっぱりだしては読んでいた。不

491 https://en.wikipedia.org/wiki/Cougar#Relationships_with_humans
492 「啓蒙の近代」ということばは松嶋健がかつて京都大学大学院人間・環境学研究科に提出した修士論文（近代日本の「奇術」が主題）のタイトルから借用した。その後、彼は精神病院廃絶後のイタリアの精神障害者とそれを支援する人びとの生活世界をみごとに描きだした。松嶋健 二〇一四『プシコ・ナウティカ——イタリア精神医療の人類学』世界思想社。
493 河合雅雄 一九七六『少年動物誌』福音館書店。
494 『ビーグル号 下』一六七頁。

思議なことにいくつかの物語がつよく胸に刻まれた。小学校の教科書には、児童が書いた優れた作文が再録されているページがあった。これを書いたのは小学校高学年と思われる女子である。……ふと弟が自分の膝をかかえてじっとしているのに気づく。覗きこむと、蚊がとまって血を吸っている最中だった。姉は反射的に手を伸ばして蚊を叩き殺す。弟の肌には赤い血がたくさん散った。「何してるの。自分のたいせつな血をそんなにすわせて。」だが弟は泣きながら抗議した。「カが血をすうようすをせっかくかんさつしてたのに！」それを聞いてわたしは弟のねっしんなかんさつのきもちをわからなかったことをはんせいしました……。これを読んだとき、子どもごころに、なんだか嘘くさい話だなあ、と思った。

あの巨大なコウガイビルと遭遇したのちに、同じ公園で、腕を蚊にくわれ叩きつぶした。そのとき、埋もれていた記憶が突然よみがえった。そして、子どもの「ぼく」は何が釈然としなかったかを理解した。わたしたちの世代が小学生のころ、日本脳炎という恐ろしい病気があった。あの作文の筆者は「はんせい」なんかする必要はなかったのだ。「日本脳炎にかかったらどうするのよ！」と弟を叱りとばせばよかったのである。

〈啓蒙の近代〉によって養われた〈観察〉への意志こそ自然誌的態度を正統化した。自分の血を吸い続けるオオサシガメが丸くふくれあがる様子を観察するダーウィンはまるでその子どもっぽさに罰せられたかのように、奇病に苦しむ晩年を耐えねばならなかった。『図説　種の起源』の扉に掲載されたダーウィンの死の一年前の肖像を見つめると、鏤骨の仕事をやり終えたあとの悄然とした老人の姿に胸を衝かれる。コルディエラ横断の途中で何泊も隔絶した自然のなかで野営したときのような歓喜をもはや彼の表情からよみとることはできない。子どもの夢から出発して自然誌を追い求める探究者は長い旅をする。だが、いつか子どもの夢は啓蒙の使命にとって代わられ、〈観察〉は重い責務となって彼にのしかかる。その点では、科学という制度に身をゆだねる探究者たちも同じなのかもしれない。だが、それを認めたとしても、わたしは、小学校の段階から〈啓蒙の近代〉を子どもたちの身体へ滲透させてゆく制度的な権力のそら恐ろしさに対する反撥を抑えることができない。あの作文の「はんせい」を嘘くさいと感じた少年の直観を忘れてはならない。この主題は終章へ引き継がれる。

＊　＊　＊

もう一〇年近く前になるが、日本で有数の動物園を訪れる機会があった。飼育員にホースで水をかけられデッキブラシで肌をこすられ気持ちよさそうに横たわるインドゾウや夜行性動物館の暗がりを走りまわるツチブタの姿にうっとりした。夕暮れがせまるころ出口へむかって歩いている途中で、思いがけなくも、大きな檻の中に張りわたした太い丸太の上でうつぶせになっているピューマと出くわした。なんとそのピューマは鳴いていた。あとにも先にもピューマの声を聞いたことはなかった。わたしがよく知っているライオンの咆吼とは似ても似つかない猫のような声だった。うまく再現できないが、「ギャオッ、ギャオッ、ギャオッ……」という感じでいつまでも単調に鳴き続けた。少年期に予感したように、南米に行く機会はついになかったが、青年ダーウィンや、かのレヴィ＝ストロースを読むことによって、南米はわたしにとってとても濃密な虚環境になった。本章を書くことは、わたしが朝から晩までキイボードを叩いているこの部屋と、野生のピューマがしなやかにわたしの脛に体をこすりつけてくる虚環境とのモザイク状境界を踏破する稀有な機会であった。

第九章

棲みわける——今西錦司の動物社会学

木星に下降した探検隊は帰らなかった。第二次探検隊に参加したファウラーは愛犬と共にメタンの海に入り、身体に幽閉されていた意識が解放される法悦にひたる。犬ともじかに思考が通じあう。また人間と犬に戻ることが耐えられなかった。だが、この素晴らしい世界をぜがひでも人類に伝えなければならない。ファウラーの報告が真実だとわかってから、人類はすべて木星に移住し、展成した犬たちが地球の新しい支配者としてのこされた。かれらは人類の文明を受けつぎ平和に暮らしていたが、やがて自分たちの未来が脅かされていることに気づいた。地下で展成し巨大化した蟻たちが、地面を突きぬけ高い塔を聳えさせはじめたのである。犬たちは冷凍睡眠している人類最後の男を覚醒させ、蟻たちを食いとめる方法を尋ねる。男はあっさり応える。毒を混ぜた蜜を置いておけばいい、と。犬たちはその措置をすべきかどうか懊悩する。だが、けっきょく、犬の善良な本性にとってそんな残虐な行為は似つかわしくないと悟る。犬族は手をこまねいたまま蟻たちの蔓延を放置し、地球のつぎの主人は蟻族になるだろう……[495]。だが、今西錦司に親しんだあなたは不思議に思うだろう。なぜ、犬と蟻は棲みわけできないのだろう、と。

第六章の「本能」をめぐる議論で、自然誌的態度が歴史と階級に条件づけられて成立することを指摘した。さらに、行動学者の観察が尖鋭化すればするほど、〈人間ぎらい〉という特有な感性が彼（女）の実存を蝕むことが不可避的であると論じた。このような条件を思想の問題として位置づける途がひとつだけある。歴史も階級も〈社会〉が孕む条件である。無人島のロビンソン・クルーソーに関わる幾多の思考実験が明かしていることは、どれほど人が遠隔地に孤立して生きようが、彼（女）がいかに人間ぎらいになろうが、人的な実存は社会的な存在であることをけっして免れないということであった[496]。〈動物の境界〉をもっとも根本的に解明する途は、社会への問いを深めるところに拓かれる。本章は、わが国で展開してきた動物社会学の思想的営為を明らかにすることによって、社会－内－存在としての動物たちを把持する道のりを辿りなおす。

＊　＊　＊

一　動物社会学の礎[497]

……聴講者の注記――今西錦司の思考は第二章と第四章においても太い導きの糸になったが、本章では登頂を果たさねばならない最初のピークとして聳え立つ。ここでとりあげる『動物の社会』の出版年は第二章の仮想講義が準拠した『生物の世界』の一年前、すなわち「あの戦争」がはじまる前年だった。後者は抽象度が高いので第二章で「源流」に据えたのだが、前者のほうは動物社会学の基本概念を提示しているので、この位置におくことにした。この論考はその二年前にシ

495　シマック、クリフォード・D　一九六〇（林克巳訳）『都市――ある未来叙事詩』早川書房。
496　印象にのこっている一篇だけをあげておく。サルトル、ジャン＝ポール　一九七一（白井浩司・平井啓之訳）『聖ジュネ（上）』新潮社。
497　今西錦司　一九四〇／一九七二「動物の社会」『あきつ』二：九三－一一六／『動物の社会』思索社、七－三四頁。参照ページはすべて思索社版による。

カゴ大学教授ウォーダー・C・アリー（一八八五－一九五五）が上梓した『動物の社会生活』を精読することから生まれ、アリーの探究を高く評価しながらも、それに対置されるべき動物社会学の独自な視点を打ちだしたものである。[498] 今西の思考のきわだった特徴である論理の推進力を鮮明に照らすために、リズム感ある文体を犠牲にして命題を細分化して配列することにした。最終セクションⅧは敗戦の四年後に学術雑誌に発表された論文を底本にしている。強調（傍点）はすべて引用者による。

Ⅰ　動物社会に対する基本的な態度[499]

三つの態度を区別できる。(イ)動物社会の否定論：社会とか社会現象は、人間に限られた概念であり現象であるから、動物のような下等なものに外見的に類似の現象が認められるからといって、それをただちに社会ということばでよぶなどとは、一種の冒瀆行為である。——文化畑の人間至上主義者の一派には、今でもこういう考えがどこかに潜んでいる。(ロ)ある特定の動物には社会生活を認めるが、一般の動物にはこれを認めない。今までに行なわれた動物の社会生活に関する研究は、ほとんどすべてがこの考え方に沿って進められてきた。(ハ)すべての動物、ひいては植物に、社会現象ないしは社会生活を認める。あらかじめ結論を述べれば、最後の態度こそわれわれの立場である。

Ⅱ　共働としての社会[500]

Ⅱ－1　集団現象への還元：アリーの考えは、彼のやった動物の集団現象の研究から発展したので、集団現象をもって社会現象と見なすという前提がまず要請された。前項(ロ)の答えが立脚している類推主義から離脱しているとはいえない。彼が努めたことは、集団現象がなぜ社会現象と認められるべきか、ということの理論づけであった。だが、そのためには、社会現象とか社会生活とかいうものが、そもそも何を意味しているかがあらかじめ明らかにされる必要があったが、アリーはこの点を曖昧にしている。

Ⅱ－2　共働という本質：アリーが集団現象の意義を明らかにしている点は大きな功績である。集団とは、種族維持のための個体の共働（co-operation）である。共働のないところに種族の維持が保障されない以上、もしこの共働をさして社会現象とみなすならば、すべての動物はかかる共働を通じて社会現象を現わすことになる。したがって社会現象とは、とりもなおさず生物における種の現象である。だからある動物種ではこの共働が集団的に行なわれ、またその集団が持続的となり、それが組織的となるようなことが認められるとしても、集団現象が社会生活の唯一の特徴とはいえない。

Ⅱ－3　社会現象の定義：右にしたがい、社会生活ないしは社会現象を定義する。それは、種を維持するために同種の個体どうしがおたがいに働きあっているあらゆる現象のことである。この見方こそ、人間至上主義や類推主義を揚棄した厳正な生物学主義である。

Ⅲ　集団現象の意義[501]

Ⅲ－1　交尾における集結：アリーの研究はIsopoda〔等脚類：ワラジムシ目〕の実験から始まった。この動物は、単独でいるときと、集団をなしたときとで、その習性を変える。習性の変化への着眼は妥当だが、この点だけを考えるならば、平素は孤独生活を行なっている雌雄二匹の動物が相寄って行なう交尾さえ、単独の場合にはけっして認められぬ習性であるから、このような雌雄二匹だけの集結さえも、見方によっては一種の集団と考え

498　Alee, Warder C. 1938 *The Social Life of Animals*. New York: Norton.
499　今西、前掲書、七－九頁。
500　同書、一〇－一一頁。
501　同書、一一三－一一八頁。

ることができる。すると、めったに集団を作らぬような多くの動物に対しても、〈習性の変化〉というアリーの準拠が適用されることになる。が、そうなったときにはもう、アリーの立場ではなくて、われわれの立場にまで還元されていることになる。集団現象の意義を広義に解釈すれば、集団によって種の存続を有効ならしめることにある。

Ⅲ－2　集団の効果：無機的環境の変化からくる有害な作用に対して、単独でいるよりも集団でいたほうが、動物の抵抗を高める場合がある。

【例証】ダフニア〔ミジンコのこと〕を高アルカリ濃度の溶液に入れる、海棲の*Procerodes*〔渦虫綱ウミウズムシ亜目の一属〕を淡水中に入れる、プラナリアに紫外線をあてる、などといった実験をすると、集団のほうが高い生存率を示した。ダフニアの場合、多数の個体がいればそれぞれの出す炭酸ガスの総量が多くなり、アルカリを中和して無害ならしめる。これは生理学的な説明である。同様に、魚やオタマジャクシの尾の再生は、集団でいるときのほうが早い。また、外界の温度が低いとき、ハツカネズミの仔は集団になっていたときのほうが早く成長する。

だが、生理学的に説明がつくということと、個体が成長によりよい温度を保持するため合目的行動として集結するということとは、別個の問題である。動物を自動機械とみることにあきたらなく思うならば、こうした行動を動物の主体的な行動とみなすことになんの差しさわりもない。仔ネズミがその目的を知らなくとも、外界の温度の低下に遭って集結した、すなわち主体的行動として共働を現わしたのならば、その共働をすること自身が社会学的現象として取りあげられるべきである。「こういう生理的理由でその個体が生存した、それゆえその集団は種の存続に役立った」ということをいちいち証明してかからねば集団の意義が確認されないわけではない。集団を集団として理解しようとしないで、これを個体に分析し個体の生理現象として説明したのでは、もはや集団自身の説明になっていない。

Ⅲ－3　社会的促進502：ウニの精子は集団状態におかれたときのほうが受精能力を長く保ち、卵は分割が促進される。これには十分な生理学的説明がついていないようだが、だからといって精子や卵の「行動」を心理学的に説明するわけにはいくまい。しかし、プロトゾア〔原生動物〕では、単独でいるよりも二匹でいたときのほうが早く増殖するという例になると、これは単なる生理現象としては解しえない。いわゆる相互的興奮（mutual stimulation）ということばの意味するような、社会的促進（social facilitation）の一つの現われである。この場合は明らかに、一匹が他の一匹の存在を認識したことによって、この現象が開発されたのであるから、多分に心理学的要素が含まれている。

【例証】社会的促進は個体の成長現象に関しても認められる。金魚の実験では、集団でいるときのほうが食物を多くとった。集団のなかに一匹のよく馴らされた金魚がいると、他の馴らされていない金魚の反応がそれにしたがって早くなり、両者をガラスで仕切り、馴らされた魚の餌をとる動作を見せるだけで、馴らされていない魚の反応を早めることができる。こうなるともはや問題はだいぶ複雑で、社会的促進といったような簡単な説明では、間に合いかねる。

Ⅳ　認めあいと模倣[503]

Ⅳ－1　共働の根源：社会的促進が何によって開発されたかという点に関して、さきに、一匹が他の一匹の

存在を認識したことによるという説明をあげた。その認識が、金魚の場合のように視覚によるものではなくて、何か他の知覚によるものであってもよい。そこに同種の他個体がいることを認識するということがなかったら、およそ社会現象などといっても意義のないことになってしまう。この認識が生物社会学の基礎づけにそれほど重要であるのは、それがあらゆる共働の根源になるからである。種なるものは、同じ形態をもって同じ機能をあら

502　今西は social facilitation に「集団的効果」あるいは「相互的促進」という訳をあてているが、第七章との統一をはかるために「社会的促進」という直訳を用いる。
503　同書、一九－二二頁。

わす個体の集まりをさすのだから、一匹の個体が他の一匹の同種個体を認めたということのなかには、相手の一匹もまたこちらの存在を認めうることが含まれているはずである。そこに必然的に生じてくる認めあいが、あらゆる共働を可能にする。プロトゾアにおいてさえかかる認めあいが成立するのなら、もう一歩進めて、かれらは単に相手の存在を認めるだけでなく、相手が何をしているか、あるいはどういう状態にあるかまで認識するのではないか、と想像できる。もしそうだとすれば、プロトゾアにおいてさえ、模倣が成立する条件がそなわっているといえるはずである。

Ⅳ-2 模倣：模倣という現象は、その動物の心理的生活の豊富さいかんにかかわらず、動物一般に深く根をおろした共通の源から現われてくるものであり、この点で動物の社会性と密接な関係をもつ。生物種の一般原則とは、同種の個体が同じ体制をもち同じ機能を発揮すること、すなわちかれらが同一の生活形に属すること、換言すれば、そういう個体が集まって種の生活を作りだしている（それが私の意味する社会である）ということである。この一般原則を介して、種はその内部で結ばれているに相違ない。同種の他個体は、自分をとりまく環境のなかで自分のもっとも近しいものであり、人間ほど自意識の発達していない動物にあっては、それは自己の身体の延長であり、自他のあいだにはっきりした区別はついていないと思われる。模倣というと高級な心理学的現象のように思われやすいが、一匹の動物が行動を起こした場合に、他の動物はその行動の原因が何であるかを知らなくても、その行動そのものが刺激となって同じような行動を開始するだろう。こうした模倣現象は、その種にとっては本能とよばれる無意識的反応である。典型的な模倣現象が、一般に種の存続と直接結びついた、いわゆる本能にまで発達しているところに、この現象のもつ社会学的意義の重要さが浮かびあがる。

Ⅴ 集団再考[504]

Ⅴ-1 〈共働〉ふたたび：動物間の社会現象は、もとをただせば、同種の個体どうしの認めあいにその基礎をおいており、同種の個体の集まりなればこそ、そこに模倣が本能的に行なわれるようになる理由もある。〈共働〉ということばには、同種の個体が種の存続のために積極的に協力するといった、人間的な感じを抱かせるものがあるかもしれない。だが、これをもっと広義に一般的な個体間の働きあいと解釈すれば、二匹の個体が集まった場合には、そのなかの一匹が刺激を与える立場をとり、他の一匹はその刺激を受けとってこれに反応する立場をとるという関係が、いつでも必然的に成立する。

Ⅴ－２　集団をつくること：私は、集団をつくる個体の集団に対する「許容」（toleration）があって［集団が］はじめて成立するのだという、アリーの見解をもう一歩すすめて、どの動物も本来は集団をつくるべきものなのだが、それをつくらなくなったというのは、他に何か有力な条件が働いて、それが集団をつくることを抑制していると考える。そのような条件のひとつとして、動物の食性に注目する必要がある。捕食性の動物に集団をつくる性質が初めから具わっていないわけではなくて、それが集団をつくらなくなったのは、食性からきた二次的な変化による。捕食性動物にしても、おたがいどうしのあいだにまったく何の交渉もない孤独生活を送っているわけではない。こういう動物のあいだに、狩猟地のなわばり（territory）があるということは、おたがいどうしのあいだにある種の交渉があることを意味する。相手の姿を認めなくても、残された糞や足跡その他の徴候から、自分と同種の別の個体がいることを、やはり認識しているであろう。

Ⅵ　血縁的地縁的集団[505]

Ⅵ－１　生活の場：集団ということばの意味を広く解釈し、個体が、そのあいだの認めあい／働きあいを通して、おたがいに連なりあっている、ひとつの生活空間、すなわち生活の場（life field）の連続を考えることが

504　同書、二二一－二四頁。
505　同書、二七－三〇頁。

できる。すると、個体がすべてそのなかで生まれ、そのなかに死んでゆく、種というものの正体がはっきりしてくる。すなわち、動物の社会生活とは、このような、種の血縁的地縁的集団性にもとづいたものである。

Ⅵ－2　個体数：食物の許すかぎり、どこまでも繁殖し、拡がってゆきたいのが種の本性であるとしても、種が地縁的集団であるということは、そのなかに含まれる個体が利用しうる食物が地域的に制限されていることを意味する。種とはみずからのなかにみずからに対して抵抗となるべきものをもっているということができる。この矛盾の統一は、結局そのときその場所における、種の個体数によってある程度まで把握されると考えられる。ここに個体数が重要な社会学的問題として取りあげられるべき理由がある。

Ⅵ－3　疎開と集結：種をもって個体の血縁的地縁的集団であるとみなす私の考えからすれば、その集結の程度に粗密の差はあっても、あらゆる動物に集団を認め、またこの集団性を通じて、あらゆる動物における社会の存在を肯定することになる。原理的には、集団をもって社会現象の準拠とするアリーの見かたと矛盾するものではない。それゆえ、アリーと私との意見に相違があるとすれば、要はただ、いかなる現象を集団と見なすかということの相違に起因しなければならない。周期的または異常的に個体が密集した形態をとるような場合があっても平素は顕著な集団生活をしていないようなものから、年じゅう集団生活をしているものまでのあいだには、いろいろな移り行きを示すものが介在する。しかしその両極端にあるようなものは、これをかりに、〈疎開社会〉と〈集結社会〉という、二つの対蹠的なことばで表現することができる。

Ⅵ－4　持続的集結社会への途：持続的集結社会を形成する動物は、つねに繁殖をこの集結社会の内部で行なう。栄養という点から考えれば、その社会の成員が年じゅう集結していても、食うに困るようなことが起こらないようになっていなければならない。

Ⅵ－4a　一時的な家族：雌雄が交尾を行なうことは、疎開社会一般で起こる特殊な集結現象ではあるが、子どもを生みっぱなしにしておくような種類にあっては、この集結も交尾以上には持続されない。この雌雄またはいっぽうの親〈ふつうは雌〉が子どもの世話をするようになると、ここにはじめて、この集結が〈家族〉とよばれるべきものになる。だが、家族の集結をみる動物の社会をさして、これを持続的集結社会とはまだよびがたい。この家族の集結が、子どもの成長とともに解消されてしまうからである。解消後は一般的な疎開形態に復するものも多い。なかには渡り鳥のように家族の解消後まもなく移住集団をつくるものもあり、アシナガバチなどのように越冬集団に移行するものもある。これらは、一般的な疎開形態の濃縮された形態にすぎない。

Ⅵ－４ｂ　持続的な家族：家族が持続的に構成されることはもはや単なる濃縮や稀釈の問題ではなく、一般的な疎開形態の本質的な変革であり、その変革とは、個体単位の社会が、家族単位の社会に変わることをいう。ミツバチやアリやシロアリの社会になると、その家族が子どもの成長とともに解消するようなことはもはや起こらないから、ここに初めて持続的集結社会の一類型として、家族がその社会の構成単位となる社会の成立をみるにいたる。これを〈持続的家族集団社会〉とよぶことができる。これらの社会では、その家族の成員間に、繁殖を引きうけるものと、栄養を引きうけるものとの分業が生じるようになった。この分業が発達した結果として、食物が貯蔵され、同時に家族もその中で棲まいその中で繁殖するような、巣が作られた。

Ⅶ　哺乳類の社会[506]

Ⅶ－１　集団成立の要件：哺乳類が集団をつくりうるのは、その食性のしからしめるところであるから、かれらの場合においては、食糧問題のほうは初めから解決されていたとみなしうる。だから、かれらの集団を成立せしめた契機を、むしろ繁殖と結びつけて考えたい。平素は個別に生活していても、繁殖期に家族を構成する動物のあることから考えて、家族をつくらねば何か不都合なことがあるのに相違ない。その不都合さのもっとも主

506　同書、三三一－三四頁。

要な点が、育児ということに関連している。このことは、こういう動物が家族を構成する場合には、同時に育児のための場所としての巣を構成することからも察せられる。

Ⅶ－２　哺乳類における持続的集結社会：哺乳類の集団が持続的集結社会であるためには、育児や営巣のためにその集団が繁殖期に家族へ分解するようなことがあってはならないし、それにはかれらの子どもが世話のかからぬようなものでなければならない。哺乳類のような大きな動物の集団が食物の保障をされていることには条件がある。果てしなく続く大草原でさえも一ヶ所に停滞していてはダメである。食物を追って移動していくところにはじめて食糧問題の解決がある。そういうことのできるところは隠れ場所に乏しいから、外敵から身を衛る用意がなければならない。そのためにカモシカやウマは速力を得たし、ゾウやクジラは体の大きさを得ることによってこの問題を解決してきた。哺乳類の子どもが世話のかからぬものでなければならないということは、ウマの子は生まれながらにして親と一緒に走れねばならないし、クジラの子は親と一緒に泳げねばならないということを意味する。すなわちかれらの子どもがこういう子どもでありえたときに、はじめてそれらの哺乳類の集団が、持続的な集団として成立するようになった。

Ⅶ－３　疎開社会からの直接的発展：アルファデスの著書が挙げる例をみると、ひとつの集団がひとつの家族からできている場合も、多くの家族からできている場合もあり、また雄の集団と、子どもをつれた雌の集団とが別々になっている場合もあるらしい[507]。私がここで強調したいことは、こういった集団が、一般的な個体単位の疎開社会から、家族の集結という段階を経ないで、ただちに発展してきたものであると考えられる点にある。それはつまり、二つの集結社会の成立の契機が違うからである。ウマの子が親のように走れるということは、ウマの集団が持続的なものとして完成されるためにこそ必要であれ、ウマの家族の成立にとっては、必ずしも必要な条件ではなかった。

Ⅶ－４　個体的完成：右の場合、集団が持続的であるということは、その集団の成員が、個体としてどこまでも個体の性質を発展させることにより、いわば一種の個体完成を通じて個体どうしが結ばれているのであって、その点では、雌雄の分業や、長幼の別さえ従属的意義をもつにすぎない。したがって、これを、種の一般的疎開社会から、種の集結社会への直接的発展であるとみることができる。しかるに昆虫の持続的集結社会の成立の契機として考えられる分業の発生は、これとはまったく反対に、個体的完成を犠牲にすることによって、その家族の完成を要求するものであった。これにひきかえ、個体的完成をその成立契機にもった哺乳類の集結社会からは、ついにわれわれ人間の社会が生みだされるに至った。昆虫の場合を持続的家族集団社会とよんだのに対して、哺乳類の社会構成の単位となるべき集団は一般に〈群〉(herd)と呼び慣わされてきた。簡略を尊ぶならば、昆虫の場合が家族社会であって、哺乳類の持続的集結社会を〈持続的群集団社会〉なる名称をもってしたい。簡略を尊ぶならば、昆虫の場合が家族社会であって、哺乳類の場合が群社会であるといってもよい。

Ⅷ　集団と個体[508]

Ⅷ－1　集団のつくられる可能性：ディーゲネルの見解によれば、集団といっても、ほんの偶然で顔をつき合わせたような集団は、社会ではない[509]。それも社会現象のひとつであるかもしれぬが、まだほんとうの社会を現わした現象ではない。その集団の構成員が、なにか相手からうける利益を求めて集まったような集団だけが、ほんとうの社会であるという。だが、ほんとうの社会を現わした現象と、嘘の社会を現わした現象があり、その見わけが、集団をつくることによって利益を得ているかどうかだ、というのはむずかしい注文である。ややもすれ

507　アルファデス、F　一九三八（賀川豊彦・西尾昇訳）『アルファデス動物社会学概論』第一書房。Arverdes, F. 1952 *Tiersoziologie*. それ以上の書誌は不明である。
508　今西錦司　一九四九／一九七二「動物学者の社会学」『生物科学』一：二二四－二二五／『動物の社会』思索社、三五－四〇頁。
509　Deegener, Paul 1918 *Die Formen der Vergesellschaftung im Tiereich. Ein systematisch-soziologischer Versuch*. Leipzig.

ば主観的な判断に頼ってしまうおそれがあるからだ。動物によって一時的な集団をつくるものも、比較的に永続的な集団をつくるものもあろう。またそれによってその動物が利益を得ている集団もあろうし、得ていない集団もあろう。しかし、いずれにしても、かかる集団のつくられる可能性のある場をさして、社会と考えるのである。集団のつくられる可能性のある場は、同時に、集団のつくられない可能性もある場である。それが社会であるとすると、社会においては、集団がつくられていることもあり、いないこともある。社会において生起する現象が、すべて社会現象であるならば、集団現象が社会現象であるのとまったく同様に、非集団現象もまた一つの社会現象である。集団がつくられたりつくられなかったりする可能性のある場、というような言いまわしをするため、非実体的な印象を与えたかもしれない。だが、そこにはやはり実体的なものを考えている。それは、その内部において、集団がつくられていようがいまいが、ある範囲あるいはある地域にひろがった同種の動物のひろがりを考えているのである。それが、その動物のいろいろな社会生活がそのうえに展開する場である。この社会は実体的であるといっても、固定的なものではない。それはつねに動いている。

Ⅷ－2　個体：いままで社会は必ず集団であるという考えに導かれていたために、社会に対する非社会は、この集団を構成する個体であると考えられやすかった。換言すれば、社会は個体の集まりであるけれども、個体そのものは社会ではないとみて、つねに社会と個体とを対置して考えようとするくせがあった。しかるに、われわれの立場から論ずれば、集団も個体も社会をはなれて存在するものではない。あるいは、集団生活も単独生活も、ともに社会生活である。社会が集団なら、非社会は非集団としての個体ということにもなろうが、そうでない以上、社会に対しては、集団も個体も同格の立場にたつものである。われわれは、集団生活と単独生活、あるいは、集団すなわち複数の個体と単数の個体とをひとつづきのものとみている。だから個体と社会とは対置されるべきものではなく、社会とは、そこで個体がおたがいのあいだのいろいろな関係を現わす場である。では、個体とはなにか。それはひとつの生活単位である。社会生活の単位である。この単位は、単独で自分の生活を維持してゆく能力があるという以外に、雄とか雌とか雌雄同体とかいうように、それ自身がまた生殖能力の単位たることを兼ねそなえている。

「社会」概念の徹底

われわれを襲う大きな驚きがある。社会に関するすべてがもはやこの時点でいわれていたのではないか。この仮想講義録には、今西の論理の特徴である〈徹底化〉が典型的なかたちで現われている。だが、それは前著でわたしが批判した「論理の極端化」とはまったく異なり[510]、本質直観の水準での理念的な操作にほかならない。徹底化はしばしば簡潔な命題に帰着する。いまの場合はⅠ(ハ)〈すべての動植物に社会がある〉がそれである。ここで社会とはⅡ-3〈種を維持するために同種の個体どうしが働きあうあらゆる現象〉と定義される。合目的性を肯定することになんのためらいもない。Ⅲ-3で明言されるように、ハツカネズミは〈成長によりよい温度を保持するために集結する〉と記述することは、動物を自動機械とはみないという立場、つまり〈主体性〉を見いだすことと同値である。

わたしは、右の定義を導く命題から合目的性を脱色したⅡ-2《社会の本質は個体間の〈共働〉〈働きあい〉である》をもっとも核心的な洞察とみなす。本書の鍵概念である〈交働〉を〈共働〉にしてもよかったが、対応する英語がinteraction〈相互作用/相互行為〉とco-operationというかけ離れたものなので、やはり両者は区別されるべきだろう。ただし、Ⅴ-1のように、広義の〈共働〉を〈一般的な個体間の働きあい〉として捉えるなら〈交働〉との区別は消滅する。右の洞察を深めると、Ⅳ〈認めあいと模倣〉というもっとも根源的な他個体への志向性を得る。傍点で強調したように、一方の個体が他方の個体を認めることのなかには他方もまた前者を認

510 菅原和孝『狩り狩られる経験の現象学』京都大学学術出版会、四八頁、七〇頁、四四七-四四九頁、四五五頁。

めることが含まれる。フッサールが構成することに苦闘した間主観性の基盤がかくもあっさりと措定されることは、今西が敢行した論理の徹底化＝普遍化が与える最大の驚きである。しかも、Ⅳ－1においてはこの〈認めあい〉とは、〈自己〉と〈自己の身体の延長〉とのあいだで、すなわち〈はっきりした区別のついていない自他〉のあいだに成立する。われわれのことばで言いなおせば、自己と他者とはともに同一のサンス〈意味＝感覚＝方向性〉を共有しているのであり、その意味ではここに間身体性のもっとも原初的な形態を把持するのである。さらに、Ⅵ－1の〈生活の場〉においては、つぎの節での中心的な主題になる「種社会」への明確な展望が示される。すなわち、それは、個体が認めあい／働きあいを通して連なりあっている〈生活の場の連続〉であり、すべての個体がそのなかで生まれ死んでゆく〈ひとつの生活空間〉なのである。

今西のもっとも強力な主張は、社会を集団と等置してはならないということである。〈疎開〉と〈集結〉は、さまざまな程度の粗密のスペクトラムに沿って展開する動物社会の両極であるにすぎない。次章で論じるように、この思想は、単独生活者を「要素的社会」として位置づける伊谷純一郎の理論へじかに継承されてゆくことになる。

──理論本体にとっては周辺的な事項だが、Ｖ－2〈集団をつくること〉とⅦ－2〈哺乳類における持続的集結社会〉において、自然誌的記述としては首をかしげさせられる点がある。どうも今西は食肉類の社会のプロトタイプを単独生活者においていたふしがある。ライオン、リカオン、ハイエナなどの高度な社会生活はまだ知られていなかったから無理からぬことかもしれないが、ひとつだけ不思議なのは、なぜ群をなすオオカミを食肉類の代表に据えなかったのかということである。もうひとつの偏倚はより深刻である。哺乳類が持続的集結社会をなすことの必要条件として、生まれたばかりの幼獣が母と共に走りまわる力能をもつことを強調しているのである。これは有蹄類の群れに典型的にあてはまることである。一九三八年に初めて内蒙古探検を行なった今西が大草原を移動するヒツジの群れにつよい印象をうけたことは第四章で瞥見した「遊牧論」からも読みとれる。何よりも解きがたい疑問は、身近に棲むニホンザルの母雌が赤ん坊を抱いたり背に乗せたりする光景を、登山家・今西が目にしたことはなかったのだろうか、ということである。母が幼子を運んで移動しうるという事実を考慮に入れなかったことが、哺乳類の「持続的集結社会」に関する今西の思弁を古くさいものにしている。だが、この洞察の「欠如」はより広い視角からみれば、今西にとって譲ることのできないライト・モティーフであったのかもしれない。疎開社会は個体単位であるから個体完成を成し遂げたものたちのいわば「主体的な」結びつきとして「群社会」が成立した――このような構想がすでに今西に胚胎していた可能性がある。

二　種社会の論理[511]

……聴講者の注記――わたしは学部時代の比較的早い時期に『生物社会の論理』を読み、深く感動した。いまも、この透明な論理の結晶体こそが、今西の思考の最高峰であるという印象は修正されていない。なかでもみごとなのが、彼のアイデアの汲み尽くせぬ源泉であるカゲロウの幼虫に関する自然誌的観察である。それゆえ、著作の構成を改編し、冒頭のⅠにこれをおく。そこで用いられる概念群はつぎのⅡ「体系」においてすべて厳密に定義されるので、少し我慢して読んでほしい。だが、前の小節と同じように、複雑に構造化されたこの体系を命題の連鎖へと書きなおしてみると、あるところから今西は誤った推論の迷い道へ踏みこんでしまったのではないかという疑いが湧きおこる。この疑いを明証の光のなかに立たせることが、われわれが今西という高峰を登攀したうえでなおも先へ進むことができる唯一のルートである。前の仮想講義録と同様、強調は引用者による。

511　今西錦司　一九四九／一九七一『生物社会の論理』毎日新聞社／思索社。参照ページはすべて思索社版による。

I　カゲロウ幼虫の棲みわけ[512]

——まずカゲロウ幼虫の生活形について考える。かれらの生活形を枠づけるもっとも基底的な条件は底質（substratum）である。他方で、そのアフォーダンスに対応した行動型を仮にAタイプとBタイプに分けよう。底質Ⅰ：泥や細かい砂が沈積した平たい底。▼行動型A：歩きまわるにはあまりに地盤が柔らかいが、そのなかにもぐりこむアフォーダンスとなる。▼行動型B：柔らかい底に静かにとまるというアフォーダンスを抽出するが、敵を避けたり移動したりするときには、迅速に遊泳する。／底質Ⅱ：表面の滑らかな大きな礫（大礫）がごろごろした水底。▼行動型A：もぐりこむことはできないが、割れ目や襞が、身をひそめるアフォーダンスとなる。▼行動型B：礫を離れて游ぎだす。だが、急流では流されるというリスクを伴う。そこで、つぎの行動型も生まれうる。▼行動型C：礫表面に体をくっつけ滑るように動く、すなわち滑行する。

行動型の差異は、形態の差異となって現われる。A：自由遊泳型→紡錘形（流線型）、B：礫上型→リムペット〔笠貝〕形という対応が成り立つ。底質に対応したつぎの生活形の分化を得る。

底質	泥／細砂	小石	大礫
生活形A	埋没的	——潜伏匍行的——	
	モンカゲロウ科＋カワカゲロウ科	——マダラカゲロウ科——	
生活形B	自由遊泳的	弱滑行的	強滑行的
	コカゲロウ科＋フタオカゲロウ科	トビイロカゲロウ科＋ヒラタカゲロウ科	

底質は小石で生活形は弱滑行的という部類についてさらに詳しく説明する。かれらは、大型のリムペットではなくもっと小型であるか、または典型的なリムペット型をしておらず、小石のまわりを多少すべりながら歩くのである。

つぎに生活形と分類との関連について考える。Baetoideaという亜目〔上科?〕は、四つの科、①コカゲロウ科（Baetidae）、②マダラカゲロウ科（Ephemerellidae）、③フタオカゲロウ科（Siphlonuridae）、④トビイロカゲロウ科（Leptophlebiidae）に分けられる〔現在の分類では①、③、④がヒラタカゲロウ亜目Schistonota、②だけがマダラカゲロウ亜目Pannotaに括られる〕。もとはひとつの生活形社会であったものが、生活の場の棲みわけをとおして、二つ〔四つ?〕の生活形社会に分離した。

ここで、弱滑行的な生活形をもつ〈トビイロカゲロウ＋ヒラタカゲロウ社会〉というものを考える。じつは、このなかでも流速の違いに応じて棲みわけができている。トビイロカゲロウは流速がほとんどないか、ごく緩い場所に棲むのに対して、ヒラタカゲロウは流速のはやい場所に棲む。ヒラタカゲロウは弱滑行型と強滑行型の両方にまたがるが、前者は小石の多い所を生活の場としている。大礫を棲み場として選んだヒラタカゲロウはどうか。ここにも流速のちがいに応じた棲みわけがみられる。タニガワカゲロウ属（*Ecdyonurus*）は流速の弱い大礫、ヒラタカゲロウ属（*Epeorus*）は流速のはやい大礫に棲む。さらにヒラタカゲロウ属はノーマルタイプと腹部の第一鰓が発達したタイプに分かれる。後者は急流に対する適応である。

まず京都市民の憩いの場、加茂川をフィールドワークの舞台として選ぼう。ここに棲息するカゲロウの種をまず列挙する。モンカゲロウ属の一種（*Ephemera lineata*）：埋没的／マダラカゲロウ属の一種（*Ephemerella basalis na*）：潜伏匍行的／ヒメフタオカゲロウ（*Ameletus montanus*）：自由遊泳的／ミヤマタニガワカゲロウ（*Cinygma hirasana*）：弱滑行的／オナガヒラタカゲロウ（*Epeorus hiemalis*）：強滑行的。

大礫に棲むヒラタカゲロウ科にはつぎの四種がみられる。幸い種名の小文字の最初がそれぞれ違っているのでこれを略号として用いる――シロタニガワカゲロウ（*Ecdyonurus yoshidae*）：[y]／エルモンヒラタカゲロウ（*Epeorus latifolium*）：[l]／ウエノヒラタカゲロウ（*Epeorus curvatulus*）：[c]／キタヒラタカゲロウ（*Ep.*

512 今西、同書、五七－六五頁。

uemoi）：u というぐあいである。岸に近い流れのゆるい場所から、川の中央の流れのはやい場所まで、同じくらいの大礫を選んで調べてゆくと、みごとな配列がみられる。加茂川の下鴨の例でいえば、川の岸辺に近い端から中央へむかって順に並ぶ y 社会、l 社会、c 社会、u 社会という四つの同位社会が構成単位となって、大礫を棲み場とする〈ヒラタカゲロウ社会〉というひとつの生活形社会をつくっている。図に描いて説明したほうがわかりやすいだろう〔以下、挿入される図はすべてわたし（菅原）が勝手に作製したものである〕【図9-1】。この〈ヒラタカゲロウ社会〉は強滑行的生活形社会として、小石を棲み場とする弱滑行的生活形社会である〈トビイロカゲロウ＋ヒラタカゲロウ社会〉と同位関係にある。ゆえに(a)滑行的生活形社会は、右で分析した四つの同位社会によって構成される。このほかに以下の三つがある。(b)自由遊泳的生活形社会（コカゲロウ科＋フタオカゲロウ科）：泥・細砂を棲み場とする／(c)潜伏匍行的生活形社会（マダラカゲロウ科）：小石と大礫の双方を棲み場とする／(d)埋没的生活形社会（モンカゲロウ科＋カワカゲロウ科）：泥・細砂を棲み場とする。(a)(b)(c)(d)の四つの社会は、カゲロウ幼虫の生活の場である陸水の水底を棲みわけている。すなわち、この四つは、カゲロウ幼虫生活形社会の構成単位として、おたがいにはたらきあう同位社会である【図9-2】。

y 社会、l 社会、c 社会、u 社会という四つの同位社会の関係をさらに精密に考えよう。まず、ひとつの川における流速の違いをもっと仔細に吟味しなければならない。加茂川では、上流の貴船あたりまでゆくと、川端の緩流部にいた y ともっとも流れの速い川の中心部にいた u の双方が姿を消す。その代わりに、u の占めていた最急流部は、同じように第一鰓が発達したオナガヒラタカゲロウ（*Ep. hiemalis*）：h によって受け継がれる。y のあとには、同属のクロタニガワカゲロウ（*Ecdyonurus tobiironis*）がみられることもあるが、谷が狭く急になるにしたがい、タニガワカゲロウ（*Ecdyonurus*）属の要求するような生活の場はせばめられてゆく。同時に、l も影をひそめてゆき、枝谷（または本谷のずっと上流）になると、川端—中心部の軸に沿ってヒラタカゲロウ（*Epeorus*）属の c — h という配列だけがのこる。

図 9-1
賀茂川におけるカゲロウ幼虫の棲みわけ概念図。正方形の中のアルファベットは種名の頭文字である。本文参照。グレーで塗りつぶした正方形は水温が低い１月～５月に発見される幼虫を示す。

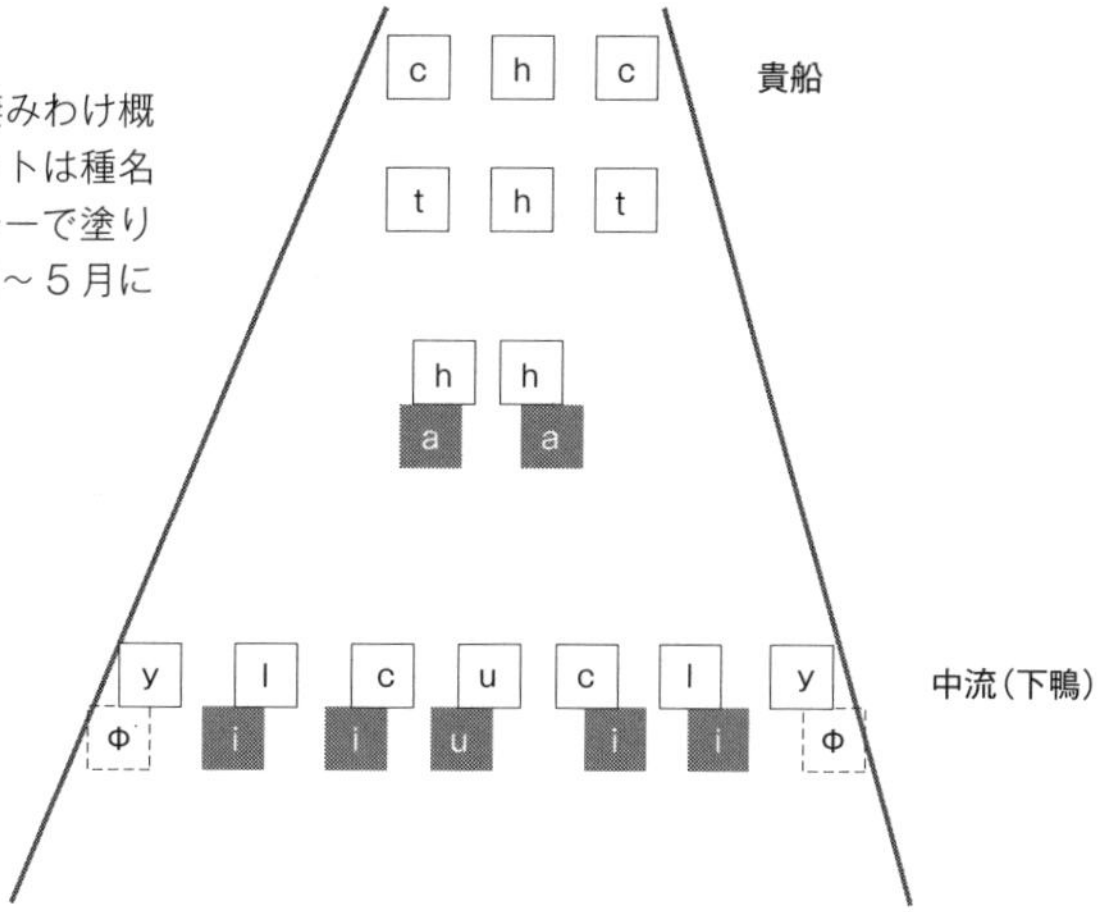

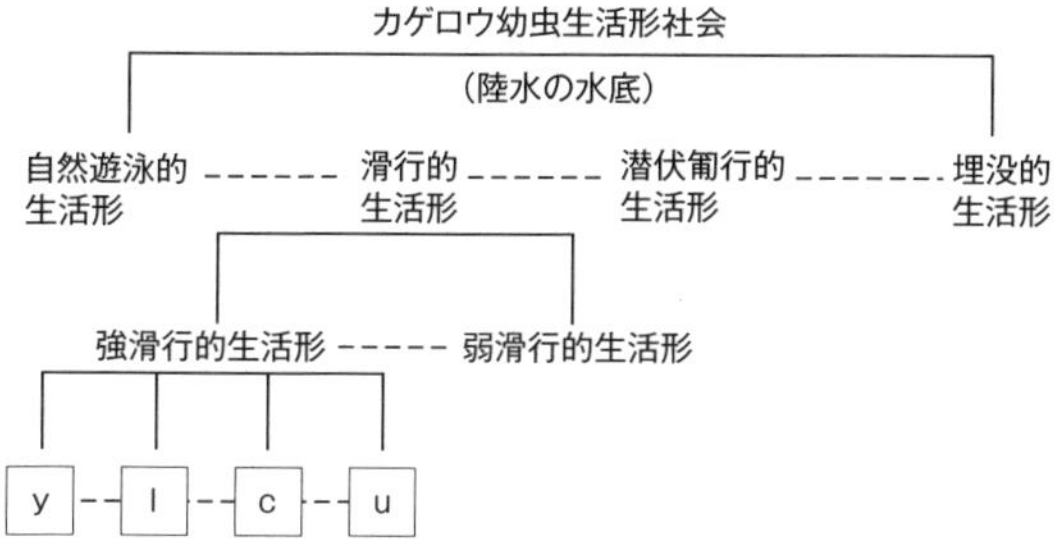

図 9-2
カゲロウ幼虫における同位社会の概念図。破線は同位関係を示す。

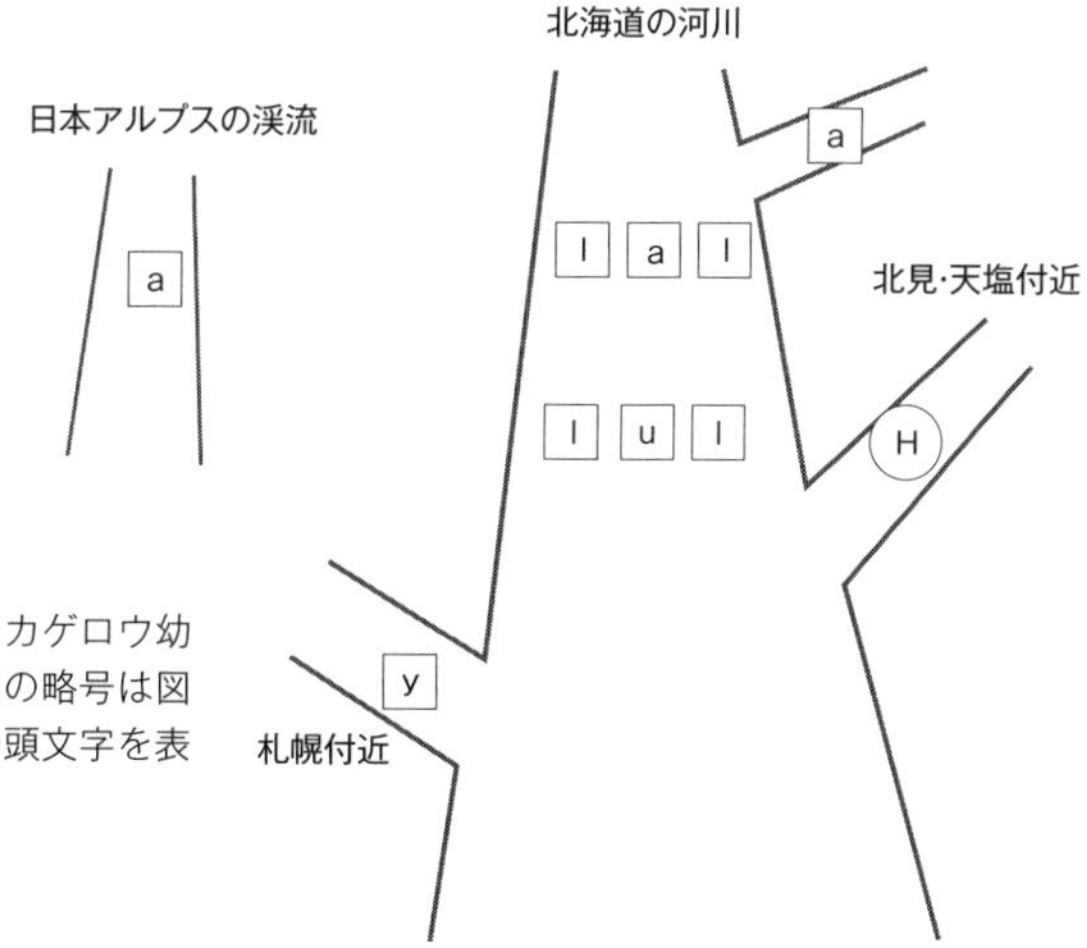

図 9-3
日本アルプスと北海道におけるカゲロウ幼虫の棲みわけ概念図。正方形内の略号は図9-1 に対応するが、Ⓗは属名の頭文字を表わす。

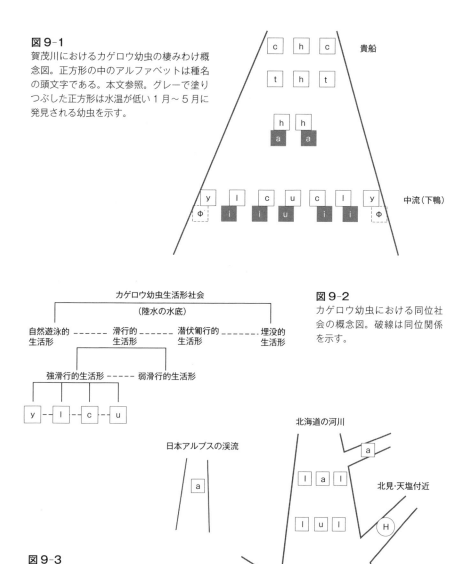

ところが、日本アルプスの渓流ではこういった配列はみられない。そこでは c でさえ稀で、ヒラタカゲロウ社会としては、下流部における u のポジションをうけついだ、同属のキイロヒラタカゲロウ（*Ep. aesculus*）：a の独り舞台となる。日本アルプスの渓流がいかに激流であるかがこれによってわかる。

北海道の渓流ではどうか。下流から上流まで、l—a という配列が長く続くが、最上流の小さな谷では l が見られなくなり a だけがのこる。ただし、同じ北海道といっても、札幌付近の緩流部には、下鴨付近と同じ y がみられるが、北見・手塩までゆくと、y に代わる種として別属のキハダヒラタカゲロウ（*Heptagenia na*）：H という大型種が出現する。水温との関わりはすぐのちに詳述するが、この H こそが緩流部を棲み場とする y の低温同位種と考えられる【図9-3】[513]。

では、最急流部の占拠者 u に対応する低温同位種は h なのか a なのか。京都では下流→上流へ移行するにつれて、u→h への移行がみられた。低温化は垂直分布と水平分布で同様に起きるから、日本アルプスや北海道では下流→上流への移行に沿って、u→h→a という順で種の移行が起きると予想される。だが、実際はそうはならず、h をとばして直接に u→a へ移行する。

さて、u の低温同位種とみなされる a とはそもそも何ものか。じつは、加茂川にも a は棲息している。今までの分析は、棲みわけの基本的な構図を示すために、いちばん水温が高くなる盛夏八月に焦点をしぼって比較したものだった。もっと水温の低い一月から五月までで同様の調査をすると、a は、日本アルプスや北海道で見られたように、より下流にみられる u と直結して現れる。すなわち、下流→上流に沿って、水流のはやい場所では u→a へと移行する。京都付近は山が低すぎて、夏には a の棲息に適さないほど水温があがるから、a は上流でさえも出現しない。その a がいなくて空いた場所を七月から一二月まで h が占めるというわけだ。つまり、同じ生活の場をかれらは半年交代で占めるのである。かれらは同じ季節に違った生活の場を棲みわける同位社会ではなく、同じ生活の場を違った季節に棲みわける同位社会なのである。これを時間的棲みわけとよぶ。

この分析の出発点となった、川辺―中央部にかけてのy―l―c―uという配列を、右で明らかにした時間的な棲みわけという観点からみなおしてみよう。じつはこれも夏をふくむ半年のあいだだけにみられる配列であり、冬をふくむ半年にはそれががらりと変わってしまう。夏には川岸に近い最緩流部の大礫はyに占められていたのに、冬にはここは意外にも居住者がいずに空いている。それに対してl―cが占めていた場所には、冬のあいだだけ同属の別種 *Ep. ikanonis*（i）が現われる。ゆえに冬には川辺―中央部にかけての同位社会の空間的配列は、φ―i―uのように変わる【図9-1のグレーの方形】。このように、大礫を生活の場としたヒラタカゲロウ社会は、流速あるいは水温の違いに応じた棲みわけを通して、いわば空間的に対立すると同時に、季節的な棲みわけを通して、同一空間を相補的（協調的）に利用しているのである。これを一般化していえば、社会とは、つねにその内部に、つまりそれを構成するものどうしのあいだに、競争と協調という一見相矛盾した作用をはたらかせつつ、それを介して成り立つひとつの構造であり、動的な均衡系なのである。

Ⅱ　体系化[514]

1　**種**：種とは生物的な世界の究極の構成要素であり、無機的世界の元素に相当する。種と種は不連続である。

2　**生活形**：生活形とは、形態をとおして把握される生物の生活様式のことである。動物の生活様式は形態から判断されるから、生活形の分類は形態分類を標準にしなければならない。

3　**生活形社会**：生活形がある程度の共通性をもった社会を生活形社会とよぶ。ただし、この「ある程度」とは、分析の水準によってさまざまに変動する。種とは、同じ生活形をとる個体から成り立ったひとつの社会として定

513　和名は以下の検索事典に依拠する。ただしこの事典ではキタヒラタカゲロウ（*Ep. uenoi*）は「成虫記載幼虫不明。北海道でのみ確認」とあるので、今西の記述と大きく食い違う。川合禎次・谷田一三（共編）『日本産水生昆虫――科・属・種への検索』東海大学出版会、一〇五頁。

514　今西、同書、四八‐五五頁、八三‐八七頁。

義される。

4 生物社会学：植物生態学で採用される原理はそのままでは動物的自然にあてはまらないが、動物的自然を対象としてつくりあげられた原理は、植物的自然にもあてはまる。そこに原理の一貫性がある。ゆえに植物／動物の区別なしに生物的自然を対象としうる。生物社会学の生態学よりも優位な立場がここにある。

5 全体社会と部分社会：全体社会とは生物的自然の全体のことである。部分社会とは生活の場を裏づけとして、全体社会から明瞭にとりだすことができる。部分社会は自分自身を成り立たせている生活の場を全体社会の生活の場のなかに確保している。また、その確保を通して、部分社会はそれ自身がひとつのまとまった生活体になっている。

6 生活の場：もっとも低い水準をとれば、種を構成する個体には、それを成り立たせている生活の場がある。それがあってはじめてひとつの完結した生活体としての生きた生物個体たりうる。個体の生活の場をつなぎあわせたものが、個体をその構成員とする種社会を成り立たせる生活の場である。

7 棲みわけ：生物的自然の分析は必然的に生活の場の分析をともなう。位階を同じくしておたがいのあいだに包摂関係のない二つの違った社会は、違った生活の場をもっている。生活形は厳密にいえば種と種のあいだで違っている。ゆえに、違った種の社会が同じ生活の場を占めることはありえない。種はそれぞれ違った生活の場を確保し、違った生活の場のうえに成立している。種はたがいに生活の場を棲みわけしている。棲みわけには空間的な棲みわけと時間的な棲みわけという二つの次元がある。

8 同位社会：いくつかの形態的に相似た種が、相似た生活形の場を棲みわけることにより、おたがいが相対立しながらも、おたがいが相補う立場に立ってひとつの生活形社会を構成する。このように、ひとつの生活形社会の構成にあずかるいくつかの種のことを同位種という。社会という立場からみれば、そうしたいくつかの種の社会は同位社会である。

9　同位構造：大地域的棲みわけは、大梯尺地図でのみ表現できる。たとえば、Ⅰの[y]と[H]は、水温によって水平的に棲みわける。前者の分布域は、九州南端から北海道にまでおよぶ。これに対して、流速の違いは小地域的にみられる場の違いであり、それを反映した棲みわけは小梯尺でしか表現できない。大地域的な棲みわけを第Ⅰ同位構造、小地域的な棲みわけを第Ⅱ同位構造とよぶ。

【例外】同じ棲地の時間的棲みわけとなる[l]―[i]や[h]―[a]の棲みわけをどう扱うか。棲地は同じでも水温の季節的な配分の違いに応じて棲みわけたものならば、やはり生活の場の棲みわけであるにちがいない。しかし、場所的には同じ地域の同じ場所をよく似た種類が時間的に棲みわけているのは、第Ⅰ同位構造とも第Ⅱ同位構造ともいえない同位社会の別な構造である

10　複合同位社会：生活形のよく似た種であり、原則的には同位社会として対立的・非重複的に棲みわけをするはずのものが、じっさいには生活史のずれ（発育ステージの差）をとおして、同じ地域の同じ場所からみいだされることがある。このような同位社会のことを重複した同位社会すなわち複合同位社会という。

【例証】ひとつの淵に棲む成魚の群れと幼魚の群れは、発育ステージの違いが棲みわけを可能にしている。イギリスの三種のヒラタアブは現われる時季も場所も同じだが、少なくとも二種については出現最盛期がずれている。日本のミドリシジミは梅雨明けにいっせいに出現するが出現最盛期は種ごとにずれる。カゲロウ幼虫の場合にも、棲みわけは非重複的に行なわれるという原則がくずれる場合がある。たとえば、[h]と[u]が、単にその接続地域にあたる小地域から同時に見いだされるというだけでなく、かなりの区域にわたって共存しているような場合である。もしこれらの二種が同時に同じ礫のうえに見いだされるなら、もはや棲みわけとは言いがたい。けれど、同じ礫の上に見いだされるといっても、かれらはそもそもその生活史を異にしている。たとえ同時に発見されても、羽化期を異にしているので、発育ステージが違う。早く羽化する[u]のほうが、[h]よりも発育が進んでいるのである。両者はたとえ同じ礫の上で発見されたとしても、その発育ステージの違いを反映した、生活様式の違いによって、やはりその生活の場を棲みわけているものと考えられる。た

とえ[u]と[h]が共存しているとしても、時期がくれば、必ず[u]のほうが〔羽化によって〕生活の場を空けるのだから、[u]の存在によって[h]の発育がさまたげられることもない。両者はその生活史をうまくずらし、あるいはおたがいに調節している。共存している時期のある一断面をとらえれば、[u]と[h]を同位社会的な存在とみるわけにはゆかないかもしれないが、その生活史全体をとらえれば、やはり生活の場を棲みわけた二つの同位社会なのである。

Ⅲ 論理の拡張

11 機能的棲みわけ[515]

11-1 捕食：類縁関係が近い二種で、一方が食うもの、他方が食われるものになっている場合は少なくない。社会進化からみたら、食生活の変化にともなう生活の場の機能的な面における棲みわけが生じ、それをとおして複合同位社会が発展したと解しうる。

【例証】ヒトが魚を食いカエルがハエを食うように、系統がかけ離れたものどうしのあいだでは、捕食／被捕食の関係は同位関係ではない。しかし、カマキリがバッタを食い、タカがウズラを食い、ライオンがシマウマを食うような場合には、同位関係での機能的な棲みわけとみなされる。

11-2 労働寄生（社会寄生）：ハチやアリでは、ふつうの寄生関係とは異なり、類縁的に近い寄生者と寄主の関係がみられる。これも機能的棲みわけとして理解できる。

【例証】*Psithylus* 属のハチの雌は近縁種マルハナバチ（*Bombus*）の巣に入ってその雌を殺し、自分が産んだ子を後者の働きバチに育てさせる。同様のことはスズメバチ（*Vespula*）にもみられる。ヤドリスズメバチ（*V. austriaca*）はツヤクロスズメバチ（*V. rufa*）の巣へ侵入する。アリの場合には、隊伍をくんで他のアリの巣に攻めいり、働きアリの蛹をかすめとって自分の巣へ運び帰る。日本ではサムライアリ（*Polyergus samurai*）がクロヤマアリ（*Formica fusca*）の巣を侵略する。これらの現象はアリの超個体的個体制のなかに取り入れられた複合同位社会とみなしうる。

12　**高次の複合同位社会**[516]：同一の生活の場において、いくつかの種が生活史をずらすこともなく共存している場合がある。仔細にみると、複数の種が微細に異なる生活の場を棲みわけている。分析すれば、それぞれの種が属する異なる生活形社会をとりだすことができる。その意味では、かれらは複合社会をつくってはいるが、類似した生活形をもつものどうしが対立・重複する複合同位社会ではない。だが、分析の水準を上昇させれば、かれらは同じ系統群（たとえば昆虫）に属するものとして、高次の同位社会をつくっている。これを高次の複合同位社会とよび、より原則的な複合同位社会から区別する。

【例証】カゲロウの幼虫にもどる。急流部の大礫の表面はヒラタカゲロウ属（*Epeorus*）によって独占されているわけではなく、ヒラタカゲロウの属する滑行的生活形とは違った生活形社会に属するものが入りこんでいる。種でいえば、*Baetiella japonica* である。かれらは、自由遊泳的な生活形社会からぬけ出て、強い流れに対する適応をとげ、游ぐことを犠牲にして礫の表面にしっかりくっつく。同じ生活形に属する u と h が発育ステージの違いを通してひとつの礫を棲みわけているのに較べたら、*B. japonica* とヒラタカゲロウ属の棲みわけははっきりした形態上の違いに基づいており、生活形に相当の開きがある。また、ひとつの礫といっても、仔細にみれば、表面にとんがりも窪みもある。流れのあたりぐあいも直接ぶつかる側と蔭になる側とでは違う。これは必ず場の違いとして動物の生活形に影響を与える。ブユやアミカの幼虫とカゲロウの幼虫とが同じひとつの礫の上に見いだされたとしても、かれらもまたこの微細に異なる生活の場を棲みわけている。生活形という立場からいえば、カゲロウの幼虫はカゲロウ生活形社会に属する。それと同様に、ブユ生活形社会、アミカ生活形社会がある。それらをひとつにした双翅目幼虫の生活形社会を措定できる。同じひとつの礫に棲むかれらのあいだの棲みわけのほうが、かれらと魚のあいだの棲みわけよりも、社会的に深い関係にある。動物社会全体からみたら、昆虫の社会であるという点で、おたがいに同位社会なのである。

515　同書、八八－八九頁。
516　同書、九〇－九二頁。

13　**種分化**[517]：種分化と適応とはもともと別個のプロセスである。種分化は適応などかえりみずに進む。環境に適応して生活の場をうまく占めることができなかった生物は淘汰される。その裏面として、環境条件のよいところであればあるほど、適応も淘汰も問題になることが少なくなる。いいかえれば、ここでは種分化を妨げる要因がない。生物の歴史をみると、いったん分かれた種がまた近よっていきひとつになることによって、種の数が減るなどいうことはなかった。それとは反対に、いったん分かれたものがさらに細かく分かれ、そのようにして種の数が増えてゆくというのが終始かわらぬ傾向であった。このように、種の分化を妨げる要因がないときには、種の分化がただちに進化である。

【例証】熱帯降雨林の喬木社会は一ヘクタール内に一〇〇にもおよぶ樹種をふくむ。しかもそれらの種はどれひとつとして、これに続いた一ヘクタール内からは見いだされない。これが典型的な熱帯降雨林の実状であるなら、まったく棲みわけ原理を無視したことが行なわれているのか、それともその反対にここでは非常に細かい棲みわけが行なわれているかのいずれかである。しかし、内蒙古の草本社会、日本アルプスの亜高山地帯の喬木社会、大興安嶺の喬木社会などのように、環境条件のわるいところでは棲みわけがはっきりしていても、それが良いところでは混在が成り立つことをわれわれは知っている。だから、上記の問いは、前者が正しいだろう。熱帯降雨林もまたひとつの高次の複合同位社会である。しかし、それを構成する同位社会のあいだに順位のない複合同位社会である。順位はないが抗争の起こらない社会、棲みわけはないが混乱の起こらない社会――ここに棲みわけ原理の適用限界が認められる。

14　**階級社会**[518]：階級について考えるためには、森林を例にあげる必要がある。森林は、草本、灌木、喬木という三層の同位社会から成る。これを内蒙古の草原でみられる草本社会と比較する。後者は、順位のある同位社会からできており、たとえば土壌の性状や含有水分に応じて異なる草本種のあいだに棲みわけがみられる。またつねに順位の低いものが順位の高いものの立地を継ぐ可能性がある。だが、森林においては、灌木はけっして喬木のあとを継ぐことはできない。いいかえれば、灌木社会の順位と喬木社会の順位とは、そのあいだが切れて続かないのである。このことを、灌木と喬木は階級の違った社会であるという。もちろん、草本と灌木、草本と喬木のあいだにも同じことがいえる。

【精密化】(a)発育ステージを異にした成木と幼木とが同じ場所から見いだされるとき、両者は棲みわけをしているのであり、複合同位構造を現わしたひとつの社会とみなすことができる。同様に、成木と、その樹下に生えた灌木や草本とのあいだにも棲みわけは成立している。灌木、草本、喬木（とくにその幼木）とのあいだには系統的な違いはあっても、その社会様式のうえにいちじるしい差異は認められない。同じ系統に属するもののあいだでも、ハイマツは他のマツのように喬木にならず、灌木型をとる。だから生活形としては、喬木も灌木も草本もひとつのものである。ひとつの生活形社会のなかにみられる棲みわけである。(b)喬木社会、灌木社会、草本社会はひとつの生活形社会としてそれ自身が高次の複合同位構造を現わす。これらが重複した森林は、生活形社会としてみるならば、それぞれに高次の複合同位社会であるものが、さらに重複した複合同位社会である。それぞれの複合同位社会は階級として秩序づけられている。森林は、生活形社会として、階級構成を現わした複合同位社会である。(c)階級社会とは、ひとつの高次複合同位社会としての、喬木社会、灌木社会、草本社会といったものが部分社会となって、さらにそれらが複合したいっそう高次の同位社会を意味する、ひとつの全体社会である。階級とは、かかる全体社会における、部分社会としての、喬木社会、灌木社会、あるいは草本社会をさす。階級構成の違いは社会発達段階の違いとみることができる。階級関係と同位関係は、おたがいに起源を異にした別なものではない。違った階級に属するものといえども、同じひとつの生活形社会に属するものが平面的な棲みわけをする代わりに立体的な棲みわけをするようになった。同じひとつの生活形社会に属するといっても、その生活形はかなりの幅をもったものである。その幅はひとつの進化の幅を現わしている。植物のなかでも、蘚苔や地衣のようなものは、その生活様式の違いからみても、いわゆる高等植物とは別な生活形社会を構成する。喬木とその樹幹の表面に生活する蘚苔

517 同書、一〇二－一〇四頁。
518 同書、一〇五－一〇六頁、一一四－一一五頁。

とはひとつの複合同位社会を構成するものとは認められない。したがってかれらのあいだに階級関係を考えることはできない。

15 動物の階級[519]

15-1 階級区別の困難さ

15-1 階級区別の困難さ：原理として、系統や類縁の違いにひそむ不連続性をはなれて生活形社会を見わけることはできない。哺乳類はひとつの生活形社会をつくり、昆虫はまたべつのひとつの生活形社会をつくる。しかし、それぞれのなかに、さまざまな生活様式がふくまれるのだから、植物のように簡単に階級に区別することはできない。それをしようとすれば、ひとつひとつの小さい生活形社会に入りこまねばならぬ。

【例証1】ニワトリとハジラミのあいだに階級関係を考えることはできない。同じ地域内に生活していても、シカとトンボ、オオカミとチョウチョウのあいだに階級関係を考えることはおかしい。かれらは同じ社会——生活形社会——のなかには盛りきれないものどうしである。かれらのあいだには類縁的なギャップがある。

【例証2】大興安嶺の川に棲む数種の魚を考える、かれらは魚というひとつの生活形社会に属する。大きな順にならべると、1)*Hucho taimen*：流れのあるところに棲む。2)*Esox reicherti*：流れのない深い水たまりに棲む。3)*Brachymystax lenok*：中型の魚。4)*Thymallus articus*：小型の魚。5)*Lota lota*：底棲の魚。6)*Phoxinus logouskii*：小魚で川岸付近の流れの緩いところに棲む。右の六種のうち、1)と2)は典型的な棲みわけをしている。ここで、階級関係は、1)→3)→4)であると考えられる。大きさの違いがかれらのあいだの優占度を決定するのであるから、順位のある同位関係ではなく、階級関係であると考えられる。

15-2 食物連鎖：生態学者は、階級関係を食う／食われる関係と混同しがちである。すると、木の葉を食うという点では、ゾウ、キリン、イモムシ、毛虫、カタツムリはみな同じ階級に属することになる。食物連鎖と階級はまったく別な問題である。ゾウとライオンを較べて階級を論じるのは、農耕民と狩猟民を較べるようなものである。

【例証2】での1)や2)の優占性を小魚を捕食するところに求めることは明らかに間違っている。そういう見方をすれば、昆虫を食う3)と4)は同じ階級に属することになる。

15-3 機能的な棲みわけ再論：社会学的にみると食う／食われるの関係には、同位関係から出発したと思われるものも少なくない。他の昆虫を狩るカリュウドバチやムシヒキアブ、シカを狩るオオカミなどは、被捕食者に対して原則的な同位関係にあるわけではなく、さりとて、階級的な優位さを現わしているのでもない。これらは、ひとつの複合同位社会を構成するもののあいだにみられる、機能的な側面での棲みわけを現わしている。

15-4 個体数：動物の個体数は、食物連鎖の段階や摂食習性（たとえば、菜食性か捕食性か）の違いより先に、その動物の動物社会もしくは生物社会において占める系統上のあるいは進化史上の位置によって決定される。食物連鎖の終端近くになったから個体数が減少するわけではない。ゾウもキリンもイモムシもケムシも、木の葉を食うという点では、食物連鎖のうえで同一段階におかれるべき動物であるが、その個体数を較べれば、ゾウやキリンは連鎖の終端に対応するぐらい個体数は少ない。

〈体系〉の論理構造

I 〈カゲロウ幼虫の棲みわけ〉は、何度読み返してもわくわくさせられる、透徹した観察に貫かれている。しかもそれは豊かな想像力の羽ばたきと強靱な分析的思考の両輪によって、ぐんぐんスケールを拡大してゆく。観察はまず今西の自宅があった下鴨で始まる。川岸から川のまんなかまで同じぐらいの大きさの大礫をひとつずつたどりながらそこに付着するカゲロウ幼虫を一匹ずつ採集してゆく。そして流速にしたがった棲みわけがなされ

519 同書、一一五－一一九頁。

ているという本質直観を得る。しからば、もっと急流ではどうなっているのか。加茂川を遡行し、貴船やさらに上流の枝谷で同じ手法の観察を繰り返す。ここでは、別種のあいだに同じような棲みわけが見られるではないか。しかし上流ではいきおい川の水温も低くなる。では、水温との関係はどうか。下鴨で異なる季節の比較を行なうばかりか、全国の河川をめぐり歩き、北海道の石狩川中流域と日高・北見との比較までをも行なう。

だが、定量的な分析によってのみはじめて可能になる、棲みわけを実証するような図表をいっさい作製していないという点で、このモノグラフは生物学の論文としては破格である（京都大学に提出された学位論文がどうだったのかをわたしは知らない）。今西がその後書いたものを読むと、彼はもともと生物学という制度化された知に順応することに無関心であったと推測される。[520] 科学を括弧入れするという本書の基本方針からすればそれをとやかくいう筋あいはないのだろうか。いや、わたしは逆に、順応を拒否すればこそ、みずからが構築した破天荒な理論の〈説得力〉を増強するような経験主義的なデータの呈示が不可欠であったと考える。それは、凡庸な「生物学者」からの揚げ足取りを避けるという戦略的な配慮である以前に、読者と対等で公平な交通をもつために必要なのである。この交通可能性を手ばなすことは、ネオ－ダーウィニズムの根幹にある〈信じる〉という選択の強要と大同小異な権力性を知的実践のなかに呼びこむことにつながるからである。

以上は、今西への傾倒を限定する《クオリファイ》ためにわたしがみずからに課した保留である。もうひとつの限定詞が必要である。それは、「種」を「元素」に匹敵する不連続な単位とする出発点に関わる。この見解は古典的なプラトン主義と同列であり、第六章を経由したわれわれはもはやこの前提を額面どおりに受けとることはできない。この二つの限定を脇におけば、Ⅱ〈体系〉はほぼ完璧な論理構造をもつ。ただ、われわれの歩みにとって躓きの石となりかねない三点に注目しておく必要がある。

（一）5における全体社会と部分社会の区別は不可欠なのか。全体社会が「生物的自然」と外延を同じくするのであれば、〈地球〉の上に生きる（生きた）すべての生きものと同じである。だが、第二章で表明したように、われわれは〈地球〉をかこむ括弧をそう無造作にはずすことはできない。要するに、このような意味での全体社会とは空虚であり、具体的な分析にとって必要ではない。だが、たとえば、海洋、陸水系、サバンナ、砂漠、大空（つねに巣や洞穴に繋留されるが）といったふうに、なんらかの比較的閉じた圏域を区別するならば、全体社会という概念は意味をもつかもしれない。じっさい、今西自身ずっとあとの15(c)では、喬木社会、灌木社会、草本社会という部分社会を包摂する〈森林〉を全体社会として扱っている。だが、5で、全体社会の無規定性と表裏一体に、部分社会が「ひとつのまとまった生活体」と曖昧に定義されることを警戒しなければならない。恣意的に切りわけたあらゆる水準を部分社会の名でよぶことができるという混乱の小さな種子がここにひそかに播かれている。それは、いまは目につかないが、のちに重大な混濁へと生長する。

(二)棲みわけは、自然誌的な観察の発端においては、空間的な概念として発想された。これは、第二章第一節で抽出した命題G「生活内容を同じくするものは同じ環境を要求するから、近傍にいながら連続した環境を棲みわける」から直接に発展したものである。それゆえ、これに時間の次元をくわえ、同一棲地での季節にしたがった棲みわけ（つまり時間的棲みわけ）を把握したことは、抽象化ステップの最初の踏みきりであった。抽象化こそが、〈理論〉とよばれる思考の枠組の包括性を高めることに欠かせないクレーンである。おそらく同位社会という着想は、森林のなかを歩き、立ちどまり、梢を見あげ、灌木にさわり、足もとに生える草花に目をおとす、という今西の長い身体的な実践のなかで育まれた。棲みわけの概念は、原型をあたえたカゲロウ幼虫の場合には平面的＝二次元的であったにしても、14(c)で述べられたように今西が最初から体得していた次元は立体的＝三次元的であった。それに時間の次元をくわえることは論理的な飛躍ではない。この抽象化は効を奏し、棲みわけ概念

520　今西錦司　一九七五「私の履歴書」『今西錦司全集　第十巻』講談社、四一三―四九三頁。

の包括性を一気に高めることになった。1〜9までの論理の歩みの明晰さは申しぶんないといえる。問題はその先である。

(三) 10の〈複合同位社会〉と名づけられる拡張は説得力をもつのだろうか。この拡張が要請されるのは、時季も棲み場も同じくして近縁の二種(以上)が共存することがあるという観察事実を了解可能にせねばならないからだ。すなわち「棲みわけは非重複的に行なわれるという原則」にあからさまに矛盾する事例をどう料理すればよいのか。この壁を今西は「その二種は生活史をずらしている」という一点で突破しようとする。だが、空間的な棲みわけを論証したさいの目を瞠るほどの「厚い記述」に較べると、例証がいかにも薄っぺらであることに気づかざるをえない。イギリスの三種のヒラタアブは出現最盛期がずれている。日本のミドリシジミもそうである(しかもこれは情報源が「京都大学理学部動物学教室河端政一君の談」にすぎない)。カゲロウ幼虫の場合も、h とu のあいだにかなりの区域にわたる共存がみられるが、早く羽化するu のほうがh よりも発育ステージが進んでいるという。最後の例についていえば、これほど微妙な問題を論証するにしては、あまりに記述の網目が粗いといわざるをえない。少なくとも、同一場所・同一時期に採集された両種の、しかも統計的検定に耐えるに十分な数の個体のあいだで、①体長、②日齢、③正確な羽化の日付を比較するといった経験主義的分析は必須であったろう。この種の実証を今西は生物学への屈従として嫌うかもしれないが、それをしなければ、〈生活史をずらす〉という棲みわけのありかたが定立可能なのかという懐疑論を打ち破ることはできない。ミドリシジミについては柴谷篤弘が(基本的には棲みわけ論に好意的な立場からではあるが)重大な疑義を突きつけているのでやや詳しく追跡する必要がある。

——今西のような裕福な家庭の出ではなかった柴谷は京都大学工学部を選んだが、よく農学部の昆虫学教室にいりびたっていた。一九三八年以来、比良山系の武奈ヶ岳(わたし(菅原)が何度も登ってきた山だ)に出かけてシジミチョウ類を多数採集した。長じて昆虫学者になった中学の友人と協力して、形態学的な手法を用いたシジミチョウ類の分類改訂に挑んだ。その結果、〈メスアカミドリシジミ＋アイノミドリシジミ〉と〈エゾミドリシジミ＋ジョウザンミドリシジミ〉の二グループを新しく二属にわけた。今日では前者の分類は再改訂されて*Chrysozephyrus*属になったが、柴谷らが後者に命名した*Favonius*という属名は今もつかわれている。泊まりがけでチョウを採集していてすぐに気づいたことがあった。毎日、午前中はアイノミドリシジミとジョウザンミドリシジミが活動し、午後になるとメスアカミドリシジミとエゾミドリシジミが活動するのである。つまり同じ時間帯に二つの属から一種ずつが出てくるのだ[521]。かりにミドリシジミの出現最盛期を七月一〇日とすれば、ある種類は六月三〇日に、べつの種類は七月二〇日に、というふうにずれて出現するというわけではない。七月一五日ごろまでには、四種類のすべてが出そろうのである[522]。ジョウザンミドリシジミが午前九時から一一時ぐらいのあいだに、エゾミドリシジミが午後四時前後から現われるというのは、信州や関東地方の山地でも観察される。両方とも食性が似ていて幼虫はブナ科のミズナラの葉を食べるし、成虫も同じような場所に現われる[523]。これらのシジミチョウの雄たちはかなり闘争的で、木の頂上の枝先のあたりにいて、そこへくる雌と交尾する機会をねらうので、なわばり性が強い。もし同じ時間帯に活動すれば闘争でより強いものが他方を駆逐するだろうが、活動の時間差のおかげで闘争は避けられ、両方とも子孫をのこすことができる[524]。

柴谷はとくに「複合同位社会」という概念そのものを批判しているわけではないのだが、少年時代からの昆虫採集マニアの「前科」に根をおろした観察には威力がある。要するに、柴谷は、ミドリシジミ類の共存は「生活史をずらす」といった論理階型の異なる概念を導入しなくても、ミクロな時間的棲みわけ（季節ではなく同じ一日の異なる時間帯を棲みわける）として理解できることを立証したのである。だからこそ、ミドリシジミ類に関す

521　柴谷篤弘　一九八一『今西進化論批判試論』朝日出版社、二一六－二一八頁。
522　同書、九四頁。
523　同書、一四九頁。
524　同書、一五三頁。

る今西の引用が不正確であることに少なからず「不満」を感じたのである。

自然誌からの乖離と抽象化の破綻

以下の批判を今までと同じような解像度で押し通す気力がわたしにはない。結論からいえば、今西の敢行したⅢの〈論理の拡張〉は失敗に終わった。致命的な踏み誤りは11〈機能的棲みわけ〉から始まった。今西のラディカルな思考の出発点は、動物がそれぞれに独特な生活形を生きることと、類縁関係に規定されたその形態とが不即不離の関係にあるという認識であった。スズメバチのあいだで、労働寄生というかたちで機能的な棲みわけが起きているという指摘は、かれらが同じ属の近縁種であるだけに、なるほどと思わせるような誘惑の蜜をふくんでいる。だが、自分自身は殺されたうえにみずからの子どもたちの労働力を異種に利用されるツヤクロスズメバチや、働きアリの蛹を収奪されるクロヤマアリの立場にたったら、みずからの生活の場を他と重複せずに確保するという棲みわけの原点は奪いさられている。ましてや、もともと形態的にかけ離れた食肉類と偶蹄類とが機能的に棲みわけているという理解は、せっかく把持した同位社会という卓抜な本質直観の心臓をみずからの手で握りつぶすようなものである。

このことと連動して、わたしが先にかすかな危惧を表明した「部分社会」という概念の無規定性が、生活形という珠玉の概念と分類学的な位階とを無造作に結合することへと利用される。魚類全体の生活形社会、昆虫全体の生活形社会といったものをもちだし、それぞれの内部に多くの同位社会が並立しているといった定式化を強行したところで、われわれは何ひとつ動物の世界に対する驚きを刺激されない。それぞれに特異な生活史をもつセミとトンボとがいかなる意味で同位関係にあるのかを具体的に論証してほしいものだ。

もっとも深刻な混濁は14〈階級〉の概念に集約されている。今西の思考の原点である森林においてこそ、〈階級〉は的を射た本質直観になりえた。「灌木社会の順位と喬木社会の順位は切れて続かない」という把握は正しい。だが、今西は〈階級〉概念を動物にもちこむことに失敗した。唯一の自然誌的な観察は大興安嶺の河川に棲む魚類から得られているが、なぜ 1) *Hucho taimen* → 3) *Brachymystax lenok* → 4) *Thymallus articus* という階級関係が得られるのか理解できない。「大きさの違いが優占度を決定する」というが、いかなる意味での優占度なのか説明されていないので、以下で想像をたくましくする。

――『生物の世界』を読んでいたときにも奇妙な感じをおぼえた。ひょっとして今西は「体の大きいことには無条件的な価値がある」という確信をもっているのだろうか。もしそうだとしても、わたしにはこうした「価値観」を子どもっぽいと嗤う気はさらさらない。『猿＝人』で論じたように、「生存のための闘い」のもっとも原型的な交働は、同一資源をめぐって〈どかす／どく〉ことであるからだ。大きな魚は小さな魚をどかすことができる。これが今西のいう優占度なのだろうか。だが、もしこの解釈が当たっているとしても、それを階級関係とよぶことは難しい。そこには森林の灌木と喬木とのあいだにみられるような生活形の「断絶」がないように感じられるからである。

今西の生態学に対する敵意にはなみなみならぬものがある。だからこそ、階級と食物連鎖は異なることを力説する。だが、個体数に関わる論証はあまりにもムチャクチャである。食物連鎖を肉食か／草食かといった単純な二項対立で捉える生態学者はいないだろう。食う／食われるの関係こそ特有の生活形の拮抗を通じて成立するのである。

Ⅲ〈論理の拡張〉の破綻がわれわれに与える教訓は重大である。あまりにも手垢にまみれた評語だが、〈ことばの独り歩き〉こそ、みずからの理論の体系化＝普遍化をめざすすべての探究者にとってもっとも油断のならない躓きの石である。やはり〈複合同位社会〉という概念の導入こそが迷い道への入り口であった。それはもともと〈生活史をずらして同一の棲み場に同時に存在する複数の同位社会〉という限定された意味しかになっていなかった。だが、〈複合〉という概念それ自体が、思考の生命線であった自然誌的記述から乖離して、論理階型を無造作に上昇しつづける。それは〈高次の複合同位社会〉となり、さらには〈高次の複合同位社会のさらなる重複〉といったもはやたどる根気も失せるようなごてごてした概念へと行きつく。このような誤った〈上空飛行〉は独創的かつ透明な論理構築をみずからだいなしにするものである。今西がその後精力をかたむけた展成論もこうした〈ことばの独り歩き〉の延長線上にあるとわたしには思われる。

三　展成論の挫折

反ダーウィン論

わたしは、下宿が同じだった北村光二とともに、学部の三回生のとき「世界の名著」のダーウィンの巻に付された今西の解説に深い感銘をうけた。もっとも印象的だったのが、今西が「ラマルクの再評価」を宣言したことだった。当時すでにわれわれは、「獲得形質の遺伝」という考えかた（ダーウィンもそれを棄却していなかったことはよく知られている）がとうの昔に否定され、正統的な生物学では「異端」学説になっていることを知っていた。だから、堂々と異端に与する今西の勇気に感服したのである。

だが、長い歳月を経て、しかもビーグル号に乗り組んだ青年から遡って読み返してみると、未熟な青年期のわたしは肝心のことを理解していなかったことに気づく。今西がラマルクを再評価するのは、べつに「獲得形質の遺伝」を支持するからではなかった。その進化論が「環境の生物に対するはたらきかけよりも、むしろ生物の環境に対する働きを、重く見ている」からだった。[525] この論考の終盤では、「ラマルクの第二法則」をパラフレーズし、「環境と生物の緊密な結びつきを通して成り立った一つのシステムを、一つの実在として〔…〕認めることから出発しよう」と提案する。[526] これだけであれば、それは『生物の世界』以来、今西が一貫して主張してきたことであり、わたしはそれに全面的に同意する。だが、今西は、それだけにとどまらず、ネオ－ダーウィニズムの根幹にある、「ランダムな突然変異」を進化の原動力にするという中心教義に対して「私の進化論」を代案として提起する。ダーウィンに関する今西の読みは深く正確で、伝記的事実も詳しく把握している。だからこそ、奇異な感にうたれる。前章で明らかにしたように、ダーウィン自身は、ネオ‐ダーウィニズムを支える遺伝学的な土台に対してなんの責任もない。「ダーウィン論」であるべき文脈で、標的をネオ‐ダーウィニズムに切り替えて自説を展開するのは、少なくともダーウィンに対してはフェアではない。今西は、ダーウィンが自然選択の原動力においた個体変異と種間の差異とを混同してはならない、という指摘から出発する。

――種の個体には、微細な個体差を超えた共通性がそなわっていることを忘れてはならない。ダーウィンもその後継者たちも、個体レベルで種の進化を考えてきたが、個体は種の一構成要素であるにすぎない。種は、種の維持が成り立ってはじめて種たりうる。すなわち、種を構成する個々の個体が一定の共通性を保ち、それを次代につたえなければならない。だが、だからといって、種は不変ではない。環境が変われば、種もまた変わらねばならないときがくるだろう。もちろん、変わりうるからこそ生物の種は進化してきたのだが、進化論者はこの変わるという一面にのみ注意を向け、変わらないという面をなおざりにしてきた。進化が進行しているプロセスを知ろうと思えば、過去にこれを求めなければならない。ウマの進化を研究したアメリカの古生物学者ジョージ・シンプソンは興味ぶかいことをいっている。[527] 環境の変化に応じて進化しなければならなくなったときには、比較的短い時間で、進化は急テンポで進行し、それによって環境に対する適応ができあがるとテンポがにぶり、それが停頓するようにもなるというのだ。現在を進化の停頓期とみるなら、正統派進化論者の主張するようなメカニズムとは違ったメカニズムが、どこかで作用していたのではないかと疑わざるをえない。生物

525　今西錦司　一九六七「ダーウィンと進化論」『世界の名著　第三九巻　ダーウィン』中央公論社、五‐六二頁。／一九七五「ダーウィン、その進化論と私の進化論」『今西錦司全集　第十巻』講談社、一一六頁。以下、参照ページは全集による。

526　同書、一六八頁。

527　Simpson, George 1949 *The Meaning of Evolution*. New Haven: Yale University Press. わたしも若いころ入手したこの本を大切にもっているが、本書では取りあげることができない。メルロ＝ポンティも *Nature* のなかでシンプソンに注目している。遺稿で「私は進化論的な見方に疑いをさしはさむ」と明言したメルロ＝ポンティがぎりぎりまで進化論の研究を続けていたという事実は、われわれを複雑な思いに誘う。メルロ＝ポンティ　一九八九（滝浦静雄・木田元訳）『見えるものと見えないもの』みすず書房、三九一頁。

の環境に対する反応として消極的反応と積極的反応を区別しなければならない。前者の典型が有名なマンチェスターのガの黒化現象である。停頓期には自然選択されなかった不適応型〔黒化型〕が新しい環境〔急速な工業化によって排出される煤で樹の幹や塀などが黒っぽくなったことをさす〕によりよく適応して増加するようになった。いわばレディー・メイドのストックで間に合わせをしたのである。だが、このようなストックがない場合、生物のほうで、新しい環境に対する適応型をあらたに作りださねばならない。これが積極的反応である。環境が一定の方向にむかって変化をつづけてゆく場合には、突然変異もこれに応じて一定の方向に変化をすすめてゆかねばならない。しかし、せっかく適応の線にのっても、つぎの突然変異がまたランダムに起こるならば元の木阿弥である。それを突破するためには、環境の変化に適応するために、突然変異の頻度を高めるというメカニズムが想定されなければならない。たくさんの変異個体がいるのだから、適応の方向に向かって小刻みな突然変異を重ねていけば、しだいに新しい適応型に変わってゆくだろう。これを「多発突然変異」による進化とよぼう。[528]

遺伝学の根本原理は生殖細胞の系と体細胞の系は完全に切り離されているということである。環境の変化に応じて突然変異率が変化するのであれば、生殖細胞系が〈環境認識〉を行なっているわけで、[529]「獲得形質の遺伝」が否定されるのとまったく同じ論理で全否定されるしかなかろう。遺伝学を括弧に入れているわたしでさえ、その根幹を痛撃するに足る論理的・経験的な説得力を欠いていると判断せざるをえない。たとえ遺伝学をひきあいにださなくても、この今西の論証には重大な問題がある。多発突然変異の結果、新しい環境に有利な形質が新しい適応型になるというのであれば、それは自然選択によって展成が起きたと認めることにほかならない。ダーウィン自身は変異が生じるメカニズムを知らぬままに自然選択理論を構想したことを忘れてはならない。だから、今西の仮説は、ダーウィンの思考から決定的には脱しておらず、真のダーウィン批判になりえていない。

今西錦司全集の発刊から五年後に上梓された『主体性の進化論』では「ラマルクとダーウィンは同じ穴のむじな」と決めつけているが、そのロジックは必ずしも明晰ではない。単純化すれば、①生物の「欲求」や「努力」

を進化の原動力とするラマルクを擬人主義というのなら、ダーウィンの「生存闘争」もじゅうぶん擬人主義的である、②二人とも「適応」という曖昧な概念を中心におき、その周りを堂々めぐりしているにすぎない、ということである。[530] それは認めてもよいが、今西の思考の比類のない特徴であった、剛直な論理の透明さと抽象性は影をひそめているように感じられる。精密に追跡する根気が続かないので、この著作に対して投げかけられた興味ぶかい批判のほうに注目する。

ネオ‐ダーウィニストの共感的批判

柴谷が周囲の同僚や友人に今西の著作について感想をもとめると「あれはヒドイ」と切って捨てる人も少なくないそうだ。こういう「正教」的な反応とは異なり、柴谷の著作の根っこには、昆虫採集少年としての原点に立脚した「棲みわけ」理論への基本的な共感がある。遺伝子座位と染色体上での連関についての議論は図で説明されているが、思いきって簡略化し、文章だけでわかる範囲にとどめて要約する。用語法はわたしのものに改める。

――(1)適応＝相対的概念：今西は適応の絶対的な定義を求めているようにおもわれるが、これは誤りだ。生物は完全無欠なものではない。もしそうだったら、環境が変わらないかぎり生物はまったく進化しないだろう。だが、今西も認めるとおり、生物には内在的に変わろうとする性質がある。どんな生物もある程度まで現在の環境のなかで生活できるようになっているかぎりにおいては、たしかに適応しているが、すべてうまくいっているわけではない。適応とは比較のうえでのみ有効な概念である。[531] (2)棲みわけ：今西の棲みわけという概念は、まさに適応という概念を相対的に捉えたとき出てくる

528 今西、前掲書、一五二‐一六五頁。
529 鳥羽森 二〇一〇『密閉都市のトリニティ』講談社、一五六頁。
530 今西錦司 一九八〇『主体性の進化論』中央公論社、三一‐四三頁。
531 柴谷、前掲書、九〇頁。

概念である。生存のための闘いも相対的であり、最適者の生存／自然選択というプロセスと、種社会の棲みわけとは正確に一致する。[532] (3)競争的排除の原理：ガウゼの提唱したこの原理は、同じような生活形をもち、同じような資源をもとにして生活している二種の生物が同じ空間に棲むばあい、残す子孫の数の多いほうがその空間を占有し、少ないものは排除されることを予測する。今西は、イワナとヤマメについてこのことに気づいている、両種は同じ川の上流と下流に棲みわけているが、場所によって一方がいなければ、他方が川すじ全体に棲むようになる。両種の棲みわけは物理的条件によって決まるのでなく、競争的排除を行なう他の種がいるかどうかによって決まる。これは自然選択と基本的に同じことである。私〔柴谷〕は、種社会の存在を認め、棲みわけを認めるが、後者はそれ自体がダーウィニズムの表現である。[533] (4)多様性の上昇：一九七六年に『種の起源』のもとになった手書き草稿が出版された。そこで、ダーウィンは、進化とは多様性の上昇、あるいは生息密度、種類の密度、生活空間の密度の上昇である、というテーゼを導きだしている。つまりは、生命の最大量が、どの地域においても、生物の多様性の最大値によって収容されるということである。それぞれの生活の場に適したものが、それぞれに棲みわけることによって、相対的に適応が進み多様性が増すというのが自然選択なのである。ダーウィンと今西は同じことを考えながら、一方はそれを自然選択だといい、他方は自然選択では説明できないと主張する。これでは建設的な議論は生まれない。[534] (5)遺伝子プールの複雑性：生物中にはヘテロ接合している遺伝子はどのくらいあるのだろうか。近年の研究で、全遺伝子の五～三〇パーセントの範囲にわたってヘテロが存在することがわかった。だから、過去の突然変異の結果生じた劣性遺伝子は、淘汰されずに現生の生物のなかに大量に蓄積されているわけだ。集団全体で考えるとひとつの遺伝子は「ひといろ」ではなく、いくつかの対立するものがたがいに交換可能なかたちで含みこまれている。遺伝子を縦のひろがりで捉えると、もちろん染色体上に一列に並んでいる。ある生物集団に属する多数の個体における染色体の構成と活性状況はとても個性的である。しかも染色体ごとに違った性質があり、隣接座位にある二つの遺伝子が連関し組になってふるまうこともあれば、そうでない場合もある。ひとつの生物集団が一地域でずっと交配を重ね、世代を保っていたとしても、表現型には発現しない変化がじわじわ蓄積されているかもしれない。集団全体のなかの遺伝子構成とは、何層にも重なりあった複雑な構成をもつのである。だから、突然変異といっても、ある日、突然に一個体に起きた変異が進化に対する寄与の度合いを決めるか決めないかといった短兵急な話ではない。非常に長い時間を経て時期がくれば「変わるべくして変わる」のである。だから、今西が、突然変異で種が変わるなどとはとても考えられないといっているのはまさに正しい。集団全体の染色体構成がじわりじわりと長い時間のあいだに少しずつ変わっていって最終結果を生むのだから、染色体の作りかえに関与するのは、種社会全体の内部の、交雑しあう個体すべてである。だから、遺伝学の成果から考える種形成と、今西が考えるそれ――ひとつの種社会のなかですべての個体を含んで新しい種の生成が起きる――とはまったく一致するのである。今西の考えていることと現代のネオ－ダーウィニズムとのあいだには、じつは基本的な矛盾は全然ない。[535]　(6)獲得形質の遺伝？：たとえば流速の速い生活の場から遅い場へ移るような行動の変化が現われると、酸素の供給がより低い所でも能率よく暮らしていけるような性質をもった個体が有利になる。初めは生物の自発的な行動の変化であっても、それによって開発されるものは、生化学的な性質である。この傾向が進むと、流れの遅い所により適応した、形態・生理・生化学的な性質をもつように変わってきてもよい。偶然そうなるのではなく、最初は生物が自発的に生活態度を変えようと動いた結果、そこにできた新しい状況において、新しい形質が自然選択によって子孫に保存され、増えてくる。いっけんしたところ、獲得形質の遺伝のようにみえるが、そうではなく、行動の変化の結果、それとは独立に遺伝子上に生じる変化が、自然選択上、有利になる。つまり、ダーウィンの原理がはたらくのである。これは「遺伝的同化」あるいは「遺伝的道づけ」とよばれる概念に等しい。さらに、最近の研究によれば、生物が遺伝的に自分にもっとも都合のよいものを選ぶ傾向が示唆されている。たとえば、白と黒の遺伝的多型をもつガでは、黒いガは

532　同書、九二頁。
533　同書、九八－一〇〇頁。
534　同書、一一三－一一七頁。
535　同書、一七五－一九四頁。

黒い地の上に、白いガは白地の上に翅をやすめる傾向がつよいという。もちろん、意図してそうふるまうのではなく、生理的にそれが最適度となるように神経機構が調整されていると考えられる。また、ある二つの対立遺伝子をもつショウジョウバエの適応度と棲息場所との相関を調べた研究がある。一方の遺伝子は、環境が限定されているときに有利であるが、他方はそうではない。だが、棲息場所を自由に選択しながら動けるような状況を設定すると、限られた環境で有利であった遺伝子よりも、そうではなかった遺伝子のほうが高い適応度を示すことがわかった。つまり、行動の選択の余地がある場合にかぎって、自然選択上で有利になる遺伝子が存在するのである。これはずいぶん今西の考えかたに合う結果である。[536]

最初の印象に反して、柴谷の「共感的批判」は、結局のところ、支配的なパラダイムが、孤立的に自生しているかに見えるパラダイムもじつはみずからに包摂可能なのだと論証しようとする試みであることがわかる。一見すると、前章で参照した牧野の議論の組みたてと鮮やかな倒立像を結んでいるようにみえる。だが、柴谷は、不可視の実在である遺伝子プールの複雑なふるまいの累積が時の経過につれてカタストロフィー的な帰結をもたらすと想定する点で、牧野がコミットする自己組織化理論と意外に近接しているのかもしれない。もっとも強調しなければならないことは、「贔屓の引き倒し」の典型のような〈包摂〉と〈同化〉の企てを、今西自身が招きよせたという点である。彼の揺るがしがたい独創性の核は、現代生物学の主流であるミクロな物質過程への還元をすべて括弧入れし、純粋に社会学的な水準で思考することであったはずだ。だから、「遺伝子」という概念をもちだすべきではなかったし、それを導入しなければ話が進まないというのであれば、〈私の進化論〉へ歩を進めるという野心それ自体を遮断すべきだった。

柴谷の温厚な共感の衣の蔭からちらつくネオ－ダーウィニズム帝国主義の鎧に妥協することはできないが、(6)で言及される事例だけは真に驚くべきものである。黒色と白色の遺伝的多型をもつガは自分の体色と似た背景に翅をやすめるという。これがもし事実だとすれば、メルロ＝ポンティの「間動物性と知覚関係」に関する考察は、このことを明瞭に予示していたことになる。あらためて要約を再掲する。

――擬態に向きあうとき、動物の形態と環境とのあいだの内的関係を受け容れざるをえない。あたかも形態と環境のあいだに知覚関係があるかのように、すべては起きる。動物は自分の身体の知覚をもたねばならない。この知覚的関係は、種という概念に存在論的な価値を返し与える。存在するのは、ばらばらの動物たちではなく〈間動物性〉なのである。[537]

遅まきながら強調すれば、メルロ＝ポンティの〈間動物性〉とは今西の〈種社会〉に等しい。『ネイチャー』に掲載されたという革命的な発見につらなる実証研究がその後の三〇余年にわたって重ねられているのかをわたしは知らない。専門家の教示を待ちたい。

理論の本すじとは関係ないが、柴谷の著作にはわたしの共感をかき立てる側面がある。今西の思考が、その「側近」たち（わたしは取り巻きといったほうがよいと思うが）とつくる閉じた環のなかで組みたてられていることに、彼が不快感を表明している点である。いまとなっては遅すぎるが、「側近」たちは、「西欧文明を超える日本的な思想の独自性」といったナショナリズム的自己満足に耽るまえに、今西の真に独創的な主著の何冊かでも完璧な英語に翻訳するプロジェクトに万難を排して邁進すべきだった。極東における〈知の制度化〉のこの悲しい歴史に、わたしは〈あの戦争〉の影をみる。

四　社会展成の一般理論は可能か

ハナバチ社会の展成

それでも社会は展成する……。今西の動物社会学の真に正統的な後継者は阪上昭一であった。本書では詳しく検討することができないので、覚え書きにとどめておく。集団性ハナバチの社会を比較すると、ある社会類型

536　同書、一九九―二〇四頁。
537　Merleau-Ponty, Maurice 1995/2003 *Nature*（注132）, pp. 188–190.

からべつの類型への展成が起きたと考えるほかに、その多様性を合理的に説明する方策はないように見える。阪上は、今西のオイキア（世帯）の概念を受け継ぎ、パラオイキアという独特な概念を彼の社会展成論のコアにおく。それは同一巣室の協同利用を行なう「等能個体の集まり」として定義される。ミツバチに典型的なカスト分化への前駆的な社会としてパラオイキアを位置づけることは、社会展成論としてとても説得力があるように見える。もうひとつ阪上は「比較社会学」的な方法論を展成論に繋げることの危うさを人一倍自覚している。「私の方法は、結局、時間軸に沿って流れた歴史を、空間的にあらわれている各種のタイプのつなぎあわせにすりかえて表現するにすぎないのではないか［…］」。これは阪上の研究にしばしば浴びせられる批判であるという。彼はそれを「無条件に正当である」と認めたうえで、「そこから何らの成果もうみ出さない無毛〔不毛？〕の正当さ」と切り返している[538]。ここには、研究対象を超えた、目のさめるような共振現象がみられる。というのも、次章で検討するように、伊谷純一郎が提起した霊長類の「社会進化」論に対しても、「型と型とのあいだ」に移行を想定することが鋭く批判されたのである。

右のような批判が典型的に代弁しているように、「社会それ自体が展成する」という命題は、正統派の生物学において白眼視される。社会生物学が覇権を掌握するまでは、個体の形質（表現型）に自然選択が働くというダーウィンの教義では説明のつかない現象を説明する理論として「集団選択」（群淘汰）が注目を浴びていた。すなわち、集団の構造あるいはそこに共有された行動パターンに集団全体にとっての生存価があり、選択圧は集団を単位として働くという考えかたである。利己的遺伝子と包括適応度というオッカムの剃刀は、「集団選択」を非節約的な仮説として斬り捨てた。第七章でもふれたが、ウィルソンが『社会生物学』最終章の「人間社会生物学」において「戦争で敵集団全体を滅ぼす人類の歴史においてこそ集団選択が働いた」と主張して物議を醸したことは珍しい例である。

人類学における社会展成論

〈社会展成〉にはなんの勝算もないのだろうか。資本主義社会の「弱肉強食」を正当化するような古典的な社会進化論が排撃されたあと、アメリカの文化人類学では、ホワイトやスチュアードが主導する「新進化主義」が生まれた。この潮流は、わが国の生態人類学にも大きな影響を与えた。マーヴィン・ハリスの文化唯物論と類縁性の深い著作として、アレン・ジョンソンとティモシー・アールの『人間諸社会の展成』の骨子を紹介しよう。[539]彼らが人間社会を展成させる一次的な原動力とみなす二つの要因は、人口増加と技術発展である。

——狩猟採集あるいは移動的な焼畑農耕においては、人間は家族を基本単位とする平等的・離合集散的な生活を営み、きわめて希薄な人口密度を維持し、技術を必要最小限のキットにとどめ、環境収容力の限界より低いレベルでエネルギー収支をまかなっていた。だが、人口増加と技術がある水準を越えたことにより、環境の集中利用を伴う新しい生産様式が生まれた。集約的な生産様式は、四つの代価に対処しなければならない。(a)生産リスク、(b)集団間の略奪と戦争、(c)資源利用の非効率化、(e)資源の劣化、である。ここから、村のような局地集団が生まれ、氏族のような出自集団への帰属が精密化し、北西海岸インディアンやニューギニア高地に典型的に見られるビッグマン制が生まれた。さらに、人口爆発と技術革新が進むと、より高度な制度化が必要となった。それは、政治経済と社会構造の二つの系で同時に進行した。政治経済的には、(a')リスク、(b')集団間の連合、(c')技術資本、(d')交易を管理する必要があり、社会構造の側面では、社会を成層化することによって、(a")余剰生産物の中枢貯蔵、(b")地域的な権力ネットワーク、(c")資本投下、(d")交易関係、を制御しなければならない。政治経済上の管理と社会の成層化が車の両輪となって突き進んだ結果、地域政体の統合、首長制、さらには古代国家の成立へ至った。

---

538 阪上昭一 一九七〇『ミツバチのたどったみち——進化の比較社会学』思索社、二一頁。

539 Johnson, Allen W. and Earle, Timothy 2000 *The Evolution of Human Societies: From foraging group to agrarian states.* Redwood City: Stanford University Press.

だが、そもそもこれは展成論なのだろうか。物質的な利得－代価の差し引き勘定によってヒトの集団編成が時間軸上で変化する、線状的な因果連鎖のモデルを提示しているにすぎないのではないか。それは生物学的な意味での展成とはおよそかけ離れている。なぜなら、新石器革命以来、人類の身体形質はまったく変化していないのだから。

ひとつだけ教えられるところがあるとすれば、著者たちが人類のもっとも原初的な社会単位として、単婚的な家族集団の自律性に圧倒的な信頼を寄せていることである。「男が狩猟をし、女が採集をする」という対等な性的分業に基づいて他のだれにも頼らずに生きることこそ、人間にとってもっとも本来的な生き方である。複数の家族が協同することは大型の獲物の分配を可能にし、社交の楽しみを生むかもしれないが、多数の人が共在することから不可避的に生じる争いという代価を避けるためには、一家族だけでふらりとよそへ行ってしまいさえすればよい。流動性に支えられた、この「自由」と「平等」こそ人間性の本質なのであり、近代の「国民国家」を頂点とするあらゆる権力は、一万年前の農耕の発明以降に非可逆的に増長し続けた、戦争と支配を必然化するメカニズムなのである。

ジョンソンとアールが称揚してやまない自律的な家族を、森に棲む単独の個人に置き換えるならば、ルソーの「高貴な野蛮人」とそっくりな原初人類の像を得る。『人間不平等起源論』を逆転させて『人間平等起源論』という雄渾な論考をものした伊谷純一郎であれば、このシナリオをけっして認めないだろう[540]。伊谷は、家族集団の枠を超えた人類の社会性は平等性と不可分なものとして成立したと考えたのだから。いいかえれば、平等性は家族の自律性に先行するのである。

交働空間としての種社会

ここで今西理論の核となる種社会《スペシア》についてあらためて考える。大学院入試の勉強をしていたとき印象に残った生態学者の論述があった。「種社会を当該種の地理的分布を地図上に投射したようなものとして捉えてはならない。」長い歳月ののちに、鋭利な霊長類学者・高畑由起夫が言うのを聞いた。「種社会ってのはすごくアブストラクトな概念なのです。」心の片隅をひっかかれたような気がした。その後、「社会とは行為空間のことである」という大庭健の洞察にふれることによって、交働空間としての種社会というイメージが浮かんだ[541]。本書の文脈に合わせて、わたしなりの定義をすれば以下のようになる。《種社会とは、現実態としての交通領域にとどまらず、潜勢態としての交通可能性すべてを含めて、虚環境へ投射した結果得られる「現実態＝潜勢態としての交働空間」である。》

第六章で参照したように、レイコフは、種というカテゴリーの不確定性[542]を客観主義批判の有力な論拠とした。そこで彼が注目したのが「生物学的な種」概念を確立したマイア（メアー）の観察である（第六章第三節参照）。「広い地域に生息する種には、交雑可能な個体群の連鎖で繋がれているにもかかわらず、互いに別の種として振舞うような、末端の個体群が存在することがある[543]。」この実例が、『図説　種の起源』の解説に挙げられている「環状種」（輪状種）である[544]。

――セグロカモメは北米カナダのセントジョーンズ島を南限とし、アラスカを経てベーリング海峡にまで分布する。それに対して、ニシセグロカモメは大ブリテン島とアイルランドを南限とし、スカンジナビアからシベリア北海岸に沿ってベーリング海峡に達する。空白地帯であるグリーンランドを中心にして環状のベルトをつくっているのである。セグロカモ

540　伊谷純一郎　一九八六「人間平等起源論」『自然社会の人類学――アフリカに生きる』アカデミア出版会、三四九－三八九頁。
541　大庭健　一九八九『他者とは誰のことか――自己組織システムの倫理学』勁草書房。
542　レイコフ『認知意味論』紀伊國屋書店（注34）、二一七－二三八頁。
543　Mayr, E. 1984 Species concepts and their applications. In Sober, E. ed. *Conceptual Issues in Evolutionary Biology*. Cambridge, Mass.: MIT Press. レイコフの前掲書（二三三頁）に引用。
544　『図説　種の起源』（注213）四三頁。

メには五つの亜種、ニシセグロカモメには四亜種が区別される。隣接する亜種どうしは交配可能であるが、環の両端がヨーロッパ北部で近接する地域では、飛来によって出会っても相互に交配することがない。

ここからモデルを立てる。ある動物の五つの地域個体群A、B、C、D、Eが隣接してベルト状に連なっている。AとBのあいだには稀に個体の移出入が見られる。これを〔A↔B〕と表記する。以下、同様に〔B↔C〕〔C↔D〕〔D↔E〕が成り立つ。隣接する個体群に移入した個体（移入者）と、そこにもとから棲む個体（居住者）とのあいだでは交通が成立するので、移入者と居住者が異性であれば性交して子をなすことができる。ここで、移出入はすべての個体にとって一生に一度だけ実行しうる「実存的選択」であると仮定する。この仮定はけっして荒唐無稽なものではない。父系の単位集団をもつボノボ（ピグミーチンパンジー）の雌は、出自集団から他集団に移入したあとは、終生その集団にとどまり自分の息子と強力な連合を形成することが知られている。[545]すると、現実態としては、たとえばAに生まれた個体とD、Eに生まれた個体が出会うことはありえないが、潜勢態としては、AとDは交通可能（生殖可能）なのである。こうしたA～Eの関係こそ、ウィトゲンシュタインが「家族的類似」[546]と呼び、リーチが「多型配列」と呼んだネットワークにほかならない。すると、興味ぶかい可能性がある。何らかの「環境の激変」によって、それまで出会うはずのなかったAの雄とEの雌が出会う。だが、かれらのあいだに交通は成立せず、生殖は起こらないことが判明するのだ。ここから、種社会がその内部に「変化」のモメントを孕んでいることが明らかになる。第一に、潜勢態にとどまっていた可能性が現実態に変化すること。第二に、AとEの個体間の相互疎通が不能であるかぎり、種社会は単一の全体でありながら、その内部に亀裂を抱えこんでいることになる。たまたま出会ったAの個体とEの個体は、この亀裂ごしに向かいあい、なんらかの創意工夫を投企する。構造全体が変化しつつあることを感受して、個体たちのやりくり算段が始まる。もちろんそのやりくり算段はネオ－ダーウィニズムによれば遺伝しないから、身体形質を変えることはない。だが、充分に多くの個体たちが新しく編みだした行動傾向の合奏は集団の新しい構造を生成し、それは新奇な「社会環境」となるだろう。ある形質がその社会環境に「適応」的か否かにしたがって選択圧が働く。もちろんこれは構造主義生物学に優るとも劣らない、屋上屋根を架す類いの夢想である。だが、この種の夢想を羽ばたかせないかぎり、〈社会展成〉は（今西が一度はコミットしたラマルキズム同様）展成論のなかの異端として帝国主義的な包摂の餌食になるだろう。べつの代案は終章で提示する。

545　古市剛史　一九九九『性の進化、ヒトの進化――類人猿ボノボの観察から』朝日選書。

546　ウィトゲンシュタインは、「ゲーム」という概念に共通した特性はあるか、と問いかけた。カードゲームは盤上ゲームに似ている。盤上ゲームは勝ち負けのある球技に似ている。球技はボールを壁に打ちつける一人遊びに似ている。後者は、娯楽であるという点では、人が手を繋ぎあう円陣ゲームに似ている。だが、ポーカーと円陣ゲームは似ても似つかぬものである。ウィトゲンシュタイン、ルードウィッヒ　一九七六（藤本隆志訳）『哲学探究』大修館書店、六九－七〇頁。

第十章　社会に内属する――伊谷純一郎と構造

若くてとても美しい女が道を歩いている。長い髪が顔の右側を隠している。あまりの美しさに惹きよせられたチンピラたちが取り囲む。一人が手を伸ばし、彼女の長い髪をはらいのけるとその下には醜いケロイドがある。女は兄と二人ぐらしで、兄は小さな町工場で旋盤を回して生計を立てている。妹が家事仕事をしながら背中ごしに兄にむかって呟く。「あんちゃん、また戦争がくるんかのぅ……。」二人は貧しい家計をやりくりして少しの金を貯めて旅行に行き、窓から広い浜辺が見える旅館に泊まる。夜、兄は取り憑かれたように、妹を抱く。翌朝早く、兄が窓の外を見ると、白いワンピースを着た妹が遠浅の海に脛を浸しゆっくり歩いていく。突然、カメラの視点は切り替わり、膝に押し寄せる波をつっきりながら颯爽と海の深みへと進む妹の右斜め前方から（やや仰角ぎみに）パンしつつ彼女の姿を追う。風が長い髪を吹きちらし、彼女は〈自分の顔〉を堂々と朝の陽光にさらしながら、沖へむかって歩き続ける。兄は旅館の窓にしがみつき、入水してゆく妹の後ろ姿を見つめ、絶望の咆吼をあげる。その姿は、皮を剝がれ四肢をフックに引っかけられた牛の屠殺屍体の、露出オーバー気味の写真に換わる。一瞬のカットが目に灼きついて、もう一生消えない……。

高校二年生の夏、一人で映画館にこの作品を見に行った。その後、安部公房の原作も読んだが、少なくともこの挿入寸劇は映画のほうが何倍も鮮烈だった。彼女が自殺したのは、芥川龍之介のような、またくるかもしれない戦争への「漠然とした不安」のせいだったろう。断じて近親性交を犯したせいなどではない。妹は、苦労して自分をたいせつに育ててくれた「あんちゃん」への精一杯の感謝の気持をこめて兄を抱きしめたのに違いない。なんと美しいことだろう。もちろん、この兄妹は、あのヒロシマで両親も親戚も皆殺しにされたヒバクシャである。[547]

一　原猿類にみる社会構造の類型

……前口上（敬称略）――伊谷純一郎（一九二六－二〇〇一）が展開しつつあった理論は、駆けだしの霊長類学者としての途をわたしが歩みはじめた当初から、当該分野のもっとも重要なパラダイムだった。第七章で明かしたように、伊谷は、わたしが学部時代に直接教えをうけた師であるとともに、プロの研究者になってからも、いろんなかたちで指導をうけてきた。最後に酒席を共にしたときに聞いた伊谷のことばに背中を押されるようにして『猿＝人』の執筆に励んだことは、すでに同書のあとがきに書いたので繰り返さない。前著で、伊谷の「トングウェ動物記」と『高崎山のサル』を自然誌的態度の模範として引用したが[548]、〈霊長類の社会構造の進化〉に関わる彼の思考については今まで正面から論じたことがない。伊谷は、わたしがつねに仰ぎ見てきた高峰であるだけに、彼を仮想講義に召喚することはあまりにも畏れおおい。伊谷の思考との距離をあえてとるために、本章では、通常の人文学の書物で一般的な論評調のスタイルをとる。

547　勅使河原宏・監督／安部公房・原作『他人の顔』（一九六六公開、東宝）。
548　菅原和孝『狩り狩られる経験の現象学』京都大学学術出版会、七五－七六頁、四六二－四六四頁。

原初からの分岐

伊谷の記念碑的な著作は徹底した文献渉猟に基づいている[549]。彼は、当時（一九七〇年代初頭）書物や論文で入手可能だった五〇種以上の種（現生霊長類約二〇〇種の四分の一）に関わる報告を土台にして、霊長類の生態と社会を「系統立てて考察」することに挑戦した。この著作を開いたとき目をひくのは、「第一篇　原猿論／第二篇　真猿論」という二部構成である。黒田末寿も指摘しているように[550]、この構成は、クロード・レヴィ＝ストロースの『親族の基本構造』の「第一部　限定交換／第二部　一般交換」を意識したものに違いない。『基本構造』の主要概念が「限定交換」において明かされるのと同様、伊谷おいては、「原猿論」において、霊長類社会の「基本構造」が開示される。出発点におかれるのは、今西の弟子としての僚友・川村俊蔵が明らかにした奈良公園のシカの社会構造である。

――ニホンジカの社会は、血縁によってつながれた雌たちの小グループと放浪する単独雄とから成る。幼子は母親と行動を共にするが、雄は満二歳までに母のもとを離れ放浪生活にはいる。雌の子は母のもとにとどまり、満三歳に達すると出産する。母系的な紐帯でつながれた雌グループ（母と数頭の成熟した娘たちおよび後者の子どもたち）が独自の遊動域のなかで暮らし、季節を問わず安定した日周期的な遊動を続ける。この雌たちの地縁性こそが、伊谷が霊長類のなかで「群れ型」と名づけた社会単位の基本的な性格である。いっぽう、雄は一日の遊動距離は雌よりも小さいにもかかわらず、雌よりも広い生活空間をもち、そのなかを気ままに放浪する。後述する交尾期以外にはある領域を他の雄から防衛することもない。こういった雄たちの「怠惰な放浪の軌跡」は雌のいくつもの遊動域を覆っている。異なった生活様式をもつ雄と雌が関わりをもつのは、九月から一一月までの交尾期だけである。春先に生まれた幼獣たちはもはやそれほど授乳を必要とせず、雌は周期的に発情する。雄は袋角の外皮を木の幹にこすりつけて除去し、硬化した角を武器にして他の雄と闘う。闘争の勝利者はなわばりをかまえ、ほかの雄を撃退する。このなわばりは一～二箇の雌グループの遊動域に重なっているので、遊動する雌グループはなわばりの主と出会う。そのなかに発情雌を見つけると雄は彼女を追いたて交尾をする。交尾を終えた雌は先へ進んだ自分のグループに追いつき、雄はなわばりのなかに新たにさまよいこんでくる雌を待つ[551]。

奈良公園のシカという身近な動物の社会構造は敗戦後の日本ではじめて〈わかった〉。第七章で述べたのと似たことを繰り返す必要がある。動物の社会を〈わかる〉ことには切りさげることのできない価値がやどっている。今西という特異な知性が存在しない可能世界（彼は戦死したかもしれない）においては、だれもこの価値に気づかなかったかもしれない。

母娘の地縁的な結合こそが〈群れ社会〉の基盤であるという本質直観に到達したことは川村の功績である。伊谷の真の独創性は、この本質直観を、それまで謎に包まれていた原猿類の社会を比較することによって、新しいかたちで展開しなおした点にある[552]。

……傍白――青年期のわたしは伊谷の思考が生成をとげるもっとも決定的な契機のすぐ傍らにいたのにそのことに気づいていなかった。なぜなら、例の四回生ゼミでわたしが伊谷からはじめて割りあてられた文献は、マダガスカルの原猿類の社会についてもっとも優れた研究をなし遂げたフランス人研究者、ジャン＝ジャック・ペテの論文だったからだ[553]。それからほぼ一〇年後にマダガスカル原猿類研究のもういっぽうの泰斗アリソン・ジョリーの主著の翻訳を発達心理学者との共訳で上梓した[554]。虚環境においてわたしと原猿類とのあいだには浅からぬ因縁があった。

その後、原猿類の分類は大きく変わったので、伊谷が監修した『動物大百科３　霊長類』（平凡社、一九八六）

549　伊谷純一郎　一九七二『霊長類の社会構造』共立出版／二〇〇八『伊谷純一郎著作集　第三巻――霊長類の社会構造と進化』二八―一六三頁。以下参照ページ数は初版に基づく。
550　黒田末寿　二〇一六「伊谷純一郎の霊長類社会学」一三一頁、一三三頁。春日直樹編『科学と文化をつなぐ――アナロジーという思考様式』東京外国語大学アジア・アフリカ言語文化研究所。
551　伊谷、前掲書、一―二頁。
552　以下、原猿類に関する記述は、伊谷、同書、四―四五頁。
553　Petter, Jean-Jack 1965 The Lemur of Madagascar. IN: Irven DeVore (ed.), *Primate Behavior*. New York: Holt, Rinehart and Winston.
554　ジョリー、アリソン　一九八二（矢野喜夫・菅原和孝訳）『ヒトの行動の起源――霊長類の行動進化学』ミネルヴァ書房。

に依拠する。ツパイは霊長目からはずされたので、伊谷の分析でツパイに充てられた部分はすべて省く。霊長目は真猿亜目／原猿亜目に大別され、後者はメガネザル下目／ロリス下目（↓後述①）／キツネザル下目（↓後述②）に三分割される。①ロリス下目↓ロリス科↓ロリス亜科／ガラゴ亜科〔網かけで夜行性を、傍線で安定した集団をもつことを示す。ガラゴに付した破線は移行的な集合傾向〕、②キツネザル下目Lemuriformes↓キツネザル科Lemridae（後述↓ⓐ）／コビトキツネザル科Cheirogaleidae〔伊谷はコガタキツネザルとよんだ〕／インドリ科Indridae／アイアイ科Daubentoniidaeとなる。また、ⓐキツネザル科↓キツネザル亜科Lemurinae／イタチキツネザル亜科Lepilemurinae／ジェントルキツネザル亜科Hapalemurinae〔伊谷はハイイロキツネザルとよんだ〕となる。

原猿類の社会構造は、その種が夜行性か昼行性かという、日周活動時間にかかわる習性とつよく相関する。ロリス亜科のすべて、コビトキツネザル科のほぼすべて、およびアイアイ科のすべては〈夜行性単独生活者〉である（網かけのみ）。これに対して、キツネザル亜科のほとんどは〈昼行性集団生活者〉である（傍線のみ）。唯一の例外がインドリ科に属するアバヒである。この種は安定したペア型〔後述〕の集団をつくるにもかかわらず夜行性である。[555] 伊谷の随一の独創性は、〈夜行性単独生活者〉をあらゆる霊長類社会がそこから展成する母胎として位置づけ、それを〈要素的社会〉と名づけたところにある。《要素的社会の基本構造は、性的に不活性な雄と雌がそれぞれ単独生活をしていることである。両者は性的に活性化するわずかな期間（およそ二〜三ヶ月間）だけ行動を共にし、交尾する。交尾期が終わると雌雄は分離し、雌は数ヶ月の妊娠期を過ごす。やがて出産すると新生子を保護・授乳し、二ヶ月間にも満たない育児期を過ごす。離乳した子はすぐに母親から独立し、自身も単独生活にはいる》……（α）。前章Ⅷ－2での今西の論述を思いおこそう。――個体と社会とは対置されるべきものではない。社会とは、そこで個体どうしが関係を現わす場である。個体はひとつの生活単位であり、単独で生活を維持する能力があるとともに、生殖能力の単位たることを兼ねそなえている。伊谷の要素的社会の定式化はこの今西の把握をまるごと踏襲するものである。

第二の、そしてもっとも核心的な伊谷の洞察は、以下の命題に要約される。《それぞれの種がみせる社会構造の類型は、分類学の土台をなす形態と同じく、安定した〈形質〉である》……（β）。だとすれば、それは形態と同じく霊長類の系統発生の過程で展成してきたはずである。ペテやジョリーたちが明らかにした原猿類の集団の構成を比較することによって、伊谷は、右の類型が二つに分けられることに気づいた。A〈ペア型〉：子どもは性別にかかわらず成長とともに母親から離れる。／B〈群れ型〉：雌の子どもだけが母親のもとに残る。伊谷が挙げたおもだった種または分類群をこの類型に分けると以下のようになる〔夜行性は網かけ、（m）（o）の区別は後述〕。A〈ペア型〉：（m）ベローシファカ、（o）インドリ、エリマキキツネザル、ジェントルキツネザル、アバヒ、メガネザル下目のすべて／B〈群れ型〉：（m）クロキツネザル、チャイロキツネザル、（o）ワオキツネザル、マングースキツネザル、アカハラキツネザル。（m）では、単位集団と目される集結が複数集まることが観察される。ベローシファカでは複数の成熟雄と成熟雌を含む八～一〇頭の集団が観察されているが、これは二つのペアが合体したものだろう。クロキツネザルでは複数の群れが共同の休眠場所を利用する。近縁のチャイロキツネザルが約三〇頭の大集団を形成することもみられた。伊谷はこれをマントヒヒとゲラダヒヒでみられる重層構造（multi-layered organization）への接近として位置づける。（o）はそうした集合現象が報告されていないので単層社会《ワン・レイアド》と考えられる。

もうひとつ問題になるのは、ガラゴ類の位置づけである。セネガルガラゴ、ヒガシハリヅメガラゴなどは、基本的には単独生活者だが交尾期に季節的集合をする。オオガラゴはもっと集合性がつよい。もっとも興味ぶかいのはデミドフガラゴ（コビトガラゴ）である。日中、同じ巣で三～四頭がかたまって眠ることがよくみられる。

555 「インドリ」という文字の一部だけ網かけにしてあるのは、この例外を示すためである。

四頭の雄を含む八頭の集団も観察されている。しかも、デミドフガラゴはほぼ毎日新しい巣を造る。これは他の霊長類ではオランウータン科だけに見られる習性である。ガラゴ属は夜行性の単独生活者から単層社会への〈移行〉を示す分類群だと考えられる。

三番目の注釈はエリマキキツネザル（*Lemur variegatus*）に関わるものである。この種だけがキツネザル属（*Lemur*）のなかで唯一Ａ〈ペア型〉の社会構造をもつ。伊谷が引用するペテの見解は重要である。「あらゆる行動特性からして、この種をキツネザル属からはずすべきだというのである。［…］社会構造が少なくとも属のレベルでは安定した性質だという見地からすれば、エリマキキツネザルをほかの*Lemur*からはずして考えることの方がつごうがよい」[556]（強調は引用者）。これは（β）を防衛しようとする努力の現われといえる。実際、のちに改訂された分類（『動物大百科』による）では、エリマキキツネザルはめでたく*Lemur*から独立し、*Varecia variegata*という学名を与えられた。

もうひとつ伊谷は重要な保留を行なっている。探究の出発点におかれた、母とその娘たちだけが集結する社会は、原猿類では発見されていないのである。伊谷はこれがミッシング・リンクである可能性を示唆したうえで、原猿類において「霊長類社会の基本的な形態のほとんどすべては出てしまったといってよい」と結論づけている。[557]

理念的操作という寄り道

要素的な社会が出発点であるなら、さきに（α）で概括したような構造の何かが変化することによって集結が導きだされなければならない。いったん伊谷から離れ、形式論理的に考えれば、この変化は、次元（ＸとＹで表わす）を異にする二種の相互排除的な選言の組み合わせで表現できる。以下で、「雄」「雌」とはそれぞれ性的に不活性な期間を比較的長期に経験する成熟個体をさすものとする（生活形が発情期間だけに特有なものではないという意味）。しかも、ここで問題になる集結は、「生活の場」への地縁的結合を含意する。Ｘ：①雄と雌が共存する／②雄と雌が共存しない〉×Y：〈ⓐ母と子が共存する／ⓑ母と子が共存しない〉。①ⓐ→複雄複雌の集団が世代を重ねて蓄積される／①ⓑ→**［i］雌雄のペアが一世代だけ続く**／②ⓐ→母子の集団が世代を重ねて蓄積される／②ⓑ→要素的社会がそのまま続く。だが、この理念的操作によっては、まだ伊谷が探究の出発点に据えたニホンジカの社会はでてこない。シカの母娘の集結に到達するためには、子の性別というもうひとつの次元が必要になる。Z：〈㋑子は雄である／㋺子は雌である／㋩子は雌雄のどちらでもよい〉。①ⓑと②ⓑはすでに子を排除しているのだから、考慮する必要はない。すると、①ⓐ×Zおよび②ⓐ×Zの組み合わせが問題になる。①ⓐ㋑→**［ii］父母と息子が集結し娘は移出する。父母が死んでも息子はなわばりにとどまりそこに移入してくる雌と生殖する。息子が複数いる場合には兄弟どうしが共存を続ける。帰結として、なわばりは父系で継承される。**①ⓐ㋺→**［iii］父母と娘が集結し、息子は移出する。父母が死んでも娘はなわばりにとどまりそこに移入してくる雄と生殖する。娘が複数いる場合には姉妹が共存を続ける。帰結として、なわばりは母系で継承される。**①ⓐ㋩→［iv］息子と娘のどちらも移出する必然性はない。もしも種社会の全体がこのような集団によって埋めつくされるならば、ある集団に移入してくる個体の供給源はない。近親性交《インセスト》（内生殖《インブリーディング》）を続けることによってこの集団は世代を越えて存続する。②ⓐ㋑→＊娘は移出し母と息子が集結を続ける。だが、②において〈雌雄は共存しない〉ことが規定されているのでこれは矛盾。よってこの組み合わせはありえない。②ⓐ㋺→**［v］母と娘が集結し、息子は移出する。母が死んでも娘はなわばりにとどまりそこに移入してくる雄と生殖する。娘が複数いる場合には姉妹が共存を続ける。帰結として、なわばりは母系で継承される。**②ⓐ㋩→＊息子と娘のどちらも移出する必然性はない。だが、息子が集結を続けるならば、②ⓐ㋑と同様に〈雌雄は共存しない〉という規定に矛盾するので、この組み合わせはありえない。

556 伊谷、前掲書、二二一頁。
557 同書、四五頁。

右の思考実験はつぎの四点を照らす。(一)自然誌的観察を実行しない思考者が「要素的社会を変形せよ」という課題を与えられたら、彼（女）は純粋な理念的操作によって、集団の蓋然的な構造を演繹できる。逆にいえば、この演繹によって導かれる類型のどれが〈自然〉のなかで実現可能であるかは、理念的操作によっては決定できない。(二)経験的データによって、われわれはゴシック体で強調した命題が実現していることを知っている。［ii］はチンパンジーで確証された父系集団、［iii］はニホンザルで典型的な複雄複雌の母系的な群れ社会、［v］は滞留する雄を欠如させたニホンジカ的な母娘群である。(三)理念的操作から得られるもっとも重要な発見は、［i］子を排除した雌雄のペアは、特別な位置を占めるということである。それは二つの次元だけの論理操作によって要素的社会から直接的に導きだされるからである。このことは、伊谷の論理構築がA〈ペア型〉とB〈群れ型〉の同等性に基礎をおいていることに対して疑念を投げかける。(四)純粋な論理矛盾を除けば、［iv］だけが、その実現を自然誌的観察が確証していない唯一の類型である。だが、マントヒヒのバンドはこれに該当する可能性がある。クマーは雌が出自クランまたはバンドから移出することを示唆しているが、彼の呈示した証拠は決定的ではない（第七章第二節の**クランの発見**参照）。また、ニホンザルの群れと対応する基本社会単位（後述）はバンドであり、クランはその下位分節にすぎない。クラン間の雌の移動をもってして、マントヒヒが「内婚《エンドガミー》」を回避しているということはできない。もし［iv］の類型がマントヒヒにおいて実現されているという推測が的を射ているならば、理念的操作だけによって「霊長類社会の基本的な形態のほとんどすべては出てしまった」ことになる。理念的操作とは〈記号列の変換〉にほかならない。ならば、伊谷の『霊長類の社会構造』とレヴィ＝ストロースの『親族の基本構造』との類似は、構成の形式性を超えた水準で把持される。

二　通時的構造の発見

ニホンザル社会学の古典期

幸島と高崎山での餌づけの成功を皮切りに、ニホンザルの群れの内部構造が手にとるようにわかってきた。これらの研究が依拠した基本的なパラダイムは（当事者たち自覚の有無はべつにして）イギリス社会人類学で精錬された〈構造機能主義〉であった。〈構造〉の軸となるのは「リーダー制」「順位制」「血縁制」であり、おとな雄たちは、リーダー、サブリーダー、ナミオス、周辺オスといった「クラス」に細分化され、独特な「地位」や「役割」を与えられた。[558]〈構造〉が果たす〈機能〉は〈群れの統合機序〉という標語に集約される。これと並行して、サルたちが後天的に学習した行動パターンの厚い蓄え《ストック》をもっていることが明らかになり、陸続と餌づけされた多くの群れのあいだでの〈文化《カルチュア》〉比較が隆盛をきわめた。[559]これらの研究成果はマスメディアでも頻繁にとりあげられ、少年マンガ週刊誌でさえも「世界に冠たる日本のサル学」といった類いの特集を組んだ。

このニホンザル研究古典期の学術論文を読むと奇妙なことに気づく。それはかすかに立ちのぼる〈唯物史観〉の香りである。[560]餌づけによる個体数の急激な膨張はサル社会の「発展」として把握され、群れの分裂は構造の内部に蓄積した矛盾の止揚として位置づけられているように読める。それはべつにして、古典期の研究が霊長類社会学に確固とした基盤を与えたことは高く評価されるべきである。なかでも、文化的行動が伝わる経路として同世代・水平方向の〈伝播〉と異世代・垂直方向の〈伝承〉とを区別したこと、「川村・小山の法則」と名づけられる原理で定式化される〈母系的順位〉構造を見いだしたことが注目される。[561]だが、この種の認識の精密化は、

558　河合雅雄　一九六四『ニホンザルの生態』河出書房新社。
559　Kawai, Masao 1965 Newly acquired pre-cultural behavior of natural troop of Japanese monkeys on Koshima island. *Primates* 6 (1):1-30. Itani, Junichiro and Nishimura, Akitatsu 1973 The study of infrahuman culture in Japan: A review. In E. W. Mentzel (ed.), *Symposium of IVth International Congress of Primatology, Vol. 1: Precultural Behavior*. Basel: Karger, pp. 26-50.
560　この点については、日本民族学会（現・日本文化人類学会）からの依頼をうけて日本の霊長類学研究をレビューした総説のなかで示唆した。菅原和孝　一九八六「霊長類学」日本民族学会編『日本の民族学 1964-1983』弘文堂、一三七－一四四頁。

〈動物の境界〉を支える〈知の台座《エピステーメー》〉を根本から変更するには至らなかった。このことは、「社会の自然科学」をめざすラドクリフ＝ブラウンに主導された〈構造機能主義〉の拠ってたつ社会哲学が貧弱なものであったことと軌を一にしている。個人を社会に規定された役割の束として把握する思考法は、今西が批判したように、〈社会は個体の集まりであるが、個体そのものは社会ではないとみて、つねに社会と個体とを対置して考えようとするくせ〉から抜けだせなかった。

前節の理念的操作から導かれた［.iv］という〈マントヒヒ社会を未知数においた場合〉〈現実化していない〉基本類型と直接的に関わる問題がある。古典期のニホンザル研究は、〈雄と雌が共存する／母と子が共存する〉社会、すなわち〈息子と娘のどちらも移出する必然性のない〉社会として、群れを把握していた。おとなの雄／雌の性比が〇・五をはるかに下まわる〈雄の数が雌の数よりずっと少ない〉ことは研究の初期から気づかれていたが、雄の子どもは青年期にかけて周辺化するものの、その後、一部の雄たちは群れの中心部への志向性を強め、優位な個体はリーダー・クラスへ上昇すると考えられた。「群れおち」はこの競争に敗れた「あぶれオス」の宿命だった。こうした構造把握に立脚して、今西はアイデンティフィケーション理論へ到達し、精神分析学において提唱された〈解きかた学び〉と〈ありかた学び〉の区別を導入し、雄の子どもは〈ありかた〉を内面化することによって、成熟後にリーダーの役割を果たすようになると考えた[562]。

ニホンザル雄の存在形態

ニホンザル社会学における革命の徴候は一九六〇年代半ばまでにじわじわ蓄積されていた。このプロセスは、クーンのいうパラダイム転移《シフト》とよく似ている。それまで支配的だったパラダイムのなかで「観測誤差」として無視されてきた異例性《アノマリー》が積み重なり、ついにだれかが、それを正統な観察事実として位置づけることを可能にする新しいパラダイムを提案する。革命が初めて明示的に姿を現わしたのは、一九六六年に刊行された西田利貞の

「ヒトリオスザルの社会学的研究」という英語の論文によってであった。[563] 西田は、千葉県愛宕山群での観察を土台にして、各地の餌づけ群において蓄積された膨大な資料を精査し、ヒトリオス《ソリタリー・メール》は逸脱例ではなくニホンザルの正常な存在形態であると主張した。伊谷はこの転換について苦い自省をこめた回顧を書きつけている。

> 一言にしていえば、共時的構造を描き出すための諸設定が、通時的構造に役立たなくなっていた破綻の過程を、こういった問題〔細分化された尺度に矛盾する個体の事例が多数出てくることをさす〕は如実に示しているように私は思うのである。／私達が群れの社会構造をやっととらえた時点でつぎに志向したものが、きたるべきダイアクロニックな資料に対処するための、それまでの理論の再検討でなかったことは、おおいに反省すべき点であろう。たとえば、つぎの時代にどの個体がリーダーになるであろうかといった〔…〕予想の裏面には、一つの社会における〝個の栄達〟といったとんでもないアンスロポモーフィズムが〔…〕忍び込んでいたのかもしれない。[564]

一九七八年に、伊谷は、太田至（第四章でその研究に注目した）を伴って、ケニア北西部の牧畜民トゥルカナの調査を始めた。結局、生涯の残りの二〇余年にわたって、彼の探究の核心部はこの「呵責なき人びと」を理解することに捧げられた。このような伊谷の牧畜民研究者としての側面は、本章の射程外におかざるをえない。雑誌『アニマ』への連載を経て一九七七年に出版された『チンパンジーの原野』こそ、伊谷がサルからヒトへ研究の

561 Koyama, Naoki 1967 On dominance rank and kinship of a wild Japanese monkey troop in Arashiyama. *Primates* 8 (3): 189–216.

562 今西錦司　一九五七「ニホンザル研究の現状と課題——とくにアイデンティフィケーションの問題について」『Primates』一：一－一九。*Primates* は創刊当初は邦文雑誌として出発した。ニホンザル社会学の創成期においてすでに今西がアイデンティフィケーションに関心をよせていたことに驚かされる。今西はこのアイデアをマウラーの学習理論から得たと明かしている。Mowrer, Orval Hobart 1950 *Learning Theory and Personality Dynamics*. New York: Ronald Press.

563 Nishida, Toshisada 1966 A sociological study of solitary male monkeys. *Primates* 7 (2): 141–204.

564 伊谷、前掲書、八二頁。

力点をシフトさせる直前に書かれたものである。右に引用した伊谷の苦い自省は、「損失の社会学」という魅力的な章題のもとで、つぎのようにパラフレーズされる。

> 一九六〇年代前半までの業績を第一期の成果とするなら、そのあとに出てきた非常に重要な成果がある。それは、社会構造の通時的構造の掘りおこしで、個体識別をし、一つの群れを継続して追跡してきたからこそ出てきた成果だった。ここではじめて、共時的構造としての人口構成論や社会関係論の上に、真の社会学的視点を据えることができ、社会の進化を論ずることのできる方法論的基盤を得ることができたのだと私は思う。／今西さんは、おそらくはアイデンティフィケーション論とのかかわりあいから、いまもってこの立場も、事実すらも認めようとはなさらないが、私は「虚構」といわれようが、「生物学主義に後退した」といわれようが、〔…〕いまのところ自分の立場を曲げる気持ちは毛頭ない。[565]／〔つぎの小節のずっとあとの頁で〕群れを離れた雄は、放浪の末、別の群れに加入する。そして一般に、その群れにも長居することなく、四、五年以内にはまた放浪に身を投じ、さらに新しい群れに接近する。そして自らが生まれ育ち、あるいはかつて身を置いた群れには、ふたたびもどることはない。この雄の流転は、結果的にはインセスト回避の役割りを果たしているのであるが、彼らはいったいどういう心ですみなれた群れを去ってゆくのだろうか。ある行動にかかわりのある、ある程度十分な変数がわかっていれば、その行動についての予言は可能だという行動学の一般原則は、いったいこのヒトリザルの問題にも適用しるのだろうか。個の原理と、社会の原理との間の矛盾をむき出しにした好材料の前に、私たちは立っているのではないのだろうか。[566]〔強調は引用者〕

ここには伊谷の思考のスティルが明瞭に現われている。群れを離脱し放浪の果てにべつの群れに接近することを繰り返すニホンザルの雄たちに想像力をなげかけ、「いったいどういう心で……」と問いかけるとき、伊谷は彼らを、自分と対等な、敬意をはらうべき実存として遇している。「行動学の一般原則」への不信感をにおわせていることも興味ぶかい。何よりも重要なことは、伊谷が「個の原理と社会の原理との間の矛盾」に思いを凝らしていることである。わたしはこのような伊谷の思考の底を流れるサンスを〈悲劇的な感覚〉とよびたい。それは初めて『霊長類の社会構造』を読んだとき、未熟な若造の頭にひらめいたことばである。そしてこの直感をいまもわたしは保持している。

三　父系的な集団の構造

チンパンジーの単位集団の発見

前に（β）としてまとめた〈社会構造は種の安定した形質である〉という命題は、さらに重要な帰結を導く。それは《霊長類のそれぞれの種は基本社会単位（basic social unit : BSU）をもつ……（γ）》という命題に要約される。（γ）は、ある特異なサンスをもって世界へ分けいる探究者だけが把持しうる、ことばの真の意味での本質直観である。そうした直観が朧げにではあれ伊谷の胸にやどったからこそ、彼は、一九七〇年代初頭に入手可能であった五〇種ほどの霊長類の社会に関する報告すべてを吟味することへと動機づけられた。だからこそ、チンパンジー研究を開始した当初から、「こんなにヒトと近い霊長類に単位集団がないわけはない」という確信は揺るがなかったのである。

以下では東アフリカのタンザニアが探究の舞台になる。右の伊谷の確信を鞏固にした契機が「フィラバンガにおける四三頭からなる行列の観察」である。[567] 一九六五年九月三日に鈴木晃と共に成し遂げたこの観察は、伊谷にとって汲めども尽きない霊感の源泉になった。伊谷の愛弟子、河合香吏がすでに、この観察を回顧する伊谷の感

565 伊谷純一郎　一九七七『チンパンジーの原野——野生の論理を求めて』平凡社、二二二五頁。
566 同書、二二九－二三〇頁。

動的な一文を共感をこめて引用しているので、二番煎じは避ける。[568] ただ伊谷が図示している行列の構成はとても重要なので、記号を人類学においてより一般的なものに改めて、再掲する。

——原則的に雄は△（ペニスのシンボル）、雌は○（子宮のシンボル）で表わす。性別を問わない（あるいは判別できない）個体は□で表記する。子もちの雌と発情雌は伊谷と同じく◎とⓔで表わそう。性別不明の若年個体は（異例だが）◇とする。↑は行列の進行方向である。

↑◎◎○◎◎◇◇◎◎◎○◇◎　△△△△△△△ⓔ○○ⓔ◇ⓔ　○○ⓔ◇○ⓔ□　◎

つまり、おとな雄：七頭／子をもたぬおとな雌：七頭／子を連れたおとな雌：九頭／発情雌：五頭／性別不明のおとな：一頭／若年個体：五頭／幼子：九頭で、合計は、七＋七＋九＋五＋一＋五＋九＝四三頭となる。大雑把にまとめれば、この行列は三つの部分に分かれ、第一部分は子連れの雌を中心にした群塊《クラスター》、第二部分はおとな雄の集結、第三部分は発情雌を中心にした群塊ということになる。

伊谷も認めているようにこの行列がチンパンジーのＢＳＵ（基本社会単位）の全体であるとは言いきれない。だが、自然誌的観察が〈社会〉と出会う稀有な瞬間がここに凝縮されていたことはたしかだ。人は社会に内属しているかぎり、みずからが属する社会の全体を知覚することなどありえない。だが、霊長類の集団は、広い谷を渡ったり、見晴らしのよい尾根を進んだりするとき、ある狭いスロットにみずからを集束させ、ふだんは隠されているその構造を剝きだしにすることがある。高崎山のニホンザル群の行列をカウントすることに伊谷が成功した千載一遇のチャンスがまさしくそれであった。フィラバンガの行列には、チンパンジー社会の基本構造が直示しうるかたちで体現されていたのである。

もっとも顕著な相貌は、行列の第二部分を構成する七頭のおとな雄の集結であった。これこそ、のちの研究者たちが「雄の紐帯《メール・ボンド》」「雄のクラブ」などとよんだ父系集団の核が目に見える形態《ゲシュタルト》として曝された瞬間だった。のちに伊谷は「[…]いまにして思うことがあります。それは、一九六五年のフィラバンガの行列をみたとき、あの編成からどうして今日の結論、これは父系の社会であるということを洞察できなかったのかということです」と述懐している。[569] 伊谷は直観の人であったが、その直観が〈事実〉へと成熟するためには、彼の弟子たちを巻きこんだ気の遠くなるほど長期にわたる観察を必要とした。

単位集団間の敵対

日本の霊長類学のもっともめざましい展開は、西田利貞が、一九六六年にマハレ山塊の裾にある湖岸集落カソジェの近くにおいて、チンパンジー集団の餌づけを成功させたことから始まった。[570] 最初に餌づけされた集団はKグループと名づけられ、一九六七年のセンサスでは、六頭のおとな雄と九頭のおとな雌を含む計二九頭であることが確定された。すぐに、Kの遊動域の南側にもっと大きな集団が棲んでいることがわかり、Mグループと名づけられた。Mの個体たちはすでに一九六七年にはカンシアナ谷の餌場を散発的に訪れていたが、人への警戒心を解かない個体も多く、「人づけ」はとてもゆっくり進んだ。やっと全頭の個体識別が完了したのは、一九八一年にはいってのことであった。一九八二年のセンサスでは、おとな雄一一頭、おとな雌三九頭を含む、計一〇五頭の大集団であることがわかった。単位集団間の関係を知っておくことが考察の前提になるので、KとMの敵対に

567　Itani, Junichiro and Suzuki, Akira 1967 The social unit of chimpanzees. *Primates* 8 (4): 355-381. この稀有な観察を完全に記録できたのは、伊谷と鈴木のとっさの共働の賜物だった、伊谷が双眼鏡の視界に収められた行列を見つめたまま、鈴木に逐一口述し、鈴木がそれをひたすらフィールドノートに記録したのだ。「鈴木君もどんなに見たかっただろう」と伊谷はどこかに書きつけていたはずだが、発見できなかった。フィラバンガ盆地は、タンガニカ湖の東岸の町キゴマから約八〇キロメートル東南にある。

568　河合香吏　二〇〇九「序章　集団——人類社会の進化史的基盤を求めて」河合香吏編『集団——人類社会の進化』東京外国語大学アジア・アフリカ言語文化研究所、vi - vii頁。

569　伊谷純一郎　二〇〇八「類人猿にみる人間」前掲書（著作集第三巻）、四六四頁。

570　Nishida, Toshisada 2012 *Chimpanzees of the Lakeshore: Natural History and Culture at Mahale*. Cambridge: Cambridge University Press. それまで、伊谷や西田の報告では調査拠点は「カソゲ」と表記されていたが、この著作では〝Kasoje〟となっている。マハレ山塊は前出のキゴマの約一三五キロ南にある。

ついて記述しなければならない。まず、伊谷の鮮やかな観察をかいつまんで紹介する。[571]

――一九七四年一月三一日、Kの四頭の雄、カソンタ、カジャバラ、カサンガ、カメマンフと老齢の雌ワンタングワがくる。ここには、すでにKからMに移出していた二頭の雌、ワンクングウェとンディロがいたが、何ひとつもめごとは起こらない。ンディロは年老いたワンタングワの娘だが、両者に特別の交働はない。そのあと、餌場の南側の藪のなかを近づく一頭の気配に全員が緊張したが、それはMの若い雌ファトゥマだったので「みんなやれやれといった表情になった。」カジャバラだけが肩を怒らせて全身の毛を逆立てて、ファトゥマのそばをかすめて示威行動をした。その夜は、彼らはMの接近を感知するのにもっとも都合のよいカンシアナ谷の左岸の尾根に泊まった。翌二月一日の午前七時、キャンプ裏のバナナ畑に、前日のKの個体たちが来た。これにくわえて、つい最近、MからKに移入してきた若い雌グウェクロもいる。さらに、若い雄ソボンゴ、二歳の雄の子を抱いたワカシラ、発情して性皮を腫脹させたチャウシクもいる。いつもなら荒れ狂うカソンタが声もたてずに静かにしている。すこし遅れて、昨日も顔を見せたMのファトゥマが現われたが、だれも関心を示さない。八時四〇分、餌場の中央で老齢雌ワンタングワが二足で立ちあがり、谷沿いの小径のほうを凝視する。これをきっかけに全員が二足でたち、いっせいに激しく吠える。カソンタは立ったままカジャバラに背後から抱きつく。つぎの瞬間、カソンタ、カジャバラ、カメマンフ、ワンタングワの順で、小径のほうへ全速力で突っこんで行く。西田と現地調査助手がそのあとを追う。私〔伊谷〕もしんがりを走る。半分ほど下るとカジャバラが引き返してくるのに出くわす。細い道で私と正面からぶつかるかたちになるが、彼はまったく意に介さず坂道を登ってくる。全身の毛を逆立て、右足でぺたんぺたんと地面を叩きながら、「やるかたない怒りを全身にみなぎらせ、それを私に訴えるかのようにして歩いて来た。もし私がそこにいなかったら、彼はここまで大げさなジェスチュアを示したのかどうかは疑問だ〔…〕。」伊谷はカジャバラに通り道をあけてやり、彼の後ろから餌場に引き返す。のちに、西田と調査助手から、顚末を聞く。カソンタがついに藪の中でMの第四位の雄ミミキレに追いついたのだ。両者は二足で立ちあがり、毛を逆立てて向かいあったが、体格においてまさるカソンタが跳びかかりミミキレの右大腿部に頭を押しつけた〔咬みついたのかどうかは不明〕。ミミキレは悲鳴をあげて倒れたが、かろうじて逃げ去った。

伊谷はこの日の観察によってはじめて「単位集団の間には、非常に厳しい雄相互間の対立がある」ことを思い知らされる。そして、「彼らが示したあの極度の興奮から、出会いのいかんによっては、相手を死に至らしめるほどのものだと考えておいてよいであろう」と不吉な推測をめぐらす。これ以上の考察は、カソジェのフィールドを開拓し、KグループとMグループの研究に生涯を捧げた西田の遺作となった著書に依拠する[572]。

——マハレにおける社会単位の発見はいくぶんかは偶然のなせるわざだった。私〔西田〕はそれとは知らずにMとKのなわばりの重複域に餌づけ用のサトウキビ畑をつくったのだ。もしも、M集団のなわばりのどまんなかに餌場を設定していたら、集団間の敵対の重要性を認識することに何年も費やしたかもしれない。単位集団間の関係はきわめて敵対的だが、彼らはむやみやたらに闘うわけではない。おとな雄たちと数頭の雌たちはときどき集団の遊動域の周辺をパトロールする。域の境界ではげしいパント・フート[573]の合唱をしたあと、沈黙して耳をすます。もしも、隣接集団のパント・フートが湧きあがってきたら、パトロール隊はかれらの遊動域の中心に駆けもどる。

一九六〇年代終わりから一九七〇年代初頭のKとMの遊動経路をトレースすると、南に棲むMが北進してミヤコ谷南の両者の遊動域の重複部にくると、Kは北へあがって避難所であるミヤコ谷の近辺を遊動することがわかる。だが、年によっては、Kがミヤコ谷へ避難しないこともあった。そんなとき両集団は、わずか五〇〇メートルぐらいの距離を隔てて行動することがある。しかし、Kは出会いを回避するよう神経をつかっているようで、ふつう何も起こらない。Kが餌場を去ってすぐにMが姿を見せたときの観察によれば、Mの雄たちは地面をかぎまわり、軟便をもらした。さらに北へ進んでKに接近すると、下痢をした。親しくないチンパンジーの匂いが激甚な情動をかき立てて緊張を高め、下痢を誘発するの

571 伊谷、前掲書（一九七七）、一四三-一四五頁。

572 Nishida, *ibid.*, pp. 182-187.

573 パント・フートとは直訳すれば「喘ぎ叫び」であるが、チンパンジーの特徴的な音声を表わす術語である。昂奮したときに発せられる爆発的な大音量の叫び声で「ワアー、ワッワワッ……」というふうに聞こえる。

であろう。
あるとき、Kの老齢雌ワミカムビとその息子である幼子リモンゴが餌場から逃げおくれ、Mの個体たちに攻撃された。ワミカムビは息子を腹の下に抱えこんで守ろうとした。長谷川眞理子によれば、調査助手がサトウキビの茎を振りまわして攻撃者たちを撃退し、母子を救出したという。

同様の事例には私〔西田〕自身が立ちあった。Kの発情雌ワンテンデレが、離乳しかけている息子のマスディと共に、Mに移入しようとしていた。一団のMの雄たちがこの母子に襲いかかり、その周囲をオトナ雌がとり巻いて悲鳴をあげ、騒然とした状況になった。私は母子が嬲り殺しにされかねないと感じた。とっさに一緒にいた大学院生たちを怒鳴りつけ、助けるよう命じた。われわれは、円陣をつくって母子をその中に置き、攻撃をかわそうとした。人の環に囲まれたワンテンデレとその息子は驚くほど平静で、われわれに対して微塵も恐怖の表情をみせなかった。たぶん彼女は種が異なっていてもわれわれの善意を理解したのだろう。もっと不思議だったのは、チンプたちの狂乱がただちにおさまり、それ以降母子がMの個体たちからいやがらせをうけることはなくなったということだ。われわれの介入は明らかに科学の基本ルールを踏みはずすものだった。だが、私はあの瞬間、そんなルールのことなど忘れていた。ワンテンデレは、私にとって長い大切な友であった。たとえそのルールのことを思い出したとしても、おとなのチンパンジーによる他個体殺害について確固たる証拠を得ることよりも、母子の命を守ることのほうが私には重要だった。この事件を報告した論文が出版されてまもなく、有名なオランウータン研究者であるビルートゥ・ガルディカスから、電報のように短い手紙が突然舞いこんだ。すべて大文字で「母と子を救ったあなたのチームは正しかった。私は一〇〇パーセントあなたを支持する」と書かれていた。最初はなんのことだかわからなかったが、すぐにワンテンデレとその息子のことをいっているのだと気づいた。

一九六六年に初めてKグループの餌づけに成功したとき、六頭のおとな雄がいた。だが、一九六九年から六年間のあいだにそのうち四頭が一頭ずつ姿を消していった。一九六九年にもっとも年老いた雄カサグラ、一九七〇年に若い壮年期のもっとも低順位の雄カグバが失踪した。一九七五年には、四月に壮年の雄カサンガ、さらに十月に壮年を過ぎたカジャバラがあいついで姿を消した。青年期だったソボンゴは、一九七一年にはおとなになっていたので、一九七六年にはKは三頭のオトナ雄を擁した。雄間の順位は、一位がカソンタ、二位がソボンゴ、そして三位が老獪なカメマンフであった。当時、おとな雌は九頭、未成熟個体は一〇頭、全部で二二頭の集団だった。だが、その後の五年間に、カソンタとソボンゴが姿を消し、老いたカメマンフだけになった。彼も一九八三年に消息を絶ち、Kグループに雄はいなくなった。われわれは、これらのKのおとな雄のほとんどはMによって殺されたと推測するに至った。消えた雄たちはみな、観察するかぎりつねに健康だった。だが、KとMが遭遇する事件が起きると、決まっておとな雄がいなくなったのだ。

一九七七年、ソボンゴとカメマンフだけが残っていたころ、おとな雌たちは徐々にMに移入していった。一九七九年、カメマンフだけになったとき、残りの雌たちの群塊もいっせいに移出した。一九七九年一二月には、性周期のある雌たちは、経産・未経産にかかわらず、離乳後の子どもたちと共に移出し、Mの遊動域へまっすぐ向かった。一九八〇年から八三年にかけて、授乳のため発情休止期にあった雌たちも、子どもたちの離乳と同時に移出した。こうして、Kグループは消滅した。

この歴史譚《サーガ》は以下のことを教える。単位集団の核をなす雄たちは、なわばりをめぐって集団間で競合している。雌は多くのおとな雄を擁する優位な単位集団を選ぶ。雌たちは社会のなかで受動的な存在ではない。雄が雌を誘拐した事例はまったく観察されず、雌たちはなんの強制もなく、Kから移出したのである。Kの消滅後、Mは遊動域を北へ拡大した。同時に、Kよりも北にいたBが南へ拡大し、両者はミヤコ谷を境にして対峙することになった。

『猿＝人』で詳しく追跡したので、Kグループのカジャバラ、カソンタ、カメマンフ、ソボンゴといった雄のチンパンジーたちは、わたしにとってとても親しみのある存在である。それだけに、Kグループ消滅の物語はわたしの胸を鋭く痛ませる。西田の遺作を読んでいて、今まで考えたことのなかったひとつの可能性に思いあたった。KとMは、長いあいだ、パント・フートの合唱によっておたがいを牽制しあいながら、微妙な均衡を保ってきた。だが、西田が認めているように、彼はたまたま両者の遊動域の境界に餌場を設置した。サトウキビという強烈な誘因に惹かれたKとMの個体たちは、自然状態ではありえなかった頻繁な遭遇と、あまりにも強烈な緊張関係を強いられたのではなかったのだろうか。巨大な集団Mは、もともとKの全貌など把握していなかったのに、餌場周辺での小ぜりあいを通じて、Kが自分たちよりはるかに弱小であることを見ぬいた。もしも、失踪したKの雄のほとんどがMの個体たちによって殺されたという西田の推測が当たっているのだとしたら、相手の実力を見切ったことがMの雄たちの「殺意」をかき立てたのだろう。餌づけというチンパンジー社会への重大な介入が、ひとつの集団を滅ぼしたのではなかろうか。

そのこととは別に、右に抜粋した西田の記述には、もうひとつわたしの胸をえぐる成分が含まれている。わたしは、西田や長谷川が確信（犯）的なネオ-ダーウィニスト（より限定的にいえば社会生物学者）であることを知っている。そのかれらが、母子が殺されそうになったとき、救出をためらわなかったのだ。しかもその経験を隠蔽するわけではなく（クマーも自分が現地人に感じた怒りを隠さなかった）、堂々と学術雑誌に公表した。意地悪く批評すれば、まるで、自分たちはタテマエ論としては科学の客観性の使徒であるが、実践感覚においては〈人間らしい感情〉を失っていないのだと弁明しているかのようにみえる。わたしはこの種の批評にひそむ傍観者的なシニシズムには与しない。興奮したチンパンジーの攻撃に対して体をはることはとても怖いけれど、西田と同じ状況に直面したら自分も母子を救出しようとする勇気をもちたいものだと思う。

だが、この究極の選択に関する西田の言表のスティルそれ自体は真剣な批判に値する。シニカルな批評者からタテマエと情動の二元論を読みとられてしまうような記述それ自体が問題を孕んでいる。チンパンジーは、そもそも客観的な観察の対象ではない。それは、たがいにまなざしを投げかけあい、長く友情をそだてることのできる、敬愛すべき他者である。だからこそ、伊谷は、おれの目を意識してカジャバラはことさら大袈裟に四股を踏んでいるな、と感じたのである。このとき、伊谷とカジャバラは、たがいの前で対他存在として出会っている。ここで、われわれは、本書の探究全体にもっとも明瞭な眺望を与える峠に立つ。チンパンジーと観察者のあいだにもはや〈動物の境界〉は存在しない。チンパンジー社会を〈わかる〉ことに生涯を懸けるという実存の根源的選択において、探究者はいつのまにか〈境界〉を無化していたのである。

父系社会における雌の生活史

この小節の主題にとっても、伊谷の生きいきした記述が恰好の導入になる。一九七一年六月二日、伊谷は「半ばいたずら心から」ささやかなフィールド実験を試みた。

――この時期、Kグループには、カソンタ、カジャバラ、カサンガ、カメマンフ、そしておとなになったばかりのソボンゴという五頭の雄がいた。Kグループは餌場を平和に利用し、まだMグループとの対立は顕在化していなかった。カンシアナ谷の奥に設置した餌場に餌がなくなるとチンパンジーたちは谷を下ってキャンプへおりてくるようになっていた。調査チームは、キャンプやバナナ畑を守るために、すぐ近くの谷の北がわに小さな餌場をつくってやっていた。

四時二〇分、集団がこの仮設餌場におりてきた。ソボンゴ以外のおとな雄すべてが顔をそろえていた。そのほかに、六頭の雌がいた――赤ん坊を抱いたワカスンガ、老齢のワンタングワ、発情中のワカシラとサダ、約九歳のチャウシク、約七歳のンディロである（赤ん坊を合わせて合計一一頭）。伊谷はその前日に餌場で大騒動が起きたときの音声を録音してあった（カジャバラが激しい示威を行なったので集団の他の個体たちが悲鳴をあげ鳴き叫んだのである）。伊谷はテープ・レコーダーをもって谷をおり、かれらの南側、五、六メートルの所に近づいた。四時四〇分にスイッチを入れた。その瞬間、すべての個体が、伊谷の背後、南のカシハ谷方向を非常に緊張した面もちで凝視した。カソンタがカメマンフに抱きついた。伊谷はすぐにスイッチを切ったが、チンパンジーたちはつぎつぎに木に登り、カシハ谷の方向を目で探った。すぐにみな押し黙って木をおり、北がわの急斜面を登っていった。スイッチを入れてからわずか一、二分間の出来事だった。ところが四時四二分、餌場にソボンゴがきた。いつも優位な雄たちを恐れて餌場に近づけないので、この隙に残っているサトウキビを大急ぎでかき集め、それを抱えて北の山に姿を消した。その二分後、さっきみなが登っていた木の上に、若い雌チャウシクとンディロがいるのに気づいた。遠くカシハ谷の方向をじっと見つめサトウキビをほおばっていた。五時三一分、この二頭は山に去った。その一時間後にカンシアナ谷のはるか上流から、Kグループの声が聞こえてきた……。伊谷は、この顚末に以下のような説明を与えている。Kグループの個体たちはテープ・レコーダーから再生された声を聞いた瞬間に、伊谷がまるで予期していなかった勘違いをした〔強調は引用者〕。かれらとテープ・レコーダーを結ぶその延長上、つまりカシハ谷の方向からつねづね恐れているMグループがいつの間にか接近して鬨《とき》の声をあげたと思いこんだのである。だが、娘ざかりの二頭だけがまるで異なった反応をした。「ある溶液に一滴の試薬を投じて、ある物質、ここでは娘という一つの要素を分離するのにも似た、実に鮮やかで鋭敏な反応を示したのである」[574]。

回顧a——学部三回生の後期に、自然人類学の講義で、伊谷がフィールドから持ち帰ったばかりの観察を聞く僥倖に恵まれた。そのとき伊谷は、二頭の「娘」たちは自分が嫁いでゆく集団のほうを憧れのまなざしで見つめていた、といったロマンチックな表現をした。すばらしい時代で、机の上にはアルミの灰皿が置いてあり、伊谷さんご自身、講義が区切りにさしかかるたびにおいしそうにショートホープをくゆらしていらっしゃったので、学生のほうもつられて煙草をくわえた。わたしは紫煙たちこめる動物学教室の硬い木のベンチに腰かけ全身で魅惑されていた。コレガオレノ求メテイタコトダ。当時わたしは少年時代の夢の延長である動物生態学に進むべきか人類学／霊長類学を選ぶべきか迷っていた。伊谷の講義を聴くことによって、迷いが拭いさられたのだと思う。

いま右の引用部分を読みかえすと、新しいことに気づく。Kグループのチンパンジーたちが「まるで予期していなかった」反応を示した、というのは、劇的効果を高めるために伊谷が付与した修辞だったのではなかろうか。彼がすでにある予期に達していなかったら、こんな「いたずら心」を起こす動機づけもなかったろうし、どんぴしゃりMグループの遊動域の方角で前日の音声を再生したというのもできすぎている。後述するように、チンパンジーの雌が出自集団から移出する年齢のピークは一一歳である。九歳のチャウシク、七歳のンディロはまさに

「嫁入り前」の「娘ざかり」であった。四〇年以上にわたってマハレのチンパンジーを見つめ続けた西田が営々と積みあげてきた観察を追跡しよう。[575]

ほとんどの雌は、一一歳ぐらいで出自集団から移出する。移出には三つの類型がみられる。①出自集団にけっして戻らない、②いったん移出するが、一回から数回にわたって出自集団に戻り、最終的に移出する、③出自集団にとどまり続ける――または短期間去るがすぐに戻り、その後ずっと居つく。②がもっとも多く③は稀である。出自集団の遊動域からの移出が一時的であれ永続的であれ、移出はつねに発情期に起きる。一般的に経産雌は他の集団に移転しない。すなわち、移出先で出産を経験したあとは、そこに一生涯定着するのである。

居住雌は、あたかも嫁いびりのごとく、新しく移入してきた雌に目をつけていじめる。だが、雄たちは移入雌の肩をもち、雌の攻撃に介入することが多い。付近に味方をしてくれる雄がいない場合には、移入雌は大きなパント・フートをあげて、自分の所在を「ボディガード」に知らせようとする。これとは対照的に、居住雌と移入雌のあいだに親密な関係が形成されることがある。移入雌はとくに高順位の居住雌にねらいを定め、たえず彼女について歩き、頻繁に毛づくろいし、好意を得ようとする。また高順位雌が幼子をもっているときはその世話をやく。

雌はそれぞれやや異なる遊動の中心域《コア・エリア》をもっている。移入雌は食物資源の競合者になるので、居住雌は移入雌を迫害すると考えられる。だが、居住雌たちが協同で移入雌を攻撃することは稀である。居住雌の視点からみれば、自分の中心域の外で移入雌が採食するかぎりは、見過ごしてかまわない。移入雌のがわは、頻繁に居場所を変えて、特定の雌の中心域に長くとどまらないようにすればよい。移入雌が自分の中心域を確立し妊娠・出産にこぎつけるまで、数年が経過する。KからMに最初に移入したンコムボという雌は、Mの遊動域の南の区画に中心域をもつまでに八年、第一子を出産するまでに一二年を要したが、これは例外的に長いケースである。三〇年間のデータを集計すると、移入後に第一子を出産する

574　伊谷、前掲書（一九七七）、一三四頁。
575　Nishida, *op. cit.*, pp. 187–192.

までの月数の中央値《メディアン》は三二ヶ月（三年弱）である。だが、若い雌は流産の可能性が高く、また移入後すぐに出産すると高い幼子殺しのリスクに曝される。

全データを合計すると、雌の九〇パーセント以上は出自集団を移出し、母の支援を得ることのできないべつの集団に移入すると結論できる。四〇年間の観察を通じて、アニーイモウトまたはアネーオトウトの性交は観察されていない。だが、雌が長く集団にとどまれば、チチームスメの性交はある確率で起こり、この内生殖《インブリーディング》は雌の繁殖成功を劇的に減少させるだろう〔強調は引用者〕。

一九八〇年代後期から一九九〇年代半ばにかけてインフルエンザ類似の伝染病が流行し、最盛期には一〇〇頭いたMの個体数は五〇にまで半減した。この集団のサイズの縮小は、多くのM生まれの雌が集団にとどまる結果をもたらした。一九八一〜八八年に生まれた雌のうち移出したのは三頭だったが、残り続けた雌は五頭に達した。三〇年間の人口動態を通じて、成熟後の残留は六例にすぎないが、そのうち五例までがこの期間生まれの雌だった。彼女たちが性成熟に達する一九九五年〜一九九七年にかけて、六頭のおとな雄と二頭の青年雄が姿を消した。このことがチチとムスメ、そして異母キョウダイどうしの近親性交の可能性を減少させた。もうひとつ、低い人口密度によって、食物をめぐる競合が減り、出自集団に残ることの有利さが増した。

伝染病で個体数が半減したことが性成熟後の雌たちの残留をまねいたという分析は二重に衝撃的である。第一に、この「インフルエンザ類似の病気」はインフルエンザそのものであり、研究者がそのウィルスを外界からもちこんだ可能性は否定できない。もしそうだとしたら、「大航海時代」の当初から夥しい数の現地の人びとが植民者のもちこんだ伝染病で死んでいった「人類史」となんら変わりない。チンパンジー社会を〈わかりたい〉という切りさげられない価値をもつ欲望が当のチンパンジーを絶滅の危機へ追いこんでいくのだとしたら、それこそ自然誌的態度に突きつけられる最大のジレンマである。第二に、〈出自集団から移出する〉というチンパンジー雌の選択が状況に依存して変異するものならば、そのこと自体が《種の社会構造は安定した形質である》という（β）の命題と矛盾をきたしかねない。この認識はわれわれを激しく混乱させる。節を改めて、社会構造の展成をどのように理論化しうるのかという課題に取り組もう。

四　社会構造の展成

経験的データによる補完と精密化

さきに述べたように、記号列の操作によっては、「要素的社会」の変形から導きだされる集結の基本形態が現実世界でどのように成立するかを確定することはできない。伊谷が『霊長類の社会構造』を上梓してから十数年のあいだに、さまざまな系統群について、種の社会構造に関するデータが加速度的に蓄積された。なかでも重要な展開の軸を五本に絞ってまとめる。①原猿類の社会構造がより詳しくわかった、②新世界ザルの社会を覆っていたベールが少しずつ脱がされていった、③ダイアン・フォッシー、山極壽一らの通時的な観察によって、マウンテン・ゴリラの社会構造が明らかになった[576]、④加納隆至、黒田末寿をはじめとする日本の研究チームがボノボ（ピグミー・チンパンジー）の社会構造を解明した[577]、⑤オランウータンの単独生活の実態がさらに解明された[578]。

伊谷は一九八四年に英国王立人類学協会からハックスリー記念メダルを授与された。受賞記念講演において、右のような研究蓄積を踏まえて、彼が一二年前に提起した社会構造の展成論を抜本的に改訂する見取り図を示した[579]。このとき伊谷が採用した骨格はまさに理念的操作によって導きだされたものである。彼はＢＳＵ（基本社会

576　フォッシー、ダイアン　一九八六（羽田節子・山下恵子訳）『霧のなかのゴリラ――マウンテンゴリラとの13年』早川書房。／山極壽一　二〇一五『ゴリラ　第二版』東京大学出版会。
577　加納隆至　一九八六『最後の類人猿――ピグミーチンパンジーの行動と生態』どうぶつ社。黒田末寿　一九九一『ピグミーチンパンジー――未知の類人猿』筑摩書房。
578　マッキノン、ジョン　一九七七（小原秀雄・小野さやか訳）『孤独な森の住人――オランウータンを追って』早川書房。

表 10-1　演繹から得られる基本社会単位の八類型

♀／♂の選択	**♂が出る**			**♂が出ない**	
♀が出る	P			Q	
	♀／♂の選択	**♂が入る**	**♂が入らぬ**	♀の選択／	
	♀が入る	Pi 双系集団	Pii 一夫多妻集団（ゴリラ型）	**♀が入る**	Qi 父系集団
	♀が入らぬ	Piv 一妻多夫集団	Piii ペア型集団	**♀が入らぬ**	Qii ？
♀が出ない	——	S		R	
	／♂の選択	**♂が入る**	**♂が入らぬ**	閉じた内生殖集団	
	——	Si 母系の群れ	Sii 単雄群		

「雄」「雌」という漢字は直観的な弁別がたやすくないので、生物学の性別記号に置き換えた。「出る」「出ない」「入る」「入らぬ」という述語はある基本社会単位に生まれおちた任意の個体の根源的な選択（ゴシック体で表記）を示す。Qii はごく特殊な例を除き現実に存在することが難しいと考えられる。

単位）の概念規定（後述）を行なったうえで、その基本構造を記号の組み合わせによって演繹した。わたしの用語に修正してこの演繹を再構成する。——独立した四つの次元を設定し、各次元を定義する命題の肯定と否定に（＋／－）の値を与える。ＢＳＵからのメンバーの移出を「出る」、そこへの移入を「入る」と表現する。Ⅰ：雄が出る／出ない、Ⅱ：雌が出る／出ない、Ⅲ：雄が入る／入らない、Ⅳ：雌が入る／入らない。第二章で論じた人称代名詞のパラダイムと同様に、演繹される基本構造の数（n、m、lで表記）は以下の式で与えられる。$n = 2^4 = 16$。

だが、わたしはこの演繹は間違っていると考える。ＢＳＵは種社会に包含されている。もしもＸというカテゴリー（この場合は雄または雌という相互排除的な共通属性によって定義される）の元ｘがＢＳＵという閉域に「入る」のであれば、種社会のなかになんらかの形でｘのストックが保存されていなければならない。ゆえに、「ｘは出ない」と「ｘは入る」が同時に成り立つことはありえない。初期値として非常に大きな数のｘによって構成される閉集合Ｅが閉域の外部に与えられているとしても、「出るｘ」によって備給がなされないかぎり「入るｘ」がＥから減殺され、遠からずＥの元の数はゼロに達してしまうからである。だから、Ⅰ～Ⅳを独立した次元として定立することはできず、それができるのはⅠとⅡだけである。$n = 2^2 = 4$。つまり単純に4象限が得られる。これらの象限を時計回りにＰ、Ｑ、Ｒ、Ｓと名づければ、Ｐ：雄も雌も出る

／Q：雄が出ないが雌は出る／R：雄も雌も出ない／S：雄が出るが雌は出ない、が得られる。「xが入る」ことは、これらの象限に従属する事象なので、個別に扱わなければならない。象限Pでは、ⅢとⅣを独立した次元として設定できるので、$m=2^2=4$。つまりPの内部に四象限を得る。QとSについてはそれぞれⅣまたはⅢの一次元だけしか定立できないので、$l=2^1=2$。すなわちそれぞれの内部が二象限に分割される。文章にするとややこしいが表に描けば、一目瞭然である【表10－1】。以下、各象限内部を再分割すれば、P：雄も雌も出る↓｛Pⅰ：雄も雌も入る［双系］／Pⅱ：雄は入らないが雌は入る［ゴリラ型の一夫多妻］／Pⅲ：雄も雌も入らない［ペア］／Pⅳ：雄は入るが雌は入らない［一妻多夫］｝、Q：雄は出ないが雌は出る↓｛Qⅰ：雌が入る［父系集団］／Qⅱ：雌が入らない［?］｝、R：雄も雌も出ないから、雄も雌も入ることはありえない［閉じた内生殖集団］、S：雄は出るが雌は出ない↓｛Sⅰ：雄が入る［母系の群れ］／Sⅱ：雄が入らない［単雄群］｝を得る。

注釈――Q：〈雄は出ないが雌は出る〉の下位象限Qⅱ：｛雌が入らない｝は実現不可能かもしれない。たまたまある雌雄のペアのあいだで生殖がなされアニ／アネ（たち）とイモウト／オトウト（たち）が生まれたとしよう。アネ／イモウトは出て行き、新しい雌は入ってこない。すると、父母のペアと息子（たち）だけが集団にとどまるので、父の死後に母と息子のあいだで生殖しないかぎりこの集団は世代を更新できない。近親性交が不可能ならば、集団は成員の加齢とともに消滅へ向かう。現代日本社会の核家族で息子が「ひきこもり」を続けたまま老いていくというケースはQⅱの実例かもしれない。S：〈雄は出るが雌は出ない〉の下位象限〈Sⅱ：雄が入らない〉も、発端においては雌雄のペアで生殖がなされる。生まれた娘たちは集団内に蓄積されていくが、新しい雄が外から入ることはないのだから、共時的には単雄群の形態をとる。この構造が世代を更新するとしたら、それはこの一頭の雄が何らかのかたちで「入れ替わる」ことによって

579 伊谷純一郎 一九八七「霊長類社会構造の進化」『霊長類社会の進化』第八章、平凡社、一九八－二二五頁／『著作集 第三巻』一六四－一八六頁。

である（終章で後述）。

伊谷は四つの次元から成る「完全パラダイム」一六形態のうち、一〇形態は、彼が公理として設定したBSUの四つの特性のどれかに矛盾するという理由で棄却している。その特性をややはしょって列挙すれば、BSUは――(1)両性で構成される、(2)半閉鎖系である（種社会のすべての成員がそこに出自をもち、その外にいる個体はふたたび構成員になることができる）、(3)持続性をもつ〔この規定は曖昧だが、「少なくとも個体の標準的なライフスパン程度の」という修飾を与える必要があろう〕、(4)ひとつの種社会でひとつの型しかもたない。

だが、わたしの演繹は、このような四条件を別個に定立しなくても、伊谷が到達した六タイプ、すなわち双系、父系、母系、単婚、一夫多妻、一妻多夫のすべてを導出できることを示した。ただし、〈雄が出る／出ない〉〈雌が出る／出ない〉〈雄が入る／入らない〉〈雌が入る／入らない〉という動作主と述語の組み合わせ自体が、すでに(1)(2)を前提にしているともいえる。(4)は非常に大きな問題を孕んでいるので終章で再論する。

わたしが第一節で示した理念的操作とこの小節での演繹との関連を述べておく。前者の眼目は、伊谷がニホンジカの群れを出発点におくと明言したことに忠実に、要素的社会から雄が滞留しない母系の群れを導出できるように構成したことであった。だが、伊谷は原猿類社会でミッシング・リンクとして位置づけたこの構造をのちの論理構成では捨て去り、霊長類社会のBSUを(1)のごとく「両性集団」と規定したのである。この小節での演繹もその規定を踏襲しているのだが、それはたとえば雄グループのような単性の集結を、BSUを中心にした構造へのいわば寄生体とみなしているわけで、その意味では(1)の規定自体が論点先取をおかしていると批判することも可能である。もうひとつ、伊谷の論理構成では、単雄群は母系的な群れ構造の変形として位置づけられるにすぎず、雄が一頭だけであるというきわだった特徴を導く必然性を欠いているが、それが母系群と対等な構造として象限Sのなかに位置を占めることは、わたしのモデルの優れた点である。

以下は、定立された伊谷の六類型（わたしの八類型）への補足である。わたしが青年期の頃にはまったく知られていなかった、双系と一妻多夫という構造について具体的な種をあげる。カーペンターが霊長類社会学を創始する起点となった種マントホエザルは、意外なことに双系の社会であることが明らかになった。アカホエザル、ワタボウシタマリン（マーモセット科）も双系のBSUをもつらしい。同じくマーモセット科に属するクチヒゲタマリンは一見したところ双系の構造をもっているように見えるが、複数の雌のうち繁殖にあずかるのは一頭だけであり、事実上の一妻多夫だという。だが、雌雄の移出入だけでBSUの類型を定義するという原則を固持するならば、そのような意味での一妻多夫はまだ霊長類社会では知られていないということになる。

BSUに関する補足があと二つある。第一は、ゴリラのきわめて複雑で変異に富む社会構造についてである[580]。まず大きな特徴として、ゴリラはなわばりをもたず、隣接集団と大幅に遊動域を重複させる。基本的な社会構造は、核雄を中心とした一夫多妻型集団であり、原則的には雄も雌も性成熟に伴い離脱する。雌の場合は、べつの単位集団または単独雄がたまに接近するわずかな隙をついて移出入する。単独雄と結合した場合は、このペアの集団は生殖と新しい雌の移入を通して、サイズを増大させる。核雄が死ねば雌は新しい雄と新しい単位集団をつくる（変異型については後述）。それゆえBSUに継承性はない。だが、単位集団の発達過程に関しては、マウンテンゴリラ（mGと略称）とローランドゴリラ（lGと略称）とのあいだには相異がある。mGは雄グループをつくり、単位集団から移出した雄は、雄グループの相と単独雄の相を行き来する。また、単位集団内で息子が成熟後も残留し父親と平和的に共存することがある。この場合、核雄が死亡すると息子（ときに複数）が集団をそのまま継承することもある。lG（正確にはヒガシローランドゴリラ）には雄グループが存在せず、代わりに雌グループが存在する（その多くは核雄の死亡後に形成される）。ここに新しい雄がくれば、そのまま新しい一夫多妻型集団ができる。また、雌が複数でいっせいにべつの単位集団に移入することもある。だが、前述のmGの場合には、核

580　山極壽一　二〇〇三「類人猿の共存とコミュニティの進化」西田正規・北村光二・山極壽一編『人間性の起源と進化』昭和堂、一七二―二〇二頁。

雄死亡後の雌たちはそれぞれ別べつの雄と新しい結合をつくるのである。

もうひとつの補足はマントヒヒとゲラダヒヒの重層社会についてである。ＢＳＵという考えかたがもっとも威力を発揮するのは、この局面においてである。マントヒヒのＢＳＵはバンドであり、クランもハレムもその下位に二次的に析出した単位なのである。もちろん、複数のバンドから成るトゥループは、崖という限られた休眠場所を共有する必要にせまられて形成された上位の改変《モディフィケーション》である。これに対してゲラダヒヒのＢＳＵは単雄ユニット（ハレム）であり、雌たちの母系的集結の上にリーダー雄が乗っかった形態であると考えねばならない。ハードは、離合集散する単雄ユニットの二次的な集まりであるが、とくに頻繁に遊動を共にする単雄ユニットの群塊《クラスター》は、一見したところマントヒヒのバンドと同じ安定した単位であるかのように見える。だが、両者を混同してはならない。何年か前に霊長類研究所で開催されたシンポジウムに列席し、ゲラダヒヒに関する発表を聞いたときに、伊谷のこの厳密な区別が踏襲されていないことにわたしは違和感をおぼえた。

さきのハックスレー記念メダル受賞の講演において、伊谷は、ＢＳＵの展成過程を若干複雑な図式にまとめた。まず夜行性原猿類の社会において要素的社会→単婚への展成が起きた。つぎに昼行性霊長類（原猿類＋真猿類）の社会で、展成は二方向に分岐した。第一方向が㋑単婚→母系のラインであり、第二方向が、㋺単婚→一夫多妻（ただしゴリラ的な）→父系のラインである。ただ、この基本径路は次の二つのラインが重ねあわせられることにより、錯綜した形態をみせる。㋩単婚→双系→母系、㊁単婚→一妻多夫→双系。㋺のラインに具体的な分類群名を載せれば、テナガザル類→ゴリラ→チンパンジー／ボノボとなる。単独生活者であるオランウータンはどのラインにも位置せず、いったん成立した単婚社会が崩壊したものと伊谷は推論する。㋺のラインに現われる分類群はすべて類人猿であるから、当然ヒトの社会もこのラインの延長線上に成立したという推論が導かれる。さきの理念的操作において、わたしは、［・ｉ］の〈ペア型〉（単婚）の形態は、二つの次元の操作によって要素的社会から直接的に導きだされるという意味で、論理的に特権的な位置を占めると主張した。伊谷の図式は、要素的社会→単婚への展成を出発点においており、わたしの主張と合致する結果になっている。

伊谷の新しい図式のミソは、一九八四年までに報告されてきた霊長類社会の基本構造をとりこぼしなく網羅することである。だが、青年時代に「群れ型／ペア型」という単純明快な二元論によって「主体形成」（後述）を遂げてしまったわたしは釈然としない。伊谷は、透明そのものであった本質直観を後退させ、経験主義に妥協したのではなかろうか。この疑念と向きあうために、もう一度『霊長類の社会構造』に復帰する。

社会構造論の原点への還帰

もっとも肝要なことは、伊谷がこの探究を行なった時点で、チンパンジーのBSUが父系的な構造をもつことは確証されていなかったということである。

――伊谷は「チンパンジーの単位集団は、母系でもなければ父系でもなく、非単系（non-unilateral）なのであり［…］よそからやってきた幾頭かのオスを中心にして結成されたアソシエーションのようなものだ」という推測を書きつけている。[581] 複数の単位集団を包みこむコミュニティを考えればその「全体が1つの母系集団であるという見方も成り立つ」という大胆な推論までしている。

だが、経験的データの蓄積が不充分であったという時代的制約を理由に、そのあとの伊谷の論理展開がまったく無意味なものになったということはできない。経験的な検証の鑢《やすり》に研がれてもなお罅《ひび》われることのない論理の核を探りあてるべきである。ヒトニザル上科《ホミノイデア》における社会構造の展成過程を再構成するために伊谷が注目したのは、チンパンジーの雌が長い出産間隔と相関した数年におよぶ性的な休止期をもつという事実であった。このような性周期をもつ雌と一頭の雄が結びついたペア型集団は明らかに社会単位としての安定性を欠くだろうと伊谷

581 伊谷、前掲書（一九七二）、一三七頁。

は考えた。幼子をもつ雌は特定の雄との結合を解消し、同じような境遇の雌たちと育児集団をつくるほうが平穏に育児に専念できる。だが、それはニホンザルの群れのような血縁によって固く結ばれた集団ではなく、子どもの成長にともなって、いつでも解くことができる集結なのである。

私はこの過程を、オランウータンにもそしてゴリラにも、つまり大型類人猿のすべてに想定したいと思う。一度崩壊し個という要素に還元された後に新しい構造に組み変えられてゆく過程には、種によって異なる多くの要因がはたらいて、それを異なった構造につくりあげていったにちがいない。そのうえでふたたび、ゴリラのように連帯性の強い集団が再現し得てもよい。この1夫多妻の単位集団の構造においては、さきに指摘したメスの長い休止期の問題は解消されている。[582]

この本の「あとがき」には当時の伊谷の思考の核が凝縮されている。そこで伊谷が用いる隠喩は〈布を織る〉ことである。野生霊長類に関する数かずの野外調査のなかには、錦糸のような輝きをもつものがある。そうした調査結果を横糸にし、伊谷自身の理論という縦糸を通して布を織りあげようとした。それを織りつづけてゆけばヒトの社会につながらなければいけないと伊谷は考えた。それがつながらないと考えるレヴィ＝ストロースをはじめとする多くの社会人類学者と自分は考えかたを異にしている、と彼は明言する。

霊長類の社会構造という布は、1枚に織り上げることはできなかった。どうしても2枚にしなければならなかった。その理由は霊長類の社会は、基本的な構造を異にする2つの系統から成り立っていたからにほかならない。〔中略‥

A〈ペア型〉とB〈群れ型〉のモデルが図示される。円が単位集団を表わし、Aでは「↓♂／↓♀」というふうに円の上部から二本の矢印が別方向へ突きだす。Bでは円の下部に「♂↓」が突き刺さり、上部から「↓♂」が出てゆく。〕AとBがこういう機構の違いをもっているかぎりにおいて、AとBは移行的ではあり得ないのである。したがって、それぞれの異なった織り方で、2枚の布を織る以外に方法はなかったのである。[583]

さらに伊谷は二頁先で書く。AとBという二つのモデルの違いは、つきつめれば、単位集団をメスが出るか出ないかという点であり、それはまた、メスが同性との共存を許容するかしないかという違いでもある〔強調は引用者〕。

見方によれば、母子の関係はペア型の社会においてより非情な形態をとる。しかも、ヒトニザル上科にいたって、雌雄の絆《ママ》さえもが断たれ、ふたたび要素に還元されたところから出発しなおさなければならないということになると、ヒトはよくよく非情な星のもとに生まれついたといわなければならない。／社会人類学における社会構造の研究は、*Homo sapiens*という種内に見られる社会構造の諸変異と、それら相互の間の系脈を明らかにすることを主題としてきた。それに対して、霊長類からのアプローチは、*Homo sapiens*という種のもつ社会構造の特性の追求を主題にしており、それを、Hominidae〔ヒトニザル上科〕の中に、さらにHominoideaの中に、そして自然と時間の中にどう位置づけるかという課題を負わされているのだといってよい。まだ理論的基盤は薄弱なものにすぎないが、どうも霊長類の社会構造を動かしているその回転のシャフトは、インセストの回避機構であるように私には思えてならない。[584]〔強調は引用者〕

582 同書、一四三頁。
583 同書、一四五頁。
584 同書、一四七頁。

これが、わたしが直感した、伊谷の思考を彩る〈悲劇的な感覚〉である。どんな社会を生きるとき、動物的実存にとってその構造は「非情」ではないのか。伊谷が探究の出発点をニホンジカの群れにおいたこと、しかも、雄が滞留しない母娘の群れはけっきょく霊長類の社会構造の全類型のなかに見いだせなかったことに、おそらく答えは隠されている。個の原理と社会の原理が矛盾をきたすことなく、個体どうしが寄り添い、なんの不安も緊張もなくうっとりと存在のぬくもりに沈みこんでいる[585]、そんな共在の原型を伊谷は母娘の群れに見ていたのではなかろうか。だからこそ、社会構造の全類型をA〈ペア型〉とB〈群れ型〉に切り詰め、しかもこの相互に〈移行不可能〉な永劫の分岐の要石《キイストーン》として「メスが出るか出ないか」という根源的な選択を据えたのだろう。

ネオ－ダーウィニズムを括弧入れするかぎり、種の形態的な形質がいかに展成したのかを可知的にする原理を語ることさえ、わたしは遮断しなければならない。ましてや社会構造それ自体が展成を遂げたと想定するのは、経験主義から遊離した観念論への飛翔とさえ見える。そのことに対する懐疑論が身をもたげるのは理の当然である。

――わたしが第一回目のエチオピアでの調査を終えて、フィールドから持ち帰ったデータの分析に明け暮れていた頃、ある科学誌で霊長類社会学・生態学をテーマにした特集が組まれた。そこに掲載された伊谷の社会進化論に対する痛烈な批判を読んで、わたしは大きな衝撃をうけた。

> いったい霊長類における「社会進化」とは何であろうか。社会を実体概念としてとらえる意見に私は賛成しないわけではないが、社会の形態や機能というものが独自の法則を持って進化したなどという例を寡聞にして聞いたことがない以上、「社会進化」論などにうかつにくみするわけにはいかない。もちろん霊長類のそれぞれの種が示す社会構造の中に、その種の各生活環境に対する生態学的適応形態の諸特徴を見出すとき、種の進化の過程で、社会生活というものが見過ごし得ぬ大きな役割を果たしてきたという事実を認めないわけにはいかないし、私もその事実に重大な関

心を寄せるひとりである。ただしかし、社会あるいは社会構造というものを単に形態としてとらえ、それをパターン化したもののみを対象として取り扱って、その似通りやへだたり、また部分的差異をめぐって、この型は他のある型の祖型ないしは変型であると付会したり、個体間の結びつきの型の差異をめぐって、その系譜的遠近を臆断したりする傾向を是認する気はない。[…]

メスが出るか出ないかに2つの型の相違をせんじつめるような考え方は、現象論のレベルでかなり広範な対象を扱いながら、その分析にあたってはきわめて単純化した選択肢をもって結果論へと議論を短絡させる、というやり方に通じるし、さらにそれをメスが同性との共存を許容するかしないか、という問題におきかえるやり方は、結果論からさかのぼって、個体間の相互作用というメカニズムの問題にいつのまにか議論を移行させることにつながる。つまり、出たか出なかったかのみを問う結果論を許容するかしないかという機能論におきかえ、さらに、許容しなかった↓だから出た、逆に、出た↓だから許容しなかったのだという因果論に組みかえているのである。ここに私は、対象をパターン化することによって生じた論理の飛躍の典型をみる。[…]社会構造は単なるパターンであり、型と型との間をつなぐものはただの連想である。伊谷は社会構造というものを、系統群をあらわすインンディケーター（指示者）としてとりあげたのだと強調してはいるのだが、ある型からこの型が生じる、あるいは生じない、またしかじかの構造はしかじかの型へ移る過度的な段階である、などという表現を随所に見るにつけ、伊谷もやはり型と型との間に進化的移行を考えているというより、そう表現しないと話の継ぎ穂がつかなくなっているように思えるのである。したがって、そうした構造を維持したり動かしたりする「何か」を求めるときには、ソリダリティー（固化）だとかアトラクティブネス（吸引力）だとかの力学的な発想から出ていながら計測可能とはいえない変量を基準にとったり、また集団遺伝学的発想や手法に飛躍した期待をつなごうとしたりしたのであろう。いずれにしても、ここで霊長目内の

585 これに類した表現は、大学院入学前後にわたしが耽読した古井由吉の作品群に繰り返し現われる。

「社会進化」を論じることは、それ自体不毛の行為といえる。[586]

霊長類社会学にとって悔いるべき歴史があるとしたら、この鋭利な批判に対して、伊谷だけでなく、彼を深く敬愛していた周囲の弟子たちのだれも、正面から応えようとしなかったことである。われわれは、伊谷の「社会進化論」を、開かれた議論の渦のなかで徹底的に鍛えあげる千載一遇のチャンスをみすみす逸したのである。ただ、水原の批判のなかにも「それ自体不毛の行為」が含まれていたことは指摘しておかねばならない。

(イ)水原の批判の根っこにあるのは、あらゆる種類の革命を陳腐化する、傍観者的なシニシズムである。今までわかった五〇種にのぼる霊長類社会の「パターン」を「系統立てて考察」してみようという企てへ探究者を押しやる意志と動機づけ(わたしはレヴィ=ストロースにもそれをみる)に対して「すげえことを始めたもんだ」と感嘆する身がまえ(最低限の共感と敬意)が欠落しているかぎり、すべての卓越した思考は「馬の耳に念仏」に終わるしかない(わたしは馬を侮っているわけでなく、喚起力のあるイディオムとして使っている)。(ロ)もっとも大きな問題は、社会構造に対する不可知論である。社会構造はパターンではないと水原はいう。だが、これはフィールドワークを通じて未知の霊長類の社会へ肉薄するという実践の具体的な過程を捨象した議論である。観察者の前に社会はまず〈集団の構成〉という姿をとって現われる。「雄が一頭だけしかいない」「雄と雌が複数いるがつねに雌のほうが多い」「雄と雌が二頭だけでいる」といった把握は、社会へ接近する最初の手がかりである。もちろん、長期にわたる人づけ(次善策としての餌づけ)や個体識別を経なければ、「構造」とよべるような深層はわからない。だが、限られた人の一生のなかで、探究者は、自分が深く知りえたせいぜい数種の社会の「構造」をモデルとして、じかに観察する機会のない他の幾多の種に想像力を投げかけるしかない。そのとき利用できる資源は、他の探究者が公表した「錦糸のような輝き」をおびた報告だけである。観察条件の限界(たとえば夜行性、樹冠生活者)に制約されて、パターンだけしか得られないとしても、それは「系統立てた考察」にとってかけがえのない価値をもつ。(ハ)「想像力の投げかけ」はけっして連想ゲームではない。理念的操作によって明らかになったのは、本質直観は帰納ではなく演繹によって得られるということだった。「雄」「雌」「子ども」「共存（集結）」というたった四つの変数から成る記号列の変換によって、基本構造は把握される。ある基本構造からべつの構造への変換がなされるとしたら、それは論理的な必当然性をとおしてであり、恣意的な連想によってではない。

水原の批判で真剣な考慮に値する論点を抽出する。周到にも水原は自分の語彙として「社会構造」ではなく「社会生活」を用いている。それは、「生態学的な適応形態の諸特徴」を明らかにするという目標にとって「見過ごし得ぬ大きな役割を果たす」ファクターであるが、不変のイデアではありえない。今西が主張した「生態学に対する生物社会学の優位性」とは逆に、水原は〈環境への適応〉という生態学的な観点の優位性にコミットしている。この点はきわめて重大なので、終章で、杉山幸丸の探究に注目しながら再考したい。

水原のもっとも根本的な懐疑は、A〈ペア型〉／B〈群れ型〉の分岐を「雌が出るか出ないか」に煎じつめる伊谷の決断に向けられる。「出たか出なかったか」という「結果論」を「許容するかしないか」という「機能論」におきかえることを水原は批判する。だが、二つの「論」ということばの使いかたは正しくない。「出る／出ない」は「結果論」ではなく、予測可能性を保証する法則の名に値する（だからこそ、マハレのMグループの雌たちが集団サイズの縮小にともなって「出なく」なったという観察事実は決定的に重要なのである）。さらに「許容する／しない」はさまざまな機会に表明された伊谷の思考の核心であり、なぜそれが「機能論」とよばれるのか不可解である。機能主義とは、ある表層の現象（たとえば制度）がより深層の要因（たとえば個人の欲求）の充足（実現・維持、等々）に役立つという点において可知的であると推論することである。ひょっとして水原は、「許す／許さぬ」という二項対立を心理的軋轢（親爺がバカ息子を「もうおまえがこの家にいることは許さん！」と言って蹴り出すような場合）と取り違えているのかもしれない。そうではなく、この二項対立は、種社会（生活の場）に内

586　水原洋城　一九七六「社会進化とはなにか」『別冊　サイエンス　特集動物社会学：サルからヒトへ』日本経済新聞社、四四－四九頁。

属する実存がどのように他者〔同種個体〕と共在するのかという、もっとも根源的な選択を言語で記述したものである〔「私たちに許された唯一の表現方法は、〔生物の〕生活や世界を人間的に翻訳するよりほかにはない」という今西の洞察を想起せよ〕。このような記述こそことばの真の意味における本質直観である。他の探究者の本質直観に対して我《エゴ》がとりうる唯一の適切な「噛みあわせ」は、「論理の飛躍」を難じることではなく、それが正しいか否かを判断することである〔その判断は終章にあずける〕。

記号的人間＝分割線の固定化

この探究のいちばんの難路で、わたしが心底から問いたいことはこうである——いったいぜんたい〔奇怪とさえよべる〕伊谷のこの思考は「何」なのだ？ それは、我《エゴ》が内属する生活世界といかなる関連性をもつのか？ 難路を進むための手がかりを、わたしがグイの挨拶交働の調査を終えてから一年後に読んだ、長島信弘の論考に求めよう〔前もって断わっておけば、わたしは社会人類学者としての長島を深く尊敬してきたし、この翌年に刊行された『死と病の民族誌』はわが国で書かれた民族誌の最高峰にかぞえられると思っている[587]〕。

人類学が人間の理解に何らかの貢献をしたとすれば、それは生物学的事実と社会学的〔文化的〕事実とは異質のものであり、人間社会は見かけはどうであろうと後者によって成立しているという認識を確立〔？〕したことがまず第一にあげられなければならない。そして不幸なことに、この区別ほど現代産業社会に生きる人々にわかりにくいものはないのである〔人類学者の中にもフォックスの如くまったくこの区別を理解していない「理論家」もすくなくない〕。／具体的にはどういうことかというと、親子、きょうだい、夫婦、結婚、家族、親族といった語でふつう表現される社会現象は、人類社会全体を時間と空間を問わずトータルに眺める場合、生物学的関係とは切り離して考えるべきだということである。[588]〔強調は引用者〕

この論考は、「家族」を定義しようとするあらゆる試みが失敗に帰したことを主題にしており、その点に異議をさしはさむ必要はない。長島の民族誌と同年に出版された清水昭俊の労作は、普遍的な「家族」概念に最終的な死亡宣告を突きつけ、相互行為空間の二重分節という視点からイエ論を再生させることをめざす野心的なものだった。[589] そのことはべつにして、右の引用文ほどわたしを落胆させた言説も珍しい。現地語でラベルづけられる「社会現象」が容易には人類学者の母語に翻訳しえないものであることは、少しでも長くフィールドワークをした人ならだれでも知っている。たとえば、グイにおけるシエーク（「取りあう」＝結婚）とザーク（「恋しあう」＝婚外性関係）とは、現代日本における「結婚」と「不倫」のように対立しあう概念ではなく、相互補完的な関係にある。[590] だからといって婚姻と系譜に関わる制度が、身体的な現実としての性交・出産・育児などから完全に切り離されて構築されるとは考えられない。もちろん、わたしがいう「身体的な現実」とは長島のいう「生物学的な事実／関係」と同義ではない。いったん科学を括弧入れすれば、「現代産業社会に生きる人々」が自明視している、ＤＮＡ父子鑑定、個体間の遺伝学的な遠近、脳神経科学に基づく世界の描像、等々の「客観的な」真理性を、人間社会の成立を支える文化装置を〈わかろう〉とする知の営みに編入することは禁じられる。

だが、長島が述べていることが本書の基本方針と同じであるとは思えない。彼はみずからも「現代産業社会に生きる人々」の一員として疎外態としての科学の支配に順応したまま、〈動物とヒトの連続性〉が人間社会の理

---

587 長島信弘　一九八七『死と病いの民族誌――ケニア・テソ族の災因論』岩波書店。
588 長島信弘　一九八六「社会科学の隠喩としての家族」『現代思想』一三（六）［特集＝家族のメタファー］、一五三頁。
589 清水昭俊　一九八七『家・身体・社会――家族の社会人類学』弘文堂。
590 わたしは「婚外性交」を「不倫」という不正確な婉曲語法でよぶこの数十年のわが国のマスメディアの慣習を、性欲装置への私たちの感受性を鈍らせるもっとも犯罪的な言語歪曲だと考える。このことについては以下で批判した。菅原和孝　二〇一五「フィールドワークの感応と異化作用」床呂郁也編『人はなぜフィールドに行くのか――フィールドワークへの誘い』東京外国語大学出版会、一六八－一八四頁。

解に侵入することに反撥しているのである。それは「自然主義的誤謬《ナチュラリスティック・ファラシー》」と総称される認識論の陥穽に対して、幾多の哲学者が発し続けてきた警告と似ている。けれど、人類学者の資格においてこの種の断言を行なうことは、哲学とは異なった帰結をもたらす。それは、人類学の使命は通文化的な多様性と微細な変異とを蒐集しいっさいの普遍化への幻想を遮断することである、という主張に行き着く。つまり、文化相対主義の袋小路へ淡々と潜りこむことが称揚される。べつの可能世界で青年のわたしがこんな講義を聴いたら、「なんと退屈な学問だろう」と嘆息して、もっとわくわくさせる講義がないものかと探しに行っただろう。

紫煙がもうもうと立ちこめる講義室への途を正しく探りあてるために、長島の述べたことを本書の文脈に合わせてパラフレーズしてみよう（それは不当な藁人形論証ではないとわたしは信じる）。「動物の社会でどんなことが起きていようと、それは人間の社会で起きていることと関連性をもたない。」この命題の正当性はひとえに、現地の人びとの言表（たとえば婚姻という文化的制度の釈義）から抽きだされる、当該社会に内在する〈意味〉に根拠づけられている。いったんこの土俵を確保すれば、どれほどでも「動物社会とは関連のないこと」を数えあげられる。サルは系譜認識をもたないし、冥婚も女性婚もできやしない。長島が「人類学者」の権威に立って断言していることは、「動物と異なるヒトの特異性とは記号的人間《ホモ・シグニフィカンス》[591]という存在形態にある」という人類学創成期からいわれてきたことの繰り返しなのである。それだけなら、古くさいトートロジー[592]として無視してすませればよさそうなものである。わたしがそれにムキになって反論するのは、長島が露呈した「途方もない種ナルシシズム」（序章で参照したテッド・ベントンのことば）こそ、わが国の大多数の文化人類学者がいだいている信念の最大公約数的な表現だと考えるからである。

——ここでまたもや「なぜなぜぼくちゃん」が登場する。彼は、人の男女の多くが、パパとママのように、結婚して子をつくることを知る。「ねえどうして?」神様がそうお決めになったと答えることをパパはみずからに禁じている。だから、乏しい歴史の知識をふりしぼって、昔から男と女はそうしてきたらしい、とさしたる自信もなく答える。だが、いつのまにか、ぼくちゃんは今西なみの徹底性を身につけていた。「でも、人間ってずっとずっと昔から人間だったの？　それより前はどうだったの？　人間は、昔はおさるさんじゃなかったの？　おさるさんも結婚してたの？」

長島への反撥はわたしの身に染みついた習性に由来する。口をついて出てくることばは子どもの質問に応えるような素朴なものだ。人は昔むかしサルの仲間だった。だから、サルの社会とヒトの社会がまったく無関係であってよいはずはない。だが、この素朴さは現象学的な判断中止から逸脱している。〈人は昔サルの仲間だった〉という命題を括弧から取り出すことの正当性は、本書の方法の枠内ではまだ証明されていない。だから、わたしは、なぜなぜぼくちゃんには聞かせられないような、危険なことばをつかうしかない。

五　近親性交という問題圏

本能的回避 vs 社会的禁忌

伊谷がわれわれに残したもっとも謎めいたメッセージがこれだ――「霊長類の社会構造を動かしている回転のシャフトはインセストの回避機構である。」なぜなぜぼくちゃんにもっとも尋ねられたくないこととは「どうしてぼくは大きくなったらママ（またはお姉ちゃん、ミッちゃん〔妹の愛称〕）と結婚したらいけないの？」である。ホントウニドウシテナノダロウ。「おさるさんだってそんなことしないよ！」と答えられたらどんなに楽だろう。性欲装置《セクシュアリティ》をめぐって社会学者や人類学者が公表した夥しい言説を読むたびに不思議な不全感をおぼえる。「て

591　菅野盾樹　一九九九『人間学とは何か』産業図書、四九頁。わたしはヒトをホモ・シグニフィカンスとして特徴づけることは原理的に正しいと考えるが、それを文化／自然、人／動物の分断を強化することに利用してはならない。

592　トートロジーであることの理由――(1)ヒトのプロトタイプ的な定義は社会生活の主要な媒体として言語交通をすることである。(2)動物の社会で観察される事実はヒトの社会となんの関連性もない。(3)なぜならヒトの社会は意味によって構築されているが、動物の社会はそうでないからである。(4)ヒトの社会の意味が構築されるのは、ヒトが言語交通するからである。なぜなら(1)だからである――ＱＥＤ。

めえはどうなんだ！」――読者がいちばん叫びたい問いをだれもみずからに対して発しないのである。メルロ＝ポンティは恋について切々とさえいえる調子で分析をくわえたが[593]、「私の性交」「私の自慰」を現象学的実証主義の素材に繰りこむことは優雅に回避した。ましてや、性欲装置のシャフトであるかもしれない、近親性交への欲望について哲学者が論じるのを期待することは無いものねだりにすぎない。フロイトにとっては探究の全体であったものが、精神分析学の局外に立つ人びとにとっては封印された問いなのである。さすがというべきか、わたしの知るかぎり唯一の例外は今西である。

さて試みに、胸に手をあてて、静かに思いだしてみて下さい。自分はお母さんと性交したいと思ったことがあるかと。正直にいって私にはないのです。タブーのあるなしにかかわらずないのです。ばれないにきまっているとしても、そんな気持ちは起こらないのです。たぶん私と同じようなかたは、ほかにもいくらもあると思います。しかし、なかには性交したいと思った方もいるかもしれない。タブーとか法律とかいったものは、たれでも犯すからつくられたものではなく、一人でも犯すものがあっては困るから、つくられたのだということを、まず頭に入れておいてもらいたいのであります。[594]

公の席上で淡々とこの問いを発した今西をわたしは立派だと思う。だが、ひとつ残念なことがある。今西が「お母さん」の代わりに「お姉さん」「妹」との性交の可能性に言及しなかったことである。もしそうしていたら、「胸に手をあてた」列席者のあいだにもっと深刻な動揺がひろがっただろうに。この性欲の可能性については、そのおぞましさが私たちにあまりにも深く内面化されているがゆえに、〈新しいことば〉でそれについて語ることが難しくなっている。だから、まず「ことばの専門家」による描像に手がかりを求める。

――ヤマドリの羽毛を毟り終えた蜜三郎の背後に弟の鷹四が近づく。鷹四は六〇年安保闘争のあとアメリカにわたり「改悛した学生運動家」を売りものにして演劇興業をしながら放浪した過去をもつ〔改行省略、ネタばれあり。差別語として禁じられていることばも原作に忠実に掲載する〕。

それからかれ〔鷹四〕は、ニューヨークで僕の友人におなじ言葉を話したのは、この声によってだったにちがいないと思わせる声で、「本当の事をいおうか」といった。「これは若い詩人の書いた一節なんだよ、あの頃それをつねづね口癖にしていたんだ。おれは、ひとりの人間が、それをいってしまうと、他人に殺されるか、自殺するか、気が狂って見るに耐えない反・人間的な怪物になってしまうか、そのいずれかを選ぶしかない、絶対的に本当の事を考えてみていた。[595]

彼らはもともと五人きょうだいの三男と四男で、父も長兄も次兄もすでに他界していた。五番目の末っ子が白痴の妹で、音楽に対して尋常でない感受性をもっていた。かれら三人は伯父の屋敷の離れに住みその庇護をうけていたが、東京の大学に入学した蜜は谷間の森を去った。数年後、妹は農薬を嚥んで自殺した。作品のカタストロフィで鷹四は蜜に「本当の事」を語りだす。高校二年の初夏、初めて酔っぱらい、昂奮に駆られ妹と性交した。彼は厭がる妹を説得し性交は常習化した。「おれと妹とは、ふたりとも他の人間と結婚することはなしに、兄妹でこれをやりながら一生暮すことができると教えたんだ。」やがて妹が妊娠する。鷹四は、名前を知らぬ村の青年に強姦されたといえ、と妹に命じる。伯父は彼女を地方都市に連れてゆき、堕胎手術をうけさせる。都会の騒音に鋭敏な聴覚をずたずたにされ手術でうちのめされ妹は深く

593　メルロ＝ポンティ　一九七四（竹内芳郎・木田元・宮本忠雄訳）『知覚の現象学2』みすず書房、二五五－二六五頁。菅原和孝『感情の猿＝人』弘文堂、三三八－三三九頁。

594　今西錦司　一九六六『人間社会の形成』日本放送出版協会／一九七五『今西錦司全集第五巻――人間以前の社会／人間社会の形成』四三四頁、以下参照ページはすべて『全集』による。

595　大江健三郎　一九六七『万延元年のフットボール』新潮社、二二五頁。

怯えて帰ってきた。そして性交によって兄に慰めてもらおうとした。だが、恐怖心の虜になっていた鷹四は妹を拒み撲りつけた。孤立無援で悲しむ妹は「アレハ他ノ人ニ黙ッテイテモ、シテ悪イコトダッタンダ」と言った……。[596]

……回顧b——わたしにとってこの記憶こそ、近親性交をめぐる我《エゴ》の思考が回転するシャフトである。それを言ってしまったが最後「気が狂って見るに耐えない反・人間的な怪物になってしまう」ほど恐ろしい「本当の事」が近親性交なのだ……。当時はそれを真にうけたが、のちにべつの感想をもつようになった。大江ほどの想像力の持ち主でさえも、究極的な「本当の事」として近親性交しか思いつかなかったことのほうがむしろ驚きではなかろうか。それこそが、性欲装置をめぐる私たちの想像力の上限（下限？）なのだとしたら、ソフォクレスから一歩も「前進」していない。

……回顧c——壮年期になってから、カラハリのテントの中で、まったく対照的な近親性交の描きかたに出会った。——夢想家の父親はホテル経営を夢見ている。優しい母と四人のきょうだい。長男はゲイの女装趣味者、長女のフラニーは勝ち気で美しく活発な女の子、次男のジョンはバランスのとれた性格だが、姉に深い恋ごころをいだいている。末の幼い弟は難聴で、自分に都合のわるい話題になると突然まったく聞こえなくなる。黒いラブラドルレトリヴァーの老犬ソロウはいつも丸まって自分の屁の匂いばかり嗅いでいる。フラニーは高校のフットボールチームのリーダーとその手下に輪姦され心に深い傷を負う。昔の知りあいの誘いで父はウィーンでホテル経営を手伝う決心をする。屁が臭いソロウは獣医で安楽死させられ、獰猛な表情をした剝製に生まれかわる。一家は二手に分かれて欧州行きの飛行機に乗るが、母と末っ子と剝製のソロウを乗せた飛行機は墜落し乗員乗客全員死亡。海面に浮かびあがったソロウのおかげで、墜落現場がわかる。ウィーンでのあれこれののちに、家族はアメリカに戻ってくる。そして波瀾万丈の物語が終盤にさしかかるころ、フラニーは弟の積年の恋情をただ一度だけかなえてくれる……。[597]

　フラニーとジョンの性交シーンはとても美しい。心の底から好きあった男女が抱きあうという稀有な出来事（此性《エクセイテ》）に対する根本的な肯定感が読者を深く揺り動かす。この爽やかな性交は大江の描いた陰惨な「本当の事」からあまりにもかけ離れている。

……回顧d――わたしが学部学生の頃、創価学会系の月刊誌『潮』に「近親相姦」特集が組まれ、全国の読者から集まった膨大な投稿から、厳選された体験談（それでもかなりの数におよぶ）が掲載された。下宿の友人が店頭で目にとめたこの号を買ってきて、みんなで夢中になってまわし読みした。ふだんは創価学会を敵視していたが、そこにみなぎる並々ならぬ迫力に感服し、編集者の野心と勇気をあっぱれだと思った。なかでも深く記憶に刻まれたのは、農村で暮らす中年を過ぎた寡婦の告白である。――夫の急逝後、農業で生計を支え、再婚ばなしも断わり、一人息子を立派に育てあげた。息子も共に農業に従事し、野良仕事が終わるとすっぱだかで風呂にとびこむ。その逞しい肉体に、夫の姿を重ねあわせる。ある夜、母は全裸で息子の蒲団にもぐりこむ。息子は初め驚くが、まだ若さののこる母の体に夢中でしがみつく。毎夜、二人はたがいの体をむさぼりあうようになる。母は妊娠し中絶するが、その後も、禁じられた関係を続けている……。

三〇年近い歳月ののち、近親性交を主題にした論文集の序論で、編者の川田順造がdと同じ逸話を取りあげていることに、あっと驚いた[598]。これらの断片的な観察からでさえ、ひとつの直観を得ることができる。「現代産業社会」において、人は、近親性交を自動的に回避する生得的プログラムにしたがって行動しているわけではなく、遮蔽された交働の場（清水のいう家内的空間）で、さまざまな誘因に動機づけられて近親と性交する潜勢力をもっている。産業社会の市民は「本能が解体している」のだろうか。この問いから、第七章の主題だった「本能」という概念が近親性交に関わる思考において果たす役割が浮上する。

今西と伊谷の論争

伊谷が「本能」という語を明示的に用いた数少ない場面がある。先に今西が「胸に手をあてて考える」よう促

596 同書、三四二－三四五頁。
597 アーヴィング、ジョン　一九八九（中野圭二訳）『ホテル・ニューハンプシャー　上／下』新潮社。
598 川田順造　二〇〇一「問題提起に代えて　性――自己と他者を分け、結ぶもの」川田順造編『近親性交とそのタブー』藤原書店、一三－一四頁。

したシンポジウムでのコメントである。このシンポジウムは、今西が書いた論考を前もって読んだ列席者がコメントをつけるという斬新なものであった。[599]

今西――(A)哺乳類における群れの成立を考えるとき、単独生活→子もち生活→群れ生活という発展の順序を想定することは間違っている。子もち生活を経験しても、子どもが一人まえになれば、親も子も単独生活者に帰るので、親子の強い結びつきは生まれない。これに代わる私〔今西〕の仮説は、群れ生活の起原として、母娘の関係よりも姉妹関係のほうが重要だというものである。姉妹は同じ母のもとで遊び仲間として経験を共にしている。彼女たちがそれぞれ子を産めば、イトコどうしにあたる子どもたちは、すでにできあがっている群れ的な場で、遊び仲間として結ばれてゆく。こうした過程が三代も続けば、彼女たちが中核的な存在となって、その〈群れ的なムード〉に惹かれて血縁外から群れに加わるものも増えてくるだろう。だが、群れの構成員であることの資格とは、単独生活の能力を具えていることである。かれらは、いつでも群れをはなれ、単独生活者として生きていくことができる。群れ本能といったものが遺伝的にどの個体にもあって、その結果として群れがつくられるわけではない。トリ・ケモノの段階になると、群れをつくることは本能による行動ではなくなる。だから、群れはどのようにつくられてもよい。本能の殻の一角が破れた以上、群れという場の活用いかんによって、進化の前途に無限に近い可能性が開かれるようになる。

(B)ニホンザルにおいて母と息子のインセストがなぜ行なわれないのか。小さな群れでは雄の子は群れおちして外へ出てゆくことが多いから、こうした関係のおこる可能性は少なくなるが、大きい群れでは群れおちしない雄もおり、また幸島のような外界から隔離された場所に棲むサルは、いつかは群れへ舞いもどってくるしかない。そうした場合でも、母と息子のあいだに性関係が結ばれることは非常に少ない。その理由は、雄の子はいつまでも母親をおぼえていて、母親に対して遠慮があるということだろう。ニホンザルの性交姿勢は、順位の上のものが下のものに示す順位確認の行動と同じようにうしろから背中にのる姿勢だから、遠慮があればとうていできる行動ではない。息子が母親に対して背のりを遠慮するという現象は、どこの群れにもみられてよい。これはひとつの文化現象に類するものであるが、ひとつの群れで発生して伝播によって日本のすみずみにまで広がったというのではない。ニホンザルの進化のある段階までくれば、期せずして多系的に、すなわち他の群れからは独立に、同じことが成立するのでなければならない。人間にも、共通文化、普遍文化はある。インセストが行なわれないこともそのひとつに数えられる。サルの文化というと、イモ洗い行動とか、キャラメル食いの伝播ばかりが代表的なものになっているが、そういう末梢的な文化現象ばかりではなく、もっと基本的な文化現象を取りあげ、これと取り組むべきではないか。

伊谷――(A)著者は、群れの成立に関して本能の絆を切っているが、それでよいのか。集まりあおうという本能はほんとうに存在しないのか。最近の大脳生理学の研究では、視床下部や大脳辺縁系が、食欲や性欲と同様に、群衆欲といったものにも関与していることが明らかになっている。著者の考えかたには、本能と非本能のきびしい対置が認められるが、群れの成立と、本能から非本能へということとは、別の事柄である。本能の進化は、非本能に食われ、亡びてゆく過程ではない。本能に完全にしたがった下等な段階を経て、しだいに本能を調整し、調整したかたちで充足させる、さらにその持続性や安定性のための保証が与えられるというふうに動物は進化してきた。群れや家族といった社会形態も、この保証を助けるだろう。こう考えれば、群れ本能というものを想定してもよい。私の本能に対する考えかたは、著者の生物学的な本能の捉えかたとはずいぶんずれる。より心理学的であり、より衝動に近い概念なのかもしれない。しかし、高等な動物や人間について本能を云々する場合は、起承転結まで一すじに定められた昆虫などの本能と同列に論じるべきではない。群れの成立について、著者は姉妹の間がらを重視している。そこには、母と娘という強い本能的な絆によって結ばれた関係を除外し、姉妹という、よりニュートラルな関係をもってくることによって、群れから本能的要素を追放しようという意図がうかがえる。だが、私はこの論理には反対である。たしかに姉妹は、同じ母親を介したもっとも結びつきやすい関係であり、群れの形成を考えるうえでの拠りどころになりうる。しかし、子もち生活者の短い育児期間が終われば、母と

599　今西『人間社会の形成』（注594に前掲）三三六－三三九頁／三五〇－三五四頁／四二三－四二九頁。

娘といっても、同じような生活形をもつ雌どうしの仲間関係がおとずれる。彼女たちのあいだには同年齢の子が生まれる。血縁的にはオバとメイであっても、年齢集団を形成するには十分である。年齢が近く生活様式も共通しているところに群れが生まれる場がある、と考えてよい。

(B)少なくとも高等な動物や人間では、本能と非本能は峻別されるべきではなく、両者の中間に位置する、本能とつよい関連をもちながら、必ずしも本能とは言いきれないような層を考えなければならない。インセストの回避も、本能の糸で操られながらも、すべてが本能そのものでないために、おおよそはうまくいっていても、それに違反する例も出てくるといった傾向性ではないだろうか。著者がインセスト回避の出発点におく遠慮はたいへんたいせつな基礎的な概念である。ニホンザルの群れ社会は順位に貫かれている。これを裏がえしていえば、劣位個体の遠慮によって群れが律せられている。しかし、著者の遠慮には、母親に対する息子の遠慮も含まれていることに問題がある。雄は青年に達したら、自分の母親を含む群れのすべての雌より優位に立つ。順位だけでいえば、母に対する遠慮をもはや必要としなくなる。したがって、もしインセスト回避が両者のあいだに認められるならば、それは順位とは別の、母親を性交の対象とすることに対する心理的な抵抗という独特な遠慮を区別して考えなければならない。すると、ニホンザルの性交姿勢は順位確認の行動と同じだから遠慮があればできる行動ではない、という考えかたに矛盾が生じる。私はインセスト回避の傾向を認めないわけではないが、自然の群れではインセストが行なわれにくくなっている機構を検討しなければ、母親に対する心理的抵抗を過大評価する結果をまねく。そのような機構としてもっとも注目されるのが雄のソリタリゼーションである。雄の相当数が生まれた群れを離れ二度ともどってこない。これはインセスト回避にとって大きな安全弁になっている。著者は、ソリタリーになるのは探検心をもやして出ていくからだ、というが、探検の彼方に何があるのか。それは地理的探検というよりも、見知らぬ群れや雌を求めての探検ではないか。インセスト回避が目的ではなくとも、アウト・ブリーディングという目に見えぬ糸に操られた行動であるように思える。

この伊谷のコメントに対する今西の再反論のなかに、先に引用した「胸に手をあてて」のくだりがある。この論戦は、半世紀以上のときを隔てて読んでも、手に汗にぎらせる緊迫感に満ちたものである。これほど容赦のない知の格闘が可能であった師弟関係にわたしは羨望をおぼえる。岡目八目的に批評すれば、今西のほうが思想的によりラディカル（天衣無縫）であり、伊谷はより慎重な経験主義者のスタンスをとっている。だが、今西にとって譲れない〈動物の主体性〉と、伊谷が捨てさることをためらっている〈本能〉とが二律背反的な概念であると、二人ともが誤解していることから、不必要な齟齬が生じている。

主体性とはなにか。すでに第三章で、われわれはアルガー夫妻の猫に対する観察からその手がかりを得ている。そこでわたしは、かれらが動物行動を「内的生活の窓」とみなすことの錯誤を批判しながらも、救出しうる正当な認識として〈猫は複数の行動選択肢からあるものを選ぶ〉ことをあげた。裏庭に仕掛けられたキツネ罠に脚を挟まれて苦しむゴールデンレトリヴァーの仔犬を見つけたとき、あの猫は立ち去ることもできたのに、そこにとどまることを選んだ。同様に、自分の暮らす遊動域のへりから、見知らぬ森を遠望するニホンザルの雄（またはチンパンジーの若い雌）は、ある日、だれから強制されたわけでもなく、一歩を踏みだす。伊谷がいうように、もしも肉食昆虫（やクモ）が動く対象をなんらかの感覚器官で知覚し「起承転結」が固定された捕食行動を開始するのだとしたら、そこに〈選択の余地〉はない（だからこそメルロ＝ポンティは音叉の振動が網を震わせると捕食行動を開始するクモを「癒合的形態」という水準においた）[600]。少なくとも「トリ・ケモノ」に限定すれば、〈随意に選択する〉ことこそ、主体性の必要条件である。

本能とはなにか。それを上記のような意味での主体性の補集合と考えることはできない。すべての〈選択の余地のない反応〉を本能とよぶことはできない。膝蓋反射、まばたき、発汗などを本能に含めるのは異様である。生理的な反応は本能ではない。本能という概念が意味をもつのは、随意運動が関与するとき、つまりメロディー

600 メルロ＝ポンティ、モーリス 一九六四（滝浦静雄・木田元訳）『行動の構造』みすず書房、一五三頁、一六一－一六二頁。

としての〈行動〉の水準においてである。暫定的に以下の定義をあたえる。〈本能とは、種の生活形と不可分な文脈において、少数の行動選択肢のどれかをとる／とらないよう個体を強いる原初的な動機づけのことである〉。この定義にはいくつかのミソがある。まず「生活形」は今西が定義したようにその種の形態形質と不可分な概念である。主体的な行動と異なるのは、行動選択肢の数があらかじめ限られている点である。またそれを「とらない」ことも可能性の幅に含まれている（例――オオカミの闘いとは、鋭い犬歯をもつという形態形質と癒合した、資源またはなわばりをめぐって競合するときに成立する「生活形と不可分な文脈」であり、敗北を認めたほうが首を曲げうなじを向けたら勝利者はもはや咬まないことを強いられるというローレンツの観察が正しければ、それを本能的行動とよぶことは適切である）。最後に、「原初的な動機づけ」であるからには、それは生まれつき具わっている可能性がきわめて高いだろう。このような定義をたずさえて、今西vs伊谷の論戦を見なおしてみよう。

――(イ)群れ生活の基盤をなす雌どうしの結合が、母娘なのか姉妹なのか、あるいはもっと広くオバ－メイやイトコどうしを含むのかといった点に目くじらを立てる必要はない。もちろん、ニホンザルの母系的順位（母系の群塊《クラスター》形成）をみれば伊谷が正しいのは明らかだが、本質的な対立点ではない。(ロ)群居性はある種の動物にとってアプリオリな生活形なのだから、「どうしてもつくらなければならないものではない」という今西の議論は、彼自身の生活形という強力な概念を掘りくずす危険性をもつ。だが、伊谷のように「群れ本能」のごときものを想定するのも間違いである。「群れる／群れない」ことは「主体性／本能」の対立よりももっと深層に位置する種社会の構造そのものであり、どうしても個体に局在したいのならば、傾性《ディスポジション》とでもよぶべきものである。(ハ)母と息子のインセストに関わる議論では、明らかに伊谷に軍配があがる。心理的抵抗があるとしてもそれを過大評価してはならない。ニホンザル雄の群れ離脱が性成熟に達する前になされるなら、母－息子どころか父－娘、異父キョウダイを含めたアニ－イモウト、アネ－オトウトの性交の可能性を一挙に排除するので、インセスト回避という点からみれば、もっとも強力な装置である。だが、「インセストを回避するために雄は離脱する」という推論は機能主義的誤謬である。伊谷の「アウト・ブリーディングという目に見えぬ糸に操られた行動」という言いかたにはこの誤謬が顔を覗かせている。ただし、「本能と非本能は峻別されるべきではなく、両者の中間に位置する、本能とつよい関連をもちながら、必ずしも本能とは言いきれないような層」を想定する伊谷の考えかたは、ここでのわたしの主体性／本能／傾性の区別と共鳴する。(ニ)その後のニホンザル研究が明らかにしたように、雄はほぼ一〇〇パーセント出自群を離脱するのだとしたら、この斉一性は離脱が本能的行動であることを証しだてているのではないだろうか。わたしはあえてここで今西に倣い、それを〈主体的な選択〉と考えたい。そうでなければ、前節で引用した伊谷自身の「彼らは一体どういう心ですみなれた群れを去ってゆくのだろうか」という問いかけは無意味な詠嘆になってしまう。

最後の(ニ)こそ、もっとも興味ぶかい論点である。そしてこれは今西が論考の(B)で提起した、「共通文化／普遍文化」といういっけんしたところ形容矛盾としか思えない独創的な概念と深く関わるのである。つぎの節でこのことに焦点をあてる。

……注釈と回顧――この論戦から生じた亀裂の直接的な反映として、今西は「伊谷は生物学主義に後退した」という痛罵をさまざまな機会に発するようになった（前節の引用に示したとおり、伊谷自身、このことに不興の念を表明している）。前章で明らかにしたように、今西自身、みずからの思想を「真の生物学主義」と位置づけていたのだから、この語にネガティブな意味あいをこめて他者にぶつけることは自己矛盾である。けれど、伊谷の言表のなかに素朴な意味での生物学主義（還元主義）が忍びこんでいたことは事実である。たいへん奇妙な「史実」がある。今西の弟子たちのなかに「視床下部」「大脳辺縁系」といった神経生理学用語が流行したことである。わたしがそれにはじめて気づいたのは、第七章で参照した水原の「馬乗り論序説」に対する川村俊蔵のコメントを読んだときだった。すでにメルロ＝ポンティの徒として脳内の機能局在論に反感をつよめていたわたしは、川村が唐突に「辺縁系」をもちだしたことに失望した。さきに引用した水原の伊谷批判においても、伊谷の集団遺伝学への傾斜をなじる一文があった。これにも思いあたることがある。霊長類研究所への入学が決まったのち、わたしは光栄にもバーの止まり木で伊谷さんの隣にすわったことがある。霊長研でだれを指導教官にしたらよいかと相談したら、伊谷さんは言下に「野澤について集団遺伝学をやれ」とおっしゃった。フィールドワークがしたくてこの道に進んだおれのことをこの人はまったくわかっていない……。そう感じ、かなり傷ついた。
以下はわたしの歴史解釈である。あの時代、川村・河合・伊谷は京都大学に霊長類研究所を設立する計画に心血を注いでいた。それは社会学・生態学だけではなく、神経生理学、集団遺伝学、心理学、形態学、生化学をも糾合した総合研究所でなければならなかった。だから、文部省を説得するたくさんの書類を書くために、彼らは自分たちとはおよそ縁遠かった「還元主義」的な生物学のことも、大急ぎで勉強しなければならなかったはずだ。この付け焼き刃（笑）が顔を覗かせてしまったのではなかろうか。

NK――今度のおまえの話ほど汚いことをおれは聞いたことがないぞ。ああ、おれは心が痛い。恥ずかしい。かあちゃんや姉や妹と性交したいかしたくないかだって？　おまえたち白人が毎日そんなことを考えているなら、みんな気が狂っている。もうこのキャンプから叩きだしてやりたいところだが、おまえはおれの息子のようなものだから、今度だけは我慢しよう（むすっ）。…………なんだ、まだいるのか。いつまでも二人で黙りこくっていても、不快なだけだから、おれがいま思いついたことをいくつか話してあげよう。父ちゃんと母ちゃんは、毎晩、性交したくてしょうがない。おまえたちだってそうだろう。だが、幼い子どもたちがそばにいるから、眠るまで待っている。けれど、おれも憶えているが、子どもは眠ったふりして、横で父ちゃん、母ちゃんがせっせとやっているのを薄目をあけて見ているのさ。おまえは、おままごとということばを知っているだろう。子どもたちは、キャンプから遠く離れたところに小さな草の家を建てて、そこで父ちゃんや母ちゃんのまねをして遊ぶ。イトコ《ドワオ》どうしの男の子と女の子は性交のまねもする。でも、女の子の穴はまだちっちゃくて塞がっているから、おちんちんは入らない。なに？　ずっと遠くに住んでいるクアで、ジュホアンという連中は、ほんとにおちんちんも入れるって？　そう書いてあるのをおまえは読んだんだな。それをおとなが見つけると「もっとうまく遊びなさい」とか言って叱るのか[601]。おもしろいやつらだな。おまえはおままごとの話をおれの息子のタブーカにも聞いたのか。やつはなんて言ってた？「おれはそんなことは知らずに、一人で小屋の中にすわっていた」だって？《笑》しかも、そう答えながら顔を赤くしていたって？《笑》まったくあいつらしいや。知っていると思うが、べつべつの親から生まれた二人の子がいて、いっぽうの子の父ちゃんと別の子の母ちゃんとが兄と妹、それとも、姉と弟どうしだったら、その子どもたちはドワオっていうんだ。だけど、父ちゃんどうしが兄弟か、母ちゃんどうしが姉妹だったら、その子たちはキョ《ウ》ウダ《オ》イだ。おれの兄ちゃんのピリの息子がキレーホだから、キレーホとタブーカはウオだ。ウオの男女はけっして汚いことをしゃべってはいけないし、もちろん性交も結婚もしちゃならん。ドワオどうしの結婚も、「近すぎる」って言って嫌う年長者は多いな。どうしても遠いキャンプに良い結婚相手が見つからないと、近くに住むドワオどうしが結婚することもあるが、もし妻の父ちゃんが夫の母ちゃんの兄貴だったら、その結婚は汚い。それから、妻の母ちゃんが夫の父ちゃんの姉でも、その結婚は汚い。ほら、コエンシャケネのまんなかに住んでいる某《なにがし》とかいう男とその妻、かれらはそういう汚い結婚をした。だから、上の子は知恵おくれ《ピリピラハ》だし、下の子は生まれつき脚がわるい。ん？難しいか？ドワオの親どうしは、キョウダイだ。いっぽうが男ならもういっぽうが女だ。ドワオどうしが結婚するとしたら、女の子の親は、男の子の親よりもあとに生まれていなくちゃならんのさ。ドワオのどっちが年長かなんてことじゃないぞ。家へ帰って、紙に書いてよく考えろ。また、おれを訪ねてこい。今度くるときは、もっと美しい話をもってこいよ。じゃあ、良く行け。

601　Shostak, Marjorie 1976 A !Kung woman's memory of childhood. IN: Richard B. Lee and Irven DeVore (eds.), *Kalahari Hunter-Gatherers: Studies of the !Kung San and Their Neighbors*. Massachusetts.: Harvard University Press, pp. 266–267.

六　主体の形成と反‐主体の侵襲

自然の脱自

私たちは鷹四のように近親性交こそが「本当の事」だと思いつめるかもしれない。逆に、ヌエクキュエと同じくこのような性交の可能性を〈思いつく〉ことさえなく、ただ、ある種の文化表象（現代ではアダルトビデオも無視できない）に触れたときにかぎり、日ごろは縁どおい性欲装置の潜勢力に刺激されるのかもしれない。だが、フロイトに親しむ知的階層と同様、人類学を学ぶものは近親性交禁忌について思考することを強いられる。精神分析学と人類学によってこそ、私たちは近親性交への関心をかき立てられる。知をそのように集極化させることに寄与した探究者こそレヴィ＝ストロースである。

……回顧e――わたしが学部学生のとき成し遂げたもっとも生産的なことは、第七章でその断片を紹介した長編小説を書きあげたことだった。月が美しい十月初旬だった。そのあとすぐ、一回生のときから親しい友であった毛利俊雄（のちに形態学を専攻した）としめしあわせロビン・フォックスの*Kinship and Marriage*を読んだ[602]。われわれはそれを「きんまり」という略称で呼んだ。長島信弘は否定的な評価を与えているが、霊長類社会をモデルにしてヒトの親族の編成を論理的に解き明かすこの著作は、社会人類学の最良の入門書だった。われわれの下心は、難しいと定評のある理学研究科大学院入試の一次の英語試験を突破する学力を身につけることだった。だが、「きんまり」を読んでいるうちに、これはもうレヴィ＝ストロースを読まないとはじまらない、と痛感した。当時、邦訳されていた彼の著作は『悲しき熱帯』（抄訳）と『今日のトーテミズム』だけだった。それよりまえ、東京に帰省しているとき、神保町の古書店で*The Elementary Structure of Kinship*を見つけていた。一回生のときからの盟友、寺嶋秀明もべつの経路でこれを入手した。われわれは、この大著を完読するという誓いを立て、競争で読んだ。大学入試以来、英語力は錆びついていたので、わたしは初歩的な単語も辞書でひき、鉛筆で訳をページ欄外に書きつけたので、本はほとんどまっ黒になった。われわれはそれを「えれすと」という略称で呼んだ。数ヶ月間、くる日もくる日もこれを読むことに没入した。喫茶店で寺嶋とおしゃべりするたびに、勘定書の裏に系譜図を描いては議論した。寺嶋は、〇と△の記号にひっかけて、これを「おむすび人類学」とよんだ。わたしは寺嶋より一足先に三月の春休み直前に読了した。その後、院入試に備えて、生物学の本もたくさん読んだが、学部学生のときもっとも真剣に「勉強した」と断言できるのは、この読書体験だけである。

　レヴィ＝ストロース以前の問題だが、本来、演繹的に導きだすことが可能な、霊長類社会の基本構造の類型論に、なぜ近親性交回避というシャフトが介入してくるのか。クマーは、マントヒヒについて、唐突に「近親性交を回避するためには、雌が移出しなければならない」と言いだすし、西田はチンパンジーの「雌が長く集団にとどまれば、チチ－ムスメの性交はある確率で起こり、この内生殖《インブリーディング》は雌の繁殖成功を劇的に減少させるだろう」と断言する。つまり、彼らはみな「近交弱勢」のことを心配しているのだ。おそらく伊谷の念頭にもそれはあったはずだ。集団生物学者の青木健一は、三八種の飼育下の哺乳類でアニ－イモウト間の生殖における近交弱勢の平均値は三三パーセントであると報告している。[603] 近交弱勢とは、近親生殖によって生まれた子が性成熟以前に死亡するか、重度の身体的／知的な障害のために、おとなになっても生殖活動に参入できないことをいう。右のパーセンテージは、そのような子の比率を示している。青木はヒトの場合はこの数値はもっと低くなると述べているが、ジョセフ・シェファーは、チェコスロヴァキアで一九七〇年代に報告された「きつい近親性交《ハード・インセスト》」の結果生まれた子どもに関する統計を引用し、やはり近交弱勢の値を三〇パーセントほどとしている。[604] ほぼ三人（三頭）に一人（一頭）がこのような不幸な宿命をもって生まれてくるのなら、そのコストは深刻である。

602 Fox, Robin 1967 *Kinship and Marriage: An anthropological perspective.* (Pelican Books) New York: Cambridge University Press.
603 青木健一　二〇〇一「「間違い」ではなく「適応」としての近親交配」川田編前掲書、三三－五六頁。
604 Shepher, Joseph 1983 *Incest: A Biosocial View.* New York: Academic Press.

レヴィ＝ストロースはトウモロコシの稔性といった不可解な例を挙げて、近親生殖が生物学的に有害であるという説をあっさり棄却しているが、たとえ一九四〇年代の知見だとしても、もっと繊細な考察をする必要があった。自然誌的態度によって科学を括弧入れするとは、遺伝学成立以前のダーウィンの視点にすべりこむことを意味する。その視点から見れば、近交弱勢とは、育種家の経験や、「あそこの家はなあ……」という類いの「村の噂話」といった〈民俗知〉の水準でしか、真理性を獲得していなかった。だからこそ、それは「本当の事をいおうか」と嚇《おど》かさなければならないほどの情動的負荷から免れない。こうした〈民俗知〉を合理化する唯一の経路は、メンデリズムを思考に編入することだけである。

――いまさらながらの論証。形質の表現型は対立遺伝子によって決定される。ヘテロ接合体（Aa）では優勢遺伝子Aだけが発現するから、劣性遺伝子aがになう形質は自然選択をうけずに潜伏しつづける。近親交配は、この劣性遺伝子のホモ接合体（aa）をつくりやすく、それゆえこの形質を表現型として発現させやすくする。自然選択に曝されていなかった形質は、曝されていた形質よりも適応的に不利である可能性が高い。メンデリズムと自然選択説の双方（つまりネオ－ダーウィニズム）を認めれば、近交弱勢は論理的必然として予想されなければならない。

だが、導入部は間違っていたとしても、レヴィ＝ストロースの本論は正しい。平行イトコ《ウオ》と交叉イトコ《ドワオ》の血縁度は等しいから（遺伝子共有率は一二・五パーセント）、イトコ婚から生まれた子に近交弱勢がはたらくなら、そのリスクも等しい。多くの社会で平行イトコがキョウダイとみなされ近親性交禁忌が適用されるのに対して、交叉イトコでは婚姻が許容（または選好）されるという非対称性に、メンデリズムによって合理的な説明を与えることはできない。

伊谷が異議をとなえた、有名な「自然と文化の切断」について、再考しよう。レヴィ＝ストロースの論証の骨子は以下のとおり。近親性交禁忌は今まで報告されてきた世界じゅうのすべての社会でみられる。これはひとつの矛盾である。なぜなら、禁忌とは禁止の一種であり、禁止とは社会的規則の一種であるから、文化の領域に属する。ゆえにそれは通文化的に多様でなければならない。だが、近親性交禁忌が人類に普遍であるという経験的事実はそれが自然（すなわち本能）の領域に属することを示唆する。文化でありかつ自然である。これが矛盾の本体である。「近親性交の禁止とは、それゆえに、またそれによって、何よりもそこにおいて、自然から文化への移行が達成される、根本的なステップである。［…］近親性交の禁止は自然がみずからを乗り超えるところなのである。[605]」

主体と本能──普遍的な社会経験へ向けて

〈自然がみずからを乗り超える〉という表現は、ダーウィンの〈自然が選択する〉に負けずとも劣らないみごとな隠喩である。隠喩の美しさに免じて、その点には目をつぶろう。ここで想起しなければならないのが、今西の〈普遍文化／共通文化〉という形容矛盾である。その可能性を真剣に受けとめるならば、レヴィ＝ストロースの論証が間違っていることがわかる。彼は、「近親性交禁忌は普遍的である」→「ゆえに近親性交禁忌は自然の領域に属するように見える」（それは生得的であるかのように見える）と考えた。P：「普遍的」、Q：「生得的」とすればP＝Qが成立すると想定したわけだ。だが、Q→P（生得的ならば必ず普遍的）は成立するが、P→Q（普遍的ならば必ず生得的）は成立しない。要するに、「普遍的である」ことは「生得的である」ことの必要条件だが、十分条件ではない。いいかえれば「生得性」は「普遍性」の真部分集合である。すなわち「普遍的だが生得的ではない」行動の領域が存在する。これが今西のいう〈普遍文化／共通文化〉である。ローレンツの弟子で人間行動学を開拓したイレヌス・アイブル＝アイベスフェルトは興味ぶかい例を挙げている。ヒトの乳児の母乳吸啜が生得的行動であることは疑いえない。だが、乳児が満腹して「もういい」と表現するためにはどうすればよい

605　Lévi-Strauss, Claude, 1969. *The Elementary Structures of Kinship* (Translated by James Harle Bell and John Richard von Sturmer). Oxford : Alden Press, pp. 24 – 25.

のか。ヒトの体構造に許されている唯一の行動選択肢は母の乳首から顔をそむけることだけである。この行動を生得的と考える必要はない。これは、母の大きな乳房と対面しその正面から吸いつくというヒトの原初的な交働パターンから直接的に派生する〈普遍的な社会経験〉なのである。だからこそ、多くの社会で〈標識《エンブレム》〉的な身ぶりを通文化比較すると、「否定」を表示するために〈横に振る〉という「頭部の身ぶり」を用いる社会のほうが、〈縦に動かす〉（うなずく／顎をあげる）身ぶりを使用する社会よりも、圧倒的多数派を占めるのである。[606]

より複雑に組織化された行動においても、〈普遍的な社会経験〉とみなされる領域は観察される。高畑由起夫は、一九七五年から七八年にかけて、京都市嵐山の岩田山自然遊園地で餌づけされているニホンザルの「嵐山B群」における、四五七日（！）におよぶ精密な観察から、「〈親しさ〉と〈性行動〉の拮抗関係」と名づけられる驚くべき理論を提示した。

――当時、嵐山B群は約二一〇頭の個体によって構成されていた。この群れの個体たちは一九五四年から全頭個体識別が継続され、高畑が調査した時点で、精密な家系図が約二〇年以上にわたって蓄積されてきた（もちろん現在までそれは続いている）。野生群と異なることは、群れで生まれた雄のなかで、離脱せずにおとなになっている個体が多くいることである。高畑は、北村光二が高崎山の餌づけ群での研究から導きだした、雄と雌のあいだの「特異的近接関係」という概念を継承し、個体間距離の測定と毛づくろい交働とから、七頭のおとな雄と三三頭のおとな雌のあいだで、六九組の特異的近接関係を確定した。さらに、過去の研究者たちの証言から、この関係のなかには一〇年以上にわたって持続しているものさえあることがわかった。全観察期間で高畑は二〇五一回にもおよぶ性交を観察している。それに基づいて、特異的近接関係と性関係との相関を検討すると、七つのタイプが認められたが、なかでも注目に値するのが、〈雌が発情していないときにのみ、顕著な近接が認められ、雌が発情すると雄、雌ともに相手から離れ、それぞれ他の異性個体と性関係をもつ。発情が終わると再び近接が認められる〉というタイプである。右の六九組中じつに五〇組がこのタイプに類別された。また、この六九組で性交がみられたのはわずか五組（七・二パーセント）だったが、他の六八七組の雌雄の組み合わせで性交がみられた対は一四八組（二一・五パーセント）にのぼった。これは統計的にきわめて高い有意差である。また、交尾期の配偶関係が非交尾期になると特異的近接関係へと持ち越される事例も散見されるが、その場合には、つぎの交尾期にはもうこの雌雄のあいだでは交尾が避けられる傾向がつよい。視点をかえて、血縁関係にあるおとなの雌雄間の関係を検討する。まず、かれらは非交尾期においてはほとんど近接しないので、特異的近接関係を形成することはまったくない。さらに、一親等〜三親等（母－息子、アネ－オトウト／アニ－イモウト、オバ－オイ／オジ－メイ）にあたる一一六組の雌雄の組み合わせで、性交が観察されたのはわずか二組だけであり、性交がランダムに起きたとする帰無仮説から計算される期待値よりも圧倒的に低い値を示す。これらの分析から、高畑は、雌雄間に日常的に育まれる〈親しさ〉は交尾期になるとこの雌雄間の性行動を抑制すると結論づけた。この抑制それ自体は、近親性交回避と現象的には似ているが、群れから離脱しない雄が多くいる嵐山B群では、血縁関係をもつ雌雄は日常的にも近接を避けている。これは「〈親しさ〉と〈性行動〉の拮抗」仮説で、近親性交回避それ自体を説明することを難しくする。高畑は、血縁関係にある雌雄間には「かつて〈親しかったころ〉の記憶が強く残っている」から性交を回避するのだろうという解釈を与えている。[607]

行動学では、性行動のスムーズな噛みあわせには攻撃性が関与することが必要である、という仮説がローレンツによって提唱されたそうだ。だが、わたしは、「〈親しさ〉と〈性欲〉の拮抗」という現象は、個体にやどる本能に還元されるべき問題ではなく、〈交働の空間〉としての社会において成立する、今西のいう「普遍文化」（普遍的な社会経験）の問題であると考える。

606 Eibl-Eibesfeldt, Irenäus 1988 Social interactions in an ethological, cross-cultural perspective. IN: Fernando Poyatos (ed.), *Cross-Cultural Perspectives in Nonverbal Communication*. Toront / Lewiston, NY: C. J. Hogrefe, pp. 107–130.

607 高畑由起夫　一九八〇「〝親しさ〟と〝性行動〟の拮抗関係――ニホンザルの親和的なオス－雌関係について」『季刊　人類学』一一－四：六二－一一六。

規則に従うことvs女のノスタルジア

レヴィ＝ストロースによれば、ヒトの近親性交禁忌は、ヒト以外の霊長類の社会（それは当時ほとんど知られていなかったが）から切断された場、すなわち自然から文化への超出において生まれた。近親性交禁忌とは、外婚制の裏返しの表現である。それは、集団間で女を交換せよという指令へ収束する。だが、チンパンジーの父系的な単位集団間を雌は移動する。この革命的な発見は、レヴィ＝ストロースの親族理論に根本的な変更をせまるものである。この認識に立った論考はいくつか発表されているが、北村光二の考察はそのひとつの到達点である。明晰な論理に貫かれた探究を、北村自身が最後に明快にまとめているので、まずそれを要約する。

――ヒトの社会は、アフリカ大型類人猿の社会と共通する特質として、近親者との性交回避と、女の集団間移動に基づく、外婚的な配偶パターンをもっていた。大型類人猿との共通祖先からヒトへと向かう系統が分岐するある時点で、〈規則に従うことによって秩序を構成する〉ことが現実化し、それがヒト社会の秩序構成のもっとも基本的な手段になった。すると、〈結婚しているペアによる独占的な性交は正当である〉という想定が共有されることになる。つまり〈結婚の規則に従う〉という現象が成立することによって、複数の家族が集団内に共存するヒトの社会形態が成立した。[608]

この北村の論理のミソは、レヴィ＝ストロースが彼の交換理論の出発点においた互酬性原理を「まったくの蛇足」として格下げし、それは〈規則に従う〉という基礎的な出来事に付随する原理にすぎないという方向へ布陣を組み換えたところにある。そこで梃子になるのが、ニクラス・ルーマンの社会システム理論の根幹を支える〈二重の偶有性を縮減する〉という視野である。姉妹交換を実行しようとする二人の男の視点に立ってみよう。「おまえがおまえのイモウト（アネ）をおれにくれるなら、おれもおまえにおれのイモウト（アネ）をあげよう」と両方が期待し、たがいに相手がくれることを待ち続けるかぎり、交働は一歩もさきに進まない。二者の対称的関係という視界の内部に閉ざされて「給付の互酬性」を求めても二重の偶有性は永遠に解消できない。二人の男はそれよりも上位のパースペクティブに転移し、対称関係の構成とは独立した〈規則に従う〉という跳躍台に立たねばならない。

最初、この論考を一読したとき、わたしには北村の論理構成は非のうちどころのないものに思えた。だが、本章の探究は、わたしを異なった途へ導く。彼の〈規則に従う〉という跳躍台は、やはり〈記号的人間〉成立以降に設定されざるをえないのではないか。だとすれば、それもまた、「途方もない種ナルシシズム」の埒内にとどまるのではなかろうか。雌が集団間を移動するという主体的実践から連続的に〈交働の空間〉が集極化し、社会の構造全体の地殻変動が起きるという経路を、お伽噺でもよいから、空想する必要がある。

そのようなひとつのシナリオを、北村と同じ本に寄稿した「感情の進化論」で提案した。そこで核になったのは、かつてクマーの思考の中枢にあった「ペア・ゲシュタルト抑制」という考えかたであった[609]。しかし、クマー自身がこのアイデアを支えた「本能」的な自動性を彼の知の成熟によって稀釈したことを第七章で指摘した。そこで、ここでは、さらに荒唐無稽な虚環境を構成してみる。そこでヒントになるのは、レヴィ＝ストロースがその大著の終盤で、まるで口をすべらせたかのように表白している「女のノスタルジア」である[610]。集団間を流浪転変していく記号としての女は、じつは父系社会においても潜在している母系のラインに沿ってはしるノスタルジアに絡めとられているのかもしれない……。だが、それ以上の思弁を進めるためには、いくつもの前提条件を外挿しなければならない。

――まず、原ヒトの父系的単位集団は、チンパンジーのごとき絶望的なまでの集団間の敵対をどこかで捨てなければならなかった。あるいは、ゴリラのように遊動域を大きく重複させ（つまり固定的ななわばりを放棄し）さらに雄どうしの鋭い緊張関係をも和らげることが必要だった。見通しのよい乾燥サバンナでの離合集散生活は、こうした条件が生育する絶

608　北村光二　二〇〇三「「家族起源論」の再構築――レヴィ＝ストロース理論との対話」西田・北村・山極編、前掲書、二一－三〇頁。
609　菅原和孝　二〇〇三「感情の進化論」同書、三二一－六二一頁。
610　Lévi-Strauss, *op. cit.*, p. 454.

好の「生活の場」を提供したかもしれない。しかも単位集団内部ではきわめて濃密な間身体性が育まれ、高畑が明らかにしたような、性欲と拮抗する親和性が、特異的近接関係をもつアニ－イモウト、アネ－オトウトのあいだで醸成される。それにもかかわらず、イモウトやアネは、ある日、生まれ育った集団を出てゆく（一体どういう心で……）。彼女は別の集団で親しくなった雄（たち）と性的に結合する。その結合はペアでも一妻多夫でも一夫多妻でもかまわないが、彼女はノスタルジアに駆られて出自集団に戻ってゆくほどの自律性を確保していなければならない。彼女に関心を固着させた雄は彼女に追随するうちに他集団の遊動域に入りこみ、見知らぬ雄（彼女のアニ／オトウト）が狂喜してイモウト（アネ）と挨拶する姿を目にする。新奇な他者と出会った喜ばしさが彼にもこみあげ、べつの集団に属する雄どうしが抱きあって挨拶する……。あまりに牧歌的だが、もしも原ヒトがボノボ的な傾性をもって社会編成をしていたのなら、それほど突飛な想定でもなかろう。このお伽噺のポイントは、記号的人間成立以前に、雌を介した集団間の平和的な出会いが可能であり、その積み重なりが実質的な姉妹交換婚を成立させたと想定することも不可能ではないということである。

知の欲望——記号的交通への

北村が指摘しなかった点に絞って、わたしなりのレヴィ＝ストロース理解の骨子を示しておく。レヴィ＝ストロースのすばらしい特質は、機能主義と心理主義の否定である。「女の交換」という彼のアイデアは、外婚制が集団間の連帯に役だつという解釈をまねきよせ、彼は「連帯理論」の領袖として位置づけられるようになった。大著のなかでもっとも印象的な箇所自体が、こうした機能主義をまねきよせる余地を残していたことはたしかである。それはニューギニア島のセピック川北側に住むアラペシュに関するマーガレット・ミードによる民族誌記述からの引用である。

——ミードはアラペシュの男に「どうして妹と結婚しないのか？」と尋ねる。「おまえは義理の兄弟をほしくないのか？おまえがほかの男の姉妹と結婚し、またべつの男がおまえの姉妹と結婚すれば、少なくとも二人の義理の兄弟ができることがわかんないのか？　自分の妹と結婚したら、いったいだれと狩猟に行き、だれと焼畑を耕し、だれを訪問するんだ？」すなわち、彼らにとって、近親性交禁忌＝外婚は、姻族と助けあって生きるために必須の慣行なのだ……。[611]

だが、この大著を読了するすこし手前で、わたしは「そうか！　レヴィ＝ストロースは、こういうことを考えていたのか！」と思わず手を打った。前著でも引用したが、それはマレー半島の「ピグミー」とよばれる狩猟採集民の民族誌への注目である。

——暴風雨を起こし共同体を潰滅させる大罪には、近親性交以外にも、父が娘の近くに、母が息子の近くに寝ること、子どものうるさい遊び、再会した人にはっきり喜びを表わすこと、ある種の昆虫や鳥の鳴き声をまねること、鏡の中の自分に笑いかけること、なによりも、ペットとして飼っているサルに服を着せてからかうこと、等々がある。これらのあたかもボルヘス風の、いっけん支離滅裂なタブー行為の羅列には、共通した特徴がある。それこそ〈記号の濫用〉である。[612]

彼がほんとうにやりたかったことは、外婚を通じた集団間の連帯を明らかにすることなどではなかった。記号的交通の快楽に耽ること、同時に、記号的交通の原理を〈わかりたい〉という知の欲望を徹底的に追求することであった。そのことをもっともよく示すのが、男性エゴから見たＭＢＤ婚〔Ｍは母、Ｂは兄弟、Ｄは娘を表わす〕すなわち真の「一般交換」とＦＺＤ婚〔Ｆは父、Ｚは姉妹を表わす〕との対比である。ふつうの文で表わせば「男が母方のオジの娘と結婚する」ことと、「男が父方のオバの娘と結婚する」こととの対比である。どちらも交叉イトコ婚であることに変わりはないが、女の交換という視点から見ると、まったく異なる基本構造が隠されている【図10－1】。要するに、父系出自集団Ａ、Ｂ、Ｃ、Ｄ……を考えれば、ＭＢＤ婚では、女は集団を一方向的にしか流通しないのに対して、ＦＺＤ婚では、女は一世代のちには、男性エゴが所属する集団に返ってくるのである。それゆえＦＺＤ婚は、限定交換から一般交換への「過渡的段階」として位置づけられる。レヴィ＝ストロ

611　Lévi-Strauss, *ibid.*, p. 485.
612　*ibid.*, p. 494.

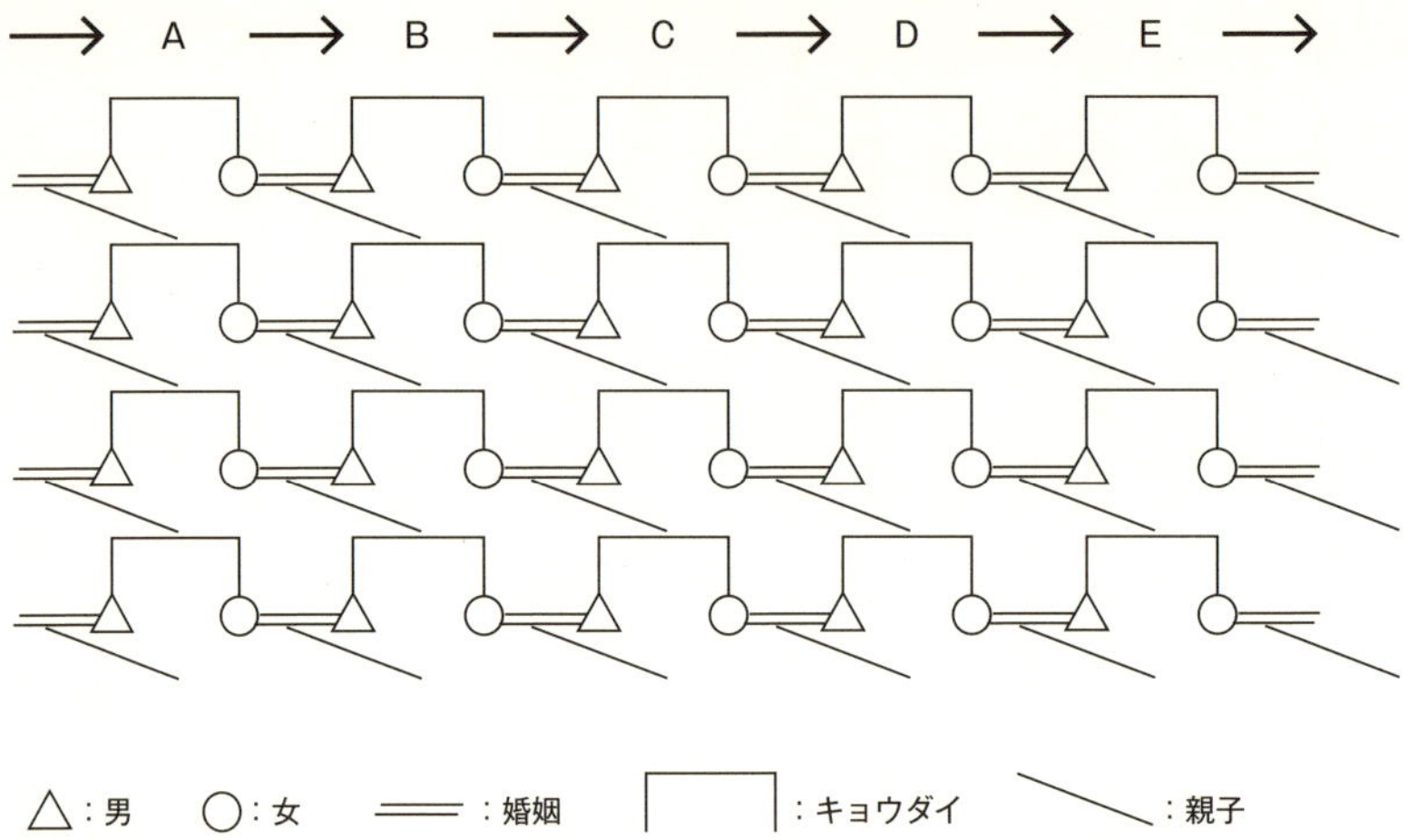

図 10-1a
一般交換（MBD 婚）。A～Eは父系出自集団を示す。婚姻によって生まれた子（男女一人ずつのキョウダイでモデル化してある）は父と同じ集団（垂直方向）に所属する。任意の男性エゴは自分の母方のオジ（MB）の娘（MBD）と結婚する。これを各世代で繰り返せば、女は｛→A→B→C→D→E→｝の一方向だけに流れ続ける。

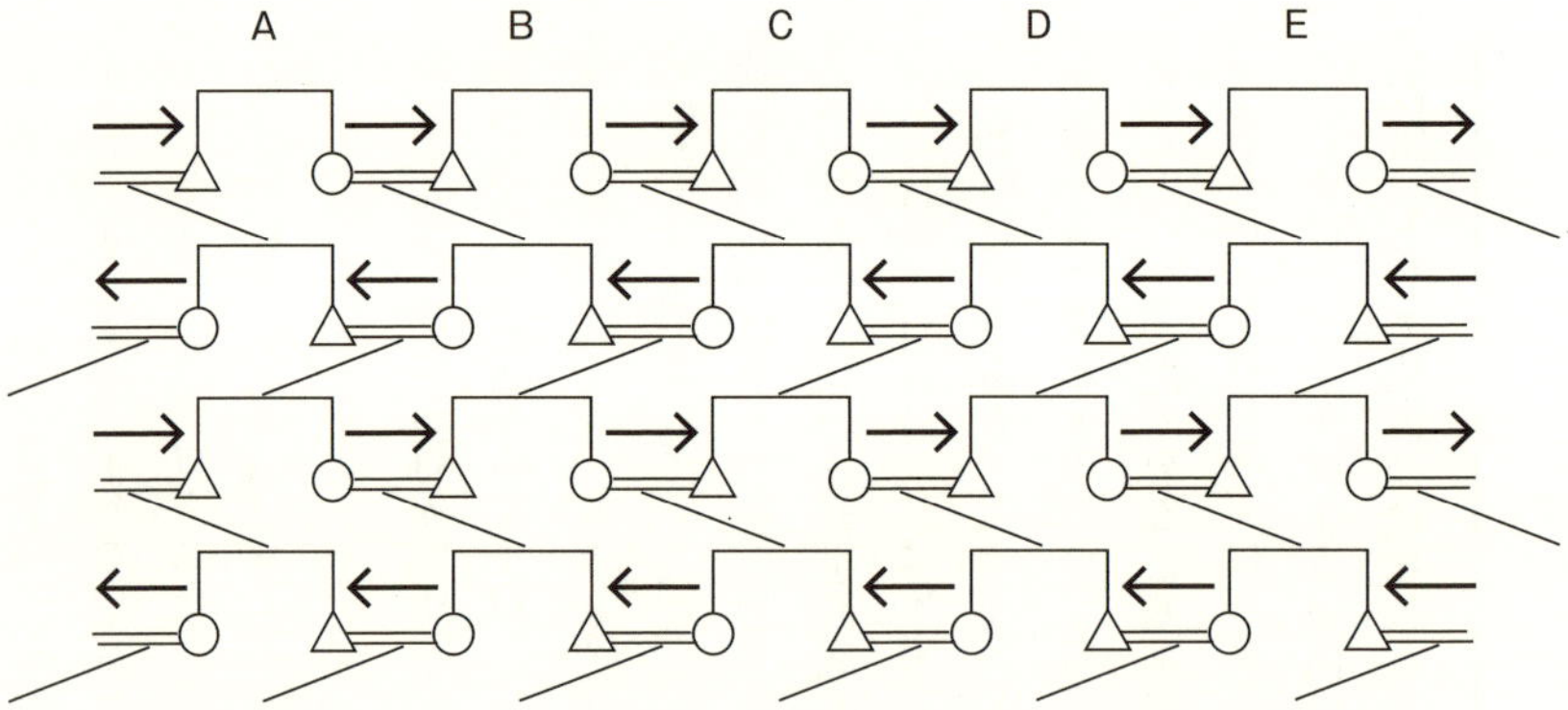

図 10-1b
FZD 婚。同じく父系出自集団A～Eに属する任意の男性エゴが父方交叉イトコすなわち父方のオバ（FZ）の娘（FZD）と結婚する慣行。これを各世代で繰り返せば、女の流れは｛→A→B→C→D→E→｝の方向から｛←A←B←C←D←E←｝の方向へ一世代ごとに逆転し続ける。人類学では「息子」（Son）と区別するために「姉妹」をZの記号で表わす。

ースは「展成」(進化)という語を明示的につかってはいないが、彼が、姉妹交換婚→限定交換→FZD婚→一般交換という展成系列を考えていたことは明らかである。もっとも重要なことは、FZD婚は「短いサイクル」であるのに対してMBD婚は「長いサイクル」だということだ[613]。

この「短い」「長い」とはいったいなんのことか。それは、記号交通のよりよき(より抽象度の高い)均衡がもたらす快楽、そしてその快楽と結びついた想像力を導入しなければ理解できない。「おれが姉妹(娘)を贈与する東－村からは永遠に女は返ってこない。しかし、女は、長いながい旅路を経て、いずれおれのもとに返ってくる。おれが西－村から迎えたおれの妻、今度、西－村から迎えるおれの息子の嫁は、おれにはその全貌を知覚することのできない長いながい円環のその突端として、おれのまえに現われる……。」しかも、「　」内のような「思考」はけっして言表されることなく、「われわれ」の無意識のなかに潜みつづける。「おれ」が娘や息子の婚姻をアレンジしたり、父母の采配に従って妻をめとったことに理由などない。昔からそうすることになっていたからするだけだ。

本能と深構造は置換可能である

記号の均衡を希求する欲望の無意識性を端的に抉りだしたレヴィ＝ストロースの短い論考がある[614]。この論考には、右に参照した北村の考察より二〇年以上もまえに、彼自身が「インセスト・パズルの解法」という魅力的なタイトルの論文のなかで注目している[615]。レヴィ＝ストロースが標的としたのは、ラドクリフ＝ブラウンの「母

613　*ibid.*, p. 451.
614　Lévi-Strauss, Claude 1967 Structural analysis in linguistics and in anthropology. *Structural Anthropology* (trnsltd by Claire Jacobson and Brooke Grundfest Schoepf) New York: Anchor Books, pp. 29–53.
615　北村光二　一九八二「インセスト・パズルの解法——霊長類学からみたレヴィ＝ストロース理論」『思想』六九三：五六－七一。

方のオジ」に関する分析である。

――父系社会においては、父は男性エゴにとって権威者として君臨し、二人のあいだの関係は忌避的である。それに対して母方のオジとは気楽な冗談関係が許される。ところが、母系社会ではこの関係が逆転する。母系社会ではいっさいの財の相続は、母から娘への経路を通ってなされる。だが、あらゆる社会で、男のほうが実質的な権力を握っているのだから、母の子どもへの権威の背後には母方のオジ（ＭＢ）の権力が作動している。それゆえ、母方のオジが男性エゴに対してはもっともケムたい権力者として聳え立つ。ゆえに母方のオジとオイとの関係は、遠慮に満ちた忌避的なものになるが、財の相続にまったく関与しない父との関係は気楽なものになる（もちろん父も彼の姉妹〔エゴの父方のオバ：ＦＺ〕に対しては権力を揮っている）。だが、レヴィ＝ストロースは、ラドクリフ＝ブラウンのこの分析は恣意的であると断じる。なぜなら、①父－息子、②母方のオジ－オイ、③アニ－イモウト（アネ－オトウト）、そして④夫－妻の四対の関係が問題にされるべきであるのに、ラドクリフ＝ブラウンは①と②しか扱っていないからである。だが、北村は、レヴィ＝ストロースの分析もまた恣意的である、と批判した。つまり、父、母、息子、母方のオジ（ＭＢ）の四項を定めるならば、この四項間の組み合わせは、$_4C_2=4!/(4-2)!\times 2!=4\times 3/2=6$、つまり六とおりでなければならないのに、彼は①～④の四とおりの関係しか問題にしていないからである。レヴィ＝ストロースが無視したのは⑤母－息子、および⑥夫－妻の兄弟（つまり義理の兄弟間）の関係であった。これ以降の北村の論理展開はここでは省略し、レヴィ＝ストロースの分析の概略だけ追跡する。

レヴィ＝ストロースのもっとも豊かなアイデアは「態度の体系」という概念に集約される。さまざまな民族誌資料を参照し、右の①～④の関係における対人的態度がどんなふうに体系化されているかを分析すべきだというのである。「態度の体系」という概念が魅力的なのは、ある社会で個体間の交働を自然誌的に観察しさえすれば、そこからその社会を組織するなんらかの原理を帰納的に推論できるという、経験主義（さらには現象学的実証主義）に基づく探究の見通しが得られるからである。これは霊長類社会学の方法論と基本的に同じである（わたしのグイにおける身体的な関わりと日常会話の分析は、この側面を実証的に明らかにしようとした試みである）。もちろん、レヴィ＝ストロースはそんな汚れ仕事を自分でしようとはしなかった。

――レヴィ＝ストロースはさまざまな民族誌資料を分析し、①〜④の態度の体系を〔冗談的／忌避的〕つまり（＋／－）の二項対立の値で表現した。まずわかったことは、いっけんしたところ、この記号配列にはなんの法則性も認められないということであった。だが、いっさいの機能主義的／心理主義的な説明を括弧入れすれば、興味ぶかい規則性が抽出される。それは、二組の隣接世代関係（①父－息子、②母方のオジ－オイ）および二組の同世代関係（③アニ－イモウト〔アネ－オトウト〕、④夫－妻）のそれぞれにおいて必ず（順不同で）＋と－の二項対立が得られることであった。

すなわち、ここには、同世代と隣接世代の関係それぞれにおいて、記号の均衡をとろうとする選択が働いている。その選択をなす動作主はだれか。それこそ、すべての社会に生きる人びとの心性に普遍的に共有される、無意識的な深構造である。

ここで、ハッキングの「歴史的存在論」に触発されて提起した序章での議論を思いおこす必要がある。〈動物の境界〉に関わる思考は、わたしを主体として形成する権力作用としてはたらく可能性をもつ。「群れを離脱する」ことを選択するサル的実存に主体性をみるとき、わたしは、ヒトの社会に内属している我《エゴ》もまたもっとも決定的な局面で主体的な選択を行ないうるのだと感じる。そのように感じるとき、わたしは、あるかたちで主体形成をしているのである。だが、逆に、生得的な動機づけによってわたしの選択の幅がきわめて狭まり「それ以外にはありえない」かたちでふるまっているとき（だが、そのこと自体はふるまいのさなかには自覚されえない）、つまり本能にしたがってふるまっているとき、わたしは反－主体なのであり、ヒトがつくった社会制度に対してなんの責任も負っていない。いいかえれば、わたしを裁くものはどこにもいない。だが、右で把持したかぎりでのレヴィ＝ストロースの思考を導入すれば、驚くべき展望が得られる。「本能」と「無意識的な深構造」とはそっくり置き換えることが可能なのである。つまり、「慣習」にしたがって「盲目的に」ふるまうかぎり、わたしはいっさいの責任から免除される。責任がないというのは、わたしがこの社会に共に内属する他者たちとの応答可能性を断ちきるということである。だが、これは、社会のそもそもの定義に反する。大庭健に倣ってわたしが採用した社会の定義とは、「ふるまいを行為として理解し応答する可能性の幅が限定された行為空間」であったからだ〈注541〉。ゆえに、この袋小路を突破する途は、本能〈現象学的には深構造と同値〉と主体性との「中間に位置する、本能とつよい関連をもちながら、必ずしも本能とは言いきれないような層」〈ⓒ伊谷〉へと探索路を切り拓いてゆくことにしかない。それはまた、今西の「共通文化」であり、わたしの用語を用いれば〈普遍的な社会経験〉という層である。

第十一章

記号としての動物——レヴィ＝ストロースと神話論理

ジョナサンは、大学教授で美術評論家にして登山家。そして合衆国の秘密組織の「捜索制裁《サーチ&サンクション》」要員、つまり莫大な報酬によって任務をひき受ける殺し屋である。絵画蒐集への欲望を抑えられず、いくらでも金がいるのだ。新しい任務を果たす準備のためアリゾナに滞在しているとき、昔の同僚マイルズの訪問をうける。彼らには共通の友の死をめぐる確執がある。組織を辞めたマイルズは、闇の仕事で大金を稼いでいる。彼が自分を暗殺にきたことがすぐにわかる。いつもシルクのスーツで身をつつんだお洒落なゲイであるマイルズの最愛の友は、ファゴットという名のポメラニアンだ。そして、レスラーのようなボディガードを連れている。ジョナサンがランドローバーで走るあとを彼らは追跡してくる。ジョナサンは四輪駆動車を砂漠へ乗り入れる。一時間以上にわたる息づまるカーチェイスの果てに、ジョナサンは砂埃にまぎれて車から降り、用心棒を射殺する。マイルズを連行してさらに砂漠の奥に進み、殺してくれと哀願する男を犬ともども置き去りにする。スイスでの任務遂行の直前に、訪れた組織の連絡要員から、捜索隊が一台の車と二人の男の屍体を見つけたと知らされる。マイルズは最後まで生きようとあがいていた。彼は、愛犬ファゴットを食っていた。[616]

一　悲しき熱帯における動物たち

自然誌的態度からの分岐路

労働の楽屋裏を明かす。これを準備する過程で、わたしはクロード・レヴィ゠ストロースの著作を読みかえす、あるいは新しく読むことに、長い時間を費やした。だが、ある時点で、これは袋小路だと気づいてひき返すことにした。そう判断した理由は、彼の思考が自然誌的態度に密着していると思えなかったからである。すべて捨てさればよさそうなものだが、章の表題が指ししめす思考の核心部への導入として必要な点だけは書きとめておかねばならない。だから、この章は他の章よりずっと短いものになっている（以下に参照するレヴィ゠ストロースの文章は、最後のもの以外は、直接引用ではなく、大幅な要約であり、漢字とかなの用法、動物名の表記は本書全体にあわせて書き換えてある）。

これも学部学生のとき、英語で「えれすと」を読むよりもずっと前、『世界の名著』所収の「悲しき熱帯」の抄訳や、『悲しき南回帰線』と題された文庫版を読み、ひとつの箇所に鋭い反撥を感じた。そののち出版された川田順造の完訳から引用する。

——実存主義のなかに開花している思想動向について。それは主観性の幻影に対して、好意的な態度を示している。そのため、この動向は有効な思考のまさに反対であるように私〔レヴィ゠ストロース〕には思われた。個人の心意にかかわる事柄を哲学の問題にまで昇格させることは、それを街の娘っ子のおしゃべりにふさわしいような形而上学に終わらせる危険を孕んでいる。[617]

このときレヴィ゠ストロースは、その後、明示的に対決することになった、サルトル流の実存主義を念頭においていたのだろう。だが、そのことを差し引いても、実存主義の源流であった現象学への無理解は、いまもわたしを愕然とさせる。フッサールへの遡行から始まった本書の探究は「個人の心意」すなわちわれ《エゴ》にしかあらゆる思考の出発点はない、という確信からはじまった。めざすところは「反‐主体」であるにせよ、主体を曖昧にしたまま探究を開始することは、論証の厳密さを損なう危険性を伴っている。もうひとつ、わたしの反撥をかき立てたのは、「街の娘っ子」を侮る超然たるエリート主義であった。それは、前‐反省的な意識生活に思考を重ねあわせるというメルロ＝ポンティの身がまえとあまりにも隔たっている。『悲しき熱帯』完訳版には川田順造が撮したレヴィ＝ストロースの肖像写真が掲載されている。その後ろの壁にかかっているのは、ピンぼけではあるが、明らかにメルロ＝ポンティの写真である。彼ら二人が親しい友であったこと、メルロがレヴィ＝ストロースのコレージュ・ド・フランス着任に尽力したことは、よく知られている。レヴィ＝ストロースの現象学に対する冷淡な態度は、二人の友情の障碍にはならなかったのだろうか、とわたしは不思議に思っている。

密林での経験と出会い

以下、この有名な紀行文学に対するわたしの読みは非常に偏っている。ブラジルでレヴィ＝ストロースは動物たちとどのように出会っていたのか、に注目するのである。そのとき『ビーグル号』は重要な参照基準になる。ダーウィンは、南米の沿岸部を周航し、寄港地から数週間だけ内陸へ旅行することを繰り返しただけだったから、レヴィ＝ストロースのようにアマゾンの密林の奥深くにわけ入ったわけではなかった。だが、こと動物に関しては、レヴィ＝ストロースの記述は量と質においてダーウィンの百分の一にもおよばない。「民族学者」という「天職」を選ぶことは、「博物学者」であることとは両立しないのだろうか。ただ、いったん観察の目を向けると、レヴィ＝ストロースの記述にはダーウィンにはない生鮮性と辛辣さが横溢する。

616 トレヴェニアン　一九八五（上田克之訳）『アイガー・サンクション』河出書房新社。
617 レヴィ＝ストロース　一九七七（川田順造訳）『悲しき熱帯　上』中央公論社、八八頁。

――ナンビクワラの地へおもむくレヴィ＝ストロースの探検行は大規模なものだった。一五人の人夫を雇い、一五頭のラバと三〇頭の牛を調達した。〔出発から数週間後〕重い荷を背負わされた牛は気づかないうちにもう五〇〇キロも歩いていた。体には親指の先ほどの脂肪もついておらず、一頭また一頭と苦しみだした。鞍でこすれ背骨の上の皮が剝げはじめ、血でどろどろになった大きな窓が背中に口をあけ、蛆虫が蠢き、脊椎骨がのぞいていた[618]。牛は、疲れていたり荷が重すぎることをすぐにはそぶりに表わさない。何ごともなく進み続け、突然崩れるように倒れて死ぬ。さもなければ、半年間休ませなければ回復しないほど疲れ果てている。そんなときは、見捨てる以外にすべはない[619]。

――カヌーで河を遡り、トゥピ＝カワイプの地へ向かう途中の光景も鮮やかである。電気ウナギは毒エイとともに用心しなければならない。その放電のすさまじさはロバを倒すほどだ。人夫たちが私を脅して言うには、流れで小用を足す迂闊者は、小便を遡って尿道から膀胱にまで入りこむ小魚に用心しなければならない。岸辺の森にはおびただしいサルが姿を現わす。ホエザル、クモザル、フサオマキザル。最後のやつは、夜明けの一時間前からその喚声で森を目ざめさせてしまう。扁桃形の大きな眼、絹のようでふっくらした外套といい、まるで蒙古の王子のようだ。また、あらゆる種類の小さなサルがいた。キヌザル、どんよりしたゼラチンの眼をしたヨザル、等々。跳ねている群れのなかに弾丸を一発撃ちこめばほぼ必ず一匹獲物が捕れる。こんがり焼くと手を引き攣らせた子どものミイラのようだし、煮こみにすればガチョウの風味がある[620]。

――第八章では割愛せざるをえなかったが、『ビーグル号』のかなり最初のほうに、挿絵入りで吸血コウモリの描写があった。レヴィ＝ストロースは、僻地に巨大な耕地を拓いた電信局長の逸話を書きとめている。この男は、涸れることのない空想力の持ち主だった。彼の馬は毎晩、吸血コウモリに襲われた。馬の体に唐辛子やグリースを塗っても、コウモリはすべて翼で拭って、哀れな馬の血を吸い続けた。効き目のある唯一の方策は、ペッカリーの毛皮四枚を縫いあわせて馬に着せることであった[621]。

――ナンビクワラの地へ向かう途中、野営の火を囲んで、雑用係の兄弟から聞いた「荒野の冒険譚」は、ダーウィンやハドスンが書きとめた動物譚を彷彿とさせる。オオアリクイは草原では立ちあがっても体のバランスを保てないので、攻撃をしかけない。森の中だと、尻尾を木に凭せかけて立ち、前脚で近よるものを抱きしめ窒息死させる。オオアリクイはまた、頭を折り返して胴につけて眠るので、夜に襲撃されてもへっちゃらである。ジャガーでさえそいつの頭がどこにあるかわからない〔オオアリクイとジャガーの闘いのモチーフはのちに『神話論理』で注目される〕。ペッカリーは五〇頭以上の群れをなして徘徊し、その顎が軋る音は何キロ離れたところからでも聞こえる。そのため、顎（ケイショ）から由来するケイシャーダという名がつけられた〔「ケイシャダ」つまりクチジロペッカリーも『神話論理』で活躍する〕。この音を聞いた狩人は逃げだすほかない。もし一頭を殺したり傷つけたりすると、全群が襲ってくるからだ。そうなったら木か蟻塚の上に退避するしかない。ある兄弟が旅をしていて、夜、助けを呼ぶ声を聞いたが、インディオだったら怖いと思って、夜明けを待った。叫び声は一晩じゅう続いた。明けがた、弟のほうが、前夜から木にしがみついていた狩人を発見した。銃は地面に落とし、ペッカリーの群れに囲まれていた。べつの狩人の話はもっと悲惨だ。顎の軋む音が遠くから聞こえてきたので、彼は蟻塚の上に避難した。ペッカリーたちはあっという間に周囲をとり巻いた。弾丸がなくなるまで撃ちまくり、それから先は山刀で防戦した。翌日探しに出かけた人びとは、ハゲワシが舞う姿を見つけ、すぐ場所がわかった。地面には、狩人の頭蓋骨と、山刀に腹を裂かれ腸をはみ出させたペッカリーの死骸しか残っていなかった……[622]〔死に至るまでの彼の奮闘を報告できる人はいないのだから、これも植民地伝説だが〕。

子どもの頃、親にねだって、美麗な挿絵やたくさんの写真が掲載された大判のグラビア「驚異シリーズ」を何冊か買ってもらった。『動物の驚異』という巻の表紙は、ペッカリーの群れに囲まれて倒木の上で牙を剝きだす

618 レヴィ＝ストロース　一九七七（川田順造訳）『悲しき熱帯　下』中央公論社、一〇七－一〇八頁。
619 同書、一一一頁。
620 同書、二一五頁。
621 同書、二七四頁。
622 同書、一一八頁。

ジャガーの精密な色彩画で飾られていた。そのとき、わたしはペッカリーという「野豚」がいかに恐るべき動物であるかを知ったのである。人／動物関係をめぐる自然誌的記述は、ナンビクワラの社会生活に対する観察のなかに何気ない調子で挿入される。

——家畜は子どもたちと非常に親密に生活し、子どもたちと同じようにとり扱われる。食事に加わり、愛情と心づかいのしるし（虱とり、ふざけっこ、おしゃべり、愛撫）をうける。ナンビクワラは、たくさんの家畜を飼っている。犬、ニワトリ（これは昔ロンドンからの探検隊がもちこんだニワトリの子孫である）、サル、オウム、さまざまな鳥、ペッカリー、ヤマネコ、アライグマ〔ハナグマのことか〕など。犬だけが、掘り棒をつかう小動物の狩りのとき、女たちの役にたつが、男たちの弓矢猟ではけっして使われない。ほかはみんな愛玩用である。けっして食用にしないし、ニワトリの卵さえ食べない（ニワトリは藪の中で産卵する）。ただし、飼い慣らそうとしていて死んだ雛鳥は平気で食べる。移動のときは、歩いて行くことのできる動物を除いて、みな荷物と一緒に運ばれる。サルは女の髪にとりつき、伸ばした尾を首に巻きつけ優雅な生きた帽子になる。オウムやニワトリは負い籠のてっぺんにとまり、他の動物たちは腕に抱かれる。たっぷり餌をもらっているわけではないが、食糧の欠乏している日でさえ、それぞれの分け前を与えられる。[623]

裸体のナンビクワラの乙女や若い母の写真は不朽の輝きをおびて私たちの前にある。豊かな髪にまとわりつく子ザルを頭に載せてくすぐったそうに笑っている少女の横顔はほんとうに美しい。これらの「娘っ子」たちの顔だちは、日本の若い女たちととてもよく似ている。長いあいだこれらの写真を見つめ、動物と肌をなじませあって暮らしていた彼女たちは、レヴィ＝ストロースと別れたあと、幸せな一生を送ったのだろうか、それとも植民者に世界をずたずたにされ「絶望のうちにあって死ぬ」ことになったのだろうか、と夢想する。[624] さらに、同じ狩猟採集民でありながら、野生動物の仔をけっして飼おうとしないグイとのあいだに横たわる懸隔を不思議だと思う。わたしが気づいたグイとの符合を書こう。

——ボロロのいくつかの儀礼は女を排除して挙行される。男だけの作業場で、唸り奏を作る。この板は扁平な魚の形を思わせ、豊かに彩色され、三〇センチから一メートル半まで、大きさはさまざまである。細紐の先で回転させると、鈍い唸りを発する。これは、村を訪れる精霊の声で、女はこれを怖がる。さらにこの背景を詳しく述べると、呪術師バレが人間社会と邪悪な魂との仲介者であるのに対し、「魂の道の主」アロエトワラアレは、対照的な性格をもつ。バレが憑依によって魂を捉える代わりに、魂は道の主の夢に姿を現わす。バリもアロエトワラアレもともに獣に変身するが、後者は人間を食うジャガーにはけっしてならず、バクのように人に食物を与える動物になる。道の主になることを志願する男は、みずからにつきまとう悪臭に精通しなければならない。これは広場の中央に、遺体を地面すれすれに仮埋葬してある数週間のあいだ、村に充満する臭いを思いおこさせる。[625]この臭いはアイジェという神話上の存在に結びつく。これは、水の深みに棲む怪物で、むかつくような悪臭をはなつが、慈愛に満ち、入門者のもとに現われ、入門者はこの怪物の愛撫を堪え忍ぶ。葬礼のあいだ、泥を体じゅうに塗った若者たちがこれをまね、新しい魂に扮装した人物を抱きしめる。唸り菱もアイジェとよばれる。[626]

「唸り菱」と訳されている「うなり板《ブルローラー》」は、北米先住民やオーストラリア・アボリジンでも知られており、民族学ではおなじみのアイテムである。それは、グイが秘密の男性成人式で用いるガアイイともそっくりである

---

623 同書、一四五－一四六頁。

624 『万延元年のフットボール』12章のタイトルには、サルトルの文章がそのまま使われている。「絶望のうちにあって死ぬ。諸君はいまでも、この言葉の意味を理解することができるであろうか。それは決してたんに死ぬことではない。それは生れでたことを後悔しつつ恥辱と憎悪と恐怖のうちに死ぬことである、というべきではなかろうか」（松浪信三郎訳）。いつの頃からか、これは植民地状況とそのあとに続く内戦のなかで虐殺されたアフリカの人びとについて考えるとき、わたしの頭にまっさきに浮かぶイメージになった。

625 「仮埋葬」に関する記述は、エドアルド・ヴィヴェイロス・デ・カストロのブラジル・パラ州に住むアラウェテの民族誌『敵の視点から』の原型になっていると思われる。アラウェテでは、子をもった母が死ぬと、死体は墓穴の中に曝され枠組で囲われる。これは、獲物の肉を燻製にする台の反転像である。通常の死者は天空に住む神に茹でられてむさぼり食われる。だが、この女の死体が腐敗することは、べつの精霊にむさぼり食われることとみなされる。煮たもの／生ものの二項対立がここに見られる。華麗な構造分析の一例である。Viveiros de Castro, Eduardo 1992 *From the Enemy's Point of View: Humanity and Divinity in an Amazonian Society*. Chicago: The University of Chicago Press, p. 198..

626 『悲しき熱帯　下』五五－六六頁。

（ガアイイの紡錘形の板はアイジェのように一メートルを越えることなどないが）。また、それが出す「ウォンウォンウォン……」という不気味な旋回音は、神霊《ガマ》が啼く声だとされる[627]。明らかにこれらの慣習的行為《プラティーク》とそれに連合する（男性中心的な）思想は、異なる大陸において「多系的に他から独立して成立」したと考えられる。これは、今西が措定した共通文化、普遍文化のささやかな例証である。

「悲しき熱帯」に別れをつげるまえに、愛すべきルシンダのことを書こう。

――ルシンダは、私〔レヴィ＝ストロース〕がナンビクワラの女からもらった、ウーリーモンキーの雌の子である。その女は、このサルに口移しで食物を与え、昼も夜も髪の毛にまとわりつかせて連れ歩いていた。私がもらってからはコンデンスミルクの哺乳が口移しの食事にとってかわった。夜は、ウィスキーがこの哀れな動物を眠気で打ち倒し、わたしは解放されて眠った。彼女は、私の左の長靴とひきかえに、私の髪にしがみつくことを断念した。馬上やカヌーの上ではまったく問題はなかったが、徒歩で旅をする段になると大変だった。茨や水溜まりに踏みこむたびに甲高い叫びをあげた。肩や頭にしがみつかせようといくら骨折っても無駄だった。彼女にとっては、私の左の長靴が唯一の保護者だった。私は左足でびっこをひき、ガイドの背中を見失わないようにするのが精一杯だった[628]。

この記述から、レヴィ＝ストロースが動物ぎらいではなかったことがはじめてわかる。ルシンダの写真も口絵に載っている。だが、子ザルにウィスキーを睡眠薬がわりに飲ませるのは、あまりにも乱暴な仕打ちである。何よりも、彼女がその後どうなったのかまったく書かれていないことが、わたしには不満だ。『積みすぎた箱船』のダレルは、カメルーンで人から譲りうけた、知的で愛らしく、しかも驚くべき威厳を具えた大きな雄のチンパンジー、チャムレイとの友情をユーモラスに描いている。そして、英国に運ばれたチャムレイが、ロンドン動物園の人気もの、さらにはTVスターにまでなりながら、悲しい最期をとげるまでの過程を淡々と記述している。深い愛情で結ばれた動物のことを読者につたえるのであれば、その喪失までをもきちんと辿ることが、かれらを敬愛すべき他者として遇する途だ。

二　野生の思考における動物たち

認識に滲透する情意

『野生の思考』からは人／動物関係にかかわる興味ぶかい考察を二つだけ抜きだす（「トーテム操作媒体」の分析はあまりにも有名なので省略する）。レヴィ＝ストロースは、北米先住民の民族誌を引用し、現地人自身も自分たちの知の具体性について鋭い感情をもっており、それを白人の知につよく対立させる、と指摘する。

――「〔抄〕われわれは動物が何をしているか、ビーバーやクマやサケなどが何を求めているかを知っている。それは、昔人間の男は動物と結婚し、妻から知識を得たからだ。白人はこの土地に暮らすようになってからまだ日が浅いので、動物のことをよく知らない。だが、われわれは何千年も前からここに住んでおり、昔から動物たちに教えてもらっている。白人は何もかも本に書きとめて忘れないようにするが、われわれの先祖は動物を妻とし、かれらの習性をことごとく憶え、その知識を代々つたえてきた。」

さらにレヴィ＝ストロースは、つぎのように論じる。この具体的知識の実際的諸条件、手段、方法、知識に滲透している情意的価値、これらはすべてわれわれの身近に存在し、観察しうる。

――現代人のなかにも、狩猟民すべてに共通していた立場にとても近い人たちがいる。サーカスや動物園で働く人びとである。チューリッヒ動物園の園長がはじめてイルカと対面したときの話ほど示唆に富むものはない。「〔抄〕一メートルにも満たない距離からきらきら光る目で見つめられると、これがほんとうに動物なのかと自問せずにはいられない。魔法にかけられて姿をかえた人間かと思いたくなるほどだ。」動物学者の理論的知識は感情と両立しえぬものではない。認識は

627　菅原和孝　二〇〇四「失われた成人儀礼ホローハの謎」田中二郎他編『遊動民』昭和堂、一二四―一四八頁。
628　『悲しき熱帯　下』二四〇頁。

同時に客観的でも主観的でもありうる。人間と動物の具体的関係が、ときには科学的認識の世界全体を情的色あいで彩る。動物学者の意識のなかに分類学と愛情が同居しうるなら、未開民族の思考のなかでこのふたつの態度が結びついていることを説明するのにべつの原理をひっぱってくる理由はない[629]。

これはおそらく（川田との対談でもらした猫への情愛をべつにすれば）レヴィ＝ストロースが動物への共感、およびかれらとの交通可能性をもっとも明確に表白した文章であろう。これ以降、彼の思考は現実態としての動物的実存から乖離してゆく。

隠喩と換喩／範列と統辞

「種としての個体」という章で、レヴィ＝ストロースはフランス文化における、人と動物の関わりについて、興味ぶかい論理を展開している（理解を助けるために用語をやや修正した）。

——鳥はその形態と生活形のどれをとっても人間から遠い位置にある。鳥類は人間の共同体から独立した別個の共同体を形成している。住処をつくって家族生活をし、人間の言語を連想させる音声で交通しあう。鳥の世界は人間社会の隠喩となる。鳥は隠喩的人類なのである。それと随伴して、鳥の種を人間に与えられる固有名（スズメを「ピエロ」と言い換え、ハクチョウに「ゴダール」と呼びかけるなど）でよぶ慣習は、人名系列からの換喩（提喩を含む）的抽出として理解できる。

犬の立場はそれと逆対称である。犬は独立の社会を形成していないばかりか、「家族の一員」として人間社会に含まれている。かれらは換喩的人類である。それと随伴し、犬には犬専用の一連の名前をつける。すなわちそれらは人名系列の隠喩的再生である。

牛はどうか。牛は人間の技術経済体系の部分を成しているという意味で換喩的な社会的位置をもつ。しかもおおっぴらに客体として扱われやすい。かれらは換喩的非人類である。牛への命名では、毛色、体格、気質などを示す記述的名称が好まれる。すなわち統辞連鎖に属する修飾形容詞が多い。牛の名もまた換喩的抽出で成り立つが、鳥の種につけられる名と異なるのは、鳥では範列からの選択がなされるのに対して、牛では統辞から選択されていることである。

最後に競走馬を取りあげよう。競走馬は鳥のような独立した社会を形成しておらず、人間の産業によって作出される。それはまた主体としても客体としても人間社会の一部を成しているとはいえない。むしろそれは競馬の仕事で暮らす人びとや、競馬場に通う人びとがつくる、特殊社会（対位社会）である。それは、鳥にみられるような人類社会と動物社会とのあいだの正の隠喩関係に対する、負の隠喩関係で特徴づけられる。競馬馬は、隠喩的非人類なのである。それに随伴する命名法もきわめて特殊である。競走馬の名は厳密に個別化されており、けっして「同名異馬」を許さない。そのため、統辞連鎖を分解し、その非連続的単位を固有名詞に変換するという操作がなされる。競走馬の名が完全に独自なストックをもつという点で、かれらへの命名は犬と同じく隠喩的再生であるが、犬では範列からの再生がなされるのに対して、競走馬では統語（の分解）からの再生がなされるのである。こうして、人類社会との隠喩関係／換喩関係および命名の換喩的抽出／隠喩的再生という二軸の二項対立で組織される一貫した体系を得る。[630]

ヤコブソンの範列／統辞および隠喩／換喩という基本的な対立をそっくり踏襲した、まことに美しい分析である。だが、この分析を初めて読んだとき以来、レヴィ＝ストロースの構造主義に対して「背教徒」的な懐疑を抑えることができなくなったことは、まぎれもないわたしの経験である。レヴィ＝ストロースは、こうした命名法が「西洋文明中に占める位置はささやかなものに過ぎない」と謙遜しているのだから、通文化的な比較を対置しても無駄かもしれないが、ひとこと述べておかないと気が済まない。

――鳥の種名に人名をあてはめる習慣をもたない日本人にとってはこの分析はぴんとこない。カラスの勘九郎、フクロウのごろすけ？　だが、これらは明らかに鳴き声の擬音語からきている。典型的な犬の名であったポチは廃れ、わが町の

629　レヴィ＝ストロース、クロード　一九七六（大橋保夫訳）『野生の思考』みすず書房、四五－四七頁。
630　同書、二四五－二五〇頁。

「犬友だち」の名を列挙すれば、雌は、レモン、ユズ、チェリー、サクラ、等々、果実や花の名が多い。雄は、クラーク、シーザー、ロジャー、ローティ（飼い主は哲学者か？）等々、西欧の人名を思わせるものが多い。ただし、アリス、マリア、リズ（以上雌）、タロウ、シルバー、フク（以上雄）といった境界例も散見される。これらは共時的構造の反映ではなく、明らかに通時的な流行とセンスの問題である。グイの犬への名づけの特徴は、グイ語からもテベ（農牧民）語の語感からもかけ離れた奇妙な音節を連ねることである。たとえば、バリドーグ、バリツィ、ツェータ、キャマハ、ガリバキエナ、等々。

フランス文化の枠内にかぎっても、レヴィ＝ストロースの例示は恣意的である。なぜ、人間社会と特異な関わりかたをしている猫の名前が取りあげられないのか。家畜では、山羊、羊、豚、競走馬以外の馬が（弁明は付されているが）無視されるのはどうしてか。競走馬が小さな特殊社会を形成しているのは確かだが、なぜこの「対位社会」（魅力的な語だが「特殊社会」から巧妙に意味が拡大される）を根拠にして、突然、隠喩関係に「負」の値が導入されるのか。それより以前に、鳥社会と人類社会の隠喩関係はなぜ「正」の値をとる必然性があるのか。そっくり値を逆転させるなら、魚社会こそをもちだすべきではないのか。前著でも暗示したように[631]「背教徒」は身も蓋もない感想をいだくようになる。主観性の幻影から離脱することを誇る構造主義の分析とは、よくできた知的遊戯なのではなかろうか。

三　神話世界における動物たち

神話論理におけるコードとは何か

わたしは神話論理の『I』と『II』だけで挫折したので、決定的な批判をくわえる資格はない。また「アンチョコを覗いてはいけない」というみずからに課した束縛のために、出口顕の著作に対してもブラインド状態を保っている。[632] ここで、思いつきに近いことを書きとめておくのは、より深い理解に達した同僚からの批判と教示を仰ぐためである。

スペルベルは、レヴィ＝ストロースがみずからの方法を記号論の枠ぐみで捉えるのは誤った自己認識であると鋭く批判しているが、わたしもその通りだと思う。[633] ここでいう「記号論」とは、かつて一世を風靡したエドマンド・リーチの『文化とコミュニケーション』に典型的に体現されたような、「共有コード・モデル」のことをいっている。[634]

——送信者Sは心のなかに抱いている無形の想念（心的表象）〈r〉を有形のモノに変換しなければ受信者Aと交通することができない。Sは自分とAとが共有していると期待されるコード（暗号表、たとえば日本語の体系）にしたがって〈r〉をメッセージ①に変換する。①はなんらかのチャネルを経由し、ノイズによる破損を受けながらも、Aのもとに届く。Aは、破損後も保持されているメッセージ①'を知覚し、同一のコードを参照することによって、それを解読する。Aの心内には最初Sの心内にいだかれていたものと類似した想念（心的表象）〈r'〉が形成される。

だが、この標準的な見解にしたがうと、レヴィ＝ストロースが頻発するコードという概念は不可解なものになる。それは言語記号のようなシニフィアンとシニフィエの（多義性を含みはするが）固定的な対応のことではない。「メッセージはコードによって伝達される。コードはある一つの文法とある一つの語彙からなる。コードの文法の骨格は不変だが、メッセージや語彙についてはそうではない〔強調は引用者〕。[635]」これは記号論的なコードの概念に照らすと、あまりにも破格な定義である。文法とは統辞のことだと単純化して捉えるならば、もっと

631 菅原和孝『狩り狩られる経験の現象学』京都大学学術出版会、五七－六〇頁。
632 出口顯　二〇一一『神話論理の思想——レヴィ＝ストロースとその双子たち』みすず書房。
633 スペルベル、ダン　一九八四（菅野盾樹訳）『人類学とはなにか——その知的枠組を問う』紀伊國屋書店。
634 リーチ、エドマンド　一九八一（青木保・宮坂敬造訳）『文化とコミュニケーション』紀伊國屋書店。
635 レヴィ＝ストロース、クロード　二〇〇六（早水洋太郎訳）『神話論理Ⅰ　生のものと火を通したもの』三一〇頁。

も単純なコードは以下のような三×三（範列×統辞）のマトリックスになるだろう。

統辞	1主語	2目的語	3述語
範列a	ジャガー・が・	バク・を・	食った
範列b	キツツキ・が・	蜜・を・	溜めた
範列c	カメ・が・	ナマケモノ・を・	犯した

統辞1〜3を保持したまま、範列a〜cを任意に置換するなら、右を含めて、三×三×三＝二七通りの文、すなわち物語のプロット素を得る。ただし、このなかには、「キツツキが蜜を犯した」「ジャガーがナマケモノを溜めた」といった、常識に照らしてナンセンスなプロットも産出される。今はそのことを無視するとしても、これだけなら、人間の精神とは無関係な、単純なコンピュータ・プログラムで実行できる、自動産出にすぎない。

このコードから関連性のある（与えられた文脈において効果をもつ）メッセージをつくるには、二つの方向が考えられる。第一は、1と2の垂直軸において範列a〜cとして呈示される自然種名が何かべつのもっと抽象的な概念を〈象徴〉していると考えることである。実際、レヴィ＝ストロースはしばしばそのような言いかたをする。──カメは長く地下にとどまり、飲み食いしない。冬眠するからである。またキノコと朽ち木を食べる。カメは二重の意味で腐敗の主である。みずからは腐ることがなく、「腐ったものを食べる者」だからだ。それに対して、オポッサムの意味論的な機能は「悪臭を意味する」ことである。また、キツツキは生態から直接わかるように、木の表皮の下に食物を探しもとめ、高と低の中間で生活する。ナマケモノは、逆さにぶらさがった形がハンモックに似ていることから、睡眠を連想させる。バクが淫乱の象徴であることを示す神話もある。なかでも繰り返し現われるモチーフは、原初、ジャガーが火の正統な所有者であったことだ（暗がりに光る眼からの連想）……、等々[636]。

だとすれば、レヴィ＝ストロースのコードの定義に含まれる「語彙」とは、最初から象徴的負荷をおびた単語群である。端的にいえばカメは腐敗の隠喩である。これを応用すれば、たとえば「カメが蜜を犯した」から「腐敗が貴重な資源を侵犯する」といういっけんもっともらしいメッセージを解読することはできなくはないが、この種の絵解きはあまりに陳腐である。

注釈——カメ↓腐敗の連結は一意的な対応関係ではない。カメのもっとも顕著な特質は甲羅をもつことだから、カメ↓防禦、カメ↓家屋といった隠喩的投射が起きてもなんの不思議もない。だから、自然種名にまとわりつくこうした意味作用も、記号論でふつうにいわれるコードではない。

このような袋小路に至る原因は、最初に『Ⅰ』で与えられたコードの定義が曖昧だったせいだ。『Ⅱ』の終盤で、レヴィ＝ストロースは思いがけないことを言いだす。

——さまざまな神話が、いくつかのコードを使って、同一のメッセージを伝えている。主なコードは料理（技術＝経済）のコード、社会学のコード、宇宙論のコード、聴覚のコードである。あるコードの操作的価値は他のコードより高い。たとえば、聴覚のコードは、技術＝経済、社会学および宇宙論のメッセージを書き表わすことの共通語になっている。[637]

コードにこのような主題化が最初から織りこまれているのなら、語彙それ自体に限定が付されなければならなかった。いま仮に社会学のコードなるものを想定すれば、右のマトリックスはつぎのように書きなおされねばならない。

範列a	ジャガー・が・	バク・に・	恋した
範列b	キツツキ・が・	ホエザル・に・	婿入りした
範列c	カメ・が・	ナマケモノ・を・	犯した

コードに主題を刻みこむ決定的な契機は、述語の範囲を規定することである。この場合は、社会生活の軸となる性愛と婚姻に関連する述語を選んだが、それを「共通語」である聴覚コードで表現すれば、述語を「歌いかけ

636 同書、二五五－二五七頁。
637 レヴィ＝ストロース、クロード　二〇〇七（早水洋太郎訳）『神話論理Ⅱ　蜜から灰へ』みすず書房、五四四頁。

た」「口笛を吹いた」「怒鳴りつけた」などで置換することが可能である。また統辞軸の目的語に代入される候補者が限定されることも忘れてはならない。「蜜」という非‐人格的な物質は、技術＝経済のコードでは重要な項になりうるが、動作主または対格の位置におくことは不自然であろう。陳腐でないメッセージは、異質な主題をもったコードが交叉する空間に生成するという見通しが得られる。

次元という突破口

生活世界と関連性のあるメッセージをつくる第二の方策は、〈次元〉の概念を導入することである。その手がかりとして、レヴィ＝ストロースの論述を難解にしている「神話のおこなう演繹はつねに弁証法的である」というテーゼに注目しよう[638]。群論の初歩によれば、四つの元からなる可換群において、同じ可逆的な置換を二度繰り返せば、もとの元に戻る。つまり恒等置換である[639]。だが、神話の場合、恒等置換されたメッセージbはその由来となった原メッセージaに重なるのではなく、螺旋状の運動によりaの真上または真下に位置するという。aとbの垂直方向の「隔たりに位置するのが、骨格〔統辞のことか?〕とか、コードとか、語彙のレベルになる。」あまりにも〔擬似〕トポグラフィー的で正確な理解は難しいが、ひとつだけはっきりしているのは、コード平面にとどまっているかぎり、螺旋運動が展開しうる三次元空間に到達することはできないということである。

わたしが気づいたかぎりでは、レヴィ＝ストロースは『Ⅱ』で二回「次元」という語を用いている。一番目は「蜂蜜に狂う娘の神話群と、バクが誘惑者である神話群は、相互に補強しあうことにより、上位のひとつの神話群を形成している」という指摘のすぐあとに登場する。すなわち、これら上位神話群には「レトリックの次元」「性的＝食物的次元」「天文学の次元」が存在するのである[640]。終盤近くでは、もっと明晰な定義が与えられる。——時代と場所を確定した分析を徹底的におこなったうえで、互いに関係の認められない現象を統合するとき、わたしはそれらの現象に新たな次元を付けくわえる。現象がもつ意味についての参照軸の数を増やすことによって見えてくる内容の充実化によって、現象の空間が転移する。内容が豊かになり複雑になるにつれて、次元の数は増えねばならない。するともっとも正確な現実がひとつひとつの現象の側面の向こう側に映しだされてゆく。[641]

さすがにとても喚起力のある論証である。次元が必要となるのは、大域的な分析すべてを統合するようなメタレベルにおいてなのである。だが、わたしは「時代と場所」を特定した分析も、次元を導入しなければ、一歩も進まないのではないかと考える。もしもレヴィ＝ストロースの破格なコードの定義を受け容れるならば、それは右でモデル化したような範列×統辞のマトリックス平面であろう。わたしが考える次元とは、この平面（または複数の異質な主題をもったコードを包含する上位平面）を貫通する垂直軸のことである。もちろんそれはXY平面に直交するZ軸だけであるとはかぎらない。次元の数を増やせば、多次元ベクトル空間を相手にせねばならなくなり、直観的な理解はきわめて困難になるだろう。だが、言語学的な次元の概念に頼るだけでも、大きな前進が得られる。レヴィ＝ストロースのいうコードがN×Nの巨大なマトリックスに脹れあがるなら、変換によって産出されうるプロット素の数は天文学的な数字になるだろう。だが、ある次元を設定すれば、想定可能な多くの異本《ヴァリアント》は〈関与性《パティナンス》〉を失い、有意な二項対立だけが浮かびあがるだろう（音素を例にとれば、有声／無声の次元では、/g/と/k/は対立するが、両唇／非両唇の次元では対立しない。いっぽう/d/と/p/は両方の次元で対立する）。コードから区別される次元の概念を活用すれば、錯綜した変換群の空間に顕著な集極化が生じるだろう。次元のもっとも有力な候補は動機づけである。たとえば〈怒り↑↓悲しみ〉〈妬み↑↓憧憬〉といった情動の次元は、理念的に演繹される無数の異本のあるものだけを関与的にする、集極化の作用を果たすだろう。

638 同書、四五七頁。
639 伊東俊太郎　一九七三「数学と構造――新しい認識の次元」『現代思想』一（五）〔特集＝レヴィ＝ストロースと不可視の〈構造〉〕：一二六－一三一。
640 レヴィ＝ストロース、前掲書『神論論理Ⅱ』、三四五頁。
641 同書、五三八頁。

動機づけとしての統辞

「変換」という操作それ自体について、もっとも根本的な疑念を明かそう。「コードの文法の骨格は不変である。」つまり統語は、さきのモデルの〔1　2　3〕で表わされる骨格をつねに維持している。いっぽう、蜂蜜の起源神話群（*H*）からタバコの起源神話群（*T*）への移行において、「泣き虫の子どもの位置づけが根本的に逆転する。[642]」

――神話の複雑なストーリーは無視して登場人物だけを抽出すると、〈多産な若い第二夫人〉〈不妊の第一夫人〉〈泣き虫の子ども〉〈第二夫人と相同な動物＝キツネ／カエル〉の四種類である。

H：若い母は、子どもが泣くのがうるさくて、小屋から追い出す。子どもは小屋の近くで母親を呼びつづける。すると、キツネ（カエル）がやってきて、子どもをさらってゆく。

T：不妊だがハンモック作りの上手な第一夫人は子どもがふざけて作業の邪魔になるので、小屋から追い出す。子どもは小屋の外で泣くが、父母（夫と第二夫人）は（おそらく性交に夢中で）気づいてくれない。子どもはやがていなくなる。父母（同上）は必死で探し、スズメバチと仲良く暮らしているのを発見する。だが、子どもは家に帰ることを拒否する。

右の*H*と*T*のどちらも私たちに理解可能である。親がうるさく泣く子を家の外に出す、義理の母が血のつながらない子に邪険にあたる、外に出された子が親を呼ぶ、ふてくされて家出する……。これらは統語連鎖それ自体の変換ではなく、動作主および対格に位置するキャラクターとが範列的に置き換わっているだけである。いったんそれらに新しい値が導入されれば、生活世界と不可分な動機づけの構造によって、プロットの変異はある狭いスロットに収束する。〈義母は継子に邪険にする〉ものだし、〈拗ねた子は遠くへ歩く〉ものである（つい最近の日本で世間を騒がせた事件がそうだった）。ここにこそ変換の限界がある。統語という骨格が不変であることと、動機づけの構造がある了解可能性の幅におさまることとのあいだには必然的な結びつきがある。だからこそ、わたしは『II』のなかのもっとも核心的な考察のなかで表明されたつぎの見解に同意できない。

この一般原則を定式化する際に、わたしは、言語記号の恣意性というソシュールの原則を、神話的思考の領域に広げているにすぎない。ただし原則を適用する領野に［…］補足的な次元が加わる。神話と儀礼の分野では、同じ要素が意味されるもの《シニフィエ》の役割も意味するもの《シニフィアン》の役割も区別なく演ずることができ、それぞれの役割において互いに交代することができる[643]［…］。

後段で表明されるシニフィアンとシニフィエの交代可能性という論点は受け容れてもよい。ただ、その場合でさえ、カメ（シニフィアン）→腐敗（シニフィエ）といった一義的な対応に依拠してはならない。「あいつはコウモリだ」という隠喩表現は、「あいつは敵対する陣営の双方に媚びるやつだ」という概念的な記述に完全に置き換えられるものではない。私たちは、そのような記述を理解しつつも、暗闇でぱたぱたと蠢くあの不気味な小動物のイメージから逃れることはできない[644]。それ以前に、前段は完全に誤った認識である。ソシュールに発する「恣意性の神話」を根本から批判し、文化と自然の二元論を超えた記号論の再生をめざす菅野盾樹の展望と、右の言明はみごとなほど対立する[645]。神話の意味作用は恣意的なコード化と逆のものである。百歩譲って神話を記号として捉えるとしても、それらはすべて動機づけられた（有契的という奇妙な訳語が与えられている）記号である。「動機づけるもの《モティヴァン》」は、神話の変換群全体をシニフィアンとするシニフィエ、すなわち多岐にわたる分域《ドメイン》にまたがる、人びとの生活形式の顕著な主題であろう。

642 同書、同書、四九六頁。
643 同書、四八六頁。
644 菅野盾樹 一九八五『メタファーの記号論』勁草書房。
645 菅野盾樹 一九九九『恣意性の神話——記号論を新たに構想する』勁草書房。

この章の冒頭においた、有名な冒険小説の内容をわたしはあらかた忘れていた。だが、「砂漠に置き去りにされ愛犬を食ったお洒落な殺し屋」の逸話を初めて読んだとき以来、三〇年間わたしはそれを忘れたことがない。この衝撃力は、それを現代の「神話素」とするにふさわしい。おそらくグイの神話も、南米先住民の神話も、その不可欠な成素は、それ以外にはありえない必然性と衝撃力をおびた小さな物語であろう。マイルズの物語の固有名を入れ替えることはいくらでも可能だが、キャラクターもプロットも代替不可能であると感じられる。その意味で統辞は不変である。二葉亭四迷は「なるほど人間といふ者はあゝいう風に働く者かといふ事を出来はしまいが、世人に知らせたい」と語ったという。[646]〈人間をこのように働かす〉動機づけの構造を恣意的に変換することはできない。

シニフィアンとシニフィエの表裏一体性——「紙」の隠喩

前の小節の結論とは逆方向からの接近をしてみよう。そこで注意を集中する標的が言語である。たとえ「恣意性」を〈神話〉として批判するとしても、言語記号のかなりの部分が恣意的に構築されていることを認めないのは、直観に反するであろう。だが、いったいこの恣意性とは「どんなこと」なのか。わたしがもっとも納得した解を以下に示す。[647]

図11-1aを見てほしい。ここには、形態形質に基づく古典的な系統群に大雑把に分けて、動物たちの図像が描かれている。それは類像《アイコン》とよばれる動機づけられた記号にすぎないが、いまあなたの想像力によって、実際にこれらの動物と対面している場面を、生鮮性をもって立ち現わすべく努めてほしい。そこで問いが生まれる。いったい「生きている」こと以外にかれらすべてに共通する属性はなんであろうか。見当もつかないだろう。

図11-1bについて同じ問いを発してみる。ヒントは、これらの動物群が、aとは異なる基準によってここに集められているということである。種明かしが、図11-2aと図11-2bである。aはそれらの種名（正確に

図 11-1a

シニフィエとしての動物（その1）。ある基準にしたがって動物たちを集めてある。大まかな分類単位にしたがって列ごとに配列した。右から順に哺乳類、鳥類、爬虫類と魚類、陸棲の節足動物、海棲の無脊椎動物（節足動物を含む）。

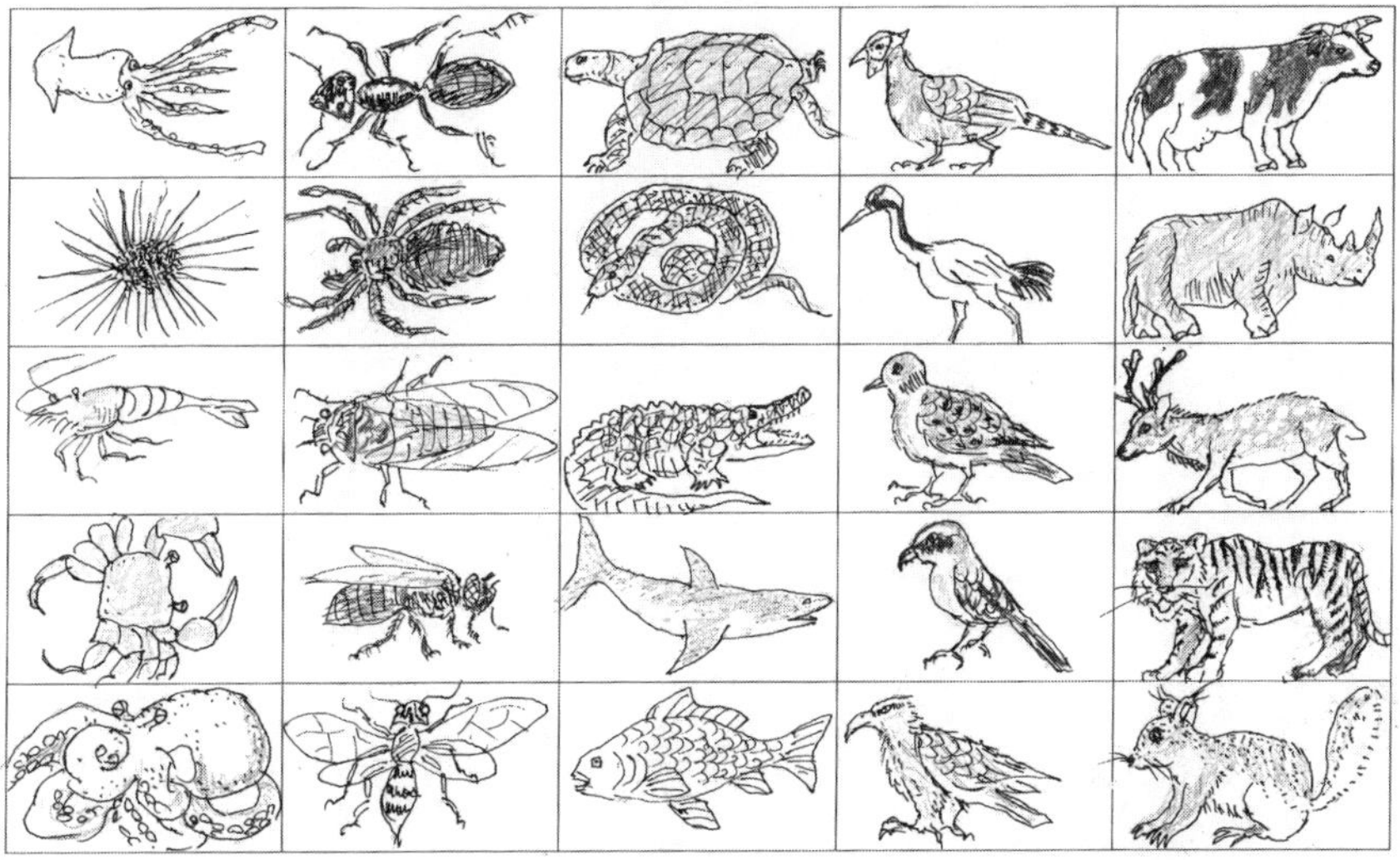

図 11-1b

シニフィエとしての動物（その 2）。a とは異なる基準で集めてある。右から 2 列めまでの配列は a と同じ。中央の列は爬虫類と両棲類。左から 2 列目は陸棲の節足動物。左端はその他の無脊椎動物。

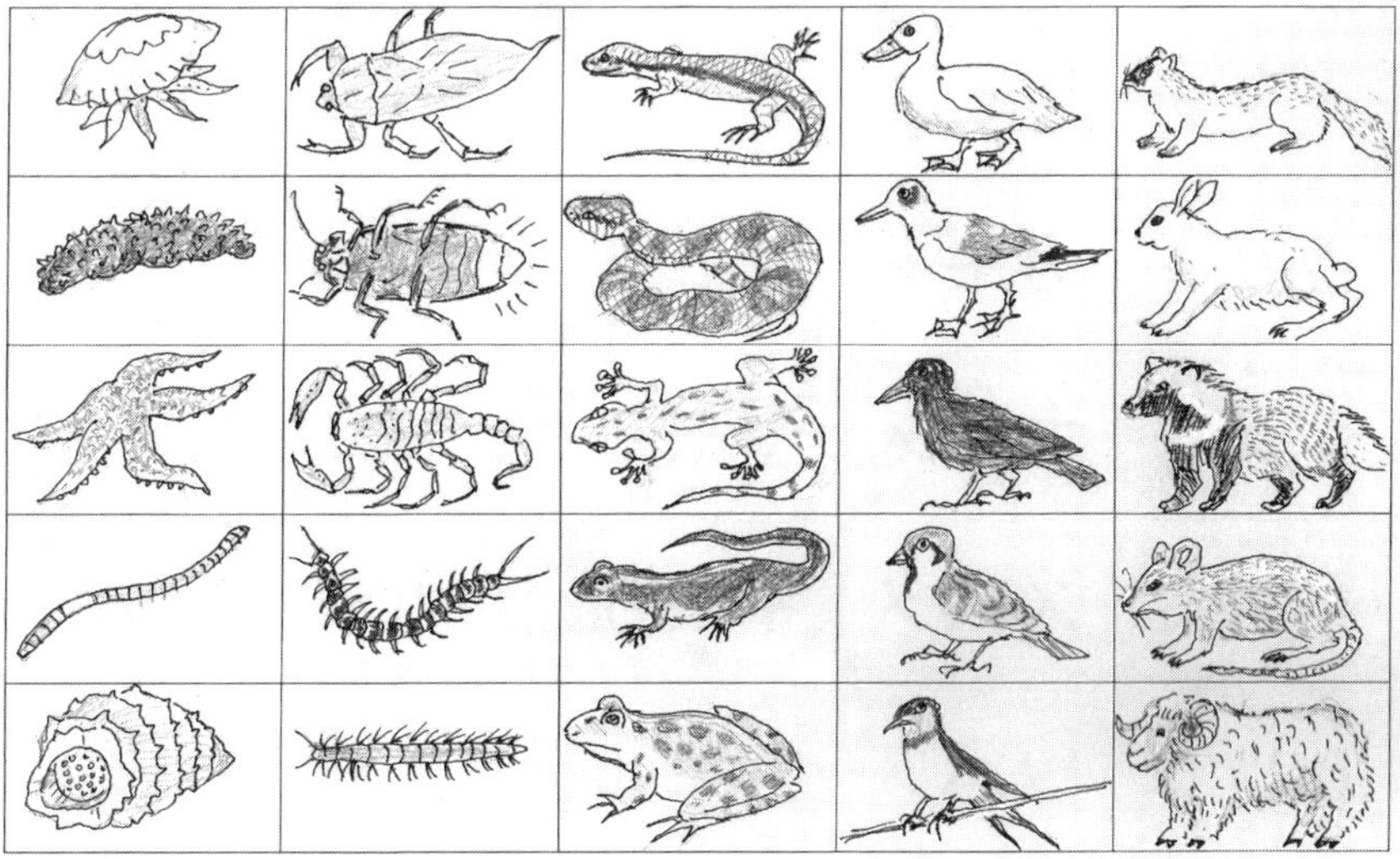

図 11-2a

シニフィアンとしての言語記号（その 1）。図 11-1 aの紙面裏側にこれらの動物名が配列されていると考える。

ウシ	キジ	カメ	アリ	イカ
サイ	ツル	ヘビ	クモ	ウニ
シカ	ハト	ワニ	セミ	エビ
トラ	モズ	サメ	ハエ	カニ
リス	ワシ	フナ	ハチ	タコ

図 11-2b

シニフィアンとしての言語記号（その 2）。図 11-1b の紙面裏側。以下同上。

イタチ	アヒル	トカゲ	タガメ	クラゲ
ウサギ	カモメ	マムシ	ホタル	ナマコ
タヌキ	カラス	ヤモリ	サソリ	ヒトデ
ネズミ	スズメ	イモリ	ムカデ	ミミズ
ヒツジ	ツバメ	カエル	ヤスデ	サザエ

いえば属体名）が二音節で成り立つ単語であるのに対して、bは三音節で成り立つ単語だということである。これこそが言語の恣意性である。二音節か三音節かということは、これらの実在する動物たちが担っている属性とはなんの関わりももたない、シニフィアンの世界における差異である。その意味で、それは動物たちどうしの形質的な差異とはまったく無関係に恣意的に構築されている。

さらに、この「紙」の構造に注意しよう。それぞれの動物のぴったり「裏側」に属体名は書かれている。これが、恣意的な記号の世界に棲まうことの恐ろしさである。いったん言語を内面化したら、私たちは実在の動物をその「名称」と切り離して考えることができない。いわば名称は薄い紙の裏側にいつも透けて見えている。だが、ここで興味ぶかいことがある。各動物を隔てる枠の線に沿って鋏を入れて全部を小片に切りわけ、机の上にざっと放り投げてみる。一枚の紙片をとって裏返しにすると、そこには「タコ」と書かれている。べつの紙片を裏返すと、「タヌキ」と書かれている。シニフィアンとシニフィエの表裏一体性はまったく損なわれない。だが、これらの紙片の散乱は、あなたに〈世界の意味〉をほとんどつたえてこない。最初の一枚の紙の表《おもて》では一目瞭然だった、動物たちの共通性と差異は、混沌のなかに融けこんでしまった。すべての小片を裏返しにしても、シニフィアン相互間にどんな共通性と差異があるのか、もはやわからない。すなわち、差異と類似は、ばらばらにされた「記号」の散乱のなかに現出することなどなく、ある「体系」（この場合は単なる二次元平面上の配列にすぎないが）のなかではじめて顕著になるのである。

以下、あえて思考を隠喩的なイメージの領域へ潜入させる。表《おもて》に動物たちが並び、ちょうど対応する位置で裏に動物名が配列されている一枚の紙。これを任意の位置で斜めに折り曲げてみよう。すると奇妙な光景が出現す

646　大江健三郎　一九六八『持続する志――全エッセイ集　第二』文藝春秋、四六六頁。完全な孫引きである。
647　シニフィアンとシニフィエは紙の表裏であるという理解をたしかにどこかで読んだのだが、遺憾なことにいくら探しても見つからない。読者のご教示を乞う。

図 11-3
図11-2aで示した紙を折り曲げた様子。シニフィアンとシニフィエは同一平面に並列されるがけっして混じりあわない。

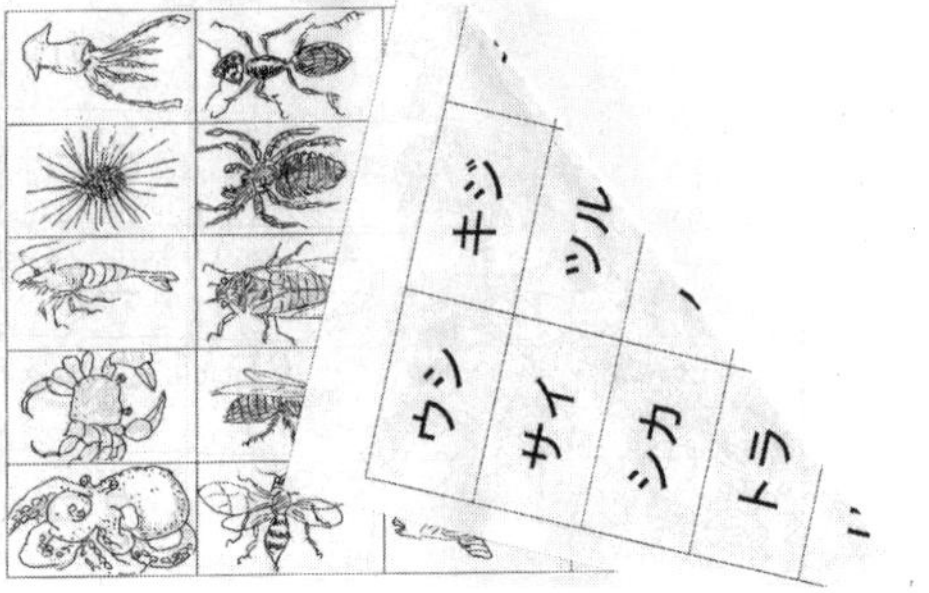

る【図11－3】。動物たちの配列のなかに、ぶざまにも裸形のシニフィアンが侵入する。だが、両者は同一平面で隣接するにもかかわらず、相互間になんの交通も交働もありえない。次元をべつにする二つの世界が暴力的に並置されたにすぎない。このような状況を現実の環境で見ることができる。原野のまん中に看板が立っていて、その表面になにやら字が書いてある。「**禁猟区**　この西側で狩猟をすることは犯罪です。違反者は五百万円以下の罰金または三年以下の懲役刑を科せられます。」だが、この看板は、仲良し兄弟ライオン、マフィンとモフェットにとっては、なんの食欲もそそらない無機物にすぎない。彼らは、平然と看板の下を西から東へ横切り、すぐそばの木蔭に横たわり、目を細めておたがいの体をやさしく舐めあう……。

折り曲げが可能なのはこの平面が「紙」だからだ。恣意性は厚みをもたない。だが、ライオンの身体とそれが砂の上に残す足跡、人が大切に守っている火と暗闇できらきら光るジャガーの眼とのあいだには世界の肉の厚みが横たわっている。シニフィエはこの厚みを通ってシニフィアンを動機づける。指標や隠喩といった意味作用に満ちた世界を、ある厚みをもった扁平体に喩えれば、意味するものと意味されるものを、折り曲げによって無造作に並列させることなどできない。この意味作用の扁平体が、独立した何枚ものコード（レヴィ＝ストロース的な意味での）をかたちづくっているとすれば、異なる扁平体どうしは、ある蝶番によって世界に可動性が生まれるとき、はじめて触れあうだろう。おそらくその蝶番は虚環境のなかだけにある。

終章

世界の内側から展成に触れる——虚環境の自然誌

核戦争後の荒廃した地球に残留する人類の最大の慰めは、絶滅を免れたわずかな数の動物を飼育することだ。だが、それが許されるのは大金持ちだけで、庶民は電子回路で動く動物型ロボットからささやかな安らぎを得ている。植民惑星から脱走して地球に隠れひそむアンドロイドを摘発する有効な手段が、感情移入テストである。「仔牛皮の財布」「熊皮の敷物に寝ころぶヌードの女」「熱湯に生きたエビをほうりこむ」「鹿のトロフィー」「闘牛」「生ガキを食べる」「ライスを詰めた犬の丸煮」といった項目を含む文章を読み聞かせても、その被験者の眼筋内部の緊張と毛細血管の変化を検知する計測器の針が緑の目盛りより上まで振れなかったら、その被験者はアンドロイドだ。[648]

648　ディック『アンドロイドは電気羊の夢を見るか?』早川書房、五九－六二頁。

一　自己言及的な位置づけ——尾根からの眺め

自伝的民族誌

山登りの比喩に託して探究をつづけてきたが、やっと尾根道に辿りついた。頂上はすぐ先に見える。それは〈動物と人は連続している〉あるいは〈人はサルの一種から展成した〉という命題が、私たちの生にとって「それ以外にはありえない」中心的な真理であると証明することである。だが、探究の基本方針として、科学を括弧入れし、客観主義を封印したことによって、この真理に正面から到達する道をわたしはみずから塞いだ。メルロ＝ポンティの鍵概念を援用すれば、わたしはあくまでもこの真理に〈側方〉的に関わることができるだけである。あるいは真理から〈側生〉する認識の枝腋に腰を据えて、自分が辿ってきた長い道のりをふり返ることができるだけである。

『猿＝人』でわたしは上空飛行的な思考に対置される〈道ひらきの思考〉を方法の根幹においた[649]。そのもっとも重要な特徴は、〈みずからの産出の運動に巻き添えにされる〉ことである。それは本書の探究にもっともよくあてはまる。第二章の末尾で述べたとおり、わたしは、トリックを練りあげ、大団円を構想し、要所要所に伏線を張りめぐらすといった推理小説的な執筆計画を放棄して出発した。それはひとつの実験をわれ《エゴ》に課すためだった。書くという実践のさなかで、今までのわたし自身や他者の思考の灼きなおしではない、新しい発見と出会うことが可能かという実験である。

ひとつの発見は、自分が書き続けているこれは「何」なのかがわかったということである。それは、新しいタイプの民族誌である。畏れも知らずに、何人もの偉大な探究者たちを冥界から仮想講義に召喚したことは、この民族誌にとって効果的な仕掛けだった。そのおかげで、彼らは等身大の登場人物として虚環境の暗がりのそこかしこに佇み、藪の中を彷徨いつづけるわたしに、長い語りを囁きかけてくれた。そんな彼らとわがヌエクキュエとは（やや仰々しい言いかたになるが）存在論的に同格である。「犬を飼わなかったら、どんな人間になっていたかわからない」という丸山健二の述懐をわたしは感傷的な修辞とは受けとらなかった。わたしもまったく同じ感慨をもらす。「グイの人びとと共に暮らさなかったら、自分がどんな人間になっていたかわからない。」わたしが書き継いできたことにはグイ語に翻訳不可能な要素も含まれているだろうが、大まかな翻訳が成り立つ可能世界においてヌエクキュエがわたしの長い語りをおもしろがってくれることを夢見て書いてきた。

この民族誌はまた自伝的な側面をもつ。〈書くこと〉＝〈歩くこと〉のなかで、忘却の淵に潜んでいた記憶が、泡のように水面に浮かびあがってきた。「臼挽き牛」はその最たるものだが、ほかにも章の順番をたどっていくつも挙げることができる。

——紫の液体を噴射するアメフラシ、ヤマドリの死骸に降りつもる粉雪、増殖するクリップとハンガー、甘えんぼうの雄のドーベルマン、庭で小鳥をねらっていた白い猫、突然杖で叩き殺された仔ヤギ、オオカミは指のあいだに水かきをもっているという少年マンガから得たニセの知識、黒く長いコウガイビルの不気味さ、初恋の少女と共に上野動物園でマントヒヒの性交を見てしまったときの困惑（創作かもしれない）、伊谷さんの話を夢中で聴いていた動物学第一講義室に立ちこめる紫煙と固い木の椅子の感触、そして何よりも「人の友」ピューマを賛美するパンパスの植民地伝説。

最後の項目についてはのちに焦点を当てる。もうひとつこの探究をつらぬく重要なモティーフがある。生活世界のただなかでわれ《エゴ》はいかに知識と向きあうかという問いである。

649　菅原和孝『感情の猿＝人』弘文堂、二一一—二一二頁。

知識との向きあいかた

ここで、少年時代からずっと気にかかってきた「地動説を知らないホームズ」が重い意味をもって立ち現われる。天職として選んだ「犯罪捜査」に関連性のないいっさいの知識を遮断する。この根源的選択こそ、哲学とはまったく目的を異にする、実践的な意味での〈判断中止〉ではなかろうか。それは生活世界に踏みとどまったかぎりで知識と交渉するうえで、もっとも明快な身がまえである。だが、わたしがその身がまえに諸手を挙げて賛同する気になれないのは、つぎのような反論が頭をよぎるからである。

——でも、それってわれわれが昔ノンポリの大学教授たちに浴びせた罵倒語「専門バカ」と変わらないんちゃうの。浮き世のことにまったく無関心で、家庭では奥さんや子どもたちに疎まれている（ホームズは独身者だけど）。そういう連中を問いつめると、きまって「ぼくは人類の尊厳のためにガクモンをしているんだ！」と誇らしげに嘯く。彼らがそんな誇りを保ちこたえられるのは、真理探究の使命を国家から託された科学という制度に順応しているからさ。以下同文で、ホームズは「悪人の撲滅」という、社会が歓迎する目標の無謬性に、一度だって懐疑を向けたことがない。モリアティ教授がひたすら「悪」だってだれが決めたのさ。ほかの鳥の巣に託卵するカッコウは「悪」か？　専門バカとホームズに共通している限界は、意外にも、彼らが〈現状維持派〉だってことさ。

サヨクくずれ的な口吻への反感を脇におけば、「彼」の文句は原理的に正しい。ホームズや「専門バカ」の実践は、「経験的学の認識成果をおのれに編入することを原理的に排斥」し、「絶対的な無前提性への還元」を決意したフッサールの徹底主義には遠くおよばない。だが、われわれはすでに、この種の「徹底主義」がはたして実現可能かという疑いを投げかけたので、知識に対する対蹠的な接近法に目を向ける必要がある。〈知の制度化〉の局外にあって、なおかつ〈知識〉をわがものにするという欲望を追求することは可能だろうか。高校二年の秋以来ずっと気にかかっていた虚環境の住人と再会しよう。

突然、彼が最近参照した書物の著者の名が、記憶に浮かんだ。ランベール、ラングロウ、ラルバレトリエ、[…]。私は忽然と悟った。独学者の方法を発見したのだ。彼は書物をアルファベット順に読んでいる。／私は感嘆ともいうべき気持で彼を注視する。これほどに規模の大きな計画を、あせらずに執拗に実現するには、いかなる意志を必要とするであろうか？　七年前のある日（彼は七年前から勉強していると言った）、彼は意気揚々とこの部屋にはいって来た。そして四方の壁をぎっしりと埋めている数限りない書物をながめまわして、[…]「さあ僕はこれから、人類の全知識を相手にするんだ」と言ったにちがいない。それから彼は、最右端の第一段の本棚から、第一番目の書物を取って来る。そして尊敬と畏怖の感情とともに確固不動の意志をもって、第一頁を開く。いま彼はLまできている。[…]彼は乱暴にも、甲虫類に関する研究から、量子論に関する研究に移り、帖木児《チムール》に関する著作からダーウィンに反対するカトリック派のパンフレットに移る。一瞬とてもとまどったりはしない。彼はすべてを読んだ。彼は自分の頭脳に、単性生殖に関して知られていることの半分と、生体解剖に反対する議論の半分とを、貯蔵したはずである。[650]

愛すべき独学者オジエ・ペーが選びとった生のかたちは驚くべきものである。彼の日々の没頭は、文字言語というもっとも確実な資材によって、彼自身の虚環境の濃度をかぎりなく高めることに向けられた。それが濃密になればなるほど、彼は何かを〈信じる〉という跳躍台から遠ざかるだろう。Lまできたからには、すでに、キュヴィエ、ラマルク、ダーウィンの半分を頭に貯蔵していたはずだ。そのどれかを信じた瞬間に、彼の虚環境には劇的な集極化が生じ、M以降のすべての書物は、磁力線に引かれる砂鉄のごとく整列し、〈信じる〉と決めたことと関連性のあるもの／矛盾するもの／敵対するもの／無関連なものへと類別され、「すべてを読む」という初志を貫徹することはできなくなる。オジエ・ペーの挑戦は雄々しいまでに無償の営みである。だが、この無償さ

650　サルトル、ジャン＝ポール　一九六四（白井浩司訳）「嘔吐」『世界の文学49　サルトル　ビュトール』中央公論社、四〇頁。

は無力さの裏返しでもある。彼が獲得した膨大な知識は、少年の腿を撫でさすらずにはいられない、同性愛者としての〈本性《ネイチャー》を乗り超える〉すべなど与えはしなかった。守衛に殴られて鼻血を流し、かけがえのない聖域から追放され「入り口の閾に、星形の血の斑点が残った。[651]」

生物学（なかでもネオーダーウィニズム）にコミットしている人びとは、〈科学の括弧入れ〉という本書の基本方針を認めないだろう。そのようなあなたと交通の可能性を確保するために、〈知識〉をめぐるひとつの視点をとりあげてみたい。

回顧――わたしは高校二年のときに倫社の授業で畏敬すべき知性に出会った。彼は非常勤講師として私たちを教えたのだが、本職は高名な僧侶で仏教学者であるという噂が生徒のあいだに流れていた。短躯で禿頭の矍鑠とした老人であった。その彼が出席簿順に生徒一人ずつに大思想家を一人ずつ割りふって授業時間中に一五分ぐらいのレクチャーをさせるという、高校としては破天荒な授業をしたのだ。出席簿でわたしに近かったOはハイデッガーを与えられ、「世界内・存在」と言ったら、彼はぴしりと「それは世界・内存在と読むのだ」と注意した。わたしが割りふられたのが、キルケゴールだった。それで、『世界の名著』を買いこみ、生まれて初めて哲学書を読んだ。実存主義ということばに興味をもったのはそれがきっかけだったかもしれない。だが、それ以来、読みかえすことはなかった。第八章を書いているとき、突然、半世紀前の思春期の記憶が甦った。

キルケゴールを想起して気づいたことは、どんな種類の〈知識〉であれ、人がそれをわれ《エゴ》が生きることにとって欠かせない養分にするとしたら、その選択の根っこには何ごとかを〈信じる〉という暗闇の跳躍があるということだった。ネオーダーウィニストであるあなたが理論的予測を検証するための野外調査を汗水たらしてつづけるとしたら、それは自分ではけっして知覚できない〈悠久の時〉が経過すれば、偶然的な突然変異の蓄積でどんな複雑精妙な行動プログラムも生まれうると〈信じて〉いるからだ。その〈信仰〉は科学という知の制度の説得力によって何重にも防護されていても、どれほど懐疑論を突きつけられても、夜明けにふと目ざめたときに

〈信仰〉の揺らぎに襲われることなどない。昔、「朝まで生《なま》テレビ」に出演した池田晶子が、「神はいない」「科学は真理だ」と断言する人もすべて何かを〈信じて〉いることに変わりはない、と淡々と述べていたのを観て、よくわかっているなあ、と感心したことを思いだす。だから彼女の夭折は悲しい。

懐疑的態度と虚環境の濃度

本書の探究でわたしがもっとも心をくだいたのは、何かを〈信じなければ〉論証を先へ辿ることはできない、といった類いの転轍路にけっしてあなたを誘いこまない、ということだった。その意味で、わたしが選んだ自然誌的態度と表裏一体となって潜伏していたのは、懐疑的態度であった。それは当然だったのかもしれない。デカルトに発した方法的懐疑は、フッサールからメルロ=ポンティへと連綿と受け継がれてきたのだから。そのいっぽう、本書の内容のおそらく半分以上は、偉大な先人たちの言説の引用によって成り立っている。だが、かれらはこの虚環境において、相互に新しい出会いかたをしたのであり、かれらが発した古いことばは、ここに発生した特有の磁場によって新しい集極化をしたのだ。ささやかな例を挙げれば、ダーウィンが砂丘で発見した、落雷で「珪酸質がガラス化した小さな管」は、グイの妖術師が家の高さほども砂を掘りさげて見つける、掌の上でころがすと「ムナムナムナ」とかすかな音を立てる「雷薬」とはじめて出会ったのである。

そのような虚環境をなぜ構成しなければならないのか。理由は二つある。どんな虚環境であれ、その濃度が高められることには、切りさげられない価値があるからだ。そして、〈書く〉ことによって濃密な虚環境を分泌することがわたしの本性だからである。虚環境のなかに棲まう動物たちが生鮮性をおびることは、環境とのあいだをはしるモザイク状境界を複雑化させ、そこを歩きつづける私たちの知覚とサンスを研ぎすますだろう。

651 同書、二〇四頁。

――数時間前に、わたしは犬と共に夕暮れどきの道を歩いていて、キッキッキッ……という鋭い声を聞いた。ああ、モズだな。そう思って見あげたら、たしかに真上の高い電線にとまっていた。長い尾はカラハリのノロ〈チャガシラヤブモズ〉にそっくりだ。タブーカたちと罠の見まわりに行って獲物に逃げられがっかりして帰る途中にノロに会い、初めて鳥の習性起源神話を聞いた[652]。

環境において現前したちっぽけな小鳥は、深い奥ゆきをもった虚環境にわたしを導いた。だからこそ、カラハリを遠く離れていても、わたしは秋に鳴く日本のモズに対して鋭敏な知覚を投げかけるようになった。そんな小さな発見に生の意味はやどっている。

世界は連続しているのか

懐疑的態度をとりつづけるわたし自身も独学者なのだろうか。科学を括弧入れした瞬間にわたしは孤立無援になり、もしアントワーヌ・ロカンタンのような裕福な金利生活者であったら、毎日図書館に通い、知の権威の局外に立って〈図書館も知の制度化のひとつであることには今は目をつむろう〉雑多な書物に読みふけるのだろうか。だが、そんな境遇になっても、わたしはオジエ・ペーのようにアルファベット順に読んだりはしないだろう。わたしが探しているほんとうに重要な知識はひとつだけだからだ――地球が存在する。

だが、この知識の信憑性を問うことにとって、文字はあまりにも無力である。究極的に美しいひとつの視覚像があらゆる言説を超える。宇宙空間から撮られた青い惑星の写真である。地球を見つめるということは、〈世界〉全体を直示することである。奇蹟的ともいえる偶然の僥倖が積み重なって、私たちすべてが、虚空にうかぶこの惑星の表面に生を享けている。だからこそ、宇宙飛行士たちの多くは根本的な回心を遂げ、かけがえのない地球を守らなければならない、という純粋な世界感情に圧倒される[653]。このことを絶対的な真理として受け容れないかぎり、わたしは、今西がその本質直観の最初においた〈生物も無生物も、あるいは動物も植物も、もとを糺せばみな同じ一つのものに由来する〉という公理とみずからの思考とを合致させることができないのではなかろうか。

飛行機に乗ってアフリカへの旅をするようになってから、十数時間におよぶ密室への幽閉において、わたしはほんとうに球体で近似される実在の表面に沿って連続的に移動しているのだろうか、と繰り返し考えた。眠っているうちに、あるいは窓がシェードで塞がれている長い時間のどこかで、〈不連続線〉を越えているのではなかろうか[654]。わたしは地球が途切れなく連続していることをけっして直接的に知覚することはできない。世界の全体性は、種社会の全体性と同様に、虚環境への投射像としてしか存在しない。

ヌエクキュエならどう考えるのだろう。彼は、自分の足だけで何百キロも旅をすることができる。彼は「砂」〈大地〉の連続性を身の底から把握している。彼は〈セカイ〉という概念をもたないが、もし彼がそのことばの〈名〉（意味）を理解するならば、それには終わり（果て）がない、と応えるだろう。ヌエクキュエのまなざしを今西という年長者に重ねあわせると重要な事実に気づく。この年長者は「一つのもの」といっているだけで、それに〈地球〉という第一原因者をあてはめたのは、わたしの勇み足であった。「一つのもの」にとどまりつづけるならば、ヌエクキュエもこの年長者に同意するはずだ。ガマ（神霊）がエランドの糞に息を吹きかけことばを籠めたことによって、あらゆる「食うもの《コーホ》」が生まれた。だから、わたしが探りあてるべき知識とは、〈地球が存在する〉ことではなく、〈すべてがひとつのものから展成した〉ことなのである。

652 菅原和孝『狩り狩られる経験の現象学』京都大学学術出版会、二二七－二二八頁。
653 立花隆　一九八五『宇宙からの帰還』中央公論新社。
654 曳間は少年時代に天気図のなかに恐竜の背中のような不可思議な曲線を見いだし、父親に「ねえ、この線、何なの」と訊く。父は「《不連続線》っていうんだよ」と教えてくれる。それ以来、彼は、世界のどこかにこのような線がはしっているのではないかという想いに囚われつづける……。竹本健治　一九八三『匣の中の失楽』講談社、一二頁。

二　夢界の存在論と虚環境の集極化

行動学における本能

第二章で参照した「間動物性」に関わる考察のすぐあとで、メルロ＝ポンティは「ローレンツの本能研究――本能から象徴作用への通路」と題される議論を展開している。第二章で予告した「夢界の存在論」にとって重要な論点を含むので、やや詳しく追跡する〔多数の節に散在する文をひとつの系列にまとめ、直訳すると意味がとおりづらい箇所は意訳した〕[655]。

――行動を統一性《ユニティ》へ還元することは不可能である。われわれは行動を複数の層の連続として理解してはならない。本能的傾向とは目標に向けられる動作ではない。本能は、「対象をもたぬ」原基的な活動、すなわち〈対象欠如〉（〔独〕objektlos）である。だから、われわれは、知覚的成素《エレメント》と本能的成素とを区別しなければならない。

獲物をねらうワシの行動のなかに、さまざまな走性《タクシス》的要素（つまりワシが獲物に照準固定する最良の径路に身をおこうとする自発的な運動）と、達成の動作とを区別しなければならない。〔達成という〕このステレオタイプにおいて確立されるのは、対象との関係というよりもむしろ内生的な緊張を解消する企てである。この緊張は、それが対象を指向するからではなく、むしろ対象を指向することが緊張の解消を可能にする手段だからこそ、対象と出会うのである。対象は、ワシのなかに存在する敏感な接触点にも似て、ワシに介入してくるかのようだ。あたかも、緊張によって、ワシそれ自身の内部に担われているメロディの断片が、かれにもたらされるかのようだ。

本能は内側から確立された行動であり、盲目性をもっており、対象を知らない。ムクドリは、今まで同種個体のそんな行動を見たことがなくても、ハエを狩る行動を発現する。しかも周囲にハエなどいなくてもそうするのである。眼と頭が獲物を追って動くとすぐに飛びたち、パクッと嚙みつく身ぶりをし、存在しない青虫を嘴でつつき殺し、嚥下し、満足したように体を震わせる。目的は達成されておらず、あたかも快楽の活動に耽っているかのようだ。

すなわち、これらの本能的活動には、非－現実的なもの、夢界の生へのある種の参照が、純粋な状態で顕現する。それはある様式《スティル》の顕現でもある。肝要なことは、行動のある様式が活性化されることによってのみ、引き金《トリガー》は作動するということである。引き金は原因ではないが、ある生得的な複合《コンプレックス》を喚起する力をもつ。われわれは、刺激の擬似運命的な性格と、本能は内生的な活動であるという事実の双方を主張しなければならない。本能的行動は、それがほんとうは機械的ではないとしても、機械的行動の様式を具えており、いくぶんユクスキュルの設計図《バウプラン》に似ている。行動があらかじめ用意され、内部から引きおこされるというそのかぎりにおいて、メカニズムは存在する。

われわれは、本能を適応の概念によっては理解できない。適応の概念は、現在の環界と生命体の動作とのあいだに即座の対応を想定するが、ここで見られる動作は可能的状況への予期なのである。刺激＝引き金は全体という意味をもった構造ではない。むしろ、加算的に作用する全体の諸性格の総和なのである。あたかも正常な刺激とはむしろひとつの類型であり、正常な刺激を横断して動物は規範を超えた何ものかをめざしているかのように、すべては起こる。この刺激は、それがたとえ実際には単なる擬似餌《ルアー》にすぎないとしても、動物にある種の魅了の力をおよぼす。ここに本能のある種のフェティシズムがある。夢界的な、絶対的な、本能の性格がここにある。

動物は、対象を欲し、かつ欲していないように見える。本能は、本能自体のなかにあると同時に、対象へと転回する。それは、慣性でもあり、幻覚的な夢界の行動でもある。世界をつくる能力であるとともに、世界からどんな対象でも摘《つま》みとる能力でもある。それは、理由を知ることなく解消を欲する緊張であるかぎりにおいて、現実よりもむしろ非現実をめざしている。本能は像または類型を指向する。ここに本能のナルシシズムがある。存在が視覚であるとともに情熱でもある瞬間から、つまり存在が行動の内的法則と外界への関係の両方を担うときから、生のドラマが出現する。〈なすこと〉

655 Merleau-Ponty, *Nature*, Northwestern University Press, pp. 190-194.

と〈見ること〉のこの双対性《デュアリティ》こそが本能の衝迫を説明するだろう。〔強調は引用者〕

「情熱」「魅了」「フェティシズム」「ナルシシズム」といった行動学としては破格な語彙が、文章に奇妙な陰翳を与えている。しかも、これらの記述の背後には、ときには本能に衝き動かされてふるまう人の宿命が透けて見えるようにも感じられる。メルロ＝ポンティがここで関心を集中させているのは、第七章で注目した「転移活動」という概念の根幹にある行動学の「水力学モデル」である。動物は、現実の環境に欲求の対象が欠如しているときでも、貯水された「衝動」がある閾を越えると、自動的に一連の動作系列を発現することがある。しかも、いったんそれが始まると、「プログラム」の末端に達するまで終わらない。ローレンツによるこの種の観察が、メルロ＝ポンティ自身を深く魅了したのである。本書の探究にひき寄せていえば、「対象欠如《オブジェクトロス》」のもとで流れる行動のメロディが照らしているのは、動物もまた虚環境を立ち現わす潜勢力を担っており、環境と虚環境のモザイク状境界を歩む可能性をおびているということである。

だが、それだけであれば、メルロ＝ポンティが「夢界の」という奇異な修飾語を繰り返しつかうことは、必然性にとぼしい。夢界はもちろん虚環境に包含されているが、虚環境一般の本質的な性格が、夢界にこそもっとも顕著に現われると考える必要がある。

夢界における出来事の構造とその集極化

ここに至って、本書の自伝的民族誌としての側面が本領を発揮する。これから述べることも〈動物の境界〉をめぐる探究にとってけっして迂回路ではなく、むしろ探究の登頂点へ側方から接近する最短ルートである〔語義矛盾だが〕。

回顧——あるきっかけで、大学一回生の冬から夢日誌をつける習慣が身についた。枕もとにノートと鉛筆を置き、夢を見て目ざめた直後に、急速に薄れてゆくイメージを、できるだけ正確に、すばやく筆記するのである。続けていると、想起と速記の技倆がぐんぐんあがっていくことがよくわかった。偽悪的にいえば、これこそ大学生のとき、わたしがもっとも真剣に取り組んだ「研究」だった。大学院に入ってフィールドワークをするようになると、早起きをしなければならなくなったので、この「良い習慣」はサボりがちになった。それでも、カラハリのテントの中でも、とくに印象的で鮮明な夢を見たときは、ヘッドランプを灯して筆記することがたまにあった。現在でも、この「良い習慣」のことを忘れたわけではないが、これを書く苛酷な労働のおかげで、六時間の睡眠を確保するのがやっとという境遇のなかで、長いあいだ遠ざかっている。

夢日誌に集積されるデータは連続的なスペクトラムをなす。いっぽうの端には、夢材料となった日常の些末な経験がさしたる加工もされず単調に反復される「凡作」がひしめいている。他方の極には、複雑に構造化され重層化された、少数の「大傑作」がある。そうした夢はふつうとても長く、ノート数ページにおよび、筆記に一時間ぐらいを費やす。いまわたしが注目したいのは、「大傑作」ではないが、顕著な特性を具えた比較的短い夢である。これらの事例では、夢界の出来事をくぐり抜けている最中にはまったくその意味がつかめず、終末に至って「謎」が解け、そのことに驚いて目がさめる。あるいは、目ざめたあとしばらく考えて、やっと「オチ」の意味が腑におちる場合もある。過去の夢日誌を発掘する余裕がないので、記憶に刻まれた要約を二つだけ挙げる。

【例1】大学二回生から三回生になる境目の春休みに見た夢――ぼくは、警報器も遮断機もない、薄暗い踏み切りの前に立っている。それは子どもの頃から、わが家のかかりつけの開業医カワド先生の医院に行くたびに通った京王線の踏み切りだ。なにか不吉な感じがする。忘れていた記憶が甦る。ぼくが小学二年生の頃、同級生のハンサムな川鍋くんのお母さんが、夜にこの踏み切りを通り抜けようとして電車に轢かれて死んだのだ……。目ざめてから、なんでこんな夢を見たのか、しばらくわからなかった。だが、はっと思いあたった。その頃、ぼくは文庫でフロイトの『夢判断』を読んでいた。それに影響されて「地口の夢」を見たのだ。前日、進路に迷っていたぼくは、数名のクラスメートとともに動物生態学で高名な川那部浩哉教授の研究室を訪れ、大学院で動物生態学を専攻するという選択肢について相談した。川那部先生は気さくに応対してくださったが、けっして「ぜひうちに来なさい」とはおっしゃらなかった。未来への不安が「カワナベ」という語呂合わせによって、わずか八歳で母を亡くした可哀想な川鍋くんの記憶を喚びさましたのである。

【例2】わが家の真っ黒なラブラドルレトリヴァー、パリツィがまだ若かった頃に見た夢——わたしは家族とパリツィを伴い、「共進会」へ行く。混雑した会場でうっかりパリツィとはぐれてしまう。出口はひとつだけだから、そこにいれば再会できるだろう。だが、すべての入場者が出ても、パリツィはいなかった。心配しながら家に帰ると、なんとまっ白な犬がいる。だれかが白い絵の具を体じゅうに塗りつけたから、出口で見張っていてもわからなかったのだ（なぜ犬のほうがわたしに駆けよってこないで自力で帰宅したのかという矛盾は黙殺される）。「だれがこんなひどい悪戯をしたんだ」と怒りながら、犬の体を洗おうとしているところで目がさめた。

どちらの例も夢で出来事を経験しているそのさなかには、現実世界と同様「未来」は見とおせていない。けれど、謎が解ける「未来」の瞬間は夢の発端からのすべてを規定している。つぎの例では、目ざめたあとも夢のなかの洞察に合理的な説明が与えられない。

【例3】比較的最近（といってももう四年近く前に）見た夢、非常に鮮明だったので蒲団から抜けだして内容をコンピュータに入力することができた。——二〇一二年一一月三〇日早朝六時六分に記す。わたしはコミュ研（コミュニケーションの自然誌研究会）の仲間たちと飲み屋にすわっている。きょう初めて出席した若い男がいる。飲み屋から出るとき、わたしは二重になった引き扉の外側に立ち、その若い男が出てくるのを引き戸に手をかけて待っている。彼は暖簾をくぐり内側の引き戸を半開きにしたまま出てくる。わたしは「風がびゅうびゅう入るよ」と注意して、内側の引き戸を閉め、さらに外側も閉める。このことで、その青年にこれから先ずっと敵意をもたれるのだろうといやな予感をおぼえる。場面が一転して、どこかの茶店みたいな、戸外に縁台がしつらえられた所にすわっている。むしょうに煙草が吸いたいのだが、さっきから吸いそびれている。その縁台に、知らない人たちの研究会配付資料みたいなものが置いてある。縦書きである。ふと目をおとすと、どこかのマイナーな印欧語に関する初歩的な解説のようである。外国人が苦労して日本語で書いたものだと推測する。そのあと英文学者たちと合流して居酒屋に入って腰を落ち着ける。わたしの隣にすわっている人（性別不明）が、紙片に書いたことばを見せ、「こんな単語知ってますか?」と尋ねてくる。「Alian」と書いてある。わたしは首をかしげる。「Alienじゃないですよね?」辞書を引こうと思い、それをさっきの縁台に忘れてきたことに気づく。取りに行くと、煙草とライターもその場に置き忘れてあった。煙草を吸ってから戻りたいのだけど、そうもいかず、辞書を持って居酒屋に入る。さっき問いかけてきた人の隣に戻り、辞書を引くとちゃんとあった。▼Alian　第三世界序裂。世界裂開。【用例】ヨブ記「このクソのごときアリアンの石ころの上に横たわることに比ぶれば……」序列ではなく「裂」という漢字が使われていることを奇妙に思う。それを質問者に見せて説明しようとすると、彼（女）は、「なんかアカデミックな辞書をお使いですね」と感心する。だが、それはわたしがいつも使っているなんの変哲もない臙脂色の表紙をしたShogakukan Progressiveにすぎないのだ。もう一度さっきの項目を引こうとして、いくら探しても見つからないことに困惑する。はっと気がつくと、その辞書は縦書きの国語辞典になっている……。目ざめてから、こんなことばがあるのかと気になり、勉強部屋へ行き現実の辞書（同上）をひく。やっぱりない。だが、試しにArianをひくと「アリウス主義の／アリウス派の人」とある。▼Arius アリウス（256？-336）。キリストの神性を否定した異端アリウス説の主唱者。

もしも記憶の改竄でなければ、わたしはこの夢を見るまで「アリウス」という人名を知らなかった。夢は無意識の底に眠っている事柄を顕在化するばかりでなく、わたしの知らないはずのことをも啓示する。『夢判断』を読んだあと、夢の現存在分析を標榜する、スイスの精神分析医メダルト・ボスの著作を読み、大きな影響をうけた。ハイデッガーが現存在の本来的な存在様態とした「死への先駆」や「覚悟性」を賛美する説教臭にはうんざりしたが、「夢は願望充足である」というフロイト説への批判には啓発された。何よりも衝撃をうけたのは予知夢の分析である。熊野寮に棲息するクラスメートで全共闘の近傍にいたW（ビンボーで、冬もコートを買うカネがなくて、いつも実験用の白衣を着ていた）とその話をした。Wが「でも、あれは神秘主義に堕する危険性があるよ」と断言したことにつよい印象をうけた。オーストリア皇太子が一九一四年六月二八日にサラエボで暗殺されることを、その師であった司教が当日の午前三時に夢で見たという証言はあまりにも有名なので省略する。わたしが読みながら背すじをぞくっとさせたのは、ボスの患者であった二五歳の女が、発症よりずっと前に見たつぎのような夢である。

――私〔患者〕は幼児期を過ごした両親の家の音楽室にいた。兄がグランドピアノを演奏し、私は楽譜をめくっていた。寝室から階下に通じる階段室に重い足跡が聞こえたので、兄が様子を見に行った。私は音楽室と同じ階にあるべつの暗い部屋に、黒い野蛮人がゴリラのように立っているのを見た。白眼が暗闇のなかでぎらぎら輝いていた。けれど、その人は静かで、芯から善良そうだった。何かべつのものが私を驚かせたのだ。階下を見降ろすと、がらがらと音をたてながら、骸骨のようなものが部屋を歩きまわっていた。それは人間とは似ても似つかないものに姿を変え、胴体は箒の柄で、その上端には卵形をした白い円板がのっていた。この平面的で顔がないものに私は死ぬほど驚いた。階段を虚空へころげ落ち、知り合いのS氏に抱きとめられた……。その後、「わが家の太陽」と呼ばれていたこの娘は、重度の精神分裂症に陥った。木と紙で作られた非存在とは、底なしの虚無へ転落していく彼女自身の未来の姿だった[656]。

メルロ＝ポンティは、『知覚の現象学』の終盤で、前衛党や知識人の知的＝意志的な投企に依存することなく、労働者が相互関係や仕事との関係のなかで身体的な実存として自発的に革命へ近づいてゆく可能性を展望した。そこで彼は「社会空間が磁場を獲得する」「目標へと向かう生の集極化」といった表現を用いた[657]。革命こそ、現実の環境に磁場が発生し生の集極化が生じる、特権的な状況であろう。いっぽう、私たちが「なんということもなく」(©フッサール)埋没している日常の生活世界において、集極化に言及することは神秘主義の誹りをまねくだろう。だが、夢の事例が教えているように、虚環境のもっとも大きな特性はつねに集極化の可能性に開かれていることなのである。

もう一度、第二章で参照したメルロ＝ポンティの「夢界の比喩」を思い起こそう。「夢界には複数の極がひそんでいる。それらの極は、それ自身として見られることがないにもかかわらず、夢の全要素の直接的な原因をなし、夢で起きるすべての出来事はこれらの極へ向かって進行する。」これこそ、具体的な夢の例を挙げてわたしが照らしだそうとしたことの、要を得た表現である。探究の頂上へ側方的に向かう最後の登攀は、わたしが構成したこの虚環境がそっくり右の「夢界」「夢」という語に置き換え可能だと主張することである。膨大な記述すべての直接的な原因をなし、われわれが動物たちと共に体験したすべての出来事がそこへ向かってゆく集極点――それが展成という真理なのである。

三　社会が展成する

触媒としての閉世界

ここまで読んだあなたから「待った！」という声が発せられることをわたしは予期する。――それはできレースだ、八百長だ。キミは冒頭でこう切りだした。「〈動物の境界〉を破壊する企てとは、動物と人を徹底的に連続した存在として捉えること、「種」はべつの「種」へ変化していくと認めることだ。それを確証する思想は、展成を生命体にとって中心的な真理であると考えることだ。生活世界の内側から展成に触れる可能性を問わなければならない」云々。「展成という真理が集極点である」という見とおしこそ、キミの長たらしい探究を最初から動機づけていた。端緒の〈動機づけ〉だったことの真理性を、〈動機づけられる〉行為の内部から証明することはできない。それでは典型的な循環論証になってしまう。キミは山登りの比喩をつかってきたが、これこそ霧の山でいちばん警戒しなきゃいけないラウンド・ワンダリングだよ。こりゃ遭難だ。あわわわ。

656　ボス、メダルト　一九七〇（三好郁男・笠原嘉・藤原昭訳）『夢――その現存在分析』みすず書房、二三一－二三二頁。
657　メルロー＝ポンティ『知覚の現象学2』みすず書房、三五八－三六〇頁。Merleau-Ponty, Maurice 1962/2002 (trnsl by Colin Smith) *Phenomenology of Perception*. Routledge & Kegan Paul/Reprinted by Routledge, London and New York, pp. 517-518.

反論。この虚環境の集極化は最初から予定されていたことではなく、探究それ自体によって、あたかも「アリアン」という謎のことばのように、わたしの意思と意図を超えた次元からおとずれた。ビーグル号に乗り組んだ青年に近づこうとする第八章を書いたことは、わたしにとって稀有な経験となった。この章に取りかかるとき、とても億劫な気分がしていたのに、思いがけない発見がつぎつぎとおとずれた。少年の「ぼく」はどれほどピューマに憧れていたことか。この想起が触媒になって、弟の膝で血を吸う蚊を叩き殺したあと「はんせい」する少女とめぐり逢った。このとき、わたしは、メルロ＝ポンティの思考の深い次元となっている、〈磁場〉〈集極化〉とはなんのことかを理解したのである。

それは錯覚にすぎないという疑いを払拭するために、集極化を作動させる触媒を用意する。「自伝的民族誌」という側面以外にこれにはひとつの特徴がある。ＳＦを直観の源泉にすることである。ＳＦのなかに「閉世界もの」とよびうるジャンルがある。アイデアの核心は、巨大な宇宙船の中で何十世代にもわたって、人のある個体群が生存しているという設定である。かれらにはその宇宙船にご先祖さまが乗り組んだという集合的記憶もなく、船の外側に宇宙空間がひろがっているという知識もない。この閉じた世界だけがかれらの唯一の現実である。思春期の少年少女が冒険の果てに「世界の秘密」を探りあて、宇宙空間に煌めく無数の星ぼしを目にする（少年時代に『ＳＦマガジン』でそんな中編小説を読んだ）。

――もう少し詳しく閉世界の構造を説明しよう。たとえば、それは厚い断熱効果をもった外殻に覆われた半径一〇〇キロメートルの球体であり、自転運動をしている。人びとは遠心力を重力の代わりにして、球体の内表面で活動している。すなわち、「大地」はどこも、それと気づかれないほど緩やかな凹面をなしている。巨大なシャフトが何本も「大地」から「天空」に聳え立ち、それらが中央制御体を支えている。人びとは高速エレベーターで「大地」と「制御体」のあいだを移動する。制御体の核心部は、完璧な「核燃料サイクル」（笑）を具えた高速増殖核融合炉と、そこからエネルギーを供給される人工太陽である（いっそこの二つが同じであってもよい）。「大地」には緑溢れる森林と農地がひろがり酸素を供給する。完璧な物質循環系が維持されており、水も排泄物もあらゆる廃棄物もほとんど減損することなく再利用される。蛋白質と脂肪のほとんどは植物から抽出しうるが、動物体からのみ得られる必須アミノ酸を確保するためには、どうしても死体を利用する必要がある。すべての死体が栄養素を損なわない特殊処理をほどこされて完全栄養ビスケット「ソイレント・グリーン」に生まれ変わることは、支配階級の一部しか知らない[658]。言い忘れたが、この世界には、物質循環に役立つ微生物を除けば、人以外の動物は存在しない。

　この閉世界における世界－内－存在の根本様態を容易に演繹することができる。かれらが生きることには、何よりも優占される目的がある。この完全な自給自足系《オーターキィ》を未来永劫にわたって作動させ続けることである。それゆえ、かれらは労働者として、大きく二階層に分かれることになる。中央制御体の管理と調整を担う人びとと、「大地」で食糧生産労働に従事する人びとである（後者から衣服や道具の生産活動が分化することは当然である）。

　分析を進めるために公理をもうける。この公理を共有できないと感じるあなたは、最初からこの探究とは無関係な生にコミットしているので、観衆の局外におく。

(一)生きることに意味を感じなければ、人が生きることは難しい。
(二)意味は、なんらかの思想を実存が育てることと、相互反照的に深まってゆく。
(三)思想はつねにもっとも根源的な問いに支えられる。それは《世界はなぜこうなのか↑↓われ《エゴ》はなぜこうなのか》という問いである。

――閉世界の住人エドとハナも問いを立てる。ハナ：「意味は、私とあんたが愛しあっていることのなかにある。」エド：「でも愛しあうことになんの意味があるか。」ハナ：「私たちの子どもが生まれる。その子がオーターキィを支える。」エド：「でも、オーターキィはどうしてあるのか？」ハナ：「私たちの始祖がそれを創った。」エド：「だが、その始祖はどう

658　リチャード・フライシャー監督作品『ソイレント・グリーン』（一九七三公開、アメリカ映画）。

やって生まれたのだろう?」ハナ:「……きっと、神様がお造りになった。」エド:「でも神様はどうやって存在するようになったのだろう? 神様のまえには何があったのだろう?」ハナ〔憑依して〕「神のまえなどない! 神は無限なり!」

この思考実験から興味ぶかい帰結が得られる。閉世界の住人がその世界の起源を問うなら、超越者による創造を想定することは唯一の論理的帰結である。人以外の動物がいない閉世界においては、人がみずからの集合を名ざす概念は「われわれみんな」という代名詞以外に考えられない。人以外の〈行動する実存〉が知られていないから「人類」はおろか「人」という概念も生まれえない。さらに、本能にしたがってふるまうべつの「動物」を観察しないかぎり、自分たちが行なっている「愛の営み」のどこまでが意思に制御されたもので、どこから先が幅の狭められた選択肢なのかも判別できないのではなかろうか。とくに、この閉世界の「大地」に「国境」がなく、下位個体群のあいだに「文化」変異がみられない場合はそうであろう〈ぼくはハナの裸体を見て勃起した。だが、母の裸体を見ても勃起しなかった。ぼくは〈勃起〉という行為を随意に選択しているのだ……、云々。〉

驚きとしての世界認識

息の詰まる閉世界から脱出して、私たちは果てしない大地に立つ。植物は閉世界にも繁茂していたが、いま私たちの目の前には夥しい種類の動物たちがいる〈参考までに、国内で観察可能な鳥類は約五二〇種、昆虫類は約三四〇〇〇種である〉。この世界は比較を絶する複雑さと多様性をもつ。閉世界において想定可能な認識は、世界の豊かさと釣りあわない。形態だけにかぎっても、この多様性は人の想像力の限界を超えている。

——わたしが偏愛する、怪獣、モンスター、宇宙人を主題にしたSFX映画を例にとろう。どれだけ斬新なデザインが考案されても、それは実在するある動物となんらかの類似性をもつ。究極のデザインである不定形生命体でさえも、アメーバーという属体として游ぎまわっている。

「どうしてこうなっているの?」という子どもの問いに対したとき、おとながとりうる最良の身がまえは、まず子どもと共に驚くことである。子どもがまだ驚いていなかったら、驚きの源を「ほらこれって不思議だろ?」と指し示すことだ。それこそ、フッサールが哲学に求めた〈驚き《タウマツェイン》〉を、あるいは、今西が感じた〈少なからぬ愉快さ〉を、〈動物の境界〉に関わる思想のなかに再生し、虚環境を生鮮性で満たす第一歩である。だが、おとなは、子どもにはできないことができる。驚きをうやむやにせずに、それを理路整然とした思考のなかで展開しなおすことである。そこで、あらためてダーウィンにもどる。

ダーウィンがメンデル遺伝学の確立以前に彼の思想を形成したという事実は、自然誌的態度がどれほど〈遠くまで行ける〉かを、われわれに教える。[659]ビーグル号の冒険で彼が獲得した稀有な直接経験と、それを咀嚼する強靭な思考が、空前絶後の〈理論〉へ生成した。わたしは〈自然が選択する〉という巨大な隠喩を鵜呑みにすることをためらうし、ネオ-ダーウィニズムを囲う括弧をはずし、それをわたしの思考に編入することを、最後まで拒みつづける。だが、ダーウィンがやり遂げたことは、純粋な驚きをだれにとっても可知的な〈理路〉へと組みなおす知的実践のもっともみごとな形態である。

このような模範例を前にしてわたしがとりうる身がまえは、驚きの生鮮性を涸らすことのないひとつの情動反応――「なるほどなあ」と感嘆するという反応――である。もっと学問に近いことばでいえば、ある〈理路〉に卓越した説得力を認め、それが真理なのかもしれない、と感じ続けることである。その理路は（『猿=人』の終章で述べたが）謎めいた夢から目ざめたあといつまでも尾をひく〈気がかり〉のように、わたしの現実の生の暗がりに潜みつづけるだろう。〈すべての動植物が生殖連関によって結びあわされ、悠久の時をつらぬいて聳え立つ、

---

659 かつてフーコーの教えをうけた分析哲学者のアーノルド・デビッドソンは、あるコロンビア大学教授が講義で言ったとつたえられることばを引いている。「マルクスは遠くまで行った。フロイトは遠くまで行った。君たちはどれほど遠くまで行く気があるのか?」これを読んでわたしが激しく揺さぶられたのは、吉本隆明の詩にあった「遠くまで行くんだ」というリフレインを連想したからだ。Davidson, Arnold I. 2001 *The Emergence of Sexuality: Historical epistemology and the formation of concepts.* Massachusetts: Harvard University Press.

一本の不可視の巨木の梢として存在する。〉動物たちの多様な生はなぜわたしの前に展開されているのか——もっとも根源的な問いに対する応答として、これ以上の説得力をもつ〈理路〉を、開世界に生きるわれわれはまだ得ていないのである。

社会からの再出発

だが、もちろん、ダーウィンの〈理路〉は、わたしが構成した虚環境の集極点にはなりえない。もしそうであったら、わたしは三〇年近く前にカラハリのテントの中で『種の起源』を読んだときから「なるほどなあ」と感嘆しつづけ、こんな探究に身を投じることもなかったろう。自然誌的態度の源流であった今西錦司の本質直観と、それを継承した伊谷純一郎の社会構造論こそが、〈動物の境界〉を無化する卓越した世界認識であるという予感があったからこそ、わたしは登攀を開始したのである。その世界認識は〈個体本位の生物学から社会本位の生物学へ〉という今西のスローガンに凝縮されている。伊谷もまた、英国における反ローレンツ的な行動学のリーダーだったロバート・ハインドの図式をひきあいにだして、個体間の交働→｛その集積｝＝関係→｛その集積｝＝構造→｛その複合｝＝制度、というふうに下から順次積みあげていく認識論に違和感を表明している。「日本の研究者は、個の原理とは次元の異なるものとして集団の原理を模索してきた[660]。」ここで「日本」と限定してナショナリストを喜ばせるべきではない。地政学的な知の覇権や従属とかかわりなく、第二章でまとめた今西の本質直観は正しい。「生物とその生活の場としての環境を一つにしたものが具体的な生物である。」その系《コロラリー》としてただちに導きだされる命題は「動物とその社会とを切り離して考えることはできない」ということである。だから、動物が展成するとは、その社会が展成することである。これは、わたしが一貫してコミットしてきた、〈場《フィールド》〉こそを思考の準拠枠におく立場の表明にほかならない。

今西と伊谷の思考が西欧から受け容れられないとしたら、この二人には共通した特徴があるからだ。それは

〈因果関係〉を説明しつくそうとする知の欲望を遮断することである。彼らの思考がダーウィン的な〈理路〉と永久にすれ違うのはまさに〈理の当然〉なのである。〈因果への問い〉を封印するとは、彼らはまったく気づいていなかったろうが、科学という知の制度化に対して現象学的な判断中止を断行することに等しかった。その意味で、彼らを「自然科学」にたずさわる探究者として位置づけることはできない。大学院に入った頃、一学年上の先輩で霊長類研究所大学院の第一期生である佐藤俊〔彼はその後、田中二郎の弟子になり、北ケニアのラクダ遊牧民レンディーレを対象にして、徹底した生態人類学的研究を敢行した[661]〕に「伊谷さんって科学者なんスかねえ」と尋ねたことがある。俊ちゃんは言下に「あの人は芸術家や」と応えた。それは的を射た答えだったと思う。だが、いまのわたしならば、今西から伊谷へと連なる系譜は〔近年のメルロ＝ポンティの評価がそうであるように〕「自然哲学」とよばれるにふさわしい、と答えるだろうと思う。この点をめぐってわたしをもっとも驚かせた、意想外の見解を引用しよう。

> アメリカ文化人類学において新進化主義と呼ばれる一大潮流の中核的な理論がある。〔中略：スチュワード、ホワイト、サーヴィス、サーリンズといった名が挙げられる。〕だが、われわれが解明しようとしている「人類社会の進化史的基盤」というときの「社会の進化」は、こうした社会の歴史的発展段階という、文化人類学における「社会進化」を念頭に置くものではない。そもそも、社会とはきわめて抽象度の高い概念なのであって、実体でも実態でもないのだから、それ自体、実的な意味での進化のしようなどないのである。進化するのは任意の社会を構成する個体であり、より正確には、その身体形質の不可逆的な変化、および、個々の個体の行為・行動の変化である。それによって当該社会における個体間関係、すなわち社会性のありようが変わりゆき、ひいては当該社会の構造も変わりゆく。[662]〔強

660 伊谷『チンパンジーの原野』平凡社、一一四－一一六頁。
661 佐藤俊　一九九二『レンディーレ族——北ケニアのラクダ遊牧民社会』弘文堂。

調は引用者〕

エネルギー収支を軸にした生産様式の通時的な変化を「社会進化」とよぶジョンソン+アールの考えかたに同意できないことは、第九章で述べた。その点では、わたしは右の河合香吏の前段の見解に同意するが、河合がもっとも熱烈な伊谷信奉者の一人であることも〈研究仲間として〉知っている。その河合の口から「社会はそれ自体進化のしようなどない」と聞かされることに大きな衝撃をうける。その後に続く「進化するのは個体であり」云々という言明は、伊谷がそこから離脱すべく苦闘した「個の原理」という次元に撤退することである。この議論が、第十章で注目した「フィラバンガの行列」をめぐる伊谷の記述を共感的に引用したすぐあとでなされていることが、わたしの驚きを倍加する。種社会が「きわめて抽象度の高い概念」であることはわたしも認める。だが、社会は「抽象的概念」であり「実体」ではない、という見解は理解しがたい。ルーマン的にいえば、社会とは、交働〈交通〉のシステムが作動することと表裏一体に生成し続ける〈境界〉によって区切られるかぎりにおいて、観察可能な交働空間であり、幻影でも亡霊でもない。

おそらく大多数の「あなた」が、この河合の主張を合理的だと感じるだろう。それどころか、最初に読んだときのわたしがそうであったように、何気なく読みすごしてしまうかもしれない。だが、この探究を通過したことにより、わたしは河合の世界認識に同意できないことがわかった。「社会構造が進化する」という命題を除去してしまったら、第十章で追跡した、伊谷の驚くべき探究にいったい何が残るのだろう。水原が批判したとおり「類型」間の「連想ゲーム」しか残らないではないか。ここで表明されている河合の思考は、科学という〈知の制度化〉の枠内においては正当である。またこの位相にかぎっていえば、ネオ-ダーウィニズムとも矛盾しない。けれど、今西が、そして、伊谷が求めていたものは、そんなことではなかった。経験主義的には支持される見込みはきわめて薄いが、「まず社会が展成した」とためしに考えてみるのである。社会と個体は不可分だが、「個体が展成した」というのは、ダーウィン以来、だれでもいっていることである。それではなんの驚きも愉快さもない。だから「社会が展成した」のでなければならない。ダーウィンが遺伝子について何ひとつ知らなかったように、われわれもその具体的なメカニズムについていまは何も知らない。第九章では、種社会それ自体が展成する可能性を展望する仮説を提示したが、すべての種社会において環状種のごとき多型配列を想定することには無理があるだろう。

もっと説得力のある仮説は、ある普遍的な社会経験が集団のメンバーたちに分有されることによって〈交働の空間〉＝〈間身体性の場〉に新しい集極化が起きることが、社会展成の原動力である考えることである。この方向性をもっとも豊かに孕んでいる実証研究は、伊谷みずからが「交働学派《インタラクション・スクール》」と命名した潮流のなかで積みあげられてきた[663]。この思想動向については、ひとつの長い章をさいて論じるべきなのかもしれないが、本書ではその計画を放棄した。その理由は何よりも労働量が膨大になり、やり遂げるだけの力が自分には残っていないと予見したせいである。だが、それよりも本質的な理由は、わたし自身がこの動向に深くコミットしてきたために、役割距離をおいた分析をしづらいという点にある。本書の任務は、交働学派の理論的基盤を整備するところにあった。学派本体から発する豊穣な思考と思想は、わたしより若い世代の探究者たちが組みたててくれるだろう。

基本単位集団は不変ではない

すでに第九章で、今西の展成論は、括弧に閉ざし続けるべきであった「遺伝子」という概念を密輸入してしまったがゆえに、凡庸な思想に終わったことを批判した。この探究がフッサールから継承した重要な身がまえは懐疑的態度であった。ここで、懐疑は、伊谷の理論それ自体の根幹に向けられる。第十章では（β）《それぞれの

662 河合香吏編『集団』東京外国語大学アジア・アフリカ言語文化研究所（注568）、xiii頁。
663 たとえば、木村大治・中村美知夫・高梨克也編 二〇一〇『インタラクションの境界と接続――サル・人・会話研究から』を参照せよ。

種がみせる社会構造の類型は、分類学の土台をなす形態と同じく、安定した〈形質〉である》という命題を抽出した。この命題はBSU（基本社会単位）の基本特性(4)《ひとつの種社会でひとつの型しかもたない》へパラフレーズされた。ここでわれわれを襲う不安がある。BSUはプラトン的なイデアを連想させる。もっとも深刻なことは、この思いきった規定によって、BSUの構造それ自体が変化する過程を理解する途を伊谷自身が塞いでしまったことである。第十章で参照した西田の遺作が与える最大の驚きは、Mグループを構成する個体の数が急激に減少したことにより、〈そこで生まれた雌が性成熟に達しても出なくなった〉という事実であった。伊谷理論の改訂版のもっとも太い柱は「チンパンジーは雌が出る父系社会である」という本質把持に立脚していた。しかし、集団の構成の変動によって〈出なくなる〉のであれば、われわれは霊長類社会学をどんな土台の上に築きあげればよいのだろう。

第十章でふれることができなかった重要な研究蓄積がある。大学院生時代に今西や宮地伝三郎の指導をうけた杉山幸丸の探究である。彼は、ニホンザルとチンパンジーについても卓越した成果を積みあげてきたが、ここではインドに棲息するハヌマン・ラングール（オナガザル科コロブス亜科）の社会構造に関する観察だけに注目する。伊谷の「社会構造進化論」の改訂版に触発されて、わたしは四つの次元を用いた演繹を試みた。その結果得られた図式（表10－1）をみれば一目瞭然だが、母系の群れ社会において〈出た雄が入らない〉という選択肢が実行されることにより、〈単雄群〉という類型を得る。この特異な構造は独特な社会過程が反復されることによって維持・更新される。

――ハヌマン・ラングールでは、性成熟に達するよりまえに群れから出た雄たちは、雄グループをつくって、群れのなわばり（平均わずか九ヘクタール＝三×三平方キロメートルほど）が連なるその隙間を縫うようにして徘徊する。八群の平均サイズは約一六頭だった。ある日、雄グループは、特定の単雄群に目をつける。徒党を組んで殴りこみをかけ、激しい闘いがリーダーと雄グループの雄たちのあいだで起きるが、多勢に無勢でリーダーは行動域を追い出される。それから数日間にわたって、今度は雄グループを構成していた雄たちどうしで闘いが繰り返される。その結果、もっとも優位な一頭の雄以外はすべて追い出され、彼が新しいリーダーとして君臨する。それから目を疑うようなことが起きる。杉山が最初にこのことを観察したダルワール近郊のドンガラ群を例にとれば、新リーダーが群れを制覇したときには、九頭の雌のほとんどが赤ん坊または一歳の幼子を抱いており発情周期は停止していた。新リーダーはこれらの雌たちを次つぎと襲い、一九六二年六月から八月までのあいだに、当歳児五頭と一歳の雌の子ども一頭を咬み殺した。赤ん坊を失った雌たちはまもなく発情し、半年後の一二月から一月までのあいだに九頭の雌のうち七頭が出産した。[664]

杉山は、単雄群からリーダー雄を捕獲して取り除き、新しく入ってきた雄の行動を追跡するフィールド実験も試みる。そして、幼子殺しは、単雄群が「若返り《リジュヴェネーション》」をくぐり抜けるサイクルにおいて、リーダー交代に伴ってふつうに起きる現象であると考えた。ドンガラ群での観察からおよそ半世紀を経て出版された自伝的な研究回顧は、読むものにさまざまなことを考えさせる。[665] 杉山の思いからは遠ざかるかもしれないが、列挙しておこう。

――(イ)知は西欧に支配されている。この覇権的な構造を、日本の霊長類学の創始者たちは甘く見ていた。個体識別という画期的な方法を確立して以来、日本の霊長類社会学は世界の最先端を走っているという自惚れに安住する時期があまりにも長く続きすぎた。杉山が持ち帰ったそれまでの常識を覆す事実を突きつけられても、パラダイム転移が始まりつつあることを予感できなかった。いっぽう、杉山の報告に対する海外の反応はきわめて冷淡で、観察の信憑性を疑うことからはじまって、「異常行動」と決めつけることまで、顕著な観察事実を異例性のなかに閉じこめようとする〈現状維持〉の傾向がきわだっていた。ハーバード大学で恵まれた研究環境にいたサラ・ブラッハ・ハーディが杉山の研究に触発されて追試調査をやっと始めたのは一九七一年のことだった。(ロ)社会生物学が覇権を掌握した一九七五年以降、幼子殺しは「利己的遺伝子」仮説〈繁殖成功度の増大〉を証明する模範的な例としてもてはやされるようになった。セレンゲティのライオ

664 杉山幸丸　一九八〇『子殺しの行動学――霊長類社会の維持機構をさぐる』北斗出版。
665 杉山幸丸　二〇一〇『私の歩んだ霊長類学』はる書房。

ンのプライド乗っ取りに随伴する幼子殺しをはじめとして、霊長類約二〇種といくつかの哺乳類の種で幼子殺しの事例が陸続と報告された。自然誌的観察はそれ自体としては価値をもたず、支配的なパラダイムの理論的ネットワークのなかに位置づけられてはじめて「科学的事実」へと昇格する。(八)今西の学派には明らかに権力構造があった。杉山が霊長類研究グループに参加したころ、今西のカリスマ性はきわだっており、自由な討論をできる雰囲気ではなかった。

杉山の探究の何よりも独創的な挑戦は、幼子殺しと結びついた単雄群の構造がハヌマン・ラングールの種社会全体に一般的かどうかを検証するために、環境を異にするヒマラヤ山麓のシムラ（標高二二〇〇メートル）での比較調査を敢行したことであった。一二群の個体数の平均は約四〇頭でダルワール近郊に較べると三倍近い大きさである。行動域（他群と重複利用する部分も含む、なわばりよりも広い域）は一九〇ヘクタールもあり、一〇倍以上の広さだった。単雄群は一二群中わずか三群しか観察されず、ほとんどの群れは数頭の雄（平均三・七頭）を含む複雄群だった。最大の群れは九八頭で構成される巨大なもので、一一頭もの雄を含んでいた。単雄群という社会構造はハヌマン・ラングールにおいて「たったひとつの型」ではなく「安定した形質」でもなかったのである。

社会構造は可変的であり環境条件によって変異する潜勢力を秘めている。これは曇りない自然誌的態度によって動物社会と向かいあうなら、だれにでもおとずれてよい本質直観のはずである（逆説的だが「永劫不変のイデアとしての本質などない」という本質直観）。だが、今西から伊谷へと連なる思考の系列は、このような視界を「環境決定論」という名のもとに嫌う傾向があった。その胚珠は、そもそも今西が「生態学に対する生物社会学の優位性」を主張したことのなかに播かれていた。第十章で参照したシンポジウムでの白熱した議論以来、今西と伊谷の思想的立場は亀裂を深め、伊谷は「生物学主義」という痛罵を浴びせられることになったが、「環境に対する社会の優位」を〈信じる〉という一点において、伊谷は最後まで今西の忠実な弟子であった。

杉山による日本の霊長類学に関わる歴史的回顧には、つねにある〈苦にがしさ〉の気分がまとわりついている。定年退職を記念して刊行された論文集に彼はこう書く。

一九五〇年代の後半から一九六〇年代初頭にかけては、観察結果のすべてが新発見であり日本のサル学は意気軒昂だった。あるゼミで教官が「フィールドに行くのに温度計ぐらいはもって行きなさい」と指示したところ、注意された大学院生は「高度なサルの社会行動に温度など影響ない」と突っぱねた。そのころの研究グループの雰囲気をよく現しているエピソードだ。／［……］「日本の研究者があげてまいりました成果の多く」は「いずれも非自然科学的な問題である」として、異なる面からのアプローチをあえて無視したり拒否したりする姿勢は、より大きな発展にはつながらないように思う。[666]

もちろん、ここで「　」内に引用されているのは、伊谷のことばである（この本が出版されたのは伊谷の死のほぼ一年前であるが、彼はこれを読んだのだろうか）。杉山には、環境への生態学的適応を重視するみずからの思想が、今西／伊谷を「中心」とする知の空間において「周辺」に追いやられているという自覚がつねにあった。それゆえ、彼は、一貫して、伊谷の社会構造展成論に対するもっとも手ごわい批判者だった。それを遠くから眺めていた青年時代から、わたしは「このお二人はおたがいのことがあまり好きじゃないんだなあ」と感じていた。これはけっして学界ゴシップ・ネタではない。このような気分＝情態性のなかにこそ、〈知の制度化〉と表裏一体になった〈知の権力〉の問題がくっきり顕在化しているからである。自然科学であるかいなかにかかわりなく、探究者が構成する理論は虚環境にしか存在しない。理論闘争といわれる営為は、それがどんなに「血みどろ」に見えようが、あたかもあの愚作ハリウッド映画『アバター』の仕掛けのように、探究者の虚的な「分身」によって、虚環境のなかで繰り広げられるにすぎない。だが、この闘争は環境のなかに滲みだし、人と人との関係（間身体

666　杉山幸丸　二〇〇〇「日本のサル学を振り返って、これからの道を探る」杉山幸丸編『霊長類生態学――環境と行動のダイナミズム』京都大学学術出版会、四六五－六頁。

性）を、連帯、友愛、疎ましさ、さらには憎悪にまで染めあげてしまう。理論は、読んだ翌日には忘れてしまう凡作ミステリーのごとき「文化表象」ではない。探究者はつねに環境と虚環境のモザイク状境界を歩み続けている。〈知の権力〉はこのモザイク状境界という土壌がないかぎり蔓延しえない。

わたし自身も、伊谷の書いたもののなかに権力性を嗅ぎつけ、ショックをうけたことが一度だけある。『チンパンジーの原野』がまだ雑誌『アニマ』に連載中だったときだ。

すべては要不要の限界がいずこにあり、研究の目的が奈辺にあるのかが問題なのだが、つぎのような意見を聞く。生態学にとって、生活の実態の把握こそが重要だ。ニホンザルの群れは遊動の生活をしている。したがって、遊動を徹底的に追う必要がある。ここまでは何とかついてゆけるのだが、それではどうして日本じゅうのサルの群れの遊動を追わなければならないということになるのか、それが私にはわからない。こんな資料を山と積んでみても、学問の進歩にはあまり役に立つまい。／群れを追うのが面白いからというのなら、スポーツとしておやりになればよい。日本の科学研究費は、スポーツの片棒を担うほど十分ではないはずだ。こともあろうに、国立の研究所がそのお先棒をかついでいるというのは、私には理解できない。[667]

この伊谷の批判は、わたしが大学院生だった頃の霊長類研究所の雰囲気をよくつたえている。東大闘争を果敢に戦いぬいた岩野泰三〔第一章で引用し島泰三の旧姓〕を中心にした「ニホンザルの現況研究会」は、霊研でたびたび研究会を開催し、伊谷が開拓した餌場社会学、とくに同心円二重構造の理論に鋭い批判を投げかけていた。――前段の伊谷の不審はわたし自身の気分と共鳴した。高崎山群に対して若き日の伊谷が試みたような遊動の追跡だけに終始していたら、ニホンザルの社会構造の骨格をわかるまでにたぶんあと二〇年の歳月を費やしただろう（わたしはそれが不可能だったろうといっているのではない。二学年後輩の丸橋珠樹は、餌づけに頼らない完全な「人づけ」によって、ヤクニホンザルの野生群を高い精度で観察する偉業を成し遂げた。それ以来、屋久島はニホンザル研究のもっとも有力なフィールドになった)。わたしは餌づけ群で明らかにされたことが「虚構」であったとは思っていなかった。それは、自然群社会をある狭いスロットのなかへ導き入れ、社会の本質が剝きだしになるさまを把握する稀有な企てであった。何よりも、新米の院生だったわたしには、「現況研」のくそリアリズムが退屈で仕方がなかった。さらに、そこに集う山男たちのように山野を自由に駆けまわる体力と技倆が自分にはないことに劣等感をいだいていた。

しかし、後段の伊谷の悪態は、わたしには許容しえないものに感じられた。伊谷は、国民の血税から搾りとられた巨額の海外学術調査費をつかってアフリカを闊歩している自分の生のかたちを「学問の進歩」という眉に唾をつけるべき概念で合理化している。これが全共闘運動の洗礼をうけ「客観的真理」への幻想を捨てざるをえなかったわたしの正直な感想だった。たとえ伊谷のやってきたことを「自然哲学」に位置づけるとしても、圧倒的少数者《マイノリティ》としてのみずからの探究を「学問の進歩」によって正統化するかぎりにおいて、彼もまた〈啓蒙の近代〉によって主体形成される宿命からの逃走線を拓くことができなかった。もちろん、杉山の自然科学への素朴な傾倒はこの探究の指針とあまりにも隔たっている。だが、伊谷の思想を限界づけた〈啓蒙の近代〉が私たちすべての思考の上限であるかぎり、伊谷と杉山とのあいだには本質的な対立点はなかったのではなかろうか。

自然誌的態度にとっての因果関係

ふたたび山登りの比喩。わたしはうっかり滑落しないように、神経を研ぎすまして歩いてきた。取り返しのつかない滑落とは、括弧に閉じこめた科学を自分が無意識的に思考に編入し、しかもそれに気づかないことである。厳しい批判者は「えっ？ キミはもうとっくにあそこで遭難しているぜ」と指摘するかもしれないが、わたし自

667 伊谷『チンパンジーの原野』平凡社、二二四–五頁。

身はまだ致命的な失敗はしていないと判断している。だからこそ、この先の痩せ尾根が最大の難所である。

わたしが括弧入れした科学のもっとも本質的な特徴はなんだろう。わたしは、それは、現象の背後にそれをかくあらしめた因果関係を見ぬくこと、そしてその因果関係を説明し尽くしたいという知の欲望を徹底的に追求することだと考える。《ある〈種〉の基本社会単位の構造はなぜこうなっているのか↓それはこれこれの環境条件に適応しているからだ。》ゆえに杉山がコミットする霊長類生態学こそは、これに類した因果関係の解明をめざすかぎりにおいて、典型的な科学の思考法に身をゆだねることである。

いっぽう、前の小節での探究は、基本社会単位に〈変容〉への潜勢力がないかぎり、〈社会が展成する〉という核心的な真理への途は塞がれたままであることを明らかにした。〈なぜこの単位集団の雌たちは出ないのだ?↓それを構成する個体の数が激減したからだ。〉直接観察された現象が、社会が展成するその手前、すなわち〈社会が変容する〉決定的な契機を照らしている。もしも母系の複雄群から単雄群が展成したとするならば、その手前に、雄どうしが共在を許しあわなくなるプロセスを観察しうる移行的なフェーズがあったはずだ。わたしの思いきったステップは、つぎの命題を認めることへ向かって刻まれる——《自然誌的態度は、環境への適応によって引きおこされる社会展成の契機を、悠久の時の厚みに遮られた虚環境のなかに透視することができる。》

論証——自然誌的態度もまたしばしばあからさまな因果推論を行なっていることに注意しよう。この探究にとって不可欠な推論は〈われ《エゴ》が存在するのは生殖連関があるからだ〉というものだった。つぎに、探究を導いてくれたヌエクキュエが内属する社会のことを思い起こそう。グイでは、植物性の食糧資源が豊富な雨季には複数の核家族が集まって大きなキャンプをつくる傾向が高いが、それが乏しい乾季になると家族単位でばらばらに遊動する。この水準での〈環境への適応〉という単純な因果を認めないかぎり、あらゆる生態人類学的な探究は成立しえない。右で《 》に括った命題は、いっけん、ごてごてしているように見えるが、いま述べた類いのあからさまな因果推論から連続的に発展する本質直観である。

この本質直観が真であることの証拠は、四〇年前からわたしの目の前にあった。だが、そのとき、わたしはそれを明晰に語ることばをもっていなかった。わたしの思考の原点である雑種ヒヒの社会こそがその証拠である。クマーの改変《モディフィケーション》という概念は、単純明快な因果推論の典型である。マントヒヒ雄の白っぽいマントと鬣は、性的アピールの機能を担うとともに、酷熱の半砂漠の直射日光を反射するために実現された改変である。また、かれらの社会構造のきわだった特徴である重層性もまた、乾燥した生活の場に適応した改変である。乏しい食物資源を求めて遊動するときには、防衛力のある雄にまもられた小集団に分散するのが有利であったのに対して、安全を保証する切り立った崖の休眠場という限られた地勢的資源を利用するときには、大集団を形成することを余儀なくされた。後者は同時に捕食者からの防衛を鞏固にするもっとも有効な手段でもあった。

——マントヒヒのバンドから由来するカラユ・グループの遊動を追跡する直接経験において、わたしはこのクマーの因果推論が真であることを、身をもって体得していた。バンドという重層構造の特性は、分散〜集中の伸縮自在さにあるのだと痛感した。狭い木蔭に、ハレムのリーダーと独身者とをとりまぜて巨大な雄六頭もが近接して休息しているのを見て、彼らのあいだにはたしかにメール・ボンドがあるのだ、と納得した。

庄武孝義の集団遺伝学的な分析が大きな原動力になって、〈アヌビスヒヒとマントヒヒはいったん亜種レベルにまで分化したが、比較的最近になって「二次相互遷移」とよばれる雑種形成を始めた〉という定説が確立した。さらに、アフリカ大陸に分布する五種（ギニアヒヒ、キイロヒヒ、アヌビスヒヒ、マントヒヒ、チャクマヒヒ）は単一種の亜種へと再分類された。いっぽう、マントヒヒ社会の重層構造が他のヒヒ類の単層構造とはまったく別ものであることは、だれも否定できない。すると、〈サバンナヒヒ〉として包括される〈種社会〉は唯一の基本単位集団の類型へとは収斂しない。この〈種社会〉は、馬渡が「多型種」とみなしたように、二つの異なったBSU（基本社会単位）を内包するのである。

結論——基本社会単位は存在する。だがそれはひとつの種社会に一類型だけとはかぎらない。あるBSUは、それまでとは異なった環境に進出したり、そこに偶発的に閉じこめられたりしたときに、新しい環境への適応をとおして社会構造を改変する潜勢力をもつ。この改変は、普遍的な社会経験の場に新しい集極化を発生させ、新しいタイプの間身体性を生みだす。こうして社会は展成する。

四　開世界に立つ――〈動物の境界〉と〈啓蒙の近代〉

人と動物の対等性と非対等性

この探究を持続する過程で、ひとつの素朴な情動反応がわたしに芽ばえ、それが困難な登攀に挫けそうになるわたしを励ましつづけた。それは単純にいえば〈生きている〉ことに対する圧倒的な肯定感であり、もっと理論的にいえば、すべての動物たちがみずからのオイケイオーシスを追求し必死で努力していることを、この世界に満ちる価値の根源として捉える身がまえであった。この一点において、人と動物は対等である。それにもかかわらず、私たちの生活世界において人と動物がこれほど鞏固な境界で隔てられているのは、文明とよばれる装置系のせいである。この装置系がとめどもなく複雑化するにつれて、右の対等性は私たちにとってますます見えにくいものになり、圧倒的な非対等性へと増幅されつづける。この正のフィードバッグに均衡点はない。このことを考えているとき、中学から高校にかけて熱中した新聞連載小説と、そのテレビドラマ化のことを思いだした。――わたしが胸をドキドキさせながらヒロイン陽子の物語を読んだのは、たまたまわたしの激しい初恋の相手と同名だったからだ。ＴＶ劇では、その少女とはまったく似ていなかったが内藤洋子の清楚な美しさに魅せられた。大学入学後もこのドラマは友人たちとのあいだで話題になった。われわれが異口同音に想起したのは、新珠三千代が演じる養母の冷たい美しさだった。夜、丘の上に佇む家族は煌めく街の無数の灯火に見とれる。陽子が感動して言う。「あの明かりの下にたくさんの人が生きているのね。神様は、人間みんな平等だっておっしゃる。でも、あの人たちみんなに平等に与えられて

いるものって何かしら？」すると養母は冷然と応える。「それは……死ですよ。」〔三浦綾子原作『氷点』〕

これは〈動物の境界〉にこそあてはまる洞察ではないか。どんなに必死で「生のあがき」を続けていても、いつか力尽きて、人も動物もひとりぼっちで死んでゆく。だが、奇妙なことに、自分が蓄積してきた資源（知識、読解力、書く力など）をもはや使うすべもなくベッドに横たわる知識人も、血尿を漏らして深い溜息をついて息絶えるサタンも、同じように死を迎えるのだと考えるとき、わたしは深い安らぎにつつまれる。どんなにイヤなやつ（たとえば、わたし）でも、死の瞬間には無力であどけない。

生の意味は〈剥奪〉という末端から逆向きに辿るとき、もっとも鮮明に照らされる。だからこそ、あの閉世界の思考実験はわたしにとって大きな意味をもつ。閉世界の構造を空想することに過剰に熱中してしまったあと、ふと不気味な認識が襲った。わたし自身が埋めこまれている現代社会の生政治は、閉世界へ私たちを閉じこめることへと集極化しているのではなかろうか。わたしは、エドの立場に身をおいたとき、とてもここでは〈生きる意味〉を見いだせないなあ、と感じた。すべてはオータ－キィを維持することに捧げられ、愛の営みでさえも、オータ－キィ保守の要員を確保するためにせっせと続けなければならない……。なぜ、私たちは、エドやハナにも似て、驚くべき複雑さと多様性に満ちた開世界とじかに交流することからこんなにも隔てられているのだろう。なぜ、子どものときから世界に驚く力を吸いとられ、まだほんとうにすばらしいことも経験していない中学生なんかで自殺したりするのだろう。わたしが見いだした答え。私たちは、ダーウィン以来、〈啓蒙の近代〉によって主体形成されてきたからだ。

社会はなぜこうなっているのか

現象学的還元は端緒でありすべてである。しかもそれは徹底していなければならない。この原則を守りつづけようとするかぎり、「わたしが内属している社会はなぜこうなのか？」というもっとも切実な問いを徹底して突きつめる可能性は塞がれている。わたしが幼いころから教えられてきた、社会はこんなふうにできあがっている、という知識がほんとうに真実なのか不明だからである。閉世界においては、「この大地の外側に無数の星がまたたく無限（かどうかわからないが）の空間がひろがっている」とか、「ソイレント・グリーンは死体から作られている」といった、「本当のこと」は完璧に隠蔽されている。これと似て、わたしが獲得してきたすべての知識が虚偽である蓋然性はけっしてゼロではない。だが、みずからが内属する社会の総体に対して徹底的に懐疑的な態度をとり続けるとき、わたしは〈意味ある〉行為をひとつとしてなしえないだろう。「徹底性をつらぬく」と決意したフッサールが、毎日どうやって生存を支えられたのか、わたしにはじつはわかっていない。だから、わたしができることは、獲得された知識と演繹と帰納的推論と、そしてときにはアブダクションを、臨機応変に組みあわせ、わたし自身が納得できるような有意性のネットワークを織りあげつづけてゆくことだけである。

　そのときもっとも確実な手がかりになるのは、平凡なようだが、幼いわたしに親が語り聞かせたことであり、長じては友や先輩や後輩や恋人が話してくれたことである。わたしの用語法でいえば、かれらの表情をおびた身ぶりこそが、〈社会のしくみ〉に関する知識に生鮮性を充塡するもっとも信頼すべき資源である。そのことを前提にしたうえで、この探究の出発点からわたしに取り憑いてきた知識を主題にする。それが〈あの戦争〉である。なぜ〈あの戦争〉だけが特別に主題化されねばならないのかという反問に純粋論理の地平で応えることはできない。わたしが示唆できるのは、現在の私たちの生活形式を根本から規定しているのは〈あの戦争〉であり、私たちが内属している社会と〈あの戦争〉とはことばのもっとも深い意味で連続しているという直観だけである。

　わたしは〈あの戦争〉が確実に起きたという事実をみずからの思考に編入する。それは何よりも両親の表情をおびた身ぶりを通してである。わたしには二〇一〇年の一月に病没した四歳上の姉がいたが、その数歳上にサヤコという姉がかつていたという。彼女はまだ乳呑み児のとき空襲を避け防空壕で長い時間を過ごしたことによって重い風邪をひき、それがもとで生後半年で亡くなったという。サヤコちゃんがどんなに愛らしい子だったかという話を繰り返し父母から聞かされた。わたしが中学生の頃、通学路をはずれて寄り道をすると「たぬき山」と通称される小高い丘があった。その丘の一角には防空壕が残っていて、暗くなるまで部活で学校にいると、そこに棲むコウモリが校庭に飛来した。そのほかにも積みあげることができる多くの証拠から、わたしは〈あの戦争〉をわがこととして思考する根拠をもつ。さらに、第一章で述べたように、わたしが知遇を得たヒバクシャや、ヒバクシャの娘の表情をおびた身ぶりから、ヒロシマとナガサキについて考えつづけることへ促される。これらの根拠が、本書の冒頭で参照したデリダの議論、つまり「人間の超越論的愚かしさ」へとわたしを動機づけたことは明らかである。

究極の疎外態——核エネルギーの「解放」

さて、そこで原爆の話になるのだが、ここでも現象学的還元は厳密に実行されなければならない。原則としてあらためて掲げるべきは、〈わたし自身からけっして切り離せない〉思考に還りつづけることである。この検知計に合格するもっとも確実な思考とは、子どものときからわたしが繰り返し考え続けてきたことにほかならない。さらにもうひとつ媒介変数《パラメーター》をおく。それは、閉世界の思考実験から浮かびあがった、〈剝奪〉から逆向きに照らされる意味に注意を集中する、という方法の応用である。

〈啓蒙の近代〉はわたしの主体形成にあまりにも深く滲透しているから、通常、それが意識化されることはない。小中学校で教師から教わったことの何がほんとうで何が嘘っぱちだったのかを正面突破によって区別することは難しい。私たちがフーコーから教わったことを実践感覚の問題として捉えれば、主体形成が権力によってある方向に誘導されていると気づくことは、私たちを不快にするということである。この不快感があればこそ、それに抵抗しようとする意志が生まれる。いまの場合、剝奪でも抑圧でもなく、言説にひそむひそかな〈操作〉への意志を感知することから、遡行的に〈社会はこうなっているのではないか〉という想像が把持される。その位相にかぎっていえば、この探究のもっとも大きな転回点は、ダーウィンがみずからの血を吸わせて観察したオオサシガメの記述から、「弟の血を吸う蚊を反射的に叩き殺したあとで「はんせい」した少女」の記憶が甦ったことであった。この言説主体は、科学的観察の大切さ、そしてその価値中立性（日本脳炎のことを心配するなんて科学の無私性に反します）を児童に滲透させようとしていた（言説主体が無意識的にそれを行なっていたならもっと恐ろしい）。こう考えたとき、もうひとつ、姉の使い古しの教科書をながめていたときの記憶が甦った。それは数頁にわたる長詩だった（おそらく小学校の中学年向けに書かれたもので、色彩画が下段に添えられていた）。

——昔むかし、人間は火をもっていなかった。勇気のある人が落雷で火事になった山から火を持ち帰った。それで、食べものを煮たり焼いたり、寒いときはからだを暖められるようになった。／やがて、熱くて危険な火の代わりに、人間は電気を使うようになった。／だが、ある日、人間が発明した新しく恐ろしい火が、街の上で燃えさかり、たくさんの人たちを皆ごろしにした。／それから、人間はこの恐ろしい火を閉じこめ、すこしずつその力を利用して、とても豊かになることができた。／こうやって火をうまく使っていけば、人類はいつまでも繁栄してゆくだろう。

福島第一原発事故のあと、わたしが所属していた組織で開講された「基礎ゼミナール」で物理学者の同僚・阪上雅昭が武谷三男の『原子力発電』（一九七六）という岩波新書の一冊をテキストにして、原発について考えるすばらしいゼミを半年間つづけた。わたしも勤務がゆるすかぎり参加した。そして、小学生のときぼんやりした不快感をおぼえたあの長詩の正体がわかった。原子炉を大量生産しはじめたアメリカにとって、急速な経済復興を遂げつつあった「属国」日本はまたとない市場だった。日本の支配層は、原子力を次世代エネルギーとして選択することの正当性を児童の心性に滲透させる教科書を作ることを（おそらく非常に目につきにくいかたちで）奨励した。これらのことは間接的な知識としてしかわたしに到来しないが、子どものとき自分たちはそのような力に確実に曝されていたのだと気づくことが、知識に生鮮性を充塡する。

主体形成に対して働くひそやかな力に気づくことと表裏一体となったパラメーターがある。それは隠蔽が行なわれていると知ることである。ヒバクシャを襲った放射能疾患のすさまじさや、日本の多くの都市に対して行なわれた「空襲」とよばれる無差別大量殺戮の実態をつたえる視覚像は民衆の目から遠ざけられた。だが、わたしの少年期にはまだ国家意思は組織的な封印に成功しておらず、散発的な漏洩が起きていた。ペッカリーに追いつめられたジャガーの絵をはじめて見た「驚異」シリーズのひとつの巻『ミサイルの驚異』の編著者は、おもな読者層が小学生であることを忘れていたみたいで、高校生向けの解説書であってもおかしくない濃密な内容だった。わたしはこのグラビア記事によって、核分裂の連鎖反応、戦略核兵器と戦術核兵器の区別、潜水艦発射ミサイルの威力、原爆↓水爆↓中性子爆弾への「進歩」、等々を理解した。そして、原水爆実験で撮影されたたくさんの「美しい」キノコ雲の写真を長いあいだ見つめた。何よりも衝撃を受けたのは、ヒロシマとナガサキへの原爆投下のあと生まれた赤ん坊の凄惨なホルマリン漬け写真だった。アメリカが無脳症という絶望の極限を「ぼくたち」に押しつけたことを知った。「種」の境界が他との関係によってしか画定されえないのと同様、「国家」の実在は他との関わりから生じる絶望においてこそ疑えないものになる。「なぜなぜぼくちゃん」の物語はおためごかしではない。子どもの問いこそが私たちの世界認識のけっして変更されることのない原型をつくる。その意味で、私たちもまた「刷りこみ」から免れないのである。

大江健三郎の作家としての生全体をつらぬくもっとも根本的な動機づけは「核戦争への恐怖」である。わたしはそれを「神経症」だとは思わないし、吉本隆明のように「時間的異常趣味」とよんで冷笑する気にもなれない。むしろ、それこそ、豊かな想像力が行きつく必然的な帰結だと思う。ここでふたたび「高校生レベル世界認識」に頼ってみよう。

——TV見ていてわかることは「政治家は嘘つきだあ、国民のことなんか何も考えていない」ってことさ。あいつらがいちばん大事なのは、ほかの国との競争に勝つことだ。でも、どーしよーもない俗悪男が大統領になる国と、KGBの親玉だった冷酷そうな男が牛耳っている国とが、たくさんの核兵器もってるんだろ。けっきょく勝てるわけないじゃん。おれの父ちゃん母ちゃんは昔っから〈戦争前から〉この国を支配してきた「保守」ってのが大キライで、律儀に選挙に行って野党に投票してるけど、自分のおまんまの心配ばっかりしてる「国民」は「保守」が大好きなんだから、何も変わるわけないさ。でもさあ、おれ不思議でしょーがないんだけど、過半数をとった連中がアホでも、多数派がそう決めたら、おれも戦争いかなくちゃならんの？　それとさあ、でっかい国の大統領たちが決めたら、地球を何回滅亡させてもまだお釣りがくるぐらい、ミサイルびゅんびゅん飛ぶんだって？　どうしておれとなんの関係もない連中が決めたことで、地球が滅びなきゃならんの。民主主義なんて嘘っぱちじゃん。もしだよ、国民投票で「滅んでもいい」って過半数で決まったとしても、皆ごろしになるのは、人間だけじゃぁないんだぜ。動物は投票できないじゃん。馬はヒヅメしかないから、投票用紙持てないじゃん。口でくわえろってか？　担任の偽善的な数学教師は「人生にアプリオリな意味などない。意味は自分でつくるものだ」なんて説教するけど、いくら自分で意味つくったって、核戦争でパーになるなら、やっぱ意味なんてないじゃん。あ〜アホらし。ベンキョーなんてしてもなんにもなんねーべや。グレちゃおうかな……。

なにも仮構のちんぴら高校生に託して述べなくてもよい。米大統領選やプーチンに関わる現代的知識をべつにすれば、これは高校生のときからわたしが考えつづけてきたことだ〈グレなかったが〉。もしも、「核」にまつわるわたしの間接的知識が、どこかで周到に捏造された虚偽でないのならば〈その真偽を証明することは厳密な判断中止にとどまるかぎり不可能だが〉〈動物の境界〉論が集束するもっとも強力な磁場をおびた極はつぎの命題である。核兵器が存在するかぎり私たちは開世界の意味を把持することができない。核兵器の廃絶とは、新たな悲惨と絶望がヒトのべつの個体群に襲いかかることを予防するための功利主義的な策なのではない。意味の腐蝕と喪失を食いとめるべくあがく＝闘争する、戦後の世界認識のもっとも優先的な課題なのである。

科学の営みは〈人類の尊厳〉などではない。アインシュタインやオッペンハイマーといった天才たちが、国家意思という閉世界のなかにその知を閉じこめ、開世界への真に根源的な想像力をもちえなかったことは、未来永劫にわたって指弾されるべきである。だからこそ、〈科学を括弧入れする〉というこの探究のいっけん勝ちめのない基本方針は、私たちが世界に意味を取り戻すための命がけの選択でなければならなかった。

さらに間接的知識を受け売りする。本来、自然界には存在しない物質、プルトニウム二三九の半減期は二万四〇〇〇年である。この知識に取り憑かれたわたしは、その後、ほうぼうでこの「驚異」について書いた。新石器時代から現代までの歴史をもう一度繰り返しても、プルトニウムは放射能を発しつづける。そのような致命的毒物を、生殖連関をとおして未来に存在するであろう私たちの子孫に押しつけることは、途方もなく邪悪な選択である。だから安全性に関わる議論に耽るまえに、原発は即時全面停止すべきなのである。

ＳＦファンであるわたしは、福島第一原発の事故以来、これらの報道すべてがＳＦなのではないかという眩惑感にしばしば襲われた。「あってはならないはずのこと」が起きたあと、まるでふたたび起きたとしても取り返しがつくかのように、避難対策が議論される。わたしはもし自分の住んでいる街が汚染されたらけっして避難勧告になど応じず、強制排除しにくる機動隊に徹底抗戦しようと決意している。それこそが〈人類の尊厳〉に殉じる途である。なぜなら、この装置を運転し続けることによって、私たちの快楽の追求が保証されていたのなら、そのような国家の選択に、いま一人ひとりが責任をとるべきだからだ。何よりも恐ろしいことは、わたしの最愛の映画『ストーカー』のように[668]、不可視の力が渦巻く広大な領域がある日忽然と出現し、権力がそれを「立ち入り禁止区域」に定めるというＳＦ的な設定が現実のものになったということである。このときマスメディアが犯した欺瞞をわたしはけっして忘れない。どんな番組も、「半径三〇キロ」という空間の途方もない広さを、たとえば京都駅を中心にしてコンパスで描き、その視覚像を視聴者に突きつけるという初歩的な想像力を行使しなか

668　アンドレイ・タルコフスキー監督／アルカージー＆ボリス・ストルガツキー原作『ストーカー』（一九八一年日本公開、ソビエト映画）。

った。だから、この途方もない邪悪は、不幸にして東北の田舎で起きた「災害」として、都市文明に安住する市民たちを惰眠から叩きおこすことなく、その致命的な毒を中和されたのである。

この探究においてわたしはほかの探究者からの引用を除けば「人類」ということばをつかわないようにしてきた。わたしは地球の存在を括弧入れしているのだから、その表面全体を「生活の場」とする種社会が実在するという〈信念〉を形成する論理的な必然性を見いだしえなかった。ヒトという分類単位は定立しうるのだろうが、種という概念自体が〈他との関係〉においてだけ意味をもつことをわれわれは知ったのだから、あたかも知覚可能な実体であるかのように、「人類」という「価値語」に頼ることができなかった。

だが、この小節の探究は、逆向きに「人類」という概念のリアリティを照らす。他の生きものすべての種社会を滅ぼす潜勢力をもつかぎりにおいて、ヒトの種社会ははじめて生物学的な分類単位から昇格し「人類」になる。あるいは、他の生きものを巻きぞえにすることなく、ヒトだけに致命的な作用をおよぼすウィルスのパンデミックが起きたときにはじめて、われわれは「人類最後の生き残り」といった概念をつかいうる（つかう暇はあまりないだろうが）。絶滅においてこそ「人類」と他の動物たちとの境界は最終的に無化される。だが、他の動物たちは生きのびなければならない。おそらく善良な犬たちはかつてこの世界を支配した超越論的に愚かだった「人類」を優しい気持ちで思いだしてくれるだろう。

転向

本書の自伝的民族誌としての側面を締めくくろう。高校三年から予備校生にかけて（おそらく隔月だったと思うが）東京大学を志望する受験生向けの模擬試験を受けつづけた。東大闘争が勃発してから、試験問題は東大の大学院生たちがつくるサークルで作成されていることを知った。この組織が発行するニューズレターに闘争をめぐる議論が何度も掲載されたせいである。現代国語の長文読解は明らかに思想的に「偏向」しており、ロープシンの『蒼ざめた馬』で主人公たちがロシア皇帝暗殺を企てるシーンが出題されたりした。あるとき、この試験問題で初めて吉本隆明の文章にふれ、感銘をうけた。出題文の末尾の括弧内に典拠が示されていたので、試験後その足で本屋へ行き『抒情の論理』を買った。それ以来、大学・大学院をとおして吉本の著作はわたしの愛読書だった。ある夕刻、家にだれもいないとき、ふと父が茶の間の本棚につっこんであった『戦後日本思想体系』のひとつの巻が目にとまった。何気なく開いて吉本の名を見つけ読みはじめた。その「転向論」という短い論文は青年の胸に深く突き刺さった[669]。その後、いつまでも憶えていたのは、「獄中非転向十数年」などという日本共産党幹部の経歴などなんら誇るべきことではなく、生活者から乖離した場所でただ教典と化した思想を守りぬいていたにすぎないという論理だった。

吉本から受けたさまざまな影響をここで分析しなおそうとは思わない。すでに書かれているいくつもの優れた吉本論に譲ろう。わたしがいま語るべきは、北海道大学に在職していたときの記憶である。勤務を終えて大きな書店に立ち寄ったとき、吉本の新刊書『「反核」異論』が目にとまり、立ち読みを始めた。そしてあるページを読んで、ほとんど目の前がまっ暗になるような気がした。

その「本質」は自然の解明が、分子・原子（エネルギイ源についていえば石油・石炭）次元から一次元ちがったところへ進展したことを意味する。この「本質」は政治や倫理の党派とも、体制・反体制とも無関係な自然の「本質」に属している。［…］自然科学的な「本質」からいえば、科学が「核」エネルギイを解放したということは、即自的に「核」エネルギイの統御（可能性）を獲得したと同義である。また物質の起源である宇宙の構造の解明に一歩を進めたことを意味している。これが「核」エネルギイにたいする「本質」的な認識である[670]。

669 吉本隆明　一九五八／一九六九「転向論」『現代批評』一（一）／高橋和巳編『戦後日本思想大系13――戦後文学の思想』筑摩書房。
670 吉本隆明　一九八二『「反核」異論』深夜叢書社。

このときわたしは、長いあいだ思考の導き手であった人が「間違っている」とはっきり思った。あまりに不快だったから、その本は買わなかった。本書を執筆中に図書館でこの昔の文章を探していて、福島第一原発事故以降に彼が公表した文章を見つけた。

「反原発」で猿になる

いま、原発を巡る議論は「恐怖感」が中心になっています。恐怖感というのは、人間が持っている共通の弱さで、誰もがそれに流されてしまいがちです。しかし、原子力は悪党が生み出したのでも泥棒が作ったわけでもありません。紛れもなく「文明」が生み出した技術です。［中略］その原子力に対して人間は異常なまでの恐怖心を抱いている。それは、核物質から出る放射線というものが、人間の体を素通りして内臓を傷付けてしまうと知っているからでしょう。防御策が完全でないから恐怖心はさらに強まる。［中略］そもそも太陽の光や熱は核融合で出来たものであって、日々の暮らしの中でもありふれたもの。この世のエネルギーの源は元をただせばすべて原子やその核の力なのに、それを異常に恐れるのはおかしい。／それでも、恐怖心を一〇〇％取り除きたいと言うのなら、原発を完全に放棄する以外に方法はありません。それはどんな人でも分かっている。しかし、止めてしまったらどうなるか。恐怖感は消えるでしょうが、文明を発展させてきた長年の努力は水疱に帰してしまう。人類が培ってきた核開発の技術もすべて意味がなくなってしまう。それは人間が猿から別れて発達し、今日まで行ってきた営みを否定することと同じなんです。[671]

吉本は、この文章が『週刊新潮』に掲載されてからわずか二ヶ月後にこの世を去った。この恥ずべき文が彼の遺書になったのだとしたら、残念なことである。いま読み返すと、思想家としての吉本は『「反核」異論』を書いた一九八二年の時点ですでに死んでいたのだ、と思わざるをえない。わたしが何よりも悲惨さを感じるのは、論敵を罵倒するとき「モダニスト」という語を愛用した吉本が、みずからもまた模範的なまでに〈啓蒙の近代〉によって主体形成されていることに、死ぬまで気づかなかったという事実である。これらの文に表明されているあまりにも素朴な科学信仰は、わたしを慄然とさせる。彼は、文明によって果てしなく家畜化されているみずからの生活形式に微塵たりとも違和感をいだかず、「種ナルシシズム」のまなざしで「猿」たちを見くだしている。わたしは、身に何ひとつおびず、社会に内属することだけを支えにし、森やサバンナで「生存のための闘い＝生きるあがき」を続けている「猿」のほうが、清潔な閉世界に安住し「核エネルギイ」で養われている「人」よりもずっと高貴な実存である、と思う。

この探究の予想もしなかった副産物は、わたしが長いあいだみずからの「自立の思想的拠点」（の少なくともひとつ）として心のどこかで意識しつづけてきた探究者と永訣したことである。だが、転向という主題が、この訣別によって消滅したわけではない。オレハ転向者ナノダロウカ——この問いは、ずっとわたしに取り憑いてきた。わたしは大学でマルクスをまじめに勉強したわけでもないし、「革命」運動へ傾斜してからの全共闘を体を張って支持したことも一度もない。だから、大学院に進学し、けっきょく大学教師になったプロセスを「転向」として位置づける必要はない。唯一そうよべるような選択があったとしたら、わたしがあんなに素晴らしいヒヒたちのもとを去り、グイの人びとを「わかりたい」という欲望を選んだことである。その選択がなければ、「ヌエクキュエならどんなふうに考えるだろう?」という問いが生まれることはなかったろう。その問いを導きとして、いままた、虚環境において、ヒヒたちと、そして他の多くの動物たちと出会う機会を得た。その一点において、わたしの転向は肯定されねばならない。

671　吉本隆明　二〇一二／二〇一五「「反原発」で猿になる」『週刊新潮』一月五・一二日号／『「反原発」異論』論創社、一三四－一四一頁。

共在と喪失――やや長めのエピローグ

一九七六年、謎のバチルスが媒介する疫病が世界じゅうに蔓延する。感染者は息をひきとり埋葬されるが、吸血鬼として復活する。ロバートはなぜか免疫をもっていて、一人だけ感染を免れる。自宅を要塞化して、夜な夜な襲ってくるかつては親しい隣人だった吸血鬼たちと闘う。そのなかには彼の妻も含まれている。絶望的な生活のなかでアルコール依存になった彼を救ったのは昼間うろついている一匹の犬だった（感染した犬ならば夜しか行動しない）。彼を怖れる犬を手なづけようと努力しているうちに、犬はおそらく吸血犬に咬まれたのだろう、ひどく負傷して現われる。怯えて彼に咬みつく犬をむりやり抱きしめて家に連れ帰り、毛布にくるみこんで必死で手当する。

> 犬は、病におかされたうつろな眼でロバートの顔をふりあおいだ。そして、おずおず、舌をだし、ロバートの掌を、ぶっきらぼうに、そのぬれた舌の先でなめた。／喉につかえたかたまりが、突然、くだけちったようだった。じっとベッドに腰をおろしたロバートの頬にあとからあとから涙がながれた。／そして、一週間後、犬は死んだ。[672]

動物大好き少年だったのに、犬・猫を飼うことは親から許してもらえなかった。少年向けマンガで愛犬の話を読むとほんとうに羨ましかった。中学一年生の夏休みに右の小説を読んだ。「喉につかえたかたまりがくだけちる」という身体感覚をそのときは知らなかったが、とてもよくわかるような気がした。わたしの現実の環境においても、この感覚が犬と結びついておとずれたのは不思議なことだ……。

——一九八九年、カラハリで。わたしの会話分析に脂がのりきっていた年だ。衰弱した仔犬がわたしの焚き火の常連になった。昼食のパリツィ〔トウモロコシ粥——英語のポリッジが訛ったことば〕を食べるためにみんなと焚き火を囲んでいたとき、目の前にすわっていたこの仔犬が、コテンと横倒しになるのでびっくりした。周りの男たちは「こいつは飢え死にしそうだ」と言う。それからは食事のたびにカレー汁がついていないパリツィの塊を選んで、仔犬にあげるようにした。だが、あるときキレーホが、「こいつは生きられないぞ」と言いながら仔犬の胸の皮膚を見せた。シラミがびっしりたかっていた。「死にそうなほど弱っているから、たくさんシラミがやってくるんだ。」

すっかりわたしになついた仔犬は、夜になるとテントに入りたがってキュインキュインと鳴いた。だが、あのシラミの蝟集を見てしまったからには、けっしてテントには入れられなかった。ある朝、シュラフから這いでると、焚き火を熾しにきたキレーホのひとりごとが聞こえた。「アエ？ おまえはどうしたんだ？」それからキレーホはわたしに呼びかけた。「スガワラ、おまえの大好きな仔犬が死んでるぞ。」わたしは慌てて身支度を済ませ、テントから出た。仔犬はテントのフライング・シートに凭れかかって冷たくなっていた。グイは犬の死を悲しんだりしない、とわたしは思いこんでいたので、できるだけ冷静に「捨てろ」とキレーホに命じた。わたしとしては精一杯ハードボイルドにふるまったつもりだったが、キレーホが意外そうな顔をしたので、しまったと思った。彼は、憮然として、仔犬の屍骸をぶらさげてブッシュの中へ立ち去った。いまもふとこの二五年以上前の記憶が甦ることがある。せめて墓穴を掘って埋葬してやればよかったなあ、とかすかな悔いをおぼえる。

犬を飼うことは長いあいだの夢だったが、多忙な生活のなかできちんと面倒をみることができるのかどうか、自信がなかった。決心がついたのは、家族でグイのもとを訪れたときだった。次男のしょうちゃんがキレーホの

672　マティスン、リチャード　一九五八（田中小実昌訳）『吸血鬼』早川書房。原題は *I AM LEGEND*。このタイトルでハリウッド映画にもなった（二〇〇七年）。

キャンプで飼われていた猟犬たちに魅せられ、「日本に帰ったら犬飼おうよ！」とせがむようになった。そのあとの顚末は拙著に詳しい。[673]

――けれど、そこには書かなかったことがある。わが家の愛犬パリツィには先代がいた。アフリカへの家族旅行を済ませてから一ヶ月半ほどした一九九三年一〇月、国道沿いに新しくできたペットショップに立ち寄ったら、黒いラブラドルの仔犬が三匹ケージに入っていた。ケージから出された仔犬のなかで、いちばん先に手もとにやってきた元気そうな雌を思いきって買った。わが家に連れ帰るとひとしきり家のなかを探検し、鏡台に映る自分の姿にかわいい声で吠えたりしていたが、まもなくわたしの手の甲を枕にして眠ってしまった。だが、二週間もしないうちにひどい下痢がはじまった。近所の獣医は藪医者で最初の処置を誤った。ちっともよくならないので、車に乗せてすこし遠くの獣医に連れていったら、「なんでこんなに痩せさせちゃったんだ」と怒られた。コクシジウムという寄生虫に感染していることがわかった。下痢が小康状態になってから、妙な咳をするようになった。また獣医に駆けつけると、血液検査でジステンパーに罹っていることがわかった。今でもお世話になっているこの獣医さんが天を仰いで絶句したことが印象的だった。元気なときは、この仔犬は妻の穿いている靴下を咬んでひっぱり、脱がせてしまう遊びが大好きだった。点滴でちょっと回復すると、またこの遊びをして妻を喜ばせた。だが、それもわずかしか続かなかった。ある朝、とても咳がひどいので、わたし一人で獣医に相談をしに行った。帰ってみるともう死んでいた。妻の腕のなかでぶるっと身震いして、尿を漏らして息絶えたのだという。しょうちゃんは学校に行っていたので呼びもどし、段ボール箱に小さな骸を入れて市役所のペット遺体処理係に引きとられるのを見送らせた。しょうちゃんはぼろぼろ涙をこぼしいつまでも泣いていた。

結局、買ったときの代金とほぼ同額が治療代に消えた。わたしは獣医さんに診断書を書いてもらい治療費の領収書を取り揃えて、店にその支払いを要求しに行った。店主はそんなに悪い人ではなさそうで、あとで菓子折をもって謝罪にきた。彼は「私たちだって犬をお客さんに飼ってほしい。だから、必ず新しい仔犬を連れてきます」と約束した。半年経っても音沙汰がないのであきらめかけていた頃、突然、「これから連れて行きます」という電話がはいった。やってきた新しいパリツィは前の仔犬よりひとまわり大きく、家に迎え入れたときから、おそろしいお転婆娘だということが歴然としていた。それから彼女と暮らした一二年余の生活の片鱗をつたえる記事があるので、再掲する。[674]

――**黒い魔犬?** この連載を引き受けることになったときかたく心に誓ったことがある。「子ぼめと犬ぼめはしないこと。」だがゼミの席上でそのことを言うと、ある犬好きの学生が「犬ぼめはいいんじゃないスか」と確信に満ちて言った。／私は黒い犬に因縁めいたものを感じる。少年時代の愛読書は『バスカーヴィルの魔犬』だったし、高校のころ書いた拙い詩にも黒い犬を登場させた。おそらく当時好きだったシャガールの絵のなかに黒い犬の姿があったことに影響されたのだろう。／新婚まもないころ、妻と名古屋駅前に出たとき、盲導犬育成のための募金を行なっているのに出くわした。二頭の黒いラブラドル・レトリヴァーがじっとすわって賢そうな目で通行人を見あげているけなげな姿に、私は魅惑された。ところが、彼女のスカートに鼻をつっこまんばかりにして夢中になって匂いを嗅ぎはじめたのであった。お気の毒にこの娘さんはとても恥ずかしそうであった。あとで私は「うーん、あの子はメンスだったにちがいない」と口ばしって妻に「アホ」と言われた。それにしても、一生懸命賢い犬を演じていても、つい誘惑に屈してしまうところが、いかにもご愛敬であった。／すったもんだのあげくに四年前についに黒い雌のラブラドルを飼いはじめた。悪いことに犬がわが家にきたわずか二週間後に私は五ヶ月近くアフリカに調査に出かけ、残された妻は気性の荒いこの犬にひどく手を焼いた。だが、帰国後、私がびしびし躾けると、さすがラブラドル、どんどん聞きわけがよくなった。私は意気揚々と彼女を裏山や公園で

673 菅原和孝 一九九九『もし、みんながブッシュマンだったら』福音館書店。
674 『京都滋賀リビング』という無償配付される情報紙の「わたしの時間」というコラムに一九九八年〜九九年に連載された。職場でも多くの同僚が読んでくれ大好評だった。生協のプレイガイドで航空券を買おうとしたら係の女の人がわたしの名に気づき「ファンです」と言ってくれたこともあった。わたしの書いたものでおそらく最大数の読者を獲得した。

放して遊んだ。そしてある早春の朝、田圃の畦道で放すと、うかれた彼女は猛スピードで走り戻ってきて三〇キロの巨体を私の右膝に激突させた。膝はひどい内出血をおこし、二週間ギブスをはめ、長いリハビリに通った。／それ以来、冬になると膝が痛んだり水が溜まったりする「変形関節症」という持病をかかえることになってしまったのだ。だからこれは「犬ぼめ」の話ではない。くだんのアホ犬は今も私がワープロを叩く足もとですやすや寝ている。

補遺。膝に激痛が走り転倒したわたしはびっこをひきながら家へ帰った。とても犬のリードをひける状態ではなかった。それにひどく腹が立っていたので、「もうおまえなんか知るか。どこへでも行け！」と毒づいて一人で歩きだした。すると驚いたことにパリッィはリードを引きずりながら、ぴったりわたしのあとについてきた。そのとき、「アホだけど賢いなあ」と感心した。整形外科で教わった風呂のなかでする屈伸運動を励行したおかげで、膝の痛みはその後完治した。以下は、このエッセイから八週間後に掲載された。

――ラビッシュ・ドッグ　犬を飼おうと決意したいちばん大きなきっかけは、犬を連れたブッシュマンの猟に何度も同行したことである。自由に走りまわる犬と野山を散策したらどんなに楽しいだろう。だから犬を飼ってまっさきにしこんだのは「呼べば戻る」ということであった。一〇メートルのロープに繋いで、広い公園で訓練したらすぐに覚えた。喜び勇んで、早朝、裏山に連れていって放した。遠く離れても私をふり返り、「どっちへ行くの?」と首をかしげる名犬ぶりに私は有頂天になった。ところがまもなく君子豹変する日がやってきた。なんとこいつは軍手のたぐいをぱくっと呑みこんでしまう悪癖をもっていたのだ。いったん「ごちそう」をくわえるともう呼べど叫べど帰ってこない。呑んだあと、舌なめずりしながら、涼しい顔で戻ってくる。幸いいつも、呑んだものは数日後には吐き出すのだが、まかりまちがえば腸閉塞で命を失いかねない。それ以来、道ばたのゴミは私にとって最大の敵となった。［中略］うちのアホ犬をなんの心配もなく放せる「山道」が日本のどこかにあるのだろうか。「ゴミ犬」ではあまりに色気がないので、タイトルでは洋酒カクテルの名前をまねてみた。

この裏山探検のエピソードをあとひとつだけ追加しよう。

――時間に余裕があるときは、パリツィと一緒に、湧き水で有名な不動明王院の横を通って登山道を登ることがあった。ある初夏の早朝もそんな軽いハイキングをした。パリツィは道ばたの草の匂いを嗅ぎながら、あとになり先になりして気ままに歩いていた。中腹の休憩場所で休んでから同じ道を引き返した。パリツィはわたしを追いぬいて山道を走りおりていった。だが、明王院まで降りても姿が見えない。私は青ざめて、山道を引き返した。名前を呼びながら登って行くと、どこからかハッハッハッという犬の喘ぎ声が聞こえてきた。あたりを見まわしても姿はない。しばらくきょろきょろしてからやっと見つけた。山道を猛スピードで走りおりてきた彼女は道をはずれ、樹木の根に囲まれた空洞の中に頭から突っこみ、身動きがとれなくなっていたのだ。手を伸ばしても首輪に届かない。太い腰を手で抱え、ひっぱりあげようとしても三〇キロの巨体はびくともしない。思いあまって、樹の根の下まで降りて怯えて震えている犬を穴からひっぱり出し、ついで上へ押しあげた。そこは足場のわるい崖で、靴先をかけた所から石ころがぼろぼろ遥か下の谷まで落ちてゆき、見おろすと尻の穴がこそばゆくなった。重たい犬の尻を山道へ押しあげてから、わたしも這いあがった。パリツィはよほどこわかったらしく、しゃがんで前から抱いてやるとしばらくじっとしていた。「さあ帰ろう。」山道を下りだすと、いつもなら勝手気ままに先に走っていく彼女が、ぴったり後ろからついてきたのは微笑ましかった。よっぽど懲りたのだろう。だが、あやうく犬を遭難させるところだったわたしもすっかり懲りて、彼女を連れて登山道へ入ることはしなくなった。

毎年のようにアフリカに調査に出かけていたが、家にいるときはできるだけパリツィと過ごす時間を大切にするようにした。獣医さんから「ふとりすぎですよ。食っちゃねー、食っちゃねーの生活してたら、朝夕一時間の散歩ぐらいじゃあ減量になりません。ラブラドルはすごく運動量を必要とする犬種ですから、走らせなくちゃ」と言われ、一念発起して一緒にジョギングすることにした。彼女が叢を嗅ぐときには立ちどまらざるをえなかったが、素直にわたしの左側をとことこ走ってくれた。夕方は妻が散歩に連れだすことが多かったが、妻のことはぐいぐいひっぱるので、近所の犬友だちのおばさんから「パリツィちゃんは、ご主人よりもあんたと歩くときのほうが楽しそうやね」とからかわれたそうだ。

――わたしが自宅で勉強しているときはいつもそばで寝ていた。わたしの足とずっと接触できる机の下の狭い空間がお気に入りだったが、たまに出てきて床に横倒しになって寝た。その寝姿を見ていると、前脚と後ろ脚を掻くように動かしたり、尻尾を振って床にぱたぱたと打ちつけるのに気づいた。「夢を見ているんだ。」わたしと一緒に走る夢、公園で大好きなボール遊びをする夢を見ているのかもしれない。飲み会で遅くなり深夜に帰宅すると、彼女は必ず玄関で待っていて、わたしの手の指を丹念に一本ずつ舐めた。まるで怪我をしていないかどうか検査しているようだった。

犬と暮らすようになってから、毎日の平凡な些事こそがもっともすばらしいことなのだとわかった。餌を食べて散歩に出て、おしっことウンコをして、叢を嗅ぎまわる。なんの達成も進歩もないその繰り返しを、そのつど犬は全身に喜びを溢れさせて生きる。

――何度も病気をしたが、そのたびに名医さんに治してもらった。いつも公園の石のベンチに跳びあがらせてブラッシングをしてやっていたが、一〇歳を過ぎて口吻もめっきり白くなると跳びあがることを億劫がるようになった。しょうちゃんは大学三回生のときからひとり暮らしをするようになったが、たまに帰宅すると「寝てばっかりいるなあ」と気にしていた。けれど毎朝のわたしとのジョギングは、距離は短くなったものの嬉しそうにこなしていた。

二〇〇六年の正月パリツィはもうすぐ一二歳を迎える「年女」になった。あまり意識していなかったが、彼女がやってきた一九九四年はたまたま戌どしだった。だから、二〇〇六年の年賀状は彼女の写真で飾った。八月、わたしは三週間だけコエンシャケネに滞在した。再定住地で青年や壮年の男女が不可解な突然死を遂げることが相次いでいた。わたしの古くからの友人もすでに何人か故人になっていた。短い調査期間を「デス・ノーツ」を整備することに充てた。一人ひとりが死にいたった経緯を調査助手たちから詳しく聞きだすのである。エイズによる死も多かったが、何よりもわたしを愕然とさせたのは、再定住地に町から移住してきたテベ（農牧民）の女が小遣い稼ぎのためにつくった自家製酒を飲んだその日のうちに狂躁状態になり、あっという間に命を落としたケースがたくさんあったことだった（帰国後にボツワナ政府に提出したレポートで、密造酒の危険性を強調し取り締まることを勧告したが、黙殺された）。今までになく暗澹とした気分で帰国の途についた。近代化で住民福祉が向上するなんて嘘っぱちだ。原野の遊動生活のほうが、ずっと人間の尊厳に満ちた生だった。そんなことを考えながらヨハネスバーグに着いた。ホテルのチェックインを済ませ部屋にはいるとすぐに自宅へ電話した。「みんな変わりない？」というわたしの問いに、妻は奥歯にものの挟まったような答えをした。「まあ、あったっていえば、あったかなあ。」「何？　いいこと、悪いこと？」「どっちかっていうと悪いことかなあ。」気になったわたしがいくら訊いても彼女は「帰ってきたら話すよ」というばかりだった。関西新空港に着陸するとすぐに電話を入れた。「あなたがショックうけて帰りの道中で事故でも起こすといけないと思って言わなかったけど、パリツィが死んじゃったの。」悪い夢を見ているように茫然と列車を乗り継ぎ、家に辿りついた。茶の間のテーブルの上に骨壺が置いてあった。「パパが帰ってくるまでがんばるよう祈ってたけど、ぜんぜん間に合わなかった。もう一週間前に死んじゃった。」骨壺をあけると見慣れた立派な犬歯がしらじらと光っているのが目にとびこんだ。ほんとうに死んだんだ。涙が溢れ、ひとしきりすすり泣いた。

——ある朝、突然、全身がむくんでいたという。さわると痛がって悲鳴をあげた。車で例の獣医さんに連れていくと、「とにかくこのむくみを抑えないと手当てのしようがない」と言われ、消炎剤を処方された。薬が効いてむくみは徐々にひき、少しは元気になったかなあという感じもした。食いしん坊のパリツィは、朝夕の餌はいつもどおりに食べた。短い距離だがきちんと散歩に出て、排泄も済ませていた。だが、むくみが始まってから一週間目の朝になると、ひどい咳をしてぐったりした。それでも餌を与えると頭だけもちあげて一生懸命食べた。折悪しく日曜日で獣医は休診日だった。しょうちゃんは二年間の海外留学がやっと折り返し地点を過ぎたばかりで日本にいなかった。苦しそうにしているパリツィを見つめているのに耐えられなくなり、妻は二階のわたしの勉強部屋にあがり、しょうちゃんに宛てて「どうしよう、パリツィが死んじゃうよ」と埒もないメールを送った。下へ降りてきたら、糞尿を漏らしていて、もう息をしていないようだった。抱きかかえて「パリツィ、死んじゃいやだ！」と泣きさけんだが、もはや尻尾を振ることもなかった。しばし茫然としたあと、気を取りなおしてペット用葬儀場の電話番号を調べて、火葬を依頼した。三〇キロの巨体をどうすることもできず、親しい犬友だちのおばさんに電話をして、車に乗せるのを手伝ってもらった。パリツィのことが大キライで、ずっと家庭内別居をしていたゆっくんは、妻が「撫でてあげなさい」というと、最後にそっと一回だけパリツィの骸にさわったという。

骨壺と対面したあとのことはよく憶えていない。海外調査を終えて帰宅した最初の夜の慣例どおりに、風呂に入り、酒を飲みながら、妻が用意してくれたご馳走を食べたのだろう。そのとき、死ぬまでの経緯を詳しく聞いたのだと思う。いつもわたしたちがくつろぐ茶の間の隅には祭壇がしつらえてあり、元気なときのパリツィの写真が何枚か飾ってあった。妻は、骨壺を祭壇に置くと、その上にパリツィ愛用の首輪を載せた。

——その夜、勉強部屋の隣にある寝室で蒲団に横たわったとき、想起がおとずれた。エチオピアのヒヒの調査地にはよく日本から週刊誌が送られてきた。そのなかに池波正太郎のエッセイがあった。彼は大の愛猫家なのだが、もっとも大きな雄猫は、夏のあいだじゅう外を放浪して帰ってこない。その猫が窓から部屋へ入ってきて彼の蒲団の上に寝るようになると「ああ、秋がきたんだ」と実感するという話だった。読んだとき、いい話だなあ、と思った。

パリツィを飼うようになってから、わたしも似たような季節感をかんじた。彼女の寝場所はわたしの勉強部屋で、夜の冷えこみが感じられるようになると古い毛布を与えた。パリツィはそれを器用に整えて巣のような形をつくり、前足の爪でひとしきりがりがりと毛布を引っかいてから、その上に丸くなるのだった。壁越しに隣の部屋から「ガリガリ」の音がしてそのあと犬が深い溜息をつくのが聞こえるたびに、心地よい安らぎを感じた。

蒲団のなかで忽然と悟った。もうきょうからあのガリガリと溜息を聞くことはないんだ。さっき骨壺の中の犬歯を見たときよりずっと激しい喪失感が襲い、わたしは枕を濡らして長いこと嗚咽した。翌朝からはいつものように早起きして、ジョギングにとびだした。せっかくパリツィがわたしに与えてくれた健康的な習慣をやめてはならないと思った。パリツィと一緒に走ったとおりの道すじを毎朝たどる。ずっとそれを続けてきた。今でもわたしの左をひたひたと走っている犬の気配をふと感じることがある……。だが、べつにペットロス症候群にもならずに元気に暮らした。

——パリツィが死んでから数年後のことだったと思う。カラハリのテントの中で読む小説がついに尽きた。わたしは「カラハリ文庫」のプラスチック函をかきまわし、昔読んでおもしろいと思った文庫本を何冊か発掘した。そのなかにミラン・クンデラの『存在の耐えられない軽さ』があった。京都に赴任して間もなく映画をレンタル・ビデオで観たことがあったが、さしたる感銘はうけなかった。だが、カラハリで原作を読んだときはすばらしいと思った。もはや内容はほとんど憶えていなかったので、夜、ぽつりぽつりと再読をはじめた。じつに変わった形式だ。冒頭に作者がしゃしゃり出てきて、ニーチェの永劫回帰について講釈をはじめる。

再読開始から何日目かの夜、早くも終盤にさしかかった。作者は唐突に「ニーチェの馬」の話をはじめる。鞭打たれる馬を見たニーチェが血相を変えて止めに入るという有名な逸話だが、わたしはまだその典拠を見つけていない。クンデラは書く。「馬に涙するニーチェが私は好きだ。」わたしのなかで何かが崩れはじめた。そのあと、トマシュとテレーザが愛した犬カレーニンが慫慂と死んでゆく経過が淡々と描かれる。自分でも驚いたことにわたしはテントの中で大声をあげて号泣していた。パリツィが死んだことへの悲嘆を抑圧していたつもりはまったくなかった。彼女との楽しかった日々がしばしば甦り、その記憶に微笑んだりしていた。だが、いつまでも止まらぬ号泣に身を震わせながら、わたしはこのとき自分が彼女の死をはじめてほんとうに受けいれたのだということに気づいた。

妻とよく「もう犬は飼えないね」と話しあっていた。わたしたちのたび重なる努力にもかかわらず、ゆっくんのパリツィに対する恐怖と敵意は薄まることがなかった。だから各部屋の境にベビー柵を取りつけ、生活空間を完全に分離した。妻の証言によると、パリツィが死んだあとゆっくんがまずやったことは、犬が障碍になって行けなかった部屋に入ることだった。ほんとうに嬉しそうににこにこして、のびのびと家じゅうを歩きまわったそうだ。犬の存在が彼にそれほどにもストレスを与えていたのだとしたら、可哀想だったなあ、と痛感した。やがて犬のいた生活の記憶はおぼろげな夢のようなものになった。パリツィが死んでから九年近くの歳月がながれた。

二〇一五年八月一〇日。いつもどおり朝の六時にジョギングにとびだした。家から短い坂道をくだってすぐのところで、柴犬をつれたおばさんと二匹のパピヨンをつれたおじさんに呼びとめられた。「この犬知りませんか?」見おろすとウエルシュ・コーギーがいた。

――犬は雌だった。手を差しのべると、ひしっとわたしの膝にすがりついた。「あれまあ、人なつっこい犬だなあ。」近所に二軒ぐらいコーギーを飼っている家があるのを知っていたので、てっきりそこから脱走したのかと思って行ってみたが、どちらの家にもちゃんといた。おじさんとおばさんは「ここらへんに繋いでおこうか」とか言ったが、もうすぐ真夏の陽射しが照りつける道ばたに繋いでおいたりしたら熱射病でくたばってしまう。つい仏心をおこして家に連れ帰った。すぐに飼い主が見つかるだろうと楽観していた。赤い革の首輪がついていたが、リードを装着する金具部分が壊れていた。ゆっくんのことを考えると二度と犬を飼うことはできない、と思っていた。とりあえずペットフードを少量買ってきて、玄関先にパリツィの形見のリードで繋ぎ、飼い主捜しにとりかかった。動物愛護センターと警察に電話を入れたが、コーギーの脱走犬の届けは出ていなかった。いまはコンピュータで情報管理をしているので、届けが出ていればすぐにわかるという。デジタルカメラで写真を撮り、ポスターをつくってプラスチックケースに入れ、家の近くの通称「犬銀座」沿いの金網柵に何枚か貼りつけた。パリツィの晩年期に開業した獣医(わたしたちは遠くの獣医に忠誠を誓っていたのでここは利用しなかった)の待合室にも貼ってもらった。ウェブ上の「迷い犬掲示板」にも写真入りでアップした。妻の発案で、「愛護」センターに連れていってマイクロチップが埋めこまれていないか調べてもらったが、検知器をあてても反応はなかった。「愛護」センターの駐車場で途方にくれた。よほど放浪生活が長かったのか、がりがりに痩せていて、カラハリの犬たちのように背骨が浮きだしていた。しかも皮膚病にかかっているようで、しょっちゅう後ろ脚で体を掻くのがとても気になった。とにかく医者に診せよう、ということになり、かつてお世話になった獣医さんに向かった。獣医さんは深刻な顔で、ひどいですねえ、と言って毛をかき分けて皮膚を露出させた。黒いノミの卵がびっしり産みつけられていた。カラハリでテントの中に入れてやることもせずに死なせてしまった仔犬の記憶が甦った。皮膚病が不潔にしていたせいだけならよいが、アレルギー性だと治療に何ヶ月もかかり、治療費も膨大になる、と警告された。わたしは、「家に自閉症の長男がいて、前のパリツィのときも犬がいることがストレスだったようなので、彼が荒れるようなら、とても飼えない」と説明した。すると獣医さんは「もしお宅がどうしても無理だとおっしゃるなら、うちで面倒みるしかないですね」と言いだした。「このごろ、犬を飼いきれなくなって捨てる人が多くて困ってます」と言って、診察室につながっている二階へ何やら声をかけたら、白いフレンチブルドッグが降りてきた。「この子も仕方なくうちで飼うことになったんです。」そのとき、わたしは、この獣医さんはほんとうに動物のことを大切に思ってこの仕事をやっているんだ、と知り、彼の心意気にうたれた。「わかりました。とにかくもうしばらく様子を見ます。もしどうしても無理なら、そのときはお願いします。」そう言って、家に連れ帰った。ほんとうに飼うかどうかまだ半信半疑だったので、玄関に繋ぎっぱなしにした。とにかくもっと肥らせなさい、というアドバイスどおりたっぷり餌を与え、朝夕の散歩にも連れだした。案の定、ゆっくんはつよく抗議した。彼は自分の意志をつたえるために、紙にいろんなことを書いて冷蔵庫に貼っておく習慣がある。「パパもママもいそがしくて犬はかえません」と書いてあるのには笑った。ママは福祉関係の仕事で毎日のようにとび歩いているし、パパは執筆に格闘して勉強部屋に閉じこもりきりだ。親のことをゆっくんなりによく見ているのだ。幸い、処方してくれた炎症どめや皮膚再生薬がよく効いて、皮膚病はみるみる間によくなった。ひどく目ヤニが出ていたのも点眼薬で全快した。

とにかく名前をつけねばならない。わたしは小説からのアイデアで、パンジーとかアイリスとか並べたてたが、妻は「耳が大きいからミミちゃん」と言った。『寄生獣』のミギーみたいにいいかげんな名づけがわたしはいたく気に入った。飼おうと覚悟を決めてからわかったのだが、ミミは驚くほど賢くて情愛ぶかいすばらしい犬だった。しかもうんともすんとも吠えない。この子は吠えることを知らないのかしら、と首をかしげた。皮膚病が治ってからも、血便が続いたり紆余曲折はあったが、数ヶ月も経つとふっくら肥えて毛並みもつやつやしてきた。

試しに茶の間に入れても何ひとつ悪さをしないので、ついにリードから解放し、茶の間と、そして昔のパリツィと同じように、わたしの勉強部屋とが、彼女の居場所になった。ゆっくんがいない時間帯は、玄関先もお気に入りの場所だ。

最初、ミミはまさに「借りてきた猫」のように「ネコをかぶって」いたのだ。やがて、ここが安住の地なのだとわかったのだろう。ゆっくんが自分に敵意をもっていることを察知し、彼に対してだけは猛烈に吠えるようになった。ゆっくんの作業所への出勤と帰宅の時間帯には、ミミを散歩に連れだし、なるべく顔を合わさせないようにした。ミミは大の甘え上手で、茶の間では妻かわたしに身をすり寄せてくる。首すじを撫でられながらうとするのが大好きで、手を休めると短い前脚を動かし「もっとやれ」と要求する。それにしても、こんなに躾けの行きとどいたすばらしい犬がどうして放浪犬になってしまったのか、いつまでも不思議だ。よく妻といろんなストーリーを組みたてた。

——優しいおばあちゃんに飼われていたのに、彼女が孤独死してしまったので、ハナちゃん（妻の創作）はしばらくおばあちゃんの顔をぺろぺろ舐めていたが、やがてこのままでは飢え死にしてしまうと気づき渾身の力でリードの金具を引きちぎって脱走した……。だが、飼うと決めてから間もなく、公園で子どもたちがボール遊びをしているところに通りかかると、ミミがむやみに昂奮して一緒に遊ぼうとすることに気づいた。彼女がいた家には子どもがいて、よく一緒にボール遊びをしていたのだろうか。だとすれば、父親が借金でもこさえて、犬を置き去りにして一家で夜逃げしたのだろうか……。知るすべもないミミの過去のことをしきりと考える。初めて芝生の上でテニスボールを投げて遊んだときには、とても喜んで、ボールをくわえて戻ってくることを飽きることなく繰り返した。わが家に来てから初めての冬、雪がかなり積もったことがあった。朝、公園に連れて行って放すと、パリツィと同じように、雪まみれになってはしゃいだ。暖かいときは、すぐに仰向けになって背中を草にこすりつける。あるとき、そうやって遊ばせたまま、わたしはちょっと離れたベンチにすわった。起きあがったミミはわたしの姿を見失った。いくら大声で呼んでも耳にはいらず、公園から走り出て行ってしまった。慌ててあとを追うと、ふり返ってわたしを認め、駆けよってきた。そのあとは、ベンチに置きっぱなしにしたリードの所へ戻るまで、ぴったりくっついて離れようとしなかった。まるで遭難しかけたあとのパリツィのようだった。ひょっとしたら、自分が迷子になってしまったときのことを思いだし、慌てふためいたのだろうか、と想像した。

仰むけ、横むき、うつぶせ……さまざまな姿態で、安心しきって眠っているミミの姿を見つめるたびに、不思議な胸の痛みをかんじる。こんなにも人間との接触を求める犬が、どんな気持ちで放浪していたのだろう。愛する家族がもういないのだと初めて気づいたとき、どんなに心ぼそかったろう。もしあの朝、わたしと出会わなかったら、彼女はやがて公園のベンチの下で濡れ鼠になって、震えながら息をひきとったのかもしれない。そんなふうに思ったことが、終章に書いたことを考えるきっかけになった。——どんなに必死で「生のあがき」を続けていても、いつか力尽きて、ひとりぼっちで死んでゆく。どんなにイヤなやつでも、たとえそれがわれ《エゴ》であっても、死の瞬間には無力であどけない。そのイメージが、あるときからこの探究の指針になった。それを集極点とよんでよいのかどうか、わたしにはもはやわからない。だが、ミミと偶然に出遭わなかったら、この探究を持続する気力を維持しえたかどうかは、あやしいものである。その意味で、ミミは『火の鳥——鳳凰編』のテントウムシのように、たしかにわたしに恩返しをしてくれたのである。

今まで書くのを忘れていたが、わたしが保護したとき、ミミは確実に七歳を越えていたと思われる。もっと老犬なのかもしれない。だから、この先、彼女と暮らせる時間はそんなに長くないだろう。ミミが死んだら、わたしと妻は、悲嘆にくれ、慟哭するだろう。だが、共在するとはつねに喪失することである。世界の暗闇にぽっかり浮かぶ焚き火の光の輪のなかで、われわれは出会い、ひとときを過ごし、また一人（一匹）ずつ、暗がりへ溶けこんでゆく。だからこそ、生には意味がある。愚かしい人類にさえ意味がある。

昨日、ゆっくんが冷蔵庫に貼った紙にはこう書いてあった。「いぬがいないほうがラクにくらせる」。ゆっくんの言語が確実に豊かになっていることにわたしは驚く。実存のなかに湧きだしつづける固有の意味を感受しようとしない、あらゆる意味でのナチズム、ファシズム、優生思想と、わたしはねばりづよく闘いつづけるだろう。こんな当たり前のことをいまさら言うことが必要だと感じさせる私たちの社会は、ぞっとするほど病んでいる。だが、『語る身体の民族誌』の最後に書いたことをもう一度繰り返さなければならない。希望を失ってはならない。ウィトゲンシュタインが洞察したように、犬は希望をもたないかもしれない。しかし、少なくとも、犬は希望のなんたるかを、私たちに示す。

下山路にて——あとがきにかえて

時間航行家《タイム・トラベラー》の屋敷には毎週木曜日に友人たちが集まり晩餐を共にする。ある夜、彼は小さな精密機械をみんなの目の前で消失させる。さらに、長い廊下の奥の研究室に彼らを招き入れ、その機械を何十倍にも拡大した装置を見せる。翌週、友人たちが待ちくたびれているところに彼は憔悴しきって現われ、がつがつと食事を平らげる。そして、驚くべき冒険譚を語る。彼は数千年先の未来から戻ってきたのだ。その時代には人類は二つの種族に分岐していた。身長一二〇センチほどの端麗な小人エロイは優しく無気力だ。地下世界に棲息するモォロックは白ちゃけた体毛で覆われ、目はフクロウのように大きい。人類は完全な階級分化を成し遂げた。資本家は地上で美と快楽を追求し、労働者は地下の巨大工業プラントで生産活動に従事する。やがてブルジョワジーの末裔たちは生のための闘争を続ける力能を失い、地下世界に適応したプロレタリアートの子孫たちに養われるようになった。その代償としてエロイは定期的に間引かれ、モォロックの食欲を満たす肉になる。〔ウエルズ、ハーバート・ジョージ　一九六二〔宇野利泰訳〕『タイム・マシン』早川書房〕

ジョージ・パル監督の美しい映画を兄に連れられて観にいったとき、まだ原作の邦訳は刊行されていなかった。H・G・ウエルズこそ、コナン・ドイルとともに、少年期の「ぼく」の主体形成にもっとも大きな影響をおよぼした作家である。右の物語には、本書の最終的なメッセージが凝縮されている。展成という中心的な真理は「人類」にとっては未来への希望にはなりえない。展成は種分化と生殖隔離に帰着する。だから、「人類」と、そこから分岐した新種とは、なんらかの交通不可能性によって隔てられざるをえないのである。

本書を書くことは、わたしのいままでの生涯のなかで、もっとも困難な仕事だった。何よりも戦線をあまりにも拡大したことが困難の主要な原因であった。それでもなお積み残した問題がいくつも残っている。二つだけあげれば、動物の肉を食うことの是非をめぐる倫理的な問い、および、チンパンジーはじめさまざまな動物種にみられる幼子殺しをどのように了解しうるのかという認識論の問いである。これらを迂回したのは時間不足のせいばかりではない。わたしは、「けっしてみずからから切り離せない」思考の一部として、この二つの問いに納得のゆく解答を与える理路をいまだ見いだしえていない。

長い歩行を貫いた山登りの比喩に締めくくりをつけなければならない。大学入学後も高校の生物部の友人たちとテントをかついで夏山に登った。一九七〇年、大学二回生のときに歩いた北アルプスの雲ノ平に鮮烈な印象をうけた。なかでも、雲ノ平から鷲羽《わしば》岳へ向かう途中の小さな峠、岩苔乗越《のっこし》に魅了された。道のへりにつらなる岩に厚く苔が密生し、そこから清らかな水がしたたり落ちていた。それ以来ずっと再訪することを夢見ていた。二〇〇六年の八月初旬にやっと憧れの山旅を実現させた。雲ノ平の風景は息を呑むほど美しかったが、岩苔乗越を通過するとき失望にうちのめされた。わたしがこの世でもっとも美しい光景だと信じていた清流のしたたり落ちる苔は跡形もなく、ただ乾ききった岩が並んでいるだけだった。あまりにもたくさんの登山者が通ることによって生態系の絶妙な均衡が破壊されてしまったのだろう。豊かな自然のなかに身をおく快楽を求める人びとの欲望が、自然を取り返しのつかないほど深く傷つける。第一〇章でKグループを襲った悲しい運命について書いたとき、わたしは、岩苔乗越の失われた輝きを思いだしていた。さらに、午後も遅くなり、目の前に三俣小屋が見える下り坂にさしかかったとき、登山靴の右の靴底がべろっと剥がれてしまった。山小屋で補修キットを借りて応急修理し、翌日の夕刻、かろうじて自宅に辿りついた。この靴を買って本格的に中高年登山を始めてからちょうど七年目だった。わたしの壮年期の終焉を象徴するこの異変こそ、グイ語でいうズィウ（凶兆）だった。それから一ヶ月ちょっとで愛犬パリツィが死んでしまったのだから。

環境と虚環境のモザイク状境界を歩む旅の導き手、ヌエクキュエにも別れをつげなければならない。二〇〇〇年九月に再定住地コエンシャケネに着いてすぐに、息子のタブーカから「父さんが重い病気だ」と告げられた。フィールドノートに短い記述がある。「九月五日（火）――ヌエクキュエのお見舞いにゆく。最初、哀れっぽい声でしゃべるので、ひどく弱よわしく感じるが、ハッとこれは「公式的挨拶」をおれにしてくれているのだと気づき、なぜか感動してしまう。この人もこれが見収めになるかもしれないと思いつつひとときを過ごす。」ここには書いていないが、わたしが「煙草を吸うか?」と訊くと、彼はむっくり起きあがり、背中に毛布をかぶったまま、少し咳きこみながらもおいしそうに煙草をふかした。けっきょく翌年までもちこたえたのだから、この一服が寿命を縮めたわけではなかったろう。調査チームの仲間からの便りで、この大切な人の死を日本で知った。

本書を書きはじめる前からすでに何人かの師や先輩がこの世の人ではなかった。けれど、ヌエクキュエと同じように、虚環境においてはすべての大切な人びとが生き続けているのだから、以下、生者と死者の境界にはこだわらず、御礼を述べさせていただく。

憧れの師であった伊谷純一郎先生が約束してくださった「生ビール」にいまも心のこりを感じている。畏れ多くも批判がましいことも書いたが、わが思考の原点に生鮮性を吹きこみ続けるために、今後も先生の著作を繰り返し読んでゆきたい。河合雅雄先生が、わたしを雑種ヒヒたちのところへ導いてくださったことに言い尽くせぬほど感謝している。いつまでもお元気で。谷泰先生が提起された「関係行動」の概念は、本書の探究にとってもっとも重要な手がかりになった。先生が創始された「コミュニケーションの自然誌」がさらに豊かに展成することを願ってやまない。杉山幸丸先生が未熟なわたしを過分に評価してくださった恩誼をいまも忘れていない。長大なグイの会話分析を読破してくださったことに感謝しつつも、「ぼくと君のあいだはどうしてこんなに離れてしまったのか」というお便りに悲しくなった。本書で先生と再会（和解ではないが）したつもりだが、科学を括弧入れするという無謀な方針に今まで以上に慨嘆されるのではないか、と心配もしている。野澤謙先生に代表されるネオ-ダーウィニズムに対してはずいぶん批判めいたことも書いたが、それが先生への心からの敬意と表裏一体であることはいくら強調しても足りない。何よりも、先生のトロツキーへの深い想いに心揺さぶられたことはわたしの青春のもっとも鮮明な記憶のひとつだ。日高敏隆先生は、ゆっくり御礼を申しあげる機会もないうちに逝ってしまわれたが、先生の卓越した洞察力にいつもかけがえのない刺激をうけていた。

わたしが霊長類研究所に在学した七年間を支えてくださった、すべての教職員と大学院の先輩・同僚・後輩のみなさまに篤く御礼申し上げる。けっきょくわたしは霊研の大学院教育からみれば背教者になったのかもしれないが、みなさまがそれぞれの持ち場で「動物の境界」をめぐる思考を育てていらっしゃることは、本書を支える隠れた根になっている。なかでも、幸島のみすぼらしい宿舎で森明雄さんと交わした会話にとても励まされた。ゴッフマンへの正確な理解をはじめとする森さんの驚異的な知性に出会わなかったら、わたしは異端者コンプレックスから脱却できなかっただろう。

渡邊毅さんは学部四回生の夏に「見学」と称して霊研に押しかけたずうずうしいガキどもにたくさん奢ってくださったばかりか、在学のあいだじゅう何かと相談にのってくださった。上原重男さんは、わたしが北海道大学在職中にニホンザルに関する膨大な文献を貸してくださり、後に『カラハリ』という傑作を読むようつよく勧めてくださった。理学部ジンルイの畏敬すべき先輩、西田利貞さん、掛谷誠さん、丹野正さんからは、さまざまな場で貴重なご助言を賜った。この五人の方がたがあまりにも早く世を去られたことは、いまも痛恨のきわみであり、〈喪失〉が本書の通奏低音となったことの動機をなしている。

お名前をあげることはできないが、本書で著書・論文を参照させていただいたすべての同時代の探究者に深く感謝したい。願わくば、「われわれ」が参与している学問分野が今後もわくわくするような展開を遂げますように。

そして、「ヌエクキュエならどう考えるのだろう」と問う習性をわたしに植えつけてくださった田中二郎先生にあらためて感謝の念を捧げる。先生がグイとガナのもとへわたしを導いてくださらなかったら、自分が「どんな「ろくでもない」人間になっていたかわからない」と心底思っている。わたしよりも年長であられる先生が、矢継ぎばやに大著を世に問われていることにとても励まされている。

以下は、本書作製の楽屋裏と連続している。もう八年ほど前のことだが、わたしは島田将喜さん、田村うららさんと三人で居酒屋にいた。『いちご白書をもう一度』という歌がBGMでかかったことに触発されて、「花のSワン」のあるクラスメートの一貫性のなさに呆れたという思い出を語った。島田さんが「人間には一貫性なんてない」という意味のことを言ったことにわたしは激怒し、店のマスターや隣の席の客から「酒がまずくなる」と叱られた。さらに、あとでうららさんからメールが届いた。「人を罵倒する先生が私は嫌いです」というお叱りの文面だった。わたしはいたく恥じ入った。そのとき、人に怒声や罵声を浴びせることをためらわない、人格荒廃にも近い習性を、大学闘争がわたしの身体に植えつけていたことに気づき、愕然とした。この苦い経験をきっかけにして、ずっと自分に取り憑いてきた「転向」という主題をあらためて考えるようになった。だから変な話だが、この探究へわたしを押しやった最大の功労者は、島田さんと田村さんである。

木曜会というミニ研究会のメンバー三人がすべて定年退職したために、この会の開催も間遠くなった。次回の発表当番はわたしなのに、本書に苦戦していたために、まだその責任を果たしていないことがとても心ぐるしい。本書がお手もとに届く前に発表できることを念じている。三原弟平さん、高橋由典さん、今後ともよろしくお願いします。

大澤真幸さんは、わたしがもっとも愛着を感じてきた『感情の猿=人』に「稀代の奇書」という賞賛（笑）のことばをくださっただけでなく、いくつかの拙文を「これは菅原さんにしか書けない」と評してくださった。本書が大澤さんの励ましに応える水準に達していることを願うばかりである。

「コミュニケーションの自然誌」研究会を共に担っている仲間たちからつねに大きな刺激をうけてきた。とくに、中村美知夫さんからは、環状種や、ホッキョクグマとヒグマの境界、等々についてとても貴重な情報を賜った。

わたしの定年退職とほぼ同時に刊行された『世界の手触り』という論集に寄稿してくださったすべての執筆者にこの場を借りて深く御礼申しあげる。とくにお忙しいなか、対談につきあってくださった池澤夏樹さんと鷲田清一さんに心よりの謝意を表したい。しかも、この論集を作製してくださったナカニシヤ出版の米谷龍幸さんが「臼挽き牛」の原典を探しあててくださったおかげで、本書の序章は、わたしにとって納得のいくものになった。

これほど大部な書物が日の目を見ることができるのは、ひとえに弘文堂の中村憲生さんのおかげである。『感情の猿＝人』を世に出してくださった中村さんが、「もう一度一緒に仕事をしたい」とおっしゃってくださらなかったら、何ひとつ始まらなかっただろう。「理論書であればどんなに長くても構わない」という信じられないほど豪気なおことばに甘えて全力をふりしぼることができた。もちろん不必要な冗長さは著述者にとって最大の悪徳である。本書の長さは、「動物の境界」という主題の巨大さと釣りあいうる、ぎりぎりの「短さ」であるとわたし自身は確信している。それにしても、これほど徹底的に主題を展開しえたことは、千載一遇の機会であった。そのような機会を著者に与えることをためらわない名編集者に出会えたわたしは真に果報者である。中村さんとわたしが共有している大きな不安は、あとに続く世代が書物というもっとも豊穣な虚環境に没入する力能を失うのではないか、ということである。だからこそ、「絶望のうちにあって死ぬ」ことを強いるような力と拮抗するほどの濃度をもった書物が、知の制度化に反抗心を燃やす若き独学者たちの手もとに届くことが、われわれが共有する希望なのである。

ゆえに、一緒に並んでピューマの奇妙な鳴き声を聞いた「あなた」に本書を捧げる。

二〇一六年一一月一八日　大津にて

菅原和孝

【著者紹介】
菅原和孝（すがわら かずよし）
京都大学名誉教授。1949年東京生まれ。1973年京都大学理学部卒。1980年同大学院理学研究科博士課程単位取得退学。京都大学理学博士。北海道大学文学部助手、京都大学教養部助教授、同総合人間学部教授を経て2003年より同大学院人間・環境学研究科教授。2015年3月定年退職。2013年第8回日本文化人類学会賞受賞。
主要著書：『身体の人類学』（河出書房新社）。『語る身体の民族誌』（京都大学学術出版会）。『会話の人類学』（同左）。『もし、みんながブッシュマンだったら』（福音館書店）。『感情の猿＝人』（弘文堂）。『ブッシュマンとして生きる』（中央公論新社）。『ことばと身体』（講談社）。『狩り狩られる経験の現象学』（京都大学学術出版会）。鳥羽森の筆名で『密閉都市のトリニティ』（講談社）。

動物の境界——現象学から展成の自然誌へ

2017（平成29）年2月15日　初版1刷発行

著　者　菅原和孝
発行者　鯉渕友南
発行所　株式会社　弘文堂　101-0062 東京都千代田区神田駿河台1の7
TEL 03(3294)4801　振替 00120-6-53909
http://www.koubundou.co.jp

装　丁　笠井亞子
組　版　スタジオトラミーケ
印　刷　大盛印刷
製　本　牧製本印刷

ISBN978-4-335-55185-7